"十三五"国家重点图书出版规划项目

中国牦牛

阎　萍　梁春年 / 主编

中国农业科学技术出版社

图书在版编目（CIP）数据

中国牦牛 / 阎萍，梁春年主编 . -- 北京：中国农业科学技术出版社，2019.2
“十三五”国家重点图书出版规划项目
ISBN 978-7-5116-3901-1

Ⅰ . ①中… Ⅱ . ①阎… ②梁… Ⅲ . ①牦牛－基本知识－中国 Ⅳ . ① S823.8

中国版本图书馆 CIP 数据核字 (2018) 第 220021 号

责任编辑 闫庆健　王思文　马维玲
文字加工 孙　悦
责任校对 李向荣

出 版 者 中国农业科学技术出版社
北京市中关村南大街 12 号　邮编：100081
电　　话 （010）82106632（编辑室）　（010）82109702（发行部）
（010）82109703（读者服务部）
传　　真 （010）82106625
网　　址 http://www.castp.cn
经 销 者 各地新华书店
印 刷 者 北京科信印刷有限公司
开　　本 787mm×1 092mm　1/16
印　　张 37.75
字　　数 870 千字
版　　次 2019 年 2 月第 1 版　2019 年 2 月第 1 次印刷
定　　价 398.00 元

《中国牦牛》

编委会

主　　编　阎　萍（中国农业科学院兰州畜牧与兽药研究所）

　　　　　梁春年（中国农业科学院兰州畜牧与兽药研究所）

副 主 编　郭　宪（中国农业科学院兰州畜牧与兽药研究所）

　　　　　潘和平（西北民族大学）

　　　　　张少华（中国农业科学院兰州兽医研究所）

　　　　　包鹏甲（中国农业科学院兰州畜牧与兽药研究所）

　　　　　丁学智（中国农业科学院兰州畜牧与兽药研究所）

　　　　　王宏博（中国农业科学院兰州畜牧与兽药研究所）

　　　　　裴　杰（中国农业科学院兰州畜牧与兽药研究所）

　　　　　褚　敏（中国农业科学院兰州畜牧与兽药研究所）

参编人员（按汉语拼音音序排列）

　　　　　程胜利（中国农业科学院兰州畜牧与兽药研究所）

　　　　　李维红（中国农业科学院兰州畜牧与兽药研究所）

　　　　　汪　玺（甘肃农业大学）

　　　　　吴晓云（中国农业科学院兰州畜牧与兽药研究所）

　　　　　薛　明（全国畜牧总站）

　　　　　曾玉峰（中国农业科学院兰州畜牧与兽药研究所）

　　　　　周绪正（中国农业科学院兰州畜牧与兽药研究所）

　　　　　朱新书（中国农业科学院兰州畜牧与兽药研究所）

序 PREFACE

牦牛是分布于青藏高原及其毗邻地区的优势畜种，其生存地区具有海拔高（2 500~6 000m）、气温低（年均≤0℃）、昼夜温差大（15℃以上）、牧草生长季短（110～135天）、辐射强、氧分压低的特点。特殊的自然生态条件，形成了牦牛抗逆性强、耐寒怕热、晚熟、繁殖力低的生理特性及适应高寒少氧的生产条件。

中国是牦牛的主产国，主要分布于青海、西藏、四川、甘肃、新疆、云南等省、自治区。国外的牦牛主要分布于俄罗斯、吉尔吉斯斯坦、塔吉克斯坦、哈萨克斯坦、尼泊尔、印度、蒙古、不丹、锡金、阿富汗等国的高山及高寒地区。牦牛可产肉产奶，可骑可驮，可耕可驾，被誉为“高原之舟”，与高寒牧区人民的生产、生活、文化、宗教等有着密切的关系，在分布地区具有不可替代的生态和经济地位。

牦牛以放牧为主，与其他牛种相比，面临生产性能低、良种化程度低、产业化关键技术严重不足、传统生产方式与现代化、集约化、标准化、规范化生产技术体系不相适应等诸多问题，急需广大科研工作者协力攻关，攻坚克难，围绕牦牛产业本品种选育、杂交改良、新品种培育，产品加工及生产性能提高，为我国牦牛科研和产业发展接力传薪。

由阎萍、梁春年主编的《中国牦牛》一书内容涉及牦牛的起源、驯化与分布，牦牛与藏民族草原文化，牦牛的种质特性，我国牦牛品种及遗传资源，牦牛的遗传育种、繁殖技术、饲养管理，牦牛的产肉性能及品质评定、产奶性能及其奶产品的加工技术、毛绒特性及产品加工、疾病防治等内容，同时收录了我国牦牛相关的国家和行业标准。该书内容丰富，为牦牛相关科研、生产单位和教学，提供了可借鉴的技术资料。该书的出版，对促进我国牦牛产业发展和科学研究具有重要意义。

中国科学院院士 吴常信

2018年10月

前言

PREFACE

牦牛（*Bos grunniens*）广泛分布于青藏高原及其毗邻地区，是高寒牧区特有的牛种资源和主导畜种。中国是牦牛的主产国，青海、西藏、四川、甘肃、新疆、云南等省（自治区）是我国牦牛的主产区。由于对高海拔地区严寒、缺氧、缺草等自然条件的良好适应能力，牦牛已经成为高寒牧区最基本的生产生活资料。牦牛是全能家畜，可提供肉、奶、毛、绒、皮革、役力、燃料等，在高寒牧区具有不可替代的生态、社会和经济地位。

由于青藏高原特殊的自然生态条件，牦牛主要以放牧为主，产区饲草料资源匮乏，生产方式传统，基础设施薄弱，产业发展与基础研究相对于奶牛、肉牛滞后。随着科学技术的进步和产业技术的发展，科技创新对牦牛产业发展的提质增效作用显著，牦牛的群体遗传进展和个体生产水平不断提升。中国牦牛遗传资源丰富，现有17个地方品种（遗传资源）和1个培育品种，尤其是具有自主知识产权的大通牦牛品种的成功培育，填补了世界牦牛人工培育品种及相关技术体系的空白，为中国牦牛改良提供了优良种源。

近年来，在国家及各级地方政府项目的支持与示范带动下，青藏高原的牦牛产业正在发生积极变化。牦牛繁育体系不断优化与完善，大通牦牛四级繁育体系，多地牦牛三级繁育体系已经形成；牦牛的科学养殖水平不断提升，适时出栏、有效补饲、半舍饲养殖等一系列科学牧养技术应用于牦牛生产，显著提高了牦牛的生产性能；牦牛健康养殖综合配套措施不断形成与发展，科学选种选配、营养调控、疫病防控及产品精深加工等逐渐完善并与生产环节密切关联，逐渐形成一系列科学化、标准化、规范化的技术体系；现代分子育种技术逐渐应用到牦牛生产实践；牦牛基因组测序已完成，组学技术、分子标记技术不断应用于牦牛育种，传统育种技术与现代分子育种技术经典结合，为挖掘牦牛遗传潜力搭建了良好的平台。牦牛的基础研究、应用基础研究、产业化研究不断深入，为产业的发展不断注入新的活力。

中国不仅是世界上牦牛资源最丰富的国家，也是野牦牛的生存地。为了展示中国牦牛的资源与特点，回顾过去，立足现在，展望未来，编写了《中国牦牛》一书。本书针对当前中国牦牛科研与生产实际，围绕当前面临的诸多问题展开全面、深入的阐述，力求反映中国牦牛业发展进程、现状及趋势，为我国的牦牛事业持续健康发展做出贡献。

全书共12章，内容涉及牦牛的起源、驯化与分布，牦牛与藏民族草原文化，牦牛的种质特性，地方牦牛品种遗传资源，大通牦牛品种培育，牦牛遗传育种理论、技术和方法，牦牛的繁殖技术，牦牛的饲养管理，牦牛的产肉性能及品质评定，牦牛的产奶性能及乳制品的加工技术，牦牛产毛绒特性及产品加工和牦牛的疾病防治，同时还收录了牦牛相关的国家和行业标准。本书取材广泛，内容丰富，理论联系实际，是系统性和专业性较强的牦牛专著，可为相关教学、科研工作者及生产单位提供科学性、知识性、先进性和实用性为一体的科技参考和借鉴。

本书编写过程中，参考了大量国内外文献，博采了有关牦牛研究的科技成果，在此表示感谢。由于编者水平所限，疏漏及不妥之处难免，恳请广大读者批评指正。

编者

2018年3月

CATALOG

目录

第一章　牦牛的起源、驯化与分布

1

第一节 牦牛的起源

牦牛的起源，一直吸引着人们的兴趣。近几十年来，中外学者进行了多方面的研究，取得了丰硕的成果。野牦牛在距今200万年前就出现在青藏高原，生活在青藏高原的先民，特别是藏族人民，将野牦牛驯化为家畜，成为当地不可或缺的生产生活资料。根据达尔文学说，一切物种，不管是现存的，还是灭绝的，彼此都有着或远或近的亲缘关系，其内部形态和结构等相似之处越多，生殖隔离程度越小，亲缘关系就越近。

在据今两亿年前的三叠纪时期，现在的青藏高原还在海底，印度版块向北漂移抬高亚洲版块，使这里形成陆地，直到300多万年以前海拔只有1 000m左右，当海拔抬升到不超过3 000m，印度洋的暖湿气流北上，使这里林木葱茏，水草丰茂，生活着犀牛、古象和三趾马等动物群，其中还有一种草食动物——原始牦牛就与这些动物同生共处。印度版块继续北移形成喜马拉雅运动，造成这一地区强烈隆起，在约200万年内升高至4 000m左右，气候也越来越寒冷严酷。于是，根据“物竞天择”的规律，犀牛和大象等动物从这里逐渐消失，只有原始牦牛在不断进化中顽强地存留下来。大约在上新世后半期，进化到更新世（距今200万年前），开始见到牦牛的祖先——野牦牛。在国内外的一些论著中，一般认为现存的野牦牛是家牦牛的近祖，家牦牛是由野牦牛驯养而来。

更新世野牦牛分布示意图见图1-1所示。

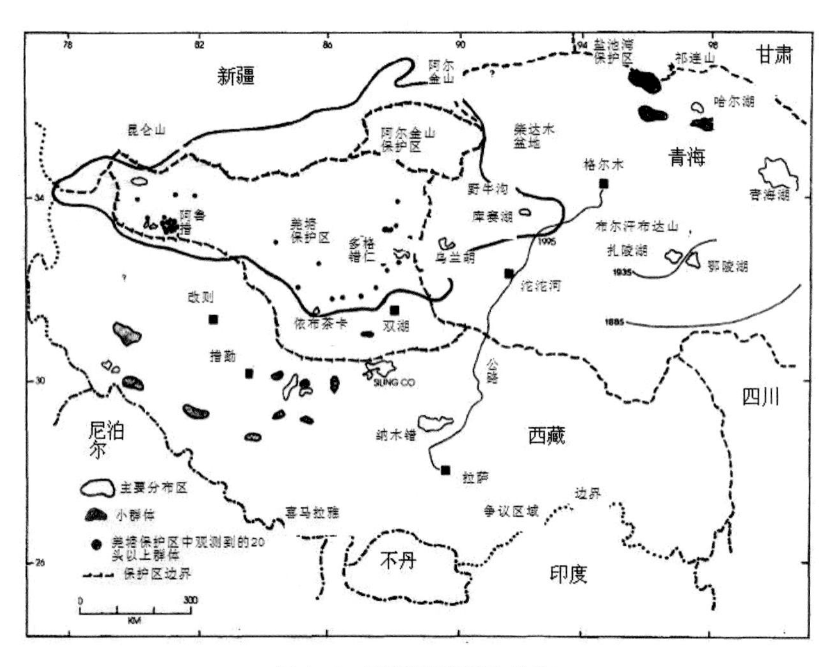

图 1-1 更新世野牦牛分布

基于对藏民族形成及牦牛的历史渊源、地域分布、文字记载以及考古实证等的证据，传统观点一般认为牦牛大约是在距今5 000年前在藏北高原被人类驯化成为家畜饲养，随后沿着喜马拉雅山山脉、昆仑山山脉以及帕米尔高原向西扩散，最终经由天山山脉到达现今蒙古的阿尔泰山山脉及杭爱山脉地区（图1-2所示）。然而，家养牦牛的起源、驯化及其随后的群体扩散等的进化历史目前仍然不甚清楚。韩建林等研究小组利用线粒体DNA（mtDNA）和微卫星DNA（msDNA）的遗传学分析结果就不支持这种观点。相反，他们的研究结果显示，青藏高原东部地区（以青海尖扎，甘肃夏河为代表）牦牛的微卫星DNA遗传多样性最高，蒙古和俄罗斯牦牛群体次之，巴基斯坦和吉尔吉斯牦牛群体最低。暗示青藏高原东部地区可能是家养牦牛的起源驯化中心，驯化后的牦牛群体迁徙路线可能是向西沿着喜马拉雅山山脉和昆仑山山脉迁徙到现今的吉尔吉斯坦及天山山脉，向北沿着现今的蒙古南戈壁和阿尔泰山地区直接进入蒙古和俄罗斯地区（图1-2黑色虚线部分）。

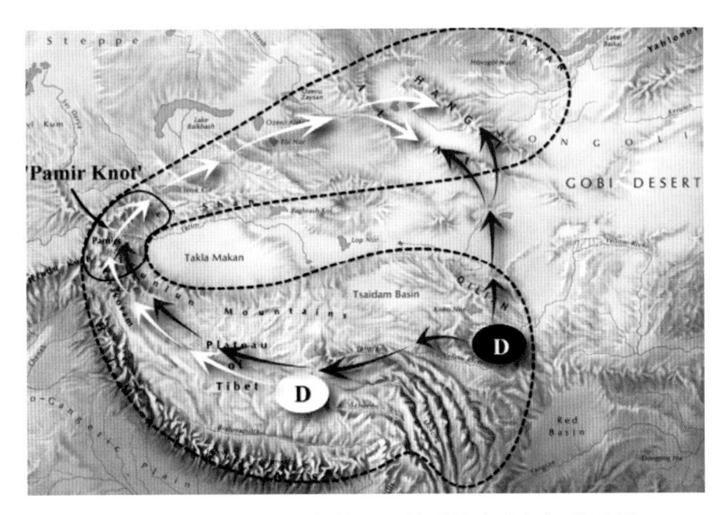

图1-2　家牦牛的分布范围及其驯化中心与迁徙路线

现在普遍的观点认为，野牦牛和家养牦牛都是由一种所谓的“原始牦牛”进化而来。在更新世地层中出土的化石证据表明，在大约250万年以前的第四纪晚期，在欧亚大陆东北部广泛分布着这种“原始牦牛”。虽然这些来自青藏高原的原始牦牛早已灭绝，但为牦牛科学工作者提供了研究牦牛起源的宝贵材料。

第二节　牦牛的驯化

中国驯育牦牛的历史源远流长。一般认为，家牦牛是人类狩猎野牦牛，逐步发展到驯养野牦牛而来的。牦牛的驯养时间和水牛驯养时间相近，比黄牛驯养时间约晚4 000年，说明牦牛的驯养历史较短或驯育程度较低。

1959年我国青海省都兰县诺木洪塔里遗址出土的文物，有牦牛毛编制的毛绳、毛布，牦牛皮制作的革履及牦牛陶器等物品，说明早在殷周时期以前，藏族的祖先古羌人就在青海西部、南部地区驯养了现今尚存在于昆仑山、祁连山系中的家牦牛，并且很早就以牦牛产品为原料制作了许多生活日用品和工艺美术品。驯养牦牛的时间，当然比这些文物制作的时间还要早得多。按照史料推算，大约在距今10 000~20 000年时，由于捕捉工具的改进和智慧的提高，古羌人能够捕获到大量的吃不完的野牦牛，并利用他们在驯养绵、山羊中积累的经验和方法，开始驯养牦牛，经过约5 000年的时间，即在距今5 000~15 000年时，古羌人已将牦牛驯养成功，形成了原始的牦牛业。古羌人驯养野牦牛成功后，不断改进饲养管理条件，并从养育的牦牛中选出符合他们要求的个体作为种用，繁殖后代。经过许多代的原始繁育，才逐渐把野牦牛驯化为真正的家牦牛。这一阶段用了1 000~2 000年的时间。

史料记载表明，在公元前221年至公元220年的秦汉时期，我国西北、西南牧区已把牦牛作为主要家畜进行繁育，生产肉、乳、毛等畜产品。当地产的牦牛尾毛等已成为珍贵特产或贡品，牦牛肉、牦牛奶及其制品已成为当地牧民的食品和祭祀用品，有些产品远销中原。公元前100多年，汉武帝派遣司马相如略定西南夷，增置沉黎郡，牦牛国为其附属国。此外，纳西族、部分彝族同藏族同胞一起共同进行过牦牛的驯养。如云南省迪庆藏族自治州上桥头一带的彝族同胞黑勒加吾家支所属的人民，就以善于经营牦牛生产而闻名。

现有的证据说明，我国牦牛的驯养与我国古羌人及以后的藏族、纳西族、部分彝族形成的时期是不可分割的，远在5 000~10 000年前，我国就有牦牛文字出现的历史，如古金文出现牦牛的象形文字，距今有3 000多年了。因此，可以说家牦牛起源于中国，主产于中国，无论从历史渊源、地域分布、民族形成、考古实证、文字记载，都有充分的证据证明，中国是牦牛的发源国。

第三节　牦牛的动物学分类

在动物分类学上，采用的系统等级主要有6个，即门、纲、目、科、属和种。若这6个主要等级不够应用时，可增加一些补充等级，例如亚门、亚纲、亚目、亚科和亚属等。

按照动物学分类，牦牛种属于：

脊椎动物门（Vertebrata）

　哺乳纲（Mammalia）

　　单子宫亚纲（Monodelphia）

偶蹄目（Artiodacyla）
反刍亚目（Ruminantia）
牛科（Bovidae）
牛亚科（Bovinae）
牛属（*Bos*）
牦牛亚属（*Poephagus*）
牦牛种（*Bos grunniens*）

牦牛是牛属中的一个牛种，牛属是一个庞大的分类集群，现存的有9种。在进化过程中与牦牛有过程度不同的亲缘关系，有些种至今和牦牛仍有基因交流，是牦牛的近缘种。参照张容昶的分类，按分类学系统列名如图3-1。

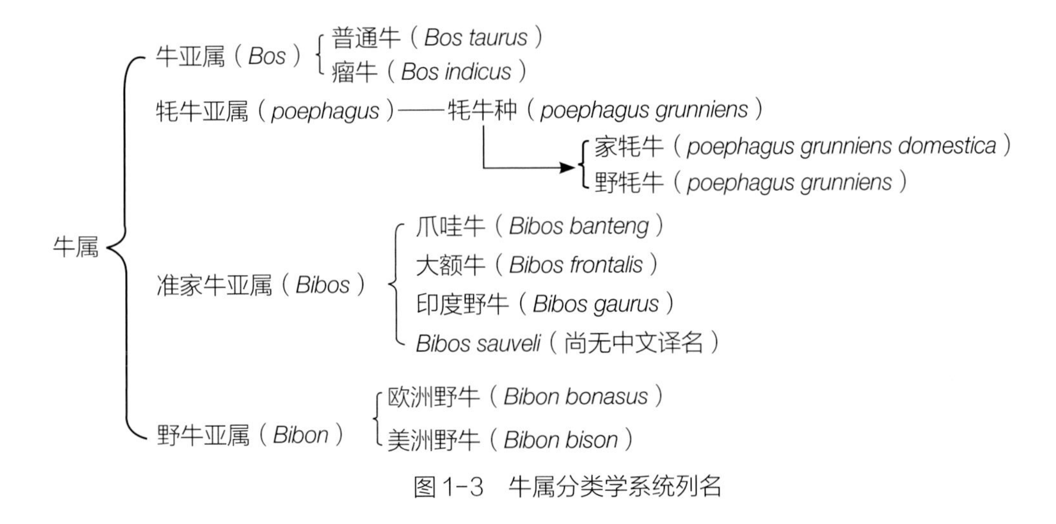

图1-3　牛属分类学系统列名

第四节　家牦牛的分布

我国是世界家牦牛分布的中心地区，分布地域辽阔，数量最多，从世界牦牛分布地区的特点看，牦牛主要分布在生态环境极其严酷的高寒高山草原。我国青藏高原的羌塘地区是中国也是世界牦牛发源地和主要产区。这个地区四周环绕大山，沿着西部的昆仑山山脉、帕米尔高原、天山山脉、西北部的阿尔泰山山脉、西南部的喜马拉雅山山脉的高原地区周围向外的高大山体地区发展。

一、世界牦牛的分布

世界上的牦牛，除我国是主产国外，其余主要分布在与我国毗邻的蒙古、俄罗斯、吉尔吉斯坦、塔吉克斯坦、尼泊尔、印度、不丹、锡金、阿富汗、巴基斯坦等国家。这些国家和地区的牦牛以蒙古为最多。

1. 蒙古牦牛

蒙古是仅次于中国的第二大牦牛饲养国，存栏80万头。牦牛为大多数蒙古人提供了包含肉，奶和毛制品等不可或缺的畜产品。牦牛分布于蒙古国13个省，主要分布于阿尔泰山脉，杭爱山脉、哈尔黑拉以及库苏古尔山脉。其中70%的牦牛群集中在哈尔黑拉和库苏古尔山脉，29%的牦牛生活在蒙古阿尔泰山脉，其余的牦牛生存在戈壁阿尔泰山脉和肯特山地区。此外，还有少量牦牛分布在戈壁阿尔泰山脉和古尔瓦萨克汗的高原牧场，蒙古国的牦牛分两个品种，分别是阿尔泰牦牛和杭爱牦牛。

蒙古牦牛的毛色以黑色为主，其次为黑白花、红褐色及白色。公母牦牛多数无角。体型中等大小。颈短，前躯发育良好，胸宽深，后躯发育较差。成年公牦牛体重380~400kg，母牦牛200~300kg；成年公牦牛体高117~130cm，母牦牛106~109cm；母牦牛年产乳500~700kg，乳脂率6%~8%；屠宰率45%~50%；年产毛量1.25~1.50kg；成年牦牛驮载50~70kg，日行15km。蒙古除饲养牦牛外，还有较多的犏牛，成年公犏牛体重700kg以上，母犏牛400~450kg；母犏牛年产乳量达1 000kg以上，乳脂率5.5%。

2. 前苏联牦牛

根据1984年在西北利亚和蒙古国接壤的山区进行的牦牛数量普查，前苏联地区约有13.6万头牦牛。主要分布在塔吉克斯坦东帕米尔高原，吉尔吉斯坦的天山地区，哈萨克斯坦的东部高地和俄罗斯联邦的阿尔泰山脉，萨彦岭和贝加尔湖地区。此外，20世纪70年代还在北高加索和布里亚特的高山地区引入了少量牦牛。

俄罗斯的牦牛主要分布在阿尔泰山和图瓦共和国（西萨彦岭）和布里亚特（东萨彦岭）。布里亚特的牦牛生存在海拔1 400~2 250m的萨彦山脉东部奥金斯基高原的农场上及海拔1 200~1 800m贝加尔湖流域扎卡门斯基地区。图瓦的牦牛总数为3.2万头，阿尔泰的牦牛数为1.6万头，布里亚特地区由1924年的16.9万头急剧下降至2002年的3 000头，该地区的牦牛属于肉用型品种，布里亚特牦牛与邻近蒙古地区的牦牛有着相同的起源。

俄罗斯牦牛以黑色为主，黑白花和棕灰色次之。公母牦牛多数有角。体型中等大小。成年公牦牛体重311~324kg，母牦牛200~250kg；成年公牦牛体高115~125cm，母牦牛105~110cm。俄罗斯牦牛以乳、肉兼用为主。年产乳量为400~700kg，乳脂率6%~8%；屠宰率48%~55%；年产毛量0.5~1.5kg。俄罗斯牦牛长期以来和普通牛作正、反种间杂交，繁殖真、假犏牛，以提高乳、肉产量。

牦牛于1842年首次引入雅库特独立共和国，于1935年被带入马加丹州地区（俄罗斯东北部），但由于蠕虫感染未能存活。1971—1974年三年间共有157头牦牛从布里亚特进入雅库特中部和南部，并且很好的适应性了当地生态环境。

在吉尔吉斯斯坦，牦牛的数量从1978年的7.93万头急剧下降到2000年的2万头，只有不到33%的牦牛在天山地区繁衍生存。前苏联学者将吉尔吉斯牦牛划为苏联牦牛的帕米尔型。吉尔吉斯牦牛的毛色以黑色为主，棕色和浅黄色次之。公母牦牛多数有角。成年公牦牛体重为400~500kg，母牦牛285~330kg；成年公牦牛体高120~130cm，母牦牛105~115cm。吉尔吉斯牦牛以产肉为主，体格较大。屠宰率50%~55%，产乳量400~500kg，乳脂率6%~7%；公牦牛产毛量0.5~1.0kg，母牦牛0.2~1.0kg。吉尔吉斯牦牛除向肉用方向选育外，曾引入西门塔尔牛、短角牛、安格斯牛等普通牛品种进行种间杂交，以提高其肉用性能。

3. 尼伯尔牦牛

尼伯尔牦牛分布在尼泊尔的北部15个地区，包括塔普勒琼，桑库瓦萨巴县，索卢，多尔卡，辛杜瓦尔乔克，拉苏瓦，戈尔卡，木斯塘，多尔帕，卡利卡特，穆古，洪拉，巴尤拉，巴江和达尔楚拉，大约有7 800头牦牛和2.08万头犏牛，并且牦牛种群数量持续下降。生活在高海拔地区的许多农牧民为了杂交目的而饲养牦牛。尼泊尔当地人民依赖于牦牛与瘤牛、黄牛杂交后代，并且这些犏牛被用于运输货物以及提供奶制品。

尼泊尔牦牛毛色较杂，以黑色为主，有黑色、黑白花、黑褐色、褐色、白花和白色等。公母牦牛多数有角。成年公牦牛体重300~400kg，母牦牛体重平均240kg，公牦牛体高117~132cm，母牦牛体高平均106cm。尼泊尔牦牛生产性能在群体间差异较大。年产乳量200~700kg，乳脂率6.5%。尼泊尔牦牛除产乳和产肉外，也是北部山区的重要役畜。

4. 不丹牦牛

据1994年的官方普查，不丹牦牛种群总数约为3万余头。不丹高海拔牧场从北起哈阿宗区的西北部，东至塔希冈地区最东北端的谷麦拉克-萨克顿。不丹牦牛分布在海拔3 300-5 000m的九个地区，包括哈阿宗，帕罗，延布，伽萨，旺度波德朗宗，通萨，本塘，伦奇和扎西岗。牦牛在不丹人民的经济和社会实践中发挥着重要作用。东部Brokpa牧民完全依赖牦牛过着游牧生活，而Zhop牧民则是以农耕与畜牧相结合的方式生存。

不丹实行了三种不同的育种体系。第一个是在哈阿宗，帕罗，延布，伽萨和旺度波德朗宗等西部地区的“纯系繁殖”，公牛在不同地区之间交换以避免近交衰退。第二个是在本塘中部地区公牛与siri瘤牛的杂交，特别是在不丹东部。第三种是犏牛与牦牛和它们在墨拉萨丁地区的杂交种。为了提高不丹牦牛的生产力，在Helvetas基金和联合国粮食及农业组织（FAO）的帮助下，进口了大约1 000支中国牦牛冷冻精液，改良当地牦牛，提高生产性能。基于8个常染色体微卫星等位基因变异估计的遗传距离的系统发育分析表明，不丹牦牛分为两个品种：中西部不丹牦牛和东部不丹牦牛。

5. 印度牦牛

在印度大约有3.8万余头牦牛栖息在东北部的阿鲁纳恰尔邦、锡金、以及西北部的北方邦，喜马偕尔邦，查谟和克什米尔地区。阿鲁纳恰尔邦是藏族、蒙古族、佛教部落蒙帕居住的地方。该地区锡金的北部，东部和西部地区约有5 000头牦牛。在北方邦的比托拉格尔，北卡什，奈尼陶和杰莫利地区饲养300余头牦牛。查谟和克什米尔是印度饲养牦牛最多的地区，目前拥有2.1万头。查谟和克什米尔的牦牛分布于列城和格尔吉尔地区。喜马偕尔邦北部与查谟和克什米尔接壤，东部与中国西藏接壤，共有5 000余头牦牛，主要分布在金瑙尔，拉胡尔斯皮蒂和尚塔巴。

印度牦牛学家Pal R.N.将印度牦牛分为普通型、野生型和白牦牛三个类型。印度牦牛以黑色为主，其次为灰色、白色、黑白花。公母牦牛多数有角，公牦牛角大而开张，向外、向上伸出。体型中等大小。成年牦牛体重平均为250~370kg，公牦牛体高平均128cm，母牦牛体高平均115cm。印度牦牛的生产性能与我国西藏牦牛相似。年产乳量130~500kg，乳脂率6.5%~10.9%；年产毛量0.5~3kg；阉牦牛驮载100kg，日行20km。印度政府对发展牦牛业较为重视，成立了隶属于印度农业部的印度牦牛研究中心，致力于牦牛科学研究和牦牛育种工作。

6. 巴基斯坦牦牛

巴基斯坦的畜牧业仅限于北部地区和奇特拉尔丘陵的高海拔地区。北部地区覆盖面积为7.25万平方公里，与阿富汗，中国和印度接壤，大部分栖息地海拔为4 500m以上。牦牛主要分布在巴基斯坦的四个地区，即锡卡都，甘奇，加泽和吉尔吉特。最近的一次牲畜普查表明，巴基斯坦北部地区的牦牛总数为1.49万头。斯卡杜区拥有最大的牦牛种群，分布于吉尔吉特地区的罕萨上游，因海拔高牦牛没有与当地黄牛杂交的传统。在巴尔蒂斯坦的希格，甘切尔和何舍地区，阿斯托雷，拉图和迪马地区实行牦牛与当地牛的杂交。

在过去十年中，通过从中国新疆维吾尔自治区的塔米杜巴什帕米尔进口母牦牛，通过洪杰拉布山口和喀喇昆仑公路进入北部地区，主要是罕萨的吉尔吉特分区，牦牛的种群数量有所增加。仅在1989—1990年就进口了500多头牦牛，其中一部分用于育种，改良当地牦牛。

7. 阿富汗牦牛

在阿富汗兴都库什山脉的瓦罕地区饲养着大约1 000头牦牛，帕米尔高原的格雷特和小帕米尔地区饲养了大约1 500头牦牛。柯尔克孜牧民从事牦牛饲养并与邻近地区罕萨吉尔吉特地区巴基斯坦的商人从事牦牛贸易。

二、中国牦牛的分布

中国共有各类草场43亿亩，其中适宜牦牛利用和生长的高山草原面积有18亿亩。中国的牦牛主要分布于青海省、西藏自治区、四川省、甘肃省、新疆维吾尔自治区和云南省。此外，在北京市、河北省及内蒙古自治区也有少量牦牛分布。

1. 青海省

青海省是我国繁育牦牛最多的省份，据2017年青海省牦牛产业调研统计，2016年底牦牛存栏488.4万头，出栏143.3万头，年生产仔畜148.2万头、能繁母牛248.0万头；牦牛肉产量为18.74万吨，牛奶产量为17.33万吨，牦牛绒产量3 300吨。青海省牦牛约占全省牛只总头数的95%。青海的牦牛主要分布在玉树、果洛、黄南、海南4个自治州，其中，玉树藏族自治州数量最多，占38.64%，其次为果洛藏族自治州，占18.49%。再次为黄南藏族自治州，占13.57%，海南藏族自治州占13.41%。

青海牦牛分布于昆仑山系和祁连山系的高山草原，按所处生态环境大致分为3个区域。一是青南、青北高寒牧区为青海牦牛主产区，由祁连山系、昆仑山系纵横交错，西南围绕唐古拉山脉，形成高海拔、低气压、冷季长、相对湿度大、气温低的寒冷区。本区包括果洛、玉树两州12个县，黄南州泽库、河南两县，海西州天峻县和格尔木市唐古拉县，海北祁连县和海南州兴海县4个县。二是青海省环湖及半农半牧区，属次暖区，本区海拔2 600~3 500m，年平均气温0.1~5.1℃，主要包括海北州海晏县、刚察县，海南州贵南、共和、同德和兴海县东部，海西州都兰、乌兰和格尔木市等9个县（市）境内。三是东部的农业区，本区海拔1 600~2 800m，年均气温2.7~8.7℃，属暖区。本区含西宁、大通、互助、湟源、湟中、平安、民和、乐都、化隆、循化、贵德、同仁、尖扎、门源等14个县（市）。

2. 西藏自治区

西藏自治区是我国牦牛的主要产区之一，主要分布在那曲、昌都、山南、阿里、日喀则等地。现有牦牛品种较多，如帕里牦牛、斯布牦牛、类乌齐牦牛、西藏高原牦牛和娘亚牦牛。西藏牦牛存栏量为455万头，其中能繁母牛为200万头，年平均出栏量为120万头，母牛繁殖率为30%，犊牛存活率为95%。由于近年来牧民在冬季注意补饲，冷季牦牛失重率和死亡率有所下降，但各地调查数据不等，如拉萨冷季牦牛失重12%，日喀则冷季牦牛失重30%。根据西藏自治区动物疫病控制中心提供的数据，2016年到现在，调进区外牦牛9 000头，作为种畜或者肉用。西藏各地区中，以那曲牦牛数量最多，存栏186万头，其余依次为昌都，存栏牦牛109.7万头，拉萨58.96万头，日喀则44.65万头，山南22.18万头，阿里地区10.92万头（含犏牛和黄牛），林芝市2.41万头。

3. 四川省

四川省牧区包括甘孜、阿坝、凉山3个州的48个县（市），其中纯牧业县10个、半农半牧县（市）38个，面积29.78万平方公里，占全省的61.3%。四川牦牛数量统计数据为400余万头。数量仅次于青海和西藏，位居第三。主要分布于甘孜州（约211万头）和阿坝州（约192万头），少量分布于凉山州（约8万头），雅安地区有零星分布。四川省的牦牛业以甘孜藏族自治州最为发达，甘孜州位于四川省西北部，高山草地开发利用早，是全国5大牧区之一的川西北牧区的重要组成部分。全州地形呈谷地和草原两大类型，是四川盆地和云贵高原向青藏高原过渡地带，可利用草地831.5万公顷；气候特点为亚热带到亚寒带再到寒带，一年四季表现为长冬无夏，春秋相连，气候垂直变化大，昼夜温差大；平均海拔在3 500m以上，大部分地区降水量为600～800mm，是典型的牦牛养殖适宜地区。甘孜州牦牛主要分布在石渠、色达、白玉、德格、理塘等5个牧业县。牦牛品种为谷地型九龙牦牛，全州牦牛存栏数占各类牲畜总数的48.6%，居于各类牲畜总数之首。其次是阿坝藏族羌族自治州，阿坝州地处青藏高原东南缘，也是川西北牧区的重要组成部分。全州平均海拔3 000m以上，年均气温8.2℃，平均降水量600mm；阿坝州有天然草地面积452.13万公顷，占全州总面积的54%，理论载畜量763.97 万个羊单位，发展草地畜牧业的条件得天独厚，畜牧业是阿坝州的主导产业。阿坝州牦牛主要分布在红原、若尔盖、阿坝3个牧业县，各约50万头，合计占全州牦牛的70%。当地牦牛的主要品种麦洼牦牛，属草地型牦牛，是阿坝州的优质畜种。

4. 甘肃省

甘肃省牦牛主要分布于甘南藏族自治州七县一市、武威市天祝藏族自治县、张掖市民乐县、山丹县及肃南裕固族自治县，临夏回族自治州、定西市岷县、通渭县、漳县，酒泉市肃北蒙古族自治县等地也有分布。2015年甘肃省牦牛存栏132.63万头，占全省牛存栏数的29.43%。甘肃省牦牛品种主要有甘南牦牛、天祝白牦牛2个地方品种。

甘南牦牛中心产区在甘南藏族自治州的玛曲、碌曲、夏河、合作4个县（市），在该州其他各县（市）均有分布。全州天然草场总面积为4 084万亩，占土地总面积的70.28%，理论载畜能力为620万个羊单位，而实际载畜量为910万个羊单位。2016年年末全州牦牛存栏91.15万头，年出栏牦牛31.28万头（年总增率27.54%、出栏率35.6%、商品率32.6%）。有牦牛种畜场4个（玛曲县阿孜畜牧科技示范园区、碌曲县李恰如种畜场、卓尼县大峪种畜场和卓尼县柏林种畜场）。

天祝白牦牛是世界稀有而珍贵的牦牛遗传资源，是经过长期自然选择和人工选育而形成的肉毛兼用型牦牛地方品种，对高寒严酷的草原生态环境有很强的适应性。天祝白牦牛主要分布于天祝藏族自治县，其中心产区为松山、西大滩、华藏寺、夺什、安远、打柴沟等乡镇。截至2016年年底，天祝藏族自治县牦牛存栏10.16万头，其中天祝白牦牛总数5.1万头，占全县牦牛总数的50.2%。目前，天祝藏族自治县有天祝白牦牛保种场1个（甘肃省白牦牛育种实验场）、屠宰加工企业1个（武威天润白牦牛绿色食品开发有限公司）。甘肃省天祝白牦牛育种实验场已组建天祝白牦牛核心群20群1 000头，选育群60群4 000头，扩繁群100群6 800头。甘肃省天祝白牦牛育种实验场承担着国家级天祝白牦牛保护区建设、天祝白牦牛保种选育、种质资源保护、种群扩繁、科学研究、技术推广等工作。

肃南裕固族自治县牦牛饲养量约8万头，年末存栏5万头。目前，肃南县没有牦牛原种场、选育场、扩繁场，屠宰加工企业1家（肃南裕固族自治县草原惠成食品有限公司），肥育场1个，牦牛养殖合作社8个。种牛除从临近的青海省引进外，主要从优秀后代个体中选留，规模养殖户种牛相互倒换使用。

5. 新疆维吾尔自治区

新疆维吾尔自治区有牦牛22万头。分布于昆仑山、帕米尔高原、天山和阿尔泰山一带的36个县及5个生产建设兵团农场。其中，天山分布区是新疆牦牛的主产区，以克孜勒苏河为界，由西向东分布于乌恰、阿合奇、乌什、温宿、拜城、库车、和静、和硕、托克逊等县一带。该区以巴音郭楞蒙古族自治州和静县的巴音布鲁克区最多，全州存栏牦牛头数9.52万头，南部昆仑山山区和阿尔金山山区的牦牛存栏量为0.58万头。巴州分别于1981年、1983年从青海大通牦牛场引进210头种公牛，和静县巴音布鲁克区牦牛饲养单位分别于2002年、2003年从四川、青海等地引进九龙牦牛、大通牦牛1万多头，采用混群自然交配的方式对当地牦牛进行品种改良，提高当地牦牛种群品质、生产性能。通过《巴州半野血牦牛良种繁育基地》项目在2002年从青海引进了289头半野血牦牛，2003年引进616头半野血牦牛，采用混群自然交配和人工授精方式对当地牦牛进行改良。以和静县哈尔努尔牧场为试验场，通过引进83头天祝白牦牛与当地白牦牛进行杂交改良，改良后白牦牛各项生产性能超越了天祝白牦牛，其产毛绒量得到大幅提高。2008年经新疆维吾尔自治区批准在和静县哈尔努尔牧场成立了自治区级新疆牦牛种牛场，并颁发了种畜生产许可证，为新疆牦牛提纯复壮奠定基础。2009年7月开始驯化5头含阿尔金山半野血牦牛犊，至2015年已繁育驯化含半野血牦牛142头、4头种公牛开展人工采精工作、2016年12月配种群已达6群，共繁殖982头野血牦牛。2014年制作半野血牦牛冻精1 000支，2015年8月制作冻精3 000支。

6. 云南省

云南省牦牛分布于滇西北的迪庆高原地区。其中香格里拉县（原称中甸县）和德钦县占90%以上。丽江纳西族自治县、宁蒗彝族自治县及大理白族自治县的苍山、怒江黎族自治州的丙中洛等地区，也有少量牦牛分布。云南省饲养的牦牛品种为中甸牦牛，为迪庆高原地区的特有畜种，是载入国家畜禽品种志的地方牦牛品种。因主产于原中甸地区的尼汝、格咱、原大中甸、小中甸一带而得名。主要分布在迪庆州境内香格里拉县的建塘镇、小中甸乡、洛吉乡、尼汝乡、格咱乡、东旺乡、尼西乡、五境乡，德钦县的霞若乡、燕门乡、云岭乡、佛山乡、奔子栏，和维西县的巴迪乡等14个乡镇。2016年年底，全州牦牛存栏8.08万头，占全州肉牛总存栏量的33.5%，43%为能繁母牛，犏牛存栏4.6万头。在迪庆州内从事牦牛饲养的养殖大户和专业合作社达245家。

2

第二章　牦牛文化

青藏高原海拔高、气候寒冷潮湿、牧草生长期短，生活在这里的藏族牧民在严酷的自然条件下从事畜牧业生产活动，并牧养着适应高原环境的藏系家畜，如牦牛、藏马、藏羊、藏猪和藏獒等。高寒草原＋藏系家畜形成了世界上独一无二的高寒草原畜牧业区域。其中，牦牛对藏族牧民的生产、生活和青藏高原草原游牧文化的产生具有重要的意义。

藏民族草原文化包括动植物品种资源、传统生产方式、生产技术、生活方式、民俗、民居建筑、民间信仰、礼仪习俗、各种禁忌等。它是以游牧业为经济基础的地域性文化，受自然环境、气候条件、社会经济发展水平和民族因素的影响，具有很强的民族性和地域性，游牧业经济活动表现出明显的游移性、适应性、实用性、简约性、稳定性等特点。

第一节　牦牛文化概述

牦牛文化是以牦牛及其生存的高寒草地为资源，通过生活在这里的藏族牧民辛勤劳动，所形成的传统生产方式、生产技术、生活方式、民居建筑及由此产生的宗教信仰、文艺活动、礼仪习俗、文学美术等文化形式。牦牛文化属于草原文化，它是全世界独一无二的青藏高原特色文化。

青藏高原被称为世界第三极，是一个独特的地理单元。据研究，青藏高原是牦牛起源地和家牦牛的驯化地。生活在这里的人们在严酷的自然条件下从事畜牧业生产，培育出了适应高原环境的家畜，如牦牛、藏羊、藏马和藏獒等，其中牦牛是藏族先民驯化的牲畜之一。牦牛全身被毛，毛厚密，体侧与尾毛长可及地，是唯一产绒毛的牛种，也是能适应海拔3 000m以上环境的家畜之一，是青藏高原高寒牧区不可替代的生产、生活资料。当地牧人的衣、食、住、行、燃料等生活的方方面面都离不开牦牛，牦牛是他们的图腾、是他们崇拜的神。牦牛精神是憨厚、忠诚、悲悯、坚韧、勇悍、尽命，如果说蒙古草原文化的主要内容是马文化，那么青藏高原草原文化的主要内容则是牦牛文化。

一、早期对牦牛的记载

古金文出现牦牛的象形文字，距今有3 000多年。在公元前221年至公元220年的秦汉时期，我国西北、西南的牧区已把牦牛作为主要家畜进行繁育。牦牛还作为高原上的役畜，供驮运和骑乘用。在早期，牦牛的生存范围可能要更大一些。最早在《山海经》中就出现过“旄牛”的记载。《北山经》记载：“潘侯之山……有兽焉，其状如牛，而四节生毛，名曰旄牛。”《周礼》中出现“旄舞”一词。而《吕氏春秋》还有“肉之美者，旄象之肉”的内容。东汉时期，《说文解字》就已经收录了“犛”这个字，其解释是“西南夷长毛牛也”。汉代还出现过牦牛国、牦牛县、牦牛道等。

图 2-1 甘肃天祝出土的铜牦牛

二、出土的铜牦牛

1972年6月在祁连山东端天祝藏族自治县哈溪镇峡门台村出土了一件大型铜牦牛（图2-1）。该铜牦牛采用优质青铜以写实手法铸成。牛首微伸，双目圆睁，嘴颌半张，前背隆起，腰脊略陷，粗颈阔胸却不显肥硕。小臀短足，四足并列平稳敦实。其中角与尾的刻画极为精彩：双角高扬，充满力度，末端却欣然后抑，锋芒顿收。角质光洁圆润，弯度优美。粗尾下垂，圆硕丰满，与高耸的双角前后呼应，使牛身整体形象匀称而协调。圆尾的毛绺纹路细密整齐，线条清晰流畅，历历可数。该铜牦牛身长118cm，前脊高61cm，背高51cm，臂高52cm，腹径30cm，尾长30cm，角长40cm，重75kg。此牛被国家文物局专家组定为国宝级文物，现藏于天祝藏族自治县博物馆。该牦牛青铜器由于长期掩埋于地下，器身锈蚀非常严重，表层出现明显的绿漆古痕迹。不同层次的绿色铜锈下面露出斑斑驳驳的黑漆古纹痕，增强了器物凝重、粗悍的质地感和层次感，呈现出一种返璞归真、优美自然的灰绿色调，是研究藏族历史、文化、宗教的重要实物资料，也是一件不可多得的民族艺术瑰宝。这件铜牦牛实属罕见的古代艺术品，反映了天祝藏族牧民对牦牛的崇拜。

如此规格的青铜牦牛在我国是首次发现，没有任何同型器物可作参照，因此断代有一定的难度。著名佛学专家多识·洛桑图丹琼排活佛主张它是吐蕃时期，即唐代的藏文化遗存。他认为，隋唐时期吐蕃强盛，势力不断东扩，公元8世纪中叶，已世居今甘肃洮河、大夏河和白龙江流域以及河西走廊，建立了显赫一时的吐蕃王朝。那时佛教尚未传入藏区，藏人信奉的是土著宗教——苯教。苯教盛行供奉“牦牛神”的习俗，这件铜牛可能就是苯教宗寺所供奉的神器。

图2-2 西藏阿里地区日土县新石器时代的牦牛岩画

三、牦牛图腾崇拜

从古至今，藏民族对牦牛的图腾崇拜，在不断发展和演化，但从没有消亡，已经成为藏民族文化精神的一种寄托（图2-2，图2-3，图2-4，图2-5）。藏族创世纪神话《万物起源》中这样说：“牦牛的头、眼、肠、

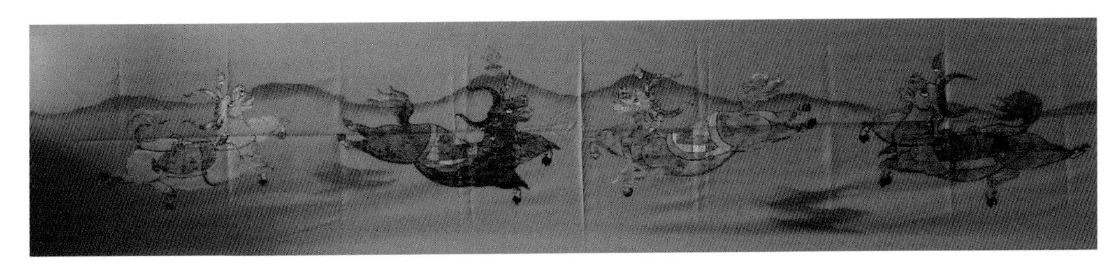

图 2-3　牦牛哈达

图 2-4　牦牛图腾

图 2-5　房门顶上的牦牛头角

毛、蹄、心脏等均变成了日月、星辰、江河、湖泊、森林和山川等。”这是藏族先民牦牛图腾的神化思维。

1.《斯巴宰牛歌》

在安多藏区广为流传的藏族神话故事《斯巴宰牛歌》(“斯巴”是“宇宙”“世界”的意思)当中讲到:“斯巴最初形成时，天地混合在一起，分开天地的是大鹏”“斯巴宰牛时，砍下牛头扔地上，便有了高高的山峰；割下牛尾扔道旁，便有了弯曲的大路；剥下牛皮铺地上，便有了平坦的原野”。又说“斯巴宰牛时，丢下一块鲜牛肉，公鸡偷去顶头上；丢下一块白牛油，喜鹊偷去贴肚上；丢下一些红牛血，红嘴鸭偷去粘嘴上”。由此可见牦牛不单纯是藏民族原始的图腾崇拜物，至今还有藏族地区的牧民们把牦牛的某些器官作为神器，以除灾降魔。广大藏区仍将牦牛角摆设在墙头、门楣及玛尼堆上。一些寺院的护法殿门口还悬挂牛干尸，这些都是以牦牛作为保护神镇恶除邪观念的反映。

2. 供奉的牦牛头骨

据藏族历史文献记载：当初天神之子聂赤赞普从天而降，做的就是吐蕃的牦牛部主宰。藏人史上就有供奉牛头人身像、墙上和屋顶供奉牛头等习俗。至今，藏区屋宅、墙角、山口、桥旁、嘛呢石堆和寺院祭台上仍处处可见供奉的牦牛头骨。藏人认为，牛头是牛灵魂的寄主，是整个牦牛精神的象征，也是神灵尊严及威力的标志。藏族宗教艺术和民间工艺中，也可以看到各种牦牛图案，宗教祭祀和法事活动中佩戴牛头面具演示神牛舞蹈等，均证实牦牛图腾崇拜的历史风俗根深蒂固地留存在藏民族的文化生活中。在藏族几千年的历史长河中，对牦牛的图腾崇拜不断发展和演化形成了一种既古老而又现代的牦牛文化形式。在甘孜州，对牦牛的崇拜很突出，特别是康东、康南地区，藏民在石墙上嵌钻白石牦牛头图案，把牛头供在屋顶、寺院，虔诚礼拜。

3. 牦牛犄角崇拜

牦牛头上一对粗壮的犄角，自它们被驯服以来就派上重要的用场。先是早期人类最原始的容器之一，可用于饮水、挤奶或存放剩余食物等。后来成了牧人挤奶的专用器物，被称为"阿汝"。据老人说，阿汝之名来自古老的牧区，是早期的牧人在他们还没学会制造铁木容器之前的常用器皿，其特点一是取材加工方便，至今牧区仍然在使用这种器皿。二是实用性特别强，结实耐用，携带方便，不变形，不生锈。

4. 牦牛图案做标记

在今天各地的藏族民居上，往往在门窗顶部或房屋转角处，用石灰绘出或用白石砌出的天、地、日、月、星辰或动物和宗教图案，其中牦牛头的图案占有很大比重。此外，在丹巴的民居底层即牛圈的门口或附近，往往有以石头略加雕刻后的牛头、牛角、牛嘴、牛舌等形象，砌在外墙之上。这既是牛圈的标志，也有祈求牲畜繁殖之意。

5. 牦牛被视为镇恶除邪的法宝

至今，仍有藏族地区牧民们把牦牛的某些器官作为神器，以除灾降魔。广大藏区仍将牦牛角摆设在墙头、门楣及玛尼堆上。一些寺院的护法殿门口还悬挂牛干尸，这些都是以牦牛作为保护神镇恶除邪观念的反映。

第二节　牦牛与藏民族的生活文化

当藏族的先民之一古羌人把野牦牛驯化成家牦牛后，牦牛就在藏族地区得到广泛的饲养，生活在青藏高原的藏族牧民与牦牛结下不解之缘，从古至今无不渗透在藏民的生产、生活与社会发展中。如果没有牦牛，藏民的生活将变得无法想象。牦牛对藏民族来说不仅仅是依赖，也不仅仅是一种传统，而是一种从精神到物质的浸润，从文化到民俗的滋养，关系密不可分。

牦牛是青藏高原的象征，也是藏族牧业和牧民传统生活方式的象征。因为牦牛为传统的藏族社会提供了生存的基本保障，它浑身是宝，无私地赐予高原人民衣食住行。逐水草而居的高原牧民们，在游牧转场中，转移帐篷、驮运生活用品和食物，几乎全靠牦牛。一头牦牛驮50~100kg物品，可在海拔5 000~6 000m空气稀薄的山地从容行走。牦牛是牧民们最便捷、最低成本、最靠得住的驮运工具，因而又有“高原之舟”的美称。在高原农区，牦牛承担着耕地、运送肥料、驮运青稞的职责。藏区各河流上常见的水上摆渡工具牛皮船，也是牦牛皮做的，坚固耐用。牧民居住的帐篷，日常贮存物品的口袋，拴牛、拴马和捆东西的绳索，甚至一些冬季穿的御寒的衣服，也都是用牛皮或牛毛制成的，防寒、防潮且很结实。牦牛毛捻成的绳子，富有弹力，结实耐用。牦牛尾可做上好的掸子，有一种白色的牛尾巴更为珍贵，是传统的吉物（图2-6）。柔韧的牦牛毛与细羊毛合用，可织出高级呢料和毡毯。雨雪天出牧披的牦牛毛织成的风衣，滴水不渗。牦牛皮经过加工，可做藏家高靴和皮鞋，光泽好，富有弹性。牧民烧饭取暖的燃料，也离不开晒干的牛粪。所以，对青藏高原上的牧民来说，牦牛身上的每一部分都是有用的，它是牧民的生活之源。

图 2-6　牦牛尾巴做的掸子

图 2-7　打酥油

牦牛奶乳脂率和蛋白质含量都很高，50kg奶可提炼5kg酥油。用牦牛乳制成的酸奶、干奶酪和酥油品质上乘（图2-7）。在藏区，酥油还是敬佛的圣物，寺院需要量很大，各个人家的佛龛前所供灯烛，也是用酥油做为燃料。牦牛也是牧民们的肉食来源之一，它的肉鲜嫩肥美，蛋白质含量高，且有一种独特的韧劲和味道。晒成的牦牛肉干，是牧民们长途迁徙游牧和远行时必带的最主要食品。

近年来，随着高原与内地来往的增多以及商品经济的发展，以牦牛为原料的制品越来越多地销往内地市场，质地轻柔、保暖性极好的的牦牛绒衫，很受消费者欢迎。牛绒制品的保暖性和耐磨性均等同于羊绒制品，但价格却比羊绒制品低得多，而且它不需要染色，迎合了现代人崇尚原色、崇尚天然的服饰潮流。

一、牦牛与牧民生活需求

1. 牧民的衣、食、住、行

从生活需要角度看，“家有牦牛，生活不愁”。牦牛是唯一产绒的牛种，人称万能畜种。

它是保证藏族牧民自给自足生活的主要来源，牧民的衣、食、住、行全部来源于牦牛。用牛绒、牛犊皮制衣；牛皮制鞋、制舟（图2-8）；食物中主要组成部分肉、乳、酪、酥油来自牦牛；部分生活、生产工具如毛绳、毛口袋、皮绳、皮袋等均来源于牦牛；居住的帐篷原料为牦牛毛（图2-9）。同时，牦牛又是草原上主要的交通工具，牧民放牧主要骑牦牛，转场驮运搬家也靠牦牛，故人称牦牛为“高原之舟”（图2-10，图2-11）。

图 2-8　藏区独有的牦牛皮船

图 2-9　牦牛毛帐篷

图 2-10　转场中牦牛驮运

图 2-11　骑牦牛巡逻

藏族人民的食物中米面少，以肉食和奶食为主，肉的食用方法很简单，多以煮食为主，剩余部分多晒成肉干以备今后食用；用牦牛鲜奶制成各种奶制品，如酸奶、酥油、曲拉、奶茶等，这些食品不但耐饥而且做法简单方便，所有灶具就是一把刀、一口锅、一把壶、一个碗，食品是一块肉、一碗茶、一勺酥油、二两炒面，碗里一拌就可食用（图2-12）。可以想象，这里的牧人离开牦牛将无法生产和生活，这也充分表现了游牧文化的适用性、实用性、简约性特征。

一位藏族诗人曾经写道：“雅鲁藏布江上的牛皮船，曾经是一个民族动荡的房间。”在拉萨郊区俊巴村看到的牛皮船，是用四张牦牛皮缝制成的，是在没有桥梁的年代渡过江河的工具。

2. 牛粪——高原的最佳燃料

在茫茫无垠的雪域高原上，凡是有人的地方就有牛粪火。走进牧民的帐篷，到处都可以看到晾晒和堆成堆、码成墙，垒得整整齐齐的牛粪。高原上气温低，牦牛以牧草为食，因而干牛粪燃烧起来如木柴一样没有异味，易燃耐久（图2-13）。

图 2-12　牧民的食物——藏粑

图 2-13　牛粪饼——牧民的主要燃料

3. 牦牛背上的民族

藏族儿童从小就骑牦牛。在牧区经常看到二三岁的藏族儿童骑牦牛，先拉牛鼻绳将牛头拉低使牛嘴贴近地面，然后小脚丫踩上牛鼻圈，牦牛抬起头将小孩送到头顶，再穿过两角中间，爬过牛颈到牛背，转过身一吆喝牛就走了，这是一幅多么和谐的画面。

二、牦牛与牧民精神需求

在藏区无论是保留完整的牦牛题材的原始岩画，还是悬挂于藏族门宅屋顶上的牦牛头骨，甚至包括出土的牦牛青铜器，它们都可以追溯到远古时期人类的牛图腾崇拜文化。从文化角度看，在藏族民间牦牛尤其是白牦牛以神的形象出现，人们对牦牛保持着崇拜的信念。牦牛给牧人精神生活带来丰富的内容。藏族的民间歌谣中，野牦牛是人们颂扬的动物之一，常以野牦牛来比喻英雄。与虎一样，野牦牛是英勇的象征，成为民间文化中的一种符号。在藏族民间传说中有许多关于牦牛的故事；在岩画、壁画、羊皮画、唐卡及藏戏等中都有牦牛形象（图2-14，图2-15）；藏

图 2-14　牦牛唐卡

图 2-15　牦牛壁画

族传统节日活动中有赛牦牛一项。与牦牛有关的形形色色的文化娱乐活动和宗教活动在藏区随处可见。

1. 牦牛赞

13世纪，藏传佛教萨迦派第五位祖师、元代帝师、著名的宗教领袖、政治家和学者八思巴·洛追坚赞（1235—1280年），曾写下一首《牦牛赞》。

体形犹如大云朵，腾飞凌驾行空间，鼻孔嘴中喷黑雾，舌头摆动如电击，吼声似雷传四方，蹄色恍若蓝宝石，双蹄撞击震大地，角尖摆动破山峰，双目炯炯如日月，恍惚来往云端间，尾巴摇曳似树苗，随风甩散朵朵云，摆尾之声传四方，此物繁衍大雪域，四蹄物中最奇妙，调服内心能镇定，耐力超过四方众，无情敌人举刀时，心中应存怜悯意！

这首诗从头到尾、从角至蹄，对牦牛赞美不已，“此物繁衍大雪域，四蹄物中最奇妙”。作为一名宗教领袖，八思巴大师还不忘提醒，“无情敌人举刀时，心中应存怜悯意”。

在以文学方式赞颂牦牛的作品中，又以珠峰脚下的绒布寺每年萨嘎达瓦节期间举办的牦牛放生仪式上的说唱最为经典。说唱词是由15世纪绒布寺上师扎珠阿旺单增罗布首创的，流传了几百年。比较特殊的是，在这个宗教节日期间，所有活动都是由僧人主持，唯有牦牛礼赞这项活动是由俗人，也就是由放牧牦牛的牧民主持。这个仪式先要调集40多头牦牛，再从中选取7头毛色不同的牦牛，赞颂主持人先在牦牛腰椎上面用线缝上不同色质和写有不同经文内容的经幡。之后，由赞颂主持人一边唱着《牦牛赞》，一边在牦牛身上用朱砂画画，并在牦牛角基、角腰、角尖、额头、眼部、耳部、鼻梁等部位涂抹酥油。最后，给牦牛喂食糌粑、青稞酒等，在“咯咯嗦嗦”声中，圆满结束《牦牛赞》的唱诵。众人呼喊“愿天神得胜！”同时，抛撒糌粑，作吉祥祝愿。仪式结束后，7头牦牛被放生。

2. 牦牛的神话传说

传说一：藏族史书《西藏王统记》中，有一则雅拉香波山神的神话。传说吐蕃的第八代赞普止贡被其属下罗昂杀害，两位王子逃难于外，王妃沦为牧马人，罗昂窃取了王位。有一天晚上王妃梦见雅拉香波山神前来与她交合，早上醒来时，见一只白牦牛从她身旁走了出去。8个月后王妃产下一个肉球，虽然害怕却不忍丢弃荒野，于是将它放置在一个野牦牛的角中。过些天再去看时，变成了一个婴儿，他就是后来杀死篡位的罗昂并恢复王权的第九代赞普茹列吉（意为角中生）。这则神话，表明吐蕃王族的保护神雅拉香波山神原是图腾神白牦牛，而且显示了图腾神对部落的保护功能。吐蕃部落在很长的一段时期内，保持着对白牦牛神的崇拜。随着佛教的传播，本土的神灵不断地被改造，逐渐失去了其原始的形态，成为不仅具有神性、人格，而且形体也从动物脱胎为类似于人的形体。像雅拉香波山神也成为地道的密宗护法神，只是其坐骑白牦牛还仍保留着一丝原有的风貌。

传说二：古代的藏区曾被牛魔王统治。野牦牛用力大无比的头和尖利的角降伏了高原的诸山神，这些山神多变化为牦牛。这使人想起了许多苯教神灵所乘的坐骑，诸如“长着六只角的白牦牛”“水晶色的白牦牛”“口鼻喷着雪暴的白牦牛”。显然，在牦牛图腾崇拜中，白牦牛又居于特殊的地位。藏传佛教传说中就有莲花生初到藏地降伏白牦牛神，使其成为藏传佛教护法神的动人故事。

3. 宗教中的牦牛

苯教是佛教未传入藏区前流行的宗教。在藏族神话中，将野牦牛称为天上的“星辰”。古老的藏族牧歌中常讲到牧人碰到从山上下来的神牦牛，而特别崇信白牦牛。在苯教的传说中，许多山神最初的形象都是牦牛。苯教的许多宗教活动中，充溢着对牦牛的崇拜，黑色牦牛被作为神圣、威猛、正义、强大的象征；白色牦牛则做为平安、吉祥、美好的象征。但凡有重大活动必要选择一高大雄健的公牦牛，用神箭射死后在头部刻上咒符、经文，经过祈祷诵祝等仪式，将其与利刃一柄、全牛尾一起深埋于地下谓之“驱邪镇山之宝”，以求祛祸除灾，迎福祈祥，保佑部族平安、吉祥。

苯教认为牦牛头集中了牦牛的灵魂和精气，是其精神力量的象征。而牦牛角则集中体现了其神力和攻击性，故被作为法器为人们所供奉。在藏区随处可见供奉在玛尼石堆上及门庭顶部的牦牛头骨，苯教寺院还将刻有六字真言等符咒的牦牛骨供奉在佛龛之中。

据说牦牛尾具有镇魔祛邪的法力，故藏传佛教寺院一般将牦牛尾放置在经幢、经幡的顶部。现在藏传佛教的守护神中，有许多形象是牦牛，据说都是从苯教中吸收过来的。在藏传佛教的护法神中，有一个威力无边的护法神叫大威德，就是牦牛头金刚。

4. 赛牦牛

赛牦牛就是一项最著名的藏族传统体育性娱乐活动，有着悠久的历史。相传在唐朝时，松赞干布迎娶文成公主，在玉树曾举行过一个隆重的欢迎仪式。其中，有精彩的赛马、赛牛、射箭、摔跤等活动，令久居深宫从未见过这些娱乐活动的文成公主及送亲的官员大开眼界。尤其是黑、白、花各色牦牛组成的赛牦牛活动，更让他们惊奇不已。松赞干布见文成公主很高兴，便当场宣告：以后每年赛马的同时，也举行赛牦牛活动，藏族的赛牦牛活动自此流传了下来。

据藏地一些文献记载，历史上的赛牦牛活动，在牧区一般由一个部落发起，邀请邻近部落参加。赛前要花一段时间调教赛牛，进行艰苦训练。参赛的牦牛在比赛当天，要精心梳洗打扮，骑手也要精心装备。参赛者基本都是十四五岁的男孩子，因他们体轻、灵巧，有利于赛牛加速。比赛分预赛、决赛两部分，预赛的优胜者参加决赛。决赛是比赛中最精彩的部分，场面竞争激烈。比赛中，时常出现有的牦牛在人们的高呼声中受惊吓失控的现象，此时牦牛会狂奔乱跳甚至把赛手撂下地来。但技术好的小骑手却能在此时显示出高超的驾驭能力，让失控的赛牛重新回到赛道比赛，令全场观众欢呼。决赛中获胜的选手，会被热情的观众举起来抛上抛下，以示祝贺，获胜的牦牛也会披红戴花。比赛优胜者奖以牛、马或茶叶、布匹等。

赛牦牛活动在农区形式稍有不同。参加人数较多，跑道长度较长，甚至长达2 000m，以跑完全程的时间长短来计算名次。比赛当天，村民们会带着青稞酒、酥油茶和牛羊肉，穿上节日盛装，把牦牛打扮得漂漂亮亮，兴高采烈来参加一年一度的赛牦牛（图2-16）。

5. 牦牛舞

除了整个藏区普遍盛行的赛牦牛活动外，在甘肃天祝地区，还有以世界稀有畜种白牦牛为题材的文化娱乐活动，如赞歌、舞蹈之类（图2-17，图2-18，图2-19）。据史料记载，白牦牛舞的起源时间有吐蕃说，也有公元17世纪说。白牦牛舞有4人表演、6人表演的，最多的由10人表演。白牦牛舞实际上是藏民族古老传统文化的反映，它展示了藏民族与自然万物和谐共存的精神境界。在他们心目中，白牦牛是在藏族神话传说中被认为是天上下凡的星座，且白色能净化心灵，带来福祉。所以就将神的灵气、雪山的精神融合在一起，附着于白牦牛身上，由此形成了独树一帜的白牦牛文化。

6. 有关牦牛的节日

（1）雪顿节。相传当年文成公主辞别父母，离开长安，途径哈拉玛草原，茶饭不思，身染重疾。观世音菩萨托梦于文成公主身边侍女——卓玛和娜姆，“要想尽快治好公主的病，需采集上百头藏家牦牛之奶敬献公主，方可化险为夷”。这固体状的牦牛奶，食之酸滑，奶香四溢，服用不久后，文成公主大病痊愈，赐名“雪”，即今天的牦牛酸奶。从此，每年藏历7月1日，形成一年一度的固定节日，俗称“雪顿节”，喜吃酸奶是世居雪域高原的藏民族亘古以来的生活习俗之一。

（2）额尔冬绒节。每年的11月13日是四川嘉绒藏人的额尔冬绒节，即祭牦牛神节。

7. 其他应用

藏区还有众多以牦牛命名的地名，如牦牛山、牦牛河、牦牛沟等。以牦牛头形状的头饰

图 2-16　赛牦牛

图 2-18　牦牛舞具

图 2-17　牦牛舞

图 2-19　牦牛舞服

（发饰）至今仍保留在某些藏区，如四川甘孜州理塘坝子的妇女，即有以仿牦牛角形状的头饰。

第三节　牦牛与藏民族的生产文化

一、牦牛生态价值的利用

1. 海拔高度与畜种结构

藏族牧人饲养有牦牛、藏羊、藏马、藏山羊及藏獒，在特殊的牧区也有少量放牧饲养的藏猪。从纯经济角度看，无论是繁殖力、产毛量、食草量，养牦牛比不过养羊，但在生产实践中绵羊与牦牛的比例范围一般是1～3：1，大部分为1.5：1。这是因为牦牛更耐寒冷，善爬高山，可在海拔5 000～6 000m的高寒草原采食，比藏羊更适应高海拔的高寒环境。因此，海拔越高牦牛比例越高，海拔越低，绵羊比例就高。这样的比例有生态学、生活需要和文化根据。这种选择，是对高寒自然生态环境的适应。

2. 维系高寒草原生态系统平衡

从生态平衡的意义看，一定的生物种类与数量且保持相对稳定有利于维系生态系统平衡。牦牛生活于高寒地带，它可以利用夏季牧场最高最冷地方的牧草，亦可利用绵羊不能利用的湿生植被，同时采食牧草的高度较低。所以，牦牛与绵羊的资源生态位置不相同，从而使一个地区的牧草资源得到合理的利用。另外，牦牛到一般绵羊到不了的地方去采食，刺激这里的牧草生长，粪便可以为这些地方的植被提供养料。同时，牦牛对高原寒冻、雪灾、大风等具有更强的抵御能力，夜间在羊圈外围拴缚牦牛可防狼危害羊群。藏族牧民们认为，大量的牦牛与绵羊共同生存，绵羊生长似乎更容易、更健壮，而单独的绵羊群则成活率低。

二、对牦牛数量的控制技术

现代经济学认为，人类经济活动的目的是满足人们日益增长的物质需求，以最小的成本取得最大的财富，即实现经济效益最佳化。利润是人们经济活动的最大动力，但在青藏高原畜牧业中，有一种与现代经济学模式不完全一致的方式，这便是对高原生态环境加以融合的畜牧方式，这种畜牧生产方式不以纯粹追求利润为目的。通常有以下几种类型。

1. “放生”类型

有些藏族牧民将自己家养的部分牛羊看成“放生”的，牲畜从生到老死一直在看护、照料，不宰杀，也不出售，牧民在放牧过程中每年获取的牛乳、牛羊绒毛等产品供自己消费。亦可将牛毛、羊毛，乳制品及自然死亡牲畜的皮革驮运到农业区换取青稞炒面等日用品。有的牧人只放生自己畜群的1/10，有的放生1/3。也有人是象征性地放生一两只（头）。“羊要放生、狼也可怜”，这在藏区是一种较为普遍的观点和现象。

2. 淘汰瘦弱者保护整体的类型

藏族牧民每年冬初挑出一批老、弱、病、残的牛羊及时出售或宰杀，这类牛羊在冬初不及时淘汰，那么在来年春季牧草干枯、气候恶劣的情况下，就会冻饿死亡。从保护其他牲畜、保护草地出发，这种牺牲少量保存大量的策略，是让大部牲畜发展、草地受到保护的适宜策略。

3. 维持生存类型

藏族牧民饲养家畜的数量仅维持在满足其生存的基本需求之内，不靠养畜来推动经济增长和积累更多财富。藏族牧民这种生存方式，体现了与自然和谐共处的特征，为自己谋得了生存发展的空间，保护了生态环境，同时有效地保持了自然资源的可持续利用。

这种生活方式有利于游牧而不利于固定资产积累，因为游牧民和畜群处于一种不断运动的状态中，而且牲畜一方面是生产资料，另一方面是生产工具。因此，游牧文化中的资产都具备综合功能，做到物尽其用。这种综合功能在物质生产方面蕴涵了它的适应性、实用性、简约性、稳定性特征。

三、牦牛的游牧技术

1. 游牧的依据

牦牛自驯养以来，牧民对牦牛的饲养管理一直采用游牧方式。古人称游牧为“逐水草而居”，实际上“逐”是循自然规律所动、按自然变化而行的行为，是一种较典型的既饲养家畜又保护草原的方式。牧民跟着畜群转，畜群随着水草走，人畜都循一年四季天气变化而游牧。这种恒定的路线，不变的轨道，牧民无法突破，他们守护和驾驭着畜群，但又被自然所支配。他们的生活与行为必须准确地按气候与植物生长周期表行动，世世代代承受自然规律的支配，成为自然规律被动的执行者、维护者。

高原多山，山顶与河谷落差较大，山顶与山腰、阴坡与阳坡水热资源分布悬殊，因而植被也呈差异性。山顶与阴坡以高寒草甸为主，山腰阳坡和河谷宽隙地以草原为主，山腰阴坡则分布灌丛类。因此，顺应气候、山地和植被差异而进行季节轮牧便是必须遵循的规律。而高原野生动物的习性、行为与活动方式，常常影响着高原牧民。

牧民的游牧方式是按季节在不同区域迁徙，这与野生动物的迁移有一定相似之处。人们从中预测天气变化和草地状况。例如，当鼢鼠从滩地、河谷地迁徙到山阴坡时，人们认为天气可能要干旱；河谷地带人们通过春季候鸟飞来的迟早来预测当年天气。

2. 四季轮牧技术

当每年6月初，青藏高原海拔3 000m以上草原进入暖季，气温在5℃以上，高寒山地草甸类、沼泽草甸类、灌丛草甸类草地青草已返青，早晚气候凉爽，又无蚊蝇滋扰。牧民们此时进入春季草场，喜凉怕热的牦牛很适宜这种气候。7月中旬到9月初，夏季高寒草地中各种植物利用短暂的夏季迅速生长，牧民放牧一般是早出晚归，让牲畜充分利用生长速度极快而生命周期极短的牧草，早晚放牧于高山沼泽草地或灌丛草地，中午天热时放牧于高山山顶上或湖畔河边泉水处。此时大量的野生岩羊、黄羊与家畜遥遥相伴，甚至混群，情景非常可观。这段时间也是牦牛发情交配的季节，牧民们不会去干扰。9月初，高寒草地天气变冷，气温降至5℃以下，此时牧草籽实已熟，正是抓秋膘的时期，于是牧民又驱畜进入秋季草地。在利用了这些地区的牧草资源后，10月下旬进入冬季草场，这里一般是海拔较低的平地或山沟，避风向阳，气候温和，牧草多系旱生多年生禾本科牧草，返青迟、枯黄晚、性柔软，经过一个暖季的保护，已长至20~30cm高，可供家畜在漫长的冬季采食。冷季放牧一般晚出早归，当太阳照得暖洋洋时才驱赶牦牛缓缓出圈，下午太阳落山前即回畜圈。同时，在放牧中遵循“先放远处，后放近处；先吃阴坡，后吃阳坡；先放平川，后放山洼”的规律。

3. 放牧经验

牧民们总结出了利用不同草地，不同季节与气候放牧的经验，比如“夏季放山蚊蝇少，秋季放坡草籽饱，冬季放弯风雪小”“冬不吃夏草，夏不吃冬草”即要充分保护不同季节的草原。“晴天无风放河滩，天冷风大放山弯”“春天牲畜像病人，牧人是医生，夏天好像上战场，牧民是追兵，冬季牲畜像婴儿，牧人是母亲”。这些谚语都是牧民们多年来总结的放牧的经验。

第四节　牦牛与藏民族的生态文化

千百年来，藏民族在高原生存发展，珍惜爱护高原生态环境，创造了与高原自然生态环境和谐相处的价值观念、生活方式与民族文化。藏民族游牧方式是对自然环境的谨慎适应和合理利用，这种方式限制了家畜数量的增长，使其不超出草原牧草生产力。牧民保护草原一切生物的生命权与生存权，既养家畜又保护野生动物；既要放牧又要保护水草资源，按季节、分地域进行游牧使草地得到休养生息。藏民族在青藏高原创造的这种生存文化，与自然环境高度相适应，其游牧方式、农耕方式都是这种文化的有机组成部分。其价值观念决定了游牧方式、农耕方式不是纯粹为谋利的经济活动方式。因此，藏民族的文化与生活方式，不同于今天大众的生活方式，他们以自己独特的文化向世人表明他们拥有自己的天地、自己的追求、自己的生活。

一、适应高原环境的藏族传统生态伦理

1. 生命都是平等的

在藏族牧民的意识中，部落所处的地域是人、神和动物共同的居住区。在处理牲畜饲养与牧草生长关系中，藏族牧民认为所有生物都是平等的，都是与人共生的、相依相存的，因此就要兼顾各方利益均不受侵害。作为牧民，既要保护动物，又不能使养育食草动物的草原受到损害。牧民不以目前的利益标准来判断自然界生物的“优”与“劣”，因此包括人在内的一切生物都是平等的。它们都源于同一种生命体，长期演化发展中形成了相互依存、相互感应、互为因果、共生共存的密切关系。古代藏民族没有消灭“害虫害兽”的观念，相反，他们认为应不加歧视地保护任何一种生物。在拥有的大片草场上，牧民除了放牧家畜外，同时要留出大片草地给野生食草动物。即使是食肉动物，牧民也不会主动侵扰它们，许多野生动物在宗教中是崇敬和禁忌的对象。遇见所敬畏、禁忌的动物，人们敬而远之。一般在称呼时亦不直呼其名，从而维护了高原生物的多样性。

2. 家畜与野生动物共生存

在动物之间的关系中，牧民既要饲养已驯化了的家畜——牛、马、羊等，也要注意保护

野生动物的生存权利。在许多情况下，家畜与野生动物在同一地区和平共处。牧民饲养的牦牛常爬上高山与野牦牛混群，有时公野牦牛引诱家养母牦牛到处游走几天不归，但因为牧民知其活动路线，故不急于找回。由于不惊扰它们，野生动物基本固定生活于一个区域，牧民便能识别它们，与它们朝夕相处，发生大雪覆盖草地的时候，野生动物与家畜挤在一起共觅食物，牧民若有饲料则要喂养一切动物。草原上的这些食草动物和食肉动物有时会对牧民家畜生存造成威胁。但藏民族认为这并不是经常发生的现象。当发生大雪灾时，高山野生动物就会下山抢食牧草；当草原野生食草动物急剧减少时，狼才会袭击家畜。对此，只能通过调整系统内生态平衡来解决，于是产生了种种宗教仪式和经济活动规范，其中畜牧活动规范至关重要。在藏族宗教中，人与各种动物总是同居一处相互依存。牧民将家畜与野生动物都视为该区域的生存成员，既要放牧家畜，又不干扰野生动物，家畜与野生动物共生同长。

3. 对自身生产、消费的限制和对自然资源的有限利用

藏民族认为，人类畜牧活动的目的既要照看家畜又要保护水草，在此前提下获得有限生产、生活资料，以维系自身的生存发展，而不是商品生产。所以牧民的畜牧活动对自然生态系统并没有加以主动开发和过分干预。在人与其他生物的关系中，既要维持人类自身的生存权利，同时又要与其他生物共同生存，至少不至于造成其他生物的灭亡和消失。这便产生了人对自身生产、消费的限制和对自然界的有限利用为特征的生产、生活方式。而勤俭节约的消费方式使自然资源得以保存和更新。为了对自然资源不造成破坏性的开发利用，游牧社会与外界建立贸易关系，以畜产品交换生活消费品作为维护畜牧生态系统运转的必要条件。总的说来，这种游牧方式是对高原环境的适应，而不是破坏和干扰，可使千年来高原自然生态环境未受大的人为破坏。对青藏高原高寒牧区来说，游牧方式不仅在过去，而且在目前仍然是最适宜的方式，因为只有这种方式才能保护自然生态环境，同时保持优良的民族传统文化。

二、藏民族的禁忌文化与生态保护

古人云："欲生于无度，邪生于无禁"。藏族牧民自古至今，对自然的禁忌已涉及各个方面，成为一种系统的禁忌文化。

1. 对山的禁忌

禁忌在神山上挖掘；禁忌采集砍伐神山上的花草树木；禁忌在神山上打猎；禁忌在神山上喧闹；禁忌将神山上的任何物种带回家去……。藏民族热爱自己的草原，说草原上有金瓶似的神山，明镜般的神湖，翡翠般的森林，彩云般的鲜花。藏族语言中，一般不说登山、上山、下山之类词语，而只说"进山""出山""山里去了"，因为山不是攀登、征服的对象，不是独立于人之外，山是人的居住地，但心目中山就是统管者和依赖者，人是山体的一部分，

人与山融为一体。人与山体的其他生物一样，崇敬山、保护山，不可能敌视山、破坏甚至征服山。在他们的心中，人只能敬畏山，与山融为一体，而不能去征服它（图2-20）。

2. 对水体和土地的禁忌

禁忌将污秽之物扔到湖（泉、河）里；禁忌在湖（泉）边堆脏物和大小便；禁忌捕捞水中动物如鱼、青蛙等（图2-21）。对土地的禁忌，一般牧区与农业区是有区别的。在牧区，人们严守“不动土”的原则，严禁在草地胡乱挖掘。在农区，不动土是不可能的，但不能随意挖掘土地，每年开耕前要先祭土地，去地里劳动穿新衣，不能在田野赤身裸体，以示对土地的尊敬。要保持土地的纯洁性，比如在地里不能烧骨头、破布等有恶臭味之物。藏族老百姓在新年第一天所做的第一件事，就是敬“新水”和“新土”，而不是去敬神佛、朝拜喇嘛活佛，更不是访亲问友，祝贺新年。这说明藏族人民对他们赖以生存的水和土地有着非常深厚的感情。

图2-20　对神山的保护

图2-21　对神水（源）的保护

3. 对鸟类、禽类的禁忌

禁忌捕捉和惊吓任何飞禽；禁忌拆毁鸟窝、驱赶飞鸟；禁忌食用鸟类及鸟蛋（包括野外的和家养的）。

4. 打猎禁忌

除猎户外，大多藏区是禁止打猎的，尤其禁止猎捕神兽（兔、虎、熊、野牦牛等）、鸟类及狗等。

5. 对家畜的禁忌

禁忌侵犯“神牛”与“神羊”（即专门放生的牛羊），神牛、神羊只能任其自然死亡。禁忌陌生人进入牛羊群或牛羊圈；禁忌外人清点牛羊数；禁忌牲畜生病时，外人来串门做客；禁忌食用一切爪类动物肉（包括狗、猫等）；禁忌食用圆蹄类动物肉（驴、马、骡等）；禁忌在每月15日、30日和6月6日、9月22日等宰杀牛羊。

6. 其他禁忌

禁忌捕捞水中的任何动物；禁忌食用鱼、蛙等水中动物；禁忌故意踩死打死虫类。除此以外，藏区还有对火及灶的禁忌，对居室的禁忌，对树木的禁忌以及人事方面的禁忌等。

有些禁忌出于对自然的感激之情，如土地草山养育着一切生灵，泉水、湖泊是高寒干旱之地的珍贵之物。出于对大自然和相依为命的动物伙伴的感激，从而产生了对它们的保护禁忌。

禁忌使牧民只能有限度的按自然规律使用草场（四季轮牧法）。几千年来，牧民通过禁忌保护了草原，使草原生态维持了较好的状态，保护了青藏高原许多珍贵的兽类、鸟类与鱼类，保持着高原生物的多样性，维持了生物界正常的食物链，维护了自然生态环境的平衡发展。牧民说："草好的年月，狼不吃羊，草不好的年月，狼才吃羊。"这是有科学道理的。在家畜放牧的草原，如果牧草丰盛，草原上其它食草动物的数量自然也会增加，所以狼不会捕猎家畜；反之，如果牧草匮乏，食肉动物食源不足，自然会捕猎家畜。

高原上的人们并无"害虫""害兽"的观念，也不会为了牟利去杀害生命。许多牧民并不主张以药灭鼠、以器捕杀狐狸。他们认为过去草原不用毒药灭鼠，老鼠也不危害草原，主要是由于对草原保护得好，牧草长得丰茂，而高密的牧草下高原鼠不易生存。此外，被保护的草原生存大量兽类与鸟类，都是老鼠的天敌。表明在生物多样化的环境里，不同生物之间自然实现平衡。

藏民族的众多自然禁忌是出于对自然的敬畏与感恩，因而对自然的保护性禁忌是一种非常自觉的行为，一种必须要这样做，否则会引起灾难的心理倾向与道德规范，而藏区过去政教合一的政权所颁布的保护水、草、动物的法令，则是对民间自然禁忌的扩大与具体化、规范化、制度化。这样对自然的崇敬观念、禁忌机制、道德规范与世俗法令共同构成了保护自然环境的网络。从文化上讲，这是作为统一的整体而发挥作用。禁忌与法规建立在对自然的崇敬之上的，没有崇敬信仰，法规不可能被执行。今天，国家《环境保护法》已颁布多年，许多人知而不行，除了其他原因外，缺乏对自然的敬畏，亦缺乏对法律的信仰与尊重是很重要的原因。

3

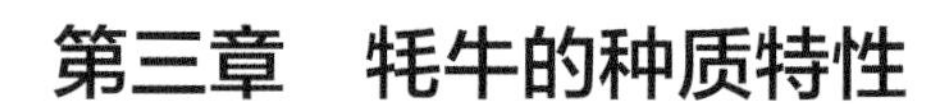

第三章　牦牛的种质特性

第一节　牦牛的解剖学特性

牦牛生活在高海拔地区，为了适应高寒低氧的特殊环境，在长期的进化中，牦牛形成了独特的生物学特性。

一、骨骼

骨是动物体内的一种活器官，通过骨连接构成骨骼，骨骼是动物体的坚固支架，在维持体型、保护脑部及其他脏器及支撑体重等方面起着重要作用。骨由无机质和有机质构成，无机质富含$CaCO_3$、$Ca_3(PO_3)_2$、CaF_2等化学物质，使得骨骼坚硬；有机质主要成分是骨胶原蛋白和黏多糖，赋予骨骼柔韧而有弹性的特质。骨骼内含有丰富的血管、淋巴管和神经。

1. 头骨

根据青海省湟源牧校及四川农业大学动物科技学院牦牛课题组的研究表明：牦牛头骨呈四面锥形，可分为额面、侧面、基面和项面。牦牛头骨较当地黄牛重，雄性牦牛头骨较雌性宽而重，头宽指数为54.32，雌性为51.86；雄性牦牛面骨指数为60.53，雌性为59.65。

（1）额面。亦称作背面，由额部（额骨）、鼻部（鼻骨）和颌前部（额前骨）组成。细分为顶、额、鼻和额前四部分。

①顶部：即额骨后端的背面，黄牛在额骨与顶骨接缝处的中部有高大的额隆起，牦牛的额隆起在接缝处的前方。

②额部：即额骨背侧面。牦牛额部长20.8±1.39cm，宽20.42±1.42cm，近似正方形。牦牛在额部中央两眼眶之间有明显的宽大凹陷，称之为额窝，深0.26~1.31cm。牦牛的角骨突（角突）发达，长26~34cm，雄性牦牛角突基部周长19.14±1.72cm，上下径为4.91±0.38cm，前后径为6.51±0.5cm；雌性牦牛角突基部周长13.59±0.54cm，上下径为3.72±0.21cm，前后径为4.53±0.23cm。角突表面除具有小孔和小沟外，还有1~10条深的纵沟。

③鼻部：鼻部主要由鼻骨构成，包括鼻骨的背侧面和额前骨鼻突的后部。牦牛鼻骨短而宽，骨质鼻孔宽大，利于气体大量通过从而适应缺氧环境。鼻骨后缘呈圆弧形，两侧共通泪骨和上颌骨相连，鼻泪缝和鼻颌缝长分别为3.94±0.69cm和2.44±0.5cm。雄性鼻骨宽6.48cm，雌性为5.6cm。牦牛鼻腔呈上下压扁的圆筒状，最大宽约10cm，最大高约9cm，左右鼻腔后部以鼻咽道相通，鼻咽道底壁长约9.5cm，占腭部长的40%左右。背鼻甲骨较小，两端尖，中部宽而上下压扁，腹鼻甲骨呈左右稍扁的柱状，最大周长约14cm。

④额前部：亦指额前骨背面，主要由颌前骨组成，呈长方形，牦牛的额前骨前缘比黄牛

平直。牦牛两侧额前骨腭突互相结合成一直缝，称之为“额前缝”，牦牛的额前缝在前端分开，黄牛此缝为一条间隙，称为“额前间隙”。牦牛的腭裂（即额前骨鼻突与腭突之间的裂隙）较小，形如一对月牙，黄牛此裂宽大，形近半月状。

（2）侧面。牦牛头骨侧面分为颅部、眶部和眶前部，近似钝三角形，背侧边最长，腹侧边长为背侧边的2/3，后侧边长则只有背侧的1/2。

颅部：由额骨、顶骨、鳞颞骨及岩骨的一部分组成，用于保护大脑组织。颞骨鳞部和顶骨颞部构成颞窝，牦牛的颞窝深而上下压扁，顶壁比底壁宽。颞窝的上界为额外嵴，黄牛此嵴较牦牛更为明显；颞窝的下界为颧弓，颧弓由上颌骨、颧骨及颧骨的颧突结合而成。颞窝的前界为眶上突，后界为颞嵴和顶嵴。

眶部：即眼眶部，眼眶前缘为泪骨的外后缘，腹缘为颧骨的外上缘，上缘为额骨眶上突的外缘，牦牛眼眶面积约为26.17cm^2。眶的前壁为泪骨，泪骨构成眼眶前壁的骨质基础，眶壁前下方有一较大的薄骨质泡，称为泪骨泡。泪骨泡和上额结节内侧与腭骨垂直部有一大而深的凹陷，称为上额隐窝，隐窝下方有腭后孔，上方外侧有上颌孔，内侧有蝶腭孔，牦牛上颌孔远比当地黄牛的宽大。近颧骨的眶缘处后方有泪囊窝，是泪管的入口，窝后方约2cm处另有一眼肌附着处的凹窝。

眶前部：主要指上颌骨的颜面，其次为泪骨、颌前骨和颧骨的颜面，牦牛此部轮廓接近平行四边形。牦牛的泪骨面长10.21~11.45cm，远比当地黄牛长。牦牛上颌骨面结节非常发达，位于第三、第四颊齿背侧，呈发达的大隆起状，而普通牛此结节位于第一至第四臼齿上方，呈与臼齿咀嚼面平行的曲线状隆起。面结节向前有一明显的纵行细嵴，伸达第一颊齿相对处。牦牛的骨质鼻孔较黄牛宽大，牦牛眶下孔位于第一、第二颊齿间隙背侧，距齿槽缘2.63±0.26cm，在眶下孔前方的内侧形成明显的骨槽，称为眶下孔前沟，当地黄牛无此沟。牦牛下颌骨体比黄牛的直，冠状突向后上方弯曲，顶端尖，朝向后内侧。切齿部长4.58±0.48cm，颏孔位于切齿部后端稍后方。

（3）基面。亦称作底面、腹面，指脑腔底部和鼻腔底部的结构，由颅底部、鼻后孔部和腭部组成，雄性牦牛的基面长约37.64cm，雌性约35.86cm。

①颅腔底部：此部的后界是枕髁和枕骨大孔，前界是蝶骨翼突和犁骨。颅底部的枕骨副乳突较细，外侧面呈三角形，向下变尖。牦牛枕髁外侧有凹入的髁状窝，窝内有舌下神经孔和髁状孔，髁状孔向内进入两个骨质管，窝的两侧向下方伸出板状和副乳突，此突的末端伸向内下方。副乳突的前方靠内侧处，有大而中空的骨质泡，叫做鼓泡，牦牛的鼓泡比黄牛小，左右径约为1.34cm，连接骨性外耳道和鼓泡之间的骨板比黄牛的窄，宽约1.98cm，此泡内腔即为鼓室。鼓泡的前下方有骨刺伸出，名为“肌突”，有时分出两个尖端。在两侧鼓泡之间有棱柱状的“枕骨基底部”，其外侧与鼓泡之间还有裂隙状的“破裂孔”，此部向前与蝶骨体

连接，连接处的两个粗隆称为基结节（或肌结节）。牦牛的基结节远比当地黄牛的发达。在鼓泡外侧有一个由骨板围成的凹陷，内有“舌突”，舌突借柱状软骨与舌骨组成关节。舌突外上侧是外耳道，外耳道向外突出形成一短管，名为“外耳突”，供耳廓软骨附着。外耳道中部的前方有关节后孔，关节后孔的前方为关节后突。关节后突前方的横行隆起为颞髁，此髁与下颌骨髁状突成关节。颞髁的外前方为颧突，颧突与颧骨及上颌骨的同名突起一起构成颧弓。蝶骨体两侧为“下颞窝”，此窝的前方以翼脊为界，其后方内侧有一“卵圆孔”。黄牛卵圆孔呈肾形，孔周缘平坦，牦牛的卵圆孔相比较小，且孔的周缘凸起，形成圆形的管状。

②鼻后孔部：由腭骨水平部的后缘及其垂直部的腹缘、翼骨的钩突、蝶骨体的腹缘共同围成长方形的“鼻腔咽头口”，口深部的中央由犁骨分成左右鼻后孔。鼻后孔宽，呈长方形，长约8.25cm，宽约3.60cm，而当地黄牛此口远比牦牛窄小，口的前端缩小为“V”形。

③腭部：由颌前骨的腭突、上颌骨的腭突及腭骨水平部组成，是构成硬腭的骨质基础。牦牛腭部平均长约23.9cm，占基面平均长的2/3，黄牛腭部稍短，约占全长的3/5。鼻腔咽头口前缘的两侧和硬腭的后缘形成凹向前方的切迹“硬腭后缘切迹”，其外侧有向后的隆起，即齿槽结节，此切迹的上方有“腮后孔”，通向腭管。腭管在腭骨水平部向前于腭颌缘上开口，称为“腭前孔”，牦牛腭颌缝横行穿过腭前孔的顶壁，黄牛此缝在腭前孔1~2cm处横行通过，而不穿过该孔。这是牦牛与当地黄牛的显著差异之一。

（4）项面。项面为颅腔的后壁，由顶骨、顶间骨和枕骨结合而成。普通牛呈五边形，牦牛为近似等边三角形。顶骨位于枕骨后侧，额骨的腹侧，被颞线分为后方的顶部和两侧的颞部。顶间骨位于左右顶骨和枕骨之间，枕骨位于颅后部，构成颅腔后壁及下底部的一部分。枕骨后端正中有枕骨大孔，此孔前通颅腔，后接椎管，孔的上方有“枕骨中央脊”，顶端为枕外结节。枕骨大孔的两侧为卵圆形的关节面，称为枕髁，牦牛两枕髁的距离比当地黄牛大。髁的外侧有粗大的颈静脉突，突的基部与枕髁间形成髁腹侧窝，内有舌下神经孔。

2. 四肢骨

西藏自治区农牧学院对牦牛的前肢骨及后肢骨做了较为系统的研究，并与普通牛的四肢骨进行了比较。

（1）前肢骨。牦牛前肢骨包括肩胛骨、臂骨、前臂骨和前脚骨。肩胛骨仅由一块肩胛骨构成，臂骨由单一的肱骨组成，前臂骨由桡骨与尺骨组成，前脚骨由腕骨、掌骨、指骨和籽骨组成。

①肩胛骨：肩胛骨位于胸廓外侧壁的前上方，呈三角形，外侧有一条纵行隆起，称为肩胛冈，肩胛冈前部有窄小的凹陷称为冈上窝，后部有宽大的凹陷称为冈下窝，用以附着肌肉。在肩胛骨的下端有呈卵圆形凹槽的关节盂（旧称肩臼），关节盂的前上方为肩胛结节，结节的内侧为喙突。牦牛肩胛骨解剖图如图3-1、图3-2所示。

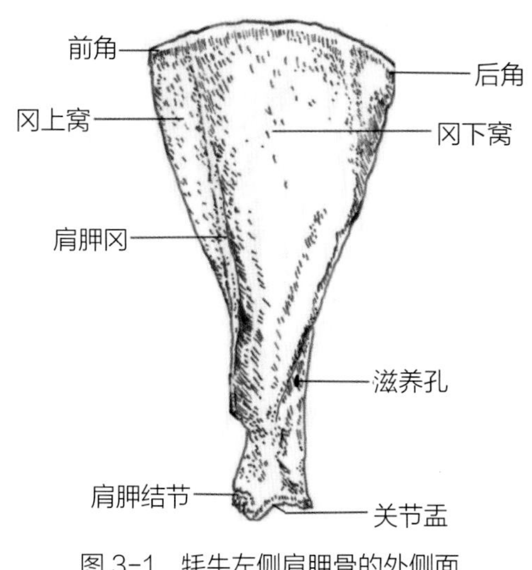

图 3-1　牦牛左侧肩胛骨的外侧面

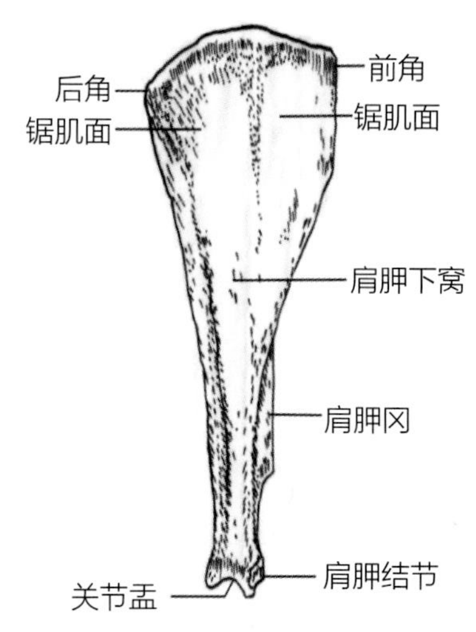

图 3-2　牦牛左侧肩胛骨的内侧面

②臂骨：亦称为肱骨，为管状长骨，由两骨端和骨体组成，位于胸部两侧前下部，由前上部斜向后下外侧。近端后侧的肱骨头与肩胛骨的关节盂组成关节。肱骨头前部外侧结节凸起大而高，内侧结节较小；内外结节之间有深凹的结节间沟，沟内有臂二头肌通过，亦称为臂二头肌沟。远端为肱骨髁，有一向外下部倾斜的关节面与桡尺骨构成关节，关节面被一矢状沟分为内、外二髁，内侧髁大，外侧髁小，髁后上方有两个粗厚的嵴，称上髁，内上髁较大而高凸并稍向外倾斜，外上髁低，稍向内倾斜。肱骨髁的前上方有一倾斜的横窝，内有数个小孔，称之为冠状窝。骨体外表光滑，呈略扭曲的圆柱状，外侧有由后上方向外下方呈螺旋状的肱肌沟。肱肌沟中部有卵圆形粗糙面，称为圆肌结节。股沟外上方有稍凸的粗隆称为三角肌粗隆。牦牛肱骨解剖图如图3-3、图3-4所示。

③桡骨：位于肱骨与腕骨之间，分为骨体和两端。骨体前后稍扁，向前微弓，上部内侧及内缘有一桡骨隆起，下部较宽。桡骨近端与肱骨远端构成关节，关节面上有二矢状峭，两矢状峭之间有黄豆大小的滑液囊窝。桡骨前缘有冠状突，后缘稍下方有两个关节面，与尺骨成关节。两侧有粗糙的隆起，内隆起较小，外隆起较突出。桡骨远端呈前后压扁状，与腕骨成关节面，分为3部分；内侧部较大，与桡腕骨成关节；中间部最小，与中间腕骨成关节；外侧部与尺腕骨成关节。背面由纵峭分为宽而浅的内、外两个直沟，腕与指的伸肌腱通过其中。掌面有一粗嵴，下部有2个凹入部。两侧有韧带结节，内侧韧带结节小，与尺骨远端愈合在一起。外侧韧带结节粗糙，下部有一韧带窝。桡骨解剖图见图3-5、图3-6所示。

④尺骨：位于桡骨的后外侧，呈弓形，较桡骨细长。骨体中部前面与桡骨相愈合，下部前面光滑，与桡骨形成远端前臂骨间隙。内侧面凹而光滑，外侧面有两条纵走的嵴，前嵴与

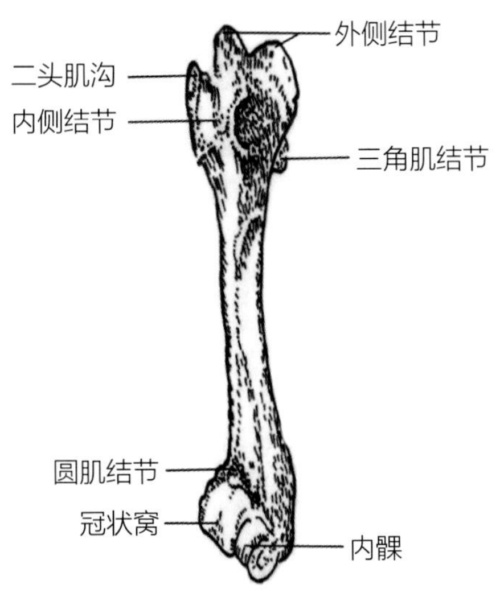

图 3-3　牦牛左侧肱骨前面观

图 3-4　牦牛左侧肱骨外侧面观

桡骨后缘间形成一纵走的沟。远端位于肱骨远端后方，并向后上方突出，内面上部较平，下部凹入。背缘钝，下部有呈鹰嘴状的钩突，钩突下方为弧状的关节面，称半月切迹，与肱骨髁成关节，切迹稍下方有二关节而与桡骨近端掌侧关节面呈关节，掌缘隆起，厚而光滑。游离端为一粗大隆起，称肘突（鹰嘴）。肘突发达，顶端粗糙，为肘结节，其周围有不规则的结合线，在年轻牦牛有数个小孔。远端与桡骨后外侧愈合并向下突出于桡骨远端下方，为尺骨茎突，与尺腕骨成关节。尺骨解剖图见图3-5、图3-6所示。

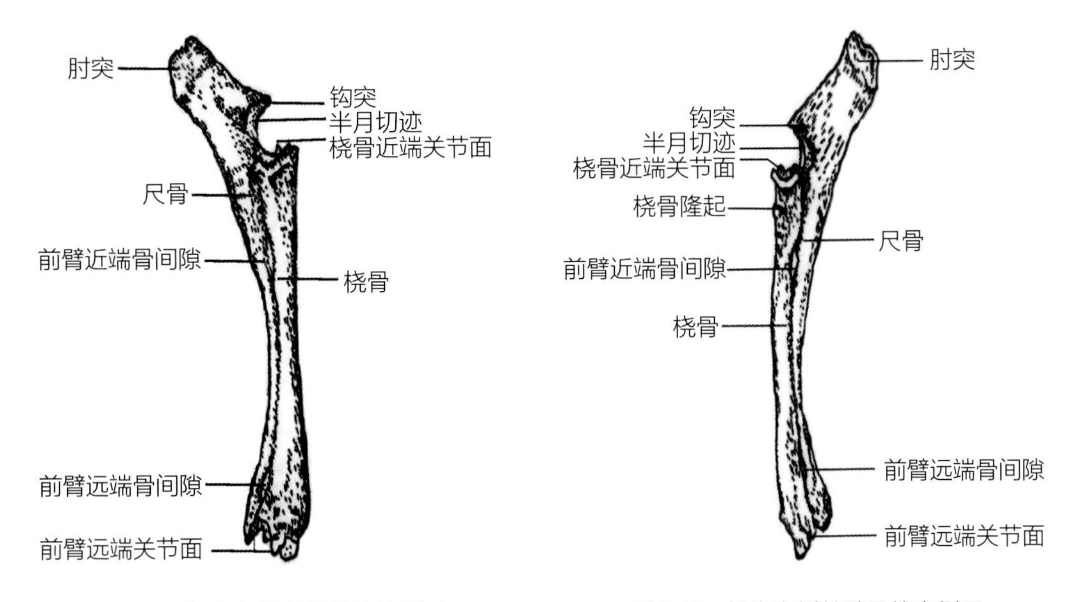

图 3-5　牦牛右侧前臂骨的外侧面

图 3-6　牦牛右侧前臂骨的内侧面

⑤腕骨：属于短骨，共6块，排成两列。近列4块，由内向外依次为桡腕骨、中间腕骨、尺腕骨和副腕骨，桡腕骨最大。远列2块，由内向外依次为第二、第三腕骨和第四腕骨，第二、第三腕骨愈合为一块四边形骨。桡腕骨呈不正四边形，近端与桡骨下侧内端成关节面，远端与第二、第三腕骨成关节，外侧面与中间腕骨成关节。中间腕骨位于桡腕骨的外侧，近端与桡骨远端中央关节面成关节，远端与第二、第三腕骨和第四腕骨成关节，内侧面与桡腕骨成关节，外侧面与尺腕骨成关节。尺腕骨位于近列腕骨外侧，前端与桡骨远端外侧成关节面，后端与尺骨远端成关节，远端与第四腕骨成关节，内侧面中下部与中间腕骨成关节，掌面的卵圆形关节面与副腕骨成关节。副腕骨位于尺腕骨后外侧，前大后小，前缘与尺腕骨掌面成关节。第二、第三腕骨愈合成一四边形骨，近端与桡腕骨、中间腕骨远端面为关节，远端与第三、第四掌骨近端关节面成关节，外侧面与第四腕骨成关节。第四腕骨位于下排腕骨外侧，呈方形，与中间腕骨、尺腕骨为关节，远端与大掌骨成关节。

⑥掌骨：包括大掌骨和小掌骨。大掌骨由第三、第四掌骨愈合而成，较发达，呈长骨状，前后略扁，背侧光滑。近端关节面被一纵嵴分为内外两部，内侧部与第二、第三腕骨成关节，外侧部与第四腕骨成关节，后外侧面与第五掌骨成关节，此关节面的内侧有粗糙的隆起，称为掌骨结节。远端关节面被矢状切迹分为近髁与远髁，远髁两个髁面低而圆滑，近髁面二髁突出，远近髁两个髁面中部各有一矢状沟。第五掌骨退化为很小的不规则棒状，也叫小掌骨，位于大掌骨的近端外侧，近端的关节面仅与大掌骨构成关节。牦牛掌骨解剖图如图3-7所示。

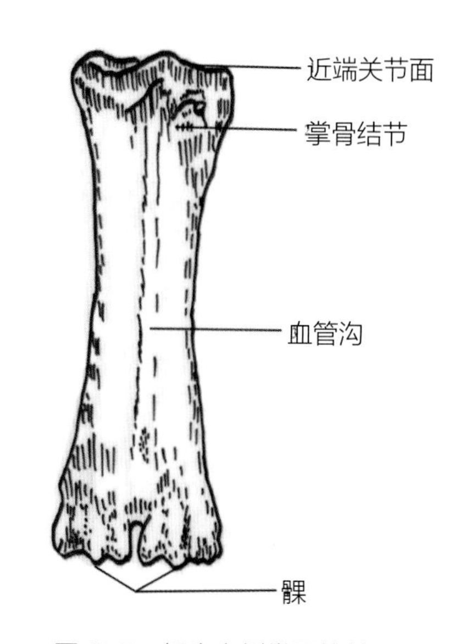

图3-7 牦牛右侧掌骨的前面

⑦指骨：有4块，其中第三、第四指为主指，发育完整，各由3个指节骨及3个籽骨组成，与地面接触；第二、第五指大部分退化，形成悬蹄，不与地面接触。指节骨分为近指节骨（系骨）、中指节骨（冠骨）和远指节骨（蹄骨）。近指节骨呈圆柱状，近端被一矢状沟分为左、右两部，两部后面各有一小关节面，与上籽骨成关节。远端关节面亦被一矢状沟分为左、右两个凸面，远轴侧较大。中指节骨较短，呈不规则棱柱状，两端粗大，中部略细，近端关节面被一矢状嵴分为2个凹状的关节面，远轴侧大。远指节骨位于蹄匣内，与蹄匣的形状完全吻合，分为4个面，即壁面、轴侧面、底面和关节面。

⑧籽骨：分为近籽骨和远籽骨，近籽骨呈长方形，前面为关节面，与大掌骨远端后面及

第一指节骨近端后面成关节。两近籽骨间有小关节面，而成关节。远轴籽骨呈梯形，背侧面为关节面，与第二指节骨远端后面及第三指节骨近端后面关节面成关节。

（2）后肢骨。牦牛后肢骨包括髋骨、股骨、小腿骨和后脚骨。髋骨包括髂骨、坐骨和耻骨，以支撑后肢，是牦牛体内最大的一块扁骨；小腿骨包括胫骨、腓骨和膝盖骨（髌骨）；后脚骨包括跖骨、跗骨、趾骨和籽骨。

髋骨：由髂骨、坐骨和耻骨愈合而成，两侧髋骨组成盆带。髂骨位于外上方，耻骨位于前下方，坐骨位于后下方。3块骨结合处形成杯状的关节窝，称为髋臼，与股骨头成关节。骨盆是由背侧的荐骨和前3个尾椎、腹侧的耻骨和坐骨以及侧面的髂骨和荐结节阔韧带构成的前宽后窄的锥形腔。骨盆入口呈椭圆形，据测定，牦牛骨盆前口直径（自荐骨伸至骨盆缝前端）约为18cm，横径（髂骨体最宽部的长度）约为13cm，自骨盆缝前端至第三、第四荐骨结合部的垂直径约为17cm，骨盆底呈长方形的深凹状。出口的垂直径（自第三尾椎至骨盆缝后端）约为15.5cm。牦牛髋骨解剖图如图3-8、图3-9所示。

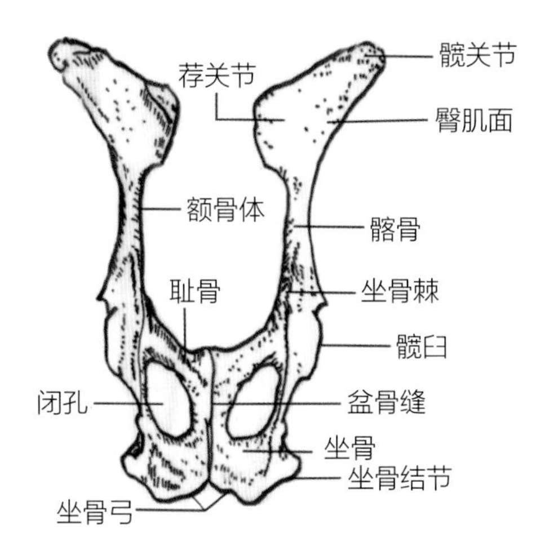

图3-8　牦牛髋骨背侧面

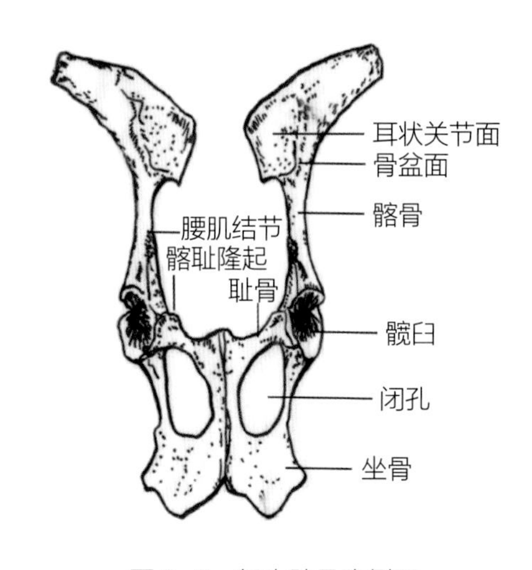

图3-9　牦牛髋骨腹侧面

①髂骨：近似三角形，由棱柱状的髂骨体和较为宽广的髂骨翼构成，髂骨翼在前，髂骨体在后。髂骨翼的背外侧面凹，称臀肌面，从坐骨棘向前沿髂骨体内侧至髋结节有一与髂骨外侧缘平行的粗糙线，为臀肌线。髂骨翼内侧面凸，为骨盆面，其后内侧的耳状关节面与荐骨翼成关节。前缘为中部薄两侧厚的髂骨嵴，内缘为光滑深凹的坐骨大切迹，外缘光滑并向内凹入。内角向内上方伸向荐骨前部棘突外侧，称荐结节；外角为髋结节，其前外侧粗厚，后面平滑，构成臀部外角的基础。

②坐骨：坐骨为四边形扁骨，构成骨盆底壁后部。骨盆面的长轴向后下侧倾斜，使骨盆面显著凹陷。前内侧与耻骨结合构成闭孔内缘一部分，外侧前端下部形成髋臼的一部分，

后角粗大，呈三角形，为坐骨结节。

③耻骨：为髋部最小的一块骨，由耻骨体和两个耻骨支组成，构成骨盆底的前部。耻骨体为连接髂骨体和坐骨体的部分，并与二者构成髋臼。耻骨前支（髋臼支）较窄，伸向外前方，纵支窄而薄，内侧前部与对侧相应部形成一稍隆起的纵嵴。腹面凸，两耻骨结合处形成耻骨结节。前缘较厚，在髋臼内侧有一显著向前下方突出的髂耻隆起，在髂耻隆起与耻骨结节间，有一从后外侧斜向前内侧的沟。内侧缘与对侧相应部靠软骨相连，构成骨盆缘的前部，骨盆缝中部两骨不愈合，有0.2~0.5cm宽的缝隙。

（3）股骨。股骨是畜体最大的管状长骨，包括骨体和两端，骨体上部呈圆柱状，内侧有粗糙的椭圆形隆起，为小转子，中部内侧有一滋养孔，下部呈三棱柱状，下部外侧有一髁上窝，窝的外上部粗厚，为外髁上嵴，下端中部凹陷，有几个小孔。近端与髋臼成关节，内侧有卵圆形关节面，为股骨头，中央有浅而小的窝，窝外侧有一小隆起，颈部外侧有粗大的隆起，称小转子。大转子后缘向内下方伸延，与小转子相连，为转子嵴。远端粗大，前方呈上宽下窄的滑状关节面，与膝盖骨及胫骨成关节。关节面内嵴较长，高而粗厚，外嵴薄而短，关节面上部有较粗糙的膝上凹。后部有呈椭圆形的内、外二髁，内髁内上部为内上髁，下部有韧带窝，外髁外上部为外上髁，其下后部有腘肌窝，外髁前部与膝滑车之间有伸肌窝，两髁之间为髁间窝。牦牛后肢股骨解剖图如图3-10、图3-11所示。

（4）小腿骨

①胫骨：为呈三面棱柱状的长骨，分一骨体与两骨端。骨体上部呈三面体，下部扁平，整体呈向内的弓状弯曲，内侧面上宽下窄，外侧面为螺旋状沟，背侧上部有向前隆突的胫骨嵴，跖面上、下部平而光滑，中部有4~5条纵走的肌线，上1/4下端外侧有一滋养孔。近端粗大，近似三边形，关节面有内外二髁两个隆起，与半月板及股骨髁成关节，外髁外侧突出，其下部与腓骨近端愈合在一起，两髁之间形成髁间隆起及髁间窝，后缘中部有一凹陷，为腘

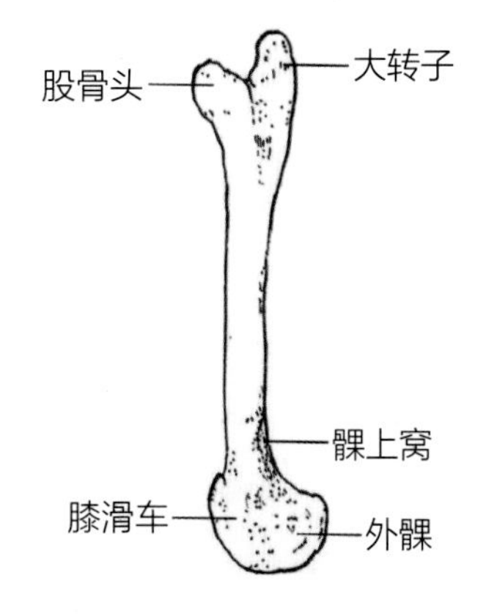

图3-10　牦牛左侧股骨的外侧面

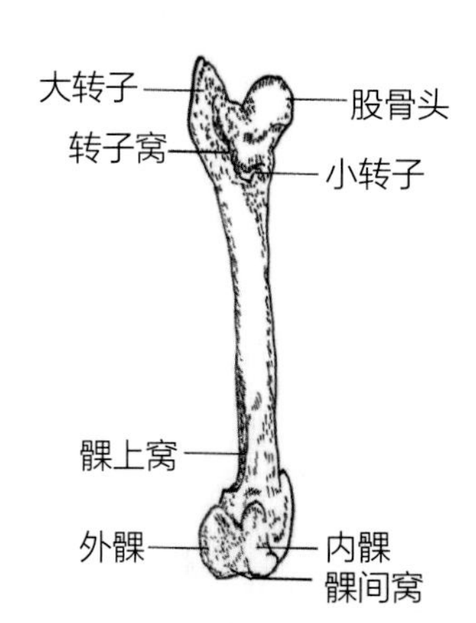

图3-11　牦牛左侧股骨的内侧面

肌切迹，前方为胫骨结节，大而粗糙，上部有一大孔及数个小孔，胫骨结节下部与胫骨嵴相连。外髁与胫骨结节之间有半圆形光滑的肌沟。胫骨远端呈横长方形，关节面为凹陷状的滑车关节面，整个关节面与胫跗骨的滑车相吻合，内侧面有粗隆的内踝，其后缘有一纵形浅沟，前部形成一向下的尖突，外侧有一窄深的垂直沟，中部由一纵嵴将其分为基本平行的两沟，内沟窄深，外沟宽浅，内侧沟前部有一小的滑液窝，下部有一关节面与踝骨成关节，踝骨中部的突起伸入垂直沟内。

②腓骨：位于胫骨外侧，骨体退化，仅剩上、下两端，近端与胫骨外踝外下部相愈合，呈向下突出的结节状，与胫骨远端外侧成关节。远端为髁骨，略呈四边形，与腓跗骨成关节。内侧面有一弧状关节面，与胫跗骨上部外侧成关节，上端中部和前、后端各有一向上的小棘，与胫骨远端外侧相嵌合。牦牛右侧小腿骨的背侧和跖面如图3-12、图3-13所示。

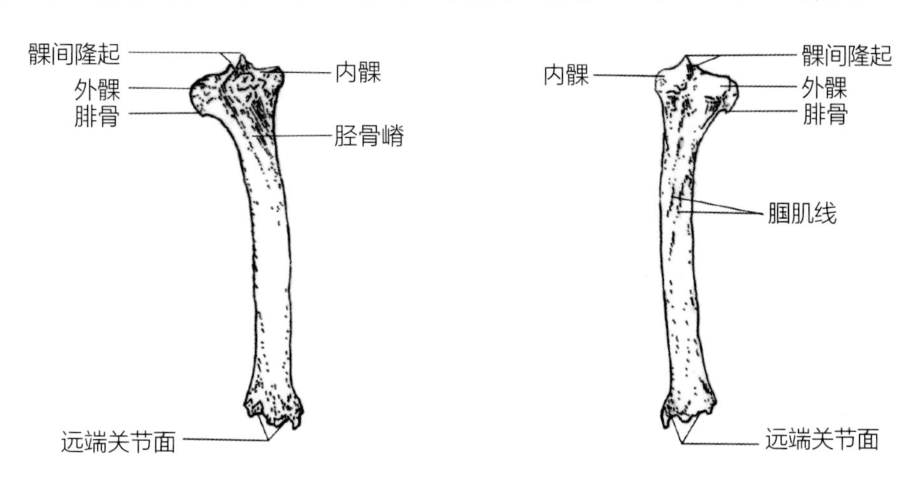

图3-12　牦牛右侧小腿骨的背侧　　图3-13　牦牛右侧小腿骨的跖面

③膝盖骨：亦称为髌骨，是体内最大的一块籽骨，位于股骨远端前方，关节面为一圆滑的垂直嵴，与股骨膝滑车成关节，下端较薄而粗糙，背缘粗厚，中部有一不规则的横沟。

（5）后脚骨。跗骨共5块，排成3列，分别为胫跗骨（距骨）、腓跗骨（跟骨）、中央及第四跗骨，第一跗骨、第二及第三跗骨。

①胫跗骨（距骨）：位于近列内侧，呈前后压扁的长方形，上、下端各有一滑车状关节面。关节面与胫骨远端和踝骨构成关节；远端形成距骨远滑车，跖面为一大而向后隆凸的关节面，中部有矢状沟，与腓跗骨成关节。外侧纵向有大的S状沟，前缘中部及后缘上、下部各有一凹陷不平处。沟后部及下部边缘有关节面与腓跗骨成关节。

②腓跗骨（跟骨）：为跗骨中最大的一块，近端为粗大的跟结节，供腓肠肌腱附着，远端外侧为向前下方倾斜的凹面，与第四及中央附骨成关节。骨体内面微凹，下部有向内侧突出的载距突。载距突前面为鞍状关节面，与胫附骨成关节。中央及第四跗骨愈合成板状，第一

跗骨很小，与中央跗骨及第四跗骨成关节，远端稍凹，与大跖骨近端成关节。第二及第三跗骨愈合在一起，略呈菱形，位于下列跗骨内侧前下部，近端为微凹的关节面，与中央跗骨及第四跗骨成关节。远端面略呈鞍状，与大跖骨近端呈关节。

③跖骨：有3块，大跖骨由第三、第四块跖骨愈合而成，第二跖骨为小跖骨。大跖骨骨体两侧面圆滑，近端有两大两小4个关节面，外侧两个关节面略高，与中央跗骨及第四跗骨成关节，内侧前部关节面与第二及第三跗骨成关节，后部关节面与第一跗骨成关节。近端跖面内角有一小关节面，与小跖骨成关节。小跖骨前面有圆形的小关节面与大跖骨近端跖面内角成关节。

④趾骨与籽骨：后肢趾骨和籽骨与前肢相似，但后肢的趾骨比较细长。

牦牛四肢骨椎骨、肋骨及胸骨的实体图见图3-14所示。

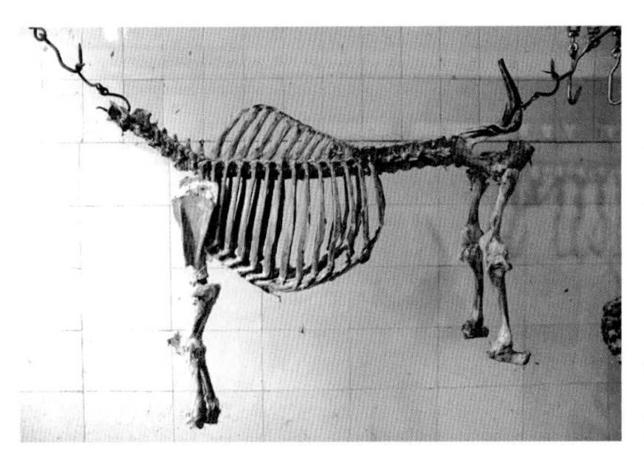

图3-14　牦牛四肢骨、椎骨、肋骨及胸骨的实体图

3. 椎骨

牦牛的椎骨有47~48个，而普通牛为48个，在数量上牦牛的椎骨下限数量比普通牛少1个。

（1）颈椎。牦牛和普通牛都有颈椎7个。

（2）胸椎。牦牛14~15个，普通牛13个，牦牛比普通牛多1~2个，因此牦牛的胸廓比普通牛更长。

（3）腰椎。牦牛5个，普通牛6个，牦牛比普通牛少1个。

（4）荐椎。牦牛6个，普通牛5个，牦牛比普通牛多1个。

（5）尾椎。牦牛15个，普通牛17个，牦牛比普通牛少2个，且椎节短。

4. 肋

肋由肋骨和肋软骨组成，肋骨位于背侧，肋软骨位于腹侧。肋属于扁骨，无骨髓腔，细长呈弓形，构成胸腔的侧壁。和胸椎相对应，牦牛的肋骨有14~15对，比普通牛多1~2对，形成较长的胸廓，肋骨的宽度比普通牛小。

5. 胸骨

胸骨位于胸廓底壁的正中，由胸骨片借软骨连接而成。牦牛的胸骨与普通牛相似。

二、内脏

1. 呼吸系统

牦牛的呼吸系统包括鼻腔、咽、喉、气管、支气管及肺部等器官。鼻腔在头骨部分已有详细叙述，咽部详见消化系统。牦牛喉部与普通牛相似，位于下颌间隙的后方，头颈交界的腹侧，悬于舌骨两大角之间，前通咽部，后接气管。喉由会厌软骨、甲状软骨、环状软骨和勺状软骨组成，是气体呼入肺部的通道，也是调节空气流量和发声的器官。

牦牛气管由50~53个软骨环组成，长44~51cm，比普通牛短，断面呈半月形，而普通牛近似圆形。牦牛气管软骨环两端间距大，成年母牦牛间距为2.2~3.1cm，成年公牦牛为4.3~5.2cm。牦牛气管从内到外依次为黏膜（黏膜上皮和固有层）、黏膜下层（结缔组织和腺体）和外膜（软骨、结缔组织和平滑肌），气管壁由黏膜、黏膜下层和外膜组成，外膜中气管软骨环作支架。气管与支气管是气体进入肺部的较长通道，保证呼吸的正常进行。

牦牛肺位于胸腔内纵膈的两侧，呈红色，柔软而富有弹性，肺有3个面和2个缘。牦牛肺脏由左侧2个、右侧4个共6个肺叶构成，左侧为尖叶和膈叶，右侧为尖叶、中叶、膈叶和副叶，每个肺叶由多段支气管组成。肺部富含气管与血管，是气体交换与血液循环的重要场所，成年牦牛肺脏重2.0~3.0kg。

2. 消化系统

牦牛消化系统由消化管及消化腺两部分组成。消化管是食物通过的管道，包括口腔、咽、食管、胃、小肠、大肠以及肛门。消化腺可以分泌消化液，用于化学分解食糜，包括唾液腺、胃腺、肠腺、胰腺、肝和胆等。

（1）口腔。口腔为消化道的起始部，有采食、吸吮、咀嚼、吞咽、味道识别以及分泌唾液等功能。其前壁为唇，侧壁为颊，顶壁为硬腭，腹侧壁为下颌及舌。

①唇：根据甘肃农业大学兽医系的研究表明，牦牛的唇比普通牛的薄而灵活，口裂亦较小，上唇中部和两鼻孔之间及鼻孔内上缘处赤裸无毛的体表部位，称为鼻唇镜（或称鼻镜），一般为黑色，健康牛光润，其内有鼻唇腺，分泌透明的液体，保持鼻唇镜湿润，牦牛上唇中部宽约1cm，两鼻孔间宽约4cm，鼻唇镜上唇部的中线上有一纵向浅沟，为人中。上唇黏膜光滑，靠近唇缘生有小而圆的乳头，向口角处逐渐增多，并由圆顶变成锥状，且与颊部的锥状乳头连成一片，下唇边缘有一宽约1cm的光滑无毛区。下唇黏膜光滑，靠近口角处有许多呈佛手状的乳头，比上唇的高大，并排成3~5列，锥状乳头由口角向后逐渐变高，尖端向后，与颊乳头相连。口轮匝肌在上唇较厚，下唇较薄，肌层与黏膜之间夹杂有唇腺，唇腺靠近口角处致密而增厚，与颊上腺和颊中腺相连。

②颊：构成口腔的两侧壁，主要由颊肌组成，颊肌分深、浅两层。深层较厚，紧接黏膜，浅层较薄，外侧覆盖皮肤。内衬黏膜，黏膜上富有尖端向后的圆锥状颊乳头，乳头表面上皮角化，触感粗糙，靠近口角处乳头密集且较粗长，后半部靠近上、下颊齿齿槽缘各有3~4列锥状乳头，两部之间的狭窄区乳头较小，颊后部黏膜比较平滑，仅在腹侧有1~2列小乳头。

③颊腺：牦牛有发达的颊腺，分别称为颊上腺、颊中腺和颊下腺。颊上腺与颊中腺呈黄色，颊上腺表面腺叶较大，从口角向后伸到面结节腹侧，再沿面静脉下缘向后穿过面静脉下面到咬肌前缘；颊中腺在颊上腺腹侧，腺叶小，由口角伸到颊中部，疏松分布在颊肌深层之中；颊下腺呈深褐色，腺叶大，在颊中腺腹侧由口角向后逐渐变宽大，在咬肌覆盖之下延伸约2cm，其表面有面动脉、面静脉和腮腺管通过。颊上腺和颊中腺表面由颊肌浅层所覆盖，颊下腺由下唇降肌所覆盖。颊腺有许多小腺管直接开口于颊黏膜。

④硬腭及软腭：硬腭形成固有口腔的顶壁，向后延伸为软腭。上颌骨腭突、颌前骨体及其腭突和腭骨水平部构成硬腭的骨质基础，在骨与黏膜之间，其前2/3部有一厚层静脉丛，形成硬腭的压缩垫，后1/3处有一厚层腭腺，中间有较发达的腭肌。牦牛硬腭较为宽大，为24~27cm，其颊齿后部最宽（约8cm），第一对颊齿之间最窄（约6.5cm），正中的腭缝不明显。硬腭的前2/3表面有18~22条腭褶，前部腭褶高而明显，游离缘上有齿状的乳头，后部腭褶变低，在后1/3处逐渐消失，乳头逐渐变小。硬腭前部黏膜上皮高度角化增厚，形成略似长方形隆起的齿板，长约8.5cm，宽约2cm。在两枚齿板中部后方和第一腭褶之间有一近似菱形的切齿乳头（约1.1cm×1cm），切齿乳头两旁有一较深的裂缝，为切齿管的口腔开口。

软腭位于鼻咽部和口咽部之间的黏膜褶，其前缘附着于硬腭，后缘呈弓形的游离缘，内含肌肉和腺体。

⑤舌：分为舌尖、舌体和舌根。舌尖为舌前端游离的部分，其前端较圆而宽薄，腹面后部借两条舌系带与口腔底壁相连，舌体和舌根附着在口腔底上。舌体背面后半部有一椭圆形的隆起称圆枕，舌圆枕前部的背侧和两侧缘常有黑色素，在舌圆枕前方有一横沟与舌前部明显分界，舌背和舌尖的两侧上皮最厚，黏膜紧密地附着在舌肌上，其表面密生乳头。据最新研究表明，牦牛舌体长度约为28cm，比普通牛短约4cm，黏膜表面的乳头比普通牛粗糙，舌黏膜的上皮为高度角质化的复层扁平上皮，黏膜表面的乳头可分为以下4种。

锥状乳头：锥状乳头数量多，不含味蕾，呈圆锥状，尖端朝向舌根部，高度角质化，使得舌面触感粗糙。据最新研究表明，牦牛锥状乳头有两种亚类，一种锥状乳头底部宽广端部尖锐，另一种锥状乳头端部为钝端。舌体中央部位的锥状乳头体积比舌体边缘的大，锥状乳头主要起机械摩擦作用，利于牦牛将饲草卷入口腔，牦牛锥状乳头比普通牛发达，数量更多且体积更大。

豆状乳头：分布在舌圆枕表面，数量较少，圆而扁平，牦牛豆状乳头较普通牛发达，乳头体积更大，但数量较普通牛少，且长度短。分布于舌体中央的豆状乳头较外围乳头体积更大。牦牛豆状乳头末端覆盖一薄层角质上皮细胞，而普通牛则无此特征，牦牛豆状乳头上皮细胞中不含味孔及味蕾，而普通牛则有。

菌状乳头：菌状乳头似大头针状，位于舌背和舌尖边缘，与锥状乳头混生。电镜观察牦牛菌状乳头结构与普通牛类似，但数量更多，牦牛菌状乳头有芽状及圆顶状两个亚类，而普通牛则只有圆顶状菌状乳头。在菌状乳头上皮内含有味蕾及舌黏膜腺，分布于舌圆枕后部两侧，乳头中央隆起，外侧有一环状沟。

轮廓乳头：牦牛轮廓乳头呈尖端朝向舌尖的V形排列，普通牛轮廓乳头呈截断锥形。在两个牛种中，轮廓乳头单独或与较小乳头成对出现。牦牛上皮厚度大于普通牛且角质化，每个轮廓乳头所含的味蕾数量比普通牛少。

⑥齿：是动物体内最坚硬的器官，嵌于颌前骨和上、下颌骨的齿槽内，呈弓形排列，齿具有摄取和咀嚼食物的功能。根据齿的形态、位置和功能可分为切齿、犬齿和臼齿3种。牦牛齿式和普通牛一样，各类型齿的形态结构及功能均与普通牛相似。

（2）咽。咽位于口腔和鼻腔的后方、喉和气管的前上方，是由肌膜构成的复杂管道，长14~16cm，宽约6cm，深约6cm，咽背侧借肌肉和筋膜附着于颅骨，外侧通过肌肉附着于舌骨，在其后背侧壁和头长肌之间有较厚的脂肪，其中夹有成对的正中咽前淋巴结，左右两侧为翼内侧肌、翼外侧肌、舌骨间节片、茎突舌骨肌、二腹肌、颌下腺，咽的底部为舌根和喉。

咽分为鼻咽部、口咽部和喉咽部。鼻咽部为鼻部的延伸部分，位于软腭的背侧，前方有两个鼻后孔通鼻腔，后方通喉咽部；口咽部为口腔向后的延续，位于软腭与舌根之间，由腭舌弓通到会厌，后方通喉咽部；喉咽部位于会厌到食管口之间的腔体，其前上方与鼻咽部相通，前方与口咽部相连，后上方通入食管，其下方经喉门与咽腔相通。

（3）食管。食管是食物通过的管道，连接于咽和胃之间。牦牛食管长约60cm，可分为颈部、胸部和腹部，颈部食管长约30cm。食管由黏膜、黏膜下组织、肌织膜和外膜4层组成。黏膜下组织发达，富含食管腺，可分泌黏液，对食管起到润滑作用，以利于食物通过。

（4）胃。牦牛是反刍家畜，胃为复胃，前接食管后接十二指肠，分为瘤胃、网胃、瓣胃和皱胃（图3-15）。前三者组成前胃，前胃黏膜内无腺体不能分泌消化液，皱胃黏膜内含有消化腺，可分泌消化液对食糜进行消化，因而被称为真胃。成年牦牛整个胃部几乎占据了腹腔的3/4。成年牦牛与犊牛四个胃部的大小差异明显，由表3-1可见成年牦牛瘤胃容积最大，而新生犊牛皱胃容积最大，这与不同时期胃部消化不同的饲料成分密切相关。

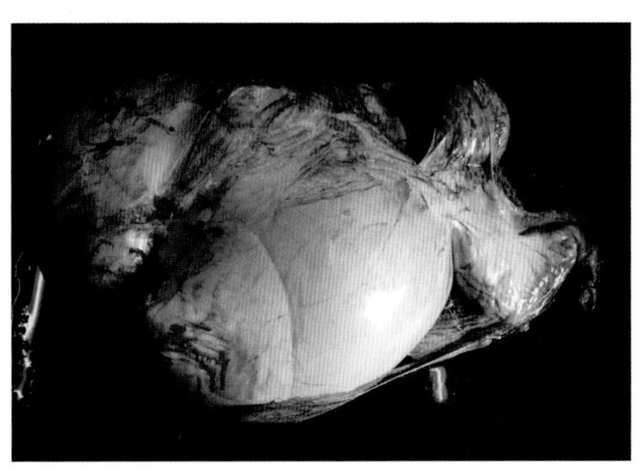

图3-15　牦牛胃实体图

① 瘤胃：瘤胃在成年牦牛中最大，

表3-1 成年牦牛与犊牦牛胃的重量及容积

胃分区	重量（kg）		百分比（%）		胃容积（L）		百分比（%）	
	成牛	犊牛	成牛	犊牛	成牛	犊牛	成牛	犊牛
瘤胃	4.15	0.054	72.2	36.10	52.00	0.293	77.9	25.66
网胃	0.32	0.01	5.6	6.99	4.36	0.009	6.5	0.83
瓣胃	0.60	0.015	10.4	10.03	4.67	0.009	7.0	0.82
皱胃	0.68	0.070	11.8	46.88	5.75	0.83	8.6	72.69
合计	5.75	0.148	100	100	66.78	1.142	100	100

注：引自《中国牦牛学》四川科学技术出版社，1989

容积约为52L，近似圆形，占据腹腔左半部的大部分，下半部伸到腹腔的右侧，容积占到整个胃部的77.9%。瘤胃前接网胃，与第六肋间隙或第七肋相对，后端达到骨盆腔入口，左侧面（壁面）与脾、膈及左侧腹壁相接，右侧面（脏面）与瓣胃、皱胃、肠、肝、胰、左肾、左肾上腺主动脉和后腔静脉相接。瘤胃背侧弯曲，与膈肌和腰下肌形成的弯曲相一致，附着部从食管裂向后，沿膈肌、腰下肌形成一弓形线向后走，伸达于第四腰椎下方。腹侧弯曲突出，卧于腹腔底壁上。瘤胃右侧面，有3条右纵沟，背侧为右主纵沟，宽而浅，略向背侧弯曲呈弓状，由前沟伸到后沟，另外两条分别为右前腹侧沟和右后腹侧沟，右前腹侧沟起于前沟，窄而深，位于主沟的腹侧，向后伸延，约在右沟前16cm处逐渐消失；右后腹侧沟起于后沟，宽而浅，在主沟和前腹侧沟的腹侧，约在瘤胃中部逐渐消失。瘤胃前端腹侧有一向后向上横行的前沟，深约13cm，将瘤胃前端分为背盲囊和腹盲囊，瘤网胃之间的腹侧有一瘤网沟，沿两胃左右侧向后向上逐渐由浅变深直至消失，其左侧面的沟较长而明显，作为两胃在外表的分界线。瘤网胃背侧共同形成一个弯隆状的隆起，称瘤胃前庭。瘤胃黏膜大部分呈褐色或灰色，肉柱边缘呈苍白色，背囊部黏膜呈灰白色，黏膜表面富含乳头，小部分区域如肉柱及瘤胃背囊等处黏膜光滑而缺少乳头，后背盲囊背侧壁有低而稀疏的颗粒状乳头。

②网胃：网胃在瘤胃的最前方，体积最小，略呈梨形，前后压扁。胃黏膜隆起，形成网格状褶皱，网格高约1.2cm，网格底部有较低的次级皱壁，皱壁上与网格底部密布角质化乳头。网胃的上端与瘤胃相通，下方通入瓣胃。网胃沟也称食管沟，起自贲门，沿瘤胃前庭和网胃后侧壁向下延伸到网瓣口，与瓣胃沟相通，长约23cm。沟两侧有隆起的线状凸起，富含肌组织，称为唇，唇上有数条横线状凸起，靠近网瓣孔有弯曲乳头。

③瓣胃：瓣胃位于腹腔右侧中部，呈椭圆形，成年牦牛瓣胃容积约4.67L，占4个胃总体积的6%~8%。壁面（右面）斜向右前方，主要与膈和肝相接触，脏面（左面）朝向左后方，与网胃、瘤胃及皱胃相接触。瓣胃沟自网胃口通到瓣胃皱口，长约4.5cm，可以把液状食物从贲门经网胃沟、瓣胃沟直送到皱胃，在瓣胃沟及其靠近沟的瓣叶上有较长的锥形乳头。

网瓣孔处的瓣叶变成厚的褶，乳头增多变长，形成弯曲乳头。牦牛瓣胃黏膜褶皱形成瓣胃叶，瓣胃叶呈新月形，约有150片，瓣胃叶有大、中、小和线状四级，大的瓣胃叶宽约13cm，约有20片；中瓣胃叶宽8~9cm，有20~25片；小瓣胃叶宽1~1.5cm，有40~45片；线状瓣胃叶最小，宽约1mm，有60~65片。在瓣叶表面分散有许多低而呈圆锥状的乳头，以利于磨碎食物。

④皱胃：皱胃主要位于腹腔前半部的底壁之上，在瘤胃、网胃右侧，瓣胃的腹侧和后方，大部分与腹腔前半部的腹底壁相接触，容积约5.75L，皱胃占4个胃总容积的8%~10%。皱胃呈前端粗、后端细的弯曲长囊状，可分为皱胃底、皱胃体和幽门部。皱胃黏膜光滑柔软，在底部形成10多片大小不等的螺旋状永久性褶皱，皱胃底和皱胃体含有胃底腺，幽门部褶皱不明显，含有幽门腺，幽门与十二指肠相通。

（5）肠。牦牛的肠管总长度为35~44m，平均长度为40m。分为小肠和大肠两部分，牦牛肠道的长度及比例见表3-2所示。

表3-2　牦牛肠道的长度和口径

肠道	十二指肠	空肠	回肠	盲肠	结肠	直肠
长度（cm）	133.3	3096	49.5	61.75	637.33	36
占总长百分比（%）	3.3	77.1	1.2	1.6	15.9	0.9
口径（cm）	3.5	3.5	3	6~8	-	7~8

注：引自《中国牦牛学》四川科学技术出版社，1989

①小肠：小肠为细长的管道，前端起于皱胃幽门，后端止于盲肠，可分为十二指肠、空肠和回肠3部分。

十二指肠：牦牛的十二指肠分3部分，起自幽门，沿瓣胃后方向前向背侧伸达肝的脏面，约在第十一肋骨下方，形成“Z”状弯曲，弯曲前缘附着小网膜，后缘附着大网膜，降部长36~50cm，从肝的脏面向上向后达髋结节下向左弯曲形成后曲；升部长50~55cm，由后曲起在结肠终袢之间平行向前伸延，经过右肾腹侧至右肾前缘，绕过肠系膜前动脉左前部，向右形成十二指肠空肠曲，后接空肠。十二指肠肠壁较厚，绒毛呈指状，平均长度为1 468.7±53.3μm，绒毛上皮为单层柱状细胞，且细胞间排列紧密，隐窝深度为553.3±30.4μm，绒毛高度/隐窝深度值为3.0±0.5；固有层内有弥散的淋巴组织。

空肠：从十二指肠空肠曲起，围绕总肠系膜边缘，呈花环状排列，绕到盲肠游离端处移行为回肠，位于右肋区、右髂区和右腹股沟区，内侧接瘤胃，外侧和腹侧接腹壁，背侧接大肠，前方接瓣胃和皱胃。空肠绒毛细而长，平均长度为1 828.4±112.5μm，隐窝在三段肠中最深，平均为947.6±85.5μm，深度有的已超过肠壁的1/3，绒毛高度/隐窝深度值为2.1±0.2；固有层分布有多少不等的淋巴组织；肌层较薄，平均为1 155.7±47.9μm。

回肠：为小肠的终部，自回盲褶游离缘起，经盲肠与结肠旋袢延伸到回盲口。回肠一面借一宽约8cm、略呈新月形的回盲韧带连于盲肠小弯，一面借空肠系膜连于结肠旋袢和终袢。小肠黏膜存在有永久性的黏膜横褶，密布绒毛，集合淋巴结较大而明显，数目差异较大，有18~40个。回肠绒毛粗而短，平均为1 336±84.5μm，隐窝深度为781±52.2μm，绒毛高度/隐窝深度值最小，为1.4±0.3；固有层和黏膜下层均有大量的淋巴小结，其生发中心明显；肌层较厚，为1 974.8±86.4μm。

②大肠：牦牛大肠位于腹腔右侧和骨盆腔，管径比小肠略粗，大肠可分为盲肠、结肠和直肠。牦牛的大肠平均长度为7.3m，范围为5~10m。大肠壁不形成纵肌带和肠袋，在固定的标本上收缩较紧，内容物也少，除盲肠游离端外，大肠与小肠都位于网膜囊上隐窝内。

盲肠：呈圆筒状，约在髋结节腹侧回肠通入大肠，盲肠从回盲口起在右腹股沟区向后、向下伸向耻骨区，圆形盲端游离，移动范围较大，一般位于骨盆腔入口的右侧，盲端也可能伸到骨盆入口的左侧或骨盆腔内。

结肠：起始处口径为6~8cm，延伸中逐渐变细至3cm。分为初袢、旋袢和终袢3部分。初袢位于右髂区，在小肠和结肠旋袢的背内侧，始于回盲口，向前延伸8~12cm达最后肋骨后缘中部，后向上再向后伸延20~34cm，到达骨盆腔入口处，在十二指肠后曲内侧向内、向上、向前折转，与十二指肠外部平行向前26~45cm后为旋袢。旋袢长约4.8m，可分为向心回和离心回，向心回长约2.32m，在右肾腹侧承接初袢，以顺时针方向旋转两圈半后变为离心回。离心回长约2.5m，以逆时针方向，随同向心回旋转两圈半后，变为终袢。终袢长1.4~1.5m，与十二指肠升部平行向后，沿骨盆腔入口向下顺其腹侧向前伸延，绕过肠系膜根前缘，向左、向上、向后折转至腰下区向后伸延，靠近骨盆腔入口处形成S状弯曲，后与直肠相接。结肠终袢、初袢和十二指肠升部之间夹杂有脂肪组织，脂肪组织借总肠系膜附着在腰下区。结肠的附着部没有浆膜，纵行肌均匀分布于肠壁，无纵肌带，亦无肠袋。黏膜无绒毛，有一肠腺。回盲口有黏膜突出的皱襞。

直肠：前部狭窄，覆盖有腹膜，后部膨大，无腹膜，膨大部肌肉层较厚，包裹有粪团，外纵肌聚集形成直肠尾骨肌。

③小网膜、大网膜和总肠系膜：牦牛的小网膜较厚，位于肝的脏面与瓣胃壁面之间，其附着线从食管末端腹侧起，沿瘤网沟到瓣胃壁面靠近小弯处，有少部分附着到瓣胃壁面的腹侧部，再到皱胃小弯、幽门、十二指肠前部和肝脏面。大网膜厚而宽大，覆盖于大肠和小肠的右侧面的大部分，以及瘤胃腹侧面；分浅、深两层，浅层覆盖十二指肠后曲经十二指肠外侧缘到十二指肠前部以及皱胃大弯、网胃脏面，再到瘤胃腹囊前缘和前沟、左纵沟、后沟。浅层在瘤

胃右纵沟处变为深层，深层绕过肠管到胰脏腹侧缘和结肠初袢，附着到十二指肠降部。

牦牛的大肠和小肠借总肠系膜悬挂于腹背侧壁，其附着线为胆囊后缘、肝门、肝尾叶、右肾、腰肌、后腔静脉和胰脏。总肠系膜的两层浆膜由脊柱向下左右分开，将结肠初袢，终袢和盲肠的一部分以及旋袢的结肠盘包在中间，在旋袢的外周，两层浆膜合并形成短的空肠系膜，将空肠悬挂于结肠盘的周围。总肠系膜垂直长度为70~80cm，宽为65~75cm。

（6）肛门。肛门位于尾根腹侧，肛门管短，不向外突出。肛门外括约肌为横纹肌，内括约肌为平滑肌。

（7）其他消化器官

①肝：牦牛肝位于腹腔右侧，呈深棕褐色，在肋骨之下，重量为2.3~5.3kg。其膈面凸起，与膈右角和膈中央腱相接触。脏面凹凸不平，有纵行的肝门，肝门为门静脉、肝动脉、肝神经丛等进入肝内的通道，也是淋巴管从肝内通出的门路。脏面与瘤胃、网胃、瓣胃、十二指肠和胰相接触。肝右缘短而厚，伸至最后肋骨上部前缘或后缘。肝背侧缘较厚，圆滑稍弯曲，其上有后腔静脉通过。腹侧缘薄，有胆囊窝和肝圆韧带切迹，此缘伸达于膈和网胃、瘤胃、瓣胃之间，与第八至第九肋相对。

牦牛肝的分叶不明显，在脏面从肝圆韧带切迹到食管压痕之间的线与在膈面镰状韧带附着线之前为左叶，在肝圆韧带切迹与胆囊窝和肝门上方为中间叶，其余为右叶。中间叶以肝门为界，其下方为左叶，上方为尾叶。肝管由左、右两支较小的管道在肝门处合成，离开肝门长2~3cm处和胆囊管汇合形成胆总管。

②胆囊：胆囊呈梨形，长12~13.5cm。一部分附着在肝的脏面，大部分超出肝的腹缘7~15cm，于11~12肋骨中1/3和下1/3交接处与腹壁相接触。胆囊管起于胆囊，长2~3cm，与肝管相连，合成胆总管。

③胰腺：牦牛胰脏位于体中线的右侧，呈肉红色，重量约为155g，由右叶、左叶及连接两叶的胰体组成，右叶较大，左叶较小。胰体位于肝门之下的皱褶内，长约7cm，其后有一个较深的胰切迹，为门静脉和肠系膜前动脉的通道。右叶呈长方形，长约23cm，位于十二指肠的降部和升部的夹角之间，延伸至十二指肠的右叶前部与肝相接触，后部接触右髂区的腹壁，背侧接右肾和肝尾叶，腹外侧缘与十二指肠降部相邻接，腹内侧接瘤胃、结肠旋袢、终袢。左叶近似四边形，长约8cm，背侧面与膈脚和瘤胃背囊以及向后的腹腔动脉、肝动脉、肠系膜前动脉和脾静脉相接，腹侧与瘤胃和结肠旋袢相接触。

胰管从胰的右叶尾端伸出0.5~1cm后进入十二指肠降部，其开口距离幽门65~85cm，或距胆总管开口约30cm。

3. 泌尿生殖系统

泌尿系统由肾、输尿管、膀胱和尿道组成。尿液在肾脏生成，经输尿管输入膀胱暂时储存，最终由尿道排出体外，牦牛泌尿系统与普通牛类似。

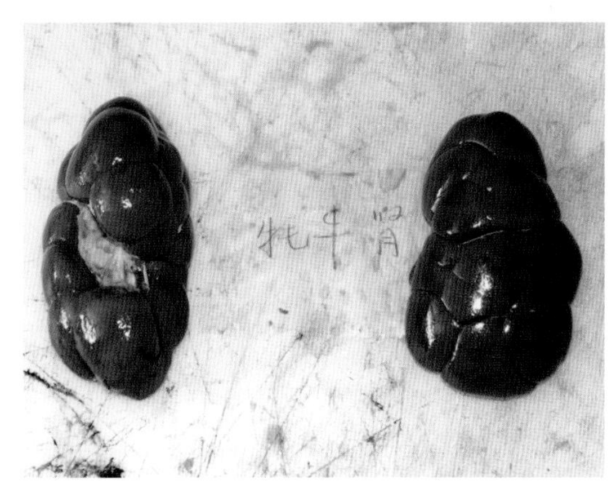

图 3-16 牦牛肾的实体图

牦牛肾为有沟多乳头肾，红褐色，外面包有发达的肾脂肪囊，动脉、静脉、淋巴管、神经、输尿管从肾门出入（图3-16）。肾表面有浅沟，将肾分成许多大小不一、数目不同的小叶。小叶呈不规则的多角形，数量为11~19个。牦牛左肾重331.26±32.4g，右肾重283.21±7.81g，左、右肾体积分别为318.12±35.53cm^{3}和271.25±28.48cm^3，左肾略大于右肾，肾体积与肾重量成正比。左肾的长、宽、厚度分别为153.21±7.81mm、69.15±4.88mm和60.35±6.40mm。右肾的长、宽、厚度分别为140.69±6.83mm、77.41±5.98mm和46.43±3.63mm。

右肾位于最后肋骨至第二或第三腰椎横突的腹侧面，肾系膜短，紧贴在脊柱的右侧面，长轴与脊柱平行。肾门呈稍宽大的裂隙状，位于肾腹内侧。输尿管从肾门后部出肾，沿腹腔顶壁向后伸延。肾动脉、肾静脉由肾门前部出入肾脏，动脉位于静脉的内后方，静脉在动脉外前方。右肾呈上下稍压扁的长椭圆形，前端稍尖，与肝的肾压迹接触，后端钝圆。背侧面略凸，与腰肌接触，腹侧面较平，与肝、胰、十二指肠、结肠为邻，外侧缘略凸，内侧缘直。

左肾位于第二至第四腰椎横突的下面，肾系膜比右肾系膜长，活动范围大。肾门呈扭曲状斜形裂隙，位于背侧面的前外侧部，输尿管从肾门裂隙后部出肾，经肾的背侧面沿腹腔顶壁向后行。肾动脉、肾静脉在肾门前部进出肾脏，静脉位于动脉前内侧，动脉位于静脉后外侧。左肾从肾门裂隙前端开始，沿着长轴向右侧扭曲呈三棱形，形成3个面，其前端小，后端大而圆，背侧面隆凸，与腹腔顶壁接触。腹侧面略平，与肠管接触，第三面为胃面，接瘤胃，非常平坦。

牦牛输尿管、膀胱和尿道暂无系统的解剖学研究，外观与普通牛大同小异，只不过在形态、大小、细胞结构等方面略有差异。

三、被皮系统

1. 皮肤

牦牛皮肤的结构与其他哺乳动物皮肤的结构相似，主要由表皮和真皮构成。

（1）表皮。牦牛的表皮位于皮肤表面，由内向外可分为基底层、棘细胞层、颗粒层和角质层。基底层位于表皮最深层，由一层低柱状细胞组成，核椭圆形，染色深，胞质较少，含有较多的核蛋白体。基底细胞与相邻细胞之间由桥粒相连，细胞基底面借半桥粒与基膜相连。基底细胞增殖能力很强，可以不断分裂产生新的细胞。

棘层位于基底层细胞的浅层，细胞层次不多，为5~8层，由多角行细胞组成，胞核大，呈圆形或椭圆形，位于细胞的中央，靠近颗粒层的细胞逐渐变成扁平行。棘层细胞从细胞表面伸出许多短小的棘状凸起，并与邻近细胞的凸起以桥粒相连。棘细胞胞质丰富，含有较多的核糖蛋白体，胞质呈嗜碱性。棘细胞也有分裂增生能力，但只限于深层。

颗粒层位于棘层的浅部，由1~5层细胞组成，细胞界限不明显。细胞呈鳞状或梭形，排列稀疏。胞核较小，染色质丰富，着色深呈紫蓝色，有趋向于萎缩退化的现象。

角质层位于表皮最表面，为表皮中较厚的一层，由多层角化的扁平鳞状角质化细胞叠积而成。其长轴与皮肤表面平行，并随之而起伏。角质细胞的胞膜增厚，细胞互相嵌合，仍以桥粒相连，其表面细胞连接松散，表层细胞死亡后，脱落形成皮屑。

（2）真皮。牦牛真皮位于表皮深层，由致密结缔组织构成，含有大量胶原纤维和弹性纤维，平均厚度为4.52mm。真皮坚韧而富有弹性，分为乳头层和网状层，两层移行无明显界限。真皮由大量胶原纤维和少量弹性纤维及网状纤维组成，细胞成分较少。真皮中分布有毛及毛囊、皮脂腺、汗腺、竖毛肌、血管和神经等。

乳头层位于表皮的下面，与表皮基膜相接。此层很薄，纤维细而疏松细胞成分较多，结缔组织向表皮伸入形成很多圆锥形凸起，称真皮乳头，以扩大表皮和真皮的接触面，有利于两者牢固结合。乳头层细胞成分较多，常成簇围绕在毛细血管周围，主要是成纤维细胞，其他细胞如组织细胞等均较少。乳头层的弹性纤维较少，比原纤维要细。

网状层位于乳头层深层，较厚，由致密结缔组织构成，粗大的胶原纤维（内含丰富的弹性纤维）交织排列成网状。

触觉小体通常位于皮肤的真皮层内，触觉灵敏部位的密度较大，其他部位密度较小，表面的薄层细胶原纤维通过与富有弹性纤维的结缔组织的连接，使小体固定在表皮下。

皮下组织位于真皮的深处，由疏松结缔组织构成。其中含有大量脂肪细胞，构成脂肪组织。牦牛上、下唇的皮肤比体表的皮肤要厚。上唇表皮平均厚度为158.5μm，下唇表皮平均厚度为605μm；上唇真皮平均厚度为3.3mm，下唇真皮平均厚度为7.15mm。

表皮角质层很厚，不见细胞形态。粒层连续成层，有2~3层细胞。棘层只有6~10层细胞，棘细胞之间的间隙很清楚。基层仍为一层矮柱状细胞。真皮乳头明显，可见毛及毛囊，皮脂腺数量较少。上、下唇的深层结缔组织中夹有许多横纹肌纤维。

鼻唇镜的表皮层平均厚度为879μm，角质层平均厚度为221μm，透明层有3~5层细胞。粒层连续，细胞多达10层以上。棘层细胞可达5层左右，棘细胞的棘突清楚。真皮平均厚度为3.77mm，真皮乳头细长而多，可伸达粒层，故表皮乳头间屏很明显。

牦牛皮肤和表皮的厚度随年龄的增加而增加，表皮厚度的增加主要是由于角质层变厚而导致的。不同年龄牦牛皮肤厚度见表3-3所示。

表3-3　不同年龄阶段牦牛各部分皮肤厚度

部位	1日龄（mm）	5月龄（mm）	成年（mm）
头部	2.00±0.25	2.89±0.19	3.35±0.07
颊部	1.95±0.28	2.69±0.35	3.12±0.14
颈背部	2.39±0.46	2.69±0.29	2.82±0.23
颈侧部	2.53±0.31	2.27±0.16	2.64±0.10
颈腹部	2.74±0.35	3.78±0.54	2.42±0.17
鬐甲	1.79±0.24	2.17±0.14	4.36±0.16
肩胛	1.49±0.09	1.60±0.08	2.49±0.08
臂部	1.41±0.05	1.58±0.11	2.44±0.11
胸部	1.69±0.13	1.74±0.20	2.66±0.14
腋下	1.18±0.08	1.48±0.25	1.56±0.07
前臂外侧	1.36±0.29	1.58±0.09	2.75±0.34
前臂内侧	1.25±0.12	1.49±0.16	2.62±0.12
背部	1.49±0.22	2.29±0.34	6.17±0.06
肋部	1.41±0.08	1.39±0.08	2.50±0.17
腰部	1.22±0.11	1.78±0.11	4.01±0.16
腹部	1.66±0.17	1.70±0.20	2.38±0.14
臀部	1.69±0.26	1.95±0.25	3.79±0.15
股部	1.44±0.26	1.73±0.16	2.61±0.21
腹股沟	1.15±0.13	1.43±0.12	1.51±0.06
小腿外侧	1.42±0.18	1.54±0.12	2.66±0.09
小腿内侧	1.27±0.19	1.49±0.11	2.56±0.10
掌部	1.43±0.12	2.66±0.34	2.07±0.24
跖部	1.53±0.12	2.02±0.13	2.21±0.19

注：引自岳静．不同年龄牦牛皮肤的组织结构观察，甘肃农业大学，2013

2. 毛

毛由表皮衍生而成，是一种角化的表皮结构，坚韧而有弹性，覆盖于皮肤的表面，具有保温作用。

牦牛毛由角化的上皮细胞构成，坚韧而有弹性。毛分为毛干和毛根两部分，露在皮肤外面的为毛干，埋在真皮和皮下组织内的为毛根。毛根外面包有毛囊，毛囊为管状鞘，包在毛根周围，由表皮和真皮构成，表皮构成毛根鞘或上皮鞘，真皮构成结缔组织或真皮鞘。

根据形态结构和发生时间，毛囊可分为初级毛囊和次级毛囊。初级毛囊和次级毛囊及它们附属结构的直径大小、分布深度等不同。牦牛初级毛囊直径较大，并附有皮脂腺、汗腺、立毛肌。皮脂腺发达，有2~4个分叶，在真皮中分布较深。次级毛囊附属结构只有不发达的皮脂腺，腺体小，只有一个叶，分布浅，在近表皮处，毛囊直径小，只存在于真皮乳头层。毛囊有规则成群地分布在皮肤中，由结缔组织环绕成毛囊群。

毛囊群的分隔在真皮乳头层近表皮处明显，在乳头层深层不明显。每个毛囊群内有2~3个初级毛囊和数量不等的次级毛囊，初级毛囊排列有一定规律性，多分布于毛囊群的同一侧。可见到相邻毛囊群规则地成排排列，各排毛囊群间结缔组织的分隔非常明显。每排毛囊群中的初级毛囊分布有极性。

毛囊由上皮性毛根鞘和结缔组织鞘两部分组成。结缔组织鞘由环行和纵行的胶原纤维和成纤维细胞等组成，将毛囊的上皮性根鞘与真皮结缔组织分离开。上皮性根鞘分内根鞘和外根鞘。根据毛囊根鞘结构特点可以将毛囊自上而下分为颈部、膨大部和体部。颈部是毛囊与皮肤表皮相连接形成的结构，呈漏斗状，只有外根鞘，而无内鞘，外根鞘接近毛纤维部有明显的内含深染颗粒的颗粒层细胞，此细胞的分布部位不均，另有大量的呈浅红色的角质细胞。膨大部位于颈部下面，近皮脂腺开口处，只有外根鞘，缺少内根鞘，外根鞘细胞核排列较紧密，有些部位可见到颗粒层细胞，毛囊壁变薄，管腔变大。初级毛囊膨大部较次级毛囊的明显。毛囊体部位于膨大部下方，由皮脂腺开口稍下方至毛球，外根鞘由复层变为一层，内根鞘的赫氏层在接近毛球处由粉红色逐渐变为紫色，且有染色较深的颗粒。

毛球为毛囊下端的膨大部分，由毛母质细胞组成，此细胞具有大而呈泡状的细胞核和弱嗜碱性的胞质，毛母质细胞是产生毛纤维和内根鞘发生的部位。毛球下方凹陷部分是毛乳头，呈深红色，内含大量的毛细血管，为毛纤维生长提供营养。

初级毛囊生长有髓毛，毛根部由毛小皮、毛皮质细胞和髓质细胞组成。次级毛囊生长无髓毛，毛根仅由毛小皮和皮质细胞组成。毛小皮染色呈浅红色，呈现覆瓦状，其游离缘朝向皮肤表面，与鞘小皮相吻合。皮质细胞呈长梭形，近毛母质细胞处的皮质细胞呈紫色，核为圆形，随着毛纤维的生长，皮质细胞渐由紫色变为浅红色，核渐变成椭圆形，最后消失。毛中轴的髓质由2~3行排列较疏松的髓质细胞构成，在毛根下部胞质多呈空泡状，核圆或椭圆，染色较浅，核仁明显。在毛根中部髓质细胞成一排，胞质嗜酸性增强，胞核渐消失，最后形成嗜酸性的均质柱状结构，位于毛纤维中央。

竖毛肌为薄膜状平滑肌束，位于乳头层，从毛囊中部斜行向上伸至表皮，常围绕皮脂腺，牦牛的竖毛肌束小肌细胞核呈细长杆状。

3. 皮肤腺

皮肤腺位于真皮内，包括汗腺、皮脂腺和乳腺。

（1）皮脂腺。牦牛的皮脂腺较发达，位置较深，约在毛囊的中部，可分为分泌部和导管部两部分。毛囊的膨大部为皮脂腺开口处。次级毛囊的皮脂腺腺体较小，仅一个叶，其腺体导管开口近表皮处，分泌部在真皮中分布较浅。初级毛囊的皮脂腺体较大，有2~4个分叶，腺体在真皮的位置较次级毛囊伴随的皮脂腺深。皮脂腺细胞着浅粉色，呈多边形，细胞界限清晰，核圆形或卵圆形，体积较小，染色较深，胞质中因含大量的类脂颗粒呈空泡状。分泌部周缘靠近基膜的细胞体积较小，呈扁平状，有增殖能力，可不断分裂产生新细胞以补充分泌而丧失的细胞。腺体导管很短，由复层扁平上皮构成。

（2）汗腺。牦牛的汗腺数量较少，为单管状的顶浆分泌腺，由导管部和分泌部组成。分泌部多位于真皮网状层，即在次级毛囊的毛球下部，沿初级毛囊分布，有时可在皮下组织中见到汗腺分泌部。分泌部盘绕于毛球附近，呈卵圆形，位于真皮网状层的中下部，腺腔大而不规则，腺上皮呈矮立方状，胞核圆球形。肌上皮细胞散在镶嵌于腺上皮细胞之间的基底部，核小呈纺锤形，与成纤维细胞的核相似。导管腔较窄，管壁由两层较扁的立方形上皮细胞构成。导管多见开口于初级毛囊颈部。

（3）乳腺。乳腺主要由实质和间质两部分组成。实质，即腺组织；间质，即支持组织。实质主要由腺泡系、乳管系以及乳池、乳头组成，具有合成、分泌和排乳的功能。腺泡系是腺泡的总称，腺泡是泌乳的基本单位，是由具有分泌功能的单层立方或柱状上皮细胞构成的囊状组织。在泌乳期的腺泡呈鸭梨形，能将血管中的营养物质变为乳汁。每个腺泡有一条排出乳汁的小管道，称为终末管。多个腺泡聚集成腺泡群或小叶。腺上皮细胞附着在富含毛细血管网的基质上，腺泡外面被覆有排列不规则呈树枝状凸起的肌上皮细胞，能在催产素的作用下产生收缩，使腺泡腔内的乳汁排入乳导管系统中。乳导管系统是乳腺中乳汁的排出管道系统，起始于终末管。数个终末管汇合形成小叶内腺管。腺管共同开口于集乳管，由集乳管汇合成乳管，再汇合成大的输乳管，最后分别向乳池开口，汇合于乳池。腺管外壁由平滑肌构成，收缩时参与乳汁的排出。

4. 蹄

牦牛前蹄和后蹄的解剖结构相同，主蹄由蹄缘、蹄冠、蹄壁、蹄底、蹄球组成，成年牦牛的蹄部测量值见表3-4所示。

表3-4　成年牦牛蹄部的测量值

项目	平均值 ± 标准差
蹄冠表皮周长（cm）	15.69 ± 0.82
蹄壁表皮周长（cm）	14.85 ± 0.72
蹄底表皮周长（cm）	16.27 ± 0.9
蹄冠真皮周长（cm）	11.85 ± 0.73
蹄壁真皮周长（cm）	10.6 ± 0.73
蹄底真皮周长（cm）	25.38 ± 0.74
小叶最长长度（cm）	5.32 ± 0.34
小叶最短长度（cm）	1.37 ± 0.42
小叶最短高度（mm）	0.24 ± 0.06
小叶最长高度（mm）	2.11 ± 0.11
小叶数目（个）	762.63 ± 47.06

注：引自任显东.牦牛蹄部的结构及动脉分布，甘肃农业大学，2013

蹄缘表皮为有毛皮肤与无毛皮肤的交界，质地柔软，颜色接近白色，边缘有毛发，表皮内表面分布有许多角质小管的开口，呈漏斗状。在轴面，邻近指（趾）的蹄缘相互连接，呈向上凸起的半圆筒状结构。蹄缘的真皮层明显可见边缘略向外侧隆起的半环形的蹄缘沟，在沟上分布有许多很短且向蹄底方向生长的真皮乳头，乳头伸向角质小管里面，乳头由开口处到小管里面由粗变细。蹄缘的皮下组织层，可见脂肪组织的分布。

蹄冠表皮位于蹄缘表皮的下方，质地较软，颜色略深于蹄缘，呈不同宽度的条带状分布，周长为15.69±0.82cm。在蹄冠内表面有一条冠状沟，分布有许多角质小管的开口，形状与蹄缘结构相似。蹄冠的真皮层中可见冠枕，其将蹄缘和蹄冠分开，内表面分布有许多真皮乳头，长度由蹄缘到蹄壁的方向逐渐变短，真皮层的蹄冠周长为11.58±0.73cm。蹄冠的皮下组织层分布有许多脂肪组织。蹄壁表皮位于蹄冠表皮的下方，为蹄匣的最硬部分，外观多为黑色，周长为14.85±0.72cm，并且在内侧2/3处有一条浅颜色的条带；其由外向内依次分为釉层、冠状层、小叶层，釉层的颜色多为黑色，冠状层的颜色由外向内逐渐变浅，并且分布有许多角质小管和小管间角质，角质小管的密度沿蹄匣到肉蹄的方向逐渐降低，且在最内侧有部分缺失，小叶层分布有许多垂直于蹄壁和远指节骨排列的角质小叶，小叶数为762.63±47.06个，高度在0.3~2.2mm，长度在0.9~5.6mm，并且小叶的高度沿蹄冠到蹄底的方向逐渐变大，长度沿蹄壁背侧向蹄壁两侧逐渐变短，但牦牛蹄部未见次级小叶。蹄壁的真皮层分布有许多真皮小叶，并且与表皮小叶相互嵌合，真皮层的蹄壁周长为10.60±0.73cm。

蹄底表皮位于蹄的底面，两侧由蹄白线将蹄底与蹄壁分开，后接蹄球，周长为16.27±0.90cm，蹄底分布有许多角质小管的开口，小管的开口朝向蹄尖处。

蹄球表皮位于蹄的后部，四周与蹄缘、蹄冠、蹄壁、蹄底相接触，呈略向内侧隆起的圆枕状结构，质地较软，有许多角质小管的开口。蹄球真皮层分布有许多短且无序的真皮乳头。蹄球的皮下组织层有丰富的脂肪组织分布，并且由3部分脂肪组织构成。

牦牛蹄部由外向内包括蹄匣、肉蹄和指（趾）骨，蹄匣包裹远指节骨和约1/2中指节骨，指浅屈肌止于中指（趾）节骨上方的右边缘处，指深屈肌止于远指（趾）节骨屈肌面的右侧边缘。

5. 角

角是一些哺乳动物特有的皮肤衍生物，洞角为牛科动物所特有。角体由角质鞘和骨心构成，牦牛角体对称着生于额骨上，终生不更换，且不断增长。

四、心血管系统

心血管系统由心脏、血管（动脉、静脉及毛细血管）和血液组成，心脏是动力器官，受神经系统的支配，通过有节律的收缩和舒张使血液按照既定的方向流动。动脉始于心脏，沿途分支逐渐变细，负责输送由心脏泵出的血液至全身各部；毛细血管呈网状分布，连接于动、静脉之间，遍布全身；静脉血管收集血液流回心脏。

1. 心脏

（1）心脏的结构。心脏呈倒圆锥体形，心脏内部被纵向的房中隔和室中隔分为左右互不相通的两半，每半又分为左心房、左心室及右心房与右心室，心房在上，心室在下，同侧心房和心室以房室口相通。牦牛心脏重1.14 ± 0.33kg，心脏周径为34.39 ± 4.16mm，左侧心室长160.8 ± 16.5mm，右侧心室长178.5 ± 18.4mm，心室室中隔中部的心肌厚度为26.7 ± 4.2mm，与腱质质交界处的心肌厚度为9.1 ± 1.7mm，牦牛右心室心肌厚度较大。

（2）心脏的血管。心脏的血管由冠状动脉、毛细血管以及心静脉组成。

①心脏动脉：心脏的血液供应来自左、右冠状动脉，牦牛左、右冠状动脉分别起自左、右主动脉窦。左冠状动脉主干末端分为前降支、旋支和对角支。前降支向左侧发出左室前支，向右侧发出右室前支，前隔支为降支深面进入室间隔的分支，左室前支为供应左心室胸肋面的主要血管，右室前支主要为右室胸肋面供血。旋支为左冠状动脉终末分支之一，始段被左心耳掩盖，起始后逐渐向下偏离左侧冠状沟绕心左缘，至膈面房室交界区或其左侧，向下折转沿右纵沟下行为后降支，旋支由近至远依次向其腹侧发出左室前支、左缘支和左室后支，后降支为旋支的末端延续，发出左室后支、右室后支和后隔支。

右冠状动脉起始于右主动脉窦，由近及远发出右房支、右室前支、右缘支、右室后支4个分支。右室前支为右冠状动脉始段发出的分支，右圆锥支是右室前支中比较恒定的分支；右缘支是右室支中较为强大的一支，为右冠状动脉行径右缘或右缘偏左侧的恒定分支，沿右缘或其附近下行，沿途向两侧发出各级分支；右室后支由右冠状动脉后段发出，以2~6支多见，多者可达8支。

右冠状动脉向右心房发出右房前支、右房中支及右房后支，右房前支起自右冠状动脉的始段或右主动脉窦，有1~3支。第一支多起自右冠状动脉窦口，沿主动脉和右心耳背侧壁向右上行走，沿途发出分支，支配到右心房的背侧壁，第二、第三支多起自右冠状动脉主干的始部，分布于右心耳背侧部，右房中支自右冠状动脉中段背侧发出，为1~2支，发出后略呈弓形，跨过右房室沟，经右心耳的腹侧折转分布于右心耳背侧的中间部。

左冠状动脉旋支和右冠状动脉分别向左、右心房发出的分支为心房动脉。向左心房发出的分支分别为左房前支、左房中支及左房后支。左房前支自左冠状动脉旋支始段的上缘发出，分布于左房前壁及左心耳，以2~3支为多见；左房中支自左缘附近发自旋支，向后上行走，分布于左心耳中部及左房背侧壁，多为1~3支；左房后支发自旋支后段，经左房腹侧壁，分布于心房后侧壁及后腔静脉左侧部，有1~3支，1支最为常见。

副冠状动脉通常是指直接起于主动脉窦的一些细小分支，心室壁内动脉来自于冠状动脉发出的较大心室支向其深面发出的分支，其在心肌内的分支形态存在4种类型：心外膜支、树枝状支、直支与乳头肌支。

牦牛心脏的左、右心室内有较为明显的乳头肌存在。供应乳头肌的动脉由心外膜下的动脉发出，穿越室肌全层到达乳头肌，乳头肌动脉的形态可呈钩形、叉形等多种形态特点，它们在乳头肌内可呈三面或多面的立体构筑分布。供应乳头肌的较大动脉发出的分支间存在吻合，动脉内的分支亦有吻合。

左室乳头肌有心耳下乳头肌和心房下乳头肌。心耳下乳头肌动脉来自前降支发出的左室前支，旋支发出的左缘支和对角支。心房下乳头肌动脉来自后降支的左室后支，也可来自旋支的左室后支或二者同时供应，亦可来自前降支的末梢支，或左缘支与后降支发出的右室后支。右室大乳头肌的动脉供应主要来自右缘支，小乳头肌由后降支发出的后隔支供血，动脉下乳头肌由前降支发出的前隔支供血。

②心脏静脉：心脏静脉可分为浅表静脉和深部静脉，其回血主要通过冠状窦、心前静脉和心最小静脉引流。冠状窦外周有脂肪和结缔组织，深面邻接左冠状动脉旋支的房室支及房室结动脉。成年牦牛的冠状窦长4.5~5cm，犊牛的长3.3~4cm。冠状窦较为恒定的属支有心大静脉、心中静脉和左室后静脉。心大静脉是心脏静脉中最长的一支，接收左室前静脉、右室前静脉、左房静脉、左缘静脉和室间隔前静脉的回血。心中静脉开口处有半月形的瓣膜覆盖，接收左室后静脉、右室后静脉和室间隔后静脉的回血，左室后静脉引流左室膈面上部及部分左缘区的回血，有1~3支，起点高度不等，与同名动脉伴行，越过左冠状动脉旋支浅面，向上注入冠状窦，右室后静脉起自右室膈面近心尖处，有1~2支，接纳右室膈面近心右缘处的较小静脉支，起始后向上行走，直接注入右心房。右室其他静脉有心前静脉、右缘静脉及右室后静脉，心前静脉起自动脉圆锥和右心胸肋面邻近右缘的部位，引流右室胸肋面及肺动脉圆锥部回血，右缘静脉起自右心下缘，起始部与心大静脉和心中静脉在右室的起始部吻合，沿途接收右心下缘和两侧的回血，逐渐汇合成一较大的静脉支，越过右冠状动脉浅面，跨过冠状沟直接开口于右心房。室间隔静脉主要为室间隔前、后静脉，室间隔前部的静脉血回流至心大静脉，室间隔后部的静脉血回流至心中静脉。心浅表静脉有静脉瓣，心静脉瓣为薄的新月形膜性结构，静脉间相互吻合丰富。

2. 脑部血管

（1）颈内动脉。颈内动脉起自颈动脉窦，是颅腔内供应脑的最大动脉，其口径约为2.5mm。左右两侧向前延伸的颈内动脉呈弓形越过视径的腹面，绕至视交叉的背侧，然后沿着大脑纵裂向前延伸为大脑前动脉，在其径路上由后至前依次发出垂体上动脉、脉络前动脉和大脑中动脉等主要分支，分布于脑的前半部。垂体上前动脉有2~3条，是颈内动脉离开异网后最先发出的小分支，走向大脑动脉环内侧，分布于垂体、视径和灰结节等处。

脉络前动脉在视径的后方起源于颈内动脉，有的个体在后交通动脉的基部发出，沿视径向上方延伸，经海马回终止于侧脑室的脉络丛。

大脑中动脉是颈内动脉最大的侧支，在视径的前方自颈内动脉发出。大脑中动脉离开颈内动脉后，其主干在梨状叶的前方沿着嗅三角后部的腹侧面向外侧延伸，至背外侧进入外侧嗅沟，到达位于深部的脑岛，然后分成皮质支和外侧纹状支。皮质支是大脑中动脉延伸至脑岛后所分出的终末支，主要分布于大脑半球的后侧部，还有一些较小的皮质支到达梨状叶及其附近。外侧纹状支在大脑中动脉经过嗅三角后部的腹侧面时于其深部发出，穿入脑的深部，成为前穿质血管，分布于纹状体。

大脑前动脉是颈内动脉分出大脑中动脉后的延续支，向内侧弯曲，于视交叉的背面到达大脑纵裂，然后沿内侧嗅回前行，向上转至大脑半球前部的内侧面。大脑前动脉在转至大脑半球内侧面之前，沿途分出3~5条皮质支和数条内侧纹状支之后仍先后分出内侧嗅动脉、边缘动脉和胼胝体动脉。

内侧纹状支细小，穿过嗅三角的内侧部，成为前穿质的血管，分布于纹状体。内侧嗅动脉沿嗅球的内侧向背侧延伸，分布于嗅球的背内侧部。边缘动脉较大，可视为大脑前动脉的延续，沿扣带回向后延伸，分布于大脑半球的内侧面。胼胝体动脉较小，向胼胝体背侧延伸，分布于胼胝体背侧部。

（2）后交通动脉。后交通动脉在其径路上从前至后依次发出大脑后动脉、脉络后动脉、中脑前顶盖支、背内侧支、小脑前动脉等主要分支。

大脑后动脉起自后交通动脉中部的稍前方，其起始端口径约为2mm。此动脉走向外侧，环绕大脑脚，于视径的后面弯向后上方沿外侧膝状体的背侧到达大脑半球后内侧。

脉络后动脉从后交通动脉中部的后方发出，常与中脑前顶盖支在动眼神经根的前方以共同的总干起于后交通动脉。该动脉走向背外侧，环绕大脑脚，分布于中脑前丘和丘脑后结节的背侧面及松果体等处，有分支与第三脑室脉络丛相吻合。

中脑前顶盖支于动眼神经根前方、脉络后动脉的近后方发出，并与脉络后动脉起于同一主干。此动脉绕过大脑脚后走向背外侧，分布于前、后丘背侧和外侧的大部分。

背内侧支从大脑动脉环后内侧发出，向前延伸于乳头体的后方脚间窝，并向外、向背侧穿行，成为后穿质血管，供应中脑区的内侧部和丘脑的后区。

小脑前动脉在动眼神经根的后方起始于后交通动脉，横过大脑脚，沿着脑桥和脑桥臂的前缘向后上方斜行，延伸至小脑的前部分有3支，即外侧支、中间支和内侧支，分别分布于小脑半球的前外侧部、小脑半球与蚓部之间和小脑蚓部的前部。

（3）基底动脉。基底动脉由椎动脉的终末支组成，经环椎外侧进入椎管底，向后延伸为脊髓腹侧动脉。基底动脉沿脊髓和脑桥的腹侧面向前延伸，随后分为2支，构成脑动脉环的后部。

小脑后动脉在外展神经根水平位置之前起于基底动脉，其口径为1.5mm。该动脉在脑桥和斜方体之间延伸到达小脑的后下方，分支分布于小脑半球和蚓部。

在小脑后动脉的径路中，发出了一些较小的穿支，分布于斜方体和延髓的背侧部，其主干向背侧延伸，在面神经根附近又发出了1条迷路动脉，进入内耳道，供给内耳。

脑桥支是基底动脉在脑桥部发出的5~6条小分支。最前方的一支较大，位于脑桥的前缘，向外侧后上方延伸，与小脑前动脉平行，分布于脑桥臂。其余分支沿脑桥的腹侧面向背侧延伸，分布于三叉神经根和脑桥臂等处。

延髓支为基底动脉在延髓部发出的8~10条分支。它们沿延髓的腹侧面向外侧延伸，通过舌咽神经、迷走神经、舌下神经根之间，至延髓背侧，相互之间有许多吻合支。延髓支分布于延髓的大部分，并有分支到第四脑室脉络丛等处。

中线旁支为基底动脉背侧面发出的数量多而口径小的分支，沿脑桥的基底沟和延髓正中裂进入脑的实质，分布于脑桥和延髓中线的深部。

3. 四肢血管

（1）臂动脉。臂动脉为腋动脉分出肩胛下动脉后的延续，并在胸升肌外侧、喙臂肌后缘与臂静脉向下延伸，行至肘关节下方分出骨间总动脉后，延伸为正中动脉。臂动脉在向下延伸过程中分出以下侧支：

旋肱前动脉：在大圆肌和背阔肌共同止点腱内侧、臂动脉根部，自臂动脉分出。伴随旋肱前静脉及肌皮神经近肌支向前从喙臂肌深、浅两部之间穿过，并将分支分布于喙臂肌，穿过喙臂肌后分成上、下两支：上支分布于胸深肌、臂二头肌近段和肩关节；下支在臂二头肌后缘下行分布于臂二头肌的远段。

臂深动脉：在左臂下2/3段近端靠近大圆肌和背阔肌的共同止腱缘附近自臂动脉分出，伴随臂深静脉，横穿过臂肌内侧面，分布于臂三头肌长头和内侧头。

尺侧副动脉：在肘关节上方、胸浅肌覆盖之下、喙臂肌止点腱处自臂动脉发出，向后延伸在尺神经外侧分成升、降两支：升支沿臂三头肌内侧头下缘后行，伸至肱骨远端内上髁后部，分支分布于臂三头肌内侧头、外侧头、长头、指浅屈肌、指深屈肌尺骨头、指外侧伸肌和肘关节后。降支继续经腕尺侧屈肌深面，伴随尺侧副静脉和神经沿尺沟下行，在腕关节上方、副腕骨内侧与骨间前动脉掌侧浅支相吻合，形成腕上动脉弓。

肘横动脉：在胸浅肌覆盖之下，在尺侧副动脉分支处下方自臂动脉分出。在喙臂肌止点腱下方，肱骨远端与臂二头肌之间绕向外，横过臂二头肌后分成5支分别分布于臂肌、指内侧伸肌、腕桡侧伸肌、指总伸肌、指外侧伸肌、臂骨、肘关节，且有小侧支在桡骨近端的背外侧与骨间返动脉的分支吻合。

臂二头肌动脉较细，在臂1/3段近端自臂动脉同肘横动脉一起发出，向前横穿过正中神经外侧面，分布于臂二头肌。

前臂深动脉：在肘关节下方，前臂近端、腕桡侧屈肌之下自臂动脉分出上、下两支：上支分布于腕桡侧屈肌、腕尺侧屈肌、指浅屈肌、指深屈肌、腕外侧屈肌。下支向后上方在尺骨内侧表面延伸，分布于指深屈肌的尺骨头和指外侧伸肌。

骨间总动脉：在肘关节下方、臂二头肌止点腱之后、腕桡侧屈肌覆盖之下由臂动脉向后分出，在末端穿过前臂近骨间隙之前分出骨间后动脉，穿过之后分出骨间返总脉，主干延续为骨间前动脉。

（2）正中动脉。牦牛正中动脉为臂动脉分出骨间总动脉后的延续，沿桡骨掌内侧与正中静脉下行，在腕桡侧屈肌覆盖之下向桡骨后方伸延。在前臂的中部向前分出桡动脉以后继续下行，在腕部与正中神经共同行于腕鞘内，沿指浅屈肌腱之前，在系关节上方延续为指掌侧第3总动脉。正中动脉在腕管内近端和远端各发出一小侧支分布于指深、指浅屈肌腱和骨间肌、正中神经。

（3）桡动脉。牦牛桡动脉在前臂中部由正中动脉分出，与前臂静脉紧贴桡骨向下延伸，约在桡动脉起始部2cm处发出一小侧支分布于桡骨后内侧的骨膜上，在前臂下1/3近端分出一小支向前从前臂静脉下横过，在桡骨的内侧表面延伸，最后分布于前臂前面的筋膜和皮肤。桡动脉在前臂远端、腕关节上方发出一支向腕背侧延伸参与构成腕背侧动脉网。在腕关节处还从桡动脉分出4~5条小分支分布于腕关节处的筋膜和皮肤。主干继续下行，在掌骨近端分出近穿支，沿掌骨侧中线行经近掌骨管入掌骨。

（4）蹄部血管。牦牛前肢指部及蹄部主要动脉由指掌侧第3总动脉的分支和第3、第4指远轴侧固有动脉组成。指掌侧第3总动脉在指间隙、冠关节上方、近指节骨的下端分出第3、第4指枕动脉后延续为第3、第4指掌轴侧固有动脉，供应轴侧肌肉、脂肪组织及皮肤部位的营养。第3、第4指枕动脉在蹄球部沿各个方向发出分支，并与第3指、第4指远轴侧固有动脉及第3、第4指掌轴侧固有动脉的血管分支形成动脉吻合，在蹄球部交织成网，分布到指部及蹄球部的结缔组织中。第3、第4指掌轴侧固有动脉在中指节骨的近端先后发出，中指节骨掌侧动脉和中指节骨背侧动脉分布到轴侧的肌肉。第3、第4指掌轴侧固有动脉主干延续为第3、第4指折转固有动脉。

中指节骨掌侧动脉和背侧动脉是第3、第4指掌轴侧固有动脉的分支。中指节骨掌侧动脉的分支主要与第3、第4指枕动脉的分支相互吻合，连接成网，其中包含许多动脉吻合，供应掌侧肌肉、脂肪组织营养。中指节骨背侧动脉的分支主要是在肉缘和肉冠处与第3和第4指远轴侧固有动脉的分支，第3、第4指枕动脉的分支，第3、第4指折转固有动脉的分支相互吻合，连接成网，供应背侧肌肉营养。

第3、第4指折转固有动脉是第3、第4指掌轴侧固有动脉的延续。第3、第4指掌轴侧固有动脉穿过远指节骨轴侧上方边缘的血管孔，在远指节骨内成一锐角，形成第3、第4指折转固有动脉。折转固有动脉在远指节骨的折转角处向着蹄尖的方向分出2支基本相互平行的蹄尖动脉支和蹄尖侧动脉支，这两支动脉继续向蹄尖处延伸，最后形成弧形吻合。第3指和第4指折转固有动脉和蹄尖动脉的许多分支穿梭于远指节骨的小血管孔中，在蹄尖的轴侧、远轴侧和底部的真皮层中形成紧密排列的血管网，折转固有动脉从远指节骨远轴面的后部的血管孔穿出发出许多分支，其分支与第3、第4指远轴侧固有动脉的分支、指枕动脉的分支及轴侧固有动脉的分支吻合成网，供应蹄尖肌肉和远轴侧肌肉营养。第3、第4指远轴侧固有动脉分布在远轴面内，与折转固有动脉的分支形成动脉吻合，供应远轴面肌肉营养。

牦牛后肢主要动脉是趾背侧第3总动脉和第3、第4趾远轴侧固有动脉。趾背侧第3总动脉是胫前动脉的延续，在近趾节骨的下端、趾间隙或冠关节上方分出第3、第4趾背轴侧固有动脉。第3、第4趾背轴侧固有动脉发出分支分别形成第3、第4趾枕动脉及中趾节骨背侧动脉和中趾节骨拓侧动脉。

五、神经系统

神经系统是动物体内最主要的调节机构，包括中枢神经系与周围神经系两部分，前者包括脑和脊髓，后者包括脑和脊髓发出的神经，神经系遍布全身各个器官。神经主要由神经组织组成，神经组织包括神经细胞和神经胶质。神经细胞又称神经元，形态多样，大小各异，主要由胞体及凸起构成；神经胶质是神经系内的间质或支持细胞，据形态不同可分为星形胶质细胞、少突胶质细胞以及小胶质细胞，胶质细胞的凸起对神经细胞和纤维起支持、营养、保护和修复作用。

1. 脑部神经

牦牛脑神经有12对，包括嗅神经、视神经、动眼神经、滑车神经、三叉神经、外展神经、面神经、前庭耳蜗神经、舌咽神经、迷走神经、副神经、舌下神经。脑部神经包括头部交感神经及头部副交感神经，脑神经从脑的不同部位发出，经由颅底的孔道出入颅腔。

（1）嗅神经。嗅神经起于鼻中隔后部以及上鼻道后部黏膜中的嗅细胞，嗅细胞神经纤维未形成神经干，嗅细胞中枢突组成若干条细小的神经束，向后穿越筛骨板孔出鼻腔进入颅腔，终止于嗅球前腹侧。终神经起于上鼻道后上部黏膜及鼻中隔后上部嗅区上皮的血管和腺体，穿越筛板内侧缘的筛板孔进入颅腔，在穿越脑膜时形成大小不等的细小终神经节，再向后延伸，终止于嗅三角内侧面和胼胝体区域。犁鼻神经起于鼻腔前部底壁内侧的犁鼻器及其相邻区域及鼻中隔黏膜，在鼻中隔的黏膜下向后上方延伸，至筛骨垂直板中部的外侧黏膜下处继续向后延伸，经筛板内侧缘的筛孔进入颅腔，穿过脑膜，终止于嗅三角前内侧缘的嗅回处。

（2）视神经。视神经起于眼球的视网膜视神经盘，穿过巩膜向后、向内侧蜿蜒延伸至眶后部视神经管，穿越视神经管进入颅腔，在颅腔内斜向内侧延伸2~3cm后，终止于鞍隔背侧面的视交叉。视神经呈圆柱状，直径为4.6~5.5mm，在眼眶内呈“S”形蜿蜒，自视交叉至眼球视神经直径逐渐变小，相差约0.5mm。

（3）动眼神经。动眼神经起于中脑的大脑脚腹面之后部脚间窝，经眶圆孔背内侧部至眼眶出眶圆孔后分为背侧支和腹侧支，背侧支宽约2.0mm分出后沿腹侧支的背侧面前行，入眶后约在眼背侧直肌后1/4外侧缘附近分为数支，有的进入背侧直肌深面，有的横过背侧直肌深面分布于上睑提肌。腹侧支宽约3.0mm，沿眼神经的背内侧前行，入眶后穿过眶膜，在背侧直肌起始部的外侧进入背侧直肌和眼球缩肌之间，逐渐向前向腹外侧斜行，经视神经背外侧和眼球缩肌之间至腹侧直肌后1/4处的背内侧分为内上支、下支、外侧支和睫状神经支4支。

（4）滑车神经。滑车神经起源于四叠体后丘和前髓帆之间的沟内，向前穿越小脑幕硬膜，在眼神经背内侧、动眼神经外侧向前，在穿出眶圆孔之前向内侧与动眼神经一起穿出眼圆孔。滑车神经在出眶圆孔之前有1~2条交通支与眼神经相连。

（5）三叉神经。三叉神经起于脑桥臂的背外侧，为脑神经中最大的分支，长约24-26mm，宽约10mm，厚约5mm，也称半月状神经节，位于蝶骨体脑面，内侧邻接海绵窦后部及颈内动脉，外侧突入卵圆孔，前缘发出眼神经、上颌神经和下颌神经三大神经支，后缘接受三叉神经的感觉根和运动根。

眼神经是三叉神经中最小的分支，宽约4mm，在蝶骨体脑面神经压迹内向前延伸，至眶圆孔出口处，分为外侧支和内侧支。外侧支较大，也叫颧颞支，又分为角神经和泪腺神经；内侧支也称鼻睫神经，有交通支连于睫状神经，又分为筛神经及滑车下神经，筛神经分为鼻内侧支和鼻外侧支。

上颌神经起源于三叉神经节前缘，宽约4mm，上颌神经在颅腔内呈扁带状，出眶圆孔后渐渐变成圆索状，上颌神经在颅腔内分出一较粗的交通支加入眼神经，在眶圆孔前接受一来自颊神经的交通支后出眶圆孔，上颌神经分出颧面支、副颧面支、颧骨神经、鼻后神经、腭大神经、腭小神经和上齿槽后支，其主干延续为眶下神经。上颌神经有较粗的交通支与眼神经和颊神经相连。鼻后神经在冀腭窝内分为数支参与构成翼腭神经丛。腭大神经分出腭副神经以及进入鼻腔底壁的侧支。

下颌神经分出颞深神经、咬肌神经、颊神经、舌神经、下齿槽神经、下颌舌骨肌神经、翼内侧肌神经、翼外侧肌神经和耳颞神经。颊神经有交通支与上颌神经、腭大神经、面神经颊背侧支相连，且有分支分布于翼内侧肌。下齿槽神经在下齿槽管内分出2条较粗的颏副神经。

（6）外展神经。外展神经起于延髓的前腹侧面、锥体前端两侧的斜方体后缘，向前延伸穿过硬脑膜弯至动眼神经与眼神经内侧支一起向前延伸，经眶圆孔穿出颅腔后进入眼眶，分布于眼外侧直肌和眼球缩肌。

（7）面神经。面神经起于延髓斜方体的前外侧部，经过内耳道和面神经管穿出颅腔，面神经在面神经管中距内耳道底1cm处，膨大形成膝神经节，膝神经节前端发出岩大神经，后端接面神经干，面神经干先向后再向外侧下方弯曲形成面神经膝，面神经在内耳道门附近接受一支来自前庭耳蜗神经的交通支，在面神经管内发出岩大神经、镫骨肌神经、鼓索神经和一汇入岩小神经的交通支，在茎乳突孔附近接受来自迷走神经的耳支，穿出茎乳突孔之后，在腮腺覆盖之下发出耳后神经、耳内支、腮腺支、二腹肌支和颈支。

岩大神经起于膝神经节前缘，向前穿过岩颞骨的岩大神经管，在岩颧骨前部外侧面伸出2支，一支在三叉神经节的腹外侧与来自颈内动脉神经的岩深神经会合，形成翼骨管神经。翼骨管神经向前腹侧延伸，经颈动脉管外口出颅腔后穿过翼骨管，进入翼腭窝，与翼腭神经节后端相连。另一支在岩颞骨外侧向前延伸，经岩颧骨前缘到三叉神经节后部背侧面分为数支，分别进入下颌神经起始部、三叉神经节及其附近的脑膜。

镫骨肌神经分布于镫骨肌，鼓索神经分布于鼓室及鼓膜内侧面，经岩鼓裂穿出鼓室之后延伸至上颌动脉内侧面和翼内侧肌后部外侧面，至翼内侧肌前缘附近加入舌神经。

耳后神经在茎乳突孔附近自面神经分出，随耳后动脉在外耳基部后外侧向后背侧延伸，至颈耳深肌深面分为4~5支，其中2~3支分布于耳廓软骨外侧面的皮肤，其余几支继续向后延伸分布于项耳前肌、项耳后肌、颈耳后肌、颈耳浅肌、顶耳肌及其附近的皮肤。且耳后神经在腮腺下延伸途中分出2~3支细小分支分布于腮腺。

耳内支在茎乳突孔附近自面神经分出，在腮腺深面向前向背侧延伸分为2支，一支在腮腺深面向前延伸，经过耳廓基部及耳廓软骨茎突前缘，穿过内耳支孔，分布于耳廓里面的皮肤；另一支在腮腺内向前，分出一细小腮腺支后，穿过腮腺背侧部，分布于耳前部及耳外侧都的皮肤。

二腹肌支在茎乳突孔附近从面神经的腹侧缘分出，在腮腺深面、面神经腹侧向前下方进入二腹肌后腹和枕舌骨肌。其后，面神经主干向前腹侧延伸，经鼓泡外侧到颞下颌关节外侧分为耳睑神经、颊背侧支和颊腹侧支。

（8）前庭耳蜗神经。前庭耳蜗神经连于延髓斜方体的背外侧缘，进入内耳道，在内耳道门分成前庭部和耳蜗部。在内耳道内，前庭耳蜗神经与面神经之间有2~3条细小分支相互吻合。前庭部在内耳道的底部内膨大形成前庭神经节，由此神经节发出上、下两条分支，上支较粗，为前庭部主干的延续，分布于半规管壶腹部；下支较细，向腹部延伸，穿越前庭区腹部的筛孔，分布于椭圆囊斑和球状囊斑。耳蜗部呈螺旋放射状发出若干细小纤维束，经蜗区的筛孔进入蜗轴至耳蜗的螺旋器。

（9）舌咽神经。舌咽神经起于延髓外侧缘，穿过脑膜后聚成一神经干，与迷走神经及副神经相伴经颈静脉孔出颅腔。舌咽神经在延伸途中依次膨大形成近神经节和远神经节，近神经节较小，远神经节较大，舌咽神经的分支有鼓室神经、颈动脉窦支、茎咽肌支、舌支、咽支、一与迷走神经耳支相连的交通支及一与面神经相连的交通支。

鼓室神经从远神经节的前缘发出，向前上方延伸，进入鼓室后沿鼓室内侧壁向前延伸到鼓室前部后，与颈内动脉鼓室神经和来自面神经的交通支形成鼓室神经丛，鼓室神经丛发出2条神经：一条分布于耳咽管的黏膜，一条为岩小神，经岩小神经管穿出鼓泡，沿耳咽管外侧缘向前向下延伸，连于耳神经节的后上端。

颈动脉窦支在耳咽管外侧面从舌咽神经分出，在颈内动脉前沿咽外侧壁向腹侧并稍向下延伸，先分出一小支，经颈内动脉外侧连于舌下神经。随后分为2支：一支在踝动脉起始部之前到达颈外动脉，参与构成颈外动脉神经丛，另一支与来自颈前神经节的一分支会合，连于颈动脉窦。

茎咽后肌支在茎舌骨后缘分出，向前向下行经茎舌骨内侧面，分布于茎咽后肌。舌支沿茎舌骨后缘向前、向腹侧延伸到茎舌骨下端后，经茎舌骨下端内侧面进入舌骨舌肌深面，分为2~3支，分布于舌根、舌骨舌肌以及咽外侧壁前部的肌肉和黏膜。咽支在其起始部接受来自迷走神经咽支的一交通支后，沿茎舌后缘向前、向腹侧延伸，约在茎舌骨中部，进入茎舌骨和茎咽后肌间，分为4~5条小支，分布于舌咽肌、翼咽肌、腭咽肌、舌骨咽肌以及咽前部外侧壁的黏膜和软腭。

（10）迷走神经。迷走神经起于延髓外侧缘，与舌咽神经和副神经相联合经颈静脉孔出颅腔。在颈静脉孔出口处膨大形成颈静脉神经节，该神经节分为内、外两部分，内侧部发出耳支，与来自舌咽神经的交通支汇合后在茎孔突附近进入面神经管，加入面神经，外侧部续接迷走神经的主干，延伸至颈内动脉和舌咽神经，在鼓泡腹侧缘与一支来自副神经的交通支汇合。此后，迷走神经在咽后区鼓泡内侧，斜经头腹侧直肌的外侧面，后沿头长肌腹侧面延伸到环枢关节、甲状腺前缘附近，在到达颈总动脉的背内侧壁与交感干相吻合形成迷走神经总干。在咽后区，迷走神经自联合神经干与副神经分开，且在与交感干相吻合形成迷走神经总干之前发出咽支、喉前神经和咽喉食管气管总干，还分出若干交通支。

咽支起源于迷走神经离开联合神经干后约2.5cm处，先后经颈前神经节前部，颈内动脉和耳咽管的外侧，至颈外动脉背侧附近分为前、后2支，前支较小，与舌咽神经咽支和颈前神经节发出的分支汇合形成咽神经丛，分布于咽侧壁的肌肉和黏膜；后支在向后延伸途中分出若干细小分支分布舌骨咽肌、甲咽肌、环咽肌以及咽外侧壁之后，汇合于喉前神经的外侧支。

喉前神经较粗，自迷走神经向下延伸至枕动脉和颈外动脉分叉处附近分出，在甲咽肌背侧部的外侧面分为外侧支和内侧支，外侧支有2~4条，沿途分出若干细小分支分布于甲咽肌、环咽肌、环甲肌和甲状腺；内侧支较粗，分布于喉黏膜及咽后部底壁的黏膜，其中一支与喉后神经相连。

咽喉食管气管总干起于迷走神经，经颈总动脉内侧，到环咽肌后缘分为喉后神经和食管气管支。喉后神经分布于环状侧肌、环状背侧肌、甲杓肌、杓横肌，喉后神经在环杓侧肌腹侧缘附近与喉前神经内侧支的分支相连。食管气管支可视为喉后神经咽喉气管支总干的延续，沿途分支分布于食管和气管。

交通支主要为4类，与舌咽神经相连的交通支1~2条，与迷走神经前背侧缘相连；与舌下神经相连的交通支2~3条，与迷走神经的后腹侧缘相连；与第一颈神经腹侧支相连的交通支，与第一颈神经腹侧支相连；与颈前神经节相连的交通支有2~3条，连于颈前神经节。

（11）副神经。副神经起于中枢神经系统的脑神经根和脊神经根。脑神经根起于延髓侧缘，脊神经根起于脊髓前五颈节侧缘。延伸至鼓泡腹侧缘处在其内侧分出一较小的内侧支汇入迷走神经，其主干行经第一颈神经腹侧支时分为背、腹2支。背支沿途发出若干分支分布于臂头肌和肩胛横突肌，主干终止于斜方肌的内侧面；腹支分支分布于枕－锁肌、胸下颌肌和胸乳突肌。

（12）舌下神经。舌下神经起于延髓腹外侧面，穿过脑硬膜后汇集成一主干，经舌下神经管出颅腔。舌下神经穿过茎舌肌与舌骨舌肌间时，分出若干细小分支分布于颈舌肌、舌骨舌肌、颏舌骨肌与颏舌肌之后，进入舌骨舌肌与颏舌肌之间，继续向前沿伸，分支分布于舌骨舌肌、颏舌肌、颏舌骨肌和舌固有肌。

舌下神经在头腹侧直肌外侧面，分出1~2条交通支与迷走神经相连，一交通支与颈前神经节相连。在咽外侧横过颈总动脉时分出一较粗的侧支，在舌骨舌肌外侧面向下并稍向后延伸约3cm后分为前、后2支，前支进入横突舌骨肌与甲状舌骨肌之间，分支分布于横突舌骨肌、甲状舌骨肌和胸骨舌骨肌；后支与第一颈神经腹侧支的前支相连，形成颈袢。

（13）头部交感神经。颈前神经节呈纺锤形，位于头长肌的前外侧面。其前部被鼓泡覆盖，其余部分被茎突舌骨肌覆盖，且后缘与颈内动脉相平行。颈前神经节的前端发出5~6条颈内动脉神经，在头长肌的前外侧面伴随颈内动脉向前、向背侧延伸后，围绕颈内动脉相互连接形成颈内动脉神经丛，该神经丛穿过鼓枕裂和岩枕裂到达颞骨鳞部前缘，在此分出岩深神经、颈动脉鼓室神经、海绵窦神经和颈静脉神经。其后端除发出较大的颈外动脉神经和交感干外，还发出数条通往舌咽神经、迷走神经及舌下神经的交通支。

岩深神经起源于颈内动脉神经丛的前背侧缘，向前上方延伸约1.5cm后，与岩大神经相吻合形成翼骨管神经，然后通过颈静脉孔进入颅腔后再通过翼骨管到达翼腭窝，汇入翼腭神经节。

颈动脉鼓室神经起源于颈内动脉神经丛前外侧面，进入鼓室腔后沿鼓室内侧壁继续向上稍延伸后，与舌咽神经发出的鼓室神经相连，形成鼓室神经丛。

海绵窦神经起源于颈动脉鼓室神经根的腹内侧，延伸至三叉神经根部下方进入颅底海绵窦，形成海绵窦神经丛，再由海绵窦神经丛发出分支与附近的脑神经及脑垂体相连。

颈静脉神经由2条分支组成，一条起源于颈内动脉神经丛的前内侧部，另一条起源于颈内动脉神经丛的前外侧部，两条分支相互平行延伸至舌咽神经与迷走神经间，然后一同向上延伸，在颈静脉孔附近分别汇入了舌咽神经和迷走神经。

颈外动脉神经由2条分支组成，一条起源于颈前神经节的后腹侧，在颈内动脉起始部附近与来自舌咽神经的颈动脉窦支会合，形成颈外动脉神经丛；另一条起源于颈前神经节后外侧面，延伸至颈总动脉后形成颈总动脉神经丛。

交感干起源于颈前神经节的后背侧缘，有些牦牛交感干直接与迷走神经的远端神经节相吻合，而也有些牦牛，交感干先与迷走神经相吻合，再向后延伸0.3~0.5cm后，才到达迷走神经的远端神经节。

交通支主要为2支，一支起源于颈前神经节的外侧面，与舌咽神经相连，另一条起源于颈前神经节的前腹侧缘，向后延伸而后分成2条，分别与舌下神经和迷走神经相连接。

（14）头部副交感神经。头部副交感神经由睫状神经节、耳神经节、下颌神经节、翼腭神经节及由它们发出的分支及连接支组成。

睫状神经节呈粟粒形，位于眼腹侧直肌后背侧和视神经腹外侧，与动眼神经腹侧支紧密相连，与睫状神经节相连接的神经分支有动眼神经根、鼻睫神经交通支以及发出睫状短神经进入眼球。

耳神经节内侧面光滑，与腭帆提肌接触，外侧面大部分为上颌神经覆盖，且发出若干小支与之相连。翼内侧肌神经在此神经节的外侧自上颌神经发出。

下颌神经节为一较大的呈梭形的神经节，或为一组个体大小和形状不同的小神经节，位于舌下腺的外侧面、下颌舌骨肌和茎舌肌之间。接受来自舌神经的交通支，发出分支分布于下颌腺支、舌下腺支。

翼腭神经节是大小和形状不同的一组神经节，此神经节向后接受鼻后神经，并接受来自翼骨管神经的分支，向背侧发出1~2条细小分支进入眼眶膜，向前发出2~3支加入鼻后神经，向腹侧由3~4条分支与腭大神经和腭小神经相连。由翼腭神经节发出的神经支相互连接，并与翼骨管神经、鼻后神经、腭大神经和腭小神经相连，构成翼腭神经丛。

2. 四肢神经

（1）肌皮神经。牦牛肌皮神经位于臂神经丛的下部，纤维主要来自第8颈神经和第1胸神经的腹侧支，由结缔组织与正中神经、尺神经相连，参与形成臂神经丛，一部分纤维绕过腋动脉与正中神经、尺神经形成腋襻，然后继续后行，在肩关节的后内侧、胸深肌背侧、腋静脉之下与正中神经、尺神经分离后，在胸深肌背侧、腋静脉外侧发出一强大肌支随同旋臂前动脉向前、向下行经喙臂肌深、浅两部之间进入臂二头肌，在喙臂肌处分支分布于喙臂肌，此肌支为肌皮神经的近肌支。主干为远肌支在胸深肌的外侧、喙臂肌的内侧表面又与正中神经会合下行，约在前臂内侧下1/3段近端与正中神经分离，在臂二头肌与臂骨下端之间向下向外侧伸延，在喙臂肌止点腱处、肘横动脉上方，穿过臂头肌的内侧面后分支，一支分布于臂头肌之下的臂肌；另一支较粗，横过臂二头肌远端外表面后转为前臂内侧皮神经，在前臂背内侧向腕、掌部延伸，支配前臂背内侧面、腕部内侧面和掌部内侧面的筋膜和皮肤。

（2）肩胛上神经。牦牛肩胛上神经来自第6、第7颈神经的腹侧支，它形成腋部臂神经丛的最前部，横过锁骨下肌，在冈上肌表面向后上方延伸。肩胛上神经与肩胛下神经的前支在臂神经丛处由结缔组织连在一起并行，至肩胛下肌的下1/3近端的后缘与肩胛下神经的前支分开，然后分成上、下2支。上支粗，同肩胛上动脉、静脉一同在冈上肌与肩胛下肌之间延伸，在肩胛颈处，肩峰下方分出3~4条小侧支分布于冈上肌，主干于肩峰下方、横过肩胛颈，发出侧支分布于冈下肌后，继续平行于肩胛冈向背侧肩胛软骨处延伸，分布于冈下肌背部。下支细，在肩关节背侧，分布于冈上肌和肩关节。

（3）肩胛下神经。牦牛肩胛下神经来自第6、第7颈神经的腹侧支，位于肩胛上神经和腋神经之间。肩胛下神经的前支与肩胛上神经由结缔组织粘连在一起并行，在肩关节内上方肩胛下肌下1/3近端与肩胛上神经分离后，横过肩胛上动脉分布于肩胛下肌。肩胛下神经的后支与腋神经、胸背神经共同由结缔组织粘连在一起，在桡神经的背侧横过锁骨下肌、冈上肌的远端、肩胛下肌的远端内侧与腋神经、胸背神经分开，分布于肩胛下肌和大圆肌。

（4）腋神经。腋神经来自第7、第8颈神经和第一胸神经的腹侧支，在腋窝沿胸深肌、喙臂肌、肩胛上动脉、静脉的内侧、桡神经的背侧后行，在肩关节背内侧面与胸背神经分离，沿肩关节的后侧和旋肱后动脉的背侧外行，在臂三头肌长头、外侧头和肩关节之间横过，从三角肌深部的小圆肌腹缘穿出，分出3~4条肌支和1条皮支。

肌支分布于三角肌、小圆肌、冈下肌，且有一肌支在三角肌内侧和臂三头肌外侧头起始部之间沿小圆肌下缘向前延伸，在臂骨外侧结节的下缘从三角肌前缘穿出，分布于臂头肌的锁臂部。皮支又称为前臂前皮神经，较细，在三角肌和臂三头肌外侧头之间向下穿出，分布于三角肌止点腱和臂三头肌外侧头的外表皮肤以及前臂背侧面的筋膜和皮肤。

3. 胸腹神经

（1）胸背神经。牦牛胸背神经来自第7、第8颈神经和第一胸神经的腹侧支，位于腋神经和桡神经的背侧、肩胛下神经的腹侧，由结缔组织与肩胛下神经和腋神经粘连在一起，向后向上横过肩胛下肌和大圆肌的远侧内面，在大圆肌的后缘处分为三大支：一支循大圆肌向上延伸，分布于背阔肌；一支向后向上与胸背血管并行，分布于背阔肌的后缘；一支平行向后延伸分布于背阔肌的后缘。

（2）胸前神经。牦牛胸前神经来自第6和第7颈神经，有两根支与肌皮神经和胸外神经包在一起，下行后分开，分别越过腋动脉的内、外侧面，于腋动脉的腹缘形成第二腋撑，主干从撑离开后越过胸深肌前部内侧面向下行进入胸浅与胸深两肌之间，分成2支，一支分布于胸降肌、胸横肌；另一支沿胸深肌外侧面向后行，并分支分布于胸深肌。

（3）胸外神经。牦牛胸外神经来自第8颈神经和第1胸神经，胸外神经在胸深肌前部内侧近上缘处向后下方行，在腋襻处分为背支和腹支。背支为胸外神经的延续，循胸深肌的上缘向后行，分布于躯干的皮肤；腹支向下分布于胸深肌和胸浅肌。

第二节　牦牛的生理生化特性

一、生理特性

1. 呼吸和脉搏

成年牦牛的体温为38.5~38.7℃，公牦牛的体温一般高于母牦牛。牦牛的脉搏频率为45~79次/min，呼吸频率是9~77次/min。牦牛的脉搏频率和呼吸频率都高于黄牛，较快的脉搏频率和呼吸频率不仅增加体内的氧循环量，还能在环境温度较高时帮助机体散热。牦牛的脉搏频率和呼吸频率受季节和环境温度的影响，8月份牦牛的呼吸频率最高，而脉搏频率6月份达到最高。1—3月份呼吸和脉搏频率均降至最低点，说明牦牛汗腺不发达，主要通过调整呼吸频率来散发体内的热量。

2. 反刍

在夏季牧草丰茂的时候，牦牛每天有4个反刍周期。第一次是在清晨放牧后的2h；第二次是在正午前后，此时环境温度高，牦牛停止了放牧；第三次是在牦牛被赶回圈舍前的2h；第四次通常是在傍晚。反刍时间持续0.8~1.9h。每个食团再咀嚼和混以唾液的时间约55s，咀嚼46~52次。

3. 生殖生理

牦牛在非发情期和发情期体温、血红素、红细胞数等生理指标有显著的差异。母牦牛乏情期卵巢为扁平卵形，子宫颈口黏液pH值为7，呈中性，而发情后卵巢有黄体，子宫颈口黏液pH为9，呈碱性。

性激素水平是生殖系统状况的重要指标，对家畜生殖细胞的发育和生殖功能有重要的影响。牦牛繁殖季节非发情期和发情期激素水平有明显的差异。牦牛在繁殖季节非发情期FSH、LH、P_4、Leptin、17β-E_2含量分别为0.083 6~0.376 7mIU/mL、0.135 0~1.010 9ng/mL、3.128 3~7.480 9pg/mL、0.065 0~8.011 9ng/mL、0.160 4~0.513 9mIU/mL。在繁殖季节发情期以上激素含量分别为0.128 0~0.405 0mIU/mL、0.682 0~1.674 4ng/mL、3.158 6~3.843 8pg/mL、0.527 5~1.376 0ng/mL、0.411 0~0.597 5mIU/mL。

4. 采食量特征

2岁、3岁牦牛日采食量分别为2.367kg、3.262kg，青草期、枯黄期、枯草末期、返青期的日采食量，2岁牦牛依次为3.92kg、3.72kg、5.54kg、6.82kg。此外，2.5岁牦牛在青草期和枯黄期的100kg体重日采食量分别为3.69kg和2.96kg，其不同物候期的干物质消化率分别为65.7%和61.72%，粗蛋白质的消化率为62.2%和39%，粗脂肪为49.36%、58.18%，ADF的消化率为57.88%、62.67%，NDF的消化率为69.09%、79.38%。

二、生理生化特性

1. 血液生理生化特征

对氧的运载和利用能力对于动物适应高原低氧环境至关重要。增多的红细胞数和增加的血红蛋白含量是很多高原动物的血液学特征。牦牛红细胞数为6.51×10^6~8.05×10^6/mL，血红蛋白浓度为112.12~128.57g/L，由于分布的海拔高度不同，不同品种的牦牛红细胞数和血红蛋白浓度也存在差异。据报道，生活在低海拔地区的牦牛的红细胞数和血红蛋白浓度低于在高海拔地区生活的牦牛。与黄牛相比，牦牛红细胞数多，体积小，因此总表面积大，氧和二氧化碳等脂溶性气体自由透过红细胞的数量增多，同时血液的黏稠度降低，加快了血流速度，确保牦牛机体在低氧分压环境中氧的供给。有研究发现，牦牛血红蛋白的β链与大部分哺乳动物不同，其第135位的丙氨酸被缬氨酸替换，使亚铁血红素附近的链形成了一个大的疏水基团，从而改变了对氧的亲和力。牦牛血液及血清生理生化指标见表3-5、表3-6所示。

表3-5　九龙牦牛血液生理指标

测定项目 \ 年龄、性别	1.5周岁		4.5周岁	
	公	母	公	母
体温（℃）	38.61±0.34	38.71±0.31	38.78±0.27	38.53±0.21
呼吸频率（次/min）	29.82±4.38	30.40±3.72	28.10±3.03	28.8±4.87
红细胞数$\times10^9$/mL	6.37±0.57	6.53±0.52	6.51±0.65	6.47±0.70
血红蛋白（g/L）	113.63±20.0	112.12±26.66	118.43±11.73	119.82±13.31
血小板数$\times10^7$/mL	34.82±11.13	37.05±8.19	36.93±10.53	39.98±11.78
白细胞总数$\times10^6$/mL	7.89±0.78	8.11±0.65	7.77±1.14	8.34±0.96

（续表）

测定项目 \ 年龄、性别		1.5周岁 公	1.5周岁 母	4.5周岁 公	4.5周岁 母
嗜中性粒细胞（%）	杆状	6.64±2.58	5.75±3.26	3.9±1.66	6.60±3.24
	分叶	37.64±5.20	43.38±7.81	40.90±13.71	35.20±5.69
嗜碱性粒细胞（%）		1.18±0.75	1.81±0.66	1.50±0.71	1.0±0.82
嗜酸性白细胞（%）		3.82±2.36	3.75±2.05	3.70±2.35	5.20±1.93
淋巴细胞（%）		49.64±4.72	44.19±6.20	40.20±10.15	50.60±4.45
单核细胞（%）		1.09±0.83	1.13±0.72	0.80±0.63	1.20±0.92
血沉/（mm）	15min	0.45±0.29	0.43±0.34	0.36±0.27	0.38±0.33
	30min	1.41±0.30	1.35±0.68	1.39±0.60	1.06±0.42
	60min	2.27±0.34	2.11±0.58	2.55±0.99	2.05±1.17

注：引自钟光辉等，1995

表3-6　九龙牦牛血清生化指标

测定项目 \ 年龄、性别	1.5周岁 公	1.5周岁 母	4.5周岁 公	4.5周岁 母
血清总蛋白（g/dL）	7.33±0.78	6.77±0.70	7.29±0.44	7.22±0.96
血清白蛋白（g/dL）	3.81±1.27	3.76±0.81	4.52±0.67	3.98±1.23
血清尿素氮（mg/dL）	14.86±2.43	13.22±3.69	13.67±1.44	13.43±2.49
血清肌酐（mg/dL）	1.38±0.15	1.29±0.16	1.53±0.28	1.50±0.15
血糖量（mg/dL）	37.50±20.31	42.46±15.70	39.08±9.37	39.08±25.83
全血pH	7.51±0.14	7.46±0.09	7.53±0.12	7.36±0.19
丙谷转氨酶（IU）	12.25±7.34	9.93±4.05	10.20±2.95	9.70±3.02
谷草转氨酶（IU）	84.10±7.39	82.21±10.91	81.60±7.65	75.60±17.96
碱性磷酸酶（IU）	29.00±6.39	27.97±8.04	24.75±4.73	22.72±4.05
淀粉酶（IU）	215.33±86.56	172.11±54.63	198.96±39.18	167.96±78.52
γ-GT（IU/L）	27.25±14.70	26.40±9.97	17.20±6.69	22.40±8.33
氯化物（mg/dL）	606.01±57.91	614.49±61.15	663.08±17.80	627.21±83.40

（续表）

测定项目 \ 年龄、性别	1.5周岁		4.5周岁	
	公	母	公	母
血清钙（mg/dL）	8.89±1.69	9.36±1.21	10.47±0.67	9.17±1.58
血清铁（μmol/dL）	18.64±3.98	18.32±4.59	19.46±2.42	19.72±4.06
血清无机磷（μmol/dL）	8.53±1.87	7.43±0.81	7.00±0.71	7.11±1.23
麝浊（TTT，IU）	4.24±1.43	4.09±1.56	3.93±0.63	4.76±1.48
锌浊（ZnTT，IU）	8.56±3.06	6.85±2.89	7.89±2.71	8.21±3.65
血清黄疸指数（IU）	7.85±2.03	6.21±0.65	6.31±0.27	6.54±0.86
胆固醇（mg/dL）	293.56±75.01	301.77±80.86	332.80±104.81	312.02±65.16
甘油三脂（mg/dL）	99.36±33.17	103.65±44.52	101.50±48.30	88.28±17.43
CO_2结合力（%）	41.76±3.32	38.17±4.49	43.42±4.36	41.22±3.83

注：引自钟光辉等，1995

2. 线粒体酶含量

细胞呼吸是ATP的主要来源，为机体的各种活动提供能量并产生热量，从而维持动物体温恒定。高原动物对低氧适应还表现在呼吸链酶学特征和线粒体结构、大小和数目的变化上。与平原牛相比，高海拔地区（4 200m）牦牛心肌线粒体数目增加40%。高海拔地区牦牛血清中乳酸脱氢酶（LDH）、总过氧化物歧化酶（SOD）均显著高于低海拔地区的牦牛，而MDA则显著低于低海拔地区的牦牛。牦牛线粒体酶活性见表3-7所示。

表3-7　牦牛线粒体酶活性

测定项目 \ 品种	玛多牦牛		刚察牦牛	
	心肌	骨骼肌	心肌	骨骼肌
Mb（nmol/g）	1 257.96±220.96	828.33±194.25	1 195.58±156.63	759.09±184.46
T-AOC（IU/mgprot）	28.94±5.11	17.86±5.98	7.07±6.01	8.09±4.80
SOD（IU/mgprot）	58.42±8.10	61.86±6.61	42.95±14.87	44.56±20.50
GSH-PX（IU/mgprot）	20.15±5.43	15.32±4.27	6.67±5.67	7.76±4.83
LDH（IU/mgprot）	2 472.40±276.58	2 448.71±494.69	3 855.07±316.44	3 882.62±602.87
MDA（IU/mgprot）	19.21±2.65	2.12±0.15	21.30±2.53	3.79±0.54

注：引自李生芳等，2008；王勇、李莉，2008；史福胜等，2007

3. 同工酶的活性

牦牛研究最多的同工酶是乳酸脱氢酶（LDH）。LDH是动物体内参与糖酵解的重要酶类，能催化丙酮酸与乳酸的相互转变。LDH为四聚体，由M、H两个亚基组成，分别由A和B基因编码。LDH活性和酶谱具有明显的组织和年龄特异性。牦牛血清LDH同工酶具有5种酶谱，分别为LDH1、LDH2、LDH3、LDH4和LDH5。犊牦牛肝脏和骨骼肌中LDH活性高于成年牦牛。6月龄牦牛睾丸中LDH有4种酶谱，活性大小依次为LDH1>LDH3>LDH2>LDH4。附睾只有3种酶谱，活性大小依次为LDH1>LDH2>LDH3，18月龄时，睾丸LDH有5种酶谱，活性大小依次为LDH1>LDH3>LDH2>LDH4>LDH5，附睾4种酶谱活性大小依次为LDH1>LDH2>LDH3>LDH4。牦牛乳中只有LDH1，其活力高于犏牛。牦牛心脏、肝脏和肌肉组织中LDH总活力低于黄牛，而牦牛LDH-A对丙酮酸的高K_m值可避免骨骼肌中产生过多的乳酸。

第三节　牦牛的生物学特性

青藏高原等高海拔地区被称为“生命的禁区”，其空气中氧的平均含量约为海平面的60%甚至更低。高寒和低氧是高原地区主要的生态限制因子，严重影响着动物与人类的生存和发展。作为“世界屋脊”的青藏高原是地球上一个特殊的低氧环境，不同高原世居人群和土著动物的低氧适应问题意义重大，涉及人类与动物的进化、遗传、生长发育、生理机能和疾病状态等一系列问题。当前随着低氧环境下从器官到细胞器研究的不断深入，青藏高原已成为人类和医学和地理学的研究热点已引起世界性的关注。青藏高原幅员辽阔，动物资源丰富，在分布高度、种类和数量上得天独厚。牦牛经过长期的自然和人工选择，表现出对高原环境的适应性特征。这些特征可能是在高原环境刺激下导致某些组织器官向特定方向选择的结果，也可能是在特定环境下的生理、生化适应性反应的结果。

一、牦牛生活习性与其形态特征

1. 耐低氧

在海拔3 000~6 000m的地区，无论高寒湿润区或半干旱地区，空气中含氧量只及海平面地区的1/3~1/2。随着海拔升高，气温下降，空气稀薄，气压也随之降低。牦牛生息在海拔3 000m以上地区，暖季可上升到海拔5 000m以上的地区，成年阉牦牛甚至可到达6 500m处。在严重缺氧的环境下，牦牛除维持自身的生长发育外，还为牧民提供乳、肉、皮、毛、绒等生产、生活资料。牦牛之所以能够适应于空气稀薄、大气压低的缺氧环境，是由它的生理特点所决定的。牦牛在漫长的进化过程中，在高山草原生态环境条件的影响下，形成一系列独特的适应特性，如在躯体结构上相应发生某些变化，主要表现在气管、胸腔的结构及呼吸、脉搏、血液红细胞和血红蛋白等指标上。牦牛的气管（长44~51cm）较普通牛（65cm）短而粗大，使其能适应频速呼吸，在高原少氧环境下较普通牛在单位时间增加了气体交换量，以获得更多的氧。牦牛胸腔比普通牛大而发达。心脏发达，脉搏血输出量大，血液循环快，能满足机体在寒冷条件下对热量的需要。肺活量大，由于呼吸频率的增加，相应增加了氧气含量，能满足机体对氧气的需要。牦牛血液中，红细胞、血红蛋白和白细胞的含量高，能使血液中结合较多的氧，增加血液中氧的容量，加快氧的运输，补偿其维持生理活动和生产过程对氧的需求。牦牛具有呼吸、脉搏快，血液红细胞和血红蛋白高的生理特点。这些特点是它在少氧环境中，经过漫长的进化过程，形成的代偿性机制，因而能适合海拔高、气压低和氧气少的高寒地区。

2. 耐寒怕热

青藏高原气候寒冷、潮湿，年平均气温0℃左右，温度变化幅度大。为了生存，牦牛在进化过程中形成了不发达的散热机制。牦牛的皮肤较厚，但表皮极薄，仅占全皮（未包含皮下组织）的1.36%，真皮较厚，占全皮的98.64%，真皮层厚对其耐寒有极大作用。皮下组织发达，暖季容易蓄积脂肪，脂肪层是热的不良导体，能防止体热过度地散发，形成机体的贮能保温层，在冷季可免受冻害。汗腺发育差，可减少体表的蒸发散热。此外，牦牛体躯紧凑，体表皱褶少，单位体重体表散热面积小；在冷季气温远低于体温的寒冷条件下，有利于保存体内热量，减少营养物质的消耗，维持正常体温和生理功能。

牦牛在长期的自然选择过程中，为了适应高寒地区恶劣的气候条件，形成了外形紧凑，垂皮少，外周附件和体表皱褶少的体态，因此散热量小。牦牛体型紧凑，体背较平直，肩部中央有凸起的隆肉，头形狭长，脸面平直，颈下无垂肉，体表无褶皱。四肢粗短、强壮，体格高大硕壮，单位体重的体表面积小。据测定，18月龄和30月龄阉牦牛皮肤面积分别为$1.40 \pm 0.14m^2$/头和$1.34 \pm 0.20m^2$/头，成年母牦牛为$3.42m^2$/头，比其他牛种小。单位体重的表面积为0.018 2m^2/kg，因此在冷季通过皮肤散失的热量相对较少，有利于牦牛在恶劣的寒冷环境中生存。

在牦牛适应寒冷气候条件的漫长过程中，保存了有利于耐寒的被毛变异。牦牛的被毛是由粗毛、两型毛和绒毛组成的混合被毛，比单层被毛的空气层厚，有利于保暖。被毛组成和长度随季节变化显著。在冷季，不同细度的绒毛着生于粗毛间，形成一道天然的隔热层，绒毛的含量与气温成反比，并且在牦牛体侧下部、肩部、胸腹部及腿部均披长毛（又称裙毛），因而隔热性能好，有利于保温。另外，牦牛汗腺发育差，可减少体表的蒸发散热，降低因严寒而对热能和营养物质的消耗。牦牛怕热，遇到气温升高，天气闷热时，则表现烦躁不安，停止采食，向山顶或山口转移，以求凉爽，躲避蚊蝇袭扰。

3. 极强的采食能力

牦牛对高山草原矮草的采食有良好的适应特性，主要表现在鼻镜小，嘴唇薄而灵活，口裂亦较小。舌稍短，舌端宽而钝圆有力，舌面的丝状乳头发达且角质化，牙齿齿质硬而耐磨。牦牛既能卷食高草，也能用牙齿啃食3~5cm高的矮草，冬春季还能用舌舔食被踏碎或被风吹断、鼠咬断的浮草。高山草原的冬春季，牧草往往被积雪覆盖。在饥饿情况下，牦牛可以用蹄子刨开10~20cm厚的积雪，也可以用颜面撞开堆积的厚雪啃食枯萎矮草。夏秋季可用舌卷食高草，采食能力极强，且行动敏捷。牦牛善于走高山险路、陡坡以及沼泽地，也能钻入荆棘灌木丛中采食，夏季遇到天气骤变，雨、雪、冰雹交加时仍照常采食。由于牦牛瘤胃蠕动频率较恒定，几乎不受采食与否和饥饱的影响，因而能终年放牧。牦牛的牧食过程，随年龄、性别、个体等有一定差异。一般成年母牛、公牛、驮牛能勤奋采食，较青年牛游走少。年龄大的牦牛牧食周期长，这是由于年龄大，体格大，消化道容量大，且采食速度较慢。

4. 晚熟、繁殖力低

牦牛较其他牛种晚熟，公牦牛4岁左右开始配种，母牦牛3~4岁配种，一般3年产2胎。冷季长、缺草、营养不良是造成晚熟和繁殖力低的主要原因。牦牛为季节性发情，发情时间多集中在6—11月份，7—8月份为旺季。不同海拔的牦牛发情时期也不相同。一般发情周期为20~21d，发情持续时间1~2d，情期受胎率80%左右，母牦牛利用年限10年左右。同普通牛种相比，牦牛妊娠期短，为250~260d，初生犊牛体小，体内保存着较多的携氧力更强的胎儿血红蛋白（HbF_2），出生后能保证犊牛所需的氧，使其不致缺氧死亡，海拔1 000m以下地区引种的牦牛，在5 500m以上的地方仍然能正常发育与繁殖。母牦牛发情症状不明显，发情前期的牦母牛性欲不高，不愿接受爬跨，即使发情旺期的母牦牛，性反射也较平静而被动。

二、牦牛高原适应的器官特征

牦牛有14个胸椎，14对肋骨，5个腰椎，15个尾椎，6个荐椎和7个颈椎。比普通牛少1个腰椎、2个尾椎，多1个胸椎和1对肋骨，颈椎与普通牛一样。牦牛肋骨窄而长，肋间距较大，肋间肌发达；牦牛胸廓较窄，但其深度较大，为其心肺的发育提供了良好的空间。气管短而粗大，环状软骨环间距离也大，与犬的气管相似，能适应频速呼吸。白天气温为28℃时，牦牛呼吸次数为80次/min，而在早晨气温为5℃时，呼吸次数降为25次/min；1月龄的幼牦牛，在高温时呼吸次数可达130次/min，而在-6℃时则减少到7~15次/min。在寒冷时减少呼吸次数可相应的减少失热，维持体温正常。一般而言，呼吸次数为9~77次/min、脉搏为45次/min，比普通牛种快而幅度大。

1. 心脏

研究发现，动物在高原低氧环境中易出现肺动脉高压和右心肥厚，发生高山病或胸病，家畜中尤以牛科动物为明显。但世世代代生栖于高海拔地区的牦牛对低氧体现出了良好的适应性，可以肯定牦牛的心脏具备了对低氧环境适应的形态结构和代偿机制。牦牛心脏体积大，重量也大。心室壁厚，但左心室壁厚度与黄牛相比较有明显的差异，而且心肌纤维束粗大。同时，牦牛的心脏外膜厚，血管粗大而且分枝多，这与心脏收缩力强，需要供血量有密切的关系。因为心肌主要是由冠状动脉供血，而心外膜的冠状血管分枝多且粗大，为心肌的收缩提供了充分的能量。

2. 肺脏

牦牛肺呈灰红色，重量较大，右肺通常大于左肺，功能发育良好，两肺不对称系数较高，肺脏表面有一层肺胸膜，其结缔组织伸入肺内，将实质分成许多完整的肺小叶，左肺多分为三叶，分别为尖叶、心叶、膈叶；也有的肺分为4~6个部分，小叶间隔明显而连续。肺脏实质由导气部（包括肺内支气管、小支气管、细支气管和终末细支气管）和呼吸部组成（包括呼吸性细支气管、肺泡管、肺泡囊和肺泡），肺胸膜、小叶间隔以及肺泡隔共同组成肺间质。肺泡壁由扁平立方上皮组成，Ⅰ型上皮和Ⅱ型上皮之间紧密连接。肺泡面积大，肺组织中毛细血管网发达，有利于气体的交换。研究表明，牦牛肺动脉较黄牛肺动脉对去甲肾上腺素等缩血管物质表现为低敏感，而对乙酰胆碱等则表现出很强的舒血管效应。

3. 消化系统

牦牛口腔对高山草原矮草的采食有良好的适应特性，表现在唇薄而灵活，口裂小，下切齿齿面宽呈铲形齿冠；牦牛的舌头较黄牛短，分为舌根、舌体、舌尖3部分。舌尖圆而宽薄，舌面粗糙，其中舌体上有很多肌肉发达的凸起，表面和侧面分布着丝状、轮廓状、菌状、豆状、圆锥状乳头。锥状乳头粗而长，尖端朝向咽部，角质化程度高，舌的这种结构有利于将牧草抓卷入口腔。因此，牦牛既可用舌卷食较高的牧草，又可依靠嘴唇协助用门齿啃食低矮牧草。在冬春冰封雪飘的严寒季节，牦牛仍可用颜面、嘴巴刨开厚雪采食低矮枯萎的牧草。

4. 蹄

牦牛蹄大而坚实，蹄叉开张，蹄尖锐利，蹄壳有坚实突出的边缘围绕，蹄底后缘有弹性角质的足掌。前蹄大于后蹄。蹄的这种结构不仅着地稳妥，而且可减缓身体向下滑动的速度和冲力，能使其牦牛在高山雪原上行走自如，采食一些其他动物采不到的牧草。

三、牦牛高原低氧适应的血液生理学基础

1. 血液成分的生理性适应

（1）血液成分。牦牛血液中红细胞、血红蛋白含量高，并有随海拔高度升高而相应增加的趋势。由表3-8可知，黄牛血液中红细胞数目和血红蛋白含量显著低于牦牛，并且随着海拔不断升高，牦牛血液中的红细胞含量上升，血红蛋白含量也随之增加。公、母牦牛所含红细胞

数目和血红蛋白含量差异均不大。血红蛋白可以结合氧，形成氧合血红蛋白，当到达需氧的组织后，它会主动释放氧，供组织或细胞进行代谢。牦牛血液中不仅红细胞数量多，而且直径大（成年牦牛红细胞直径为4.83μm，而成年黄牛的为4.38μm），所含血红蛋白数目较多，这说明牦牛红细胞一次运载氧气的量远远多于黄牛，可增加牦牛血液中的氧容量，获得必需的或更多的氧气。

表3-8 成年牦牛血液生理指标

品种	海拔高度（m）	测定头数	性别	红细胞（百万/mm^3）	血红蛋白（g%）
甘肃天祝白牦牛	2 800~3 300	11	公	7.24	10.6
			母	6.62	10.5
四川木里牦牛	3 000	11	公	6.37	10.31
		4	母	8.821	9.711
青海贵德牦牛	3 400~4 200	20	公	8.52	11.38
		57	母	6.898	10.25
青海玉树牦牛	4 270	70	公	7.94	13.10
		70	母	8.150	13.17
黄牛				4.5	7.86

注：引自欧阳熙，1991

（2）牦牛血红蛋白（Hb）类型。成年牦牛血红蛋白有2种类型：Hb Ⅰ型和Hb Ⅱ型。在高原环境下，牦牛血液中Hb Ⅱ型血红蛋白含量较多；而在平原环境下，Hb Ⅰ含量上升，Hb Ⅱ含量下降。因此，适应少氧环境与Hb Ⅱ型血红蛋白含量密切相关。成年牦牛，Hb类型及含量随季节变化，冷季Hb Ⅱ呈上升趋势，Hb Ⅰ呈现出下降趋势。初生犊牦牛血液中含有4种类型的血红蛋白，即2种成年型Hb（Hb Ⅰ和Hb Ⅱ）和2种幼牦牛所特有的Hb（HbF_1和HbF_2），或称胎儿型Hb，而在普通牛的初生犊牛血液中，仅含有一种胎儿型Hb，这可能是由于牦牛胎儿在母体内的生长发育期（或妊娠期）短，早期的胎儿型HbF_2没有完成被HbF_1置换的原因。保留HbF_2型，是牦牛对高海拔、低气压少氧环境的生态适应性之一，它与犊牛出生后的血液循环，增加血液中氧容量，以及初生犊牛的成活有一定关系。牦牛肌肉中肌红蛋白含量较多，肌红蛋白和血红蛋白构成了效率较高的氧供应系统，利于肌肉在少氧环境下工作，还能大大减少心脏的负担。

（3）血清乳酸脱氢酶（LDH）。牦牛血清中具有5个区带，即LDH1、LDH2、LDH3、LDH4、LDH5，与其他牛种的不同主要表现在各类同工酶的活性上，牦牛和犏牛血清中LDH3、LDH4和LDH5的活性比黄牛高。这是由于在高海拔低氧环境下，糖酵解促使乳酸大量积累从而抑制了LDH1的活性，而LDH5还是保持了较高的活性，从而反映出牦牛能适应低氧的生态环境。

2. 血流动力学的生理适应性

牦牛肺泡数目多，体积小，单位面积内肺毛细血管数量多，肺泡隔内弹性纤维含量较多，这样有利于肺动脉血液向肺内灌注，同时能减缓肺动脉压力的升高，有利于肺强力吸气后，肺组织弹性回缩，促进肺内气体排出。高海拔低氧环境对人和动物最显著的影响就是引起肺动脉压升高。低氧不仅会使肺动脉阻力增大，还会让肺静脉阻力增大，其原因可能是血管平滑肌收缩所致。NO是重要的舒血管因子，来源于L-Arg，催化此反应的唯一关键酶是一氧化氮合酶（NOS）。NOS包括nNOS（神经型）、eNOS（内皮型）和iNOS（诱导型）3种形式，其中前两种合称为组成型一氧化氮合成酶（cNOS）。低氧可以影响eNOS和iNOS的表达，改变NOS产生NO的速度，从而影响血管的舒张。增加eNOS可以改变血管对低氧的反应，可提高血液流入量，可见NO在动物低氧适应中具有重要作用。

四、牦牛高原低氧适应的组织学基础

牦牛对高原低氧环境的适应性是由于它们的呼吸器官发生了特殊的变化，不仅是解剖结构方面，在组织学方面也有一定的变化。

1. 气管组织形态适应性

牦牛气管壁由黏膜、黏膜下层和外膜组成。黏膜又包括黏膜上皮和固有层，黏膜下层中有结缔组织和腺体，外膜中有结缔组织、软骨和平滑肌。外膜中的气管软骨环作为支架。黏膜上皮由基细胞、杯状细胞、纤毛细胞、刷细胞等构成。固有层为疏松结缔组织，其中含有丰富的血管、淋巴管和神经。黏膜下层也为疏松结缔组织，内含血管、淋巴管、神经以及气管腺（多数为混合腺体）。研究表明，牦牛气管各段均含有大量的杯状细胞，这些杯状细胞的存在可以加湿、加温进入呼吸道内的空气，使其能够很快加热吸入的高寒冷空气。除此之外，杯状细胞还能够黏附吸入的异物。牦牛的气管软骨中软骨细胞基质比较丰富，可以供给软骨充分的营养，增加软骨的弹性，有利于牦牛呼吸运动的进行。

2. 肺脏组织形态适应性

肺是进行气体交换的主要场所，其中肺泡是进行气体交换的主要部位。在高原低压、缺氧的环境下，不论是人还是动物都会出现缺氧状况，牦牛由于有特殊的肺泡结构才能够适应低压、少氧环境。气-血屏障是肺泡中气体和血液之间的一层分隔组织，它的存在可以让肺泡中氧气进入毛细血管网，同时让组织产生的CO_2进入肺内经呼吸道排出体外，而不让毛细血管中血液流出，其厚度会影响气体交换速度和气体交换量。牦牛肺中气-血屏障由Ⅰ型肺泡上皮、基膜和肺泡隔毛细血管膜组成。研究发现，牦牛肺泡中的气-血屏障非常薄，厚度显著低于其他牛种，这样的结构减缓了气体交换时的阻力，加速了气体交换的速度，在低氧环境下保证牦牛各个组织能够有充分的氧。在高原牦牛肺泡Ⅰ型上皮存在许多凹陷以及空泡状结构，这样的结构可以减小气体通过时的阻力，加速气体进入毛细血管网进行交换的速度，让更多的氧能够及时运送到各个器官、组织，让牦牛能够进行正常的生命活动。

3. 骨骼肌组织形态适应性

（1）骨骼肌显微结构特点。成年大通牦牛肌纤维直径平均值为37.67±2.76μm，不同部位间膈肌肌纤维直径最大，股四头肌纤维直径最小；成年平原黄牛肌纤维直径平均值为45.14±2.54μm，膈肌肌纤维直径最大，腰肌肌纤维直径最小。成年大通牦牛与成年平原黄牛肌纤维直径和不同部位肌纤维密度均存在显著差异。

成年大通牦牛肌纤维密度介于388~596根/mm^2，不同部位间，成牛大通牦牛腰肌肌纤维表面积密度最大，膈肌肌纤维表面积密度最小；成年平原黄牛肌纤维密度介于329~512根/mm^2，不同部位间，成年平原黄牛腰肌肌纤维表面积密度最大，膈肌肌纤维表面积密度最小。成年大通牦牛与成年平原黄牛肌纤维表面积密度，无论是平均值还是不同部位肌纤维密度相比，均差异显著（表3-9）。

生活在海拔3 200m的大通牦牛和生活在海拔500m的平原黄牛相比，表现为骨骼肌肌纤维直径细，表面积密度大，胶原纤维含量高，微血管密度大的特点；而大通牦牛骨骼肌线粒体表现为平均体积小、表面积密度大的特点，这可能是由于在海拔3 200m的地区，环境氧分压低，骨骼肌肌纤维受缺氧环境的影响，表现为肌纤维的长度和直径增长缓慢。

表3-9　大通牦牛与黄牛骨骼肌肌纤维直径及表面积密度对比

解剖部位	肌纤维直径（μm）		肌纤维表面积密度（根/mm^2）	
	牦牛	黄牛	牦牛	黄牛
背最长肌	37.71±3.33	43.18±3.19	456±49	432±45
臂三头肌	37.59±3.39	46.44±3.96	498±72	397±41
腓肠肌	37.01±3.51	44.49±2.82	577±55	463±52
股四头肌	36.26±3.26	46.18±3.16	536±68	375±76
腰肌	36.70±3.32	42.99±4.14	596±105	512±71
膈肌	42.72±3.17	48.59±3.95	388±51	329±57
平均	37.67±2.76	45.14±2.54	509±62	418±54

注：引自张勤文等，2013

（2）骨骼肌线粒体适应低氧的特点。成年大通牦牛骨骼肌细胞中线粒体平均截面积和平均体积均小于成年平原黄牛，差异极显著（$P<0.01$）；而成年大通牦牛骨骼肌细胞中线粒体体积密度、面积密度等均大于成年平原黄牛，差异极显著（$P<0.01$）（表3-10）。

表3-10　大通牦牛与黄牛骨骼肌细胞线粒体结构参数

动物	平均截面积（Ax）	平均体积（V）	体积密度（Vv）	面积密度（Sv）	面数密度（NA）
牦牛	0.354±0.056**	0.316±0.059**	0.108±0.041**	0.753±0.471**	0.306±0.124**
黄牛	0.495±0.027	0.522±0.025	0.069±0.010	0.434±0.299	0.138±0.057

注：引自张勤文等，2012。同一列有 ** 表明差异极显著

线粒体是氧化代谢产生能量的主要细胞器，通过氧化磷酸化过程来给组织提供能量，当轻、中度低氧条件下，线粒体可以通过机体的有机调节来对低氧环境产生适应，适应的结果会导致线粒体的数目增多，体密度增大。经研究发现，成年平原黄牛和大通牦牛骨骼肌细胞线粒体参数存在差异性。

成年大通牦牛骨骼肌细胞线粒体平均体积小于成年平原黄牛，差异极显著。而线粒体体积密度、面积密度、面数密度均大于成年平原黄牛，且差异极显著。因此认为可能是为了适应高原低氧环境，大通牦牛在长期进化过程中，通过减小线粒体平均体积，增加骨骼肌线粒体面数密度、面积密度、体积密度来提高其在低氧环境中对氧的利用，以提高肌肉组织对氧的利用，适应高原低氧环境和自身运动的需要。

五、牦牛对高原低氧适应性的分子学机理

1. 血红蛋白

血红蛋白（Hemoglobin，Hb）是高级动物红细胞的主要成分，负责血液中氧气的运输。由2个 α 类和2个 β 类珠蛋白链组成，每一条链有1个包含Fe^{2+}的血红素，氧气结合在血红素上，被血液运输。血红素是血红蛋白的主要成分，由1个原卟啉分子和1个铁原子组成，其中二价铁原子能和氧发生可逆结合，并且保持铁的价数不变，这就让血红蛋白拥有了强大的运氧能力。铁是血红蛋白的重要组成部分，也是线粒体呼吸链中酶和其他代谢途径中酶的主要组成成分。机体内的铁可分为两大类：一类是功能铁，占机体总铁量的80%，主要是指组成机体血红蛋白、肌红蛋白，各类结合蛋白以及含铁酶、铁依赖酶等。这类铁主要负责机体氧气的转运，并参与机体物质能量代谢有关的代谢过程。另一类为储备铁，主要有铁蛋白和含铁血黄素，其主要作用是为机体储备暂时不需要的铁，当机体铁代谢消耗时可及时予以补充。

生活在高原的动物，如野牦牛、家牦牛、藏绵羊和藏山羊血液都具有红细胞数和血红蛋白增多的特征。车发梅等对不同海拔地区牦牛血红蛋白含量测定结果显示，玛多牦牛血液中

血红蛋白含量显著高于黄牛，且玛多牦牛红细胞比积（PCV）显著高于甘肃黄牛。牦牛血液中的PCV和血红蛋白在一定范围内还随海拔升高而增加，这一生理特点可使血液氧容量升高，在保持正常呼吸情况下能运输更多的氧气，以适应高海拔低气压、空气氧含量低的环境条件。牦牛的血红蛋白多样性也与其他牛种不一样。有报道指出，在青海地区的牦牛血红蛋白均由两种成分HbF和HbS组成，构成HbFS型。牦牛的这种血红蛋白电泳表型是在其他任何牛品种中从未发现过的另外一种类型，称其为HbAAx型。天祝白牦牛的血红蛋白呈现单一的纯和型（HbAA型），并且血清白蛋白（Alb）、血清运铁蛋白（Tf）和血清前白蛋白（Pa）都呈现单一纯和型，因此天祝白牦牛Pa、Alb、Tf和Hb都没有多态性，说明天祝白牦牛有独特的遗传特性。此外，HbAA与氧的结合能力较高，在高海拔地区占优势，这使得天祝白牦牛更能适应高原的低氧环境。对71头互助白牦牛4种血液蛋白质的多态性进行研究结果表明：血红蛋白显现HbF+S-、HbFS和HbF -S+三种表型，其表型频率分别为4.3%、94.3%和1.4%；血清白蛋白、血清运铁蛋白和血清亲血色蛋白均呈单态，显现单一的ALBAA、TFDD和Hp1-1型。由此可见，互助白牦牛4种血液蛋白质中Alb、Tf和Hp三种为单态，仅血红蛋白显现3种表型。由此可认为，互助白牦牛血液蛋白质位点高度纯合，与它们生活在与外界隔离的特定生态环境息息相关。Lalthantluanga等分别对牦牛血红蛋白的2条α链和2条β链的氨基酸序列进行了测定，认为牦牛血红蛋白氧亲和力高的原因可能是由βⅡ135位的缬氨酸代替了丙氨酸所致。1988年Weber等分析了牦牛血红蛋白的氨基酸序列，认为由于缬氨酸疏水性更强，且体积比丙氨酸大，会对H-螺旋产生影响，从而引起牦牛血红蛋白氧亲和力增高。袁青妍等分析了4个海拔高度的牦牛（4 500m、4 000m、3 500m、1 700m）血红蛋白β链微卫星座位的多态性，中国牦牛群体中共有10个等位基因，其中7个是牦牛特有的（表3-11）。牦牛的等位基因数及基因型数具有随海拔下降的趋势，等位基因分布也与海拔有关，相依系数为0.39。这说明高度多态的血红蛋白β链微卫星座位在牦牛适应高原低氧中具有可能的自然选择价值及调控作用。2014年，成述儒等对甘肃省甘南地区的牦牛进行了血红蛋白β链基因多态性分析，结果显示，牦牛血红蛋白β链基因属低度多态基因座位，只发现2个等位基因（A和B）和2种基因型（AA型和AB型），多态信息含量和杂合度都较低，表明牦牛在适应高海拔缺氧环境条件下可能已经形成了较为独特和专一的血红蛋白β链等位基因。因为没有发现BB基因型个体的存在，所以A等位基因在牦牛适应高寒缺氧环境时可能比B等位基因更具优势。通过分析牦牛血红蛋白β链A、B等位基因和黄牛血红蛋白β链等位基因，在研究的血红蛋白β链基因外显子2内，发现仅在外显子2第58位点存在A-T核苷酸的变异，该位点的变异导致了第20个氨基酸位点的丝氨酸到苏氨酸的变异，这种变异可能导致血红蛋白结构的改变，从而改变血红蛋白运输氧的能力，是牦牛运氧能力较黄牛强的原因。

表3-11　4个不同海拔牦牛及黄牛的等位基因及其频率

等位基因（bp）	等位基因频率（%）					
	牦牛					黄牛
	4 500m	4 000m	3 500m	1 700m	总计	
103	0.00	7.50	7.32	9.18	6.87	-
105	0.00	0.00	0.00	0.00	0.00	3.00
107	9.52	17.50	13.41	12.24	12.98	-
109	19.05	15.00	17.07	25.51	20.23	-
111	11.90	15.00	18.29	7.14	12.60	32.00
113	9.52	0.00	0.00	1.02	1.91	32.00
115	4.76	0.00	2.44	1.02	1.91	-
119	0.00	0.00	0.00	0.00	0.00	29.00
121	30.95	15.00	15.85	17.35	18.70	3.00
123	0.00	0.00	0.00	0.00	0.00	5.00
129	7.14	15.00	12.20	19.39	14.50	-
131	7.14	15.00	12.20	3.06	8.40	-
141	0.00	0.00	1.22	4.08	1.91	-

注：引自成进儒等，2014

2. 肌红蛋白

肌红蛋白（Myoglobin，Mb）是一种主要存在于人和哺乳动物心肌和骨骼肌细胞中的蛋白质，是脊椎动物肌肉中的血红素蛋白。肌红蛋白是一种分子较小的球状蛋白质，很少受到环境条件的影响（温度和高浓度乳酸除外），分子量17 600Da，等电点为7.29。它的一级结构已测知是含有按特定顺序的153个氨基酸残基构成的单条肽链，还带有一条含铁的血红素，肌红蛋白由一分子珠蛋白和一分子亚铁血红素结合而成。它的功能是把氧从肌细胞附近的毛细血管血液中通过细胞膜运到肌细胞线粒体中，以MbO_2形式暂时贮氧，并可携带氧在肌肉中的运动，当肌肉急剧运动，机体能量需求高时把氧释放出来，从而维持细胞的呼吸作用，以保障肌肉强烈代谢对氧的需要。在同样的氧分压下，肌红蛋白结合的氧量是血红蛋白的6倍，线粒体可以由此方式获取大量的氧。

马森对不同海拔牦牛心肌和骨骼肌的肌红蛋白进行测定，发现较高海拔的玛多地区牦牛的心肌、骨骼肌肌红蛋白含量显著高于海拔较低的循化地区牦牛。循化牦牛心肌肌红蛋白也有高于骨骼肌肌红蛋白的趋势，但可能由于样本数太少，差异尚不显著。海拔较高地区气压低，氧含量少，玛多地区牦牛体内含量较多的肌红蛋白可以结合更多的氧，以保证牦牛体内正常的新陈代谢，来适应高原的低氧环境。相似的报道也证实，玛多地区牦牛心肌和骨骼肌肌红蛋白高于低海拔循化地区的牦牛。李莉等对不同发育期牦牛红细胞数、血红蛋白及肌红蛋白的测定结果显示，牦牛心肌和骨骼肌肌红蛋白随着年龄的增长均呈逐渐递增的趋势，且心肌中肌红蛋白含量均高于骨骼肌。据报道，成年牦牛骨骼肌中肌红蛋白含量与同海拔高度的高原鼢鼠骨骼肌中肌红蛋白含量无显著差异，但心肌中肌红蛋白含量显著高于高原鼢鼠。心肌中肌红蛋白的含量变化被普遍认为是影响心肌功能的重要的生化、生理指标。

许多研究工作证明在低氧条件下，通过增加肌红蛋白来适应低氧环境，可以延迟细胞的死亡。牦牛心肌肌红蛋白含量显著高于高原鼢鼠，提示牦牛心肌中高含量的肌红蛋白为牦牛心肌有氧代谢提供了充分的能源物质。牦牛在生长发育过程中的有氧代谢机制是逐渐增强的，一方面增加血液中血红蛋白含量来增强氧的运输，另一方面增加心肌和骨骼肌肌红蛋白的含量来贮备足够的氧，表明牦牛在生长发育阶段建立了良好的低氧适应机制。车发梅等对青海省玛多、刚察地区的牦牛和甘肃地区黄牛心肌、骨骼肌中的肌红蛋白进行测定，结果显示玛多与刚察牦牛心肌、骨骼肌肌红蛋白含量显著高于甘肃黄牛。肌红蛋白不仅能高强度提供足够的氧，而且减轻了心脏的负担，避免了由于剧烈活动产生大量乳酸对其他组织器官的损伤作用。有报道指出，牦牛与平原牛的肌红蛋白cDNA序列只存在极小的差异，二者的氨基酸序列完全一致，同源性为100%，表明牦牛能够适应低氧分压和高氧化胁迫的低氧环境，并非通过改变其肌红蛋白氨基酸序列从而引起蛋白质结构的变化来实现的，而可能通过其他途径来实现。

3. 脑红蛋白

脑红蛋白（Neuroglobin，NGB）是德国科学家 Burmester于2000年首次发现的存在于人和小鼠体内的一种新型特异性携氧球蛋白，主要分布于中枢神经系统，它是继血红蛋白和肌红蛋白之后被发现的、存在于脊椎动物体内的第三种重要的携氧球蛋白。脑红蛋白与血红蛋白、肌红蛋白同属于携氧球蛋白家族的成员，其结构非常类似于肌红蛋白，其经过翻译后得到的肽链由151个氨基酸组成，相对分子质量约为1.7kD，其含有大量的二聚体、少量的多聚体以及极少的四聚体。其中二聚体之间通过二硫键相连。脑红蛋白存在于哺乳动物两栖类、鱼类等动物中，能够可逆性结合氧，与氧的亲和力较高。脑红蛋白主要表达于脑组织神经元中，脑组织缺血缺氧可诱导脑红蛋白的表达，增加脑红蛋白的表达可使神经元的损害降低，抑制缺血、缺氧诱导的神经元凋亡和炎症反应，因此对缺血、缺氧状态下的脑组织神经元发挥保护作用。随后的研究证实，脑红蛋白在需氧较高的内分泌系统及消化系统中也有表达，表明脑红蛋白在机体大部分区域可能有重要的生理功能。

曹亮对脑红蛋白在成年牦牛不同组织中的分布进行了研究，结果表明，脑红蛋白主要表达于神经细胞，内分泌系统肾上腺、腺垂体及胰岛组织细胞，雄性生殖系统睾丸、睾丸输出小管及附睾管上皮细胞，消化系统皱胃胃底腺分泌细胞及十二指肠腺分泌细胞。其中牦牛消化系统皱胃胃底腺分泌细胞及十二指肠腺分泌细胞中首次发现有脑红蛋白阳性表达。脑红蛋白在牦牛大脑不同区域的表达强弱有明显差异，在大脑皮层的阳性表达强度明显高于海马、小脑和丘脑，这一观察结果与大脑不同区域对缺氧损伤的敏感性差异相一致，脑红蛋白基因在牦牛大脑皮质中的表达量最高，表明大脑皮质对缺血、缺氧的敏感性最弱，耐受性最强。相反，脑红蛋白基因在牦牛海马中的表达量最低，表明海马对缺血、缺氧的敏感性最强，耐受性最弱。在比较成年牦牛与黄牛不同组织中脑红蛋白的表达研究中发现，脑红蛋白在牦牛和黄牛的神经系统、内分泌系统、生殖系统和消化系统的分布情况相似，除了在黄牛大脑中的阳性反应强度整体弱于牦牛外，其他组织中二者的反应程度均未见有明显差异，脑红蛋白基因在牦牛神经系统大脑皮质与其他组织间表达量的差异性整体要高于黄牛，这可能与牦牛对高原低氧生存环境的适应性有关。牦牛长期生活在高原低氧的环境中，脑红蛋白在神经系统内的高表达对于增强牦牛神经系统的氧利用率，维持神经系统尤其是脑的正常生理功能具有重要意义。

近年来，研究者们不仅对牦牛不同组织中脑红蛋白的分布进行了大量研究，而且在脑红蛋白的基因克隆和生物信息学分析上也取得了一定的成绩。石宁宁等对甘南牦牛的脑红蛋白基因进行克隆并测序，结果表明甘南牦牛脑红蛋白基因全长3 844bp，包括4个外显子和3个内含子，内含子中存在2个反向重复序列和1个正向重复序列；牦牛脑红蛋白CDs区全长456bp，编码产物是由151个氨基酸残基组成的可溶性蛋白质；系统发育树显示，甘南牦牛脑红蛋白与牛、藏羚羊等物种之间存在较高的同源性，这种同源性在一定程度上反映着物种间亲缘关系的远近，进而说明脑红蛋白在生物进化上是比较保守的。林宝山等对甘南安多牦牛脑红蛋白基因的研究，也得到了相似的结果。天祝白牦牛脑红蛋白基因长3 840bp，含有4个外显子和3个内含子，可编码151个氨基酸。存在明显的密码子偏倚现象。与普通牛相比，在其氨基酸序列的第83和97位分别发生了丝氨酸（S）-脯氨酸（P）、精氨酸（R）-谷氨酰胺（Q）的突变，这些突变的生物学意义目前尚不明确。此外，白牦牛脑红蛋白基因第三内含子存在2个碱基的缺失，也可能与高原低氧环境下脑红蛋白的表达调控有关。

4. 胞红蛋白

胞红蛋白（Cytoglobin，CYGB）德国学者Burmester等于2002年在人和小鼠体内发现的一种新型携氧球蛋白，它是继血红蛋白、肌红蛋白和脑红蛋白后发现的第四类球蛋白，广泛分布于脊椎动物的多种组织和器官中。CYGB与Mb、Hb都是一种含亚铁血红素的单体蛋白质，分子量为21 406Da，具有经典的“three-over-three”螺旋三明治折叠结构，脊椎动物胞红蛋白肽链的长度比其他携氧球蛋白长，这是因为其N末端与C末端分别有20个氨基酸残基延长链。作为新近发现的携氧球蛋白，其作用机制仍不清楚，但其与其他携氧球蛋白的结构有相似之处，且系统进化分析显示，CYGB和Mb源于共同的进化枝，推测其与Mb

有相似的功能，能可逆地结合CO、O_2和NO，并在Mb不表达的组织中起作用，在维持细胞氧化还原平衡方面发挥重要作用。CYGB是一种O_2感受器，通过这种感受器感受O_2浓度从而调节蛋白质活性。在缺氧情况下，CYGB和NGB的表达都会上调。除此之外，CYGB可能还具有NADH氧化酶活性，该氧化酶在ATP的生成中起重要作用，可增加细胞供能。CYGB还具有超氧化物歧化酶、过氧化物酶及过氧化氢酶活性，其分子间二硫键能被硫氧还蛋白还原酶还原。O_2存在时以小分子质量化合物（如NADH和NADPH）为辅基，在高自然氧化率条件下，CYGB血红素铁原子仍能保持二价形式。

胞红蛋白在成年牦牛大脑和小脑皮质部与髓质部、脊髓、肾上腺皮质部、垂体、松果体、胰岛、睾丸、附睾、卵巢、子宫、胃、肠、肝、唾液腺、心肌、骨骼肌、脾、肺和肾等组织细胞中均有表达。此外，在牦牛皱胃胃底腺、小肠腺以及十二指肠腺分泌细胞中也发现有胞红蛋白表达。在肾上腺髓质部和肾小球内未见胞红蛋白表达。牦牛长期生活在高原低氧的环境中，胞红蛋白在其脑组织中的高表达对于保障脑组织中氧的运输、代谢和利用具有重要意义，但是否与其对高原低氧环境的适应性存在必然的联系还有待进一步的研究和探讨。娄延岳等克隆出了甘南牦牛胞红蛋白基因，其长度为8 484bp，含有4个外显子和3个内含子，外显子长度分别为143bp、232bp、164bp和34bp，内含子长度分别为5 175bp、280bp和2 379bp，可编码190个氨基酸残基，氨基酸编码存在明显的密码子偏倚现象。与普通牛相比较，甘南牦牛胞红蛋白基因存在73处核苷酸变异位点，其中2处发生在外显子2区域，氨基酸序列未发生改变；71处发生在内含子区域。系统发育树分析表明，甘南牦牛胞红蛋白与黄牛、绵羊等物种之间存在较高的同源性。

5. 乳酸脱氢酶

乳酸脱氢酶（Lactate Dehydrogenase，LDH）存在于机体各组织器官中，主要分布于细胞的胞质液中，其活性的大小与组织细胞内氧分压的高低密切相关。在有氧条件下，LDH将乳酸转化成丙酮酸，进而促进整个机体的代谢过程；在无氧条件下，LDH催化丙酮酸还原成乳酸，从而完成葡萄糖的无氧酵解过程。同时，在其过程中释放少量ATP分子，为缺氧情况下的机体生命活力提供一定的能量。

不同海拔地区牦牛血浆和组织中LDH含量不同。玛多牦牛生活区域海拔比循化高，环境更加缺氧，当细胞内氧分压降低时，LDH的合成加快，其活性升高，因此血浆LDH活性高于海拔较低的循化牦牛，这反映了牦牛适应高原低氧环境的生理特性。但是玛多牦牛心肌、骨骼肌、肺、肾组织中LDH的活性低于循化牦牛，可能与两地牦牛组织蛋白质含量有关，如玛多牦牛心肌、骨骼肌中所含的肌红蛋白含量均显著高于循化牦牛。两地牦牛心肌、骨骼肌中LDH活性也高于其他组织，这对于促进乳酸迅速转化为丙酮酸，从而对加强机体整个代谢过程无疑具有重要的意义。有研究证明，刚察牦牛心肌、骨骼肌线粒体中的LDH

活性间无显著差异，且玛多牦牛心肌、骨骼肌线粒体中LDH活性显著低于刚察牦牛，表明心肌、骨骼肌在低氧环境下均参与机体细胞的糖酵解过程，高山动物体内有氧代谢是增强的，对无氧糖酵解的依赖性降低。

6. 低氧诱导因子-1

低氧诱导因子-1（Hypoxia Indueible Factor-I，HIF-1）是1992年由Semenza发现并于1995年克隆表达的细胞转录因子，它是在低氧条件下诱导Hep3B细胞株表达的一种DNA结合性蛋白质分子。它由HIF-1α和HIF-1β两个亚基组成，其中HIF-1α进一步调控HIF-1的活性，仅在低氧细胞的核中存在；HIF-1β是HIF-1α与DNA呈高亲和性结合所必需的，在正常细胞和低氧细胞的细胞核和细胞质中均有表达。红细胞生成素EPO是最早发现的也是最重要的HIF-1作用的靶基因。低氧时，HIF-1的表达和稳定性增加，EPO的表达上调，从而使RBC与Hb的含量提高。低氧诱导因子对适应长期低氧起着关键作用，它能诱导果糖-2，6-二磷酸酯酶基因的表达。这种酯酶使葡萄糖代谢转向厌氧代谢，从而允许厌氧条件下能量的产生。

促红细胞生成素（Erythropoietin，EPO）是促红细胞生成素基因的产物，是最早发现并首先运用于临床的造血生长因子。它是一种关键的血液蛋白，通过调控红祖细胞的增殖、分化和成熟发挥其生物学功能，从而维持机体外周血液中红细胞处于正常生理范围，调控机体红细胞生成和调节物种高海拔组织缺氧的应激反应。目前已成功克隆出九龙牦牛、大通牦牛、巴州牦牛EPO基因，其大小为1 444bp，并对上述三地牦牛EPO基因进行了多态性检测，结果表明：大通牦牛、巴州牦牛、九龙牦牛具有较丰富的遗传多样性，表现为AA、AB和BB 3种基因型，AB为优势基因型，A为优势等位基因。同时，发现随着海拔高度的增加，A等位基因频率逐渐升高，BB型的频率则降低，群体杂合度和多态性信息含量也逐渐降低，这种变化与牦牛对低氧的适应能力有一定的关系。

一氧化氮合成酶（NOS）是另外一种受HIF-1调控的酶。也含血红素，有结构型（cNOS）和诱导型（iNOS）并且具有3种同工酶，即神经原型NOS（NOS Ⅰ）、诱导型NOS（NOS Ⅱ）和内皮型NOS（NOS Ⅲ）。近年来研究发现，NOS催化L-精氨酸而生成一氧化氮（NO）。NO是一种重要的信使分子，参与血管舒张，抗血小板凝聚，调控促性腺激素的分泌，参与神经调节、炎症、免疫反应和性成熟等，在许多疾病尤其是高原疾病的治疗中有重要作用。牦牛等高山动物对低氧的适应表现在组织毛细血管持久性扩张，这种扩张减小外周阻力，加速了血液循环，改善了组织获氧。生物医学研究表明，NOS催化产物NO是有效的内源性血管舒张因子，NO舒血管作用是通过激活血管平滑肌细胞可溶性鸟苷酸环化酶，使细胞内cGMP含量增加，从而引起血管舒张。高海拔玛多牦牛的血清中NOS活性高于低海拔的循化牦牛，可能是由于其处于低氧环境，促进血管内皮释放较多NO。

第四节　牦牛的细胞学特性

一、染色体

染色体（Chromosome）是细胞内具有遗传性质的物体，又叫染色质。其本质是脱氧核苷酸，是细胞核内由核蛋白组成、能用碱性染料染色、有结构的线状体，是遗传物质基因的载体。研究牦牛的染色体，可为了解其起源、演化和分类，以及育种提供细胞遗传学依据。细胞水平的遗传多样性取决于染色体的遗传变异。染色体变异主要表现为数目变异（整倍体、非整倍体）和结构变异（缺失、易位、倒位、重复），具体的研究方法主要包括普通核型、显带核型和精母细胞联会复合体SC核型的分析。

1. 普通核型

牦牛染色体的核型为2n=60，性染色体公牦牛为XY，母牦牛为XX；常染色体均有明显的短臂，为近端着丝粒染色体；X染色体为较大的亚中着丝粒染色体，Y染色体为较小的亚中着丝粒染色体。在各牦牛品种之间，常染色体和X染色体的大小、形状极其相似，而Y染色体的相对长度和臂比指数有较大差异，表现出多态现象。

2. 显带核型

在G带核型中，钟金城等（1995）对九龙牦牛、麦洼牦牛、西藏牦牛染色体研究结果表明，染色体着丝粒区浅染，单套染色体数为509条时，浅带占54.2%、深带占45%、可变带占0.8%；染色体带数为614条时，浅带占52.58%、深带占45.56%、可变带占1.86%，浅带数目大于深带。不同牦牛品种间，在染色体较短、带纹数目较少时，G带核型基本一致。但随着染色体的伸展和带纹数的增加，品种间也随之出现了越来越多的多态现象。在C带核型中，中国牦牛每条染色体均可显示出特定的C带，常染色体和X染色体浅染，着丝粒区深染，Y染色体半深染，C带的着色强弱和大小在品种、个体、细胞和同源染色体及非同源染色体间均存在着差异，表现普遍的多态现象。

3. 精母细胞联会复合体核型

综合肖学奎（1992）、张周平（1996）、赵振民（1998a，1998b）、胡欧明等（1999）、周继平等（1999）、钟金城等（2001）研究结果，精母细胞联会复合体核型（Synaptonemal Complex，SC核型）绝对长度在不同阶段有所变化，而相对长度稳定，且与有丝分裂染色体相对长度存在明显的相关性。在光镜下观察，牦牛、普通牛及犏牛的常染色体SC呈细长的单股线状结构，着丝粒深染，位于端部。性染色体轴深染，着丝粒染色不明显，两种SC易区别；在透射电镜下，每条SC由两股平行排列、紧密程度不同的侧线构成。在常染色体SC两侧轴的端部可见一略微膨大、着色较深的区域，相当于着丝粒区域；牦牛、普通牛、犏牛在SC两侧轴间宽度不同，牦牛较普通牛窄，犏牛介于二者之间。犏牛可见许多结节、插入环、三价体等联会紊乱现象。

二、细胞遗传的生殖屏障

生殖屏障是动物生殖细胞或生殖器官丧失生理功能的现象。在牦牛与普通牛杂交生产中，所产生的后代犏牛存在雄性不育现象。犏牛雄性不育是指牦牛与其他牛种种间杂交生产的雄性杂种1~3代，具备性反射与性行为，但不能产生精子或有活性的精子，从而不具备生殖功能。主要是因其生殖细胞发生变异或生殖屏障所引起的。

变异是指亲子之间以及子代个体之间性状表现存在差异的现象，可分为基因重组、基因突变与染色体畸变。基因重组是指由于不同DNA链的断裂和连接而产生DNA片段的交换和重新组合，形成新DNA分子的过程，发生在生物体内基因的交换或重新组合时期。基因突变是指染色体某一位点上发生的改变，又称点突变。发生在生殖细胞中的基因突变所产生的子代将出现遗传性改变。发生在体细胞的基因突变，只在体细胞上发生效应，而在有性生殖的有机体中不会造成遗传后果。染色体畸变包括染色体数目的变化和染色体结构的改变，染色体数目的变化是形成多倍体，染色体结构的改变有缺失、重复、倒位和易位等。

远缘杂交杂种不育的程度与亲本亲缘关系的远近有关，不同物种染色体的数目、形态、结构的差异是杂种不育的关键。按照分类系统，牦牛与黄牛杂交为同属内的种间杂交，染色体数目、类别相同，而导致犏牛雄性不育的原因可能在染色体内部遗传基因的差异上。在犏牛雄性不育细胞遗传学研究中，郭爱朴（1983）、陈文元（1990）等研究认为，由于犏牛的X、Y染色体在对应部位上的一种特殊的不等值现象及两物种Y染色体上基因的差异，使公犏牛X和Y染色体间的固有平衡紊乱，在减数分裂过程中，公犏牛精子发生受阻，从而导致不育。其关键点是把犏牛雄性不育的原因归结为两亲本牛种间Y染色体结构的差异，但不能仅用此解释杂种雄性不育的问题。

李孔亮等（1984）研究犏牛及亲本体细胞染色体发现，在相对长度上犏牛与牦牛之间的1、3、7~17对染色体差异显著或极显著，犏牛与普通牛之间的1~11、19~23对染色体差异显著或极显著，认为这可能与雄性不育有关。钟金城等（1992）比较研究了牦牛与普通牛的G带后认为，犏牛雄性不育可能是由于牦牛与普通牛在部分染色体和Y染色体结构上的差异所致，并在此基础上提出了犏牛雄性不育的多基因遗传不平衡假说。肖学奎等（1992）比较研究了牦牛与普通牛的联会复合体发现，常染色体SC两侧线间的宽度在两种牛间有一定的差异，认为这可能与雄性不育有关。金帅等（2013）研究报道，在成年犏牛睾丸组织中，*Dmrt7*基因在mRNA转录水平和蛋白表达水平上，均显著低于牦牛，说明*Dmrt7*基因的表达水平低下可能是犏牛减数分裂障碍的原因之一。柴志欣等（2014）利用实时荧光定量PCR技术对牦牛、普通牛及其杂种犏牛的*HSFY2*、*DAZAP2*基因进行表达差异分析，结果表明

*HSFY2*基因在牦牛和普通牛中的表达量极显著地高于犏牛；*DAZAP2*基因在牦牛中的表达量极显著地高于犏牛和普通牛，但在普通牛和犏牛之间无显著差异。说明牦牛、普通牛和犏牛的睾丸组织中，*HSFY2*、*DAZAP2*基因表达的差异是导致犏牛雄性不育的原因之一。

犏牛雄性不育是一个复杂的科学问题，染色体变异、组织细胞基因表达研究为阐明犏牛雄性不育机制提供了技术参考与依据。但犏牛雄性不育机制的阐明，还需从分子水平和细胞水平多角度、多层次去综合分析与研究，只有在深入剖析犏牛雄性不育机制的基础上，才能很好地指导生产实践，并开展牦牛种间杂交改良工作。

第四章　牦牛地方品种遗传资源

第一节　天祝白牦牛

天祝白牦牛属肉毛兼用型地方品种（图4-1，图4-2）。天祝白牦牛1988年被列入《中国牛品种志》，2000年被列入国家级畜禽品种资源保护名录，2007年天祝白牦牛主产区被确定为国家级畜禽品种资源保护区。

图4-1　天祝白牦牛种公牛

图4-2　天祝白牦牛母牛

一、产区与分布

天祝白牦牛中心产区位于甘肃省天祝藏族自治县以毛毛山、乌哨岭为中心的松山、柏林、东大滩、抓喜秀龙、西大滩、华藏寺等19个乡（镇）。2016年天祝白牦牛存栏5.1万头，占全县牦牛总数的44%。

二、产区自然及生态环境

中心产区位于甘肃省中部，祁连山东端，地理坐标东经102°00′~103°40′，北纬36°30′~37°35′，海拔2 100~4 800m，是青藏、黄土、内蒙古三大高原的交汇处，地貌类型多样，气候差异明显。全县除南部一些河谷属温带半干旱气候外，大部分地区属寒冷半干旱气候。年平均气温-1.0~1.3℃，最低气温为-30℃，实际日照时数在2 500~2 700h之间。年降水量为300~416mm，多集中于7—9月份。较大的河流有8条，年径流量$8\times10^8m^3$，河流水质较好。土质以黑钙土、栗钙土、灰褐土为主，适宜天然牧草生长，植物类型及草地类型多样，有草原草场、山地草甸草场、灌丛草甸草场、疏林草甸草场、高寒草甸草场5种类型。牧草种类繁多，有饲用植物41科139属198种；种植的人工牧草品种有一年生燕麦、饲用玉米、箭筈豌豆和多年生牧草。

三、品种形成

据史料记载，天祝藏区在历史上就以生产白牦牛而著名。1972年天祝县哈溪镇出土铜质牦牛铸造像，经考古学家考证，为汉代依天祝白牦牛原形铸造而成，说明白牦牛的饲养历史可追溯到汉代。《凉州府志备考》记载，天祝明代多牧养白牦牛。清代文献记载，天祝藏、蒙等民族“不植五谷，惟事畜牧，逐水草，插帐而居”，白牦牛为藏民族“图腾”，是牧民心中的“神牛”和吉祥之物。由于白牦牛毛易于染色，因而经济价值较高，可制作古戏装的胡须、拂尘、刀剑缨穗及假发等，被视为珍品，促使当地牧民注重选留和繁育白牦牛。新中国成立后，政府更加重视对白牦牛的选育，成立了天祝白牦牛育种实验场，并划定保护区域开展白牦牛的保种和选育工作，使得白牦牛数量增加，品种质量提高。

四、品种特性

1. 外貌特征

天祝白牦牛被毛纯白色，体态结构紧凑，有角（角形较杂）或无角。前躯发育良好，鬐甲隆起，荐部较高。四肢结实，蹄小，质地密，尾形如马尾。体侧各部位以及项脊至颈峰、下颌和垂皮等部位着生长而光泽的粗毛（或称裙毛），同尾毛一起似筒裙围于腹下。胸部、后躯、四肢、颈侧、背腰及尾部着生较短的粗毛及绒毛。公牦牛头大、额宽、头心毛卷曲，有角个体角粗长，有雄相，颈粗，鬐甲显著隆起，睾丸紧缩悬在后腹下部。母牦牛头清秀，角较细，颈细，鬐甲隆起，背腰平直，腹较大不下垂，乳房呈碗碟状，乳头短细，乳静脉不发达。

2. 体重体尺

据天祝白牦牛繁育场对67头公牦牛的测定，天祝白牦牛成年公牛体重为264.1±18.3kg，体高120.8±4.5cm，体斜长123.2±4.7cm，胸围163.8±5.5cm，管围18.3±1.1cm；188头成年母牛的测定，母牛体重为189.7±20.8kg，体高108.1±5.5cm，体斜长113.6±5.2cm，胸围153.7±8.1cm，管围16.8±1.6cm。

五、生产性能

1. 产肉性能

据天祝白牦牛育种场测定，天祝白牦牛成年公牛宰前体重272.6±37.4kg，胴体重141.6±19.4kg，屠宰率52%，净肉重100.3±18.9kg，净肉率达到36.8%，肉骨比2.4：1；成年母牛宰前体重217.8±15.5kg，胴体重113.3±10kg，屠宰率52%，净肉重89.2±12.9kg，净肉率达到41.0%，肉骨比3.7：1；成年阉牛宰前体重245.1±37.6kg，胴体重134.3±25.6kg，屠宰率54.6%，净肉重107.8±11.7kg，净肉率达到44.0%，肉骨比4.1：1。

2. 产乳性能

经测定5月下旬至10月下旬150d泌乳量为340~400kg，其中1/3以上被犊牛吮食。每年6—9月份为挤乳期（105~120d），乳脂率为6.8%。

3. 产毛绒性能

据天祝白牦牛育种场测定，9头成年天祝白牦牛公牛裙毛量平均3.6±1.6kg，抓绒量0.4±0.1kg，尾毛量平均0.6±0.2kg；24头成年天祝白牦牛母牛裙毛量平均1.2±0.4kg，抓绒量0.8±0.3kg，尾毛量平均0.4±0.1kg；7头成年天祝白牦牛阉牛裙毛量平均1.8±0.5kg，抓绒量0.5±0.1kg，尾毛量平均0.3±0.1kg。

4. 繁殖性能

天祝白牦牛母牦牛初配年龄为2~4岁，一般4岁体成熟，妊娠期为260d左右，公牛初配年龄为3~4岁，公、母配种比例为1：15~25，利用年限为4~5年。繁殖成活率为63%。

六、饲养管理

天祝白牦牛终年放牧，饲养管理粗放。暖季到夏秋草场放牧抓膘，冷季转入冬春草场。一般冷季只对犊牛补饲青干草或放至围栏草场放牧，补饲精饲料较少。

七、评价与展望

天祝白牦牛是珍稀的牦牛地方品种和宝贵的遗传资源，品种特征明显，肉毛兼用，被毛洁白，观赏及开发利用前景广阔。保护区应继续加强标准化选育。今后应以白牦牛纯繁为主，坚持肉毛兼用选育方向，采取行之有效的种质资源保护与选育措施，改善基础设施条件，进一步提高品种质量和生产能力。

第二节　帕里牦牛

帕里牦牛也叫西藏亚东牦牛，属肉、乳、役兼用型地方品种（图4-3，图4-4）。

一、产区与分布

帕里牦牛主产区位于西藏自治区日喀则地区亚东县帕里镇海拔2 900~4 900m的高寒草甸草场、亚高山（林间）草场、沼泽草甸草场、山地灌丛草场和极高山风化砂砾地。

二、产区自然及生态环境

亚东县地处西藏南部边境，地理坐标东经88°52′~89°30′，北纬27°23′~28°18′。区

图 4-3　帕里牦牛种公牛

图 4-4　帕里牦牛母牛

内山地连绵起伏，大致以帕里镇为界，北部和南部在海拔、气候和自然景观上有很大差异。牦牛分布区的北部地势高，海拔一般在4 300m以上，但地形较开阔，起伏较平缓。气候高寒干旱，年平均气温0℃，1月份和7月份平均气温分别为-9℃和8℃，植被生长期约150d，年平均降水量410mm。天然草场以禾本科和莎草科牧草为主。

三、品种形成

据敦煌古典文史资料记载，远在6世纪后半期，现今日喀则东部地区由于种植业对耕畜的需求，邻近牧区盛行养殖牦牛繁殖犏牛提供优良耕畜，牦牛逐渐在帕里镇适应，在当地自然条件和农牧民的培育下逐渐形成该品种。

四、品种特性

1. 外貌特征

帕里牦牛毛色较杂，以黑色为主，还有少数纯白个体。帕里牦牛头宽，额平，颜面稍下凹。眼圆、大、有神。鼻翼薄，耳较大。角从基部向外、向上伸张，角尖向内开展；两角间距较大，有的达到50cm，这是帕里牦牛的主要特征之一。无角牦牛占总头数的8%。公牛相貌雄壮，颈部短粗而紧凑，鬐甲高而宽厚，前胸深广。背腰平直，尻部欠丰硕，但紧凑结实。四肢强健较短，蹄质结实。全身毛绒较长，尤其是腹侧、股侧毛绒长而密。母牛颈薄，鬐甲相对较低、较薄，前躯比后躯相对发达；胸宽，背腰稍凹，四肢较细。

2. 体重体尺

据2000年西藏自治区畜牧兽医研究所在帕里地区对23头成年帕里牦牛的测定结果，帕里牦牛成年公牛体重236.6 ± 31.1kg，体高112.0 ± 6.6cm，体斜长131.5 ± 13.4cm，胸围

157.5±2.2cm，管围18.5±2.4cm；成年母牛体重200.9±22.1kg，体高110.2±4.3cm，体斜长120.6±9.5cm，胸围154.1±4.4cm，管围15.6±0.9cm。

五、生产性能

1. 产肉性能

帕里牦牛产肉性能较好。据2000年西藏自治区畜牧兽医研究所对6头成年帕里牦牛的测定，帕里牦牛成年公牛宰前体重323.7±124.9kg，胴体重164.6±61.4kg，屠宰率50.8%，净肉重137.2±52.4kg，净肉率达到42.4%，肉骨比5∶1，眼肌面积74.5±23.9cm^2；成年母牛宰前体重221.6±42.8kg，胴体重106.6±14.9kg，屠宰率50.7%，净肉重85.8±11.7kg，净肉率达到38.7%，肉骨比4.2∶1，眼肌面积47.7±18.5cm^2。

2. 产乳性能

帕里牦牛120d平均泌乳量200kg，日均泌乳1.6kg。8月份泌乳量最高，每头日挤乳1.5~1.8kg。经测定，帕里牦牛乳蛋白率为5.73%，乳脂率为5.95%。

3. 产毛绒性能

帕里牦牛每年6—7月份剪毛1次，平均剪毛量为公牛0.7kg，母牛0.2kg。产毛量依个体、年龄、性别、产地的不同而异。

4. 繁殖性能

帕里牦牛性成熟年龄为24~36月龄，母牛初配年龄为3.5岁，一般利用14年。公牛初配年龄4.5岁，一般利用至13岁左右。母牛6~10岁繁殖力最强，大多数2年产1胎。帕里牦牛季节性发情，每年7月份进入发情季节，8月份为配种旺季，10月底结束。发情持续期8~24h，发情周期21d，妊娠期259d，翌年3月份开始产犊，5月份为产犊旺季，6月底产犊结束。

5. 役用性能

帕里牦牛阉牛主要用于驮运，其次为耕地。经了解1头阉牦牛可驮物80~100kg，日行20~30km；1对耕牛每日可耕地0.2hm^2。另外，阉牛还可用于在重要的节日进行骑牦牛比赛活动。

六、饲养管理

帕里牦牛当年产犊的母牦牛每天只在早上挤乳1次，白天犊牛与母牦牛一起放牧，晚上犊牛拴系而母牦牛进行夜牧，这样可以延长母牦牛采食时间，提高采食量，使母牛在产奶期间摄取更多的营养，增加犊牛的母乳摄取量。对种公牛在配种季节适当补饲一些精饲料，并定期交换种畜。牧养方式多实行冷暖两季轮牧，即每年6—10月份在夏秋季草场，11月饲至翌年5月份在冬春草场上放牧；夏秋日放牧10h左右，冬春日放牧7~8h。

七、评价与展望

帕里牦牛是西藏自治区的优良牦牛品种，其特征鲜明，生产性能较高且稳定，对当地牧业发展发挥着较大的作用。今后应继续调整牛群结构，改进饲养管理，建立核心群，着重选择个体大、产肉量高的种牛，以向肉用方向发展。

第三节　九龙牦牛

九龙牦牛属肉用型地方品种（图4-5，图4-6）。

图4-5　九龙牦牛种公牛

图4-6　九龙牦牛母牛

一、产区与分布

九龙牦牛原产地为四川省甘孜藏族自治州九龙县及康定县南部的沙德地区海拔3 000m以上的灌丛草地和高山草甸。中心产区位于九龙县斜卡和洪坝，处于横断山以东、大雪山西南面、雅砻江东北部的高山草原区。邻近九龙县的盐源县和冕宁县以及雅安地区的石棉等县均有分布。

二、产区自然及生态环境

九龙县地处横断山以东，大雪山西南面，雅砻江东北部，地理坐标北纬28°19′~29°20′，东经101°7′~102°10′。地势北高南低，山峦重叠，沟壑纵横，相对落差大，境内气候植物呈明显的垂直分布特征，饲料资源比较丰富。当地属大陆性季风高原型气候，年平均气温8.9℃，最高气温31.7℃，最低气温-15.6℃，无霜期165~221d，年降水量为902.6mm，5~9月份为雨季，占全年降水量的85%以上，11月份至翌年4月份为雪季，冬春干旱，日照时长1 920h。半农半牧区的河谷地带，农作物以玉米、水稻、小麦、马铃薯、豆类为主，一年两熟。高山地区除有放牧草场外还有种植业，作物以青稞、马铃薯、小麦为主，一年一熟，产区气候及植被的垂直分布为九龙牦牛提供了丰富的饲草料资源。

三、品种形成

九龙牦牛历史上最早见于《史记》《汉书》等史书零星记载。目前，洪坝、湾坝等地未遭破坏的高山草场上所残留的许多古代“牛棚”遗迹，亦证明九龙牦牛养殖业的历史规模。到19世纪60年代至20世纪初，由于疫病流行、盗匪猖獗，加上部落械斗等原因，使九龙牦牛濒于灭绝。据有关资料记载，19世纪中期，九龙地区曾大面积流行牛瘟，牦牛几乎灭绝。据九龙县档案馆历史资料记载，1937年全县仅有牦牛3 000余头，现今的九龙牦牛均由此发展而来。

四、品种特性

1. 外貌特征

九龙牦牛的基础毛色为黑色，少数黑白相间、白头、白背、白腹，被毛为长覆毛有底绒，额部有长毛，前额有卷毛。鼻镜为黑褐色，眼睑、乳房颜色为粉红色，蹄角为黑褐色。公牛头大额宽，母牛头小而狭长。耳平伸，耳壳薄，耳端尖。角形主要为大圆环和龙门角2种。公牛肩峰较大，母牛肩峰小。九龙牦牛前胸发达开阔，胸较深。背腰平直，腹大不下垂，后躯较短，尻欠宽略斜，臀部丰满。四肢结实，前肢直立，后肢弯曲有力。九龙牦牛无脐垂，尾长至飞节，尾梢大，尾梢颜色为黑色或白色。

2. 体重体尺

据2006年在四川省九龙县对22头成年九龙牦牛的测定，成年公牛体重359.3±53.2kg，体高139.8±6.5cm，体斜长152.4±6.5cm，胸围206.7±13.1cm，管围21.4±0.6cm；对44头成年母牛的测定结果为平均体重274.8±24.7kg，体高118.8±3.0cm，体斜长132.7±4.0cm，胸围171.8±6.3cm，管围18.3±1.0cm。

五、生产性能

1. 产肉性能

据2006年在四川省九龙县测定9头成年九龙牦牛（其中公牛5头，母牛4头），成年公牛宰前体重375.5±30.4kg，胴体重201.3±20.5kg，屠宰率53.6%，净肉重157.9±18.1kg，净肉率达到42%，肉骨比3.8：1，眼肌面积42.5±5.4cm^2；成年母牛宰前体重267.9±31.9kg，胴体重126±12.8kg，屠宰率50.7%，净肉重98.7±9.8kg，净肉率达到39.8%，肉骨比3.9：1，眼肌面积28.8±7.2cm^2。

2. 产乳性能

九龙牦牛泌乳期平均153d，年泌乳量350kg，日均泌乳2.3kg。

3. 产毛绒性能

九龙牦牛每年5—6月份剪毛，平均剪毛量为1.7kg。剪毛量根据个体年龄、性别、产地的不同而异。

4. 繁殖性能

九龙牦牛性成熟年龄为24~36月龄，公牛初配年龄48月龄，母牛初配年龄36月龄，6~12岁繁殖力最强。九龙牦牛季节性发情，每年7月份进入发情季节，8月份是配种旺季。发情持续期一般是8~24h，发情周期平均20.5d，妊娠期255~270d，翌年3月份开始产犊，5月份为产犊旺季。初生重公犊牛为15.2kg、母犊牛14.6kg；公犊牛断奶重117.3kg，母犊牛断奶重102.2kg；哺乳期公犊牛日增重0.4kg，母犊牛日增重0.3kg。2000—2003年的犊牛成活调查统计，断奶成活率平均为80.9%。

六、饲养管理

九龙牦牛的全年放牧，饲养管理粗放，逐水草而牧，群牧饲养。每年6月中旬全群牦牛收回集中剪毛，同时饲喂1次食盐，到秋季再饲喂1次食盐。当年12月份至翌年3月份的枯草季节，对妊娠母牛、犊牛和体质差的牦牛，补饲农副秸秆、青贮干草和精饲料等。公牛和不生产的母牛一直放牧在海拔4 000m以上的夏秋草场，晚上不收牧。种公牛在配种季节自行回母牛群配种。母牛从5月初开始，白天放牧，晚上收牧与犊牛隔离，早晨挤奶，到10月中旬停止挤奶后与公牛混群放牧于海拔3 500m左右的冬春草场。

七、评价与展望

九龙牦牛是在九龙县特定的自然生态社会及相对闭锁的条件下，经过长期的人工选择和自然选择，形成的一个具有共同来源、体形外貌较为一致、遗传性能稳定、适应性强的谷地型牦牛，以良好的肉用性能而驰名。

九龙牦牛应坚持本品种选育，加大选育力度，加强种公牛的选择和培育。在资源保护开发利用中应以肉用为主，在牦牛产区大力推广九龙牦牛优良公牛及其冻精的应用，并进行九龙牦牛活体保存和研究开发。

第四节　中甸牦牛

中甸牦牛也叫香格里拉牦牛，是以产肉为主的地方品种（图4-7，图4-8）。

图 4-7　中甸牦牛种公牛

图 4-8　中甸牦牛母牛

一、产区与分布

中甸牦牛主产于海拔2 900~4 900m之间的云南省中甸县中北部地区的大中甸、小中甸、建塘镇、格咱、尼汝、东旺等处，以及周边乡城、德荣、稻城及大理州剑川县老君山等，在海拔2 500~2 800m的中山温带区的山地也有零星分布。

二、产区自然及生态环境

中甸县平均海拔3 200m，位于滇、川、藏三省区交界处，属半干旱、半湿润寒温型高原季风气候带，年平均气温5.4℃，年最高气温24.9℃，最低气温-21℃。牦牛牧养地区全年无绝对无霜期，冰冻期长达124d，年降水量600~800mm，降水主要集中于夏、秋。草地主要为高寒草甸、亚高山（林间）草甸、沼泽草甸、山地灌丛、疏林林间草地等类型。较温暖的可耕地区主要农作物为马铃薯、蔓菁、青稞、油菜、燕麦等耐寒作物。

三、品种形成

中甸牦牛是当地居民长期驯化野牦牛逐步形成的地方品种，据古文献记载汉代中甸被称为“越嶲牦牛地，……夷人畜牛以为食”。光绪十年《新修中甸厅志书》夷食篇中载“居民以青稞炒磨为面，用酥油盐茶和之，名曰糌粑，民间朝饔夕飧”。说明当地居民饲养牦牛并挤奶的历史悠久。中甸县与四川甘孜州稻城、乡城及西藏昌都地区相毗邻，历史上就有相互交换种牦牛和交界地混牧习性，因而中甸牦牛与相邻藏东南康区牦牛有密切的血缘关系 。

四、品种特性

1. 外貌特征

中甸牦牛毛色以黑褐色为主，其次为黑白花，偶见纯白牦牛。皮肤主要为灰黑色，少数为粉色。头大小中等，宽短，公牛粗重趋于方形，母牛略显清秀。额宽稍显穹隆，额毛丛生，公牛多为卷毛，母牛稍稀短。嘴宽大，唇薄而灵活。眼睛圆大突出有神，眼睑以灰褐色、黑褐色为主，偶见粉色。鼻长微陷，鼻孔较大。耳小平伸。公、母牛均有角，无角牦牛极少见，牛角雄伟，角间距大，角基粗大，角尖多向上、向前开张呈弧形。母牛颈短薄，公牛稍粗厚，无颈垂。颈肩、肩背结合紧凑。胸短深而宽广，公牦牛较母牦牛发达、开阔，无胸垂，鬐甲稍耸向后渐倾，背平直、较短，腰稍凹，十字部微隆，肋骨稍开张，腹大不下垂，尻斜短或圆短，尾较短，尾毛蓬生如帚状，尾梢毛色以黑色为主，其次是白色。四肢坚实，前肢开阔直立，后肢微曲，系短有力，蹄大钝圆质坚韧。母牛乳房较小，乳头短小，乳静脉不发达。公牛睾丸较小，阴鞘紧贴腹部。全身被毛密长，长毛下冬春有绒，腹毛长及地。

2. 体重体尺

据2006年9—12月份由迪庆州畜牧兽医站在迪庆州香格里拉县测定成年牦牛72头的结果，成年中甸牦牛公牛体重224.4±33.6kg，体高115.5±8.6cm，体斜长126.0±15.0cm，胸围157.2±14.7cm，管围16.9±1.2cm；52头成年母牛的测定结果，体重208.8±63.1kg，体高111.9±5.3cm，体斜长125.8±7.8cm，胸围159.8±9.2cm，管围15.2±1.9cm。

五、生产性能

1. 产肉性能

据2006年9—12月份由迪庆州畜牧兽医站测定的结果，成年阉牛宰前体重270±14.6kg，胴体重146.6±9.3kg，屠宰率54.32%，净肉重111.3±1.3kg，肉骨比5：1，眼肌面积35.5±5.1cm^2；成年母牛宰前体重255.0±14.3kg，胴体重140.0±8.2kg，屠宰率54.9%，净肉重98.0±1.6kg，肉骨比4.2：1，眼肌面积30.8±2.5cm^2。

2. 产乳性能

中甸牦牛一般4—6月份产犊泌乳，11月下旬至翌年4月份前干乳，年泌乳期平均为195d左右，年泌乳量为210kg，乳脂率为6.2%。

3. 产毛绒性能

中甸牦牛被毛下有绒，现极少抓绒。

4. 繁殖性能

中甸牦牛属晚熟、低繁殖性能牛种，一般3~4岁性成熟。性成熟年龄公牛为24~36月龄，平均30月龄，母牛为26~42月龄，平均36月龄；初配年龄公牛平均30月龄，母牛36月龄。一般7—10月份配种，翌年3—7月份产犊，发情周期19d，妊娠期259d，公犊牛初生重平均19kg，母犊牛18.7kg。一般犊牛随母牛放牧至下一胎犊牛生产时才强制断奶，犊牛冬春季成活率一般为90%。

六、饲养管理

中甸牦牛以终年游牧的半野生状态饲养，极少有圈饲习惯，成年牦牛终年昼夜放牧，极少部分在冬季和初春昼牧夜圈。泌乳期母牛长期以青稞面加盐混合面粉诱食挤奶拴系，成年牦牛一般15~30d补饲1次面粉稀汤，成年公牛每15d左右寻回后补盐，其他时间野外放牧，犊牛除4~10日龄以前均昼随母放牧哺乳，夜间关圈停乳，冬春季昼夜跟牧哺乳，一直到下一胎产犊为止。中甸牦牛极耐粗放管理，具有极强的抗病力，一般很少发病，性野舍饲难，母牛难产少，母性极强，护犊。

七、评价与展望

中甸牦牛是藏族牧民在长期生产实践中经过不断选择培育形成的牦牛地方品种。中甸牦牛适应高海拔气候自然环境，乳脂和肌肉粗蛋白质含量高，氨基酸含量丰富，性成熟较晚，繁殖力低，生长相对缓慢。今后应加强中甸牦牛肉、乳产品的开发利用，并作为观光畜牧业的畜种加以选育和提高。

第五节　甘南牦牛

甘南牦牛属肉用型牦牛地方品种（图4-9，图4-10）。

图4-9　甘南牦牛种公牛

图4-10　甘南牦牛母牛

一、产区与分布

甘南牦牛原产于甘南藏族自治州，以玛曲县、碌曲县、夏河县为中心产区，在该州其他各县、市也有分布。

二、产区自然及生态环境

主产区海拔高度在2 800~4 900m之间，具有典型的大陆性气候特点，高寒阴湿，四季不分明，年平均气温0.38℃。湿度58%~66%，无绝对无霜期。降水量由南向北逐渐减少，西北和东北部一般为400~800mm，东南部一般为500~700mm，降水集中于5—9月份，约占全年降水总量的84%。降雪期与低温期相一致，长达8~10个月，全年降雪日数平均在40d以上，连续降雪日冬季较多发生。草地类型主要有高山草甸、亚高山草甸、灌丛草甸、盐生草甸、林间草甸、沼泽草甸和山地草甸，植被覆盖度达85%以上。人工牧草主要有燕麦、箭筈豌豆和紫花苜蓿。天然牧草以禾本科和莎草科为主，兼有少量豆科牧草。牧草一般从4月下旬开始萌发，9月中旬开始枯黄，枯草期长达7个月。

三、品种形成

甘南州自古以来繁育牦牛，是牦牛的原产区之一。依据地域分布关系以及对国内牦牛的类型划分，甘南牦牛与分布于青海省玉树州、果洛州的青海高原牦牛属相似类型，是经过长期自然选择和人工培育而形成的能适应当地高寒牧区的牦牛地方品种。

四、品种特性

1. 外貌特征

甘南牦牛毛色以黑色为主，间有杂色。体质结实，结构紧凑，头较大，额短而宽并稍显凸起。鼻孔开张，鼻镜小，唇薄灵活，眼圆突出有神，耳小灵活。母牛多数有角，角细长；公牛有角且粗长，角距较宽，角基部先向外伸，向后内弯曲呈弧形，角尖向后。颈短而薄，无垂皮，脊椎的棘突较高，背稍凹，前躯发育良好。尻斜，腹大，四肢较短，粗壮有力，后肢多呈刀状，两飞节靠近。蹄小坚实，蹄裂紧靠。母牦牛乳房小，乳头短小，乳静脉不发达。公牦牛睾丸圆小而不下垂。尾较短，尾毛长而蓬松，形如帚状。

2. 体重体尺

据2007年10月份甘南州畜牧科学研究所在玛曲县阿万仓乡测定，28头成年甘南公牦牛体重370.1±23.8kg，体高126.6±6.4cm，体斜长138.6±7.3cm，胸围186.5±9.3cm，管围20.0±2.4cm；28头成年母牛体重210.5±18.3kg，体高105.3±4.9cm，体斜长115.9±6.6cm，胸围154.7±8.0cm，管围15.1±2.1cm。

五、生产性能

1. 产肉性能

据2008年11月份甘南州畜牧科学研究所在玛曲县阿万仓乡屠宰测定，7头成年甘南牦牛公牛宰前体重333.4±21.7kg，胴体重168.5±14.8kg，屠宰率50.5%，净肉重129.3±10.5kg，肉骨比3.31：1；9头成年母牛宰前体重219.8±19.0kg，胴体重107.1±10.0kg，屠宰率48.7%，净肉重86.4±7.4kg，肉骨比3.29：1。

2. 产乳性能

甘南牦牛一般4月下旬开始产犊，产犊后吮食母乳，到6月份开始挤奶，每日早、午挤奶2次。牦牛的产奶量与牧草的质量和产量有较高的相关性，7—8月份牧草茂盛，产奶量最高，早霜后牧草枯黄，产奶量下降。当年产犊母牛1个泌乳期（150d）可挤奶315~335kg，上年产犊母牛可挤奶约150kg。

3. 产毛绒性能

甘南牦牛每年在6月中旬前后抓绒剪毛，剪毛量因地域、抓绒方式或剪毛方法以及个体状况而异。成年公牛产毛1.1kg左右，成年母牛产毛0.7~0.9kg。尾毛每2年剪毛1次，公牛尾毛产量0.5kg左右，母牛0.1~0.4kg。

4. 繁殖性能

公牦牛在10~12月龄有明显的性反射，30~38月龄可初配。母牦牛呈季节性发情，一般36月龄初配，发情周期18~24d，发情旺季为7—9月份，发情持续期10~36h，平均18h。产犊集中于4—6月份，2年产1胎或3年产2胎，妊娠期250~260d。母牛发情时多不安静采食，泌乳量降低，发情盛期喜接近公牛，静待交配。第一次配种未妊娠的母牛，在发情季节中可重复发情，情期受胎率80%左右。

六、饲养管理

甘南牦牛饲养管理粗放，一些偏远牧区至今仍沿袭“逐水草而牧”的游牧生活。甘南牦牛长期生长在高寒缺氧的环境中，棚圈等基础设施薄弱，极少补饲，终年依赖于天然草场放牧，犊牛、公牛、母牛、犊牛混群放牧。

七、评价与展望

甘南牦牛是青藏高原古老而原始的畜种，是甘肃省特有的地方遗传资源，经过长期的自然选择和人工培育，具有很强的抗逆性。今后应建立甘南牦牛品种资源监测与评估体系，加强甘南牦牛种公牛基地的建设，改进饲养管理，建立核心群，加强育种工作，提高产肉性能。

第六节　西藏高山牦牛

西藏高山牦牛属乳肉役兼用型地方品种（图4-11，图4-12）。1995年全国畜禽品种遗传资源补充调查后命名并被列入《中国家畜地方品种资源图谱》。

图 4-11　西藏高山牦牛种公牛

图 4-12　西藏高山牦牛母牛

一、产区与分布

西藏高山牦牛主要产于西藏自治区东部和南部高山深谷地区的高山草场，海拔4 000m以上的高寒湿润草原地区也有分布。

二、产区自然及生态环境

产区为西藏自治区东部横断山脉高山区，海拔2 100~5 500m，相对高差极大。山高谷深，地势陡峻，气候与植被呈垂直分布。牦牛多在4 000m以上的高山寒冷湿润地区，此区域全年无夏，年平均气温0℃，年平均降水量694mm，且多集中在7—8月份，相对湿度60%，无绝对无霜期。良好的天然草场主要由高山草甸、灌丛草场构成，植被覆盖度大，可食牧草产量较高，草质较好。

三、品种形成

林芝、昌都地区解放后发掘出土的大量文物经考古研究证明，早在4 600年前藏族已在这些地区定居并发展畜牧业和种植业。在西藏的高山寒漠地带目前还存在相当数量的野牦牛。一般认为，西藏是把野牦牛驯养成家牦牛最早的地区或为家牦牛的“故乡”。西藏高山牦牛的中心产区之一嘉黎县的牧民，十分注意本地选母、异地选公，并有诱使野牦牛公牛入群配种的习惯，注重犊牛选育，加速了西藏高山牦牛生产性能的提高，使嘉黎县的牦牛成为西藏高山牦牛的一个优良类群。

四、品种特性

1. 外貌特征

西藏高山牦牛根据角型的区别可分为山地牦牛和草原牦牛两个类群。西藏高山牦牛毛色较杂，以全身黑色为多，约占60%；面部白、头白、躯体黑毛者次之，约占30%；其他灰、青、褐、全白等毛色占10%左右。西藏高山牦牛具有野牦牛的体型外貌。头粗重，额宽平，面稍凹，眼圆有神；嘴方大，唇薄；绝大多数有角，草原型角为抱头角，山地型角则向外向上开张，角间距大；母牦牛角较细。公、母牛均无肉垂、前胸开阔，胸深，肋开张，背腰平直；腹大不下垂，尻部较窄、倾斜。尾根低，尾短。四肢强健有力，蹄小而圆，蹄叉紧，蹄质坚实，肢势端正。前胸、臂部、胸腹及体侧长毛及地，尾毛丛生呈帚状。公牦牛鬐甲高而丰满，略显肩峰，雄性特征明显，颈厚粗短；母牦牛头、颈较清秀。

2. 体重体尺

西藏高山牦牛成年公牛平均体重370.1±23.8kg，体高126.6±6.4cm，体斜长138.6±7.3cm，胸围186.5±9.3cm，管围20.0±2.4cm；28头成年母牛的平均体重210.5±18.3kg，体高105.3±4.9cm，体斜长115.9±6.6cm，胸围154.7±8.0cm，管围15.1±2.1cm。

五、生产性能

1. 产肉性能

成年公牛屠宰率平均为50.4%，母牛为50.8%；净肉率成年公牛平均为45%，母牛为41%。经草地放牧不补饲，在嘉黎县屠宰测定成年阉牛3头，中上等膘情，平均体重379.1kg，平均胴体重208.5kg，屠宰率55%，净肉率46.8%，眼肌面积50.6cm^2。生后一个月不挤母乳的公、母犊牦牛的平均日增重分别为253g和203g。12月龄公牦牛平均体重90.4kg，平均日增重210g；12月龄母牦牛平均体重77.4kg，平均日增重177g。

2. 产乳性能

西藏高山牦牛母牛泌乳期150 d左右，挤乳量为138~230kg。41头当年产犊母牦牛于8、9和10月份进行挤乳量测定，平均月挤乳量分别为34kg、29kg和22kg，3个月试验期平均每头牛总挤乳85kg、日挤乳0.9kg。产奶高峰期为7—8月份牧草茂盛期，以第二胎的母牛产乳量最高。乳脂率因季节不同而有所差异，并随产乳量下降而增加。在嘉黎县测定，8—11月份的乳脂率分别为5.8%、6.6%、6.8%、7.5%。

3. 产毛绒性能

西藏高山牦牛每年6—7月份剪毛（妊娠后期母牦牛只抓绒不剪毛），尾毛每2年剪1次。成年公、母和阉牦牛的产毛量分别为1.8kg、0.5kg和1.7kg。以尾毛最长，为51~64cm，裙毛居中，长20~43cm；耆甲、肩部毛较短，为10~30cm。平均产绒为0.5kg。

4. 役用性能

经调教的阉牦牛，性温驯，驮力强，耐劳，可供长途驮载运输货物。一般驮重为50~80kg，日行5h，约15km，可连续驮运数月。河谷地带用于耕地，每天耕作3~4h，可耕茬地0.1~0.2hm^2。

5. 繁殖性能

西藏高山牦牛性成熟晚，大部分母牦牛在3.5岁初配，4.5岁初产。公牦牛3.5岁初配，以4.5~6.5岁的配种效率最高。母牦牛季节性发情明显，7—10月份为发情季节，7月底至9月初为发情旺季。发情周期为18d左右，发情持续时间为16~56h，平均为32h，妊娠期250~260d。母牦牛发情受配时间以早晚为多。据对2 358头适龄繁殖母牦牛的统计，母牦牛2年产1胎，繁殖成活率平均为48.2%。

六、饲养管理

西藏高山牦牛完全依靠采食天然草场上的牧草进行终年放牧饲养，很少补喂饲草、饲料。在冬春枯草季节，仅对老、弱、病、幼牛牦牛补给一些农作物秸秆、青干草和少量精饲料等。在夏秋牧草丰茂季节，定期喂盐。一般6—9月份为夏秋放牧抓膘和配种时间，牛群放牧在地势高燥、饮水方便的草场上，夜牧或延长放牧时间以利于抓膘和配种。冬春放牧时间一般从10月份至翌年5月份，是保膘保胎的重要时期，而产犊也在春季进行，一般选择地势低平、避风向阳、牧草生长较高而不被积雪覆盖的地段。

七、评价与展望

西藏高山牦牛数量多，分布广，适应性强，是当地人民生产、生活不可或缺的重要畜种。西藏高山牦牛能适应产区环境并能满足人民生活与发展生产的需要，因此应大力发展西藏牦牛业，建立西藏高山牦牛繁育场，有组织地开展本品种选育，以提高其生产性能。

第七节 青海高原牦牛

青海高原牦牛属肉用型地方品种，2000年被列入国家畜禽品种资源保护名录（图4-13，图4-14）。

一、产区与分布

青海高原牦牛主产于青海南部、北部海拔3 500m以上的高寒地区。根据2008年《中国畜牧业年鉴》统计，约有280万头。

二、产区自然及生态环境

青海高原牦牛主要分布在昆仑山系和祁连山系相互纵横交错形成的两个高寒地区。大部

图 4-13　青海高原牦牛种公牛

图 4-14　青海高原牦牛母牛

分分布于玉树藏族自治州西部，果洛藏族自治州玛多县西部，海西蒙古族藏族自治州格尔木市和天峻县木里苏里乡和海北藏族自治州祁连县野牛沟乡等地。该地区年平均气温-5.7~-2℃，年降水量282~774mm，年平均相对湿度在50%以上，多高山草甸草场，以莎草科和禾本科的矮生牧草为主，青草期4个月。少部分分布在包括玉树藏族自治州东部和果洛藏族自治州与黄南藏族自治州邻近黄河上游地区，年平均气温-2.7~1.4℃，年降水量460~774mm，牧草以莎草科和禾本科为主，株高而覆盖度大，青草期4~5个月。

三、品种形成

青海高原牦牛的始祖是当地野牦牛。据《史记》和《五帝本纪》的少量记载，以及青海都兰诺木洪塔拉哈遗址出土的牦牛毛织做的毛绳、毛布，牦牛皮制作的革履和陶牦牛等物品，说明在三千年前藏族前身古羌族已在青海省南部和西部驯化了现今尚存于昆仑山、祁连山中的野牦牛，经过几千年的养育而成为现在的青海高原牦牛。

四、品种特性

1. 外貌特征

青海高原牦牛分布区和野牦牛栖息地相邻，野牦牛遗传基因不断渗入，故体型外貌多带有野牦牛的特征。毛色多为黑褐色，嘴唇、眼眶周围和背线处的短毛多为灰白色或污白色。头大、角粗、皮松厚；鬐甲高长宽，前肢短而端正，后肢呈刀状；体侧下部密生粗长毛，犹如穿着筒裙，尾短并着生蓬松长毛。公牦牛头粗重，呈长方形，颈短、厚且深，睾丸较小，接近腹部、不下垂；母牦牛头长，眼大而圆，额宽，有角，颈长而薄，乳房小、呈碗碟状，乳头短小，乳静脉不明显。

2. 体重体尺

2006年在青海省海西州天峻县木里乡、格尔木市唐古拉山乡、玉树州曲麻莱县、果洛州达日县和祁连县野牛沟等地，由青海省畜牧总站和青海省畜牧兽医科学院联合测定63头成年青海高原牦牛，成年公牛平均体重334.9±64.5kg，体高127.8±7.6cm，体斜长146.1±12.0cm，胸围180.0±12.5cm，管围21.7±3.6cm；242头成年母牛的测定结果，母牛平均体重196.8±30.3kg，体高110.5±8.4cm，体斜长123.4±8.2cm，胸围150.6±8.5cm，管围16.5±2.2cm。

五、生产性能

1. 产肉性能

据2006年由青海省畜牧总站和青海省畜牧兽医科学院测定，5头成年青海高原牦牛公牛宰前体重331.4±69.1kg，胴体重179±39.4kg，屠宰率54%，净肉重137.1 ±29kg，肉骨比3.4：1。

2. 产乳性能

初产母牛日挤乳2次，平均日挤乳1.3kg，150d挤乳195kg，经产母牛日平均挤乳1.8kg，150d挤乳270kg。

3. 产毛绒性能

每年剪毛1次，成年公牦牛平均产毛量2kg，其中粗毛和绒毛各占72.8%和27.2%；成年母牦牛平均产毛量1kg，粗毛和绒毛各占54.9%和45.1%；1~3岁公牦牛平均产毛量1.2kg，母牦牛平均产毛量1.1kg，粗毛和绒毛各占50%。

4. 役用性能

产区仅以阉牛作驮运用，一般驮运物资50~100kg，日行30km左右。

5. 繁殖性能

公牦牛2岁性成熟后即可参加配种，2~6岁配种能力最强，之后则逐渐减弱。自然交配时公、母比例为1：(20~30)，利用年龄在10岁左右。母牦牛一般2~3.5岁开始发情配种。母牦牛1年1产者在60%以上，2年1产者约30%左右，双犊率1%~2%。母牦牛季节性发情，一般在6月中下旬开始发情，7—8月份为盛期。发情周期为21d左右，个体间差异大，发情持续期为41~51h。妊娠期为250~260d。

六、饲养管理

饲养管理比较粗放，终年依靠天然草场放牧。牧养方式多实行冷暖两季轮牧。夏季以产犊、护犊、调整牛群、去势、抓绒剪毛、预防接种和药浴驱虫等为主。秋季以抓膘、配种、打草、贮草为主。

七、评价与展望

青海高原牦牛是我国一个数量多、质量优的地方良种。它对高寒严酷的青海高原生态条件有着较好的适应能力。但是，由于经营方式和饲养管理粗放，畜群饲养周期长，周转慢，产品率和经济效益都比较低。为此，必须加强本品种选育，实行科学养育，制订区域规划，加强科学研究工作。

第八节　娘亚牦牛

娘亚牦牛属肉用型地方品种，又名嘉黎牦牛（图4-15，图4-16）。

图 4-15　娘亚牦牛种公牛

图 4-16　娘亚牦牛母牛

一、产区与分布

娘亚牦牛原产地为西藏自治区那曲地区嘉黎县，主要分布于嘉黎县东部及东北部各乡镇。

二、产区自然及生态环境

嘉黎县位于北纬31°07'~32°00'、东经91°09'~94°01'，地处西藏自治区那曲地区，平均海拔4 497m，为高原大陆性气候，全年无绝对无霜期，年平均气温-0.9℃，极端最低气温-35.7℃。年降水量649mm，年蒸发量1 410mm。嘉黎县是西藏自治区的纯牧业区，草场面积13 000km^2，均属高寒草原草场，90%属山坡草场，青草期120d左右。全县有15km^{2}原始森林和3km^{2}耕地，主要种植青稞、冬小麦等农作物。

三、品种形成

嘉黎县地势高峻，草场广阔，牧业发达，不宜农耕，居民素有驯养、选育牦牛的传统。

加之嘉黎县地处“羌塘”与诸羌故地之间，融汇了蕃、羌两个民族，经过长期的自然选择与人工选育，形成了古老的地方品种娘亚牦牛。

四、品种特性

1. 外貌特征

娘亚牦牛毛色以黑色为主，其他为灰、青、褐、纯白等色。头部较粗重，额平宽，眼圆有神，嘴方大，嘴唇薄，鼻孔开张。公牛雄性特征明显，颈粗短，鬐甲高而宽厚，前胸开阔、胸深、肋骨开张，背腰平直，腹大而不下垂，尻斜。母牛头颈较清秀，角间距较小，角质光滑、细致，鬐甲相对较低、较窄，前胸发育好，肋弓开张。四肢强健有力，蹄质坚实，肢势端正。

2. 体重体尺

娘亚牦牛成年公牛体重368.0±91.0kg，体高127.4±9.3cm，体斜长147.3±13.5cm，胸围186.3±18.1cm，管围20.1±2.3cm；成年母牛体重184.1±18.8kg，体高108.1±3.5cm，体斜长120.2±6.2cm，胸围147.8±6cm，管围14.9±0.8cm。

五、生产性能

1. 产肉性能

娘亚牦牛成年公牛屠宰率50.2%，净肉率45.0%，眼肌面积82.3cm^2，肉骨比4.2：1；成年母牛屠宰率50.7%，净肉率41.1%，眼肌面积46.9cm^2，肉骨比4.3：1。

2. 产乳性能

娘亚牦牛母牛泌乳期180d，年挤乳量192kg。主要乳成分为乳脂肪6.8%，乳蛋白5%，乳糖3.7%，灰分1%，水分83.5%。

3. 产毛绒性能

娘亚牦牛公牛产毛量平均0.69kg，母牛产毛量平均0.18kg。

4. 繁殖性能

娘亚牦牛公牛性成熟年龄为42月龄，利用年限12年。母牛性成熟年龄为24月龄，初配年龄为30~42月龄，利用年限15年。每年6月中旬开始发情，7—8月份是配种旺季，10月初发情基本结束。妊娠期250d左右，2年产1胎或3年产2胎。在饲养管理较好的条件下，犊牛成活率可达90%。

六、饲养管理

娘亚牦牛以自然放牧为主。公牛终年放牧不收群，在配种季节补饲少量的麸皮和盐。母牛白天放牧，晚上拴系，挤奶后与犊牛分群放牧、分群拴系。犊牛1月龄内由母牛自然哺乳，

1月龄后控制哺乳。

七、评价与展望

娘亚牦牛具有耐粗饲、耐寒、个体大、产奶量高、乳脂率高等特点。在今后的发展中应做好两项工作：一是要调整畜群结构，改善饲养管理条件，提高其生产性能；二是以肉用为主，加强本品种选育。

第九节　麦洼牦牛

麦洼牦牛属肉乳兼用型地方品种（图4-17，图4-18）。

图4-17　麦洼牦牛种公牛

4-18　麦洼牦牛母牛

一、产区与分布

麦洼牦牛原产地为四川省阿坝藏族羌族自治州，中心产区位于红原县麦洼、色地、瓦切、阿木等乡镇，在阿坝、若尔盖、松潘、壤塘等县均有分布。

二、产区自然及生态环境

红原县位于北纬31°51'~33°19'、东经101°51'~103°23'，地处阿坝藏族羌族自治州北部、青藏高原东部边缘，北接若尔盖，东邻松潘、黑水，西连阿坝，南与理县毗邻，地势由北向南倾斜，海拔3 400~3 600m。属大陆性高原寒温带季风气候，年平均日照时数2 417h，四季不分明，冷季长，干燥而寒冷，暖季短，湿润而温和。全年无绝对无霜期，年平均气温1.1℃，极端最高气温25.6℃，极端最低气温-36℃。年降水量753mm，相对湿度71%。草地以高寒草地为主，其次为高寒沼泽草地和高寒灌丛草地，少量为亚高山林间草地。

三、品种形成

麦洼牦牛是在川西北高寒生态条件下经长期自然选择和人工选育形成的肉乳性能良好的草地型地方牦牛品种，对高寒草甸及沼泽草地有良好的适应性。20世纪初，游牧于康北地区的麦巴部落，为了避免械斗和寻找优良牧场而搬迁，途经壤塘、阿坝、青海班玛、久治等地，辗转到现在红原境内的北部地区，统辖了该地区的南木洛部落，定名为麦洼。据文献资料记载，麦洼牦牛来自于甘孜藏族自治州北部色达、德格、炉霍、新龙等县，并混有青海果洛和四川阿坝地区的牦牛血液，同时在配种季节也导入了野牦牛的血液。定居麦洼地区后，由于草场辽阔、水草丰盛、人少牛多，部分母牛不挤乳或日挤乳1次，犊牛生长发育好，加之藏族牧民有丰富的选育和饲养管理牦牛的经验，使麦洼牦牛的生产性能逐步提高。

四、品种特性

1. 外貌特征

麦洼牦牛毛色多为黑色，次为黑带白斑、青色、褐色。全身被毛丰厚、有光泽，被毛为长覆毛、有底绒。体格较大，体躯较长，前胸发达，胸深，肋开张，背稍凹，后躯发育较差，腹大、不下垂。背腰及尻部绒毛厚，体侧及腹部粗毛密而长，裙毛覆盖住体躯下部。四肢较短，蹄较小，蹄质坚实。无脐垂，尻部短而斜，尾梢大，尾毛粗长而密。头大小适中，额宽平。眼中等大，鼻孔较大，鼻翼和唇较薄，鼻镜小。耳平伸，耳壳薄，耳端尖。额部有长毛，前额有卷毛。公、母牛多数有角，公牛角粗大，从角基部向两侧、向上伸张，角尖略向后、向内弯曲；母牛角细短、尖，角形不一，多数向上、向两侧伸张，然后向内弯曲。公牛肩峰高而丰满，母牛肩峰较矮而单薄。

2. 体重体尺

麦洼牦牛成年公牛体重233.4±39.1kg，体高117.7±5.5cm，体斜长127.1±13.6cm，胸围162.7±10.8cm，管围19.4±1.4cm；成年母牛体重176.3±23.3kg，体高113.1±4.8cm，体斜长120.5±10.2cm，胸围153.4±12.3cm，管围16.2±1.1cm。

五、生产性能

1. 产肉性能

麦洼牦牛3.5岁成年公牦牛屠宰率49%~52%，净肉率38%~39%，眼肌面积35.5cm^2，肉骨比3.3：1；3.5岁成年公牦牛肌肉主要化学成分：水分69.85%，粗蛋白质23.13%，粗脂肪1.18%，粗灰分1.05%。

2. 产乳性能

麦洼牦牛母牛泌乳期为153d，年挤乳量244kg。乳脂率6.1%~8%，乳蛋白率5.3%，乳糖率4.6%，灰分率0.9%，干物质率17%。

3. 产毛绒性能

麦洼牦牛年剪毛1次，剪毛量（含绒毛）成年公牛为1.43±0.23kg，母牛为0.35±0.07kg。

4. 繁殖性能

麦洼牦牛公牛初配年龄为30月龄，6~9岁为配种旺盛期。母牛初配年龄为36月龄，发情季节为每年的6—9月份，7—8月份为发情旺季。发情周期为18.2±4.4d，发情持续期12~16h，妊娠期266±9d。

六、饲养管理

麦洼牦牛以放牧为主，饲养管理粗放。一般不补饲，但在冬、春季对体弱、妊娠母牛进行补饲，主要以干草和青贮饲料为主，少数有条件的补饲精饲料。

七、评价与展望

麦洼牦牛对高寒草甸草地及沼泽草地有良好的适应性，具有产奶量和乳脂含量高的优良特性。在今后的发展中应加强两项工作：一是应加强本品种选育，提高其肉、乳生产性能；二是注重品种整齐度，加大乳、肉畜产品开发与利用。

第十节 木里牦牛

木里牦牛属肉用型牦牛地方品种（图4-19，图4-20）。

图4-19 木里牦牛种公牛

图4-20 木里牦牛母牛

一、产区与分布

木里牦牛原产地为四川省凉山彝族自治州木里藏族自治县海拔2 800m以上的高寒草地。中心产区位于木里县东孜、沙湾、博窝、倮波、麦日、东朗、唐央等乡镇，在冕宁、西昌、美姑、普格等县均有分布。

二、产区自然及生态环境

木里县位于北纬27°40'~29°10'、东经100°03'~101°40'，地处凉山彝族自治州西北部、青藏高原边缘的横断山区。境内雅砻江、木里河及水洛河将全县由北向南切割成四大块，形成南低北高、高山峡谷的地势，海拔1 470~5 958m。全县森林覆盖约占总面积的70%，有天然草地3 578.2km^2，其中可利用草地面积为3 026.4km^2，另有林下草地1 836.5km^2。年平均气温11℃。年降水量818mm。木里县有典型的立体气候特征，光热条件好，草地植被较好，牧草种类较多，牧草有羊茅、莎草、早熟禾、珠芽蓼、委陵菜、尖叶龙胆等。

三、品种形成

木里牦牛是由羌人带着牦牛南下进入四川定居，经过长期自然选择和人工繁育形成的一个地方品种。

四、品种特性

1. 外貌特征

木里牦牛毛色多为黑色，部分为黑白相间的杂花色。鼻镜为黑褐色，眼睑、乳房为粉红色，蹄、角为黑褐色。被毛为长覆毛、有底绒，额部有长毛，前额有卷毛。公牛头大、额宽，母牛头小、狭长。耳小平伸，耳壳薄，耳端尖。公、母牛都有角，角形主要有小圆环角和龙门角2种。公牛颈粗、无垂肉，肩峰高耸而圆突；母牛颈薄，鬐甲低而薄。体躯较短，胸深宽。肋骨开张，背腰较平直，四肢粗短，蹄质结实。脐垂小，尻部短而斜。尾长至后管，尾稍大。

2. 体重体尺

平均成年公牛体重374.7±66.3kg，体高139.8±4.5cm，体斜长159.0±7.8cm，胸围206.0±10.5cm，管围20.0±0.8cm；成年母牛平均体重228.1±34.9kg，体高112±6.1cm，体斜长130.7±6.7cm，胸围157.3±9.1cm，管围18.8±1.7cm。

五、生产性能

1. 产肉性能

成年公牛屠宰率53.4%，净肉率45.6%，眼肌面积46.9cm^2，肉骨比4∶1；成年母牛屠宰率50.9%，净肉率40.7%，眼肌面积44.2cm^2，肉骨比4.5：1。

2. 产乳性能

木里牦牛泌乳期196d，年挤乳量300kg。

3. 产毛绒性能

木里牦牛平均产毛量0.5kg。

4. 繁殖性能

公牛性成熟年龄为24月龄，初配年龄为36月龄，利用年限6~8年。母牛性成熟年龄为18月龄，初配年龄为24~36月龄，利用年限13年。繁殖季节为7—10月，发情周期21d，妊娠期255d。犊牛成活率97%。

六、饲养管理

木里牦牛以自然放牧为主。管理粗放，大多数不补饲，少数补饲食盐或在冬季补饲一些干草。

七、评价与展望

木里牦牛具有抗寒和抗病力强、耐粗饲、抓膘能力强等优良特性，在今后的发展中，应坚持本品种选育，着重提高其产肉性能。

第十一节　斯布牦牛

斯布牦牛属肉乳兼用型地方品种（图4-21，图4-22），1995年被列入《中国家畜地方品种资源图谱》。

图4-21　斯布牦牛种公牛

图4-22　斯布牦牛母牛

一、产区与分布

斯布牦牛原产地为西藏自治区斯布地区，中心产区是距离墨竹贡嘎县20多公里的斯布山沟，东与贡布江达县为邻。

二、产区自然生态条件

斯布地处拉萨河流域，南靠山南地区，东邻贡布江达县，西连拉萨市区，北抵那曲地区嘉黎县界，属农牧过渡地带。草原类型属高山草甸草场，气候温暖、半湿润，年平均气温5.2~5.6℃，最高气温27.4℃，最低气温-18.9℃；年降雨量450~500mm，主要集中于6—11月份；相对湿度52%。牦牛终年放牧于斯布河谷周围，海拔高度3 789~4 200m。作物以青稞、冬小麦、春小麦、荞麦、蚕豆、油菜为主。

三、品种形成与变化

青藏高原是亚洲各地牦牛的驯养中心，根据藏、汉古代文献关于牦牛的记载，藏民族先民至少在4 000多年以前已驯化了野牦牛。雅鲁藏布江中游谷地哺育了灿烂的吐蕃文化，也是重要的牦牛再驯化中心。斯布牦牛是这一地域内形成的一个古老的地方良种。

“斯布”为地名，原系历代班禅额尔德尼的公有牧场，地处高山峡谷，山峻沟深，牧草繁密、草质优良，三四十年前频有野牦牛群出没，斯布牦牛正是在这种优良高山甸寒草场以及不断渗入野牦牛基因的背景下，经长期选育所形成的地方品种。

斯布牦牛历年来没有进行过精确的统计，一般按沟内两个牧场的牦牛来推算。1995年年底存栏约3 500多头。斯布牦牛近20年数量基本无增减，品质无明显变化，濒危等级处于无危状态。

四、品种特性

1. 外貌特征

斯布牦牛大部分个体毛色为黑色，个别白色。公牛角基部粗，角型向外、向上、角尖向后，角间距大；母牛角型相似于公牛，但较细；也有少数无角公牛和母牛，母牛面部清秀，嘴唇薄而灵活；眼有神，鬐甲微突，绝大部分个体背腰平直，腹大而不下垂；前躯发育良好，胸深宽，外型近似于矩形；蹄裂紧，但多数个体后躯股部发育欠佳。

2. 体重体尺

2001年对墨竹贡嘎县49头成年斯布牦牛进行体重、体尺测定，8头公牦牛平均体重204.4±54.7kg，体高122.0±10.5cm，体长121.8±9.7cm，胸围152.1±14.1cm，管围23.0±4.5cm；41头母牦牛平均体重172.9±87.0kg，体高105.3±4.2cm，体长

116.8±5.3cm，胸围145.8±5.7cm，管围17.1±2.8cm。

五、生产性能

1. 产肉性能

2001年10月份从牦牛产地斯布村购6头中等膘情牦牛（公3头、母3头），运回拉萨适应1周后进行了屠宰测定，公牛平均宰前体重254.7kg，胴体重114.1kg，屠宰率44.8%，净肉率34.8%，肉骨比3.5∶1，眼肌面积46cm^2，背膘厚0.8cm；母牦牛平均宰前体重205.9kg，胴体重101.3kg，屠宰率49.2%，净肉率40%，肉骨比4.4∶1，眼肌面积44.8cm^2，背膘厚1.2cm。

2. 产奶性能

斯布牦牛母牛泌乳期为6个月，挤乳量216kg。乳成分：乳脂率7.05%，乳蛋白率5.27%，乳糖含量3.48%，灰分含量0.89%，干物质含量16.68%。

3. 产毛性能

斯布牦牛的剪毛量0.63kg/头，产绒量0.2kg/头。如果管理得当，其产绒可以达到0.5kg/头以上。

4. 繁殖性能

斯布牦牛母牛一般3岁性成熟，4.5岁初配，但此时受胎率很低，公牦牛3.5岁开始配种。母牦牛一般7—9月份为发情期，发情持续期一般1~2d，发情周期一般14~18d。据统计，斯布牦牛的受胎率为61.8%，繁殖率为61.02%，成活率为75%。

六、饲养管理

斯布牦牛不分性别、年龄混群终年放牧。冬春牧归补饲食盐，除对弱牛及妊娠母牛进行补饲外，其余牛一般不补饲。

七、评价和展望

斯布牦牛是西藏牦牛的一个地方品种，今后应加强斯布牦牛的系统选育，着重提高其繁殖性能，提高群体质量。

第十二节　巴州牦牛

巴州牦牛属肉乳兼用型地方品种（图4-23，图4-24），1995年被列入《中国家畜地方品种资源图谱》。

图 4-23　巴州牦牛种公牛

图 4-24　巴州牦牛母牛

一、产区及分布

巴州牦牛中心产区位于新疆维吾尔自治区巴音郭楞蒙古族自治州和静县、和硕县的高山地带。以和静的巴音布鲁克、巴伦台地区为集中产区。

二、产区自然及生态条件

巴州牦牛产区位于新疆东南部，东经83°～93°56'，北纬36°11'～43°20'，天山屏障于北，阿尔金山绵亘在南，塔里木盆地的东半部袒露于两大山脉之间。草原辽阔，占全州总面积的1/5，约86 000km^2，适宜牦牛放牧的高寒草甸草原和高寒草场30 000km^2，具有发展牦牛产业的较大潜力。境内高山终年积雪，水源充沛。盆地平均海拔2 500m，四周高山环抱，年平均气温-4.5℃，1月份平均气温-26℃，年极端最低气温-48.1℃，7月份平均气温10.4℃，无绝对无霜期，冷季长达8个月。年平均降水278.8mm，积雪期长达150~180d。草原主要由针茅、狐茅和蒿等高寒草种构成，天然草原年产鲜草0.2~0.34kg/m^2。

三、品种形成

巴州牦牛是从西藏引进的，最初繁育在和静县，后逐步扩散到其他各县。据报道，约在1920年，住在和静县的蒙古土尔扈特部第27世汗王（名满楚克加布）的叔父森勒活佛到西藏拜佛，返回时购买西藏当地牦牛206头（其中公牦牛6头），在长途驱赶中损失30头，其余在和静县巴音部落（今巴音布鲁克区）饲牧繁育，经过巴州各族人民90多年的选育，形成了一个具有共同来源、体型外貌较为一致、遗传性能稳定、产肉性能良好、适应性强的牦牛类群。因主要分布于巴音郭楞蒙古族自治州而命名为巴州牦牛。

四、品种特性

1. 外貌特征

巴州牦牛被毛以黑、褐、灰色（又称青毛）为主，黑白花色少见，偶可见白色。体格大，偏肉用型，头较重而粗，额短宽，眼圆大，稍突出。额毛密长而卷曲，但不遮住双眼。鼻孔大，唇薄。角型有无角和有角2种类型，以有角者居多，角细长，向外、向上前方或后方张开，角轮明显。耳小稍垂，体躯长方，鬐甲高耸，前躯发育良好。胸深，腹大，背稍凹，后躯发育中等，尻略斜，尾短而毛密长，呈扫帚状。四肢粗短有力，关节圆大，蹄小而圆，质地坚实。全身披长毛，腹毛下垂呈裙状，不及地。

2. 体重体尺

测定21头成年公牛平均体重为260.0±95.6kg，体高117.8±9.1cm，体斜长127.6±13.8cm，胸围166.2±21.6cm，管围17.4±2.0cm；39头成年母牛平均体重为209.1±37.6kg，体高110.1±4.6cm，体斜长119.3±8.8cm，胸围156.8±10.0cm，管围16.6±1.0cm。

五、生产性能

1. 产肉性能

巴州牦牛经过多年的选育，体型偏向肉用型，具有较好的产肉性能。9头公牦牛宰前平均活重237.8kg，胴体重114.7kg，屠宰率48.3%，净肉率31.8%，肉骨比2：1；3头母牦牛宰前活重211.3kg，胴体重99.9kg，屠宰率47.3%，净肉率30.3%，肉骨比2：1。

2. 泌乳性能

巴州牦牛在巴音布鲁克草原全年放牧条件下，6—9月份挤乳，一般挤乳期为120d，每天早、晚各挤乳1次，平均日挤乳2.6kg，年挤乳量约300kg，其乳成分为：乳脂率4.6%，乳蛋白率5.36%，乳糖率4.62%，干物质率17.35%。

3. 产毛绒性能

巴州牦牛每年5—6月份剪毛和抓绒，年平均产毛1.5kg，平均产绒0.5kg。颈、鬐甲、肩部粗毛平均毛股长为18.7cm，肩部为21cm，尾毛为51.2cm。

4. 繁殖性能

巴州牦牛一般3岁开始配种，每年6—10月份为发情季节。上年空怀母牛发情较早，当年产犊的母牛发情推迟或不发情，膘情好的母牛多在产犊后3~4个月发情。发情持续期平均为32h（16~48h），发情率一般为58%（49%~69%），妊娠期平均为257d。公牛一般3岁开始配种，4~6岁为最强配种阶段，8岁后配种能力逐步减弱，3~4岁的公牛一个配种季自然交配可配15~20头母牛。巴州牦牛的繁殖成活率为57%。

5. 役用性能

巴州牦牛是牧区驮运和骑乘用畜，一般驮载70~80kg，可日行30~40km，短途驮盐，健壮阉牦牛可驮载200kg，日行25km，阉牦牛耕地双套每天可耕地2 000~2 600m^2。

六、饲养管理

由于受高山草原的自然环境、生产水平和科学养畜等条件的制约，巴州牦牛饲养模式以终年放牧为主，管理粗放，夏、秋季节草场牧草量多质优，牦牛肥硕健壮，冬、春季牧草量少质劣，不能满足牦牛的营养需求，从而动用体内储存的营养物质维持生命，牛只乏弱，导致个别牛只在春季死亡。近年来开展冬季补饲后情况有所好转，但是牦牛的总体规模和生产水平仍然难以满足现代化、专业化、标准化发展的要求。

七、评价和展望

巴州牦牛是对当地生态环境条件具有较好适应能力的地方品种，但由于其饲养管理粗放，生产性能低，性成熟晚，近亲繁殖严重，品种改良工作进展缓慢，制约了其遗传潜力的发挥，直接影响当地牦牛产业的发展。今后应在和静、和硕县选择相关牧场、养殖大户、示范户，集中人力、物力，建立相对集中的良种繁育基地，有计划地进行本品种选育，同时加大巴州牦牛科研力度，以牦牛科研为先导，将传统育种方法和现代育种技术相结合，运用现代生物技术，开展巴州牦牛的遗传改良，适时引入外地良种牦牛，提高其生产性能和综合品质，促进巴州牦牛业的可持续发展。

第十三节　金川牦牛

金川牦牛（民间称多肋牦牛或热它牦牛），属肉用型牦牛资源（图4-25，图4-26）。

图4-25　金川牦牛种公牛

图4-26　金川牦牛母牛

一、产区与分布

金川牦牛产区位于青藏高原东南部沿四川省阿坝州金川县境内海拔3 500m以上的高山草甸牧场。中心产区为毛日、阿科里乡，分布区为太阳河、俄热、二嘎里、撒瓦脚、卡拉足等乡镇。

二、产区自然及生态环境

金川牦牛产区位于青藏高原东南缘，横断山脉大雪山北段，大渡河上游大金川河及杜柯河流域高山峡谷区林线以上的高原，东经101°13'~102°29'，北纬31°08'~31°58'，海拔3 500m以上。属高原季风气候，气候寒冷、湿润，无绝对无霜期，年平均气温0℃，极端最高温25℃，极端最低温-32.5℃，昼夜温差大，日照时数1 800~2 100 h，年降雨量750~988mm，雨热同季。该地区仅有冷、暖季之分，暖季气候有利于植被生长，生长期150d。草地类型具多样性和复杂性，植物种类繁多，十分丰富，牧草有禾本科、莎草科、菊科、豆科、蓼科等38科，175属，357种，可食牧草占60%以上。

三、品种形成

金川县档案资料记载1958年热它地区有80户牧民，存栏牦牛6 000余头。1989年出版的《金川县农业资源调查和规划报告集》对该牦牛资源进行了阐述："我县牦牛在周边地区享有盛名，公牦牛雄壮威武，精神抖擞的体型外貌和高大结实紧凑的体型给人喜爱而不敢轻易接近的感觉。母牦牛头部清秀，胸深而阔，腹部臌大，骨盆较宽，乳房显著，性情温和，易于接近。多肋阉牦牛屠宰率和膘厚都优于其他牦牛。"

四、品种特性

1. 外貌特征

金川牦牛被毛细卷，基础毛色为黑色，头、胸、背、四肢、尾部白色花斑个体占52%，前胸、体侧及尾部着生长毛，尾毛呈帚状，白色较多。体躯较长、呈矩形；公、母牛有角，呈黑色；鬐甲较高，颈肩结合良好；前胸发达，胸深，肋开张；背腰平直，腹大不下垂；后躯丰满、肌肉发达，尻部较宽、平；四肢较短而粗壮，蹄质结实。公牦牛头部粗重，体型高大，雄壮彪悍；母牦牛头部清秀，后躯发达，骨盆较宽，乳房丰满，性情温和。

2. 体尺体重

15对肋骨的金川牦牛4.5岁公牛平均体重为422.97±67.19kg，母牛为262.17±27.26kg；14对肋骨的金川牦牛4.5岁公牛平均体重为374.48±56.77kg，母牛为235.90±23.60kg。

五、生产性能

1. 产肉性能

金川牦牛15对肋骨的成年公牛屠宰率53.64%，净肉率42.00%，眼肌面积60.61cm^2，14对肋骨的成年公牛屠宰率51.21%，净肉率40.08%，眼肌面积57.36cm^2，肉骨比3.3∶1。

2. 产乳性能

在自然放牧条件下，每日早上挤乳1次，6—10月份150d挤乳量经产牛为190~250kg。鲜乳中含干物质16.0%，乳蛋白质3.5%~4%，乳糖5.2%~5.6%，乳脂率5%~7%。

3. 繁殖性能

金川牦牛母牛性成熟早，公牦牛初配年龄为3.5岁，5~10岁为繁殖旺盛期。母牦牛初配年龄为2.5岁。发情季节为每年的6—9月份，7—8月份为发情旺季，发情周期为19~22d，发情持续期为48~72h。80%以上的母牦牛1年1胎，繁殖成活率85%~90%。

六、饲养管理

金川牦牛以全放牧饲养为主。冷季收牧后对妊娠母牛、犊牛补饲青干草。对3岁初产母牛进行补饲，并减少挤奶量，以保障第二年发情配种。

七、评价与展望

金川牦牛具有产肉和产奶量高、繁殖性能强、抗逆性强、遗传稳定等生产特性和生物学特性，其多肋特性能遗传给后代，应进一步选育扩繁，增加群体中多肋个体比例，提高群体产肉性能和产乳性能。通过对多肋个体引种适应性和杂交效果的研究，为金川牦牛改良其他牦牛提供理论参考。

第十四节　昌台牦牛

昌台牦牛属肉、乳、役兼用型的遗传资源（图4-27，图4-28），2018年中华人民共和国农业部第2637号公告通过列入国家级畜禽品种遗传资源目录。

一、产区与分布

昌台牦牛中心产区位于四川省甘孜藏族自治州白玉县的纳塔乡、阿察乡、安孜乡、辽西乡、麻邛乡及昌台种畜场。主产区分布在白玉县除中心产区的其余乡镇，德格县，甘孜县的南多乡、生康乡、卡攻乡、来马乡、仁果乡，新龙县的银多乡和理塘县、巴塘县的部分乡镇。2016年昌台牦牛存栏46.45万头，其中种公牛0.87万头，能繁母牛19.24万头，

图4-27　昌台牦牛种公牛

图4-28　昌台牦牛母牛

后备母牛3.56万头。

二、产区自然及生态环境

中心产区白玉县位于青藏高原东南缘，四川省西北部，地理坐标东经98° 36′~99° 56′，北纬30° 22′~31° 40′，境内平均海拔3 800m以上。全县属大陆性高原寒带季风气候，年平均气温为7.7℃，最高气温28℃，最低气温-30℃，年降水量725mm，相对湿度52%，年日照2 133.6h，日照率60%。白玉县属纯牧区，境内可利用草原面积875.2万亩，生长的牧草种类繁多，包括禾本科、莎草科、豆科等40多种牧草。

三、品种形成

根据《甘孜州畜种资源调查》等文献记载，昌台牦牛是由野牦牛逐步驯化而成。《白玉县志》和《德格县志》记载，东汉时期四川雅砻江以西的白玉县等地区大量饲养牦牛。元代时期，昌台牦牛在新龙、理塘、白玉、德格、甘孜等地区远近闻名。新中国成立后，政府在白玉县建立了昌台种畜场，并成立了牦牛生产队从事昌台牦牛的繁育工作。

四、品种特性

1. 外貌特征

昌台牦牛的被毛为黑色，部分个体为青灰色或头、四肢、尾、胸和背部有白色斑点。前胸、体侧及尾部有长毛。90%的个体有角，头大小适中，额宽平，颈细长，胸深，体窄，背腰略凹陷，腹稍大而下垂，胸腹线呈弧形，近似长方形。公牦牛头粗短，角根粗大，向两侧平伸而向上，角尖略向后、向内弯曲；眼大有神，鬐甲高而丰满，体躯略前高后低。母牦牛面部清秀，角较细而尖，角型一致；颈较薄，鬐甲较低而单薄；后躯发育较好，胸深，肋开张，尻部较窄略斜；体躯较长，四肢短，蹄小，蹄质坚实，尾毛帚状。

2. 体重体尺

据毛进彬等的测定结果，昌台牦牛公牛初生重为12.44±2.53kg，母牛初生重为11.67±1.57kg；6.5岁公牛体重为379.03±51.1kg，体高为125.63±7.54cm，体斜长为156.07±10.93cm，胸围为188.33±14.59cm，管围为20.73±1.89cm；6.5岁成年母牛体重为260.86±40.3kg，体高为111.39±3.42cm，体斜长为135.14±9.86cm，胸围为168.71±9.84cm，管围为16.46±1.29cm。

五、生产性能

1. 产肉性能

据甘孜州畜牧站和四川省草原科学研究院的测定结果，4.5岁公牦牛宰前活重为232.04±34.92kg，胴体重为109.60±18.02kg，净肉重为79.08±11.85kg，屠宰率为47.19±1.34%，净肉率为34.10±1.19%，胴体产肉率为72.28±1.51%，骨肉比为1∶3.46；6.5岁母牦牛宰前重为266.83±3.21kg，胴体重为125.67±1.76kg，净肉重为100.83±1.44kg，屠宰率为49.34±0.37%，净肉率为37.66±0.9%，胴体产肉率为80.24±0.50%，骨肉比为1∶4.03。

2. 产乳性能

昌台牦牛经产母牛（2~3胎次）6—10月份挤乳量为182.53kg。每年8月份挤乳量最高，10月份最低。乳中脂肪、乳糖、蛋白质含量随月份不断上升。

3. 产毛绒性能

昌台牦牛在每年6月初进行一次性剪毛，部分地区亦有先抓绒后剪毛者。3~7岁昌台牦牛平均产毛（绒）量为1.46kg。

4. 繁殖性能

昌台牦牛公牦牛的初配年龄为3.5岁，6~9岁为配种盛期，以自然交配为主。母牦牛为季节性发情，发情季节为每年的7—9月份，发情周期为18.2±4.4d，发情持续时间12~72h，妊娠期为255±5d，母牛利用年限为10~12年，一般为3年2胎，繁殖成活率为45.02%。

六、饲养管理

昌台牦牛主要以定居和游牧相结合的放牧方式，每年11月份至翌年6月份在海拔3 500~4 500m的冬春季草地上定居放牧，每年6—10月份在海拔4 500~6 000m的夏秋草场放牧。冷季夜间对犊牛及虚弱牛利用暖棚饲养，并用少量青干草进行补饲。母牛产犊后15~45d之内不挤奶，犊牛与母牛在一起放牧，随时哺乳，之后进行挤奶至干奶期，7—9月份早、晚各挤奶1次，其他月份只在早晨挤奶1次，每年6月份进行疫苗注射，并按时驱虫。9—10月份为出栏最佳时期。

七、评价与展望

昌台牦牛产肉和产奶性能良好、抗病力强、役用力强、耐粗饲，是我国高原牧区宝贵的畜种遗传资源。昌台牦牛肉、乳产品品质较好，肉中蛋白质含量高，脂肪含量低，脂肪酸种类丰富氨基酸含量较高，肌肉嫩度小；乳成分中乳脂率及乳蛋白质含量高。今后产区应加强标准化选育，坚持“肉乳兼用”的选育方向进行选育，进一步提高昌台牦牛的产肉和产奶性能。

第十五节　环湖牦牛

青海环湖牦牛属肉乳兼用型地方品种（图4-29，图4-30），2018年中华人民共和国农业部第2637号公告通过列入国家级畜禽品种遗传资源目录。

图4-29　环湖牦牛种公牛

图4-30　环湖牦牛母牛

一、产区与分布

青海环湖牦牛主要分布在青海省海北州、海南州、海西州境内的半干旱草原草场和草甸草场。中心产区为海北州海晏县、刚察县，海南州贵南县、共和县、同德县。2016年末环湖牦牛中心产区共存栏环湖牦牛76.85万头，其中能繁母牛41.88万头，已登记核心群基础母牛17 643头，种公牛1 067头。

二、产区自然及生态环境

主产区位于北纬34°39'~39°12'，东经96°49'~101°48'。地处祁连山与阿尼玛卿山之间的广阔地带，中部由青海湖盆地、共和盆地和同（德）兴（海）盆地组成。平均海拔3 200m，包括海南州共和、贵南、同德、兴海县，海北州祁连、海晏、刚察县和海西州天峻县。区域内自然地理总特点是南北高山对峙，青海湖位于其中，北有祁连山，南面有鄂拉山。地貌多样，高山、丘陵、盆地、台地、河谷、沙漠、湖泊错综分布。主产区属高原干旱气候，春季干旱多风、夏季凉爽、秋季短暂、冬季漫长。年均气温一般在0~4℃，全年多大风，太阳辐射强烈，年日照时数2 900h左右。平均降水为200~400mm，平均无霜期为40d左右，年平均蒸发量1 473mm。环湖地区可利用草场主要为半干旱草原草场，平均亩产鲜草在130~180kg。禾本科牧草多，豆科牧草少，常形成以针茅属或以芨芨草为主的草场，并有羊茅、赖草、苔草、早熟禾伴生，豆科牧草仅有少量分布，牧草繁茂。

三、品种形成

环湖牦牛是青海牦牛中固有的一支，环湖牦牛与民族形成、演变、迁移相关。根据《中国牦牛杂志》《青海省志》《考古杂志》等有关资料推断，环湖牦牛是在距今万年前后由于青藏高原藏族前身羌族、吐蕃族将野牦牛驯化，随民族变迁，从我国西南地区、西藏移向青海省东南部和环湖周围。环湖牦牛的形成，除受产区生态条件的影响外，也不排除公元310年北方蒙古族进入这一产区而继续驯化昆仑山、祁连山山系中野牦牛，从而与迁入的蒙古黄牛长期杂交，不同程度的导入了黄牛血液有关，并在外貌、生产性能方面与青海境内其他类型牦牛有一定差异。

四、品种特性

1. 外貌特征

环湖牦牛被毛主要为黑色，部分个体为黄褐色或带有白斑；体侧下部周围和体上线密生粗长毛夹生少量绒毛、两型毛，体侧中部和颈部密生绒毛和少量两型毛。体型紧凑，体躯健壮，头部大小适中、近似楔形，眼大而圆，眼球略外凸，有神。鼻梁窄唇薄灵活，耳小。部分无角，有角者角细尖，弧度较小。鬐甲较低，胸深长，四肢粗短，蹄质结实。公牦牛头型短宽，颈短厚且深，肩峰较小，尻短；母牦牛头型长窄，略有肩峰，背腰微凹，后躯发育较好，四肢相对较短，乳房小呈浅碗状，乳头短小。

2. 体重体尺

据青海省畜牧科学院畜禽遗传资源调查小组对11头公牛和101头母牛的测定，环湖牦牛成年公牛体重273.13±45.16kg，体高119.18±7.90cm，体斜长132.64±5.68cm，胸围171.82±10.63cm，管围19.12±1.60cm；环湖牦牛成年母牛体重194.21±44.26kg，体高110.27±6.75cm，体斜长121.1±10.46cm，胸围150.15±11.46cm，管围16.16±1.51cm。

五、生产性能

1. 产肉性能

据青海省畜牧科学院畜禽遗传资源调查小组的测定，环湖牦牛成年公牛宰前体重276.68±14.32kg，胴体重145.92±9.7kg，屠宰率52.71%，肉骨比2.93：1；成年母牛宰前体重202.50±18.70kg，胴体重97.48±14.18kg，屠宰率48.14%，肉骨比4.25：1。

2. 产乳性能

经测定日挤1次153d泌乳量，初产牛平均产奶104kg，日均挤奶0.68kg；经产牛平均产奶192.13kg，日均挤奶1.26kg。

3. 产毛绒性能

环湖牦牛3岁以前粗毛、绒毛各占一半，4岁以后粗毛偏多，每头平均产绒1.73kg，绒毛细度随着年龄增长而逐渐变粗。据青海省畜牧兽医科学院调查组测定，公牦牛粗毛长8.01cm，绒毛长4.08cm，绒毛细度24.54μm，绒毛比4.14：1；母牦牛粗毛长11.72±3.09cm，绒毛长4.66±1.21cm，绒毛细度20.93±4.77μm，绒毛比1.13：1。

4. 繁殖性能

环湖牦牛公牛初配年龄一般为3~4岁，公、母配种比例为1：15~20，利用年限10年左右。环湖牦牛母牛初配年龄一般为2~3岁，成年母牛多2年1产，使用年限15年以上。发情周期平均为21.3d，发情持续期平均为41.6~51h，发情终止后3~36h排卵，妊娠期平均256.8d。

六、饲养管理

环湖牦牛终年放牧，饲养管理粗放。暖季到夏秋草场放牧抓膘，冷季转入冬春草场。长期以来在冷季基本不补饲，部分在冷季补饲少量青稞、燕麦草，补饲精饲料较少。

七、评价与展望

环湖牦牛是青海环湖地区独特的自然环境与生产条件下，经自然驯化和当地牧民群众长期选择而形成的的特有畜种，抗逆性强，极耐粗饲，遗传稳定，生产特性和生物学特性独特，所产肉、乳、皮毛等品质好，是青海环湖地区牧民重要的生产、生活资料，也是高寒牧区牦牛新品种培育的重要基础资源，科研和生产利用价值高。今后应加快环湖牦牛产品加工、研发等力度，促进环湖牦牛产业发展，建立和打造环湖牦牛品牌。并根据生产需要，利用环湖牦牛进行犏牛生产，加强对环湖牦牛生物学特性和遗传性能等的研究，为牦牛新品种培育奠定基础。

第十六节 雪多牦牛

雪多牦牛属肉用型牦牛（图4-31，图4-32），2018年经中华人民共和国农业部第2637号公告通过列入国家级畜禽品种遗传资源目录。

图4-31 雪多牦牛种公牛

图4-32 雪多牦牛母牛

一、产区及分布

雪多牦牛主要分布于青海省黄南州河南县境内，中心产区位于河南县赛尔龙乡兰龙村。2017年初中心产区存栏雪多牦牛10 773头，其中能繁母牛6 033头，核心群母牛1 912头，种公牛802头。

二、产区自然及生态环境

青海省黄南州河南蒙古族自治县位于青藏高原东部，青海省的东南部。河南县海拔高、地势复杂、受季风影响，高原大陆性气候特点明显。每年5—10月份温暖多雨，11月份至翌年4月份寒冷干燥、多大风天气。四季不分明，无绝对无霜期。年均气温9.2~14.6℃，年降水量597.1~615.5mm。平均年蒸发量为1 349.7mm。常年风向西北风，年平均风速2.6m/s。年均积雪55.3d。年平均气压67.2kpa。境内河流丰富，水量充沛，水质好。河南县草场资源丰富，优质草场面积大，以山地草甸和高寒草甸为主。

三、品种形成

雪多牦牛是由青海省河南县境内的野牦牛经长期的自然选择和人工驯化培育而逐渐形成的。“雪多”一词源自蒙古语，是河南县赛尔龙乡的一个地名，意为“沼泽多”。雪多牦牛最早被当地牧民群众称为“黑帐篷黑牦牛”，随着省内及甘肃、新疆等地牛贩的频繁来往，常以牦牛生活的地名来称呼和区别各地牦牛，“雪多牦牛”的名称即由此出现并一直沿用至今。

四、品种特征

1. 体貌特征

雪多牦牛被毛多为黑褐色，黄褐色、青色、青花色者不超过群体的2%~3%，白色极少。鬐甲处多为褐红色，极少数呈灰白色或污白色，部分牛眼、唇及鼻下短毛呈灰白色或污白色。体型深长、骨粗壮、体质结实。头较粗重而长，额宽而短，鼻梁窄而微凹，躯体发育良好，侧视呈长方形。眼睛圆而有神，眼眶大、眼珠略外凸，嘴唇宽厚，耳小而短。公牛角基较粗，角粗圆且长，角间距宽，呈双弧环扣不密闭圆形，少数角尖后张，呈对称开张形。母牛角细，部分无角，无角牛颅顶隆突。前肢粗短端正，后肢多呈弓状，筋腱坚韧，肢势较正。蹄圆而坚实，蹄缝紧合，蹄周具有马掌形锐利角质，两悬蹄较分开。公牦牛睾丸偏小而紧贴腹壁。母牦牛乳房小，乳静脉深而不显，乳头短小且发育匀称。

2. 体重体尺

据青海省畜牧总站、河南县畜牧兽医站2011—2016年测定。雪多牦牛成年公、母牦牛平均体高为130.1±9.9cm和115.4±6.8cm，体斜长为138.9±10.7cm和135.3±3.9cm，胸围为194.4±19.3cm和174.9±11.5cm，管围为22.0±1.1cm和17.3±1.3cm。成年公牦牛体重为375.6±83.8kg，成年母牛体重为296.7±20.8kg。

五、生产性能

1. 产肉性能

雪多牦牛4~5岁公牦牛平均屠宰率为52.3%；母牦牛平均屠宰率为49.8%（表4-1）。

2. 产乳性能

2014年河南县畜牧兽医站对4头初产、7头经产牦牛进行了挤奶量测定。初产牛全期挤奶123kg，日均挤奶0.82kg；经产牛全期挤奶195kg，日均挤奶1.3kg。

3. 产毛绒性能

2011年河南县畜牧兽医站对雪多牦牛绒毛产量进行了测定，成年公牛平均产绒毛1.64kg，去势公牛1.08kg，成年母牛0.95kg。

4. 繁殖性能

雪多牦牛公牛2.5~3.5岁开始配种，初配至6岁为配种旺盛期。公牛自然本交15~20头

表4-1　雪多牦牛成年公牛、母牛屠宰测定结果

性别	数量（头）	活重（kg）	胴体重（kg）	屠宰率（%）
公	4	250.1±14.3	130.7±9.7	52.3
母	4	216.8±18.7	108.2±14.1	49.8

注：2013年11月青海省畜牧总站测定数据

母牛，受胎率最高，使用年限10年左右。母牦牛一般3.5岁初配，多为2年1产。产犊季节在4—6月份，4—5月份为产犊旺季。上年空怀母牛发情较早，当年产犊的母牛发情推迟或不发情，膘情好的母牛多在产犊后3~4个月发情。发情周期个体间差异较大，平均为21d。发情持续期因年龄、个体不同而有差异，妊娠期平均256d。

六、饲养管理

雪多牦牛饲养以天然草场放牧为主，进行冷暖两季轮牧。夏秋季日放牧时间10h，冬春季7~8h。一般6—9月份为放牧抓膘和配种时间。犊牛出生1~2周后就开始采食牧草，但采食时间较短，卧息时间长。每年4—6月份为集中产犊期，无棚圈设施的，夜间在犊牛体躯裹以旧帐篷或毡片，以防感冒，不远牧。长期以来，当地牧民仅对体弱、瘦小的个体在冷季补饲少量青稞、燕麦草等，其余个体不补饲。近年来随着牧区畜用暖棚等基础设施建设项目的实施，牦牛高效养殖和牦牛本品种选育技术的推广，牧民饲养管理观念逐步转变，养殖技术进一步提高，冷季补饲技术的应用逐步普及，妊娠母牛、种公牛补饲料和犊牛代乳料等的应用也逐渐增多，但舍饲牦牛的规模和生产水平仍然有待提高。

七、评价和展望

雪多牦牛因个体大、产肉性能好、肉品质佳、极耐粗饲、抵抗力强等优点而深受当地牧民喜爱，经当地群众长期培育，其体形外貌特征和遗传特性得到了较好的保留和提高，成为青海省高海拔地区牦牛类群中极具特色的一支，是青海发展肉牛、犏牛养殖的优良种源，在高原绿色生态养殖业和特色畜产品产业的发展中具有重要作用，推广应用前景较好。但由于雪多牦牛一直以来都被划分为青海高原牦牛，遗传资源保护相对滞后，生产潜力未得到充分的开发利用，今后应加强本品种选育，进一步提高其生产性能，同时加大雪多牦牛良种推广力度，提升综合开发利用水平。

第十七节　类乌齐牦牛

类乌齐牦牛属兼用型牦牛遗传资源（图4-33，图4-34），2018年中华人民共和国农业部第2637号公告通过列入国家级畜禽品种遗传资源目录。

一、产区与分布

类乌齐牦牛在西藏自治区昌都市类乌齐县2镇8乡均有分布，其分布区域集中、地域相对封闭，其中类乌齐镇、卡玛多乡、长毛岭乡和吉多乡的牦牛数量较多，分别占类乌齐牦牛

图 4-33　类乌齐牦牛种公牛

图 4-34　类乌齐牦牛母牛

总数的13.83%、12.48%、17.34%和15.07%，为类乌齐牦牛的主要产区。2015年类乌齐牦牛存栏21.67万头。

二、产区自然及生态环境

类乌齐县地势从西北向东南倾斜，呈不规则下降；气候属高原温带半湿润、半干旱类型，随海拔升高和纬度的变化，依次为山地暖温带、高原温带、高原寒温带等气候类型，属大陆性季风高原型气候。平均海拔在4 500m左右。按形态和相对切割深度可分为高山峡谷地貌和高原湖盆地貌。气温由西北向东南随海拔递减。一年中，月、旬平均气温变幅较大，日平均气温在0℃以上的持续期为250d左右，在5℃以上的持续期在120d左右。年平均日照2 183.7h，平均日照时数最多月是11月份，达208.1h，最少月是9月份，为151.3h。县内历年地面平均温度6℃，比气温高3.6℃。降水集中在夏季半年（5—9月份），平均773mm，多年平均干季（10月份至翌年4月份）降水量为101.9mm。年平均蒸发量为132.74mm。平均相对湿度59%。年平均有霜期为313.3d，相对无霜期在46~52d，年平均无霜期为51.7d。降雪日数在30d左右，年平均降雪量在80~160mm之间，积雪日数为50d左右，最大积雪深度在15cm。植被类型分为干热河谷有刺灌丛植被、真阔叶混交林植被、暗针叶林植被、亚高山草甸与灌丛草甸植被、草甸与灌丛草甸植被、高山稀疏垫状植被、湿生草甸植被等。

三、品种形成

类乌齐境域内饲养牦牛具有悠久的历史，据考古研究证明，在第四世纪全球冰川蔓延时期，牦牛的祖先原始牦牛曾栖居和迁徙至青藏高原，并进化成牦牛而定居。到了殷商时代，中国的象形文字中已有牦牛的记载，说明此时已有牦牛的饲养，而且分布地区也较为广阔。到秦汉时代，类乌齐牦牛的饲养有了一定规模。

四、品种特性

1. 外貌特征

类乌齐牦牛体格健壮，其头部近似楔形，嘴筒稍长，面向前凸，眼大有神，肩长，背腰稍平，前胸开阔发达，四肢粗短。身毛绒密布，下腹着裙毛，尾毛丛生如帚，毛色不一，但以黑色居多。类乌齐公牦牛头型短宽，耳型平伸，耳壳厚，耳端钝，一般都有角，角形为小圆环，肩峰较小，无颈垂、胸垂及脐垂，尻形短，尾帚大，尾长达跗关节。基础毛色为黑色，少部分有白斑等，为黛毛，无季节性黑斑。鼻镜为黑褐色，部分为粉色，角色为黑褐纹，蹄色为黑褐色。被毛为长覆毛，有底绒，额部一般无长毛，少部分有长毛，无局部卷毛。

2. 体重体尺

类乌齐牦牛成年母牦牛体重、体高、体斜长、胸围及管围分别为243.56±51.02kg、105.70±6.67cm、127.96±10.03cm、156.10±11.96cm和15.01±1.87cm；成年公牦牛体重、体高、体斜长、胸围及管围分别为318.27±110.96kg、115.08±12.48cm、135.54±16.62cm、171.67±23.96cm和16.71±3.24cm。

五、生产性能

1. 产肉性能

类乌齐牦牛屠宰率公、母牛分别为51.67%和48.53%，净肉率分别为42.54%和42.73%，骨肉比分别为1∶4.67和1∶7.36。产肉性能如表4-2所示。

表4-2　类乌齐牦牛产肉性能

性别	宰前重（kg）	胴体重（kg）	净肉重（kg）	屠宰率（%）	净肉率（%）	胴体产肉率（%）	骨肉比
公	343.90	177.70	146.30	51.67	42.54	82.33	1∶4.67
母	197.40	95.80	84.34	48.53	42.73	88.04	1∶7.36

2. 产奶性能

产奶期主要集中在青草季节的5—10月份，当年产犊母牛全年平均产奶250kg，乳脂率6.96%；上年产犊母牛全年平均产奶130kg，乳脂率7.5%。一般上年产犊母牛每年留1/4奶量饲喂犊牛，当年产犊母牛每头每年平均可生产酥油和奶渣各24kg，上年产犊母牛每头每年平均可生产酥油14kg。

3. 产毛绒性能

成年公牛每头年均产毛绒1.4kg，其中毛0.86kg、绒0.54kg；成年母牛每头年均产毛绒0.88kg，其中毛0.48kg、绒0.4kg。

4. 繁殖性能

类乌齐牦牛一般4岁开始配种，可持续到15~16岁。种公牛和母牛的比例一般为1∶13，每年8—9月份发情配种期。母牛一般发情周期为21d，发情持续时间为24~26h，妊娠期270~280d，翌年5—6月份为产犊盛期。成年母牛一般2年1产，每年1产的比例不高，占适龄母牛的15%~20%。当年牛犊成活率为85%，繁殖成活率为45%。繁殖情况与母牛膘情成正比，也与草地载畜利用程度和年度牧草产量有较大关系。

5. 役用性能

经过训练后的牦牛具有役用性能，公牦牛采用抬杠法每天可耕地（8寸步犁）2~3亩，一般能连续耕地半个月，一头驮牛可负重60kg，日行25km，可连续驮运半个月。

六、饲养管理

类乌齐牦牛饲养方式以天然放牧为主，一般母牛群均在公路线交通比较方便的地区放牧，小母牛群和公牛群在比较边远的地方放牧。在草场的使用上，春末至夏天多在交通沿线、河岸两侧的平坦草地放牧，以利于抓膘。6月份以后，沼泽地蚊蝇活跃，肝片吸虫孳生，母牛多选择沼泽少的较干燥的地方放牧，公牛群和小牛群多选择在山脚下或半山坡放牧。7—8月份牧草生长旺盛，营养丰富，有利于脂肪囤积。在管理上也十分简单，春、夏季节放牧员跟群放牧，早出晚归，牛群没有棚圈，晚上远牧群将牛赶进山洼或水湾，将牛犊栓系以控制牛群的游动，以防丢失。冬末天气寒冷，时有风雪侵袭，牛群出牧比较晚，天黑前收牧。母牛在整个冬季多在温暖向阳的地方放牧，有固定的棚圈，牛圈用石砌或用泥筑成，一般有顶棚，整个冬季畜群搬动不大，生活比较固定。

七、评价与展望

结合西藏自治区牦牛产业发展规划及地方特色产业，类乌齐县2006年建立了类乌齐牦牛保种选育与扩繁基地，2007年建立了类乌齐牦牛肥育基地。类乌齐县政府先后出台了类政发[2015]34号《类乌齐县人民政府关于划定类乌齐牦牛肉地理标志产品保护范围请示》和类政发[2015]39号《西藏类乌齐县人民政府关于实施类乌齐牦牛肉生产技术规范的通知》。从长远看，利用现代生物学技术长期保存类乌齐牦牛遗传资源的前景是极为广阔的，在保存最优良和具有巨大潜在育种价值的遗传资源的同时，也避免遗传资源的消失。类乌齐牦牛是肉役兼用型原始品种，其肉品质好、口感好，而且是无污染的绿色食品，符合高蛋白、低脂肪的现代人健康饮食要求。在保护与利用方面应寻求平衡点，进行合理开发利用。

第五章　大通牦牛的培育

第一节　培育的历史背景和人文条件

牦牛作为牛属中的一个独特牛种，终年放牧，有极强的适应性。它能为人们提供奶、肉、毛、绒、皮革、役力、燃料等生产、生活必需品，是高寒地区畜牧业经济中宝贵的遗传资源，具有不可替代的生态、社会及经济地位。由于自然、经济、社会及科学文化等因素的限制，与其他肉牛培育品种相比，牦牛自然放牧，人工干预相对较少，本品种选育缺乏力度，培育程度低，生产性能低，生产方式传统，经营方式落后，饲养管理粗放，经过长期的累积作用，导致了明显的退化，各项生产性能都比20世纪50年代下降了15%~24%，抗逆性及生活力降低，亟待培育新品种以提高个体生产水平。

长久以来，国内外对牦牛品种改良收效甚微。国内自20世纪50年代起曾引入多个优良普通牛品种（荷斯坦、安格斯、海福特、西门塔尔、利木赞等）的冷冻精液，与高原牦牛进行杂交试验并取得成功，解决了直接引进良种公牛在高原适应上困难，在牦牛杂交改良上，取得了历史性的技术突破，加快了牦牛杂交改良的速度。利用荷斯坦牛和娟珊牛改良牦牛产奶性能也取得显著效果。所以充分利用牦牛种间杂交优势，可大幅度提高乳肉生产性能，进而提高其产品商品率的方法是可行的，其经济效益也是十分显著。但由于牦牛与普通牛的杂交后代雄性不育，种间杂交改良牦牛所获的优良性状和生产性能不能通过横交固定自群繁育的方式稳定遗传，只能作为经济杂交用于商品生产，限制了进一步的利用。

经中国农业科学院兰州畜牧与兽药研究所的科研工作者科学考察发现：野牦牛是我国现存的珍贵野生牛种之一，也是青藏高原特有遗传资源，它分布于海拔4 500~6 000m的广阔高山干旱草原、高山草甸草原及高山荒漠草原。野牦牛从体型外貌上看为自然选择高原肉用牛体型，公牛体态剽悍，体躯高大硕壮，体格发育良好，体高达1.8~2m，体长2.5m，体重800~1 200kg（成年家牦牛公牛体重为300~400kg）。野牦牛长期处于比家牦牛更严酷的环境条件中，逆境选择的选择强度大于家牦牛，因此对青藏高原严酷的自然生境具有极强的适应性，其遗传结构也在适应这种环境变化过程中得以充分表现，使逆境选择具备育种学意义。

为遏制牦牛的退化和解决草畜矛盾日益突出的问题，牦牛业已不能走扩张数量求发展的老路，而是要提高个体生产性能和品种良种化程度，向质量效益型转变来满足社会需求。在这一背景条件下，中国农业科学院兰州畜牧与兽药研究所三代科研人员会同青海省大通种牛场科研、生产人员，密切结合青藏高原高寒牧区牦牛生存的自然与社会经济情况以及家牦牛生产性能退化严重等阻碍畜牧业发展的迫切问题，开展联合攻关。自1982年起，在农业部“六五”重点项目“牦牛选育和改良利用研究”、“七五”重点项目“肉乳兼用牦牛新品种培育研究”、“八五”重点项目“牦牛新品种培育及其产肉生产系统综合配套技术研究”、中国农业科学院重点项目“牦牛新品种培育”、中德农业科技合作研究项目“牦牛遗传资源利用”（1995—2002年度计划）、农业部“丰收计划”、“牦牛复壮新技术的推广利用”、国家科技基础工作专项项目“中国野牦牛种群动态调查及种质资源库建设”等8个项目资助下，经过25年艰苦不懈的努力，联合攻关，解决了在低投入的青藏高原畜牧业粗放生产管理系统中如何有效提高牦牛生产效能和保持牦牛特有的遗传性能这一难题。

课题组将生活于高山寒漠地区凶悍的野牦牛遗传资源用于现代育种，以野牦牛为父本，家牦牛为母本，以野外人工授精技术等繁殖生物新技术，在海拔4 000m的高寒牧区生产含1/2野牦牛基因的F_1代，通过系统选择，提高种公牛选育强度和种子母牛利用强度，扩大选择基础，加速核心群组建。横交一代牛经严格选择与淘汰，选择理想型个体组成育种核心群，横交固定；闭锁繁育产生的理想型二世代牛进行纯繁与扩群，并对二世代牛的生长发育速度、产肉性能、泌乳特性、产毛绒性能及相关遗传特性的研究。在育种过程中，还从细胞和分子水平，探讨野牦牛育种价值，开展生产性状在育种过程中的表型和遗传变化的研究及群体世代改良进展、染色体组型、血液蛋白多态性和DNA微卫星变异等相关领域的研究，为新品种牦牛育种素材的选择和加快育种进程奠定了基础。利用适度近交，定向培育，以产肉性能为主选目标性状，使大通牦牛品群取得较快育种进展。至2000年末，育种场基础生产群母牛达1.2万头。通过巩固新品种的遗传稳定性，三、四世代选育提高。不断规范技术规程和制定标准，建立现代化牦牛种公牛站、野牦牛 × 家牦牛F_1横交核心群、繁育场（群）、推广扩大区四部分组成的呈金字塔结构的遗传繁育体系。通过种质特性、遗传特性和生物学特性等方面的系统研究与应用实践，使培育的牛群品质不断完善和提高。2004年育种场核心群成年母牛已达4 000余头，其中理想型的牦牛母牛数量达到2 200头，特、一级牦牛公牛150头。2004年经农业部畜禽品种委员会审定获国家级新品种证书（图5-1）。

一、培育单位情况和技术力量

“大通牦牛”是由中国农业科学院兰州畜牧与兽药研究所主持，与青海省大通种牛场密切合作而培育成功的牦牛新品种。

1. 中国农业科学院兰州畜牧与兽药研究所

中国农业科学院兰州畜牧研究所建所于1955年，当时称为“西北畜牧兽医研究所”，集中了一批在国内外享有声誉的畜牧、兽医专家。1959年由高级畜牧专家路葆青、许康祖教授领导的西北畜种改良课题组深入青海玉

畜禽新品种（配套系）
证　书
新品种（配套系）名称　大通牦牛
培育单位　中国农业科学院兰州畜牧与兽药研究所、青海省大通种牛场
该品种业经审定，根据国务院《种畜禽管理条例》，特发此证。
发证机关

图5-1　大通牦牛新品种证书

树、果洛、大通等地进行试验研究，撰写了“野牦牛与家牦牛杂交试验”的报告，最早指出了利用野牦牛改良家牦牛的可能性。1966年该所被解散，人员划归地方。1979年由中国农业科学院收回，召回科研人员，重建了中国农业科学院兰州畜牧研究所，1980年组建牦牛课题组，从1982年开始连续20年承担农业部牦牛选育和新品种培育的重点科研项目。牦牛育种团队是研究所持续时间最长、人员最稳定的研究团队之一。30余年来，作为研究所具有特色的科研团队，他们一辈接一辈将牦牛育种研究和实践传承，先后培养了50余名博硕士研究生，并与德国合作进行牦牛遗传研究，累计发表牦牛方面的论文300余篇，其中SCI收录40余篇，获得多项研究成果。

中国农业科学院兰州畜牧与兽药研究所于1996年由中国农业科学院中兽医研究所与中国农业科学院兰州畜牧研究所合并成立。研究所主要从事兽药创新、草食动物育种与资源保护利用、中兽医药现代化、旱生牧草品种选育与利用研究等应用基础和应用研究。研究所设有畜牧研究室、中兽医（兽医）研究室、兽药研究室、草业饲料研究室等4个研究部门。有依托于研究所的农业部动物毛皮及制品质量监督检验测试中心、农业部兰州畜产品风险评估重点实验室、农业部新兽用药物创制重点实验室、农业部兰州黄土高原生态环境重点野外科学观测试验站、甘肃省牦牛繁育工程重点实验室、甘肃省新兽药工程重点实验室、甘肃省中兽药工程技术研究中心等科研平台。研究所主办《中兽医医药杂志》和《中国草食动物科学》两本全国中文期刊，拥有畜牧、兽药、兽医和草业四大优势学科。开展草食家畜繁殖、新品种培育、优质牧草繁育、新兽药创制、安全兽药、中兽药产业化示范、动物疾病防治技术等领域基础、应用基础和开发研究，为我国现代畜牧业和地区经济的全面发展做出了重要贡献。建所以来，承担科研课题1 379项，获奖成果244项，其中国家级奖励12项，省部级奖励146项。获得专利568项，发表论文5 850余篇，编写著作220部，培育牛、羊、猪新品种6个，牧草新品种8个，创制国家一类新兽药5个，获新兽药、饲料添加剂证书73个，制定国家及行业标准35项。研究所是中国毒理学会兽医毒理学专业委员会、中国畜牧兽医学会西北病理学分会、西北中兽医学分会、全国牦牛产业提质增效科技创新联盟挂靠单位，并与德国、美国、英国、荷兰、澳大利亚和加拿大等国的高等院校和科研机构建立了科技合作交流关系。

2. 青海省大通种牛场

大通种牛场建于1952年，是隶属于青海省农牧厅的县级科研事业单位。主要从事牦牛良种繁育和推广工作，设大通牦牛繁育中心、3个育种大队和草业服务站，场部设生产科等5个职能科室。在岗职工376人，其中各类专业技术人员58名。大通种牛场草地总面积$4.98 \times 10^4 hm^2$，其中可利用面积$4.74 \times 10^4 hm^2$，占土地总面积的84.84%，饲草料地$150hm^2$。现存栏牦牛2.4万余头，其中大通牦牛公牛0.5万头、适繁母牛1.2万余头、纯种野牦牛57头，有核心群28个、育成群29个、扩繁群39个，已形成了由大通牦牛繁育中心、冷配群、核心群、育成群和推广示范区构成的大通牦牛繁育推广体系。每年可向省内外提供2 000余头大通牦牛种公牛，生产优良牦牛细管冻精5万支。自2005年以来，已向全省39个县累计推广大通牦牛种公牛2万余头，并辐射到新疆、西藏、云南、四川、甘肃等全国各牦牛产区。据不完全统计，大通牦牛后裔在推广区达130万头以上，为农牧民新增效益达7.8亿元，取得了巨大的社会和经济效益，在青藏高原牦牛产区及毗邻地区大面积推广利用，对我国牦牛良种制种、供种体系建设和牦牛改良及生产性能提高产生了重要作用。

二、培育过程

在农业部及科技部等部门下达的多个项目的资助下，中国农业科学院兰州畜牧与兽药研究所的科研工作者将生活于高山寒漠地区，凶悍的野牦牛遗传资源用于现代育种，以野牦牛为父本，家牦牛为母本，采用野外人工授精技术等生物繁殖新技术，在海拔4 000m的高寒牧区培育含1/2野牦牛基因的F_1代，通过系统选择，提高种公牛选育强度和种母牛利用强度，扩大选择基础，加速核心群组建。横交一代牛经严格选择与淘汰，选择理想型个体组成育种核心群，横交固定；闭锁繁育产生的理想型二世代牛进行纯繁与扩群，并开展对二世代牛的生长发育速度、产肉性能、泌乳特性、产毛（绒）性能及相关遗传特性的研究。在育种过程中，还从细胞和分子水平，探讨野牦牛育种价值，开展生产性状在育种过程中的表型和遗传变化的研究及群体世代改良进展、染色体组型、血液蛋白多态性和DNA微卫星变异等相关领域的研究，为新品种牦牛育种素材的选择和加快育种进程奠定了基础。通过适度近交，定向培育，以产肉性能为主选目标性状，使大通牦牛品群取得较快的育种进展。同时，显著改善大通牦牛对恶劣环境条件的适应性。至2000年末，育种场基础生产群母牛达1.2万头。近年来进一步巩固新品种的遗传稳定性，继续开展三、四世代选育提高。在新品种培育中不断规范技术规程和制定标准，建立现代化牦牛种公牛站、野牦牛 × 家牦牛F_1横交核心群、繁育场（群）、推广扩大区四部分组成的呈金字塔结构的遗传繁育体系。

大通牦牛育种拟定了利用野牦牛遗传资源作为育种父本，通过捕获、驯育采集野牦牛精液，制作冻精授配家牦牛生产F_1代（1/2野牦牛基因）杂种牛。应用低代牛横交理论，进行了含1/2野牦牛基因的F_1代横交，采用闭锁繁育、适度近交、强度选择与淘汰的培育方案，开展目标明确、技术配套的牦牛新品种培育工作。

1.“六五”主要育种工作

“六五”期间，课题组承担了农业部重点研究专题“牦牛选育和改良利用研究”项目，（项目编号：1982年农牧渔业部牧-07-14，主持人李孔亮、陆仲璘）。1982年从青海玉树州曲麻莱县购买了一头2.5岁的含1/2野牦牛基因公牦牛（野牦牛公牛 × 家牦牛母牛），采用人工舍饲、栓系饲养、围栏放牧、人畜亲和等措施进行驯化调教，于1983年采精获得成功并投入人工授精，当年用该头牦牛冻精配家牦母牛61头，受胎率为80.3%，次年产犊成活率达93.5%。1984年，授配家牦牛母牛183头，一次不返情率为77.9%，受胎率80.6%（147头受胎），犊牛成活率85.43%（成活牛犊125头）。获得的后代表现出更强的适应性，抗寒耐牧，采食能力强，生长发育快。通过测定，初生重、6月龄体重分别比当地家牦牛提高18.6%、20.9%。1983年，从甘肃祁连山地区得到两头纯种野牦牛，采用同样方法驯化、采精成功。用野牦牛冻精人工授精家牦牛，平均受胎率为85.82%（644头母牛统计），与上述的1/2野牦牛效果相当。生产的杂种一代成活率达99.7%。将野牦牛驯化成功并应用于牦牛育种和选育，在改良牦牛生产性能方面取得了明显的效果，对开辟野生动物资源利用，促进高寒牧区生态效益和经济效益有着重要意义，为牦牛新品种的培育探索出了一条新路。从1984年开始，在大通种牛场有计划、有组织地开展了采用野牦牛冷冻精液大面积地授配家牦牛，每年固定9个母牛群（1 080头）参配。

2.“七五”主要育种工作

在农业部“牦牛选育和改良利用研究”的支持下。在青海省大通牛场开展了野牦牛与家牦牛、不同地方类型家牦牛之间的杂交对比试验。引入四川九龙牦牛与当地家牦牛杂交，初生重、半岁重分别为12.7kg、51kg，与当地牦牛比较，无明显提高，且对当地环境适应性较差。用野牦牛杂交，产生的F_1初生重、6月龄活体重、1.5岁活体重以及产奶能力、产绒毛等经济性状提高幅度在11.2%~27.4%以上。为探索家、野牦牛的种质特性，从遗传本质上揭示野牦牛与家牦牛的关系，并为“导入野牦牛基因提高家牦牛生产性能”的选育方案提供理论依据，课题组对野、家牦牛体细胞染色体、血清同工酶、精液理化特性及精子电镜超微结构进行了研究。结果表明，野牦牛与家牦牛体细胞染色体数目均为2n=60，29对常染色体均为端着丝粒，X、Y性染色体均为亚中着丝粒，各对染色体臂长无显著差异，分类学关系极近。血清同工酶研究表明，野牦牛血清中的苹果酸脱氢酶（MDH）、醇脱氢酶（ADH）、谷氨酸脱氢酶（GDH）的活性明显高于家牦牛，在相同保存条件下，当家牦牛的上述酶活性几近消失时，野牦牛相应的同工酶仍然显见，表现了较强的稳定性。对野牦牛的精液品质及其理化特性做了大量研究：野牦牛精子抗力系数高达18万，是家牦牛的10倍，普通牛的15倍；野牦牛颗粒冻精解冻后顶体完整率为88%，高于家牦牛和普通牛40个百分点，反映出野牦牛强大适应性的内在的生理、生化基础。根据解冻后平均活率、复苏率、顶体完整率和配种试验为主要判定标准，筛选了两种野牦牛冻精稀释专用液。对野、家牦牛乳酸脱氢酶（LDH）研究结果表明，两牛种LDH同工酶对变性因子都有较强的抗性，野牦牛LDH活性显著比家牦牛的高。对野、家牦牛精子形态的电镜观察，野牦牛的精子头比黄牛和水牛短1.18 μm，主段长4.33 μm，更便于运动和储存能量。

1987年中国农业科学院兰州畜牧所和青海省大通种牛场共同挂牌，建立了由3头野牦牛公牛、6头含1/2野牦牛基因的家牦牛组成的野牦牛公牛站，形成了由野牦牛公牛站、核心育种群、野牦牛繁育群（大通种牛场）和扩大推广区构成的含野牦牛基因繁育体系，大通种牛场的含野牦牛基因核心群已扩大到1 700头。

3.“八五”主要育种工作

在“七五”工作基础上，农业部重点畜牧专题培育牦牛新品种已成为共识，在“七五”工作基础上，“肉乳兼用牦牛新品种（群）培育研究”（起止时间：1991—1995，编号：农业部85（牧）01-02-021）资助下，建立的野牦牛公牛站在原有的3头野牦牛公牛基础上，又增加了2头从昆仑山地区捕获的野牦牛公牛和9头F_1代公牛（为2头从祁连山捕获的野牦牛公牛的后代），新建10间种公牛舍；年生产野牦牛颗粒冷冻精液稳定在5万粒。建立了牦牛育种委员会，明确了育种方向和任务，制定了详实的育种措施。扩大组建F_1代横交核心群。为充分利用野牦牛的宝贵基因，从3 000多头成年牦牛（为野牦牛冻精人工授精家牦牛产生的后代）中选择含1/2野血牦牛杂种（记为横交一世代），建立了2个育种核心群，开展低代（含1/2野血）横交固定，闭锁繁育，以提高野牦牛后代产肉性能为主选目标性状。同时，把抗逆性作为选择目标以体现培育中的新品种牦牛在低投入的青藏高原畜牧业粗放生产管理系统中，利用有限资源获取相对较高的经济效益的特点。横交一代牛，经严格选择与淘汰，产生的理想型牛为二世代，进行纯繁与扩群，对二世代牛的生长发育速度、产肉性能、泌乳特性、产毛（绒）性能、遗传进展及相关特性进行研究。至“八五”末，理想型新品种牦牛有500多头，培育特、一级公牛10头。通过比较研究发现，牧民传统上与犊牛争食母牦牛乳的现象，严重影响了牦犊牛早期生长发育，不改变这一习俗，牦牛生产性能就难以提高。为此，确立牦犊牛实施全哺乳方案和牛犊肉生产模式及相关配套技术，在育种核心群和全场实施。新品种牛以产肉为主进行选择，每年淘汰屠宰牛犊3 000~4 200头，占当年牛犊总数的48%~62%，新品种培育获得了快速进展，牛场也获得了显著的经济效益。

4.“九五”主要育种工作

“九五”期间，农业部“九五”畜牧重点专题持续支持该项工作，课题名称为“牦牛新品种（群）培育及其产肉生产系统综合配套技术的研究”，编号为95（牧）02-02-07。在“八五”基础上，开展二世代、三世代大通牦牛新品种选育提高。至2000年末，理想型牛只达2 200头，育种场各类含1/2野牦牛基因牛达1.2万头。新品种“大通牦牛”6月龄、18月龄活重分别达到74.7~88kg和150kg，放牧日增重415g，屠宰率46%~50%。期间，围绕新品种的培育，开展了新品种种质特性的研究，生长发育规律及体重增长模型研究、13种血液生化指标变化规律研究、4种血清激素含量的动态比较研究，以及与甘南牦牛微卫星变异的分析研究。

通过对培育牦牛的生长发育规律的研究，发现从出生至37月龄，牦牛体重增长有3个峰值。在此基础上，采用3个数学模型组合表述这一生长期牦牛体重（Y）依月龄（X）变化的生长发育规律性：$Y_1=8.012+13.543X-0.629X^2$适于描述初生至13月龄的生长曲线；13~25月龄和25~37月龄的生长曲线分别由$Y_2=-359.687+49.977X-1.249X^2$和$Y_3=-833.339+63.772X-1.019X^2$描述。回归系数均达显著（$P<0.05$）或极显著水平（$P<0.01$），表明拟合度较好。

通过对13种血液生化指标变化规律研究，发现上述血液生化指标随草地牧草营养物质的变化而变化，血液生化成分在一年的大多时期处于低水平的不稳定的平衡状态中，是牦牛生产性能低下的重要原因。牦牛在1—5月份期间饲草供给处于绝对不足期，依据生物系统进化过程中形成的经济原则，实现营养物质的再循环，或降低细胞代谢水平以保存体内积蓄维持生存。血清总蛋白、尿素氮和甘油三酯在7月份达到全年最高水平，反映了在这一时期机体细胞蛋白质、脂类代谢十分旺盛，因而牦牛暖季生长“抓膘”（包括补偿生长和正常生长）比其他牛种快而速效。

通过对牦牛血清4种激素（GH、INS、T_4和T_3）含量的动态比较研究，牦牛血清4种激素在性别间没有明显的差异（$P>0.05$），5~39月龄生长牦牛血清GH、INS、T_4和T_3含量分别为1.635±0.914g/mL、6.29±2.065IU/mL、46.775±17.74ng/mL和1.19±0.707ng/mL；4种激素血清含量在3个年龄段间和月份/季节间的变化十分明显；GH、INS和T_4，特别是GH，在3月份迅速由1月份的2.913ng/mL下降至0.793ng/mL，显然是与此时生长牦牛在严寒和饥饿的双重打击下，机体动员体组织贮备以适应环境的变化、维持基本的生命活动有关；INS、T_4和T_3在暖季表现出与牧草营养供应基本同步一致的变化规律，与机体加强合成代谢有关；GH在暖季则维持在相对稳定或稍高的水平，但这一时期牦牛日增重达到600~700g，证明营养状况的改善提高了激素受体的敏感性；平均INS和T_4血清含量与平均日增重的相关系数分别达到0.738和0.805（$P<0.01$），证明INS和T_4可用作监控生长牦牛的营养状况和生长发育速度，是相对重要的经济性状。

5.“十五”主要育种工作

进入“十五”，新品种群体规模已近2 200头，含1/2野牦牛基因的母牛群体数量已达1.2万头；培育的新品种牦牛以其稳定遗传特性、适应性和抗逆性、较高的生产性能得到广泛认可，成为青海省畜牧业腾飞的新亮点，得到青海省畜牧厅等行政管理部门的有力支持。大通种牛场以培育牦牛新品种作为重点工作加以全面推进，边育种边推广边示范，全场上下一条心，同抓牦牛选育工作。在1994年、1997年召开的第一届、第二届国际牦牛学术研讨会期间，与会的国际粮农组织官员及国内外牦牛专家到大通牛场进行观摩。随后，西藏自治区当雄县种畜场购买野、家杂种牛50头，建立了当雄牦牛公牛站；甘肃、新疆、四川、云南相继从大通种牛场购买野牦牛冻精、含1/2野牦牛基因种牛改良当地牦牛取得明显改良效果；

农业部把利用野牦牛改良家牦牛的“牦牛品种改良技术”也列入到国家“十五”重点推广的50项技术之中，有力地推动了全国的牦牛改良工作。“十五”期间，在按计划进行繁育、选择的同时，为规范牦牛育种工作，青海大通牛场制定了“牦牛育种规划与实施细则的报告”。2001年经农业部批准，拨款修建了野牦牛公牛站，颁发了种畜生产许可证。大通种牛场成为全国唯一的最大的牦牛种畜场，为我国牦牛产区提供良种公牛和野牦牛冷冻精液。从1999年到2004年上半年出售含野牦牛基因的公牛4 347头，冷冻精液27万支。新品种牦牛培育成功为大通种牛场带来显著的经济效益的同时，也增强了为之工作的牦牛科技工作者的信心。

第二节　培育地生态环境和地理布局

一、大通牦牛培育的地理位置和地形地貌

青海省大通种牛场位于大通县西北部，地处祁连山支脉达坂山南麓的宝库峡中，地理位置位于东经100.52°30'～104.15°28，北纬32.11°20'～32.27°　30'，海拔2 900～4 600m。场区主要为狭长的山谷地带，东西长约40km，南北宽约15km（图5-2，图5-3）。

图5-2　青海大通牛场地形

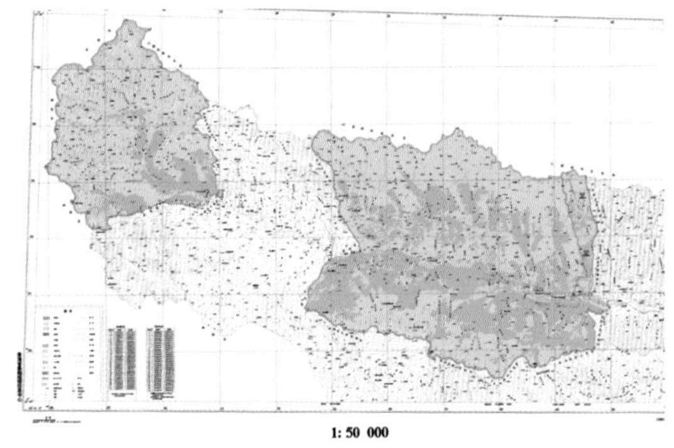

图5-3　青海大通牛场宗地

根据青海省畜牧厅牧场勘测设计队对大通种牛场的土壤概查，大通种牛场土壤类型分为：山地草甸黑土（包括轻壤质山地草甸黑土、中壤质山地草甸黑土、重壤质山地草甸黑土），这个类型的土壤主要分布在海拔3 000m以下的山麓、河谷、河滩等地区，这个地区的气候较牛场其它区域温暖，土壤自然肥力较高，十分适合林木的生长，同时也适宜种植青稞、燕麦等饲草料作物；高山草甸土（包括3个土壤类型，即生草山地草甸土、似黑土山地草甸土、泥炭沼泽土），主要分布在海拔2 900～3 700m的山谷斜坡、分水岭等地区，这种土壤类型占大通种牛场绝大部分土地面积，牧草生长茂盛，适合放牧牲畜；高山寒漠土，是岩石风化物，主要位于海拔3 700m以上、坡度陡的岩石山峰地区。由于较复杂的

山地地形，纯系山岳、丘陵，没有平原的峡谷。场区气候湿润，雨量充沛，年均降水量为463.2~636.1mm，有利于不同季节草地放牧的合理安排。高山部位夏季气候凉爽，适合夏秋季放牧，是良好的夏秋草场。河谷阶地及中山地带冬季避风温暖，是理想的冬春草场，适合冬春季放牧。

二、气候条件

大通种牛场深居内陆，地处高原，受季风影响微弱，系偏南季风影响的边缘地带，大陆性气候特点显著。属温凉、半湿润高原大陆性气候，冬季寒冷干燥，夏季温暖湿润。

1. 热量低，气温日差较大

一般年平均气温为0.5℃，1月份平均最低气温为-13.4℃，7月份平均最高气温为11.1℃，比我国东部同纬度地区的气温低。因冷季长、暖季短，境内全年无绝对无霜期。由于海拔较高，空气稀薄洁净，透明度大，白天太阳辐射强烈，增温快，夜间散热迅速，温差较大。日温差全年平均为14.4℃。白天气温高，光热强，有利于绿色植物进行光合作用；夜间温度降低，植物呼吸减弱，可以减少有机物质消耗，有利于物质积累，提高草地产草量。

2. 光能资源丰富

全年日照时数在2 100~2 700h，太阳总辐射量全年平均为141kcal/cm^2·年。光能资源丰富，太阳辐射强，光合作用也相应提高。牧草在光合作用中，短波光的蓝紫光对形成蛋白质和脂肪有显著作用，而在红橙光下形成碳水化合物。因此，大通种牛场草地牧草生长旺盛，营养丰富，弥补了豆科牧草的不足。

3. 降水充裕，雨热同期

降水比较充裕，但季节分配不均，年平均降水量463.2~636.1mm。但由于受干冷西风环流与温暖的印度洋西南季风的周期性交替控制，冷、暖季变化显著。主要表现为冷季降水量少，降水强度小；暖季降水量多，降水强度大，并多集中在6—9月份（占全年降水量的73.9%）。这种水热同季的气候条件，有利于各种牧草生长发育，也是高原农牧业生产所特有的有利自然条件。

4. 风大、春旱

大风日数一般在15d以上，冬春季节多西北风，风力4~6级，最大风力达8级。由于春季降水少，加之风大，加剧了土壤风蚀，天长日久导致草地沙化。此外，早春的倒春寒和冬季的大风雪，也对畜牧业造成灾害。降雪多集中在春季，4—5月份最易发生雪灾，应注意防灾救灾。

三、草场资源

根据青海省草原总站对大通种牛场草地资源调查的结果显示，大通种牛场草地总面积

$4.98\times10^4hm^2$，其中可利用面积$4.74\times10^4hm^2$，占土地总面积的84.84%。属于高山和亚高山的灌木草地草原类型，以高寒草甸和山地草甸为主。此外，宝库河两岸滩地及河谷地因其土壤含水量，形成了分布面积相对较小的低地草甸类草地。牛场草地牧草种类简单，生长期较短，为120~180d，植株低矮，属低草区。可食性牧草主要为禾本科植物，有垂穗披碱草、鹅冠草、早熟禾等。由于气候寒冷，因而在草地利用上，表现明显的季节性。夏秋草场平均产鲜草为2 625kg/hm^2，冬春草场平均产鲜草3 375kg/hm^2，草地质量较好，生产性能较高。

1. 低地草甸类

低地草甸类草地主要分布于宝库河河滩、河谷及坡麓汇水处，分布面积较小，主要呈现为条带状、片状分布。草地土壤为草甸土、潜育草甸土。草地植物由中生及湿中生多年生草本植物组成。该类草地只包含鹅绒委陵菜、杂草类1个草地型。草地优势种为鹅绒委陵菜，草层平均高度为2~9cm，盖度84%~93%，鲜草产量2 928kg/hm^2。

2. 山地草甸类

山地草甸类草地面积1 022.45hm^2，占全场草地面积的2.06%，草地可利用面积891.67hm^2，占全场草地可利用面积的1.88%。土壤为山地草甸土、山地灌丛土和灰褐土，表层富含有机质，土层15~25cm处草根密集，有宵粒状或团粒结构，20cm下为腐殖质层。山地草甸类植物种类组成比较丰富（表5-1），以禾本科、莎草科等饲用植物为主，草群平均高度15~40cm，盖度70%~95%。草地平均鲜草产量4 317kg/hm^2，其中禾本科占41.57%，莎草科占5.59%、可食杂草类占27.32%、不可食杂草类和毒草占22.57%，平均可食鲜草产量3 343kg/hm^2。

表5-1　山地草甸类各草地型特征

草地型	主要伴生植物	高度（cm）	盖度（%）
金露梅、垂穗披碱草	窄叶鲜卑花、狭叶锦鸡儿、珠芽蓼、草地早熟禾、黑褐苔草、藏异燕麦、糙喙苔草、洽草、鹅绒委陵菜、兰石草、甘肃马先蒿、高原毛茛、蒲公英	13~56	75~94
草地早熟禾	垂穗披碱草、多裂委陵菜、草玉梅、二裂委陵菜、鲜黄小檗、直穗小檗、赖草、珠芽蓼、蒲公英	8~35	66~85
小檗、鹅观草	金露梅、水栒子、肋果沙棘、西藏沙棘、青海亚菊、鹅绒委陵菜、红花岩黄芪、香薷、麦瓶草、狼毒	30~50	50~55
祁连圆柏、糙喙苔草	甘蒙锦鸡儿、高山柳、箭叶锦鸡儿、波伐早熟禾、藏异燕麦、乳白香青、珠芽蓼、红花岩黄芪、异叶青兰、露蕊乌头、达乌里龙胆、酸模	15~30	35~50
青海云杉、矮嵩草	箭叶锦鸡儿、窄叶鲜卑花、高山绣线菊、早熟禾、美丽凤毛菊、花苜蓿、兰石草、酸模	10~33	50~60

3. 高寒草甸类

高寒草甸类是大通种牛场分布最广、面积最大的草地。草地面积达$4.873\times10^4hm^2$，占全场草地面积的97.94%，其中可利用面积$4.65\times10^4hm^2$，占全场草地可利用面积的98.12%。高寒草甸主要分布在海拔3 500~4 000m的高山及河谷阶地上，具有气温低、雨量充沛、日照充足、辐射强、无绝对无霜期等特点。土壤为高山草甸土、高山灌丛草甸土、沼泽化草甸土，土壤风化度低，土层较薄，一般厚度为30~50cm，表层有8~15cm厚的草皮层，盘根絮结，紧密坚实，并富有弹性，因而有较强的耐牧性。草地饲用植物组成较为简单，建群种主要为莎草科嵩草属、苔草属的草本植物和蔷薇科委陵菜属、杨柳科柳属的灌木组成。草群高度15~30cm，盖度70%~92%。平均鲜草产量3 918kg/hm^2，其中禾本科占6.05%、莎草科占36.49%、豆科占0.83%、可食杂草类占41.49%、不可食杂草类和毒草占14.66%。平均可食鲜草产量3 343.5kg/hm^2，是良好的放牧场。

在气候、地形等多种因素的影响下，青海省大通种牛场草地分布与环境相适应，具有间断性和不连续性，水平地带分异不明显。但随着山体海拔高度的变化，草地类型呈现出明显的垂直分布。大阪山阴坡和阳坡，海拔3 500~4 000m为高寒草甸类，4 000m以上为石山，3 200~3 500m为山地草甸类。

大通种牛场以季节转场放牧为天然草地资源的基本利用方式，一般将季节草地分冬春、夏秋两季放牧利用。冬春草场的草地可利用面积为$2.066\ 1\times10^4hm^2$，占全场草地可利用面积的43%。冬春草场放牧利用时间为245d，可载畜46 023.7个羊单位。夏秋草场的草地可利用面积为$2.806\ 4\times10^4hm^2$，占全场草地可利用面积的57%。夏秋草地放牧时间为120d，可载畜62 512.6个羊单位（图5-4）。

4. 草地资源评价

根据全国草地分类原则与系统，场区可划分为3个草地类，18个草地型，其中高山

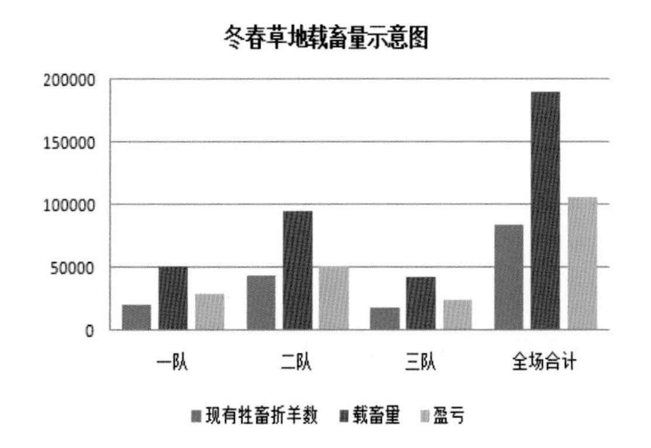

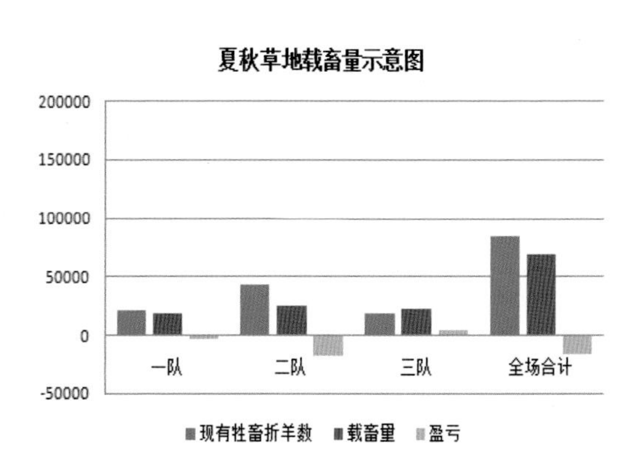

图5-4　夏秋季和冬春草地季载畜量

柳、黑褐色苔草草地面积最大，草地可利用面积为$1.17 \times 10^4 hm^2$，占全场草地可利用面积的24.61%；其次为西藏嵩草草地型，草地可利用面积为7 575.55hm^2，占全场草地可利用面积的15.98%；再次为金露梅、珠芽蓼草地型，草地可利用面积为5 949.16hm^2，占全场草地可利用面积的12.55%。整体来看，饲用植物约占该场草地植物的63%，是全场家畜的主要饲草来源。

四、育种试验场

大通种牛场牧业生产下设大通牦牛繁育中心及育种一、二、三队和草业服务站5个科级生产单位。为了保证种畜质量，促进育种工作的顺利进行，在大通牦牛培育成功后，制定大通牦牛品种标准。在长期的选育中，逐步建立和完善了适合大通牦牛生产和选育的科学技术体系和经营管理体制，以确保大通牦牛按家畜新品种审定进行培育。

1. 育种一队

青海省大通种牛场育种一队距场部1km，北部毗邻门源回族自治县，南与大通县青山乡为邻，全队东西长约7km，南北宽约15km，地形属典型的高原山地类型，自西北向东降低，海拔3 000~3 900m，境内主要地貌类型为高山、滩地、沟谷和沼泽湿地。

育种一队境内交通便利，各牧业定居点都通有简易公路。畜群放牧模式为以天然草场放牧为主，按照以草定畜的要求，制定了合理的载畜量指标和结构比例，压缩牲畜存栏数，使牲畜发展数量与草地生产能力相适应，使畜草资源得到了合理配置，有利于植被的恢复。全队各草原上有大小河流30多条，有利于灌木林和草地的生长。

育种一队草场面积共有146.67km^2，其中可利用草场133.33km^2，占全场面积的28%，草地类型主要以高寒草甸和山地草甸为主，主要可食用牧草为禾本科植物，有垂穗披碱草、鹅冠草、草地早熟禾等。已实现草场三季轮牧，已修建围栏276 993m。建立了科学的轮牧基础设施，对草场的保护和恢复起到了较大的作用。每年根据牛场草原建设要求，组织职工进行多年生草籽收集和补播，对退化草场重点治理。同时，为了减轻草场压力，冬季进行适时冷季补饲。并加强对草原鼠害的防治，采取物理灭鼠法进行弓箭捕捉高原鼢鼠，每户按要求完成2 000亩的防治任务。

育种一队现有牦牛19群，其中种公牛6群、育成群2群，2014年底存栏各类牲畜5 091头。主要承担牦牛种牛繁育推广任务，向全省推广1~2岁种公牛，每年推广种牛1 000~1200头。每年繁殖活犊牛1 200头左右，并根据《大通牦牛》标准鉴定，形成了一套科学畜牧业生产管理体系，包括犊牛繁育、犊牛早期断奶、种牛体尺及生长发育指标跟踪测定等。

2. 育种二队

青海省大通种牛场育种二队距场区10km，北部毗邻门源回族自治县，南与大通自治县青山乡为邻，全队东西长约17km，南北宽约15km。地形属典型的高原山地类型，自西北向东南降低，海拔在3 200~4 229m，境内主要地貌类型为高山、滩地、沟谷、沼泽湿地等。境内山谷相间、沟壕交错、河流纵横、水质优良，土壤类型以高山草甸土（高寒草甸与山地草甸）为主，主要分布在海拔3 200~3 700m的山谷地，这种土壤类型占育种二队的绝大部分面积，牧草生长茂盛，非常适合放牧牲畜。育种二队草场总面积222.67km^2，其中可利用草场206.67km^2，占全场总面积的40%，草地类型主要以高寒草甸和山地草甸为主。主要可食牧草为禾本科植物，有垂穗披碱草、鹅冠草、早熟禾等。实行天然放牧模式，以季节转场放牧为草地资源的基本利用方式，一般将季节草场分为三季轮牧放养方式，有效地利用了草场，减少了对原有植被的破坏。全队现存栏牦牛共计10 360头，其中适繁母牛5 229余头，有核心群9群、育成群21群、扩繁群22群。年产犊4 000余头。近年来，在牛场部的大力支持建设下，二队截至2014年建设围栏共计690.75km，石圈53座（31 232m^2），暖棚53幢（6 229.5m^2），水井47口。圈窝子种草19.167 5万m^2，平均亩产鲜草682kg。每年根据牛场生产科统一安排，进行两次草原鼢鼠防治工作（春季人工捕鼠、秋季药物灭鼠），有效地抑制了草原鼢鼠对草山资源的破坏。每户每年收集多年生草籽30kg，由大队统一协调对草山退化的草场进行补播，以利于生态平衡。合理利用暖棚，在冬季枯草期结合补饲喂养技术，使牲畜平安过冬，有效地减少了草场压力。青海大通种牛场一队、二队宗地图见图5-5所示。

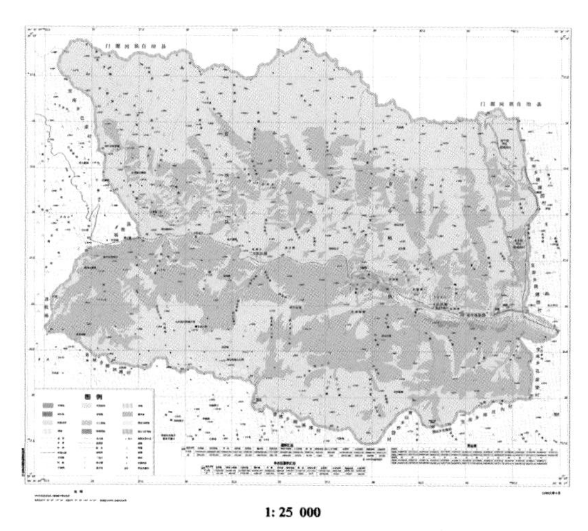

图5-5　青海大通种牛场一队、二队宗地

3. 育种三队

青海省大通种牛场育种三队位于场部以西约40km，北部毗邻祁连县，南与大通回族土族自治县青山乡为邻。全队东西长约10km，南北宽约15km。地形属典型的高原山地类型，自西北向东南降低，海拔为3 200~4 600m。境内主要地貌类型为高山，滩地、沟谷和沼泽湿地等。境内山谷相间、沟壑交错、水源充足、水质优良，是宝库河的发源地。

育种三队草场总面积173.33km^2，其中可利用草场160km^2，占全场总面积的31%。土壤类型以高山草甸土为主，主要分布在海拔2 900~3 700m的山谷地，这种土壤类型占育种三队的绝大部分。草地类型以高寒草甸和山地草甸为主，牧草种类主要以禾本科为主，有垂穗披碱草、鹅冠草、早熟禾等，牧草生长茂盛，非常适合放牧牲畜。实行天然放牧模式，以季节转场放牧为草地资源的基本利用方式，一般将季节草场地分为两季轮牧。青海大通种牛场三队宗地图见图5-6所示。

全队现存栏牦牛5 300余头，其中大通牦牛种公牛990头，适繁母牛2 548头，有核心群2群、育成群5群、扩繁群16群。已形成了由大通牦牛扩繁群、育成群和推广群构成的大通牦牛繁育推广体系。年产犊1 700余头，每年可向省内提供990余头大通牦牛种公牛。

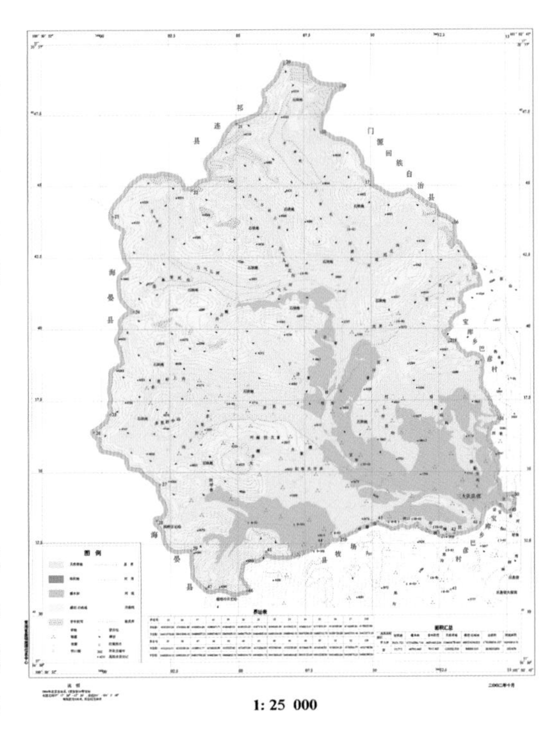

图5-6 青海大通种牛场三队宗地

第三节 育种规划

一、育种思路

大通牦牛是在青藏高原高寒草原自然环境条件下，采用野牦牛种公牛站、育种核心群、繁育群（场）、推广扩大区4个部分组成的牦牛育种繁育体系，应用传统和现代育种理论、选育技术，确定主选性状及主要育种指标等技术措施，在系统全面研究家牦牛、野牦牛的遗传繁殖、生理生化、行为生态、生产性能、分子生物学等特点的基础上，深入探索以野牦牛遗传资源为父本培育牦牛新品种的理论与技术，通过有计划地捕获、驯化、利用野牦牛，探索并解决采集精液、研制冻精和高原地区大面积野外牦牛人工授精等一系列技术难点，大量繁殖含1/2野牦牛基因的杂种牦牛。应用低代牛（F_1）横交理论建立育种核心群，强化选择与淘汰，适度利用近交、闭锁繁育等技术手段，以生长发育速度、体重、抗逆性、繁殖力为主选性状，向肉用方向培育；横交3~4个世代，使生产性能提高，特别是产肉性能、繁殖性能、抗逆性能等重要经济性状明显提高，体型外貌、毛色高度一致、品种特性能稳定遗传的含1/2野牦牛基因的肉用型牦牛新品种（图5-7）。

二、大通牦牛品种选育方法和技术

1. 野牦牛杂交育种

野牦牛由于长期的闭锁繁育和严酷的自然选择，使得不利于高寒环境生存的性状已淘汰，因此其遗传基因高度纯化，整个群体毛色、角型、体表特征高度一致，重要经济性状如生长发育速度、各龄体重、适应性、抗逆性等群体遗传水平远高于家牦牛，和家牦牛杂交，可表现出更大的变异和显著的选择差，所以对家牦牛能产生明显的改良效果。基于以上认识，课

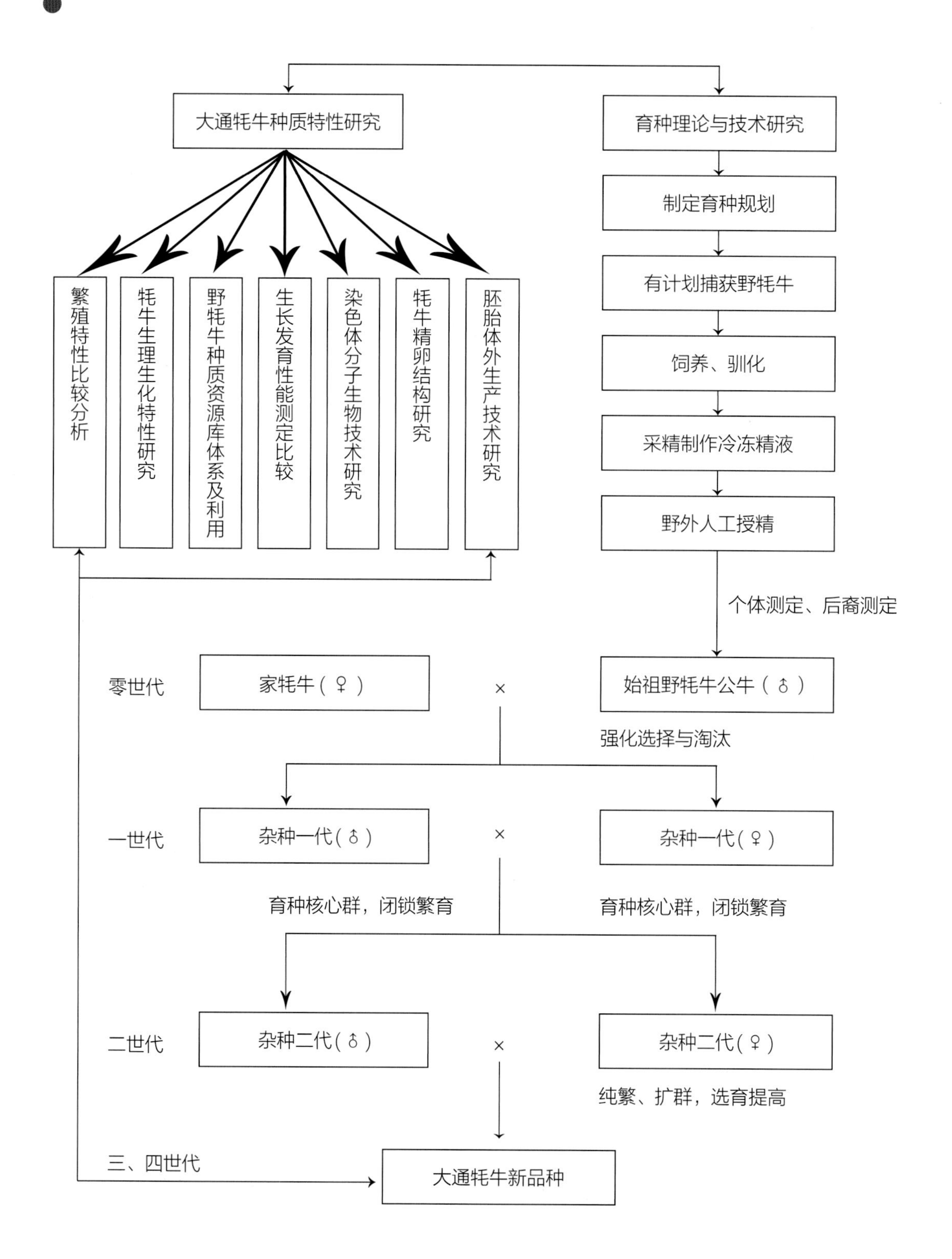

图 5-7　大通牦牛培育模式

题组拟定了利用野牦牛遗传资源作为育种父本，通过捕获、驯育采集野牦牛精液，制作冻精授配家牦牛生产F_1代杂种牛。应用低代牛横交理论，进行了含1/2野牦牛基因的F_1代横交，采用闭锁繁育、适度近交、强度选择与淘汰的培育方案，开展目标明确、技术配套的牦牛新品种培育工作。事实证明，将野牦牛遗传资源用于现代育种，培育牦牛新品种是成功的。

2. 应用低代牛（F_1）横交理论建立育种核心群

低代牛横交理论是利用某些重要经济性状表现很好的F_1代互交，然后根据育种要求选育形成新品种。新品种牦牛培育将野牦牛（♂）×家牦牛（♀）F_1个体杂交优势概念剖解为个体性状的杂交优势概念，把杂种公畜纯合性状的意义从品种延伸到性状，这就是F_1代公牛作为种用而进行横交的基本原理。

在对野牦牛、家牦牛从遗传、生理生化、数量质量性状遗传表现、各自的繁育方式等进行了全面研究后，确定采用低代牛（F_1）横交理论开展牦牛育种。选择适龄、健康的母牦牛，进行网围栏隔离，划定放牧范围，严禁其他公牦牛偷配，采用人工授精方法，用野牦牛公牛冻精授配生产含1/2野牦牛基因的牦牛，选择特一级公牛和二级以上的母牛组成F_1核心育种群，进行横交固定。为了使横交牛在体型外貌方面快速达到一致，适度利用了近交。为增加遗传变异和防止过度近交，有计划地轮换使用野牦牛公牛，即在使用从祁连山捕获的野牦牛公牛3年后，使用从昆仑山捕获的野牦牛公牛冻精授配。2004年在育种场已培育出体型外貌基本一致、生产性能高、品种特性能稳定遗传的理想型三世代、四世代新品种牦牛2 200头，特一级公牛150头，建立了22群育种核心群及公牛档案。

3. 野牦牛驯化与利用

制定了野牦牛驯化与饲养管理细则和规范，对捕获的野牦牛采用一系列人畜亲和措施进行调教、驯化，以野牦牛精液利用为目标，成功地将野牦牛驯化为改良复壮家牦牛的种用公牛，制作了野牦牛冷冻精液，开创了牦牛育种的先河。建立了世界上第一座牦牛公牛站和牦牛种畜场（图5-8），牦牛人工授精受胎率达到82%。结合高寒牧区野外人工授精效果与后裔性能数据测定记录筛选重点始祖野牦牛公牛。研制野牦牛冷冻精液的制作工艺流程和操作规范，筛选牦牛、野牦牛冷冻精液专用稀释液最佳配方，制定了《野牦牛、牦牛冷冻精液标准》。

4. 后备种公牛的选择

（1）出生后“试选”。在出生后不久根据校正后胎次、初生重，参考亲本的体型外貌和生产性能进行试选。留种率为90%。

（2）0.5岁“初选”。对试选的公牛犊，根据入冬前个体发育、体型外貌进行初选。留种率为50%~70%。

（3）18月龄“复选”。经过一个暖季的换毛后，外型特征已基本定型，漫长的冷季考验

图 5-8　大通牦牛繁育中心

了个体的抗逆能力，而牧草营养相对较好的暖季则为个体表达其生长发育速度的差异提供了机会。此时选种，准确性较高，为选择的关键环节。留种率为40%。

（4）2.5~3.5岁“终选”。有计划地将所选留的公牛投入到基础繁殖母牛群中进行试配，根据其体格发育、外貌特征、性欲强度、后代表现（包括有无遗传缺陷）等做最后阶段的选留。留种率为50%。

通过以上4个阶段的强化选择，最终留种率为9%~12%，平均留种率为11%。

5. 确定主要育种指标

（1）体重和产肉力。新品种初生重13~14kg；6月龄公牛体重85kg，母牛体重80kg；18月龄公牛体重150kg，母牛体重135kg；28~30月龄公牛体重250kg，母牛体重200kg。屠宰率47%。

（2）繁殖力。新品种青年牦牛初配年龄2岁，受胎率达到70%，比同龄家牦牛提高15%~20%；24~28月龄1/2野牦牛基因的公牦牛可正常采精，比家牦牛提前1~2岁配种。

（3）遗传性能。在F_1代横交固定群中有控制地利用近交，公牦牛数选择按$S=(n+1)/8n\Delta F$（其中n为公母比例中母畜比数，ΔF为世代近交量）；近交系数平均F=0.093 7，范围在0.031 3~0.125 0。公牛适度培育，经过4次严格选择，繁育3~4世代牦牛5 700头。大通牦牛体重平均世代进展：6月龄为5.59kg，18月龄为9.66kg。年平均选择进展相应为1.4kg和2.42kg。

6. 新品种牦牛的特征、特性

大通牦牛具有明显的野牦牛特征，体躯毛色呈黑色或夹有棕色纤维，背线、嘴唇、眼睑为灰白色或乳白色。鬐甲高而颈峰隆起（公牛更甚），背腰平直至十字部又隆起，即整个背线呈波浪形线条。体格高大，体质结实，结构紧凑，发育良好，前胸开阔，四肢稍高但结实，呈现肉用体型。公、母牛均有角，头粗重，颈短厚且深。母牦牛头长，眼大而圆，清秀，颈长而薄。体侧下部密生粗长毛，体躯夹生绒毛和两型毛，裙毛密长，尾毛长而蓬松（图5-9，图5-10，图5-11）。

生长发育速度较快，初生、6月龄、18月龄体重比原群体平均高15%~27%；具有较强的抗逆性和适应性，犊牛越冬死亡率连续5年的统计小于1%，比同龄家牦牛群体5%的越冬

图5-9　大通牦牛种公牛

图5-10　大通牦牛母牛

图5-11　大通牦牛核心群

死亡率降低4个百分点；繁殖率较高，初产年龄由原来的4.5岁提前到3.5岁，经产牛为3年产2胎，产犊率为75%。抗逆性与适应性较强，突出表现在越冬死亡率明显降低，觅食能力强，采食范围广。产肉性能、繁殖性能均高于其他品种并能稳定遗传。

7. 制定系列规范及标准制定

在新品种培育过程中，进一步规范了选育、饲养与放牧管理措施，制定了《野牦牛驯化与冻精生产技术规范》、《大通牦牛人工授精技术规范》、《大通种牛场牦牛育种规划及实施细则》、《大通牦牛胚胎移植技术操作规程》、《牦牛改良冷配技术员岗位责任制及冷配技术规范》、《野牦牛、牦牛冷冻精液标准》、《大通牦牛》和《牦牛生产性能测定技术规范》等一系列的规范和标准。应用牦牛野外人工授精、体外受精、胚胎移植技术进行牦牛繁育。

8. 构建了野牦牛、家牦牛种群数量动态数据库及共享平台

建立了包括以野牦牛行政管理、文件、案件、野牦牛资源、饲养场、野牦牛生活自然条件、胚胎、冻精、科研以及牦牛协会、牦牛品种、牦牛协会会员等13个数据结构的数据库，对指导野牦牛种质资源的研究、保护和合理利用将起到积极的作用。数据库以具有自主知识产权的文字版、光盘版和Internet网络形式与全社会共享。这一系统的正常运行和数据库的不断完善，是中国野牦牛、家牦牛进入计算机资源利用和保护的重要标志。

9. 大通牦牛育种技术的创造性

在世界上第一次成功地将野生动物——野牦牛驯化为改良复壮家牦牛的种用公牛，并且于1983年人工采精成功，首次制作了野牦牛冷冻精液，开创了牦牛育种的先河。

首次在牦牛育种中大面积应用人工授精技术并取得了显著成绩。从1984年开始，先后组织9群1 000多头家牦牛母牛群，在夏季草场，利用野牦牛冻精开展大规模的人工授精，其中1984—1989年人工授精受胎率达到82%，创造了国际上最高的牦牛人工授精受胎率。

首次在牦牛育种实践中应用低代牛横交培育新品种的理论，将已获得的野×家F_1公、母牛经选择组成育种核心群，进行横交，历经一世代、二世代、三世代近20年的选择、淘汰、培育而成牦牛新品种。并恰当地应用始祖野牦牛1号、2号公牛是亲兄弟的有利条件开展适度近交，使横交后代在体型、外貌、毛色、角型等性状快速达到一致，缩短了育种进程。各世代横交后代的各期活重、生长发育速度、体格大小、体型外貌等都基本保持了野×家杂一代的水平和特色。

首次探索了野牦牛对家牦牛的复壮机理，阐明了野牦牛的育种价值。由于极强烈的自然选择与种内淘汰和特殊的自然闭锁繁育方式，野牦牛基因高度纯化，其体型、外貌等高度一致，一些重要的经济性状如体格大小、体重、生长发育速度、生活力、抗逆性等群体平均遗传水平远高于家牦牛，在杂交改良过程中，能创造出更大的变异，因而也具有很大的选择差，所以家野杂交后代具有显著的杂交优势，对家牦牛有较强的改良作用。

首次建立了牦牛育种、复壮繁育体系。该体系呈金字塔结构，包括野牦牛种公牛站、育种核心群、繁育群（场）、推广扩大区。

为配合牦牛新品种培育过程中的强度选择与淘汰，首次创建了牦牛6月龄犊牛肉生产配套技术，利用野X家杂交优势、幼畜生长发育优势、母乳营养优势和暖季牧草生长优势，在选留半岁公犊后，淘汰的公犊断奶后立刻屠宰，既加大了淘汰力度，加快了新品种培育速度，又生产了优质小牛肉，增加了经济收入。同时，断奶有利于母牛发情提高了繁殖率，减少了过冬牛群数量，有利于冬季草场的减载。

20世纪80~90年代在新品种牦牛选育过程中，牦牛科学研究方面也做了大量的基础研究性工作。①利用13个座位的微卫星标记，研究了野牦牛和家牦牛核基因组DNA的遗传变异。结果表明，野牦牛在HEL-5座位呈单态，而家牦牛在这个座位有高达6个等位基因，说明家牦牛该座位发生了较大变异；在13个座位里，野牦牛共检测到43个基因，其中4个为野牦牛特有的等位基因，39个与家牦牛共享等位基因，表明野牦牛的基因在漫长的进化中被有效地保留下来。②野、家牦牛的染色体研究发现，二者染色体数目相同，为2n=60，染色体均为端着丝点，性染色体为亚端着丝点。③对野、家牦牛的血清乳酸脱氢酶（LDH）、苹果酸脱氢酶（MDH）、醇脱氢酶（ADH）和谷氨酸脱氢酶（GDH）等比较研究发现，野、家牦牛同工酶电泳行为相似，表明二者血缘关系十分密切；各同工酶的差异主要表现在活性强度和相对含量方面，多以野牦牛为高。④进行了家牦牛及其野家杂交F_1代横交牛的组织呼吸代谢研究，发现1/2野血横交牛肺泡直径比家牦牛大，肺泡壁比家牦牛薄，单位肺组织断面上肺泡所占比例和肺细动脉管壁厚度百分数比家牦牛高，这些都有利于F_1横交牛在高原少氧条件下增加气体交换的能力。同时还发现，牦牛肺泡的气-血屏障系统处于开放或半开放状态，是牦牛世代生活在高原少氧环境中所形成的独有而完备的组织结构。⑤通过调研阐述了家牦牛是从野牦牛群体中捕获弱、幼、母、病者通过限制营养、限制活动并近亲繁殖等“弱化驯化”手段世代累积而驯化成今日的家牦牛的历史，并论证了家牦牛和野牦牛同属一“种”，家牦牛是牦牛种中的“驯化亚种”，野牦牛是牦牛种中的“原生亚种”，为利用野牦牛改良家牦牛提供了理论支持。大通牦牛是将现代常规的家畜育种理论和独创的牦牛育种理论与方法运用于牦牛育种实践中，结合分子、细胞遗传、血液生化和牦牛驯化史等层次的研究成果，确立在家牦牛群体中导入野牦牛基因提高家牦牛生产性能的育种方案，驯化野牦牛并利用其冷冻精液，开展大面积人工授精，通过筛选其优良的杂交后代，采用1/2野牦牛基因低代横交固定方法，建立金字塔形的牦牛育种繁育体系，成功培育了牦牛新品种。

三、大通牦牛选育与推广效果

大通牦牛新品种由于其稳定的遗传性和良好的产肉性能，优良的抗逆性和对高山高寒草场的适应能力，深受牦牛饲养地区人们的欢迎。在新品种培育过程中，边育种、边示范、边推广，对我国牦牛业发展产生了巨大推动作用和积极影响。建立的牦牛育种繁育体系，加速了新品种牦牛的育成和中国牦牛的改良进程。

1. 大通牦牛推广利用

随着百万牦牛复壮工程的不断深入，通过科技部农业科技成果转化资金项目，农业部丰收计划，农业部重大科技成果推广项目，甘肃省科技重大专项等的持续支持，多年来已制作大通牦牛冻精达100万支。推广到生产及投放到各项研究中约70万粒（支），冻精辐射面为青海、西藏、新疆、甘肃、四川、云南等省自治区。2006—2016年成为农业部唯一的牦牛冻精良种补贴项目，大通牦牛年改良牦牛约30万头，覆盖率达我国牦牛产区的75%。农业部也多次将大通牦牛列入改良家牦牛重点推广的50项技术之一，有力地推动了广大牧区引种改良的积极性。促进了大通牦牛新品种的快速推广，提高了牧民群众饲养良种的意识，提升了牦牛的养殖效率和养殖技术水平，对改良当地牦牛起到了示范引领作用。

2. 大通牦牛推广利用平台建设

大通种牛场先后被农业部确定为“第一批国家级畜禽遗传资源保种场”、“国家肉牛牦牛产业技术体系大通综合实验站”、“农业部牦牛遗传育种与繁殖科学观测实验站”、“国家肉牛核心育种场”，成为中国动物疫病预防控制中心首批授予的“动物疫病净化创建场”。按照大通牦牛行业标准，进行种牛鉴定工作，确保推广种牛符合标准。开展种牛登记、性能测定、后裔测定、种牛选育等工作，为实现全国牦牛遗传改良目标做出了贡献。

为进一步加强和规范种畜生产管理，做好大通牦牛选育工作，健全和完善种牛系谱档案，提高种牛质量，严把质量关，提高牦牛改良效果。牛场在种畜选育和推广工作中严格执行《畜牧法》、《种畜禽管理条例》和地方相关法律、法规，建立了青海省大通种牛场生产管理综合信息平台，进一步加快了种畜场现代化、规范化建设进程。

3. 开展牦牛产业技术研发和示范推广

新品种牦牛选育和养殖技术的集成示范与推广作用，进一步增强了牦牛产业的科研和开发能力。多年来，通过边研究、边选育、边推广，与相关各大专院校、企业在多学科多层次联合开展了“大通牦牛种群扩繁与选育技术”、“牦牛提质增效关键技术”、“牦牛繁殖新技术”、“牦牛生产性能测定技术”、“牦牛种畜遗传评估技术”、“牦牛主要疫病安全预警与防控技术研发”、“牛肉安全预警与品质控制技术”、“发挥放牧牦牛生长潜能的饲养技术研究”和“大通牦牛补饲及饲养管理技术”等多项研究，形成牦牛选育、饲养管理成套技术并示范推广。在青海乌兰、共和、海晏、刚察4个示范县建立了14个牦牛养殖新技术示范基地和5个大通牦牛推广示范村，示范规模达75 000头，每年培训农牧民500余人次，提升了牦牛养殖技术队伍整体素质，提高了农牧民牦牛养殖技术水平，对复壮改良当地牦牛起到了极大的示范引领作用。

4. 大通牦牛提质增效技术推广

为了改变牦牛“夏壮、秋肥、冬瘦、春乏”的现状，通过遗传改良和健康养殖技术有机结合，实施营养平衡调控，组装集成牦牛适时出栏、补饲、暖棚培育、错峰出栏、牧区饲草料种植、粗饲料加工调制、驱虫防疫等技术，边研究、边示范，综合提高牦牛健康养殖水平，增加养殖效能。结合大通牦牛种牛选育每年都要淘汰不合标准的犊牛，利用这一资源，开发大通牦牛犊肉牛等系列产品，产品于2005年通过了中绿华夏有机食品认证中心的双A级绿色食品和有机食品认证，是青海省第一个取得畜产品有机认证的单位。2013年经国家质监总局审查批准大通牦牛肉为国家地理标志保护产品。

大通牦牛的育成及繁育体系和培育技术的创建，填补了世界上牦牛没有培育品种及相关技术体系的空白，创立了利用同种野生近祖培育新品种的方法，提供了家畜育种的成功范例，提升了牦牛行业的科技含量和科学养畜水平，已成为牦牛产区广泛推广应用的新品种和新技术。对促进我国牦牛业的发展、提高当地少数民族人们的生活水平、繁荣民族地区经济、稳定边疆具有重要的现实意义，社会经济效益显著。

第四节　大通牦牛发展策略

大通牦牛是利用我国特有的野牦牛遗传资源培育成功的第一个国家级牦牛新品种，也是世界上第一个牦牛培育品种。创建的配套育种技术和完整的繁育体系，使其成为青藏高原牦牛产区及毗邻地区可广泛推广应用的新品种和新技术，对建立我国牦牛制种和供种体系，改良我国牦牛，提高牦牛生产性能及牦牛业整体效益具有重要实用价值，在青藏高原牦牛产区显示出突出的特性、优势和市场竞争力。大通牦牛新品种的育成、育种繁育体系及培育技术的创建，填补了世界上牦牛没有培育品种及相关体系与技术的空白，创立了利用同种野生近祖培育新品种的方法，为今后牦牛品种培育提供了科学依据和成功范例。

一、大通牦牛的养殖现状

1. 选育现状

大通牦牛现存栏2.4万余头，形成了由大通牦牛繁育中心、冷配群、核心群、育成群和推广示范区构成的牦牛繁育推广体系。每年可向省内外提供2 000余头大通牦牛种公牛，生产优良牦牛细管冻精5万支。大通牦牛有明确的选育目标，按目标有计划、有目的进行选择和培育。

为配合大通牦牛按行业标准进行各阶段选育，对不符合标准的公牛给予淘汰，大通种牛场每年淘汰犊牛2 500~3 000头，建立了6月龄犊牛肉生产加工系统，获得了很好的经济效益，并加快了种牛繁育步伐。实施这项技术有以下几个优点：一是在选留半岁牛犊后，淘汰的犊牛断奶后屠宰，进行精、深加工，生产绿色有机犊牛肉来增加经济收入；二是按时断奶有利于母牛发情，提高了繁殖率；三是减少了过冬牛群数量，有利于冬季草场的养护。

2. 生产性能

经过20多年的选育，大通牦牛的生长性能得到了显著提高。与其他家养牦牛相比，大通牦牛初生重、6月龄体重和18月龄体重均提高了15%~27%，3岁公牛体重达237.31±15.31kg，母牛体重达169.57±11.96kg。青年牦牛的受胎率达到70%~80%，比同龄当地牦牛提高15%~20%。24~28月龄公牦牛可正常采精，比其他品种牦牛提前1岁配种。

在产肉性能方面，18月龄大通牦牛宰前活重达142.8kg，胴体重73.5kg，胴体长为89.4cm，净肉重为54.24kg，屠宰率为47.91%，净肉率为37.1%，各项产肉指标均优于当地牦牛。大通牦牛与当地家牦牛活重和体尺指标比较见（表5-2）。

表5-2　大通牦牛、当地家牦牛活重和体尺测定表

组别	年龄	性别	测定头数	体高（cm）	体斜长（cm）	胸围（cm）	管围（cm）	活重（kg）
大通牦牛	6月龄	♂	171	89.42±5.75	91.12±5.83	114.05±8.52	12.23±0.96	82.56±9.76
		♀	137	88.09±5.12	87.75±4.75	113.74±6.53	12.89±0.98	79.92±7.63
	1岁	♂	157	91.71±6.15	91.64±5.76	118.79±7.21	13.83±0.83	92.66±10.26
		♀	178	88.65±5.97	90.92±5.25	115.57±6.77	12.96±0.85	83.15±11.35
	1.5岁	♂	161	96.98±5.43	108.51±8.14	138.35±7.91	11.69±0.85	143.9±21.32
		♀	147	91.93±5.03	98.12±7.49	118.47±7.58	12.31±0.75	117.53±6.24
	3岁	♂	124	101.88±6.55	114.14±6.68	172.45±9.29	15.05±0.98	237.31±15.31
		♀	139	95.13±4.36	108.21±5.10	130.06±7.94	13.83±0.83	169.57±11.96
	6岁	♂	57	121.32±6.67	142.53±9.78	195.6±11.53	19.2±1.80	381.7±29.61
		♀	63	106.81±5.72	121.19±6.57	153.46±8.43	15.44±1.59	220.3±27.19
家牦牛	6月龄	♂	62	75.34±4.26	74.66±3.87	91.32±6.52	9.7±0.37	46.78±5.73
		♀	54	69.56±3.45	70.78±2.98	87.45±7.43	9.4±0.57	43.65±4.56
	1岁	♂	34	77.47±8.12	79.00±8.37	83.21±9.68	9.7±0.37	52.60±6.50
		♀	27	76.21±9.02	78.11±9.54	79.34±8.14	9.4±0.57	50.60±7.44

（续表）

组别	年龄	性别	测定头数	体高（cm）	体斜长（cm）	胸围（cm）	管围（cm）	活重（kg）
家牦牛	1.5岁	♂	70	83.68±4.87	86.77±4.77	103.45±5.23	9.9±0.28	93.67±16.48
		♀	68	79.56±3.78	80.58±4.25	94.35±4.25	9.6±0.48	84.17±15.09
	3岁	♂	89	98.77±3.67	98.68±3.98	114.34±6.54	11.2±0.54	159.10±10.64
		♀	95	89.87±5.45	90.78±3.98	109.45±5.35	10.6±0.68	151.5±18.58
	6岁	♂	101	109.18±4.78	119.10±6.68	151.35±6.18	15.7±1.05	190.97±26.08
		♀	75	107.78±6.43	117.16±11.39	149.47±9.52	15.7±1.19	184.96±35.69

二、存在的问题

1. 牦牛授配方式单一

牦牛的饲养方式主要以高寒牧区终年放牧为主，大通牦牛种公牛在放牧牛群中以自然交配为主，种牛投入1∶15~20。人工授精在牦牛生产过程中受地域限制，操作不便，困难重重，在生产中难以大面积推广实施。而自然授配存在当地牦牛种公牛与良种公牛抢夺配种机会使得优良种牦牛遗传改良作用推广受到局限，阻碍了大通牦牛改良效果的充分发挥。

2. 大通牦牛的供种能力限制

牛场每年总产犊量约6 000头，按1∶1计，公牛犊约有3 000头，每年的选种淘汰和死损在20%左右，这是保障公牛质量所必需的。每年育成的公牛约有2 800头，本场核心繁育群公牛按15%~20%淘汰替换，每年需补充公牛至少200余头。因此，大通牦牛每年可推广的公牛为2 300~2 500头。在牦牛产区大范围的种牛需求条件下，生产的种公牛远远满足不了产区的需求。

3. 优良母牛选育不足

在牦牛生产的实际中，对适配母牛外貌和生产性能基本没有要求，则导致母牛就留。事实上在充分发挥公牛的改良效果时，母畜效应也是十分重要的，如果母牛选择不好改良效果是事倍功半。有了良种公牛，母牛也应按品种标准进行选育，这样公牛的改良效果才能充分发挥以达到预期目的。

三、对策及发展方向

1. 加快选育进程，满足种牛需求

大通种牛场以生产优质种牛为牦牛产业发展作支撑，应不断适应市场的需求，用发展的

眼光做好育种工作，加强品种选育和扩繁，满足不同消费者的需求。为了进一步提高其品种质量，适应国内牦牛产区的需求，应按品种标准，扩大选育繁育。另外，随着我国牦牛产业发展和消费市场需求日渐增加，大通牦牛的生产性能需进一步提高，在技术层面上继续完善和发展大通牦牛育种体系。

2. 提高现有品种资源，在市场发展中发挥种畜作用

牦牛在青藏高原等高海拔地区的重要性和不可替代性，牦牛种牛的选育、提高、推广是种牛场责任和义务。青藏高原牦牛产区牦牛的繁殖以自然交配为主，对种公牛需求量比较多，以目前的生产状况较难满足牧区广袤牦牛产区的需求，应积极进行牦牛冻精生产，扩大良种推广力度。同时，结合农业部良种补贴政策和良种推广项目，加速科技创新与适用新技术示范，加快构建产学研相结合的牦牛繁育创新体系，认真做好牦牛的保种选育研究工作，不断提高其种群质量，加快繁育良种牛，按照《大通牦牛》《大通牦牛种牛生产技术规程》《牦牛生产性能测定技术规范》等标准的要求，进行科学养殖。实行标准化适度规模养殖，专业化生产，程序化防疫，规范化管理。

3. 提高品质，加强选育

生产性能是家畜个体表型最有意义的指标，也是种用家畜个体选择的重要内容。大通牦牛通过选种、选配和培育，不断提高畜群质量及其生产性能。因此，通过本品种选育将是提高大通牦牛生产性能的重要改良方式。大通牦牛的本品种选育必须有明确的选育目标和方向，选与育并重，对其进行有计划、有目的的选择和培育。另外，大通牛场因草场和牧养地面积的限制，已不能满足扩大群体数量进行繁育来满足市场需求，可以创新管理，在周边州县建立大通牦牛扩繁示范基地，进行组群，按大通牦牛品种标准建立繁育群，进行规范化技术生产，扩大大通牦牛良种繁育体系。

4. 加快分子育种

牦牛的主要生产性能（如产肉性能、繁殖性能）和重要的经济性状（如初生重、断奶重、日增重、饲料转化率）以及其他特征特性，取决于遗传因素（如品种特性、个体特性）和环境因素（如饲料营养、饲养管理等）的共同作用。为了迅速提高畜禽的生产性能，通常采用缩短世代间隔、加大选择差的方法。而作为世代间隔较长的大型畜种，牦牛选育进程比其他畜种要缓慢。对如何加快牦牛选育速度、提高品种质量等问题，分子育种技术提供了新的思路。

（1）全基因组学选择。全基因组选择可通过检测覆盖全基因组的分子标记，利用基因组水平的遗传信息对个体进行遗传评估，允许育种者提前获得具有优越染色体片段的种畜。全基因组选择可缩短世代间隔，加快遗传改良速度，提高其效率，降低测定成本。近年来，随着基因组学和测序技术的发展，使全基因组选择技术成为现实，已成为国际动物育种领域的研究热点。目前，全基因组选择方法已经在奶牛、鸡的育种中获得革命性进展。在今后牦牛

的育种工作中，应建立基因组选择资源群体，实施生产性能及基因型测定工作结合，开发针对牦牛准确性高、计算速度快的模型和计算方法，建立准确可靠的基因组选择技术体系并应用于牦牛育种当中。

（2）基因工程育种。畜禽基因组、转录组、表观遗传组和蛋白组的研究，筛选和鉴定出了许多对生长发育、肉质、繁殖及饲料转化效率等重要性状具有显著效应的基因和蛋白，并通过功能基因组学等方法对主效基因进行功能验证，筛选出可用于分子育种的基因。基因工程育种技术可以利用筛选的基因通过转基因技术或基因组编辑技术对动物的基因组进行改造，从而提高家畜的经济性状，如加快生长速度，改善肉质，提高饲料利用率和抗病力等。基因工程育种技术不仅可以加快改良进程，而且不会受到有性繁殖的局限。目前基因工程育种技术已经被广泛地应用于畜禽的品种改良，成功的例子非常多，如通过ZFN技术敲除了猪的肌肉生长抑制素基因（MSTN），使猪骨骼肌纤维增多，显著提高瘦肉率；利用TALEN技术对荷斯坦牛控制角性状的变异位点进行编辑，生产出无角荷斯坦牛；将ω-6脂肪酸脱氢酶基因（Fat-1）导入家畜的基因组中，提高家畜肌肉中ω-3不饱和脂肪酸的含量等。从目前的发展趋势看，基因工程育种技术的研究和应用将是动物育种领域最活跃、最有实际应用价值的方向之一，随着其在动物品种改良中的应用研究不断深入，它将给牦牛品种改良等领域带来革命性的变化。

5. 加强产业基础设施建设，改变传统的生产方式

牦牛因其生存条件恶劣，终年放牧，如果只选而不重视培育就不会使选择这一技术措施收到明显的效果。改善培育条件，提高饲养管理水平，从高寒牧区实际出发，任何性状的表型都是遗传和环境共同作用的结果。创造适宜牦牛遗传特性和生产性能充分发挥的环境条件，全哺乳，延长采食时间，进行适宜补饲，修建棚圈等，均可使其优良的遗传特性得到充分发挥。

（1）推广冷季全舍饲或半舍饲养殖技术。冷季采用暖棚全舍饲或半舍饲养殖技术可有效防止牦牛掉膘。在冷季，暖棚或棚舍内全舍饲或半舍饲的牦牛，不但能克服寒冷、缺草料等因素造成的体质下降，而且保膘效果明显。部分瘦弱、妊娠母牛及犊牛在全舍饲后具有较好的体质，母牛繁殖率和仔畜成活率得到了显著的提高。该技术可缩短饲养周期、降低饲料成本，具有一次性投资、多次利用、见效快、使用方便、效益明显等优点，为高寒地区的牦牛创造了正常生存生长的小气候环境。

（2）建设饲草料生产体系，推广集约肥育模式。为了弥补天然草原牧草的季节不平衡问题，目前应在牧区大力发展人工及半人工饲草料种植，以大幅度提高饲草料生产能力。同时，推广秸秆青贮氨化技术，弥补冬春牧草的不足，最大限度地解决冬春季牦牛补饲及营养缺乏的问题。在完善饲草料季节均衡生产供应模式的基础上，应推广错季集约肥育模式，即对架

子牦牛进行集中肥育3~4个月，这种模式效益较好，且出栏自由，经营灵活，错开了牦牛集中出栏上市的高峰期，缓解了供求矛盾，同时满足了生产优质牦牛肉的饲养需要，提高了牦牛的商品率。

（3）加强对草场的保护力度。草场和优质牧草是发展牦牛产业的物质基础，是牦牛赖以生存的最基本的条件，抓好草场建设是实现牦牛产业可持续发展的重要内容和前提条件。对草场的保护应采取以下主要措施：一是要加强草原生态系统的监测管理，对草地本身的生物学特性和周围环境的生态特征进行动态监测。二是以草原建设工程为重点，补播施肥、灭鼠虫害、除毒杂草，逐渐恢复天然草原生产能力以达到牦牛生产利用所需。三是实行草地围栏、轮封轮牧，按不同类型草场、单位面积产草量和牧草品质等确定载畜量。在冬春草场上，合理调配畜群，实行分区轮牧，减少牧草损失，提高草场载畜量。

（4）树立品牌，加强产业化经营。大通牦牛产业建设起步晚，内部体系发育滞后，产品在市场上的占有率低。当前应加快推进牦牛产业化经营，加大对牦牛业龙头企业扶持力度，扶持做好有基础、有优势、有特色、有市场的产业和产品，形成有规模、有质量的生产基地。通过引导各生产企业统一质量、统一标准，专业化生产加工牦牛产品，共同打造品牌，树立大通牦牛品牌形象，开拓市场，带动大通牦牛产业标准化、商品化生产。

第六章　牦牛遗传育种理论、技术和方法

第一节　牦牛个体遗传评定

群体的遗传进展与种畜选择的准确性呈正比，而选择的准确性就是能否准确地将遗传上优良的个体选出来，这就需要进行个体遗传评定。个体的数量性状表型值是由其基因型和对它产生影响的环境因素共同作用的结果，基因型值又包含了育种值（基因的加性效应值）、显性离差和上位离差，由于只有育种值是可以真实地由上代传递给下代的，所以育种值的高低是反映个体遗传优劣的关键指标。个体遗传评定就是根据育种目标，针对要改良的性状，对每一个种畜候选者进行育种值估计，在此基础上对每一个个体做出科学的遗传评价，以保证尽可能准确地将遗传上优良的个体选择出来作为种畜。个体的遗传评定也是对个体种用价值的评定，其目的是对个体种用能力进行评估，找出遗传潜能好的个体留种。对种用个体的要求是生产性能高、体质外形好、发育正常、繁殖性能好、合乎品种标准、种用价值高。

一、个体遗传评定的基本原则

1. 尽可能消除环境因素的影响

由于个体的数量性状表型值受到环境因素的影响，要准确地估计出个体的育种值，必须尽可能地消除环境因素的影响。通常从两个方面考虑：第一，对环境加以控制，尽可能地保持个体间的环境一致性。在育种实践中，通过建立中心测定站（跨场的测定站或场内的测定站），将要参加评估的个体集中在测定站进行相关的生产性能测定（称为测定站测定），获得个体表型值。在此过程中，尽可能控制环境使得个体间的环境相对一致，这样个体间在表型值上的差异就主要源于它们在遗传上的差异。这种方法能在很大程度上有效地消除环境因素的影响。但由于建立测定站、控制环境条件往往需要较高的成本，因而测定的规模有限，很难用于大规模的个体遗传测定。第二，允许个体间存在一定程度的环境差异，各个个体仍然可在其原来所在的场或圈舍中进行性能测定（称为场内测定或现场测定），然后用适当的统计学方法对个体间的环境差异进行校正。这种校正虽然难免存在一定的误差，但成本很低，测定规模几乎不受限制，适合于大规模的遗传评定，而且也不存在传播疾病的弊端。

2. 尽可能利用各种可利用的信息

在对任何一个个体进行遗传评估时，除了该个体本身的表型值可提供其育种值的信息外，所有与之有亲缘关系的亲属的表型值也能提供部分信息，因为它们携带了一部分相同的基因。归纳起来，有三类亲属：一是祖先，包括父、母、（外）祖父、（外）祖母等；二是同胞，包括全同胞、半同胞、表（堂）兄妹等；三是后裔，包括儿女、侄子（女）、孙子（女）等。能利用的信息越多，遗传评估的准确性就越高，与被估个体亲缘关系越近的亲属，其所提供的信息就越有价值。

3. 采用科学先进的育种值估计方法，使估计育种与真实育种值的相关达到最大

对于现有可利用的信息，需要采用一定的统计学方法，利用这些信息对个体的育种值进行估计。科学的估计方法能充分有效地利用信息，使估计值与真值之间的相关度达到最大。

二、选择指数法

1. 单性状育种值估计

传统的选择指数法估计个体育种值的基本公式是：

$$I = b_1(P_1 - \bar{P}_1) + b_2(P_2 - \bar{P}_2) + \cdots + b_k(P_k - \bar{P}_k) = \sum_{i=1}^{k} b_i(P_i - \bar{P}_i) \qquad (6\text{-}1)$$

式中I是选择系数，即估计的育种值；P_i（i=1，2，…，k）是某种可利用的表型信息，可以是被估个体本身的，也可以是某个亲属的；$\bar{P}_i$是提供该信息的个体所在群体的平均数，这个群体应该是由与该个体所处环境基本一致的所有个体组成的，在这些个体间不存在系统环境差异；b_i是对该信息的加权系数，它也可理解为回归系数，即被估个体的育种值对P_i的回归系数。选择系数是先对各个可利用的信息对其所处环境进行校正，然后加权合而得到的。

（1）利用单一信息估计个体育种值。此时，公式6-1简化为：

$$I = b(P - \bar{P}) \qquad (6\text{-}2)$$

式中：P一般有以下4种类型。

一个个体的单次度量值：对于某些性状，一个个体一生中只能表现一次，因而只能有一个表型值，如牦牛的100kg体重日龄和背膘厚，对这种性状取某个个体（被估个体本身或某个亲属）的表型值作为估计育种值的信息。

一个个体多次度量均值：对于某些性状，一个个体一生中可多次表现，因而可以有多次表型值，如牦牛一年的产奶量，对于这种性状取某个个体（被估个体本身或某个亲属）的各次表型值的平均数作为估计育种值的信息。

多个同类亲属个体单次度量均值：这是指对于只能表现一次的性状，利用被估个体的某种同类亲属（父母、全同胞、半同胞和儿女等）的表型值（每一亲属个体有一个表型值）平均数作为估计其育种值的信息。

多个同类亲属个体多次度量均值：这是指对于可以多次表现的性状，利用被估个体的某种同类亲属的表型值（每一亲属个体有多个表型值）平均数作为估计其育种值的信息。这种信息的结构比较复杂，在实际计算时，通常将其作为多个信息处理更为简便，即将每个个体的多次度量均值当作一个信息。

对于前3种类型，可用以下通式来计算公式6-2中的回归系数b。

$$b=\frac{r_A nh^2}{1+(n-1)r} \qquad (6-3)$$

式中，n是一个个体的表型值个数（第一、第二类信息）或同类亲属个体数（第三类信息）；r_A是提供信息的个体与被估个体的亲缘系数，提供信息的是被估个体本身时r_A=1，提供信息的是被估个体的父母、全同胞或子女时r_A=0.5；h^2是性状遗传力；r是性状重复力（第二类信息）或同类亲属个体间的组内相关系数（第三类信息）。

用公式6-2得到的估计育种值的准确性（即估计育种值与真实育种值的相关）为：

$$r_{AI}=\sqrt{r_A b} \qquad (6-4)$$

表6-1列出了几种主要信息资料类型估计个体育种值时b的计算公式。

表6-1　几种主要信息资料类型估计个体育种值时b的计算公式

信息来源	一个个体单次度量值	一个个体m次度量均值*	N个同类个体单次度量均值**
本身	h^2	$\frac{mh^2}{1+(m-1)r_e}$	/
父母	0.5 h^2	$\frac{0.5mh^2}{1+(m-1)r_e}$	h^2 （n=2，父母无亲缘关系）
全同胞兄妹	0.5 h^2	$\frac{0.5mh^2}{1+(m-1)r_e}$	$\frac{0.5nh^2}{1+0.5(n-1)h^2}$
半同胞兄妹	0.25 h^2	$\frac{0.25mh^2}{1+(m-1)r_e}$	$\frac{0.25nh^2}{1+0.25(n-1)h^2}$
全同胞儿女	0.5 h^2	$\frac{0.5mh^2}{1+(m-1)r_e}$	$\frac{0.5nh^2}{1+0.5(n-1)h^2}$
半同胞儿女	0.5 h^2	$\frac{0.5mh^2}{1+(m-1)r_e}$	$\frac{0.5nh^2}{1+0.25(n-1)h^2}$

注：引自《家畜育种学》（张沅，2001）。*：r_e=性状重复力；**：全同胞间的组内相关系数为0.5h^2，半同胞间的组内相关系数为0.25h^2

下面对用不同信息来源提供的信息估计育种值的特点进一步分析。

个体本身信息：利用个体本身信息估计其育种值需要对个体生产性能进行直接的测定。从表6-1可以看出，在利用单次度量值估计时，加权系数就是性状的遗传力h^2。由于遗传力是一个常量，因此个体选择指数I的大小顺序与个体表型值P是完全一样的，此时估计的准确性等于h。当性状进行多次度量时，利用多次度量均值可以提高个体育种值估计的准确性。度量次数越多，准确性越高，但提高的程度随着性状重复力的增大而降低。然而，在实际育种工作中应注意到，多次度量带来的选择进展提高，有时不一定能弥补由于延长世代间隔减少的单位时间的选择进展。一般是随着记录的获得，随时利用已获得的k次度量均值进行遗传评估并选择。

系谱信息：系谱信息是指被估个体的祖先的信息，包括父母、祖代、曾祖代等信息。由表6-1和公式6-4可以看出，即使是用双亲的信息，其准确性也不如个体本身的一次度量的准确性高。利用祖代、曾祖代的信息准确性就更低了。一般而言，祖代以上的信息对估计个体育种值意义不大。

尽管利用祖先信息的估计准确性相对较低，但其优点是可以作早期选择，甚至在个体未出生前，就可根据亲本的成绩来预测其育种值。此外，在个体出生后有性能测定记录时，亲本信息可以作为个体选择的辅助信息来提高个体育种值估计的准确性。

同胞信息：同胞信息包括全同胞和半同胞。在没有近交的情况下，全同胞个体间的亲缘系数为0.5，半同胞个体间的亲缘系数为0.25。仅仅利用单个同胞的信息估计育种值的准确性是较低的，单个全同胞的信息的准确性如同单亲的信息，但与亲本信息不同的是，同胞（尤其是半同胞）的数量往往可以较大，也可以获得较高的准确性，甚至超过利用个体本身的信息。尤其是在遗传力较低的情况下，如在遗传力为0.1时，利用5个全同胞或27个半同胞的准确性就高于个体本身的信息的准确性。同胞信息更为重要的用途在于，对于那些无法或很难获得个体本身信息的性状，同胞信息就成为估计个体育种值的主要信息来源。

后裔信息：后裔信息主要指子女提供的信息，孙代和曾孙代后裔虽然也能提供信息，但其价值有限，且需要很长的时间才能获得，一般很少利用。在数量相等时，由全同胞子女信息估计育种值的准确性与全同胞兄妹信息相当，而半同胞子女的准确性则是半同胞兄妹的2倍，且高于全同胞子女的准确性。一般来说，母牛的子女较少，而公牛可以有很多子女，尤其是在人工授精繁育体系下。因此，对于公牛利用子女信息进行育种值估计可以获得较高的准确性。用后裔信息估计育种值的最大缺点是延长了世代间隔，缩短了种牛的有效使用时间（必须在获得了后裔的信息后才能正式使用），而且育种成本大大增加。因此，后裔测定一般只对影响特别大的种公牛进行，尤其是针对公牛本身不能提供信息的性状，如牦牛育种中种公牛的选择。

由于子女所携带的基因有一半来自母亲，因此在利用后裔信息估计公牛（父亲）的育种值时要特别注意消除与配母牛的影响，可以采用随机交配以及统计校正等方法来实现。

（2）同时利用多项信息估计个体育种值。同时利用多项信息估计个体育种值的通式如公式6-1所示。其关键是如何合理地对各项信息进行加权，即如何计算其中的b_i，使得对于给定的信息，估计育种值与真值的相关达到最大。公式6-1实际上是一个多元回归方程，按照用最小二乘法求回归系数的原理，其中b_i可通过以下的线性方程组求解而得到：

$$Cb = r \qquad (6\text{-}5)$$

式中：

$$C=\begin{bmatrix} d_1 & r_{(12)} & \cdots & r_{(1k)} \\ r_{(21)} & d_2 & \cdots & r_{(2k)} \\ \cdots & \cdots & \cdots & \cdots \\ r_{(1k)} & r_{(2k)} & \cdots & d_k \end{bmatrix}', \quad b=\begin{bmatrix} b_1 \\ b_2 \\ \cdots \\ b_k \end{bmatrix}', \quad r=\begin{bmatrix} r_{(1X)} \\ r_{(2X)} \\ \cdots \\ r_{(kX)} \end{bmatrix}$$

C中的非对角线元素$r_{(ij)}$是提供信息P_i的个体与提供信息P_j的个体之间的亲缘相关系数；r中的$r_{(iX)}$是提供信息P_i的个体与被估个体之间的亲缘相关系数；C中的对角线元素d_i可用下式计算：

当P_i等于一个个体的一次度量值时，$d_i=\frac{1}{h^2}$；当P_i等于一个个体的m次度量均值时，$d_i=\frac{1+(m-1)r_e}{mh^2}$（$r_e$是性状的重复力）；当$P_i$等于n个同类个体的一次度量均值时，$d_i=\frac{1+(n-1)r_A h^2}{nh^2}$（$r_A$是这些同类个体间的亲缘相关系数）；当有多个同类个体，每个个体又有多次度量值时，可将每个个体的多次度量均值作为一个单独的P_i处理。

表6-2中列出了在一个没有近交的群体中，常见的亲属间的亲缘相关系数。

表6-2　在一个没有近交的群体中常见亲属间的亲缘相关系数

r_A	S	D	SS	SD	DS	DD	FS	HS	FO	HO	I
个体（I）	0.50	0.50	0.25	0.25	0.25	0.25	0.50	0.25	0.50	0.50	1.00
父亲（S）		0.00	0.50	0.50	0.00	0.00	0.50	0.50	0.25	0.25	0.50
母亲（D）			0.00	0.00	0.50	0.5	0.50	0.00	0.25	0.25	0.50
祖父（SS）				0.00	0.00	0.00	0.25	0.25	0.125	0.125	0.25
祖母（SD）					0.00	0.00	0.25	0.25	0.125	0.125	0.25

（续表）

r_A	S	D	SS	SD	DS	DD	FS	HS	FO	HO	I
外祖父（DS）						0.00	0.25	0.00	0.125	0.125	0.25
外祖母（DD）							0.25	0.00	0.125	0.125	0.25
全同胞兄妹（FS）								0.25	0.25	0.25	0.50
父系半同胞兄妹（HS）									0.125	0.125	0.25
全同胞子女（FO）										0.25	0.50
半同胞子女（HO）											0.50

注：引自《家畜育种学》（张沅，2001）

将由公式6-5计算出的b_i代入公式6-1即可得到个体的估计育种值，由此得到的估计值的准确性为：

$$r_{AI}=\sqrt{b'r}=\sqrt{\sum_{i=1}^{k}b_{iX}r_{(iX)}} \qquad (6\text{-}6)$$

2. 多性状综合遗传评定

在实际育种中需要同时对多个性状进行选择，这就要求对个体在多个性状上的育种价值进行综合遗传评定。在多性状选择时，根据综合选择指数选择具有最高的选择效率。

（1）综合育种值与综合选择指数。对于单个性状，用育种值来衡量一个个体的育种价值；对于多个性状，用综合育种值来衡量一个个体的育种价值。假设有r个希望改良的性状，称之为目标性状，则综合育种值的定义如下：

$$H=w_1a_1+w_2a_2+\cdots+w_ra_r=\sum_{j=1}^{r}w_ja_j=w'a \qquad (6\text{-}7)$$

式中，a_j是第j个性状的育种值；w_j是对第j个性状的加权值，它反映了该性状的相对重要性。由于牦牛育种的最终目的是提高生产的经济效益，因此，对不同性状相对重要性的最合理的定义是性状的相对经济重要性。它可理解为当性状得到改进后能带来的经济效益，因此可称其为经济加权值。通常将w_j定义为当性状j改变一个单位所带来的纯利润。这样H中每一项的性状的单位被消去，只剩下货币单位，因此H的单位是货币单位。

在对单性状育种值估计中，是通过对各种信息进行适当的加权构建一个选择指数作为个体育种值的估计值。对于多性状来说，可用类似的方法，通过对各种信息的加权来构造一个指数作为综合育种值H的估计值，这个指数就称为综合选择指数。综合选择指数的一般公式为：

$$I = b_1 y_1 + b_2 y_2 + \cdots + b_m y_m = \sum_{i=1}^{m} b_i y_i = b' y \qquad (6\text{-}8)$$

式中，y_i是第i个可利用的校正过（减去了相应的群体均数）的表型信息；b_i是对y_i的加权系数（回归系数）。这个公式与单性状选择指数的一般公式在形式上是相同的，但实际上要复杂得多。因为首先可利用的信息除了有不同亲属的信息外，还有不同性状的信息。而在对不同信息进行加权时，除了考虑不同信息来源的相对重要性外，还要考虑性状间的相关性和不同性状的相对经济重要性。需要注意的是，这些y_i所涉及的性状可能与公式6-7中所涉及的目标性状是不同的，将这里的性状称为信息性状。也就是说，对某些目标性状，没有其表型信息，但可以利用其他的与之有遗传相关的性状的表型信息来间接地对其进行分析。

（2）综合选择指数的计算。和单性状选择指数中的回归系数的计算原理一样，按照用最小二乘法求回归系数的原理，公式6-8中的b_i可通过对以下的线性方程组求解而得到：

$$b_i = \frac{DAw_i}{V} \qquad (6\text{-}9)$$

式中，V是各个y_i之间的方差-协方差矩阵；A是各个y_i所代表的信息性状与A_j所代表的目标性状之间的加性遗传协方差矩阵；D是各个提供y_i的个体与被估计个体间的亲缘相关对角矩阵。它们的具体形式为：

$$V = \begin{bmatrix} \sigma_{y_1}^2 & Cov(y_1, y_2) & \cdots & Cov(y_1, y_m) \\ Cov(y_1, y_2) & \sigma_{y_2}^2 & \cdots & Cov(y_2, y_m) \\ \cdots & \cdots & \cdots & \cdots \\ Cov(y_1, y_m) & Cov(y_2, y_{m,}) & \cdots & \sigma_{y_m}^2 \end{bmatrix}$$

式中，$\sigma_{y_i}^2$是y_i的方差；$Cov(y_{i,}\ y_k)$是y_i与y_k之间的协方差。

$$D = \begin{bmatrix} r_{A(1,X)} & 0 & 0 & 0 \\ 0 & r_{A(2,X)} & 0 & 0 \\ 0 & 0 & \cdots & 0 \\ 0 & 0 & 0 & r_{A(m,X)} \end{bmatrix}$$

式中，$r_{A(i,X)}$是提供y_i的个体与被估个体X之间的亲缘相关系数。

$$A=\begin{bmatrix} Cov(y_1,A_1) & Cov(y_1,A_2) & \cdots & Cov(y_1,A_r) \\ Cov(y_2,A_1) & Cov(y_2,A_2) & \cdots & Cov(y_2,A_r) \\ \cdots & \cdots & \cdots & \cdots \\ Cov(y_m,A_1) & Cov(y_m,A_2) & \cdots & Cov(y_m,A_r) \end{bmatrix}$$

式中，$Cov(y_i,A_j)$是y_i所代表的信息性状与A_j所代表的目标性状之间的加性遗传协方差。

在性状的表型方差、遗传力、表型相关和遗传相关、提供信息的个体与被估个体的亲缘系数、各目标性状的经济加权值都已知的情况下，可以利用这些参数来确定这些矩阵，而后对公式6-9求解而得到b_i。

（3）综合育种值估计的准确性及选择反应。用综合选择指数来估计个体的综合育种值的准确性，即综合选择指数与综合育种值之间的相关，可由以下公式计算：

$$r_{HI}=\frac{Cov(H,I)}{\sigma_H\sigma_I}=\frac{\sigma_I}{\sigma_H}=\sqrt{\frac{b'DAw}{w'Gw}} \qquad (6\text{-}10)$$

式中，G是目标性状间加性遗传方差－协方差矩阵，即

$$G=\begin{bmatrix} \sigma^2_{A_1} & Cov_A(1,2) & \cdots & Cov_A(1,r) \\ Cov_A(1,2) & \sigma^2_{A_2} & \cdots & Cov_A(2,r) \\ \cdots & \cdots & \cdots & \cdots \\ Cov_A(1,r) & Cov_A(2,r) & \cdots & \sigma^2_{A_r} \end{bmatrix}$$

式中，$\sigma^2_{A_j}$是第j个目标性状的加性遗传方差；Cov_A（j，k）是目标性状j和k之间的加性遗传协方差。

利用综合选择指数进行选择，在给定留种率（i）的情况下，预期可获得的综合育种值的选择进展计算公式如下：

$$\Delta H=ir_{HI}\sigma_H=i\sigma_I=i\sqrt{b'DAw} \qquad (6\text{-}11)$$

除了综合育种值的进展外，还可以计算每一目标性状的预期选择进展，其计算公式为：

$$\Delta a' = \frac{ib'A}{\sigma_I} = \frac{ib'DA}{\sqrt{b'DAw}} \quad (6\text{-}12)$$

需要特别指出的是，同时选择多个性状所获得的各性状的选择进展总是会小于单独选择各性状的选择进展。可以证明，如果所有选择的性状间都不存在相关，而且各性状的表型方差、遗传力和经济加权值都相同，那么在同样的选择强度下，用综合选择指数同时选择r个性状时，每一个性状的遗传进展只有单独选择该性状时的$\frac{1}{\sqrt{r}}$。因此，在进行多性状选择时，不宜在综合育种值中包含太多的目标性状，一般以2~4个为宜。

3. 关于选择指数法的进一步说明

选择指数方法可以针对单信息、多信息、单性状和多性状等各种情况进行个体育种值估计，但这个方法需要前提条件，其中最重要的是：①用于计算指数值的所有观测值不存在系统环境效应，或者在使用前剔除了系统环境效应；②候选个体间不存在固定遗传差异；③群体中实施随机交配（利用后裔信息时）。

Henderson（1963）证明，如果这些条件能够满足，则由选择指数法得到的估计育种值具有如下理性性质：①是真实育种值A的无偏估计值；②估计误差（$A-\hat{A}$）的方差最小，这意味着估计值的精确性（以估计值与真值的相关系数来度量）最大；③若将群体中所有个体按$\hat{A}$排序，则此序列与按真实育种值排序所得序列相吻合的概率最大。在育种实际中，不能对来自不同场的个体进行比较。

第二节 牦牛本品种选育

本品种选育是指在本品种内部通过选种选配、品系繁育、改善培育条件等措施，以提高品种生产性能的一种方法，是开展牦牛系统选育的重要措施。本品种选育的基本任务是保持和发展牦牛的优良特性，增加牦牛品种内优良个体的比重，克服该品种的某些缺点，达到保持品种纯度和提高整个品种质量的目的。

一、本品种选育的意义

本品种选育一般是在一个品种的生产性能基本上满足国民经济的需要，不必要作重大方向性改变时使用。在这种情况下，虽然控制优良性状的基因在该群体中有较高的频率，但还是需要开展经常性的选育工作。不然，由于遗传漂变、突变、自然选择等作用，优良基因的频率就会降低，甚至消失，品种就会退化。为了保持和发展其优良性能，并克服个别缺点，进行本品种选育是十分必要的。

本品种选育的基础在于品种内存在差异。任何一个品种，纯是相对的，没有一个品种的基因型会达到绝对的一致。这种彼此有差异的个体间交配，通过基因的重组，后代中会出现多种多样的变异，为选择提供丰富的素材。因此，本品种选育可以广泛用于牦牛地方良种的改良提高和新品种的培育。

二、本品种选育的作用

开展牦牛系统选育研究应首先以牦牛本品种选育研究为先，即在牦牛品种内部贯彻加强选种选配、改善饲养管理和开展品系繁育等措施以提高牦牛品种性能的技术体系。通过对牦牛外形、体质与毛色、适应性、生长发育、繁殖力、抗病力等性状和性能的选育，全面提高牦牛的品种质量，增加品种内优良个体的数量，稳定牦牛优良性能的遗传性，纯化性状的基因型，全面实现对牦牛品种选优提纯和提纯复壮的系统选育要求，该项工作具有极高的科学价值和社会意义。

三、本品种选育的基本原则

1. 明确选育目标

选育目标是否明确，在很大程度上决定着选育效果。如果开始就没有明确的选育方向和目标，或者虽然有但中途屡经改变，是不能取得良好效果的。选育目标应根据经济发展的需要，结合当地自然条件和社会经济条件，特别是农牧业条件，以及牦牛原有优良特性和存在的缺点，综合加以考虑后拟定。

我国牦牛品种已制定选育目标，其主攻方向是提高早熟性和日增重，增强后躯。在利用上，甘肃天祝白牦牛以肉毛兼用为选育方向；四川九龙牦牛的两个品系，分别以肉乳兼用和肉绒兼用为选育方向；四川麦洼牦牛以乳肉兼用为选育方向；青海高原牦牛以肉乳兼用为选育方向；培育品种大通牦牛以肉用为选育方向。

2. 辩证地对待数量和质量

牦牛是数量较多，但质量有待进一步提高，应把提高质量列为本品种选育的首要任务。牦牛的质量不仅表现在生产性能上，而且还必须有优良的种用价值，即具有较高的品种纯度和遗传稳定性，杂交时能表现较好的杂种优势，纯繁时后代比较整齐、不出现分离现象。选择能改变群体的基因频率和基因型频率，从而可改变牦牛的特性和生产性能。但如果牦牛所拥有的个体数量太少，尤其是种公牛，选育效果就会受到影响。数量和质量之间存在着辩证关系，必须全面兼顾，才能使本品种选育取得预期效果。

3. 正确处理一致性和异质性

牦牛有17个不同类型的地方品种和1个培育品种，这反映了牦牛的异质性。牦牛的一致性就是不同品种的共性反映，表现为牦牛的品种特征、特性。有了一致性才能使不同品种互相区别并反映一个品种的存在，才能保证品种具有稳定的遗传性。在本品种选育时，应通过选种选配尽量使一个品种内的个体，在主要性状上逐渐达到统一的标准，这是本品种选育的一项重要内容。但品种的异质性也是必要的，没有一定的内在差异，就没有发展前途。因此，选育时对于品种内原有的类型差异，应尽量保存和利用；原品种内类型不清晰的，还应通过品系繁育使杂乱的异质性系统化、类型化。

4. 选种选配相结合

牦牛的本品种选育由于个体来源相同、饲养管理条件基本一致、群体较小等原因，有时即使没有近亲繁殖，也会得到与近亲繁殖相似的不良结果，即后代的体质变弱、体格变小、生长缓慢、生产性能降低等近交衰退现象。因此，实施牦牛本品种选育必须严格进行选种与选配两者密切结合，以保持和提高牦牛品种的生活力和生产性能。

5. 突出主要性状，以提高生产力水平为主

牦牛的生产性能通常是由多个性状组成，在进行本品种选育时，往往需要同时对许多个性状进行选择。如九龙牦牛除选择日增重、早熟性外，还要对乳用、毛用性状进行选择；麦洼牦牛要同时选择影响乳用、肉用性能的多个性状等。但在对多个性状进行选择时，要突出主要性状，而且同时选育的性状数目不宜过多，否则影响遗传改进量。

我国牦牛品种的特点是数量多，但生产力水平低，跟不上社会经济发展的需要。所以牦牛的本品种选育应以提高生产性能为主要任务，尤其是产肉性能。另外，要注重提高牦牛品种的纯度和稳定的遗传性，使牦牛品种纯繁时其后代整齐一致，不出现分离。当用于杂交时，能获得良好的杂种优势。

6. 改善培育条件，提高饲养管理水平

根据现代遗传学理论，生物任何性状的表型都是遗传和环境共同作用的结果。当饲养条件差时，家畜优良基因的作用无法表现。没有良好的培育和饲养管理条件，再好的品种也会逐渐退化，再高的选育水平也起不到应有的作用。牦牛的产肉、产乳性能与其他牛种相比是偏低的，这除了遗传差异外，与牦牛生存的自然条件和长期粗放的放牧饲养管理有密切的关系。因此，在进行牦牛本品种选育的同时，必须相应地改善培育和饲养管理条件，以便使其优良的遗传特性得以充分发挥。

四、本品种选育的基本措施

1. 加强领导和建立选育机构

牦牛选育是一项集技术、组织管理为一体的复杂工程，具有长期性、综合性和群众性的特点。在开展牦牛本品种选育时，必须建立由业务主管部门领导、专家、企业家组成的品种

选育协作组织，加强统一领导。这是开展本品种选育的组织保证。协作组建立后，应进行调查研究，详细了解该牦牛品种的主要性能、优点、缺点、数量、分布，形成的历史条件以及当地经济发展对品种的要求等，然后确定选育方向，拟定选育目标，并制定统一的选育计划。

2. 建立良种繁育体系

良种繁育体系一般可由育种场、良种繁殖场和一般的繁殖饲养场3级组成。在良种选育地区办好专业的育种场，并建立选育核心群，这是本品种选育中的一项关键措施。育种场的种牦牛由产区经普查鉴定选出，并在场内按科学配方合理饲养和进行犊牛培育，在此基础上实行严格的选种选配，还可进行品系繁育、近交、后裔测验、同胞测验等较细致的育种工作。通过比较系统的选育工作，培育出大批优良的牦牛品种。

3. 健全性能测定制度和严格选种选配

育种群的牦牛，都应按全国统一的有关技术规定，及时、准确地做好性能测定工作，建立健全牦牛种牛档案，这是选种选配必不可少的原始依据。承担良种选育任务的场站，都应有专人负责做好这一工作。选种选配是本品种选育的主要手段。适当多留种公牛，给予良好的培育条件，通过本身以及同胞或后裔测定，选出一批较好的种公牛，更换产区低劣的公牛，是一个既经济又能迅速提高牦牛群体质量的有效措施。在选配方面，应根据本品种选育的不同要求，采取不同方式。在育种场的核心群中，为了建立品系或纯化，可以采用不同程度的近交。在良种产区或一般繁殖群中，则应避免近交。

4. 科学饲养与合理培育

只有在比较适宜的饲养管理条件下，良种才有可能发挥其高产性能。我国牦牛出现品种退化现象，其主要原因可能还在于饲养管理不当，饲养水平太低。因此，在开展本品种选育时，应加强饲养管理，进行合理培育。

5. 开展品系繁育

品系繁育是加快选育进度的一种行之有效的方法。在开展品系繁育时，应根据不同类型品种特点及育种群、育种场地等具体条件，采用不同的建系方法。

6. 坚持长期选育

牦牛的本品种选育世代间隔长、涉及面广、社会性强、进展缓慢，加之牦牛管理粗放，选育程度低，分布地区经济文化比较落后，推广应用畜牧技术较困难。因此，育种计划一经确定，要争取各方面的支持，坚持长期选育。

第三节 牦牛品系繁育

为了积极推进牦牛的系统选育，提高牦牛生产性能，使品种纯化，一个行之有效的方法是开展品系繁育，即利用品系选育提高和纯化牦牛的方法。

一、品系的概念

品系是指一些具有突出优点，并能将这些优点相对稳定地遗传下去的牦牛群。在不同的育种阶段和不同的社会经济发展时期，牦牛品系的内容具有新的含义，并不断地发展和完善。品系的概念分为狭义和广义两种。

1. 狭义品系

狭义品系是指来源于同一头有突出优点的系祖，并与其有类似的体质和生产力的种用牦牛群。它是建立在系祖的遗传基础上，范围较窄。

广义和狭义品系在理论和建系方法上有一定的区别，但从选育目的和效果看，二者是一致的，都是为了育成具有一定亲缘关系、有共同优点、遗传性稳定、杂交效果好的牦牛群。

2. 广义品系

广义品系是一群具有突出优点，并能将其优点稳定地遗传下去的种用牦牛群。所以，广义的品系是建立在群体基础上的、有突出优点的牦牛群，其含义中既包括狭义的品系，也包含一些在特殊地理环境中形成的地方品系，以及人们专门建立的专门化品系、合成系、近交系等。牦牛品种主要以地方品系为主。例如，九龙牦牛的肉乳兼用系和肉绒兼用系；西藏牦牛的藏东南山地型和藏西北草地型等。牦牛品种中的这些地方品系是在各地生态环境条件和社会经济条件的差异下，经长期选育而形成的。

二、品系繁育的特点

品系繁育是围绕品系而进行的一系列繁育工作，是品种选育工作的具体化。其内容包括品系的建立、保持和利用。它具有加速品种的形成、改良，以及充分利用杂种优势的作用，而这些作用是基于品系繁育本身所具有的特点。

第一，速度快。品系由于群体小，可使遗传性很快趋于稳定，群体平均生产性能提高较快。当组成品系的原始群体较好时，3~5代即可育成。

第二，群小，工作效率高，转向容易，效果具体明显，一致性强。

第三，优良性状突出，有利于促进品种的发展和利用。

三、建立品系应注意的事项

品系的建立不是在短时期中所能完成的，一般都要经过5~6代的选育。所以开展品系繁育，必须要有明确的目标，根据当地自然条件和社会条件，确定在品系繁育中牦牛的体形、体质、毛型、毛色、适应性、繁殖力、生长发育和抗病力等诸多方面所应达到的指标、要求、水平乃至所应采取的措施，必要时，可以将所要选育的性状按其遗传特征进行分组，每组只选育少数2~3个性状，等待达到选育目标后，再进行组间的归拢与合并，使所建立的品系在整体上得到大幅度、多方面的提高。

建立品系的方法，应从实际条件出发，首先应对场内现有牦牛进行深入的调查分析，根据选育目标的要求，选出较为优良的牦牛，然后进一步分析这些个体各自的特点，把那些具有相同或类似特点的牦牛划归为一个类群，再以不同的方法、不同的类群为基础建立品系，开展品系繁育。

1. 同一群体优良个体多，并且相互之间有亲缘关系

群体内各牦牛之间大多数有共同的血统来源，说明不仅有共同的特点，而且其特点已经能够相对稳定的遗传给后代，基本上已经符合了一个单品系的要求，形成了本场所繁育牦牛的特色，具有了一个品系的雏形。为进一步突出品系的特点，发展群体的数量，巩固和稳定遗传性，可以进一步采用家系选择和同质选配的方法加强巩固品系。

2. 同一群体里优良个体较多但无亲缘关系

群体里的优良牦牛多，但相互之间没有亲缘关系或亲缘关系较远，这种情况多见于新组建的牦牛场。尽管牦牛个体优秀，但因血统来源不同，性状不会稳定遗传，只具备了建立品系的良好的性状基础。此时，应先把牦牛群封闭起来，采用同质群体继代选育的方法建立品系，并在品系中纯化优良性状的基因，达到纯种繁育的目的。

3. 同一群体里优良牦牛的数量较少

这种情况说明牦牛群体还缺少共同特点，因此在优良牦牛只有1~2头时，更应严格分析它们的性状，如果确定其基因型优秀，并且已经经过了后裔测验，证明其优点能够稳定遗传时，可以采取系祖建系的方法建立品系，如果有一定的技术能力和水平，也可以考虑运用近交建系的方法建立品系。

4. 群体中缺乏全面优秀的个体

目前国内的绝大部分牦牛养殖场属于此种情况，场内牦牛较多但各方面都很优秀的牦牛却很少，说明场内牦牛的品质差异较大。此时，可以将各有优点的牦牛集中为一群，封闭起来进行异质群体继代选育。但是，在群体封闭之前必须注意，要保证封闭群内要包含品系的选育目标所确定的全部优秀性状，以便在封闭后选育群内已经包含了全部选育所需的基因素材。

四、建立品系的方法

1. 系祖建系法

采用系祖建系法建立品系，首先要从牦牛场的牛群中选出或培育出一头各方面表现均出

类拔萃的牦牛作为系祖。系祖不仅有独特的遗传稳定的性状，而且系祖的其他性状也要达到一定的水平。否则，即使将来建成了品系，也会因系祖选择不当而使品系表现平平，乃至失去了建立品系的意义。

应当强调的是，选择系祖，最主要的不是系祖本身优良性状的表现型，而是性状的基因型，如果系祖的突出优点主要是环境条件所造成的，那么这一优点就不能遗传给后代，也就不能建成具有系祖突出优点特色的品系。或者，某个系祖虽然很优秀，但其又带有某种隐性不良基因，诸如隐睾、阴囊疝、髋关节发育不全等，这些隐性不良基因很有可能在建系过程中暴露出来，不仅影响建系，还会带来很大的危害。因此，对作为系祖的牦牛必须慎重选择，有条件时最好经过后裔测定或测交，证明其不携带有隐性不良基因后才可使用。对于那些有微小缺点的系祖，应该容许而且有必要使用一定程度的异质选配，用配偶的优点来弥补系祖的不足。

为了充分发挥系祖的作用，必须为系祖选好与配母牦牛。母牦牛应该尽量选取与公牦牛没有亲缘关系的同一类型的个体，以便于进行同质选配，进而增加同质优良基因的频率。与配母牦牛不能太多，通常1头系祖公牦牛最多搭配15头母牦牛，否则母牦牛太多，类型难以与公牦牛一致，后续的性状固定工作将很难进行。为了发展和巩固系祖的优良性状，光靠系祖的选种和选配是不够的，还必须加强对后代的培育和选择，对于那些完整地继承系祖优良性能并将其性状和性能遗传下去的个体或后代才可作为系祖的继承者。而且，在一般情况下，一个优秀的系祖，它的后裔均值一般比本身表型值略低，而比群体均值要高，因为存在回归现象。后代数量不能太少，否则很难找到理想的系祖继承者，从而会影响品系的质量，甚至被迫停止建系。

有了理想的系祖或系祖的后代继承者，就应当加强选配，可以采用重复选配的方法，即在繁殖季节中，系祖或其后代继承者重复与几头专门搭配的同质母牦牛交配，也可以采取“同族分散”基础上的“同族集中”的方法选配，即同一家族的母牦牛分散和不同的公牦牛交配，在证明某一交配组合能产生最理想的后代后，即在下一个繁殖季节集中同一家族的母牦牛与所证明能产生优良后代的公牦牛交配，借以迅速扩大优良牛群，并有助于提高群体性状的整齐度。

为了加快品系的建成，以后每一代都应进行严格的选配，一般采用同质选配的方法，如果选配效果良好，就不一定采用近交，特别是在最初的一两代内应尽量地避免近交，直到第三代才开始围绕系祖进行近亲交配，配合同质选配，尽快固定优良性状和稳定遗传性，并把系祖的优良性能转变为群体所共有。

综上所述，系祖建系法的实质就是选择和培育系祖及其继承者，同时充分开展合适的近交或同质选配，以扩大优良基因的频率，巩固优良性状并使之变为群体特点的过程，这种建系方法简单易行，群体规模也较小，适合于在规模较小的家庭牦牛养殖场进行，但由于所建成的品系一切性能特征都来源于一头系祖，即使该系祖非常优秀，其性能特征也是有限的，所以该品系遗传性比较狭窄，在建立品系以后的维持工作比较复杂，易出现近交衰退，有时由于很难找到理想的后代继承者而被迫中途停止。

2. 近交建系法

近交建系法的特点是利用亲缘关系极密切的个体，如亲子、全同胞、半同胞交配，使优良性状的基因迅速纯合，以达到建系的目的。其与系祖建系法的区别，不仅在于近交的程度不同，而且近交的方式也不同，它不是围绕一头优秀的个体近交的，所以建立近交系时首先要建立基础群。

建立近交系需要大量的公、母牦牛，因为在建系中由于开展近交造成牦牛生活力衰退、适应性下降、繁殖性能和抗病力下降，需要大量淘汰，如果一开始组建的基础群数量不足，就会导致中途停止。

建立近交系，母牦牛越多越好，但公牦牛数量却不宜过多，以免近交后在群体中出现较多的纯合类型，影响性状的合并与固定，进而影响建系。为此，使用的牦牛种公牛力求同质，而且相互间可以有亲缘关系。在质量方面，组成基础群的个体不仅应当优秀，而且选育的性状应当相同，应尽可能排除隐性不良基因。因为开始建系时，要采用高度的近交，基因纯合的速度很快，隐性不良基因很快就会暴露出来而不利于近交系的建立。因此，对入选基础群的个体一定要严格选择，母牦牛最好来自已经生产性能测定的同一家系，公牦牛最好是经过后裔测定证明是优秀的个体，并经过测交证明其不携带有隐性致死或半致死基因。

在近交建系中，多采用全同胞、半同胞交配，也可以采用亲子配的形式，其间既要考虑亲本个体的品质和性状的纯合程度，也要注意与配牦牛家系的关系，个体品质较好的，血统来源较混杂的，可以采用较高程度的近交。开始时可以较高，以后通过分析上一代的近交效果再来决定下一代的选配方式，如果后代表现很好，则可以继续进行较高程度的近交，否则即应立刻停止，进行一次血缘更新后再进行。

在开始选择时，要注意不宜过于强调生活力，特别是在对性状作正向选择时，因为群体中的杂合子会表现出杂种优势，其后代的生活力反而较强，过于强调生活力会使杂合子首先被选留，这样就不利于品系的建立。另一方面，在近交建系中，也不能放松选种，在开展近交造成群体内基因分离组合的过程中，要密切注意是否出现了所需要的优良性状，一旦发现，就应立即选出来大量繁殖以加速近交系的建成。

3. 群体继代选育法

群体继代选育法是从选择牦牛基础群开始，然后封闭基础群并开始在群内逐代根据外形、体质、生长发育、繁殖性能、适应性、抗病力和血统来源等进行选种选配，以培育出符合预定品系标准、遗传性稳定、整齐一致的牦牛品系。群体继代选育法建立品系的工作大致可以分为3个步骤，即选集基础群、闭锁繁育和严格选留等。

（1）选集基础群。采用群体继代选育法建立品系，一开始首先要选集基础群，由于在正式建系时基础群要封闭，中途不容许再引进群外的种牦牛，所以将来建立品系的所有性状性能都仅限在基础群的基因素材以内，不可能出现基础群所没有的性状。因此，基础群的选集非常重要，是决定品系质量的起点，必须按照建系的目标，将制约品系预定的每一种特征和特性的基因汇集在基础群的基因库中。所以，当预期的品系要求同时具有几方面的特点时，则基础群以异质为宜。因为通过群体的闭锁和相应的选种选配，有可能使各性状逐渐集中起来，并使其基因纯化。如果所要建立的品系只需要突出个别少数性状时，基础群的选集以同质为好。为了使基础群有广泛的遗传基础，最好群内各牦牛之间没有亲缘关系，每一个体的近交系数都为零，作为公牦牛，不应携带隐性不良基因。入选基础群的牦牛其性能应力求达到群体平均水平以上，以便于加速品系的建成，保证品系的质量。

基础群应有一定的数量，数量太少必然基因相对贫乏，选择强度也会降低，就相应造成建系过程中难以获得理想的基因组合，以致会影响到以后建成的品系的质量。同时，数量太少，还会导致近交程度的提高，从而增大近交衰退的危险性。确定基础群的合适的数量，主要取决于群体的近交率和公牦牛的数量。例如，从零世代开始，建成一个品系需要5~6个世代，假如每一世代可以容许的近交增量（ΔF）为2%，那么品系建成时群体的平均近交系数应该是10%~12%，这一近交速率，既可以达到基因的纯合，又可以避免近交衰退的危险。但是，为了要控制每代近交系数的增加，就要每世代群中保证一定的公牦牛的数量。例如，当基础群有40头母牦牛、10头公牦牛时，根据公式$\Delta F=1/2Ne$计算，每世代近交系数的增量为1.25%，而如果把母牦牛的数量提高到100头，公牦牛仍然保持在10头，则群体每世代近交系数的增量ΔF=1.375%，与前者的变化并不大。所以，要保持基础群近交系数增量的稳定，就必须保持公牦牛数量的相对的稳定，具体可以按照下面的公式计算公牦牛的最低需要的数量。

$$S = n + \frac{1}{8} n \Delta F$$

式中，S为公牦牛最低的需要量；n为公母牦牛比例中的母牦牛数；ΔF为确定的每代近交系数的增长量。

（2）闭锁繁育。按照群体继代选育法建立品系，在基础群组成后就必须严格封闭，至少在品系建成以前的4~6个世代中，不准向基础群内再引进任何公、母牦牛，也不容许基础群的母牦牛与群外的公牦牛交配，基础群更新的后备公、母牦牛都只能从基础群的后代牦牛中选出。

在基础群封闭后，即使不是有意识地进行近交，但是由于牦牛群的规模较小，近交系数也会自然上升，这正意味着基础群内的各种基因通过分离和重组在逐步地趋向纯合，再结合严格的选种，就可以使原来存在一定差异的基础群在经过4~6代的选育后转变成为具有共同优点的牦牛群。可见，近交也是在群体继代选育法建立品系时的一种必不可少的手段。

在养殖场专业技术水平有限的条件下，建议在牦牛封闭群中实行以家系为单位的随机交配，这种选配方式基因组合的种类比有意识的个体选配为多，能使各种基因都获得表现的机会，为以后的选种创造了有利的条件。此外，由于采用群体继代选育法，留做后备的牦牛都是性状表现最好的一部分个体，所以每一世代的个体基本都是同质的，没有必要再进行个体选配。在基础群较小时，为了防止近交程度过高，在随机交配中应当有意识地避免全同胞等嫡亲交配。

（3）严格选留。群体继代选育法有以下的特点：

第一，每个世代对基础群内的牦牛在出生时间、饲养管理条件和选种标准等方面尽量保持一致，所以称为继代选育法。由此，群体中各种基因的频率才可能朝着同一个方向改变，使优良变异得到积累而出现基因型和表现型的显著变化，在经过4~6代后逐渐达到平衡。同时，由于每个世代的后备牦牛都在相同的饲养管理条件下生长发育，它们之间的差异显然就是遗传上的差异，所以该方法也可以大大提高选择的准确性。

第二，多留精选。对各世代后备种牦牛的选留，应当使各阶段的选择强度尽量随年龄的增长而加大，因为在年龄较小时牦牛受母体效应的影响较大，体形、体质都在变化，选择的准确性就相应较差，应当尽量多留，只淘汰那些有明显缺陷、发育较差的个体。每世代留种的牦牛数量应保持不变。

第三，要特别照顾家系。采用群体继代选育法建立品系，一般要求每一家系都应留有后代，除非某一家系的成员普遍很差或有某种遗传缺陷才淘汰。为了提高优良性状的基因频率，对优秀家系的后代可以适当多留一些，但不能多到排挤其他家系的程度。

第四，要缩短世代间隔。只有缩短世代间隔才能加快遗传进展。为此，一般不采用后裔测定的方法鉴定种用牦牛，而多采用本身性能测定或同胞测定的方法借以及早确定种牦牛，加快世代更替。但是，缩短世代间隔仅仅是为了加快遗传改进速度，因此必须是在保证子代优于上代的前提下进行，如果子代不如亲代，则世代间隔越短，退化也越快，因此缩短世代间隔一定要以提高选择准确性为基础。

群体继代选育法是一种从群体到群体的建立品系的方法，由于是从基础群开始，采用随机交配，近交衰退小，遗传基础宽，对继代种牦牛的选留比较容易，所以建立品系的成功率相对较高，品系建成后也方便于进行扩群保系，在牦牛系统选育和纯种繁育中是一种行之有效的方法。

第四节　牦牛品种改良

牦牛品种改良是育种工作的重要组成部分，特别是在不利环境中，对处于退化性的畜种，改良更是育种的前提和基础。牦牛复壮的含义就是把处于种内退化型地位的家牦牛，通过综合的畜牧育种技术，改进遗传结构，提高其抗逆性和生产性能。通过复壮方法和技术的探索与实施，进而确定在极为恶劣的条件下培育牦牛新品种的技术路线，为育种奠定基础。

一、野牦牛资源

历史上野牦牛广泛分布于青藏高原及其东部边缘地带。朴仁珠等（1999）报道野牦牛分布区域现已被分割为5个较孤立的区域，包括藏南谷地（冈底斯山南坡）分布区、可可西里分布区、阿尔金山分布区、青海东南部的巴彦喀拉山和阿尼玛卿山以及甘肃南端的玛曲构成的一个分布区、祁连山分布区。近年来，随着人类活动的扩展与加剧，野牦牛的分布范围日益缩小。目前我国野牦牛主要分布于唐古拉山、昆仑山、巴颜喀拉山和祁连山等高寒奇冷、气侯多变、海拔3 500~5 500m的高山寒漠地带。

2001—2004年，中国农业科学院兰州畜牧与兽药研究所在执行国家科技基础专项“中国野牦牛种群动态调查及种质资源库建设”项目过程中，对现有材料数据进行全面分析，深入保护区实地调查，发放调查问卷，建立协助观察员联系制度，多层面开展座谈会，走访一线牧人、僧人及野生动物研究和管理专家，并通过科学推算建立模型，对目前中国野牦牛遗传资源现状进行了客观评估。西藏野牦牛种群数量为9 050±1 840头，主要的地理分区为藏北“羌塘国家自然保护区”的纳木错、色林错、阿鲁盆地、若拉岗日、多格错－多格错仁强、双湖－依步茶卡、窝尔巴错、玛尔果茶卡、戈木错、藏色岗日及土则岗日山脉－黑石北湖等地，分布面积约210 000km^2，种群密度为0.04~0.05头/km^2，其中在阿鲁盆地有金色野牦牛25±3头；青海野牦牛种群数量为8 400±1 406头，主要的地理分区为海西“可可西里自然保护区”、布尔汗布达山的野牛沟、库赛湖、西金乌兰湖、沱沱河、柴达木盆地和青海湖之间地带和玉树州“三江源国家自然保护区”的治多及曲玛莱等地，分布面积约235 300km^2，种群密度为0.03~0.04头/km^2；新疆野牦牛种群数量为1 850±410头，主要的地理分区为新疆东南部“阿尔金山国家自然保护区”的且末、若差、叶城、和田、皮山、洛浦、策勒、于田、民丰等地，分布面积约45 000km^2，种群密度为0.03~0.05头/km^2；甘肃野牦牛种群数量为350±91头，主要的地理分区为肃北“盐池湾省级自然保护区”，武威、张掖及金昌“祁连山国家自然保护区”的天祝等地，分布面积约100 000km^2，种群密度为0.003~0.004头/km^2；四川野牦牛种群数量为90±25头，主要的地理分区为“贡嘎山国家自然保护区”的康定、泸定、石棉等地，分布面积约40 000km^2，种群密度为0.002~0.003头/km^2。我国野牦牛种群数量均值为19 740±3 952头，平均种群密度为0.03~0.04头/km^2。

“六五”“七五”“牦牛选育及改良利用研究”项目用7年的时间在不同地点大范围组织了野牦牛与家牦牛的杂交试验，横交一代牛、野×家F_1代杂交牛比家牦牛提高的百分率分别为初生重13.7%、15%，哺乳期日增重27.7%、25%，越冬保活率4.6%、5%。

二、牦牛复壮技术的理论基础

牦牛复壮新技术可概括为充分利用野牦牛与家牦牛杂交优势，在选择的基础上，进行F_1代牛横交，恰当地使用近交技术，快速固定优势性状，增加遗传改进，以提高牦牛的生产性能和抗逆性。

牦牛复壮模式见图6-1所示。

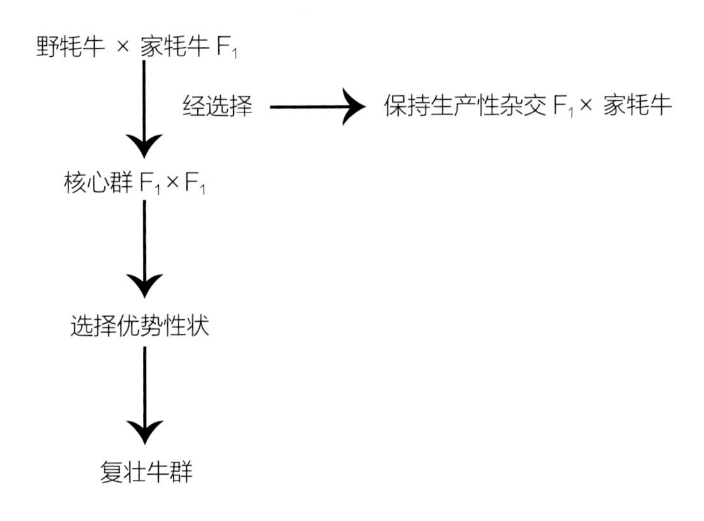

图6-1 牦牛复壮模式

野牦牛对家牦牛具有明显改良效果的理论基础如下。

野牦牛是青藏高原特有畜种和最大的反刍兽，是基因高度纯化的近交种群，是家牦牛的近祖，其外貌与家牦牛酷似，唯其身躯高大硕壮，公牛更甚。野、家牦牛可在非人为条件下自然交配，生产具有正常生育能力的后代。它们具有同一物种相似性，酷似的外貌、基本相同的头骨形态结构、毗邻的分布区、性细胞的亲和性和杂交后代的可育性。同时，又具有不同亚种的差异性，性格、体重之悬殊，分布海拔高度的不同，行为特点的区别以及血液生化组分、活力与含量的区别。因此，可以确认野牦牛是牦牛种内经多世代（200万年）严酷自然选择而处于优势型的“原生亚种”，家牦牛是牦牛种内由于长期（4 000多年）掠夺式经营、低营养水平管理而处于退化型的“驯化亚种”。野牦牛和家牦牛相比，在经济性状和应激耐受性方面具有显著的选择差，所以不但杂交时表现了显著的杂交优势，而且由于性状的纯合程度高，F_1代互交时亦保持了优势性状的稳定遗传。

在家畜遗传育种中，同工酶已广泛应用于杂优效应的鉴别。从野牦牛、家牦牛、犏牛和黄牛乳酸脱氢酶（LDH）测定结果可以看出，无论是总活力或比活力，四类牛从大到小的顺序是野牦牛、犏牛、家牦牛、黄牛。而野牦牛的LDH活力更显著高于家牦牛和犏牛，它的H型酶谱特性及H亚基具有更高的活性和稳定性，同样表明与野牦牛的优良种质不无直接关系，这一结果与在家牦牛血液中导入野牦牛基因组成，使其后代群体从退化中复壮，从而提高家牦牛生产性能和抗逆性的事实相一致，也为野牦牛的育种价值和复壮作用提供了分子酶学依据。

组织呼吸代谢是生物体中无数生物化学过程和酶活动过程的协调表现。经过对野×家F_1代横交、野×家F_1和家牦牛的犊牛初生、3月龄和6月龄肝、肺、心、肾组织呼吸代谢强度的测定，表明牦牛组织呼吸代谢强度，反映了牦牛对高原少氧生态环境的适应特性，F_1代横交牛各组织每单位重量在单位时间内呼吸代谢强度最低，其次为野×家F_1，最后是家牦牛，说明横交牛组织呼吸代谢中耗氧少，比家牦牛更能适应高原少氧生态环境或能利用海拔比家牦牛更高的高山草原，比家牦牛有着更优势的适应性。这也间接反映了野牦牛对少氧环境的强大适应性。大量文献表明，高原动物降低组织中氧的消耗量，从而形成较低的代谢率是高原动物对少氧环境的一种特殊适应。

牦牛肺组织学研究表明，牦牛肺泡的气-血屏障系统呈开放或半开放状态，是牦牛世代生长在高寒少氧生态环境中所形成的独具而完备的组织结构。肺泡壁厚度横交牦牛小于家牦牛，野×家F_1居中，表明横交牦牛比家牦牛有更强的呼吸气体交换优势；肺泡直径横交牦牛显著大于家牦牛。同时，单位肺组织断面上肺泡所占比例横交牦牛比家牦牛高，表明横交牦牛肺泡工作面积大，同样肺脏的气体交换能力比家牦牛高，进一步说明横交牦牛对高原少氧的适应性比家牦牛强。以上两点都间接反映了野牦牛比家牦牛对少氧环境的适应能力更加强大。

野牦牛生活环境更为严酷，但其生活力十分强大，突出表现在极强的繁殖力，通过多年的连续测定，野牦牛的精液品质（包括采精量、精子活力、密度、规定温度下的存活时间、抗力系数、畸形率、顶体完整率以及酶活力）都远优于家牦牛，更优于普通牛种。公畜繁殖力是生活力和种用价值的重要指标，野牦牛公牛冻精授配家牦牛时表现了很高的受胎率，达86%以上，而且在种间杂交时也具有很高的受胎率，平均在57%以上远高于普通牛种之间的冻配记录。LDH活性高15%~48%，这些酶活性高低对受胎率有着直接关系。

野、家牦牛血清蛋白经薄膜电泳均分离出5条电泳迁移率基本相似的蛋白区带，经SDS-PAGE分离所得的蛋白区带数目相同，水解氨基酸的基本组成相近，这些结果都表明它们的血清蛋白具有相似的分子构象，反映了野、家牦牛血缘上的亲近性，但是也看到了各牛在血清蛋白表型上的变异，这既表现在某些蛋白区带的分子量上，亦表现在蛋白质组分含量的不同上。野牦牛γ-球蛋白占总球蛋白的比值高于家牦牛，而该比值是一个极敏感的生化参数，γ-球蛋白是构成体液免疫的主要物质基础，在机体中作为抗体而存在，与动物体的应激耐受性相关联，家牦牛γ-球蛋白含量低，是其抗逆性低于野牦牛的内在原因。因此，这一比值可作为衡量牦牛抗逆性高低的一个可度量指标。

蛋白质合成受基因调控，特定的蛋白质都由特定的氨基酸构成。经测定，野、家牦牛血清蛋白水解氨基酸和游离氨基酸的含量比没有显著差异，但野牦牛的血清蛋白水解氨基酸中，必需氨基酸和非必需氨基酸之比最低，这就表明野牦牛自身合成氨基酸、蛋白质的能力比家牦牛更强些，尤其突出的是野牦牛血清中游离氨基酸的总量几乎是家牦牛的4倍，而且其中必需氨基酸与非必需氨基酸之比——反映蛋白质水解氨基酸之表现，远远超过家牦牛，这有力地说明了野牦牛对饲料营养物质的高效转化率和吸收率。野牦牛如此独特的代谢类型，无疑是其优于家牦牛而在高寒严酷的生活环境中得以繁衍的重要遗传性状之一。

以上所进行的多角度研究结果表明，野牦牛与家牦牛是同种内的不同亚种，种质上具有亲近性。基因纯合性较好，而在重要的经济性状如体重、体尺、增重速度、体型外貌、生命力、抗逆性、血清酶活力、代谢类型、对少氧环境的适应能力、繁殖力等方面，野牦牛又远优于家牦牛，具有绝对的优势。所以，野牦牛与家牦牛的杂交后代不但显示了强大的杂交优势，而且无生殖隔离，在特定的高寒环境其他牛种难以生活、并存在杂交后代生殖隔离的情况下，对家牦牛复壮和育种来讲，野牦牛是最理想的复壮素材和育种父本。中国农业科学院兰州畜牧与兽药研究所与青海省大通种牛场以野牦牛为父本成功培育了大通牦牛新品种是牦牛复壮改良的典型案例。

三、野牦牛与家牦牛的杂交优势

野牦牛和家牦牛是同种内的不同亚种，野牦牛是青藏高原海拔3 500~5 500m高山寒漠特有的珍贵野生牛种，体格硕大（600~1 200kg），对严酷生存条件具有极强的适应性（图6-2）。通过多年研究，野牦牛与家牦牛血缘关系相近，在重要经济性状如体重、生长速度、体型外貌、抗逆性、繁殖力、代谢类型及其对少氧环境的适应性等方面，野牦牛与家牦牛的杂交后代显示了强大的杂交优势，而且在特殊的高寒生态系统中，其他牛种无法利用且犏牛雄性不育，故对牦牛的改

图6-2　野牦牛

良和育种来讲，野牦牛是最理想的父本。其杂交后代不但生产性能提高，而且进一步有效复壮抗逆性和生活力，能更加有效地利用高山草场。

四、野牦牛的驯化

图 6-3　青海省大通种牛场驯养的野牦牛

将野牦牛与家养公牦牛放在一起，实行半舍饲、半围牧饲养，使之逐渐习惯饲养环境、饲养程序和饲养员。图6-3为青海省大通种牛场驯养的野牦牛。

野牦牛驯化技术措施如下。

1. 选择幼龄牛

利用其对人为建立的新环境易于适应、可塑性强的特点，从幼年时期起开始驯导培育。先把它们和已经驯育的半血野牦公牛及家牦公牛混放在同一圈栏里，放牧时也一同出牧，放在专用的人工围栏草场里，从无约束的状态下，引渡到人为的放牧管理之中，使其从小就和大公牛在一起生活，迫使建立稳定的生活秩序，改变性格，服从人的要求，听从人的指挥。

2. 选择年轻、大胆、灵活的饲牧员，威而训之

选择壮年、大胆、谨慎且耐心的饲养员，恩而抚之。人畜长期固定相处，建立感情，做到人牛亲善，消除敌意。同时，订立包干合同，定任务，定奖励。

3. 建立视听条件反射

固定牛舍（半敞开式）、牛圈、围栏及所用饲槽、体刷、粪铲、水桶、拌料器具、采精架、采精员、工作服等，使牛对周围环境热悉，视觉的物象常规化。同时，固定每天饲喂管理的工作程序，使牛逐日习惯，人和物所造成的音响听觉。久而久之，逐步牢固地建立起条件反射，使牛受人指挥，接受人为意图的控制，使人、物、牛三者之间建立紧密连系，由视听到大脑神经系统建立起感情稳定平衡灶。从人到声，声到物到，吆喝之中有“语言”、有“命令”，扬声之中有“指挥”、有“安抚”，这样久而久之习惯成自然，闻而不惊，野性逐日消除。

4. 建立触觉条件反射

在建立视听条件反射的过程中，另一项不同于往昔的驯化程序，就是随着建立声相进程的同时，大胆勇敢而耐心温和地与野牛进行体躯接触，这是达到驯育利用这一珍贵野生资源的又一关键性措施。规定在驯化的初期先用长接触物探试性接触，如用长扫帚扫其圈槽，再扫其粪，再渐渐扫其体侧下肢周围的粪尿，进而扫其下肢、下腹、后躯、背颈以至全身。随后，用短扫帚和软扫刷进一步刷拭，用手触摸腹下、睾丸系部、睾丸、包皮和阴茎。牛从开

始警惕防范，到最后静息眯眼感到舒适。在接受感触的过程中，建立了触觉末端神经传送到大脑中枢的必然联系，此种知觉在大脑皮层把信号重复、强化，到记忆，贮存于神经元里。这样形成思维，从而使野牛的行为规范化，为下一步人工采精利用奠定可靠的基础。

5. 去角、穿鼻戴环、系缰

虽说经过长时期的人工驯育，野牛暴燥易怒的野蛮劣性得到抑制，性格得到很大改善，但在多变的环境因子之下，还是有许多偶然事件难以预料。为了加速驯导进程和防止事故发生，对于所有野、半野大小公牦牛均行及时穿鼻戴环拴系缰绳。对于个别成年才进行驯化，且又极为凶猛可能袭人的公牛，给予强制性去角，以保人畜安全。经过这一措施后，野牛显得更易接受人的控制和调度。鼻缰所向使之驯服而行，所谓“可执牛耳”。同时，每天牵引运动也增强了牛的体质。

6. 稳定的饲养程序

野牦牛采取单圈半舍饲放牧方式。非配种期每天早、晚饲喂2次精饲料，日喂量1kg；其余时间放入围栏天然草地上自由采食。配种预备期和配种期间，在常规饲养的基础上，加喂牛奶、鸡蛋和矿物质饲料，以保证配种体况和优良的精液品质。饲管按“四定”原则，即定时喂料、定时放牧、定时饮水、定时在围栏驱赶运动。根据四季气候变化做多方面工作，如冬春季大雪封山时即全舍饲补喂，夏季炎热时赶至河中站立和向身上泼水等，以保常年健康。

第五节　牦牛杂种优势利用

杂种优势是杂种性能优于双亲的一种现象，一般表现在生活力、抗逆性、抗病性及生产性能等多个方面，只要有一方杂种优于双亲，就称为具有杂种优势。杂种优势利用在牦牛生产中产生了显著的经济效益，已成为牦牛育种工作的重要内容。

一、杂种优势的遗传理论

1. 杂种优势及度量

牦牛具有高度耐寒和极强的采食能力，耐粗、耐劳，能很好地适应高海拔、低气压、空气中含氧量少、日温差大、全年基本无夏、冬春冷季长、牧草生长期短的高寒草地生态环境，但生产性能低，生长速度慢。普通牛生长速度快，产肉、产乳性能好，但不适应高寒草地生态环境条件。一代杂种犏牛既具有较高的生产性能，又能适应高寒草地的环境条件，杂种优势十分明显，在高寒草地上是一种很好的家畜，但是公犏牛不能生育，是一个很大的缺陷。由此看出，杂种优势并不是杂种的一切性状优于双亲，而是某些性状优于双亲。

杂种优势的度量是杂种优势数量化的必要手段，可用以对不同杂交组合的杂种优势进行比较。其方法主要有以下两种。

第一种方法，将杂种同最优亲本比较。只有性能超过最优亲本，才表明具有杂种优势。但在牦牛育种的实际工作中，由于外来品种数量有限，它们对环境条件的要求又高，这种计算方法就不太合乎客观事实。

第二种方法，将杂种同双亲的均值比较。计算公式为：

$$H=\frac{\text{杂种均值}-\text{双亲均值}}{\text{双亲均值}}\times 100\%$$

式中，H为杂种优势率，当$H>0$时，表明有杂种优势。这种方法在牦牛生产中具有重大意义，但它并不能准确反映犏牛生产性能提高的原因。因为犏牛生产性能的提高是由普通牛品种对牦牛品种的改良作用和杂种优势两种原因造成的。

随着牦牛育种中杂交概念的扩展，杂种优势的概念也发生了变化。杂种优势现象已从F_1扩展到各种杂交方式的子代，只要子代性能优于亲本牦牛，就称为有杂种优势存在。因此，按照杂种优势的来源可以划分成两种类型。

（1）个体杂种优势。这是一代杂种犏牛的性能或生活力优于亲本牦牛或普通牛均值的杂种优势。它不包括母体、父体或性连锁引起的杂种优势。计算公式为：

$$H_i=\frac{(\text{牦牛}♀\times\text{普通牛}♂)+(\text{普通牛}♀\times\text{牦牛}♂)}{2}-\text{牦牛群体均值}$$

式中，H_i为杂种犏牛的个体杂种优势。

（2）母体杂种优势。是指用一代杂种犏牛作母本使子代获得的杂种优势部分。母犏牛的生活力及体质往往比纯种个体优越，可以给子代性状的发育提供一个良好的环境，使子代表现出优于双亲的特性。计算公式为：

$$H_M=\text{犏牛}♀\times\text{普通牛}♂-\text{牦牛群体均值}$$

式中，H_M为母体杂种优势。

2. 显性假说

1910年Bruce A.B.等最先提出了显性基因互补假说。1917年Jones D.F.又进一步补充为显性连锁基因假说，简称显性假说（Dominance hypothesis）。该假说认为隐性基因是有害的或是不利的，显性基因是有利的，杂种优势是由于双亲的有利显性基因全部聚集到杂种中所引起的互补作用。假设，牦牛品种适应高寒生态环境条件的基因为A_1、A_2……A_n，普通牛品种高产乳量的基因为B_1、B_2……B_n，牦牛与普通牛杂交模式见图6-4所示。

经过杂交，F_1犏牛具有两种类型的显性基因，既能够适应于高寒草地的环境条件，又具有较高的产乳量，优于双亲品种，这是显性假说对杂种优势来源的解释。

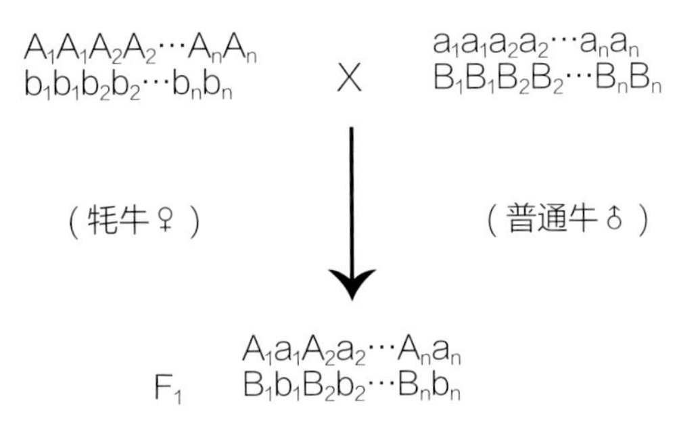

图 6-4　牦牛与普通牛显性假说杂交模式

按这个假说，杂种优势是可以固定的。通过选择可以在杂种后代中选出显性纯合体（$A_1A_1B_1B_1A_2A_2B_2B_2 \cdots\cdots A_nA_nB_nB_n$），它们可以稳定地遗传下去。但是在育种实践中却选不出这样的类型，杂种优势无法固定。因此，Jones D.F.补充认为显性与隐性基因连锁，在多基因控制的情况下，要选出显性纯合体是不可能的。

显性假说得到了部分实验结果的支持，能够解释一些杂种优势现象，但是它没有考虑产生杂种优势的性状多数是数量性状，基因间无明显的显隐性关系，受微效多基因控制，效应是可加的。同时，也忽略了非等位基因间的互作关系。

3. 超显性假说

超显性假说（Overdominance hypothesis）认为，等位基因间没有显隐性关系，杂种优势来源于双亲等位基因的异质结合所引起的基因间相互作用而产生的超显性效应。杂合子优于任何纯合子，杂种优势无法固定。例如，假设在牦牛和普通牛种每种同工酶的活力受A_1与A_2、B_1与B_2两对基因控制。A_1A_1、A_2A_2、B_1B_1、B_2B_2的基因型值分别为100个单位，A_1A_2、B_1B_2的基因型值分别为200个单位，于是杂种优势的形成见图6-5所示。

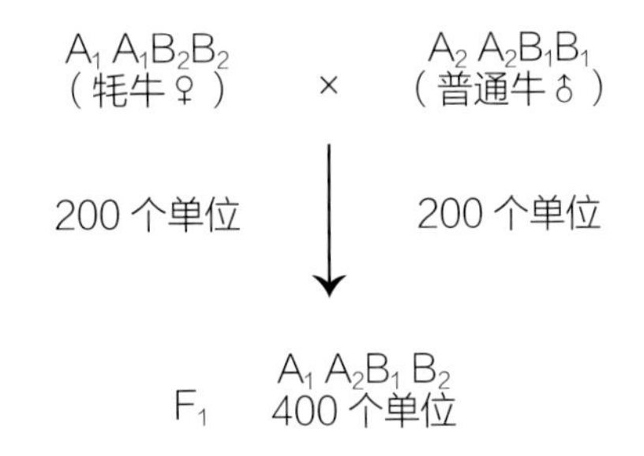

图 6-5　牦牛与普通牛超显性假说杂交模式

可见F_1犏牛为400个单位的活力，超过双亲均值（200个单位）的1倍。200个单位的增值是由成对杂合子基因的互作引起的。

在超显性假说提出时，几乎没有实例的支持，但现在越来越多的试验结果支持超显性假说。不过这一假说也有不足之处，它完全排斥了等位基因间的显隐性差别，排斥了显性基因在杂种优势种的作用。许多事实证明，杂种优势并不与等位基因的杂合性始终一致。

4. 活性基因效应假说

由于杂种优势遗传机理的复杂性，使它在实践中的成功远远大于其理论的发展，它的实质和规律至今还有许多不清楚的地方。因此，为了对杂种优势产生的原因作一合理地解释和对此问题引起更广泛的讨论，钟金城（1994）提出了活性基因效应假说（Active gene effect hypothesis）。

该假说认为等位基因当其纯合时，相同的两个基因仅有一个具有活性，对表型的形成产生作用。另一个是无活性的，或者说对表型不产生任何影响。但当这些基因杂合时，异质基因都具有活性，杂种优势来源于这些基因效应的相加和互作。例如，假设牦牛某经济性状受A_1和A_2、B_1和B_2两对基因控制，A_1、B_1的基因效应值各为100g，A_2和B_2的基因效应值各为50g，A_1与A_2、B_1和B_2、A_1和B_1、A_1和B_2、A_2和B_1、A_2和B_2间互作效应值各为10g，第一个亲本品种的基因型为$A_1A_1B_1B_1$，第二个亲本品种的基因型为$A_2A_2B_2B_2$，则亲本和杂种的基因型和基因型值见表6-3所示。

表6-3 杂种优势表现情况

代数	基因型	基因型值（g）	加性效应值（g）	互作效应值（g）
亲代	A_1 $A_1B_1B_1$	210	200	10
	A_2 $A_2B_2B_2$	110	100	10
	平均	160	150	10
F_1代	A_1 $A_2B_1B_2$	360	300	60
	$1A_1$ $A_1B_2B_2$	160	150	10
	$2A_1$ $A_2B_1B_2$	280	250	30
	$1A_1$ $A_1B_1B_1$	210	200	10
	$2A_1$ $A_2B_2B_2$	230	200	30
F_2代	$4A_1$ $A_2B_1B_2$	360	300	60
	$2A_1$ $A_2B_1B_1$	280	250	30
	$1A_2A_2B_2B_2$	110	100	10
	$2A_2$ $A_2B_1B_2$	230	200	30
	$1A_2$ $A_2B_1B_1$	160	150	10
	平均	257.5	225	32.5

从上表可见，杂种优势是由于杂合子中活性基因的效应相加和互作的结果，在后代中完全无法固定。

二、牦牛杂种优势利用的概念

牦牛杂种优势利用包括种内杂种优势的利用和种间杂种优势的利用两个方面。其完整概念，既包括现有牦牛品种的选优提纯，又包括杂交用父本（牦牛品种）和普通牛品种的选择和杂交工作的系统组织管理。同时，还包括繁殖力的提高和杂种的培育，以及现有杂种的合理利用。总之，它是由众多技术和管理环节组成的一整套综合措施。

在牦牛杂种优势利用中，也会出现杂种无优势甚至杂种劣势的现象。它不仅是个杂交方法问题，更重要的是杂交亲本的选优提纯和杂交组合的选择及杂种的培育问题。

三、牦牛杂种优势利用的技术环节

1. 现有牦牛品种的选优

在牦牛育种工作中，要成功地开展杂交工作，获得显著的杂种优势，现有牦牛品种的选优复壮是一个最基本的环节。原因在于牦牛品种的基因纯合程度虽较高，但在生产性能上所具有的优良基因种类少，频率低，能够在杂种中，特别是在牦牛品种间杂交时表现出较大的加性、显性、超显性和互作效应的基因就更少。因此，只有通过选优和复壮使牦牛品种的优良、高产基因的频率和主要性状上的纯合子的基因频率尽可能增加，个体间的差异减小，才能在杂交时产生较大的杂种优势。

2. 杂交用父本的选择

在牦牛的杂种优势利用中，一般用本地区的牦牛为母本，因为数量多，适应性强，容易在本地区基层推广。杂交亲本或杂交组合的选择，实质上就是对父本的选择。而对父本的选择主要考虑以下几个问题。

一是牦牛品种间杂交时，一般应选择与本地牦牛品种分布地区距离较远，来源差别较大，类型、特点不同，基因纯合程度较高的牦牛品种作父本。牦牛与普通牛品种杂交时，应选择经过高度培育的普通牛品种作父本。因为这些品种一般生长速度较快，饲料利用率高，胴体品质好，且这些性状的遗传力较高，公牛的优良特性能很好地遗传给杂种后代。

二是应选择与杂种类型相似的品种作父本。例如，生产肉用型杂种牦牛，应选择优良的肉用型牦牛或普通牛品种为父本；生产乳用型杂种牦牛，应选择乳用型普通牛品种为父本。

三是在进行三元杂交时，第一父本应考虑繁殖性能是否与母本有较好的配合力，第二父本应考虑能否在生产性能上合乎杂种指标的要求。在“一代乳用，二代肉用”的杂交体系中，第一父本可选择乳用型普通牛品种，第二父本选择肉用型普通牛品种。

3. 提高繁殖力

在牦牛与普通牛的种间杂交中，由于普通牛品种对高寒草地的生态环境条件适应性极差，多采用普通牛的冷冻精液进行杂交，结果受胎率和繁殖成活率都低，这就严重影响了牦牛杂种优势的利用和整个牦牛业生产效益的提高，必须集中力量研究参配母牦牛的质量、输精配种技术、环境条件等对杂种繁殖成活率的影响，提出改进措施，促进牦牛杂种优势利用工作的开展。

4. 杂种牛的培育

杂种有无优势或优势的大小，除受杂交亲本遗传基础的影响外，与杂种牛所处的环境条件有着密切的关系。即使是同一杂交组合，在不同的培育条件下，所表现的杂种优势也不一样。因此，应根据杂种牛及亲本的要求，尽量满足培育条件，才能做好杂种优势利用工作，才能发挥杂种牛的增产潜力，提高牦牛生产的效益。

优良基因的作用，必须要有一定的物质基础，在最基本的条件也无法得到满足的情况下，杂种优势不可能形成，有时反而不如低产的纯种牦牛。例如，杂种犏牛的日增重为500g，就要求每天食入饲料的数量和质量能满足每天增重的需要，否则，日增重的杂种优势就无法表现。

四、牦牛杂种优势利用的综合配套措施

1. 建立健全牦牛繁育体系

牦牛繁育体系是有效地开展牦牛育种和杂种优势利用的一种组织体系。它既有技术性工作，又有周密的组织工作；既有纯种繁殖，又有杂种优势利用。主要工作内容包括：确定杂交组合及繁育方法和技术措施；建立几级任务、规模不同的场、站、户，确定它们之间的相互关系及配合、协作方式，总体及各自的产品、技术、效益指标。

应根据牦牛生产的实际情况，以各级畜牧站和配种站为桥梁，大型牦牛场为骨干，农村专业户或养殖户为基础，建立站、场、户相结合的牦牛繁育体系。大通牦牛建立了由种公牛站、育种核心群、繁育群（场）、推广扩大区组成的四级繁育技术体系。甘南牦牛建立了由核心群、扩繁群、商品生产群组成的三级繁育技术体系。

要开展牦牛繁育体系的工作，还必须要有一支具有高度事业心和为牦牛业献身精神、技术过硬的科研、生产单位和工作人员。

2. 合理利用现有杂种

虽然我国牦牛与普通牛的种间杂交工作取得了辉煌成就，但由于认识、历史及管理上的原因，也存在着许多问题。其中一个突出的表现是存在着大量的二代杂种牛（尕利巴、阿果牛、杂牛），这些牛的杂种优势低，产品量少，有一部分与牦牛、黄牛无明显区别。因此，如何利用和处理这些杂种牛，提高其生产性能，并将其纳入有计划、有步骤的繁育轨道，以适应高寒草地牦牛业迅速发展的形势需要，已成为当前急待解决的问题。

3. 加强宏观管理

牦牛杂种优势利用是一项涉及面广而连续性强的复杂工作，必须切实加强宏观管理，需要周密的进行组织。各地区应在统一领导下，根据本地区牦牛资源、育种力量、草场及饲养条件、工作基础、经验教训等，制定出一套方案，有领导、有计划、有步骤地开展这项工作。对新技术要积极组织推广应用，并从市场经济入手，进行技术经济效益方面的估计、核算及

分析，以不断指导并改进工作。

第六节　牦牛杂交改良

牦牛和普通牛种的杂交为种间杂交，可表现出强杂种优势，如生长发育快、早熟，适应范围扩大，世代间隔缩小，畜群周转加快，肉、乳性能大幅度提高，深受牧区、半农半牧区和邻近农区群众的欢迎。

一、种间杂交中供选用的一些普通牛种品种简介

牦牛和普通牛种（如中国黄牛等）的杂交，为种间杂交。引进的培育品种公牛，难以适应青藏高原的生态环境。随着冷冻精液技术的推广，在牦牛产区应广泛应用培育品种公牛的冷冻精液，同牦牛杂交，生产种间杂种。现种间杂交中常供选用的一些普通牛品种如表6-4所示。

表6-4　部分普通牛品种简介

品种名称	原产地	外貌特征	生产性能
中国西门塔尔牛	中国	肉用或肉奶兼用品种	活重：公牛1 000~1300kg，母牛600~800kg。公牛经肥育后屠宰率为65%，母牛为53%~55%。泌乳期产奶量为3 500~4 500kg，乳脂率为3.64%~4.13%
中国荷斯坦牛	中国	我国的奶牛品种，毛色为黑白花	活重：公牛1020kg，母牛575kg。泌乳期平均产奶量5 333.9kg。乳脂率3.4%
夏洛来牛	法国夏洛来省及邻近省区	是欧洲大型肉牛品种。头小而短宽，颈粗短，肋弓圆，背宽，体呈圆筒状，后躯发育好，后臀肌肉很发达，并向后和侧面突出。毛色为乳白色和枯草黄色	活重：公牛1 100~1 200kg，母牛700~800kg，屠宰率为60%~70%。母牛产奶量高，1个泌乳期为1 700~1 800kg，乳脂率4%~4.7%，繁殖方面难产率较高（13.7%）
秦川牛	陕西省关中地区	我国著名的大型役肉兼用品中。公牛颈短粗，鬐甲高，母牛鬐甲低。体质强健，前躯发育好而后躯弱。毛色以紫红和红色为主	活重：公牛594.3kg，母牛381.3kg，18月龄屠宰胴体重282kg，屠宰率58.3%，净肉率50.5%
蒙古牛	蒙古高原，东北、西北各省（自治区）均有分布	体格大小中等，头短宽粗重，角向上前方弯曲，胸宽而深，尻斜，后躯短窄。毛色以黄褐色及黑色居多	活重：公牛350~450kg，母牛206~350kg。成年阉牛屠宰率53%，净肉率44.6%
海福特牛	英国西部海福特郡及附近地区	中小型早熟肉牛品种，具有典型的肉用牛体型。全身肌肉丰满，体躯毛色为橙黄色或黄红色，头、颈垂、腹下、尾帚及四肢下部位白色	活重：公牛850~1 100kg，母牛600~700kg，屠宰率为60%~65%，肉多汁，大理石纹较好

（续表）

品种名称	原产地	外貌特征	生产性能
安格斯牛	英国阿伯丁、安格斯及金卡丁等地	小型早熟肉牛品种，具有典型的肉用牛体型。被毛黑色和无角为主要特征，又称无角黑牛	活重：公牛800~900kg，母牛500~600kg，育肥牛屠宰率为60%~65%，是世界肉牛品种中肉质很好的品种
利木辛牛	法国利木辛高原	中型肉牛品种。头短额宽，体呈圆筒形，肌肉丰满，被毛较厚，毛色为黄棕色	活重：公牛1 100kg，母牛600kg。成年母牛产奶量1 200kg，乳脂率5%
皮埃蒙特牛	意大利北部皮埃蒙特区	是肉奶兼用品种。皮薄骨细，后躯发育好，肌肉丰满。毛色为白晕色。公牛性成熟时，颈、四肢下部及眼圈为黑色；母牛为灰白色，有的个体眼圈为浅灰色，耳廓四周为黑色。犊牛出生后4~6月龄为乳黄色，胎毛褪去后呈成年牛毛色	活重：公牛850kg，母牛570kg，屠宰率68.23%，胴体剔肉率为84.03%，泌乳期产奶量3 500kg，高于夏洛来牛、利木辛牛，低于西门塔尔牛

注：引自张容昶、胡江. 2002. 牦牛生产技术；陈幼春. 2012. 现代肉牛生产. 第2版

二、种间杂种牛的外貌及生产性能

1. 种间杂种牛的传统命名

牦牛和普通牛种（黄牛）种间杂交方式有两种：正杂交和反杂交。正杂交是以黄牛为父本，牦牛为母本；反杂交是以牦牛为父本，黄牛为母本。所生后代杂种在我国各地都有传统的专门命名，至今在牦牛生产中仍然使用，但局限性较大。我国以黄牛为父本和以牦牛为父本进行级进杂交所生杂种较普遍的命名如表6-5所示。

表6-5　种间级进杂交种的传统命名

杂种	含父本基因（%）	父本牛种	
		普通牛种（公黄牛 × 母牦牛）	牦牛种（公牦牛 × 母黄牛）
F_1	50（或1/2）	真犏牛、黄犏牛	假犏牛、变犏牛、牦犏牛
F_2	75（或3/4）	尕利巴、阿果牛	牦杂、转托罗
F_3	87.5（或7/8）	撒尾黄、大尾干、假黄牛	拌不死、假牦牛
F_4	93.75（或15/16）	转正黄牛	转正牦牛

注：引自张容昶. 1989. 中国的牦牛

可见，种间杂种一代统称犏牛，用真、假（实际指生产性能的优劣）来区分不同父本所得的犏牛；二代以后的命名有的按外貌，有的按血统，名称较杂。川西北草原上，二代以后的杂种统称杂牛。

随着普通牛种培育品种公牛冷冻精液在牦牛种间杂交中的选用，在继承传统命名的基础

上，用杂交父本品种的第一个字来命名犏牛，如以海福特为父本的犏牛称海犏牛等，若用第一个字无法区分时，还可用前两个字或品种全名来命名犏牛。对犏利巴也可采用父本品种第一个字来命名，如海犏利巴等，便于生产中组群和饲养管理，但反映不出其祖父品种，在科学杂交试验时应详细记载血统。

2. 犏牛（F_1）和尕利巴（F_2）牛的外貌

（1）犏牛。犏牛外貌偏向于父本特征或处于父、母本外貌性状之间（图6-6）。幼龄期头形、被毛似牦牛，成年后偏向于普通牛。体格大，体质结实，蹄近似牦牛，被毛长但缺乏绒毛层，腹部粗毛稀长，尾的大小居牦牛和普通牛之间，即呈明显的中间状态，如海犏牛（海福特牛 × 母牦牛），头方，嘴筒短，颈比牦牛粗，颈峰小，背腰宽平，肋开张，四肢结实而较短，体躯结构匀称，肌肉丰满，被毛较厚，毛色以白头黑身居多（80%），其他毛色（栗色、黑白花等）占20%。

图6-6　犏牛

（2）尕利巴牛。外貌近似父本特征，从外貌很难看出牦牛或母本的影响。全身被毛稀短，尾小，接近父本的尾。由于种间杂种二代分离很大，表现为毛色较杂，甚至出现父、母本罕见的毛色。如三元杂交的海尕利巴牛（海福特公牛 × 黑犏牛），随机统计70头，白色、栗色占32.9%，白色、黄色占31.4%，白色、黑色占30%，其他（全白、白头深灰、白头黑白花）占5.7%。

3. 犏牛（F_1）和犏利巴（F_2）牛的生产性能

（1）产肉性能。不同父本或种间杂交组合的犏牛及尕利巴牛的产肉性能如表6-6、表6-7所示。

表6-6　不同杂交组合公犏牛（17~18月龄）产肉性能

杂交组合	n	宰前活重（kg）	胴体（kg）	屠宰率（%）	肉：骨	肉的化学成分（9~11肋骨肉样）			
						干物质（%）	蛋白质（%）	脂肪（%）	灰分（%）
牦牛	7	132.4	52.9	42.8	2.87 : 1	25.80	21.49	3.28	1.04
海犏牛	2	174.5	78.0	44.7	3.70 : 1	26.03	20.48	4.50	1.06
西犏牛	3	196.0	88.2	45.0	3.34 : 1	26.26	20.61	4.65	1.00
短犏牛	2	159.5	73.7	46.2	3.09 : 1	24.50	21.20	2.24	1.06
夏犏牛	3	158.7	73.1	46.0	3.18 : 1	25.89	21.23	3.62	1.05
黑犏牛	8	224.6	105.5	46.9	3.58 : 1	26.62	20.98	4.62	1.03

注：引自《牦牛生产技术》（张容昶、胡江，2002）

表6-7　不同杂交组合犏牛、尕利巴牛的产肉性能

测定地点	杂交后代	月龄	宰前活重（kg）	胴体重（kg）	屠宰率（%）	备注
四川龙日种畜场	牦牛	18	129.0	58.5	45.3	小公牛，*n*=11，1982
	黑犏牛	18	257.0	117.2	45.6	
	海尕利巴牛	18	186.0	85.3	45.8	
甘肃省山丹	牦牛	20	161.0	74.0	46.0	小公牛，*n*=2，1983
	黑犏牛	20	328.5	170.5	51.9	
	海犏牛	20	306.5	161.0	52.5	
	海尕利巴牛	20	298.0	135.0	45.3	
四川龙日种畜场	牦牛	17	116.0	47.7	41.1	*n*=2~4，1985
	海犏牛	17	174.5	77.9	44.6	
	西犏牛	17	190.0	88.2	46.4	
	短犏牛	17	159.5	73.7	46.2	
	夏犏牛	17	158.7	73.1	46.1	
	黑犏牛	17	192.3	93.8	48.8	

注：引自张容昶，胡江. 2002. 牦牛生产技术

杂种牛产肉性能均高于牦牛，表现出显著的杂种优势。三元杂交的尕利巴牛，由于集中三品种的特点，生长发育或增重甚至比同龄的牦牛还要快，但在冷季因被毛稀短，对青藏高

原寒冷环境的生态适应性不如犏牛，故减重多或容易乏弱，甚至被冻死。

（2）产奶性能。犏牛及其亲本的产奶性能及奶的成分如表6-8、表6-9所示。

表6-8 不同杂交组合犏牛的产奶性能[①]

测定地点	测定时间	胎次	种性	挤奶天数（d）	产奶量（kg）	乳脂率（%）	平均日产奶量（kg）
中国四川红原县瓦切牧场	1982年	初胎	牦牛	149	255.5	7.32	1.52
			黑犏牛	149	686.9	5.31	4.01
			西犏牛	149	704.8	4.91	4.73
			默犏牛[②]	149	463.2	4.95	3.11
			安犏牛	149	506.8	5.05	3.40
			海犏牛	149	648.0	4.81	4.36
中国四川龙日种畜场	1985年	初胎	牦牛	184.9	248.7	5.95	1.35
			黑犏牛	175.0	555.4	4.98	3.18
前苏联吉尔吉斯	1958年	3胎以上	牦牛	256	608.0	6.80	2.38
			吉尔吉斯牦牛	256	740.0	4.40	2.47
			吉犏牛	256	1 124.0	5.70	3.75
			瑞犏牛[③]	256	1 505.0	5.10	5.02
			瑞犏牛	256	2 021.0	5.30	6.74

注：①依次为黄正华、四川草原研究所、捷尼索夫的资料；②默犏牛为默累灰牛同母牦牛杂交所生；③瑞犏牛为瑞士褐牛同母牦牛杂交所生，补饲精饲料120kg/头

表6-9 犏牛及其亲本乳成分含量[①]

种性	干物质（%）	蛋白质（%）	脂肪（%）	乳糖（%）	灰分（%）	备注
牦牛	17.69	4.91	7.22	5.04	0.77	四川省红原县瓦切牧场（1胎、n=6~71，1982）
犏牛[②]	14.95	3.99	5.31	4.88	0.69	
牦牛	17.35	5.32	6.50	4.62	0.87	前苏联吉尔吉斯（1958）
瑞士褐牛	13.00	3.50	3.70	4.97	—	
瑞犏牛	15.30	4.40	5.30	4.80	0.80	

注：①依次为黄正华、捷尼索夫的资料；②包括海犏牛、夏犏牛、西犏牛、短犏牛和黑犏牛

在高山草原放牧条件下，杂种牛的产奶潜力虽未得以充分发挥，但远高于牦牛，奶成分介于两亲本之间。对高山草原生态环境的适应性、抵抗力方面接近牦牛，可以说犏牛集中了亲本的一些性状，从产奶量、乳脂率方面看，是高山草原牧区很有发展前途的乳用畜，有很

大的乳用价值而值得推广。

冷季对犏牛进行合理补饲，是延长泌乳期、提高产奶量和繁殖力的主要措施。据四川省草原研究所等（1985）报道，四川省红原县瓦切牧场（海拔3 500m以上，年均气温1.1℃，1月份极端低温-33.3℃），冷季（11月份至翌年3月份）给犏牛日补饲玉米粉0.25~0.75kg/头，尿素50~100g/头，青贮饲料3~9kg/头及一定量的多汁饲料，供试犏牛泌乳期为302~311d，比对照组（不补料）延长106~137d，供试犏牛第二泌乳期每头平均产奶量为1 542.27kg（4%标准奶），比对照组增产11.07%。

从资料报道看，在相同的生态及饲牧管理条件下，反杂交犏牛（公犏牛 × 普通牛种母牛）的产奶量、活重不及正杂交犏牛，产奶性能和活重也远不及母本。

一般认为，尕利巴牛产奶性能低，牧民不喜欢饲养，甚至及早被淘汰。但近年的实践证明，正确的杂交组合和良好的饲养管理条件，可使尕利巴牛获得较高的产奶量。如海尕利巴牛（海福特公牛 × 黄犏牛）第二胎产奶量达807kg，黑尕利巴牛（荷斯坦公牛 × 黄犏牛）第二胎产奶量达6 876kg（均不包括犊牛哺乳量）。

三、普通牛种和母牦牛、母犏牛杂交的繁殖特性

1. 普通牛种公牛同母牦牛自然交配中的选择行为

公黄牛（普通牛种）和母牦牛在自然交配中均具有选择行为。如公黄牛不追逐母牦牛或彼此回避，不接受与对方交配，给自然交配造成困难。牛只高级神经活动是种间公、母牛交配选择行为的基础，解决办法是公、母牛在幼龄时就共处，即同群放牧或饲养管理，成年后可顺利自然交配。或将准备杂交用的公黄牛早半年投群，并及早从牦牛群中隔出公牦牛，这样才能提高种间杂交的受配率。母牦牛群中有同种公牛时，发情母牦牛不愿接受与异种公牛交配。

2. 母牦牛同普通牛种公牛（冷冻精液）杂交时的繁殖特性

（1）受胎率低。由于受种间生殖隔离机制的影响，种间杂交受精过程中两性细胞的融合力低，使母牦牛同普通牛种公牛（冷冻精液）杂交时受胎率比牦牛纯繁时要低。青海省大通种牛场、甘肃农业大学等报道（1975—1978）用海福特公牛冻精同母牦牛杂交，受胎率为43.59%；四川省红原县1976—1980年的受胎率为44.51%。

母牦牛在发情季节不同的发情期内，种间杂交的受胎率也不同。凌成邦（1983）报道，四川省红原县安曲（海拔3 600m）1980年参配母牦牛用同一批冷冻精液输精，第一情期的受胎率为40.76%，第二、第三情期重复配种的受胎率依次为21.55%和28.94%。曾经产过种间杂种犊牛的母牦牛，再次种间杂交配种时，受胎率明显比首次配种时要高。四川省红原县瓦切牧场1977年产过种间杂种犊牛的母牦牛，1978年种间杂交配种的受胎率为67.6%。

（2）妊娠期介于两亲本妊娠期之间。由于遗传特性，母牦牛的胎盘难以同杂种胎儿同步发育，或难以供应杂种胎儿所必需的氧和营养物质。若妊娠期延长，杂种胎儿生长发育过大，势必会造成胎儿缺氧。青海省大通种牛场和甘肃农业大学（1982）报道，海福特牛（冻精）同母牦牛杂交，妊娠期为269±10.6d（海福特牛平均为285d，牦牛平均为255d）。

（3）流产及难产多。母牦牛怀杂种胎儿时流产率比牦牛纯繁时要高。流产的原因较为复杂，有种间生殖隔离机制的影响，胎盘赶不上杂种胎儿的发育，杂种胎儿在发育过程中因寒冷、缺氧等因素产生对母体子宫的刺激，导致子宫收缩而流产，以及营养和疾病等引起的流产等。四川省红原县在1976—1982年间，种间杂交受胎母牦牛5 623头，流产1 163头，流产率为20.7%。因此，种间杂交中对妊娠母牦牛要做好防寒保暖、补饲草料、防治疾病等工作。

在种间杂交中，特别是用普通牛种中的大型肉用品种公牛时，难产率较高。四川省红原县在1979年种间杂交妊娠母牦牛共1 144头，其中剖宫产占5%，助产占32.8%，此外还存在羊水过多症（占8.16%）。因此，种间杂交时应选择体格大、后躯发育好的经产母牦牛专门组群参配，选择普通牛种中的中、小型品种作父本，以减少难产发生率。

3. 母犏牛的繁殖特性

（1）发情。母犏牛和牦牛饲养在相同的草原生态环境下，但两者在发情季节、发情率、发情周期等方面有差异。

①发情季节：母犏牛在5~11月份均能发情，但发情主要集中在牧草生长旺盛的7~8月份（暖季），这两个月发情母犏牛占整个发情季节的62.6%，其中7月份占42.2%。比同一放牧条件下的母牦牛提前1个月发情，而且发情相对集中，说明母犏牛对气候变暖、牧草生长的反应比牦牛要好。

②发情率：统计母犏牛136头，其中发情牛为77头，发情率为56.62%，比牦牛较高。当年未产犊的母犏牛，统计66头，发情63头，发情率为95.45%。在同一饲养条件下，当年未产犊的母牦牛发情率为84.34%。当年产犊产奶的母犏牛统计70头，发情14头，发情率为20%。同一饲养条件下，当年产犊、产奶的母牦牛发情率为36.6%，即产奶犏牛发情率比产奶牦牛低。因犏牛产奶量高，在青藏高原牦牛产区，对犏牛一般为两次挤奶，草地牧草难以满足其营养需要，造成80%的当年产犊、产奶犏牛不发情。

③发情周期：据配种记录统计19头犏牛，发情周期为20.79±3.02d，统计同草原放牧条件下的53头母牦牛，发情周期为22.59±5.49d。

（2）妊娠期。用海福特公牛（冻精）同母犏牛交配，25头牛妊娠期平均为278.6±4.12d，妊娠母犊牛（尕利巴牛）的妊娠期为282.6±7.84d，公犊牛为277.3±9.36d，比母牦牛妊娠犏牛的妊娠期269±10.57d长。

四、种间杂交方式

因种间杂种公牛无生育能力（雄性不育），牦牛和普通牛种的种间杂交只能是经济杂交或称商品性杂交。

1. 三元（或"终端公牛"）杂交方式

普通牛种公牛同母牦牛杂交所生的母犏牛，再与普通牛种公牛（第三品种）交配，所生的尕利巴牛为三元杂种（图6-7），其公犏牛和尕利巴公、母牛均用于肥育肉用。这种尕利巴牛不再进一步杂交，或停止用第三品种杂交，也称为"终端"公牛杂交，可获得较大的杂种优势或经济效益。在四川、甘肃等牦牛产区，先用奶用或奶肉兼用型品种公牛同母牦牛杂交，所产犏牛做奶用，这种犏牛产奶量高于牦牛，可提高鲜奶及奶品厂原料奶的供给。

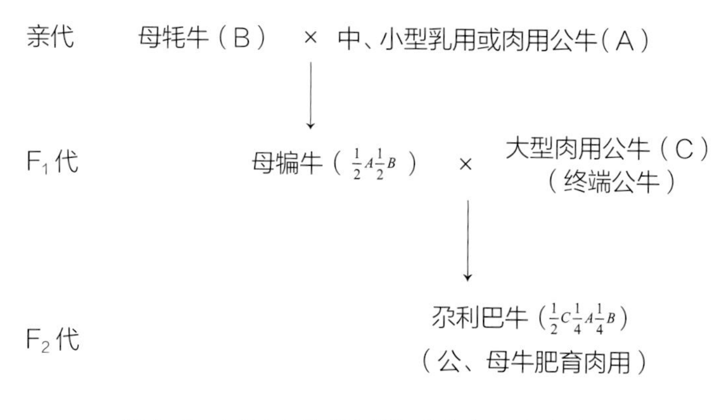

图6-7　三元（或"终端"公牛）杂交方式示意

三元（或"终端"公牛）杂交方式的特点：能使参配的三品种的优良性状互补，使杂种牛的商品性更完善；尕利巴牛（三元杂种）不留做继续繁殖，杂交用母牛由牦牛和犏牛组成，不仅可以减轻牦牛群提供母牛的压力，也便于参与杂交母牛群的管理；将大型肉用公牛同母犏牛交配，可减少难产，母犏牛产奶量高，有利于尕利巴牛哺乳期培育及提早出售；可与二元杂交和轮回杂交配套，避免生产传统级进杂交二代。

2. 轮回（或交叉）杂交方式

尕利巴牛（F_2）全肥育肉用，在一些牦牛数量少的牧户或地区，影响到基础母牛的数量。为保持一定数量的母牛和畜产品，需要将尕利巴母牛部分或全部留养繁殖。尕利巴母牛如果再用普通牛公牛交配，所生假黄牛中牦牛基因仅为12.5%（1/8），而且在青藏高原难以存活，这就要利用公牦牛参与种间轮回杂交。

先用普通牛种（一品种或两品种）公牛同母犏牛交配，所生尕利巴牛（牦牛基因组25%）用公牦牛交配，所生杂种（或称轮杂牛）又用普通牛种公牛交配，这样，普通牛种公牛和公牦牛对相继世代的杂种母牛轮回（或交叉）交配，即形成轮回杂交（图6-8）。

轮回（或交叉）杂交方式的特点：4~5年进入交叉循环或普通牛种公牛和公牦牛对相继世代的杂种母牛轮回交配后，杂种母牛留作繁殖，无须由母牦牛补充，不影响母牦牛群的数量或牛群扩大；杂交用的母牛及所生犊牛都是杂种，固定地轮回杂交下去，杂种优势有所降低，但杂种（轮交牛）的基因组成中，普通牛种和牦牛大约以67:33（或2/3:1/3）的比例偏向于父本。杂种含牦牛基因始终不低于25%，或比犏利巴牛要高；种间生殖隔离机制缩小，轮回杂交所生杂种母牛（轮交牛）的受胎率要比母牦牛高，还可减少难产；要提高杂交效果，必须保证轮回杂交所用的公牛和杂种母牛无血缘关系；还可与“终端”公牛杂交配套，产2胎后可与“终端”公牛杂交，所生杂种牛无论公、母均供肥育肉用。

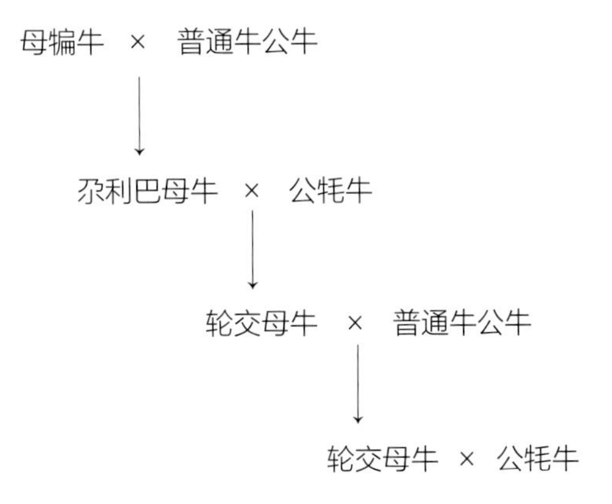

图 6-8 轮回（或交叉）杂交方式示意

五、种间杂交中应考虑的一些问题

1. 父本的选择

选用哪一个普通牛种的优良品种作为父本，一般要进行杂交组合试验或配合力测定，与配母牦牛（牦牛、犏牛或轮交杂牛）的组成及饲养管理条件也应尽可能一致，这样杂交结果才有可比性，会更适合当地条件。父本必须是纯种，购买冷冻精液时，应查阅供精公牛的资料。在舍饲条件较差的地区，选择中、小型普通牛品种为好。例如，海福特牛、安格斯牛、中国西门塔尔牛、中国荷斯坦牛等。虽然大型肉用品种牛的杂种在暖季增重快，但在冷季新陈代谢高，维持营养需要多，饲牧管理条件跟不上，反而减重多或更容易乏弱。

2. 杂种牛含牦牛基因组成不低于25%

简单地讲，基因组成（含血）表明某一亲本在杂种牛上可能具有的遗传性。从杂种个体的基因组成上分析，可大体能使人们对该杂种牛有一个概括的印象和初步的估计，但杂种实际所表现的性状，也未必完全与基因组成相吻合。这是一个较复杂的遗传学问题，涉及基因型与表现型、遗传与环境的关系等。特别是环境条件对牛的生产性能影响很大，杂种牛对环境较为敏感。

高山草原的冷季长，杂种牛出生后较长时期或一生都要依附于高山草原牧草与生态条件。含牦牛基因太高，则成熟晚，生产性能低，起不到种间杂交的效果。根据对犏利巴牛适应性和生产性能的分析，初步考虑种间杂种牛含牦牛基因的组成以不低于25%为好。

3. 加快产业化的进程

提高商品率或经济效益，是牦牛种间杂交的主要目标。达到这一目标最有效的方法是产业化。随着国家乡村振兴战略的实施及农业绿色发展和农业农村现代化的推进，采取“龙头企业＋牧户”的产业化模式，形成种间杂交、肉牛肥育、产品加工及营销服务等配套体系，才能使杂交工作持久、高效地进行下去。产业化生产，有利于在杂交或牛源基地上统一杂交计划、架子牛肥育等标准化，可减少杂交的盲目性和加快出栏；有利于冷冻精液配种站的布局及按杂交计划引进冻精，不仅节约人力、物力，还可防止近亲交配或杂交混乱；有利于经营管理、推广新技术和信息交流等。

第七节　育种资料的整理与应用

牦牛育种资料从狭义上讲，是指性能测定数据；广义上则包括种牛的基本档案、性能测定数据、有关系统环境因素、遗传评估结果等。牦牛育种资料的有效管理与应用既是育种方案实施的基础，也是决定育种工作成败的关键因素之一。

一、育种、生产资料记录的意义

牦牛在生产和育种过程中的各种记录资料是牛群的重要档案，尤其对于育种场、现代牦牛养殖企业的种牛群，生产和育种记录资料更是必不可少。要及时全面掌握和认识牛群存在的缺点及主要问题，进行个体鉴定、选种选配和后裔测验及系谱审查。合理安排配种、产犊、剪毛、防疫驱虫、牛群的淘汰更新、补饲等日常管理时，都必须做好生产育种资料的记录。生产育种资料记录的种类较多，如种牛卡片、个体鉴定记录、种公牛精液品质检查及利用记录、配种记录、产犊记录、犊牛生长发育记录、体重及剪毛（抓绒）量记录、补饲及饲料消耗记录、牛群月变动记录、疫病防治记录和各种科学试验现场记录等。不同性质的牛场、企业，不同牛群、不同生产目的的记录资料不尽相同，生产育种记录力求准确、全面并及时整理分析，有许多方面的工作都要依靠完整的记录资料。

随着计算机信息科学的发展，在一些先进的、有条件的牦牛生产单位已开始在生产中引入计算机等先进技术，对整个生产过程实行全程管理和监控，将生产中的各种信息和资料随时录入计算机系统，经过一些专门开发的记录管理和分析软件处理、编辑后，建立相应的数据库，供查询和利用；有些需要长期保存的资料可建成某种形式的数据库后，借助计算机外部存储设备（硬盘、软盘、光盘等）进行保存。有条件的单位，还应联网，以利于养殖单位与科研、院校相互之间乃至国内外进行信息传递和交流，并为适应市场迅速发展、建立电子商务系统打好基础。

二、牦牛育种计划的编制

牛群经过鉴定、整顿和分群后，应着手编制育种工作计划，以便有目的地进行牛群的育种工作。

制定育种工作计划时，要根据国家的育种方针和《全国牛的品种区域规划》以及各省（自治区）牛种改良工作区域规划，结合各地和农牧场的生产任务及具体条件，同时考虑完成任务的实际可能。育种是一项长期的工作，计划一经拟定，就要贯彻执行。在编制育种工作计划时，必须考虑本场或本地区的生产任务和自然条件、牛群的类型及饲养水平等特点，决定采用哪些品种和利用哪种育种及繁殖方法、生产指标逐年的要求等都应详细列入。

1. 本场和牛群的基本情况

包括牛群所在地的自然、地理、气候、经济条件，牛群结构、品种及其来源和亲缘关系，体型外貌特征及其缺点，生产性能以及目前的饲养管理和饲料供应等情况。

2. 育种方向与育种指标

育种指标根据育种方向而有所不同。如肉乳兼用品种牛，其育种指标包括犊牛初生重、各阶段体重、主要体尺及平均日增重、屠宰率、净肉率、眼肌面积、肉骨比、肉脂比，以及新品种对体形外貌、产奶性能的要求等指标。

3. 育种措施

提出保证完成育种工作计划的各项措施，如加强组织领导，建立健全育种机构；建立育种档案及记载制度；选种方向及其方法、选配方法与育种方法；加强犊牛培育；制订各类牛的饲养管理操作规程；饲草、饲料的生产及供应；制订和落实奖励政策；培训技术人员以及加强疫病防治工作等。

三、育种资料的收集与整理

准确可靠的数据是育种工作取得成效的基本保证。

1. 牦牛生产性能的测定

牦牛育种中的所有数据都来源于生产性能测定，测定花费的时间往往较其他育种工作还要多。有些测量如定期称重是件很繁琐的工作，有时具有一定的危险性。所以，规范有序地进行牦牛的生产性能测定非常重要。

（1）测量前的准备。测量前的准备工作与测量的准确性及测量速度有很大关系，为此必须做好测量前的准备工作。首先，了解所要测定牦牛的品种、年龄和性别等。其次，掌握测量的项目及其各项目的测量方法，将各项目列于记录纸或笔记本上。第三，掌握各种量具的使用方法。使用前，要对所用量具进行检查，检验量具的准确性，必要时须对量具进行校正。在某些量具如磅秤、天平等运输或搬动时要特别小心，尽量避免大的震动。第四，进入牧场和牛舍前要注意消毒，进入后要保持安静。

（2）测量中应注意的事项。在牛场或牛舍进行测量往往是一项嘈杂的操作，为使人畜安全且收集到准确数据，避免或减小噪声很关键。噪声往往导致读错标签、听错号码，甚至使操作受阻，使操作人员筋疲力尽。在整个操作过程中，应注意以下事项。

①减小噪声，保持安静：首先，应保证记录人员保持平静，注意力集中，避免因环境过热、过冷、过干燥以及灰尘大等引起的注意力分散。要尽量排除其他噪声来源，如拴系所有不必要的狗；避免使用噪声很大的仪器设备；润滑测量点周围的所有门轴，以消除因关门或开门引起的挤压声或碰撞声，在任何金属与金属容易碰撞的表面贴上橡胶（如自行车内胎）以减小碰撞声。此外，在操作过程中，要尽量避免谈话，更不应聊天。如必须谈话，可远离测量点，避免测量人员和记录人员注意力分散。

②保护人畜安全：牦牛管理粗放，性情粗野，在抓取和保定过程中，容易产生剧烈挣扎或反抗，避免用棍棒捅，也不能用棍棒驱逐、追赶或鞭打。接触牦牛时，应从其左前方缓慢接近，以确保人畜安全。

③注意测量方法：测量过程中，应随时注意器械的校正和正确使用。某些量具（如磅秤）应置于平坦地面，不能在斜坡或高低不平的地面测量。测量时，将量具（如卷尺、卡尺、圆形测定器等）轻轻对准测量点，并注意量具松紧程度，使其紧贴体表，不能悬空量取。

④注意数据的读取和记录：读取号码人员、操作人员与记录人员的位置很重要。尽量接近，以便能够清楚地听见所测数据。读取号码和数据的人员应提高声音，口述清楚。读数人员的声音最好高于周围的正常低噪声（如采食、饮水、牦牛哞叫等引起的噪声）。此外，为保证数据的准确性，在整个操作过程中或者在整个育种过程中，尽量保证操作人员和读数人员不变，中途不得随意变换。必须变换时，第一个操作或读数人员应将其操作或读数方法告知第二人，以保证测量方法的准确和一致。

2. 档案记录

无论是育种还是经营管理，都需要建立档案制度，为育种和生产工作提供不可缺少的科学依据。

（1）常用的记录。为了做好周密完整的记录，应按需要设计和准备有关育种记录表格，以便及时记录各种数据和有关情况，便于查考、总结和分析，使育种工作正常有效地进行。

①配种记录：为确定血统和亲缘关系所必需，主要记录预配的公、母牛编号、品种、年龄（或胎次）、配种日期以及交配方式，并推算出预产期。

②分娩记录：除登记父母亲的编号、品种、年龄、胎次、分娩日期和妊娠期外，主要记录全部后代的个体号、性别、断奶日期、哺乳期中生长发育和死亡情况以及毛色等

外形特征。

③生长发育记录：作种用的后备牦牛群应定期称量体重和测量体尺。测定的项目和间隔日期应根据育种计划的要求而定。为规范操作，可统一日期进行测定，并用相应的校正方法校正至规定日龄的体尺、体重。

④生产记录：在生产记录中，不仅要记录产品的数量，而且要记录产品质量，如乳脂率等。

⑤饲料消耗记录：饲料用量对牦牛的生长发育和生产性能都有显著影响，直接关系到育种和生产成本，逐日准确记录实际饲料消耗对育种工作是非常有帮助的。

⑥种牦牛系谱卡：除记载个体号、出生日期、出生地点、性别、品种等外，还应包括三代系谱、本身各时期的生长发育记录、体质外形特征、有无遗传缺陷等。对于种公牛，还应记载历年的配种成绩；对于种母牛，还应记载各胎次的繁殖哺育成绩。

⑦疾病防治记录：一般应包括各主要传染病的免疫程序及其执行情况，抗体检测及其死牛的剖检记录，重大疫情及其处理记录。

（2）育种记录注意事项

①准备好记录表格和相关用具：记录表格最好是印刷品，纸质应既轻便又坚实。条件允许时，可用防水纸。记录用笔最好是中等硬度的铅笔，而不要用钢笔或圆珠笔，因为铅笔往往在潮湿或者油污的纸上都能写。还要携带备用铅笔、铅笔刀。记录表格中应包括影响性状表现的各种可以辨别的系统环境因素（如年度、季节、场所和操作人员等），以便于数据的统计分析。

②注意记录方法和速度：为做到迅速记录，减少时间浪费和重复工作，可将记录表格放在硬质板上。如记录表很多，必须翻页时，可在各页边缘贴上一块小纸，其上写上该页记录的所有个体的起止编号，以便迅速翻页找到所需号码。

③减少不必要的记录誊写：作育种记录时，应尽量避免由一张记录表誊写至另一张记录表。因为每次誊写一系列数据，往往会造成误差。一个例子便是在现场做了记录之后，转抄一份室内记录，然后再转抄一份作为永久记录卡或者作为向计算机输入的材料。如果数据必须转抄，为防止原始数据丢失，应在现场收集之后马上转抄。转抄时，应注意字体和数据清晰，避免潦草。有条件时，可直接复印存档。

④注意记录的管理：对于育种资料，应建立一套完整的保存方法。现场记录时，可将各种记录表放进一个干净的塑料袋中以防雨淋受潮。记录时，应保持两手干燥和干净，防止弄湿或弄脏记录表。对于所有育种记录，应由专人负责进行管理。

3. 常见育种资料及记录内容

在牦牛业中，如果没有正确精细的各项记录，则正确的饲养管理和育种工作将无法进行。例如，进行选种选配时，必须有牛只生长发育、生产性能、系谱记载等材料。有了配种记录，才能推算母牛的预产期和犊牛的血统；有了犊牛的体重增长和母牛的体重等记录，才能正确补饲和改进饲养管理工作。只有根据这些记录，才能了解牛只的个体特性，及时发现、分析和解决问题，检查计划任务的执行和完成情况。

常见的育种资料及记录内容如表6-10所示。

表6-10　牦牛常用育种资料及记录内容

序号	育种资料	记录内容
1	种公牛和种母牛卡片	牦牛的编号和良种登记号；品种和血统；出生地和日期；体尺、体重、外貌结构及评分；后代品质；公牛的配种成绩，母牛的产奶性能及产犊成绩、鉴定成绩等；公牛、母牛照片等
2	公牛采精记录表	公牛编号；出生日期；第一次采精日期；每次采精日期、次数、精液质量、稀释液种类、稀释倍数、稀释后及解冻后活率、冷冻方法等
3	母牛配种繁殖登记表	母牛发情、配种、产犊等情况与日期
4	犊牛培育记录表	犊牛的编号；品种和血统；初生日期和初生重；毛色及其他外貌特征；各阶段生长发育情况、鉴定成绩等
5	牛群饲料消耗记录表	每头牛或全群每天各种饲草、饲料消耗数量等
6	牛群变动报表	增加数；减少数；结存数等

根据不同的育种计划，可适当调整育种资料记录内容。

（1）种牛卡片。凡作为种用的优秀公牦牛、母牦牛都必须有种公牛卡片和种母牛卡片。卡片中包括种牛本身生产性能和鉴定成绩、系谱、历年配种产犊记录和后裔品质等内容。

种牛卡片（正面）

品种个体号______登记号______

出生日期______性别______出生时母亲月龄______

单（双）犊______

种牛性能

指标	初生	6月龄	18月龄	30月龄	4岁	5岁	6岁
体高（cm）							
体长（cm）							
胸围（cm）							
尻宽（cm）							
体重（kg）							

亲、祖代品质及性能（背面）

代别	个体号	产犊	等级	体高（cm）			体重（kg）			繁殖成绩
				6月龄	18月龄	30月龄	6月龄	18月龄	30月龄	
父亲										
母亲										
祖父										
祖母										
外祖父										
外祖母										

后裔表现

儿子：	女儿：

留（出）场日期　　年　　月　　日

场技术负责人（签字）

（2）个体鉴定记录。牦牛个体鉴定记录如表6-11所示。

表6-11　牦牛个体鉴定记录

序号	品种	牛号	性别	年龄	体型外貌	体重（kg）	缺陷	等级	备注

鉴定时间：　　年　　月　　日　　鉴定员：　　记录员：

（3）种公牛精液品质检查及利用记录。种公牛精液品质检查及利用记录如表6-12所示。

表6-12　种公牛精液品质检查及利用记录

品种：　　公牛耳号：

序号	采精			射精量（mL）	原精液				稀释精液			输精后品种			输精量（mL）	授精母牛数	备注
	日月	时间	次数		色泽	气味	密度	活率	种类	倍数	活率	保存时间（h）	保存温度（℃）	活率			

站（场）：　　技术员：

（4）牦牛配种记录。牦牛配种记录如表6-13所示。

表6-13 牦牛配种记录

序号	配种母牛			与配公牛			配种日期				分娩		生产犊牛			备注
	品种	牛号	等级	品种	牛号	等级	第一次	第二次	第三次	第四次	预产期	实产期	出生日期	牛号	性别	

登记员：　　　　　　技术员：

（5）牦牛产犊记录。牦牛产犊记录如表6-14所示。

表6-14 牦牛产犊记录

序号	品种	犊牛						母牛			公牛	犊牛出生鉴定				备注
		耳号		性别	单双胎	出生日期	出生重（kg）	品种	耳号	等级	耳号	体型结构	体格大小	毛色	等级	
		临时	永久													

登记员：　　　　　　鉴定员：

（6）牦牛体重及剪毛（抓绒）量记录。牦牛体重及剪毛（抓绒）量记录如表6-15所示。

表6-15 牦牛体重及剪毛（抓绒）量记录

序号	品种	牛号	性别	年龄	体重	剪毛量	抓绒量	备注

称重日期：　　　　　　称重员：　　　　　　记录员：

（7）牦牛群补饲饲草、饲料消耗记录。牦牛群补饲饲草、饲料消耗记录如表6-16所示。

表6-16 牦牛群补饲饲草、饲料消耗记录

品种：　　　　　　群别：　　　　　　性别：　　　　　　年龄：

供应日期	精饲料（kg）	粗饲料（kg）	多汁饲料（kg）	矿物质饲料（kg）	备注
	总计	总计	总计	总计	

登记员：　　　　　　技术员：

（8）牛群变动月统计。牛群变动月统计报表如6-17所示。

表6-17 牛群变动月统计报表

管理牧工姓名	上月底结存数	本月内增加				本月内减少					本月底结存数	合计
		调入	购入	繁殖	合计	死亡	调出	出售	宰杀	合计		

报出日期： 负责人： 技术员：

四、育种资料的管理

1. 育种资料的类型

正确进行育种资料的分类是数据分析的前提。只有充分了解所收集育种资料的类型，才能选用正确的统计分析方法。根据性状表现和数据性质的不同，大致可以将育种资料分为数量性状数据和质量性状数据两大类。

（1）数量性状数据。也称为定量数据。数量性状数据的记载有计量和计数两种方式，因而又可将数量数据分为计量数据和计数数据2种。

①计量数据：指用计量手段得到的数量性状数据，即用度、量、衡等计量工具直接测定的数据，如体高、胸围、日增重、体重等性状的测量数据。因这些数据的变异是连续的，因此计量数据也称为连续性数据。

②计数数据：指用计数方式得到的数量性状数据。其观测值只能以整数表示，如产犊数等性状的测量数据。因这些数据的变异是不连续的，因此该类数据也称为不连续性数据或间断性数据。

（2）质量性状数据。也称为定性数据。质量性状是指能观察到但不能直接测量的性状，如毛色、性别、生死、评分性状等。因这些性状表现为不同的类型，因而也称为分类性状。根据类别是否有程度上的差别，又可分为无序和有序两种不同类型。

①无序分类数据：各类别间无程度上的差别，简单说就是无等级关系，有二项分类和多项分类两种情况。如性别表现为公、母，两类间相互对立，则属于二项分类；毛色的黑、白、花间，表现为多个互不相容的类别，属于多项分类。

②有序分类数据：各类别间有程度上的差别，也就是存在一定的等级关系。例如，肉色评分采用5分制，各分值有程度上的差别。

2. 育种资料的管理

牦牛育种资料数据库的结构、内容和功能因不同的育种工作需要而不同。总体来说，育种数据库的设计要考虑数据结构的合理性、完整性和安全性，便于程序设计及系统的维护和升级，便于进行统计和遗传分析。从复杂程度来说，用于场内测定和遗传评估时，可相对简单一些。但对于联合遗传评估，则要求统一方法进行性能测定和数据记录，统一格式建立育种数据库。

3. 育种资料的传递

现代化家畜育种的一个重要趋势是育种规模越来越大，一个育种方案往往要覆盖多个种畜场、多个地区乃至整个产区。例如，要将数据资料集中起来统一地进行遗传评定，再将评定的结果发布到各育种单位。过去一般是将要传递的资料存在计算机用的磁盘上，通过专人（近距离）或邮递（长距离）进行传递，这不仅费时费事，还可能会出现磁盘损坏或在邮递过程中遗失等现象。计算机网络技术的发展为育种资料的传递提供了新的途径，即通过计算机网络进行传递。

第八节　分子遗传标记

分子遗传学的发展，为开展牦牛遗传育种研究提供了强有力的手段。DNA分子标记作为遗传标记的方法之一，是生物DNA水平遗传变异的直接反映。与形态遗传标记、细胞遗传标记以及生化遗传标记相比，DNA分子遗传标记具有存在普遍、多态性丰富、遗传稳定和检测准确性高等特点。因此，当前已被广泛应用于遗传作图、基因定位、基因连锁分析、动植物标记辅助选择和物种的起源、演化和分类等研究。目前，已有多种DNA分子标记被运用于牦牛的遗传育种研究工作。通过了解各种DNA分子标记在牦牛遗传育种研究中的现状，分析比较各种分子标记在牦牛科研中的可行性和优缺点，为今后开展牦牛的基因定位、基因连锁分析、分子标记辅助选择、起源、进化和分类等研究提供必要的指导、参考和借鉴。

对牦牛进行分子生物学水平上的研究主要集中在遗传多态性的研究上，这些研究的结果反映了牦牛品种遗传多样性丰富程度和确定品种遗传独特性，了解牦牛各类群体间及其与野生近缘种间的亲缘关系，进而分析牦牛的起源和遗传分化情况，区分牦牛品种或类型；也可为定向培育新品种、新品系和新类群，合理开发利用其遗传资源，生产出更多更优质的畜产品提供重要的理论依据。本节就各种DNA分子遗传标记在牦牛遗传育种研究中的现状作一综合分析，以便为今后的研究提供理论依据和实践参考。

一、牦牛 RFLP 标记技术

限制性内切酶片段长度多态性（Restriction Fragment Length Polymorphism, RFLP）是发展最早的DNA标记技术，指基因型之间限制性片段长度的差异，这种差异是由限制性酶切位点上碱基的插入、缺失、重排或点突变所引起的。RFLP能对生物体特定功能的基因进行定位和分离，可从酶切产物与特异性探针杂交结果看出其多态性，利用这一方法可以进行种群内、种群间不同水平的物种特定基因型的分型研究。RFLP的主要操作步骤为：从生物体内提取基因组，限制性内切酶酶切基因组DNA，凝胶电泳分离酶切产物，把酶切产物片段转移到硝酸纤维膜或尼龙膜上，利用放射性标记的探针杂交显示特定的基因片段（Southern杂交）。

1. RFLP 常染色体标记

RFLP实验结果非常稳定，但实验操作繁琐、检测周期长、成本较高，不适于大规模的分子标记，在分子标记辅助育种中需要将RFLP转换成以PCR为基础的标记，这便产生了PCR-RFLP技术。由于PCR-RFLP标记技术具有RFLP标记不可比拟的诸多优点，故被广泛应用于牦牛的遗传育种研究。其主要研究范围涉及以下三个方面：一是牦牛的起源、演化和分类研究；二是不同牦牛品种功能基因的多态性丰富程度分析；三是牦牛与其它物种，特别是近缘种（如黄牛、奶牛、瘤牛等）间功能基因的比较基因组学研究。

PCR-RFLP技术也可鉴别不同牛种之间的等位基因频率差异，检测牦牛与其他牛品种间存在的基因频率变化，进而确定品种之间的亲缘关系。武秀香等应用PCR-PFLP技术，分析了荷斯坦奶牛、鲁西黄牛、闽南黄牛、渤海黑牛和青海牦牛5个群体741头个体β-乳球蛋白（*β-Lg*）基因第四外显子和*β-Lg* 5’侧翼区2个基因座的多态性。4个普通牛群体*β-Lg*第四外显子的A、B基因频率分别为0.412 5/0.587 5、0.141 9/0.858 1、0.033 3/0.966 7 和0.185 7/0.814 3，*β-Lg*的5’侧翼区A、B基因频率分别为0.412 5/0.587 5、0.728 6/0.271 4、0.732 8/0.267 2和0.863 7/0.136 4；而牦牛*β-Lg*第四外显子的B和E基因频率为0.073 2/0.926 9，未发现其他等位基因。除闽南黄牛*β-Lg*的5’侧翼区为低度多态外，2个位点在其余群体内均属于中度多态，荷斯坦奶牛这2个位点的杂合度和期望杂合度最高，而闽南黄牛最低。陈桂芳等利用PCR-RFLP技术，鉴定了西藏牦牛和黑白花奶牛生长激素基因的Alu Ⅰ酶切片段的长度多态性，并比较了两牛群的基因频率，发现西藏牦牛和黑白花奶牛在该位点的等位基因的频率差异不显著。另外，陈桂芳等还采用PCR-RFLP技术和PCR-SSCP技术，测定了西藏牦牛和荷斯坦牛催乳素基因、β-乳球蛋白基因和κ-酪蛋白基因3个功能基因部分序列多态性，结果表明西藏牦牛和荷斯坦牛在催乳素基因和κ-酪蛋白基因位点上存在多态性，而在β-乳球蛋白基因位点未发现D等位基因。这为开展牦牛与其它牛种之间相关功能基因间的比较分析和分子进化研究开辟了先河。

在不同牦牛品种之间，也可以通过PCR-RFLP技术检测品种之间的基因频率差异，进而分析不同品种间的遗传多样性差异。白文林等利用PCR-RFLP技术检测了大通牦牛和天祝白牦牛αS1-酪蛋白基因、生长激素基因和κ-酪蛋白基因部分序列的多态性。两牛种的αS1-酪蛋白基因PCR-RFLP位点呈单态；大通牦牛生长激素基因两等位基因的基因频率分别为0.175 5和0.825 5，天祝白牦牛生长激素基因两等位基因的基因频率分别为0.127 7和0.872 3；大通牦牛 κ-酪蛋白基因两等位基因的频率分别为0.111 7和0.888 3，天祝白牦牛 κ-酪蛋白基因两等位基因的基因频率分别为0.074 5和0.925 5。

另外，马志杰等采用PCR-RFLP方法对九龙牦牛、麦洼牦牛和巴州牦牛共92头牦牛的HSL基因外显子Ⅰ的部分序列进行SmaⅠ酶切多态性分析。3个牦牛群体在HSL基因外显子Ⅰ具有SmaⅠ酶切多态性，在该酶切位点存在AA、AB和BB 3种基因型。3个牦牛群体均检测到AA和AB基因型，而BB基因型只在巴州牦牛中检测到。九龙牦牛和麦洼牦牛的AA基因型频率最高，而巴州牦牛AB基因型频率最高。A等位基因频率在3个牦牛群体中均高于B等位基因频率，为优势等位基因。3个牦牛群体在该酶切位点均处于Hardy-Weinberg平衡状态；九龙牦牛与麦洼牦牛、巴州牦牛之间分别表现为差异显著和差异极显著，而麦洼牦牛与巴州牦牛之间表现为差异不显著。牦牛在HSL基因外显子Ⅰ多态性是因所分析序列内一单碱基突变（G→A）所致，该碱基转换导致了氨基酸由甘氨酸变为精氨酸。包鹏甲等采用PCR-RFLP对天祝白牦牛、甘南牦牛、大通牦牛三个类群的*MHC-DRB3.2*基因进行了多态性分析，共检测出8个HaeⅢ酶切位点、11种基因型，在3个牦牛类群中，*Hae*Ⅲ C基因型在大通牦牛、天祝白牦牛中是优势基因型，基因型频率分别为0.387和0.366，而在甘南牦牛中，*Hae*Ⅲ A基因型为优势基因型，基因型频率为0.306。天祝白牦牛、甘南牦牛、大通牦牛3个群体的多态信息含量分别为0.739、0.754和0.743，均达到了高度多态，说明牦牛DRB3.2基因具有高度多态性，在研究牦牛抗病育种和提高牦牛生产性能方面具有独特的效力和广泛的应用前景。

在同一牦牛品种内，也有关于PCR-RFLP标记技术的大量研究。欧江涛采用PCR-RFLP技术研究了麦洼牦牛*GH*基因和*PRL*基因的酶切多态性，发现4头牦牛*GH*基因在3’端侧翼区存在MspⅠ/HpaⅡ酶切多态性，*PRL*基因仅2头牦牛具有AluⅠ多态性。崔艳华等以 κ-酪蛋白基因（*CSN3*）的第四外显子为研究对象，采用PCR-RFLP方法对麦洼牦牛的*CSN3*基因进行分析，并以*CSN3*的第四外显子序列建立牛属 κ-酪蛋白的系统发育树，从而分析进化关系。牦牛乳中 κ-酪蛋白多数以纯合体形式存在，并发现了一个新的变异体GU441771。牛属CSN3的系统发育树分析表明，κ-酪蛋白在进化上存在一定的物种特异性。马晓琴等采用PCR-RFLP技术分析了乳酸脱氢酶-B（*LDH-B*）基因的多态性，并测定牦牛背最长肌中肌红蛋白含量。最终建立了牦牛*LDH-B*基因的G896A突变位点的PCR-RFLP检测方法，在麦洼牦牛中检测到*LDH-B*基因的AA和AG两种基因型，其中AG基因型频率为16.46%，并且这些样品的乳酸脱氢酶-1的电泳迁移率快于*LDH-B*的AA基因型样品。实验未检测到*LDH-B*的GG基因型，并且麦洼牦牛*LDH-B*基因多态性与背最长肌中的肌红蛋白含量之间未见相关性。

许雪芬等分析了昌台牦牛乳酸脱氢酶-1（*LDH1*）的遗传多态性，采用PCR-RFLP和新建立的等位基因特异PCR技术，分别对*LDH1*的H亚基编码基因*LDH-B*的2个突变点进行检测。与麦洼牦牛的基因检测结果相似，在昌台牦牛中检测到*LDH-B*在突变位点G896A上的2种基因型（AA、AG），未检测到GG型，其中形成*LDH1*快带的G等位基因频率为0.112 5，且均为杂合型（AG）；首次从基因水平上分析牦牛*LDH-B* A689C基因型，观察到AA和AC共两种基因型，其中仅1头牦牛携带*LDH1*慢带相关的C等位基因，且为AC杂合型。

2. RFLP 线粒体 DNA 标记

PCR-RFLP在牦牛的分子标记研究中多用于对常染色体的标记，但是也有关于核外基因的报道。该技术可以鉴定不用动物之间特定基因的基因频率变化，甚至可以将牦牛肉从其他肉产品中鉴定出来。胡强等采用1对通用引物扩增细胞色素b（*Cytochrome b*，*Cytb*）基因中一段长度为421bp的序列，并进行了克隆测序。扩增片段序列在牦牛与黄牛之间存在差异较大，能用于这两种肉的鉴定，这对于动物保护以及来源不明的肉类产品的区分具有实际应用价值。

针对牦牛核外基因组，Zhao Xinbo等通过对九龙牦牛和麦洼牦牛的线粒体DNA进行RFLPs多态性研究表明，线粒体DNA的RFLP多态性可被用作确定牦牛品种间以及品种内个体间亲源关系远近的一种工具。就牦牛核外基因组研究，Sulimova等使用PCR-RFLP技术对牦牛K-酪蛋白5'端转录非翻译区和外显子Ⅳ进行了多态性分析研究，结果表明牦牛与其他牛种相比有一定差异。涂正超等使用20种限制性内切酶对中国5个牦牛群体90个个体的线粒体DNA多态性进行了分析，其中Ava Ⅰ、Ava Ⅱ、Bgl Ⅱ、EcoR Ⅰ、Hind Ⅲ、Hpa Ⅰ 6个酶切类型具有多态性，共发现5种线粒体DNA单倍型，每种单倍型中检出50~55个位点，并利用双酶切制定出其物理图谱。牦牛群体线粒体DNA多样度为0.106 5，群体内的平均一致性概率为0.896 6，表明中国牦牛群体线粒体DNA多态性较贫乏。群体间的平均净遗传距离为0.000 201，群体基因分化系数为0.029 1，中国牦牛群体线粒体DNA变异只有2.91%来自群体间的差异，群体间的分化程度较低。通过比较牦牛和其他家养牛种的线粒体DNA遗传分化，估计牦牛和普通牛、瘤牛的分化时间大约分别在110万~220万年和101万~102万年。

与核酸序列分析相比，RFLP可省去序列分析中许多非常繁琐工序，但相对RAPD而言，RFLP方法更费时费力，需要进行DNA多种酶切、转膜以及探针的制备等多个步骤，仅对基因组单拷贝序列进行鉴定。但RFLP又有比RAPD优越之处，它可以用来测定多态性是由父本还是母本产生的，也可用来测定由多态性产生的突变类型究竟是由碱基突变或倒位，还是由缺失、插入造成的。

二、牦牛 AFLP 标记技术

扩增片段长度多态性（Amplified Fragment Length Polymorphism，AFLP）是由荷兰学者Pieter Vos等于1980年发明的一种分子标记技术。AFLP是基于基因组DNA限制性酶切和PCR扩增技术，先将基因组DNA用选定的限制性内切酶酶切，然后将基因组酶切产物两端连接上DNA双链接头，以接头序列和限制性酶切位点序列为引物进行PCR扩增，最后对扩增产物进行凝胶电泳检测。一般应用两种限制性内切酶在适宜的缓冲系统中对基因组DNA进行双酶切，一种为低频剪切酶，识别位点为6碱基；另一种为高频剪切酶，识别位点为4碱基。应用AFLP技术对动物基因组进行检测时，某一物种、品种或个体可能出现特异的DNA谱带，而在另一物种、品种或个体中则无此谱带产生，因此，通过这种基因组DNA酶切和PCR扩增后得到的DNA多态性可做为一种动物的分子标记手段。

牦牛AFLP标记技术需要在基因组DNA的酶切产物两端加上接头，实验操作过程相对复杂，因此其在牦牛分子标记中的应用相对较少。江明锋等利用AFLP分子标记技术研究了30头麦洼牦牛的遗传多样性，从40对AFLP引物中筛选出了4对多态性高，分辨率强的引物，利用AFLP数据进行聚类分析，表明AFLP在牦牛遗传多样性研究中应用是可行的。肖玉萍等采用AFLP分子标记技术对麦洼牦牛、九龙牦牛、大通牦牛和天祝白牦牛进行了遗传多样性分析，通过7个AFLP引物组合共获得156个片段，其中98个为多态性标记，标记多态频率为34.8%~54.65%，平均每对引物可获得17.57个条带。九龙牦牛、麦洼牦牛、大通牦牛和天祝白牦牛的Shannon遗传多样性指数分别为0.268、0.251、0.160、0.130。用Rogers遗传距离公式分析得到4个牦牛品种间的遗传距离，天祝白牦牛与九龙牦牛遗传距离最大（0.028 2），天祝白牦牛与大通牦牛的距离最小（0.025 3）。根据DR值，将4个牦牛品种聚为两大类，九龙牦牛单独聚为一类，其它3个牦牛品种聚为一类。

AFLP技术也是一种具有强大功能的DNA指纹技术，它结合了RFLP和PCR技术特点，具有RFLP技术的可靠性和PCR技术的高效性，可在一次单个反应中检测到大量的片段。然而，由于该技术需要在基因组的酶切产物两端加上DNA接头，相对于其他标记方法操作较为复杂，在牦牛的基因标记中没有得到大范围的应用。

三、牦牛 RADP 标记技术

1990年美国科学家Williams和Welsh等利用PCR技术发展起来一种DNA多态性标记，即随机扩增多态（Random Amplified Polymorphism DNA，RAPD）标记。该技术是利用随机引物对目的基因组DNA进行PCR扩增，产物经电泳分离后显色，分析扩增产物DNA片段的多态性，用以推测生物体内基因排布与性状表现间的相关规律，可以反应基因组相应片段由于碱基发生缺失、插入、突变、重排等所引发的DNA多态性。RAPD技术以8~10bp

的随机寡核苷酸片段作为引物，对基因组进行PCR扩增，扩增产物通过琼脂糖凝胶电泳或PAGE电泳检测。由于随机引在较低的复性温下能与基因组DNA非特异性的结合，当相邻2个引物间的DNA小于2 000bp时，就能够得到扩增产物。

RAPD标记技术主要用于牦牛的遗传多样性分析和分类，可用该技术检测不同牛种与牦牛之间的遗传距离。魏亚萍等用80个10碱基的随机引物对牦牛、黑白花奶牛和犏牛的基因组DNA进行了PCR扩增。结果表明，有7个引物扩增出了清晰且具有多态特征的条带，其中，F15（CCAGTACTCC，564~125bp）可作为区分牦牛与黑白花奶牛的重要标记引物。受试品种相似性指数分析表明黑白花奶牛与犏牛的遗传距离最小（0.594 2）；黑白花奶牛与牦牛的遗传距离最大（0.645 6）；而犏牛与牦牛的遗传距离居中（0.641 0）。群体遗传多样性指数分析表明牦牛为0.386，黑白花奶牛为0.412，犏牛为0.498。

RAPD技术也可以用于不同牦牛品种的分类分析。肖玉萍等采用RAPD分子标记技术对麦洼、九龙、大通和天祝白牦牛等4个牦牛品种共124头牦牛进行了遗传多样性分析。每个RAPD引物扩增的DNA片段数在18~33个之间，且所有品种均表现多态，标记多态频率平均为38.63%，检测片断大小在0.25~5kb之间；用Shannon多样性指数公式计算牦牛品种的遗传多样性指数，显示九龙牦牛、麦洼牦牛、大通牦牛和天祝白牦牛的遗传多样性指数分别为0.311、0.262、0.252 和0.216；采用Rogers遗传距离公式分析4个牦牛品种间的遗传距离，结果为天祝白牦牛与九龙牦牛遗传距离最大（0.041 4），与大通牦牛的距离最小（0.038 3）；根据遗传距离值，将4个牦牛品种聚为两大类，九龙牦牛单独聚为一类，其它3个牦牛品种聚为另一类。大通牦牛和天祝白牦牛在较近的水平上首先聚为一类，然后与麦洼牦牛聚为另一大类。

柴志欣等从33对RAPD多态性引物中筛选出8对条带清晰且多态性丰富的引物对西藏地区的巴青牦牛、类乌齐牦牛、丁青牦牛、桑日牦牛、工布江达牦牛、江达牦牛、康布牦牛、桑桑牦牛、嘉黎牦牛、帕里牦牛、斯布牦牛11个群体的核基因组DNA进行了RAPD分析，并用Nei氏标准距离和UPGMA聚类法分析了类群间的亲缘关系。发现西藏牦牛类群的遗传多样性指数变异范围在0.185 7~0.405 3之间，其中帕里牦牛最小（0.185 7），说明该品种相对较纯，群体较整齐；而工布江达牦牛最大（0.405 3），显示该群体内部具有较多的遗传变异。11个牦牛类群的遗传多样性指数由大到小的顺序为：工布江达牦牛、江达牦牛、斯布牦牛、康布牦牛、嘉黎牦牛、桑日牦牛、巴青牦牛、桑桑牦牛、丁青牦牛、类乌齐牦牛、帕里牦牛。西藏东部牦牛类群的遗传多样性相对较高，而西部牦牛类群遗传多样性相对较低，预示着西藏东部可能是牦牛的起源地之一。遗传距离构建的分子聚类关系图表明，西藏11个牦牛类群可分为两大类，帕里牦牛为一类，其余10个牦牛类群为另一类。

伍红等用60对10碱基的随机引物对麦洼牦牛的基因组DNA进行了PCR扩增。有7对引物扩增出了清晰且具多态性的条带，条带总数为34，其中有25条为可变条带，多态频率为74%。根据Shannon公式计算出的7对引物扩增带频率的群体遗传多样性指数分别为1.795 5（OPA10）、0.672 6（OPA13）、0.543 3（OPB07）、0.073 9（OPB10）、0.991 9（OPA04）、1.401 5（OPC06）、1.451 4（OPK12），平均为0.99。师方等利用RAPD分子标记对麦洼牦牛粉嘴和纯黑两个选育群进行遗传多样性分析，并用DCFA、Popgene 1.32等软件分析了群体间和群体内的基因频率、群体分化指数和基因流等参数。8个RAPD随机引物共检测到65种清晰谱带，其中具有多态性的谱带57条，多态频率为87.7%。在粉嘴群中，多态位点有45个，多态频率为69.23%，Nei氏基因多样性指数为0.245；纯黑群中，多态位点有52个，多态频率为80.00%，Nei氏基因多样性指数为0.260，显示2个群体遗传多样性均较丰富，且多样性相近。麦洼牦牛2个群体总的多样性指数为1.877，有效等位基因数为1.455，Nei氏基因多样性指数为0.280，表明麦洼牦牛的遗传多样性较丰富。纯黑群体与粉嘴群体间的遗传距离为0.073，群体内遗传变异大于群体间。

与RFLP相比，RAPD具有很多优点。第一，不需要了解研究对象基因组的任何序列，只需很少纯度不高的模板，就可以检测出大量的遗传信息。第二，无需专门设计特异性反应引物，随机引物设计长度为8~10个碱基的核苷酸序列就可应用。第三，操作简便，不涉及分子杂交、放射自显影等技术。第四，需要很少的DNA样本。第五，不受环境、发育、数量性状遗传等因素的影响，能够客观地揭示供试材料之间DNA的差异，可以检测出RFLP标记不能检测的重复顺序区。当然，RAPD技术也有一定的局限性，它呈显性遗传标记（极少数共显性），不能有效区分杂合子和纯合子。易受反应条件的影响，某些情况下，重复性较差，可靠性较低，对反应的微小变化十分敏感，如聚合酶的来源，DNA不同提取方法，镁离子浓度等都需要严格控制。

四、牦牛 SSCP 标记技术

单链构象多态性（Single-Strand Conformation Polymorphism，SSCP）检测是一种基于单链DNA构象差异来检测碱基突变的方法。单链DNA片段呈复杂的空间折叠构象，这种立体结构主要是由其分子内碱基间配对等相互作用产生的，当分子内有一个碱基发生突变时，有可能会影响整个分子的空间构象，空间构象与差异的单链DNA分子在凝胶电泳中受到的阻力大小不同，因此通过非变性聚丙烯酰胺凝胶电泳，可以将构象上有差异的分子分离开。PCR-SSCP技术可进一步提高了检测突变方法的简便性和灵敏性。其基本过程是：①PCR扩增目的DNA序列；②将扩增产物加热变性，而后快速降温复性，使之形成具有一定空间结构的单链DNA分子；③对单链DNA进行非变性聚丙烯酰胺凝胶电泳；④通过不同的检测方法，如放射性自显影、银染或溴化乙锭显色，对电泳结果进行分析。

在过去的几年中，PCR-SSCP标记技术主要用于标记牦牛生长性状相关的基因位点。潘和平等通过PCR-SSCP技术检测了大通牦牛*IGF-I*基因的遗传多态性，对具有SSCP多态性的片段进行克隆和测序，对*IGF-I*基因第一内含子进行序列比对，发现一处单碱基C的缺失/插入；该位点多态性与大通牦牛体重、体高和体长具有相关性；说明该多态位点可以作为大通牦牛品种选育的目标标记。

王丁科等以天祝白牦牛、甘南牦牛、大通牦牛、青海高原牦牛和新疆牦牛为供试动物，采用PCR-SSCP方法检测牦牛*IGF-2*基因内含子8的多态性，并分析其对体重、体高、胸围和体长的遗传效应。实验扩增到牦牛*IGF-2*基因内含子8的部分序列，其长度为438bp，存在AA、AB、BB 3种基因型，其中AA型是由BB型330位G→C和358位A→G转换造成的。AA和AB基因型个体体重极显著高于BB基因型个体，AA与BB基因型个体在体高、体长和胸围性状上差异不显著。内含子8的3种基因型仅在新疆牦牛群体中处于Hard-Weinberg不平衡状态，最小二乘分析结果表明，AA和AB基因型同BB基因型相比有较大体重，但在体高、体长和胸围性状上AA与BB基因型差异均不显著。*IGF-2*基因有可能作为体重性状的候选基因用于标记辅助选择，且其有不依赖于骨骼增长而增加体重的作用机制。另外，王丁科等还采用PCR-SSCP方法检测牦牛*IGF-2*基因内含子2和7的多态性，并分析其对体重、体高、胸围和体斜长的遗传效应。结果在内含子7引物扩增的片段上发现多态性，并对纯合子进行测序，发现内含子7引物扩增片段91位存在C→T转换，且在该对引物扩增产物检测到三种基因型（AA、AB、BB）。统计结果表明，内含子7的3种基因型在大通牦牛、青海高原牦牛和新疆巴州牦牛群体中的分布处于Hard-Weinberg平衡状态，而在甘南牦牛和天祝白牦牛群体中则处于Hard-Weinberg极端不平衡状态。

梁春年等采用PCR-SSCP技术对5个牦牛品种共398头牦牛脂蛋白脂肪酶基因（LPL）外显子7进行了多态性研究，分析了该基因与牦牛生长性状的相关性。牦牛*LPL*基因外显子7存在2个等位基因3种基因型。3种基因型与牦牛部分生长性状的最小二乘法分析表明，该位点多态与牦牛的体重、体高、胸围存在显著相关，BB型个体体重、体高、胸围显著高于AA和AB型个体。初步推断牦牛*LPL*基因第七外显子可作为牦牛标记辅助选择的遗传标记之一。同时，梁春年等采用PCR-SSCP技术对大通牦牛、甘南牦牛和天祝白牦牛肌肉抑制素基因（MSTN）内含子2的部分序列进行了多态性研究，分析了该基因与牦牛生长性状的相关性。牦牛*MSTN*基因内含子2存在2个等位基因和3种基因型。3种基因型与牦牛部分生长性状的最小二乘法分析表明，*MSTN*基因内含子2对成年牦牛胸围、体质量、胸围指数、体长指数和肉用指数均显著相关，而不同基因型的牦牛体高、管围、体长和管围指数差异不显著。初步推断牦牛*MSTN*基因内含子2可作为牦牛标记辅助选择的遗传标记之一。

陈雪梅等以巴州牦牛、大通牦牛和九龙牦牛为对象，对促红细胞生成素基因用PCR-

SSCP方法进行了多态性检测。大通牦牛、巴州牦牛、九龙牦牛具有较丰富的遗传多样性，表现为AA，AB和BB基因型，AB为优势基因型，A为优势等位基因；经适合性检验，3个牦牛品种在该基因位点上均处于Hardy-Weinberg平衡状态。同时发现随着海拔高度的增加，A等位基因频率逐渐升高，B等位基因的频率则降低，群体杂合度和多态信息含量也逐渐降低，这种变化可能与牦牛对低氧的适应能力有一定的关系。

闫伟等采用PCR-SSCP方法检测天祝白牦牛、甘南牦牛和青海牦牛瘦素受体（Leptin receptor, LEPR）基因第四、第五和第八外显子及其相邻区域多态性。发现牦牛*LEPR*基因第四外显子和第八外显子及其相邻区域分别存在多态性。对应普通牛*LEPR*基因序列，3种牦牛该基因第四外显子及相邻区域检测到5处单碱基突变，并形成2种等位基因A和B，第四外显子存在2处错义突变；该区域A为优势等位基因，多态信息含量小于0.25，为低度多态。三类群牦牛*LEPR*基因第八外显子及其相邻区域发现5处SNPs，其中第八外显子存在3处错义突变；等位基因在牦牛群体间分布不均衡，除天祝白牦牛发现6种等位基因外，其余两类群牦牛仅发现3种等位基因；三类牦牛中A基因均为优势等位基因，该位点PIC大于0.25，为中度多态且显著偏离Hardy-Weinberg平衡状态。三类牦牛*LEPR*基因第五外显子及相邻区域未发现多态性，但相对于普通牛该基因序列，在第四和第五内含子区存在3处SNPs。*LEPR*基因第八外显子编码识别和结合相应配体的C2区，牦牛*LEPR*基因存在较丰富的多态性，可作为其调控性状的潜在分子标记位点。

*DLK1*和*CLPG*基因影响牦牛的肌肉生长和肉的嫩度，两基因的变异可能会影响牦牛的生长特性。Chen等通过PCR-SSCP和测序技术，分析了1 109个牛的*DLK1*和*CLPG*基因的4个位点，包括变通牛、水牛和牦牛。在*DLK1*基因的第五外显子上检测到了一个同义突变C451T，它与牛的个体性状没有显著的相关。*CLPG*基因的3个基因型AA、AB和AC在Jiaxian牛中被检测到。不同基因型的关联分析显示，AA和AC基因型个体比AB基因型个体具有更大的体重和更长的体长，AA基因型个体与AB基因型个体在胸围和管围上有显著差异。该位点在其他牛种的群体内没有多态性。

PCR-SSCP方法简便、快速、灵敏，不需要特殊的仪器，适合牦牛核酸变异位点检测的需要。但它也有不足之处。例如，只能作为一种突变检测方法，要最后确定突变的位置和类型，还需进一步测序；电泳条件要求较严格。另外，由于SSCP是依据点突变引起单链DNA分子立体构象的改变来实现电泳分离的，这样就可能会出现当某些位置的点突变对单链DNA分子立体构象的改变不起作用或作用很小，再加上其他条件的影响，使聚丙烯酰胺凝胶电泳无法分辨造成漏检。尽管如此，该方法和其他方法相比仍有较高的检测率。首先，它可以发现靶DNA片段中未知位置的碱基突变，经实验证明小于300bp的DNA片段中的单碱基突变90%可被SSCP检出，现在知道的所有单碱基改变绝大多数可用该方法检测出来。

五、牦牛 SSR 标记技术

生物体基因组中含有大量的重复序列，根据重复序列在基因组中的分布情况可将其分为串联重复序列和散布重复序列。根据重复序列的重复单位长度，可将串联重复序列分为卫星DNA、微卫星DNA、小卫星 DNA等。微卫星DNA又叫简单重复序列（Simple Sequence Repeat，SSR）或短串连重复序列（Short Tandem Repeats，STR），指的是基因组中由1~6个核苷酸组成的基本单位重复多次构成的一段DNA，广泛分布于基因组的不同位置，长度一般在200bp以下。研究表明，微卫星在真核生物的基因组中的含量非常丰富，而且常常是随机分布于核DNA中。

研究发现，微卫星中重复单位的数目存在高度变异，这些变异表现为微卫星数目的整倍性变异或重复单位序列有可能不完全相同，因而造成多个位点的多态性。如果能够将这些变异揭示出来，就能发现不同的SSR在不同的种甚至不同个体间的多态性，基于这一想法，人们发展了SSR标记。SSR标记又称为序列标签微卫星位点（Sequence Tagged Microsatellite Site，STMS），是目前最常用的微卫星标记之一。由于基因组中某一特定的微卫星的侧翼序列通常都是保守性较强的单一序列，因而可以将微卫星侧翼的DNA片段克隆、测序，然后根据微卫星的侧翼序列就可以人工合成引物进行PCR扩增，从而将单个微卫星位点扩增出来。由于单个微卫星位点重复单元在数量上的变异，个体的扩增产物在长度上的变化就产生长度的多态性，这一多态性称为简单序列重复长度多态性（Simple Sequence length polymorphism，SSLP），每一扩增位点就代表了这一位点上的等位基因。SSR技术的基本操作步骤为，提取DNA，PCR扩增，电泳及显色，电泳胶板带型的照相、记录，数据分析处理。

Nguyen等为估计普通牛的SSR标记在瑞士牦牛群体遗传学研究中的适用性，对131个普通牛SSR标记在10个牦牛个体中进行检测。发现124个标记获得了高效扩增，同时产生了476个等位基因，其中的117个标记具有多态性，SSR位点的等位基因个数从2个到9个不等，另外7个位点（ILSTS005、BMS424B、BMS1825、BMS672、BM1314、ETH123和BM6017）扩增失败。2个普通牛Y染色体特有的SSR标记（INRA126和BM861）在公、母牦牛的基因组中都得到了扩增产物；另外两个普通牛Y染色体标记位点（INRA124和INRA189）只能在公牦牛中得到扩增。最终26个SSR标记被选做用于瑞士牦牛群体（包含51个个体）的遗传多样性和群体结构研究。这些SSR位点的多态信息含量在0.335到0.752之间，杂合度在0.348到0.823之间。进一步地，13个标记被组成3个复合PCR扩增体系，用于牦牛亲子鉴定的评估，得到三联体的排除率为0.995。

根据不同牛种间的SSR标记信息，可以将牦牛与普通牛和瘤牛在基因型或DNA序列水平上进行区分，这将成为评价牛种间的基因交流水平和建立牛肉及其产品分子追溯系统的可靠分子标记。冯冬梅等采用PCR产物直接测序和克隆测序相结合的方法分析了牦牛、普通牛和瘤牛在ILSTS013、ILSTS050和SPS115微卫星基因座上存在等位基因的种间特异性差异。哀青妍等分析了4个海拔高度（4 500 m、4 000 m、3 500 m和1 700 m）牦牛血红蛋白β链微卫星座位的多态性，结果发现4个海拔高度牦牛的等位基因分布差异极显著。等位基因分布与海拔相关，基因型121bp /103bp是海拔4 000m处牦牛所特有的。这说明高度多态的血红蛋白β链微卫星座位在牦牛适应高原低氧中可能具有自然选择价值和调控作用。

SSR标记技术还可以被用来评估牦牛的遗传多样性和对牦牛品种进行分类。李铎等选用微卫星标记技术对西藏11个牦牛类群进行了遗传多样性和系统进化分析。结果表明，所选微卫星标记在西藏牦牛类群中均表现出多态性，且均属高度多态位点，遗传多样性丰富；微卫星标记的平均多态信息含量在西藏牦牛类群中均高于0.5；在11个牦牛类群中，桑日牦牛的平均多态信息含量最高（0.794 9），该群体内部存在较多的遗传变异，丁青牦牛最低（0.750 5）；西藏东部牦牛的遗传多样性较西部的遗传多样性大，预示西藏东部可能是牦牛的发源地之一；西藏11个牦牛类群可以分为三大类，即嘉黎牦牛、帕里牦牛、桑桑牦牛、巴青牦牛、类乌齐牦牛、康布牦牛聚为一类，斯布牦牛、工布江达牦牛、桑日额牛、江达牦牛聚为一类，丁青牦牛单独成为一类。综上所述，西藏牦牛的遗传多样性较丰富，所选微卫星标记可用于西藏牦牛遗传多样性的评估。

钟金城等用微卫星标记技术对麦洼牦牛（2个群体）、九龙牦牛、大通牦牛、天祝白牦牛的等位基因频率、多态信息含量、杂合度和有效等位基因数等指标进行统计分析，并在此基础上对其进行合理的聚类分析和分类研究。微卫星标记在所检测的牦牛群体中都表现出较丰富的多态性，均为高度多态位点。每个微卫星标记平均检测到6.8个等位基因（5~9）；9个微卫星标记的平均多态信息含量为0.653 4，各群体的平均多态信息含量差异不显著；全部群体平均杂合度为0.662 5，麦洼牦牛平均杂合度最高，为0.688 3，而九龙牦牛杂合度最低，为0.631 7；各群体平均有效等位基因数为3.268 0，其中九龙牦牛最少。这显示牦牛群体的等位基因频率、多态信息含量、杂合度和有效等位基因数等指标有较好的一致性，说明牦牛品种间和品种内在微卫星位点上均具有丰富的遗传多样性。九龙牦牛与其它牦牛品种的差异比较大，遗传距离和聚类分析结果也表明了这一差异。在遗传距离中九龙牦牛和麦洼牦牛的遗传距离最大，为1.506；麦洼牦牛2个群体之间的遗传距离最小，为1.062。5个牦牛群体被聚为两大类，九龙牦牛单独成一大类，其他牦牛品种聚为另一类。麦洼牦牛的2个群体在较近的水平上首先聚在一起，大通牦牛和天祝白牦牛在稍远的距离处聚在一起。该聚类结果与各牦牛品种的地理分布、所处生态条件、育成史及其分化的实际情况是一致的。本研究中的5个牦牛群体聚为两大类，与蔡立等将中国牦牛划分为横断高山型和青藏高原型的结果基本一致，说明中国牦牛分为2个类型是合理的。

廖信军等以大额牛为外群，应用微卫星DNA标记结合荧光多重PCR技术，评估了5个中国地方牦牛（帕里牦牛、斯布牦牛、西藏高山牦牛、麦洼牦牛和九龙牦牛）品种内遗传变异和品种间遗传关系。6个群体的微卫星座位上共检测到159个等位基因，其中有33个等位基因为5个牦牛品种所特有。6个群体的有效等位基因数在2.204 3~3.275 4之间，平均杂合度在0.485 8~0.615 3之间，平均多态信息含量在0.423 0~0.571 1之间。5个牦牛品种的微卫星座位有丰富的遗传多样性；而大额牛的遗传多样性相对较贫乏。5个牦牛群体间的遗传分化系数为0.052 7，表明牦牛亚群体间遗传分化水平很低。采用邻近结合法构建聚类图和模糊聚类分析表明，5个牦牛品种分为两大类，其中斯布牦牛、西藏高山牦牛、帕里牦牛和麦洼牦牛为一大类，九龙牦牛为一类。

成述儒等采用微卫星标记技术检测了甘肃境内6个牦牛群体微卫星座位。期望杂合度、观察杂合度和多态信息含量的分析结果表明，6个牦牛群体中来自于合作市的3个牦牛群体的遗传多样性较丰富，而天祝白牦牛、肃南牦牛和天祝牦牛群体的遗传多样性相对较低。NJ系统树的分析结构均表明，玛曲牦牛、碌曲牦牛和夏河牦牛群体具有较近的亲缘关系，说明这3个群体可能具有相同的原始祖先。肃南牦牛和天祝牦牛群体的遗传距离较近，另为一类，可能来源于相同的原始祖先。主成分分析和遗传结构推导分析的结果与系统树的分类结果一致，研究将甘肃境内的6个牦牛群体分为2个类群，分类结果与其地理分布具有一致性。

蔡欣等利用4个新分离的牦牛基因组多态微卫星位点，分析麦洼牦牛的遗传多态性及群体的遗传分化特征。以麦洼牦牛基因组DNA为模板，PCR扩增Bogr203、Bogr204、Bogr205和Bogr215微卫星位点序列，通过测序进行基因分型，根据基因型计算各个位点的多态性，并推断麦洼牦牛群体的遗传分化特征。麦洼牦牛群体在4个微卫星位点具有较高的遗传多态性，平均观察杂合度、平均期望杂合度和平均多态信息含量分别达到0.626，0.800和0.751；通过Structure软件能够较明确地将麦洼牦牛群体区分为2个亚群，这与麦洼牦牛分布地域广泛具有较大关系，但各个亚群的牦牛个体及其分布区域还需要进一步研究。

毛永江等检测青海高原牦牛12个微卫星位点的多态性，并进行中性检验及连锁不平衡分析。发现12个微卫星位点全部具有多态性，共检测出63个等位基因；两层次标记所反映的群体内遗传变异水平均较低，12个微卫星位点平均有效等位基因数、观察杂合度、期望杂合度和多态信息含量分别为2.900 5、0.413 8、0.532 5 和0.490 3；12个微卫星位点均为中性基因。8对微卫星显著或极显著处于连锁不平衡状态外；另外4个微卫星位点数据从群体水平上均处于连锁平衡状态。

田应华等利用分布在黄牛15条染色体上的15个微卫星标记对中甸牦牛45个样品进行了群体遗传变异分析。共检测到62个等位基因，每个座位的等位基因数从2到6不等，有效等位基因数在1.824 3~4.480 0之间，平均每个座位等位基因数4.133 3±0.833 8个，有效等位基因数3.364 5±0.747 4个，群体平均表观杂合度、期望杂合度及平均多态信息含量分别为0.959 9±0.097 3、0.685 2±0.087 9和0.631 1±0.105 7。说明中甸牦牛群体遗传变异丰富。

张浩等选用FAO推荐的17个微卫星座位，检测其在天祝白牦牛群体中的多态性水平，计算这17个微卫星座位用于亲权鉴定的累积排除率。17个微卫星座位平均等位基因数为6.235；多态信息含量介于0.191~0.824之间，平均为0.608，为高度多态；1个候选亲本的累积排除概率为0.997，2个候选亲本的累积排除概率为0.999 999 97，各个微卫星座位零等位基因频率均在0.05以下，微卫星DNA可以应用于牦牛的亲权鉴定。同时，张浩还以5个天祝白牦牛群体为研究对象，借助FAO推荐的17个微卫星座位对群体的近交程度做了评估，结果在JDL、LZH 2个群体检测到了一定程度的近交，但差异不显著，而在其他群体显著或极显著地表现出杂合子过剩，未检测到近交。

Guixiang Zhang等利用16个SSR标记位点对9个牦牛品种（麦洼、天祝、青海高原、斯布、中甸、帕里、西藏高山、九龙和新疆牦牛）和大额牛的群体遗传多样性，群体遗传相关和群体遗传结构进行了分析。9个牦牛品种的94.4%的遗传变异来源于种内，5.6%的遗传变异来源于种间。基于Nei’s标准遗传距离构建邻接法系统发生树，大额牛独立为一分支且与牦牛的遗传距离较远，其他9个牦牛品种聚类在一起。这9个牦牛又形成3个分支，来源于西藏和青海省的牦牛为一支，中甸、麦洼和天祝白牦牛为一支，九龙和新疆牦牛为另一支。

祁学斌等估计了普通牛对牦牛的基因渗入，通过17个常染色体微卫星位点和线粒体DNA对来自中国、不丹、尼泊尔、印度、巴基斯坦、吉尔吉斯斯坦、蒙古和俄罗斯的29个牦牛群体的1 076个个体进行了研究。基于诊断标记分析的研究显示，普通牛特有的微卫星位点和线粒体DNA等位基因对22个群体中的127个牦牛个体有渗入。与普通牛之间的基因混合显示了明显的地理结构变化，青藏高原、蒙古和俄罗斯的牦牛具有较高水平混合值，而喜马拉雅和帕米尔高原具有低混合值。在同一地理区域或不同地理区域之间，海拔高度与基因混合没有显著的相关性。尽管牦牛和普通牛杂交主要是为了产生F1代杂种，牦牛和普通牛还是有后续的基因流动，并且这也影响当代家牦牛的基因组成。

与基因组DNA文库的建立相类似，微卫星所含的遗传信息也可以被以文库的形式保存。李齐发等根据生物素与链亲和素的强亲和性原理，用链亲和素磁珠亲和捕捉与生物素标记的微卫星寡核苷酸探针（CA）$_{12}$、（CCG）$_{8}$、（CAG）$_{8}$、（TTTC）$_{8}$退火结合含有接头的牦牛微卫星序列的单链限制性酶切片段，获得单链目的片段，经PCR扩增形成双链，然后克隆到pMD18-T载体上，转化至DH5α大肠杆菌感受态细菌中，首次成功构建牦牛基因组微卫星富集文库。牦牛富集微卫星文库的建立和牦牛微卫星的筛选将为下一步进行牦牛基因组结构分析、牦牛遗传连锁图谱构建、分子进化和系统发育研究、标记辅助选择以及经济性状QTL

定位提供大量的微卫星标记。

由于SSR重复数目变化很大，所以SSR标记能揭示比RFLP高得多的多态性。与其它分子标记相比，SSR标记具有以下优点：一是数量丰富，覆盖整个基因组，揭示的多态性高；二是具有多等位基因的特性，提供的多态信息含量高；三是以孟德尔方式遗传，呈共显性；四是每个位点由设计的引物决定，便于不同的实验室相互交流合作开发引物；五是所需样品DNA量少。因而可鉴别杂合子和纯合子的SSR标记技术已广泛用于遗传图谱的构建、目标基因的标定、指纹图的绘制等研究中。但应看到，SSR标记的建立首先要对微卫星侧翼序列进行克隆、测序、人工设计合成引物以及标记的定位、作图等基础性研究，因而其开发费用相当高，各个实验室必须进行合作才能开发更多的标记。

六、牦牛线粒体 DNA 标记技术

线粒体DNA（Mitochondrial genome，mtDNA）是生物体胞质中的遗传物质，与基因组DNA不同，它分子量小、结构简单、进化速率快、多态性丰富、无重组和遵循母系遗传，被认为是开展动物群体遗传学、分子生态学、生物地理学、系统发育学、分类学以及进化学等研究的一种很好的分子标记。上世纪80年代末以来，人们已陆续采用分子标记和测序技术对牦牛线粒体DNA部分序列及全序列进行综合分析，深入探究了牦牛的起源驯化、遗传多样性、分类学地位、系统发育关系和适应性机理等问题。

1. 线粒体 D-loop 区标记

在牦牛线粒体基因组研究中，线粒体DNA控制区（D-loop）区是近年来运用最为广泛的序列片段之一。赖松家等采用DNA测序技术首次测定了中国5个牦牛品种的D-loop全序列，发现牦牛线粒体DNA控制区全序列长度为891~895bp，检测到55个变异位点，确定了24种单倍型。实验结果表明我国牦牛D-loop单倍型类型丰富，我国牦牛品种间出现显著的遗传分化，牦牛单倍型网络关系图聚为2个聚类簇，表明我国牦牛有2个母系来源，或者有2个主要的驯化地点。

郭松长等测定了家养牦牛和野生牦牛D-loop序列，并以此构建牦牛和牛属、野牛属、水牛属以及非洲水牛属相关种的系统发育树。系统发育关系显示野牛属的灭绝种草原野牛与现存种美洲野牛先聚合为一单系群，然后再和牦牛形成一单系分支，表明牦牛与野牛属的草原野牛、美洲野牛亲缘关系较近，具有最近的共同祖先，而与牛属的其它亚洲物种亲缘关系较远。因此，其研究不支持将牦牛独立为牦牛属，牛属与野牛属在分类上也应合并为一个属。基于上述研究结果和化石证据，进一步对牦牛起源的历史背景进行了讨论，认为牦牛与野牛属的分化是由于第四纪气候变化在欧亚大陆发生的，野牛通过白令陆桥进入北美；冰期结束后，由于欧亚大陆其它地区温度升高，牦牛只能局限分布在较为寒冷的青藏高原；而野牛属

在北美先后分化为草原野牛和美洲野牛，前者可能是后者的直接祖先。另外郭松长等通过分析我国10个家牦牛品种的D-loop区部分序列的遗传变异，对我国家牦牛的遗传多样性、遗传分化、聚类关系和分类进行了研究。所测序列经比对后，共检测到61个变异位点，定义了77种单倍型。分析显示青海环湖牦牛的单倍型多样性最高，而巴州牦牛单倍型多样性最低；核苷酸多样性方面，斯布牦牛存在最为丰富的核苷酸序列变异，而巴州牦牛最低，表明我国家牦牛品种遗传多样性水平存在较大差异。总体上，我国家牦牛呈现出丰富的遗传多样性。聚类分析显示我国家牦牛存在2个聚类簇，斯布牦牛独立为一类，其余9个品种（类群）聚为一类，表明家牦牛品种（类群）间遗传距离与地理分布无明显相关。分子变异分析显示九龙、嘉黎、斯布牦牛构成的组与其余7个家牦牛品种构成的组之间存在极显著的遗传分化，且其品种间/组内遗传分化不显著，支持依据遗传分化程度将我国家牦牛划分为两大类型。分子变异分析支持的分组在品种组成上与蔡立的研究结果相符，首次为我国家牦牛划分为横断高山型和青藏高原型两种类型提供了源自分子遗传学的证据。

李齐发等获得了九龙牦牛线粒体D-loop区全序列，并以羊亚科绵羊属绵羊作为外类群利用D-loop区序列对牛亚科代表性物种（牦牛、野牦牛、普通牛、瘤牛、美洲野牛、欧洲野牛和亚洲水牛）进行了系统发育分析。发现牦牛线粒体D-loop区序列全长893bp，与普通牛源序列的同源性为87.4%，其中有17个碱基的缺失；在牛亚科内，牦牛、野牦牛与美洲野牛间的序列差异百分比最小，为6.2%~6.8%，而与牛属中普通牛、瘤牛间的序列差异百分比较大，为10.0%~11.3%；系统发育分析发现，牦牛、野牦牛首先与美洲野牛聚为一类，说明牦牛、野牦牛与美洲野牛属间的遗传相似性较高、亲缘关系较近，而与牛属间的遗传相似性较低、亲缘关系较远；结合古生物学、形态学、分子生物学的证据，支持将牦牛、野牦牛划分为牛亚科中一个独立属即牦牛属的观点。

马志杰等对野牦公牛线粒体D-loop区全序列进行了克隆和测定，确定了多态位点与单倍型数目，计算了核苷酸多样度和单倍型多样度。发现野牦牛线粒体DNA D-loop区全序列长度在891~894bp之间。依据序列间核苷酸变异共确定了7种单倍型，单倍型多样度为0.964 3，核苷酸多样度为0.021 44，提示野牦牛群体具有丰富的遗传多样性。

张成福等通过测定和分析西藏11个牦牛类群的线粒体D-loop区全序列，对西藏牦牛的遗传多样性、类群间的亲缘关系及其遗传分化进行了研究。结果表明，西藏牦牛线粒体D-loop区全序列长度在890~896bp之间；共检测到130个变异位点，鉴定出90种单倍型，说明西藏牦牛具有丰富的单倍型类型；90种单倍型分为2个聚类簇（Ⅰ、Ⅱ），聚类簇Ⅰ包含80种单倍型，涵盖本研究中所有的西藏牦牛群体；聚类簇Ⅱ中有10种单倍型，涉及的群体有工布江达、帕里、丁青、巴青、江达、类乌齐、桑桑、桑日、斯布，说明西藏牦牛可能有2个母系起源；聚类分析和AMOVA分析显示西藏牦牛可分为两大类，康布牦牛、嘉黎牦牛为一类，其余的牦牛群体为另一类。

宋乔乔等测定了8个西藏牦牛群体的线粒体D-loop区序列，分析其多态性，构建系统进化树。测定的西藏牦牛线粒体D-loop区序列长度为887~895bp，共检测到135个变异位点，检测出91种单倍型，显示西藏牦牛具有丰富的遗传多样性。系统进化分析显示西藏牦牛可分为两大类，错那牦牛是较纯的牦牛群体，其它牦牛群体在进化过程中出现相互交流的情况。

2. *Cyt b* 基因标记

牦牛*Cyt b*基因为线粒体上研究最多的基因。李齐发等根据普通牛线粒体基因组序列设计引物对家牦牛基因组进行PCR扩增和克隆测序，获得了家牦牛*Cyt b*基因的全长序列，并以羊亚科绵羊为外类群，对牛亚科代表性物种进行了系统发育分析。牦牛与牛属间的序列差异大于牦牛与美洲野牛间的序列差异百分比；系统发育分析发现家牦牛与野牦牛首先聚为一类，再与美洲野牛聚为一类；说明牦牛与美洲野牛属间的遗传相似性较高，而与牛属间的遗传相似性较低，结果支持现在的家牦牛和野牦牛都是同一祖先原始牦牛的后代，推测两者分化时间大约为55万年前；支持将牦牛划分为牛亚科牦牛属的观点，牦牛属包括家牦牛和野牦牛2个种。

耿荣庆等采用PCR产物直接双向测序法，获得普通牛、瘤牛、牦牛、大额牛、沼泽型亚洲水牛和河流型亚洲水牛共6个物种的线粒体*Cyt b*基因全长序列，运用分子进化软件分析物种间的系统发育关系。发现6个牛种的*Cyt b*基因序列长度均为1 140bp。由遗传距离可知，普通牛与瘤牛的亲缘关系最近，而它们与大额牛、牦牛、沼泽型亚洲水牛、河流型亚洲水牛的亲缘关系依次逐渐疏远。牛亚科家畜6个物种分布于4个主要的单系群分支，可划归为家牛属、牦牛属、准野牛属和水牛属；牛种间的分歧时间在0.775~6.43mYA，亚洲水牛与其它牛种间的分歧时间最长，普通牛与瘤牛的分歧时间最短。大额牛和印度野牛的单系性都没有得到显现，大额牛和印度野牛在线粒体DNA水平上不能清晰地相互区分，两者在较早的世代具有共同的母系起源；不支持大额牛是印度野牛的家养型或驯化种的观点，它们有可能都是现已灭绝的某种野生牛的后代。

姬秋梅等测定了11个西藏牦牛群体共110头牦牛的*Cyt b*基因全序列，分析了其多态性，并构建了11个类群的系统进化树。11个西藏牦牛群体的*Cyt b*基因全序列长均为1 140bp，共有单倍型53种，说明西藏牦牛具有较丰富的遗传多样性。西藏11个牦牛群体可分为：帕里牦牛系、江达牦牛系、巴青牦牛系、桑日牦牛系、类乌齐牦牛系等五大系。

周芸芸等为探究西藏羌塘国家级自然保护区发现金丝野牦牛与普通野牦牛和家牦牛的遗传差异，通过分析金丝野牦牛线粒体DNA中的*Cyt b*和D-loop区基因序列差异，初步探讨了金丝野牦牛遗传分类地位。发现金丝野牦牛的这2个基因片段的序列结构特征、长度、核苷酸组成与其他牦牛相似；金丝野牦牛与普通野牦牛的遗传距离最小，在系统树中，它们聚集为一支，说明金丝野牦牛与普通野牦牛亲缘关系最近；但金丝野牦牛与普通野牦牛的遗传距离较普通野牦牛个体间平均遗传距离大，加上毛色等形态区别，金丝野牦牛被认为是野牦牛的一个亚种或者重要保护单元。

3. 线粒体上其他基因标记

赵上娟等对11个西藏牦牛群体的线粒体*CO Ⅲ*的全序列进行测定，用多种生物信息学软件分析牦牛群体的遗传多样性和它们间的亲缘关系及分类。研究发现，西藏11个牦牛群体的线粒体*CO Ⅲ*全序列长度均为781bp；西藏牦牛的线粒体*CO Ⅲ*共有18种单倍型，表明西藏牦牛具有较丰富的线粒体*CO Ⅲ*遗传多样性；从线粒体*CO Ⅲ*来看，西藏11个牦牛群体可分为三大类，即帕里牦牛系、巴青牦牛系、斯布牦牛系。西藏牦牛有丰富的遗传多样性，可分为三大类；结果支持将牦牛划分为牛亚科中一个独立属的观点。

郭娇等为了探讨西藏牦牛的遗传多样性和群体间的系统进化关系以及为西藏牦牛资源的合理保护和利用提供理论依据。对17个西藏牦牛类群的线粒体*CO Ⅱ*全序列进行测序，分析核苷酸组成、单倍型多样性和核苷酸多样性。通过Kimura-2-Parameter双参数模型和邻近法（NJ）构建系统进化树等方法分析不同牦牛群体的亲缘关系和分类。发现西藏17个牦牛群体的线粒体*CO Ⅱ*全序列长度均为684bp；17个西藏牦牛群体的线粒体*CO Ⅱ*共有10种单倍型，表明西藏牦牛具有较丰富的遗传多样性；从线粒体*CO Ⅱ*来看，西藏17个牦牛群体可分为四大类，即错那牦牛、仲巴牦牛、嘉黎牦牛、斯布牦牛、江达牦牛、工布江达牦牛、丁青牦牛、康布牦牛、日多牦牛、巴青牦牛为一类，桑日牦牛、聂荣牦牛、隆子牦牛、帕里牦牛、申扎牦牛为一类，桑桑牦牛和类乌齐牦牛单独各成一类。

海汀等测定了西藏15个牦牛群体的线粒体*ND5*基因序列，分析其遗传多样性、亲缘关系及分类。发现西藏牦牛线粒体*ND5*全序列长度在1 821~1 823bp，无内含子，共发现变异位点36个；西藏牦牛线粒体*ND5*共有23种单倍型，表明西藏牦牛具有丰富的遗传多样性；在西藏牦牛的聚类分析中，仲巴牦牛、桑桑牦牛、斯布牦牛、错那牦牛、日多牦牛、嘉里牦牛、工布江达牦牛、康布牦牛、江达牦牛、桑日牦牛、丁青牦牛、聂荣牦牛、帕里牦牛首先聚为一大类，再依次与隆子牦牛和类乌齐牦牛相聚。

由于测序技术的迅猛发展，目前多个品种的牦牛线粒体全序列得到测序。钟金城等对野牦牛线粒体进行全序列测定和结构分析，并基于线粒体基因组序列对其系统发生进行了探讨。发现野牦牛线粒体基因组全序列的大小为16 322bp，整个基因组由37个编码基因和D-loop区组成；22个tRNA基因序列长度为1 524bp、2个RNA基因序列长度为2 528bp、13个编码蛋白基因序列长度为1 1420bp、D-loop区长度为892bp。基因组中无间隔序列，基因间排列紧密，基因内无内含子。野牦牛具有较丰富的遗传多样性。分子系统发生关系显示牦牛为牛亚科中的1个独立属，即牦牛属，牦牛属包括家牦牛和野牦牛2个种。野牦牛线粒体基因组全序列的获得和结构解析对研究牦牛的起源、演化和分类，以及野牦牛遗传资源的保护、开发和利用均具有重要的理论和实际意义。

Zhaofeng Wang分析了405个家牦牛和47个野牦牛的D-loop环序列，并且对48个家牦牛和21个野牦牛的线粒体全长序列进行了测序。通过野牦牛和家牦牛的D-loop序列信息，确定了123个单倍型。系统发生分析D-loop序列和线粒体全序列，提示这些牦牛被分为3个家系。具有6个D-loop单倍群的2个家系是通过分布于青藏高原的家牦牛的形态学分类品种所确定的，同时1个以上的野牦牛家系或地方性单倍群被确定。基于线粒体全基因组的数据，3个家系的分化大概发生在42万年和58万年以前，这与发生于青藏高原的两次大冰川事件的地理记录相吻合。

七、一代测序技术进行分子标记

随着测序技术的发展和测序成本的降低，研究人员开始用测序的方式来发现和鉴定基因中的多态性。吴晓云等利用一代测序技术对帕里牦牛、甘南牦牛和天祝白牦牛的EPAS1基因进行了测序，发现了3个单核苷酸多态位点（g.83052 C>T，g.83065 G>A和g.83067 C>A）。在位点g.83065 G>A，帕里牦牛和甘南牦牛的AA、GA的基因型频率和A基因频率显著高于天祝白牦牛，而且帕里牦牛在该位点的多态性与血红蛋白浓度显著相关，基因型为AA的个体血红蛋白浓度显著高于基因型为GA和GG的个体。

Song等通过一代测序技术，研究了16个群体的378头西藏牦牛的细胞色素c氧化酶第三亚基（Cytochrome c Oxidase subunit 3, CO Ⅲ）基因的遗传多样性，并构建了系统发生树。*CO Ⅲ*基因长度为781bp，具有69个多态位点，没有插入/缺失位点。系统发生分析显示，西藏牦牛在进化上分为两支。Cai等人354头麦洼牦牛的黑皮质素4受体（*Melanocortin 4 receptor*，*MC4R*）基因的编码区进行了测序，5个单核苷酸多态位点，SNP1（273C>T）、SNP2（321 G>T）、SNP3（C>A）、SNP4（1069G>C）和SNP5（1206 G>C），被鉴定出来。位点SNP1、SNP2和SNP3属于同义突变，位点SNP4和SNP5属于错义突变（造成V286L和R331S氨基酸的变异）。SNP4的CC基因型、单倍型CGACG和单倍型CTCCC与18月龄的体重和日增重呈显著的相关。研究最后暗示*MC4R*基因的单核苷酸位点1069 G>C可作为麦洼牦牛生长性状的标记辅助选择位点。

Yu Shi对编码NADH脱氢酶2个亚基的线粒体基因*MT-ND1*和*MT-ND2*进行了研究，对70头西藏牦牛和70头环湖牦牛分别进行了测序，并且在NCBI数据库分别下载了300头普通牛、93头家牦牛和2头野牦牛的相应序列。研究结果显示，西藏牦牛具有*MT-ND1*的单核苷酸多态位点m.3907 C>T，该位点与高海拔适应性相关。普通牛导致转录的中止的*MT-ND1*基因的突变m.3638A>G，与高海拔适应性呈负相关。*MT-ND2*基因的单核苷酸突变

m.4351G>A和m.5218C>T也显示了与高原适应性之间的正相关。*MT-ND1*基因的单倍型H2、H3、H4、H6和H7与高海拔适应性呈正相关，而单倍型H20与高海拔适应性呈负相关。*MT-ND2*基因的单倍型Ha1、Ha8、Ha10和Ha11与高海拔适应性呈正相关，而单倍型Ha2与高海拔适应性呈负相关。因此，*MT-ND1*和*MT-ND2*基因可作为适应高海拔环境的候选基因。

为检测西藏牦牛与普通牛之间是否存在遗传多样性，Jie Wang对66头西藏牦牛和81头普通牛的*ATP8*和*ATP6*基因进行了测序。在*ATP8*基因和*ATP6*基因上，分别检测到20个和60个单核苷酸多态位点。*ATP8*基因的10个单核苷酸多态位点与高海拔适应性相关，其中的6个位点（m.8164G>A、m.8210G>A、m.8231C>T和m.8249C>T）的变异导致了氨基酸的改变。同样地，*ATP6*基因的单核苷酸多态位点m.8308A>G、m.8370A>C和m.8514G>A与高海拔适应性相关。突变位点m.8308A>G位于重叠区域，它可能在参与铁调节的细胞色素b561的保守区，这可能会帮助带有该突变的西藏牦牛高效地利用稀薄的氧气。西藏牦牛在*ATP8*基因上有3个特有的单倍型，在*ATP6*基因上有6个特有的单倍型。

八、基因芯片技术

生物的单个性状往往是由多个基因共同调控的，怎样研究如此众多基因在生命过程中所行使的作用，并且找到主效基因成了全世界生命科技工作者共同的课题。随着分子生物学技术手段的迅猛发展，基因序列数据正在以指数级的速度迅速增长。因此，利用芯片技术建立新型杂交方法以对大量的遗传信息进行高效、快速、低成本的检测和分析显得格外有效。

基因芯片（又称DNA芯片、DNA微阵列、生物芯片）技术是先将大量探针分子固定于支持物上，之后与标记的样品分子进行杂交，最后通过检测每个探针分子的杂交信号强度进而获取样品分子的数量和序列信息。基因芯片技术由于同时将大量探针固定于支持物上，所以可以一次性对样品大量序列进行检测和分析，从而解决了传统核酸印迹杂交（Southern Blotting 和 Northern Blotting 等）技术操作繁杂、自动化程度低、操作序列数量少、检测效率低等不足。而且，通过设计不同的探针阵列、使用特定的分析方法可使该技术具有多种不同的应用价值，如基因表达谱测定、突变检测、多态性分析、基因组文库作图及杂交测序等。

生物芯片技术的实施主要包括4个步骤。一是芯片制备。先将玻璃片或硅片进行表面处理，采用原位合成和微矩阵的方法将寡核苷酸片段或蛋白序列作为探针按顺序排列在载体上。二是样品制备。将样品进行生物处理，获取其中的蛋白质或核酸，并且加以标记。三是杂交反应。荧光标记的样品与芯片上的探针进行结合而产生一系列的信息。四是将芯片置入芯片扫描仪中，通过扫描和软件分析获得各个反应点的荧光位置、荧光强弱，将荧光转换成数据。

基因芯片虽然有诸多优点，但其物种特异性较高，没有针对牦牛基因组设计的基因芯片，因此，这种技术在牦牛上的应用较少，目前此技术只在普通牛的基因组检测上有所应用。张莺莺以我国地方良种黄牛的代表性品种秦川牛、青海牦牛和广西水牛为研究对象，利用牛全基因组芯片构建其肌肉组织表达谱并分析其特征，筛选影响肌肉组织代谢和肉质性状表达的重要基因和调控通路。研究结果显示，36月龄秦川牛肌肉组织中共检测到10 960~11 631个表达探针，主要涉及蛋白质生物合成、ATP合成、糖酵解、转录和翻译调控及加工等生物学过程；秦川牛公牛和阉牛、公牛与母牛2个比较组之间共筛选确定了107条共同差异表达基因，GO分析结果共得到包括细胞粘附、蛋白聚合、低氧应答在内的44条显著的有意义的生物学过程功能分类；调控通路分析结果共得到包括细胞外基质受体反应、细胞通讯、焦点粘连在内的17条显著的调控通路；秦川牛母牛和阉牛之间共筛选出包括X染色体特异转录在内的2个差异表达基因。

九、全基因组关联分析

全基因组关联分析（Genome-wide association study，GWAS）是应用基因组中数以百万计的单核苷酸多态性（single nucleotide ploymorphism，SNP）为分子遗传标记，进行全基因组水平上的对照分析或相关性分析，通过比较发现影响复杂性状的基因变异的一种新策略。随着基因组学相关技术的迅速发展，人们已通过GWAS发现并鉴定了大量与复杂性状相关联的遗传变异。近年来，这种方法在农业动物重要经济性状主效基因的筛查和鉴定中得到了应用。

动物重要经济性状GWAS方法的原理是，借助于SNP分子遗传标记，进行总体关联分析，在全基因组范围内选择遗传变异进行基因分型，比较异常和对照组之间每个遗传变异及其频率的差异，统计分析每个变异与目标性状之间的关联性大小，选出最相关的遗传变异进行验证，并根据验证结果最终确认其与目标性状之间的相关性。

牦牛基因组测序的完成，为GWAS在牦牛育种中的应用奠定了坚实的基础。邱强等人应用基于Illumina的第二代高通量测序技术以65倍的测序浓度，完成了牦牛基因组序列图谱的绘制工作。通过与低海拔地区黄牛的基因组进行序列比较，对牦牛在基因组水平上的适应性进化进行了深入分析。鉴定出与感知和代谢相关的一些基因家族，同时也鉴定出参与胞外环境和低氧压力感知的一些蛋白结构域。通过评估牦牛和黄牛谱系特异的选择压力，发现牦牛的同义替换数（Ks）显著小于黄牛，四重简并位点（4DTV）分析也说明牦牛相对于黄牛具有较低的中性进化速率。但是牦牛的Ka/Ks值却显著高于黄牛，说明牦牛经历了更多的适应性进化导致其积累了更多的氨基酸突变。对发生适应性进化的基因进行功能富集分析发现，牦牛中参与线粒体氧化磷酸化和低氧应答途径的基因发生了更多的适应性进化，与这两个途径相关的正选择基因数量也明显多于黄牛。这些证据表明，线粒体氧化磷酸化和低氧应答途径相关基因在牦牛适应高原极端环境过程中起了关键作用，因而经历了更强的适应性进化。牦牛基因组测序的完成能够从基因组水平研究哺乳动物的抗逆适应性进化，识别进化过程中自然选择对牦牛基因组作用的范围和强度。

通过二代测序技术，邱强等人对3头野牦牛和3家牦牛5倍测序浓度的全基因组分析。在6个牦牛个体之间，鉴定出了838万个SNP位点，其中714个新位点，383 241个插入/缺失变异，126 352个结构变异。家牦牛比野牦牛具有更高的连锁不平衡和中度遗传分化。通过全基因组扫描，家牦牛的一千多个潜在的选择区域也被鉴定出来。这些遗传资源可以被用做牦牛和其它牛种的遗传多样性和优势牛种的选择。

梁春年等人通过全基因组关联分析，对10头有角牦牛和10头无角牦牛进行了全基因组测序。将控制无角的位点定位于具有3个蛋白编码基因的200 kb的基因片段内，该候选区域的特征显示其具有育种过程中人工选择的信号。分析结果暗示，基因的表达变异可能促成了角性状，而非结构变异。这些研究不但在控制无角性状的基因结构上迈进了重要一步，而且能够更好的了解牛科动物的角性状特征。

Ivica Medugorac等通过全基因组分析技术研究了蒙古牦牛群体的渐渗杂交。牦牛与普通牛进行杂交是较为普遍的现象，这样可以获得同时具有牦牛高原适应性和普通牛生产效率的后代犏牛。虽然犏牛的雄性不育阻碍了稳定杂交群体的建立，但是不能限制母犏牛多代回交所形成的基因渗入。通过高密度的SNP分型和全基因组测序，76个蒙古牦牛基因组的单倍型被推测出来。在最近的至少1 500年里，牦牛通过几乎连续的基因渗入从其牛科祖先那里获得了超过1.3%的基因组序列。渗入区域富含参与神经系统的发育和功能，尤其是谷氨酸代谢和神经传递相关的基因。此外，作者还发现了一个与蒙古Turano牛角性状相关的新突变位点。这些研究成果有助于牦牛的育种和管理工作的提升。

胡泉军等通过第二代高通量测序技术，采用多种生物信息学方法构建牦牛基因组数据库，收集、分析、存储和共享牦牛基因组和相关数据资源；尤其是对人、黄牛和牦牛的基因组数据进行了全基因组比对，完成了相应的共线性同源区域的分析和展示；整合了3头家养牦牛和3头野生牦牛的基因组重测序数据，以及SNP、InDel和结构变异等遗传变异的分析结果。这些研究构建和优化了牦牛基因组数据库，为牦牛的基因组提供了高质量的参考基因集和高密度的遗传图谱，可以为牛科基因功能和分子育种研究提供有效信息。

王理中等通过利用第二代高通量测序技术，完成了84头野生和家养牦牛的全基因组测序工作，产生了2.16Tb的原始数据，测序总深度高达814.7倍，平均覆盖了全基因组98%以上的区域，构建了超过1 456万个位点的牦牛全基因组遗传变异图谱。详细解析了野生和家养牦牛的遗传变异、群体结构信息以及人工选择作用在家养牦牛基因组上留下的印记。发现野生与家养牦牛具有相似的核苷酸多态性并且遗传分化程度很小，野生与家养牦牛核苷酸多态性（π）分别为0.001 3和0.001 4，遗传分化指数仅为0.058。进一步从家养牦牛基因组中识别出182个受到了强烈人工选择的区域，这些基因组区域共包含209个蛋白编码基因，主要与温顺行为等相关。此外，比较了天祝白牦牛和其他家养牦牛的基因组差异，识别出一些与毛色相关的区域，这些区域可能与近130年来对白牦牛的人工育种过程有关。

李明娜等采用目标区段捕获测序技术（Targeted resequencing）对牦牛1 号染色体207 kb的候选区段（Reference: Bos mutus；scaffold526_1：1 116 000~1 323 000）进行分析，共检测到2 617个SNPs和330个Indels。其中有39个同义突变，14个错义突变，和1个INDEL位于编码区内；有3个基因（SYNJ1、GCFC1和C1H21orf62）位于目标区域内。相关分析筛选出1 076个显著关联SNPs，其中31个SNPs在有角组和无角组中与表型共分离。C1H21orf62基因编码区内存在g.1235483G>A和g.1235468G>A两个错义突变，分别导致氨基酸由甲硫氨酸和异亮氨酸改变为缬氨酸；且变异位点只在无角牦牛组中出现（30个样品中，有27个样品为错义突变）。

Daoliang Lan等人通过基因组重测序技术，发现了金川牦牛7 693 689个高质量的单核苷酸多态位点。主成分分析和群体遗传结构分析显示金川牦牛是一个独立的牦牛群体。连锁不平衡分析显示与其他家牦牛相比，金川牦牛的基因衰减率最低，暗示金川牦牛比其他牦牛具有更高的驯化和选择强度。通过与考古资料相结合，推测金川牦牛的驯化大概起源于6 000年前。种群增长历史的数量动态与其他牦牛品种相似，但更接近野牦牛。金川牦牛与其他家牦牛品种之间没有显著的基因交流。与其他家牦牛相比，金川牦牛拥有339个下选择基因，许多与生理节选、组蛋白和畜产品相关。这些研究为金川牦牛的进化探寻、分子起源和品种特征打下了基础。

十、全基因组 CNV 分析

基因拷贝数目变异（Copy Number Variations, CNV）也称拷贝数目多态，是一种大小介于1kb至3Mb的DNA片段的变异，在人类基因组中广泛分布，其覆盖的核苷酸总数大大超过单核苷酸多态性的总数，极大地丰富了基因组遗传变异的多样性。基于芯片技术的比较基因组杂交平台可以解决传统的方法（比如G显带、FISH、CGH等）存在操作繁琐，分辨率低等问题。通过在芯片上用标记不同荧光素的样品进行共杂交可检测样本基因组相对于对照基因组的DNA拷贝数变化。

因CNV技术于近几年才刚刚出现，对牦牛CNV的相关报道还非常少。张全伟等采用含有777 962个探针、平均间距为3.43kb的牛Bovine HD基因分型单核苷酸多态性芯片检测天祝白牦牛和青海牦牛的CNV。以秦川牛作为对照，验证了Bovine HD芯片筛选鉴定牦牛CNVR的准确性和可靠性。在不同品种牦牛（天祝白牦牛n=100，青海牦牛n=100）内发现

943个CNVs，其平均大小为120.76kb。重叠CNVs形成CNVRs后发现857个CNVRs，包括558个Loss，297个Gain和2个Both。其总片段长度为127.99Mb，约覆盖牦牛基因组4.79 %的碱基。片段长度从1.708kb到8.82Mb不等，其平均长度为149.43kb，中位值为24.8kb。根据Bovine HD基因分型筛选获得的不同品种牦牛的CNVRs成功构建其CNVRs染色体遗传图谱。基因功能分析结果揭示，筛选获得CNVRs与嗅觉受体活性、G蛋白偶联受体信号通路、细胞表面受体信号转导、跨膜运输和嗅觉转导离子分子功能相关。从857个CNVRs中筛选不同类型和不同频率的17个CNVRs进一步进行荧光定量PCR验证，其中13个CNVRs确认真实存在于牦牛基因组。

张良志等采用比较基因组杂交（Comparative Genomic Hybridization, CGH）技术系统检测了12个中国黄牛品种，2个水牛品种和1个牦牛品种的基因组CNV。检测中国黄牛基因组CNV，构建黄牛基因组CNV草图；分析CNV对功能基因和表型性状的影响；依据检测个体的父系和母系起源，分析CNVR在不同起源群体中的分布规律及选择压力对CNV的影响；研究CNV对功能基因的作用方式，通过这些方面的研究来检测CNV的遗传效应。在中国地方黄牛中检测到470个CNVRs（CNV regions），约占基因组的2.13%；在牦牛和水牛中分别检测到127和148个CNVRs。通过对不同牛种CNVR的合并，共确定605个CNVR。在这些CNVR中，缺失类型的变异要多于其它类型的变异。聚类分析结果显示依据CNVR可以区分不同牛种群。检测到的CNVR在染色体上处于非随机分布状态；位于线粒体上的CNV在3个牛种中的变异类型不同，可以用于区分不同牛种群（普通黄牛：插入状态；牦牛和水牛：缺失状态）；确定有253个CNVR中包含716个功能基因；有427个CNVR与牛的QTL位点重合。

第七章　牦牛的繁殖技术

为了适应自然环境，牦牛的繁殖特性有别于其他牛种，受其分布地区生态环境条件和遗传特性的影响较大。

研究牦牛繁殖的重点是揭示其遗传特性、生殖规律以提高牦牛繁殖生产效率。研究牦牛繁殖对牦牛群数量增长和质量提高，尤其对加速牦牛的品种改良和增加良种牦牛繁育群的数量，起着重要的理论指导和促进作用。牦牛的繁殖由牦牛繁殖理论（牦牛的生殖生理）、牦牛繁殖技术和牦牛繁殖管理（提高繁殖力的主要方法）3部分组成。

第一节　公牦牛的生殖生理

一、公牦牛生殖器官的解剖组织结构与功能

公牦牛生殖器官由睾丸、附睾、输精管、精索、副性腺、尿生殖道、阴囊、阴茎和包皮组成。公牦牛的生殖器官，除阴囊较紧缩和皮肤多毛与其生存的寒冷环境相适应外，其解剖组织学结构与其他牛种无明显差异。

1. 睾丸

（1）睾丸的形态位置。睾丸（Testis）是产生精子和雄性激素的器官。成对的睾丸分居于阴囊的两个腔内。公牦牛的睾丸小而紧缩，几乎贴于腹壁，与普通牛大而悬吊的睾丸有明显的差别。据测定，普通牛两个睾丸的重量为550~650g，而牦牛两个睾丸的重量为180~512g，但在组织学上同其他牛种无明显差异。

牦牛的睾丸呈长卵圆形，实质呈红黄色，用手指按压睾丸表面有弹性，质地较坚实。其长轴与躯体长轴垂直，左右略压扁。睾丸后缘，有附睾体附着；前缘为游离缘。上端有血管和神经出入，为睾丸头，有附睾头附着；下端为睾丸尾，连于附睾尾。牦牛睾丸表面都覆盖一层睾丸鞘膜脏层上皮，为单层立方上皮。其深层为致密结缔组织构成的白膜（Tunica Albuginea），白膜甚厚，白膜下疏松结缔组织内富含毛细血管，为一薄层，称为血管膜。白膜从睾丸头端呈索状深入睾丸内，沿睾丸长轴向尾端延伸，形成睾丸纵隔（Mediastinum Testis）。从睾丸纵隔分出许多睾丸小隔（Septula Testis），将睾丸实质分成许多睾丸小叶（Lobuli Testis）。每一小叶内含有2~3条盘曲的曲精细管（又称生精小管、曲精小

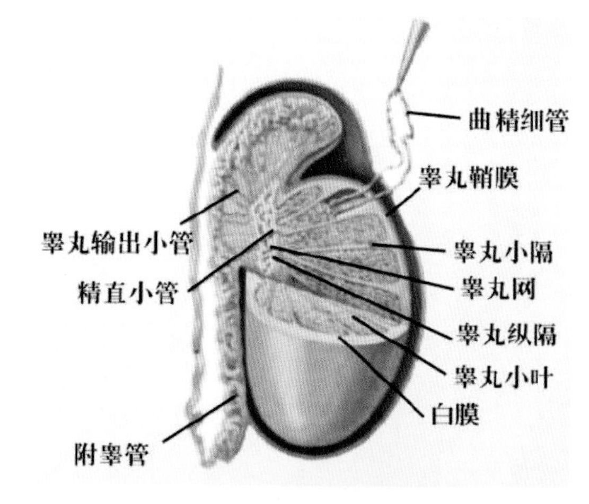

图 7-1　睾丸及附睾的组织结构
（引自 https://wenku.baidu.com/view/1eded32b0508763230121 24b.html）

管），精子由曲精细管产生。曲精细管之间有间质细胞，能分泌雄性激素。曲精细管互相汇合成精直小管，并进入睾丸纵隔内，互相吻合形成睾丸网（Rete Testis）。由睾丸网发出睾丸输出小管（Ductuli Efferentes Testis）（图7-1）。

（2）曲精细管（Seminiferous Tubles）。曲精细管是一种十分盘曲的上皮性管道（图7-2），由界膜（Limitingmembrane）围绕，管壁上皮为特殊的生精上皮，由两类形态结构和功能不同的细胞组成：一类是支持细胞（又称足细胞、塞尔托利氏细胞，Sertoli Cells），另一类是生精细胞（Germ Cells）。

①界膜：界膜也称为管周组织（Peritubular Tissue）。牦牛曲精细管的界膜由5层组成，内非细胞层，即基膜，呈均质状；胶原纤维层，由胶原纤维组成。内细胞层，主要由梭形细胞即肌样细胞组成，其形态与平滑肌纤维类似。外非细胞层，由胶原纤维等结缔组织构成。外细胞层，由成纤维细胞组成。界膜具有收缩作用，它可以使曲精细管维持一定的张力，并使精子向附睾方向输送。界膜还具有选择性进行物质交换的功能。因此，曲精细管界膜也被认为是血睾屏障的组成部分。

②支持细胞：支持细胞底部位于基膜上，细胞核大而不规则，成熟后不再分裂，数量恒定。在精细管生精上皮周期中，支持细胞表现出A、B两型形态差异很大的变化。

③生精细胞：生精细胞包括精原细胞、初级精母细胞、次级精母细胞、精子细胞和精子。这些细胞的连续分化发育过程称为精子发生（Spermatogenesis），它包括3个连续的阶段，

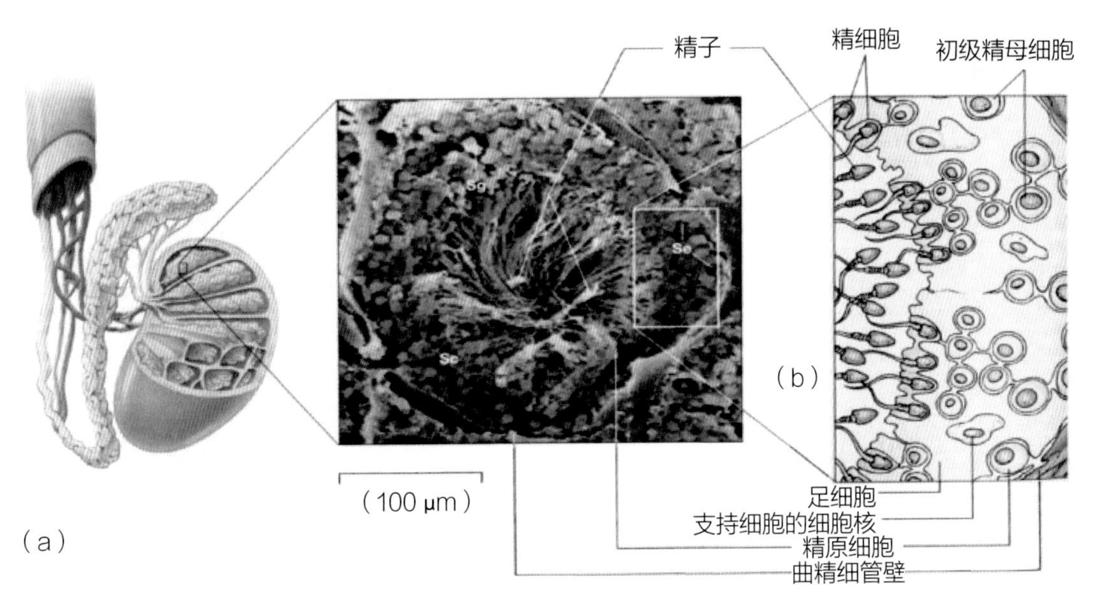

图7-2　曲精细管的组织结构
（引自 https://image.baidu.com/searchdetail?z=0&ipn=d&word= 生精小管）

即精原细胞的增殖、精母细胞的减数分裂和精子细胞的一系列形态变化形成的精子。在此连续的过程中，分化的细胞逐渐由曲精细管的基膜向管腔移动，最后精子被释放入管腔。牦牛的曲精细管发育良好，生精细胞排成4~6层。在曲精细管不同的切面上，可以看到生精细胞不同的发育周期。精原细胞呈圆形、卵圆形或多边形，紧贴基膜排成一层，核呈圆或卵圆形，核仁明显，胞质量少。初级精母细胞体积大而圆，位于2~4层，胞质量多，核也大而圆，多呈分裂象而着色深。次级精母细胞小而少见，位于4、5层。精子细胞更小，数量多，近曲精小管腔存在，位于4~8层。精子头成群或成束附着在支持细胞的顶端处，尾短，其附近有许多大小不等的、由精子变形而脱落下来的残余体。曲精细管腔内有的可见到精子细胞、精子和残余体。曲精细管之间有结缔组织构成的间质，间质内血管丰富，间质细胞呈椭圆形或多边形，体积大，呈团状或索状排列在毛细血管周围。间质细胞分泌雄激素，胞质内有大小不等的数个小空泡，是小脂滴溶解后形成的。核圆形，常偏位存在，核仁1~2个，清楚。

2. 附睾

（1）附睾（Epididymis）的形态。附睾是贮存精子和促进精子成熟的场所。位于睾丸的附睾缘，可分为附睾头、附睾体和附睾尾。头、尾两端粗大，睾体较细。附睾头紧贴睾丸头或睾丸上缘的1/3部，由睾丸输出小管弯曲盘绕而成。输出小管最终汇集成一条盘曲的附睾管（Ductus Epididymidis）。附睾管长11.2~14.6cm，构成附睾体和附睾尾，管的末端急转向上，移行成输精管。附睾体沿睾丸的附睾缘下行。附睾尾非常发达，并与睾丸尾端紧密相连且略向后突出。

附睾尾以睾丸固有韧带（Ligtestis Proprium）与睾丸尾端相连接，借阴囊韧带与鞘膜壁层相连。鞘膜脏层从睾丸延续包于附睾上，移行处称为附睾系膜；在外侧于附睾体和睾丸之间形成浆膜隐窝，称睾丸囊（Bursa Testicularis），亦称附睾窦（Sinus Epididymidis）。

在胚胎时期，睾丸和附睾均在腹腔内，位于肾脏附近。出生前后，两者一起经腹股沟管下降至阴囊，此过程称睾丸下降。如有一侧或双侧睾丸未下降到阴囊内，称单睾或隐睾，无生殖能力，不宜作种畜用。

（2）附睾的功能

①附睾是精子最后成熟的地方：从睾丸曲精细管产生的精子，刚进入附睾头时，颈部常有原生质滴存在，即形态尚未发育完全，在附睾内运行过程中，精子逐渐获得运动能力和受精能力，达到精子的功能成熟。附睾分泌的特殊物质和经附睾浓缩的物质除满足精子成熟的特殊需要外，还造成了附睾管内特定的内环境，有利于精子的成熟。在精子成熟过程中，精子的形态变化表现为精子体积略缩小，原生质小滴逐渐由中段后移并最终脱下。功能上的改变包括膜通透性、代谢方式、耐寒抗热性、运动能力和方式以及精子膜抗原的变化和受精能力的获得等。

②附睾是精子的贮藏所：在附睾内，分泌物呈弱酸性（pH值＝6.2~6.8），渗透压高，缺乏果糖，温度也较低，因此精子不活动，消耗的能量很少，精子可存活月余并保持受精力。一头公牛两侧的附睾可容纳74.1×10^9精子，相当于睾丸3.6d的精子产量，其中约有54%贮存在附睾尾部。

③附睾管的运输精子作用：精子在附睾内缺乏主动运动能力，主要是靠纤毛上皮以及附睾管壁平滑肌的收缩作用使其通过附睾管。牛的精子通过附睾管约需10d。

④附睾管对精子的吞噬和吸收作用：附睾管对精液中可能出现的未成熟、衰老、死亡精子具有分解和吸收作用，主要由附睾上皮和管腔内的巨噬细胞来完成吞噬。

3. 阴囊

阴囊（Scrotum）位于两股部之间，是呈袋状的皮肤囊，容纳睾丸、附睾及部分精索。阴囊上部狭窄称阴囊颈，下面游离称阴囊底。阴囊壁的结构与腹壁相似，由外向内依次为阴囊皮肤、肉膜、精索外筋膜、提睾肌和鞘膜。在生理状况下，阴囊内的温度低于体腔内的温度，有利于睾丸生成精子。阴囊内肉膜和提睾肌通过收缩和舒张调节其与腹壁的距离来获得精子生成的最佳温度。

4. 输精管和精索

（1）输精管（Ductus Dcferens）。输精管是附睾管的延续，为运送精子的管道，管壁厚、硬而呈圆索状，牦牛输精管长70~78cm。由附睾尾进入精索后缘内侧的输精管褶中，经腹股沟管上行进入腹腔，随即向后上方进入盆腔，末端与精囊腺导管汇合成射精管开口于精阜。

（2）精索（Funiculus Spermaticus）。精索是包有睾丸血管、淋巴管、神经、提睾内肌以及输精管的浆膜褶，呈扁圆锥形，其基部附着于睾丸和附睾，入腹股沟管向腹腔行走，上端达鞘膜管内口，牦牛精索长20~24cm。精索的睾丸动脉长而盘曲，伴行静脉细而密，形成精索的蔓丛（Plexus Pampiniformis），它们构成精索的大部分，具有延缓血流和降低血液温度的作用。

5. 副性腺

副性腺（Genitales Accessoriae Gland）包括精囊腺、前列腺和尿道球腺。其发育程度受性激素的直接影响，幼龄去势的动物，腺体发育不充分，性成熟后摘去睾丸，则腺体逐步萎缩。副性腺的分泌物有稀释精子、营养精子以及改善阴道环境等作用，有利于精子的生存和运动。

（1）精囊腺（Vesicularis Gland）。成对的精囊腺位于膀胱颈背侧的生殖褶中，输精管壶腹部外侧，贴于直肠腹侧面。其形态为不规则的长卵圆形，表面不平，分叶清楚，左、右精囊腺大小和形状常不对称。表面有结缔组织膜，含平滑肌纤维。外观呈粉红色，其实质是由一条壁很厚，具有泡状扩大部的管道扭曲组成，并常分出一些短的分支。每侧精囊腺有一导管穿过前列腺，与输精管一同开口于精阜腹侧前方或后方。

（2）前列腺（Prostata）。由前列腺体部和扩散部构成，呈淡黄色。前列腺体较小，横位于膀胱颈和尿生殖道起始部的背侧。扩散部发达，分布在几乎整个尿生殖道骨盆部的尿道肌和海绵层之间，其背侧部厚，腹侧部薄。前列腺管多，成行开口于尿生殖道骨盆部的黏膜。有两列位于精阜后方的两黏膜褶之间，另外两列在褶的外侧。

（3）尿道球腺（Bulbourethralis Gland）。牦牛有尿道球腺1对，位于尿生殖道骨盆部后端的背外侧。外面包有厚的被膜，并部分地被球海绵体肌覆盖。每个腺体发出一条导管，开口于尿生殖道峡部背侧的半月状黏膜褶内。

6. 尿生殖道与外生殖器

（1）阴茎（Penis）与包皮（Prepuce）。阴茎为雄性动物的交配器官，平时柔软，隐藏于包皮内，交配时勃起，伸长并变得粗硬。阴茎由阴茎海绵体和尿生殖道阴茎部构成。牦牛阴茎长65~76cm，可分为阴茎根、阴茎体和阴茎头，阴茎头长7.5~8.3cm，阴茎体在阴囊的后方形成S状弯曲，勃起时伸直。

（2）尿生殖道。尿道兼有排精作用，故称尿生殖道（Canalis Urogenitlis），可分为骨盆部和阴茎部（海绵体部）。骨盆部位于骨盆腔底壁，起自膀胱颈，至骨盆后缘绕过坐骨弓，移行为阴茎部。尿生殖道管壁包括黏膜、海绵体层、肌层和外膜。黏膜有许多皱褶，海绵体层主要为静脉血管迷路膨大而形成的海绵腔，当海绵腔内骤然充满血液时，整个海绵体膨大，尿生殖道的管腔张开，给精液造成自由的通路。尿道肌具有协助射精和排出余尿的作用。

二、牦牛性功能成熟与繁殖行为

1. 初情期与性成熟

（1）初情期的概念。公牦牛初情期指第一次能够释放出精子的时期，但这一时期在实践上不易判定。公牦牛往往在能够产生精子以前，就有初步的性行为，如小公牛闻舐母牦牛的阴户，举头皱鼻，有爬跨欲望，阴茎部分勃起，但多数不能发生性行为。

（2）影响初情期的因素

①遗传因素：不仅不同种类动物初情期不同，就是同种动物，也因品种不同而有很大差异。

②体重：只有到达适当的体重才能启动初情期。

③季节：季节因素尤其是光照，对季节性发情动物初情期的启动起决定性因素，对非季节性动物也有影响。

④营养水平：营养不良，影响性功能发育，初情期延迟。

⑤群体环境：饲养密度、雌雄个体混群饲养、放牧饲养等都影响初情期。

（3）性成熟和初配适龄

①性成熟：性的成熟是一个连续的过程，在概念上也有不同的理解。广义上讲，出生后性功能发育的整个过程都是性成熟的过程，即“性在成熟”，是一个动态的概念。但一般把性成熟理解为生殖功能发育的一个特定时期，即性成熟期，指动物生殖器官已发育完全，具备了正常繁殖能力的时期。性成熟期在初情期之后一定时间。动物到达初情期，虽然可以产生精子（雄性）或排卵（雌性），但性腺仍在继续发育，雄性精子产量还很低，没有达到正常的繁殖力。所以，在初情期以后，需要进一步发育才能达到完全的性成熟。性成熟时，身体的生长发育尚未完成，即未达到体成熟。公牦牛的性成熟期一般为2~3岁，因品种和地域而异。在大通牛场，取7头1.5岁的公牦牛睾丸作成抹片，在显微镜下观察，均无精子发现。2岁和2岁以上公牦牛的睾丸抹片在显微镜下观察，均有活力正常的精子出现，这说明大通公牦牛在2岁已达性成熟。据报道，公牦牛在哺乳兼挤奶的条件下培育时，性成熟期一般在2岁左右，检查7头1岁及12~15月龄公牦牛的副睾，除1头14.5月龄公牦牛有少量精子外，其余均未发现精子。17~18月龄公牦牛（7头）去势时，仅有4个在副睾中发现有精子。西藏当雄牦牛冻精站报道，公牦牛在2.5岁时爬跨，个别也有射精现象，但因发育不足，仍不能够使母牦牛受胎，只有到3岁时才开始成熟，参加配种。

②初配适龄：初情期和性成熟期都是生理上的概念，但动物到达性成熟期后，身体仍在生长发育，过早配种既不利于公、母畜本身的发育，又影响其繁殖功能。所以，在实践上，提出初配适龄的概念，即适合开始配种的年龄。这要根据个体的发育情况而定，一般说来，在性成熟期稍后一些，体重达到其成年体重的70%左右开始配种。

西藏当雄牦牛冻精站报道，牦牛种公牛在3~5岁时采精次数少，且精液质量略低。6岁以后的种公牛已完全发育成熟，精液各项理化指标都较为理想，到9岁时达到一生中最高产精能力。天祝白牦牛在牛群中参与初配的公牦牛年龄为3.5~4岁。但天祝白牦牛一般为自然交配，公牦牛配种年龄为4~8岁（配种年限为4~5年），以4.5~6.5岁配种力最强，8岁以后很少能在大群中交配。有的公牦牛只在配种季节才合群于母牛群中，且护群性强，配种季节过后，即自动离群到高山中去，翌年配种季节再回到母牛群中，这一习性，与某些野生动物相似。

2. 公牦牛繁殖行为

在动物的繁殖中，行为起着重要的作用，交配的成败和幼畜的存活都受行为的影响。动物在长期的进化过程中形成了不同定式的繁殖行为。牦牛由于长期的家养驯化和条件限制，以及管理的需要，繁殖行为的表现发生了一些不同于野生动物的变化，但作为遗传天性，仍保留了许多野生的特征。如牦牛有别于其他牛种，有明显的发情季节，只有在发情季节才出现性行为。

（1）性行为。为了确保受精、妊娠和物种的延续，两性动物表现出一系列的行为活动而相互吸引，最后完成两性结合。这些行为称为性行为，包括一系列性刺激引起的反应，每一种反应又作为一种刺激引起下一种反应，这种现象称为行为链。

①性行为序列：公牦牛的性行为一般都是定型的，并按一定顺序表现出来，包括求偶、阴茎勃起、爬跨、插入、射精及下爬等部分。母牦牛性行为表现为发情征状，只有在发情时才对公牦牛感兴趣。

②配种季节牦牛性行为的表现：公、母牦牛终年混群放牧，不到配种季节，公、母牦牛并不接近，公牦牛单独采食，只是在配种季节公、母牦牛才互相接近。母牦牛主要的发情征状是愿意让公牦牛跟随，接近闻舐外阴部，但拒绝公牦牛爬跨交配，这是母牦牛发情的初期表现。到了发情旺期，不但让公牦牛跟随，闻舐外阴部，并让其爬跨交配。发情初期阴户微肿，发情旺期从阴道里流出胶状透明黏液，阴道潮红，子宫颈口张开，举尾拱腰，排尿频数，但是没有其他牛种明显。母牦牛也有相互爬跨的现象，但发情时的表现比普通黄牛发情要安静得多。

在牦牛的发情季节里其交配行为同黄牛基本一致，包括求偶活动，阴茎勃起和伸出，爬跨、插入、射精性冲插和射精，以及爬下动作。交配开始时，公牛在发情母牛一侧站立，先靠颔调情，或用嘴唇部舐舔母牛颈部、肩胛部或背部，再去闻舔外阴部。往返2~3次，进行伸颈露牙和上腭前端卷唇翅鼻，微触颤抖半张口动作，并发出一系列有规则的声音。当公牛性兴奋增加时，通常出现有节奏的排尿动作，进一步增加母牛的静立，让其爬跨反应，同时试着爬跨母牛，直到使母牛静立不动；而后再去闻舔外阴部，同时腰部上下闪动阴茎即出，母牛站稳后急速爬跨，当插冲动作进入高潮时，身体猛向前一跨即行射精。爬下后行短时休息，作第二次爬跨的准备。一系列“性嗅反射”，公牦牛在自然环境里表现出强悍的动作，发威姿态，赶走周围其他家公牦牛。如果现场有两头公牦牛力量相当，性情一致，互争同一头发情母牛，则发生一场勇猛的角斗，愈演愈烈，可数日不饮食，直至筋疲力尽。天祝白公牦牛的嗅觉十分敏锐，在数十千米以外顺风就可嗅到发情母牛的气味，当公牛所处牛群中没有发情母牛，而另外的群中有刚发情的母牛时，两群之间即使相隔数里之遥，公牦牛也能知道，弃本群而奔向有发情母牛的群中，这也是公牦牛在性行为上一项突出功能。年老体衰或未取得地位的公牛，则离开母牛群单独活动，不再参加角斗或人为淘汰。某些未取得优胜权者，从此远离牛群，进入深山老林，寻觅好草，日夜不归，并作打滚、顶地等动作来锻炼，以到来年配种季节再决胜负。这种以争配种地位决定其优胜序列的行为，对天祝白牦牛品种的延续、选择及在牛群配种中防止近交等均有十分重要的生物学意义。

公牦牛性兴奋比较强烈，尤其在配种季节占有配种地位者，一天内可多次交配也不降低其兴奋性。交配过程中，其注意力全集中于发情母牛，一般不主动进攻其他个体，除非竞争者也接触发情母牛或将它从发情母牛背上顶下来。

年龄较大的公牦牛（5岁以上）的配偶较为固定，当其他公牦牛与其争夺配偶时，可延续数小时的角斗。在这中间往往被另外的公牦牛乘机交配，也有大龄公牦牛体大笨重，不易爬跨，站在发情母牦牛身边“霸而不配”，而其他公牦牛又不敢靠近，易造成母牦牛的空怀。年龄大的公牦牛也有串群习惯，当配种季节过后，它就会单独行动找水草茂盛的地方独自生活，如果饲养员不及时寻找追赶，它就不跟随牛群。到第二年配种季节，它又回到牛群中寻找发情母牦牛。8岁以上的公牦牛基本都是单独行动，不在本群中生活，易丢失，应尽早淘汰。公牦牛的这种串群习惯有利于血统更新，可防止近亲繁殖。

公牦牛有极强的选择性，对普通牛性欲极差。若把公牦牛放到母黄牛群中，用自然交配法繁殖犏牛时，公牦牛将会置发情母牛于不顾，远离黄牛群。即使将它拴系在发情母牛身边，也多不理睬，要经过几个小时的相处与帮助才能引起性反射完成交配。

（2）交配力。西藏畜牧兽医研究所报道，在自然交配情况下，公牦牛配种负担量，即公：母为1：14~25。雷焕章等对3群母牦牛经两年连续统计，平均每头种公牦牛交配力1：12~16头母牦牛，其中公：母以1：12~13比较适宜，繁殖率为68.6%~80.4%。1：15以上则略多，繁殖率为54.8%~67.7%。苏联某农场母牦牛的受胎率高（平均为96.7%），其经验主要是利用年轻公牦牛配种，并减少配种负担量，同时配种季节将牦牛放牧在海拔2 800~3 200m的牧场上。

同普通牛种相比，公牦牛的交配力较弱。其主要原因是求偶行为强烈，性兴奋持续时间久。在配种季节来临之前，母牦牛尚未出现性活动时，公牦牛已开始不安静采食，并在母牦牛群中频繁活动，如用鼻闻嗅母牦牛的阴部，随即离开，继续寻觅另一头母牦牛。当遇母牦牛排尿时，有的公牦牛将鼻伸向尿流，然后头部仰起上唇咧开片刻；母牦牛发情季节公牦牛体力消耗很大，每天追逐发情母牦牛或与其他公牦牛角斗，采食时间很少，配种量难以控制，靠放牧难以获得足够的营养物质。

为了提高公牦牛的交配力，在配种季应控制公牦牛，有计划地安排种公牦牛分批投群配种，保证在配种盛期有足够的公牦牛参配。加强公牦牛的补饲，在配种季对性欲旺盛，交配力强的公牦牛，有条件时每天给予定量的草料，还可将公牦牛隔出母牛群在较远处系留放牧或在围栏中放牧、休息1~2周。

三、牦牛精子发生和精子的形态

1. 精子发生

精子（Sperm）是公牦牛性腺分化出来的生殖细胞。在早期胚胎发育中，来自卵黄囊的原始生殖细胞迁入到尚未分化的性腺，经数次分裂形成性原细胞。在公牦牛，这些性原细胞在初情期前迁入精细管并分化成精原细胞。从精原细胞分裂到变成精子在睾丸内形成的全过程称为精子发生（Spermatogenesis）。

精子发生是在睾丸的曲精细管（生精小管）内进行的，它包括精原细胞的增殖（Spermatogonia Proliferation）、精母细胞（Spermatocytes）的生长和成熟分裂、精细胞（Spermatids）和精子形成（Spermiogenesis）等发育过程。公牦牛精子还必须要在附睾中进一步成熟。

（1）精原细胞的增殖和干细胞更新。精原细胞（Spermatogonia）是睾丸中最幼稚的生精细胞，位于精细管上皮的最外层，直径约为12μm，细胞核为圆形或卵圆形，有1~2个核仁（图7-3a）。

公牦牛睾丸的曲精细管内可见到A型暗核精原细胞（AD型精原细胞）、A型亮核精原细胞（AP型精原细胞）及B型精原细胞。AD型精原细胞胞体与基膜接触面较广，核圆形或椭圆形，染色质细小，多分布于核膜内面，染色深，核仁近中央；AP型精原细胞与基膜接触面广，核圆形或椭圆形，染色质呈细颗粒状，分布均匀，染色淡；B型精原细胞核内染色质呈较大的块状，核仁居中并有染色质颗粒与核仁相贴。

精子发生在成年期是一个连续的过程，必须不断地产生幼稚的生殖细胞，即精原干细胞本身的再生，以保持恒定的贮备。所以精原细胞在发育成精子的同时，还必须完成本身的再生，以保持恒定的贮备。精原细胞通过有丝分裂，增殖形成许多初级精母细胞，同时由于贮备了相当数量的干细胞，使精子发生能持续进行。

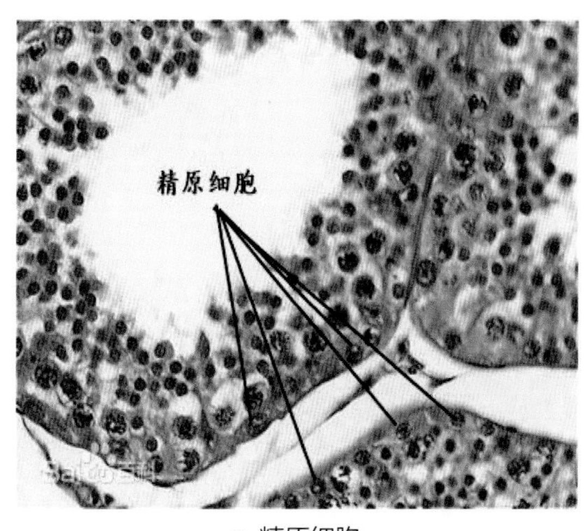

a. 精原细胞

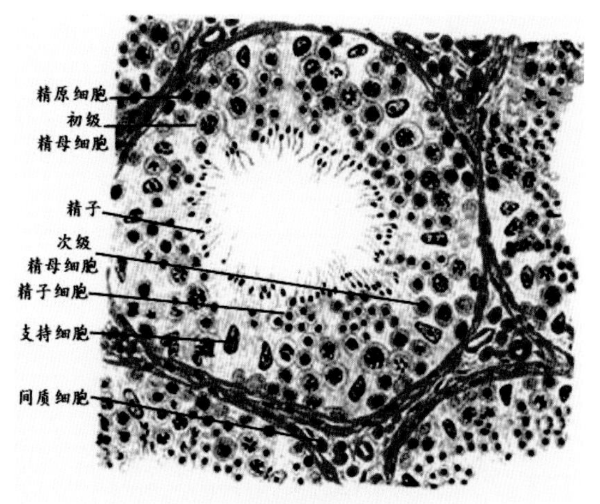

b. 曲精细管

图7-3　精原细胞和曲精细管（生精小管）示意

（引自 https://image.baidu.com/search/detail?ct=503316480&z=0&ipn=d&word= 睾丸的组织结构）

（2）精母细胞和成熟分裂。初级精母细胞（Primary Spermatocytes）经两次成熟分裂形成精子细胞（图7-3b）。在细胞周期基因调控下，在进行成熟分裂之前要经过一次或几次区别于一般细胞间期的成熟分裂前间期，促使细胞从有丝分裂向减数分裂转变。在此期内，除DNA复制外，转录与转运也十分活跃，合成在精子发生中所需要的大量蛋白质和酶类，并进行贮存。因此，细胞间质增多，体积变大。初级精母细胞经第一次成熟分裂形成2个次级精母细胞（Secondary Spermatocytes）。成熟分裂 I 包括前期、中期、后期和末期。前期变化十分复杂，经过细线期、偶线期、粗线期、双线期和终变期。其间同源染色体要进行联合、交叉、交换和重组等，然后同源染色体向两端分离，形成2个次级精母细胞。粗线期存在时间较长，因而较多见。在核旁可见联合丝复合体，由2条平行排列的暗线构成，在暗线之间有一较亮的间隙。公牦牛精原细胞及初级精母细胞内的线粒体呈群集现象，多集中于细胞的一侧，外形为圆形或长椭圆形，线粒体嵴清晰可见，呈板层状与长轴垂直，密集排列，呈平行型，基质密度正常。在线粒体之间有电子致密物质相连。牦牛精原细胞的线粒体体积较犏牛的小，但数量较犏牛的多，而初级精母细胞线粒体的体积与数量在两种牛较接近。

次级精母细胞形成后很快进入分裂间期，不进行DNA复制即进行第二次成熟分裂，2个姐妹染色单体向两端分离，形成2个精子细胞。这样整个成熟分裂完成。1个初级精母细胞经2次成熟分裂可形成4个精子细胞。

（3）精子形成。精子细胞经复杂的形态变化最终形成精子的过程称精子形成（Spermiogenesis）。这些变化包括形态和体积、核与细胞质的变化，顶体及线粒体鞘的形成，中心粒的发育和尾部的形成等。最初的精子细胞为圆形，随后在形态上发生明显变化，细胞核变为精子头的主要部分，高尔基体形成顶体，中心小体变成精子的尾，线粒体逐渐聚集在尾的中段形成特有的线粒体鞘膜。细胞的原生质浓缩为一个球形的原生质滴，附着在精子的颈部。通过这个变形过程，圆形的精子细胞逐渐形成蝌蚪状的精子，并脱离精细管上皮的足细胞，游离于管腔中（图7-4）。

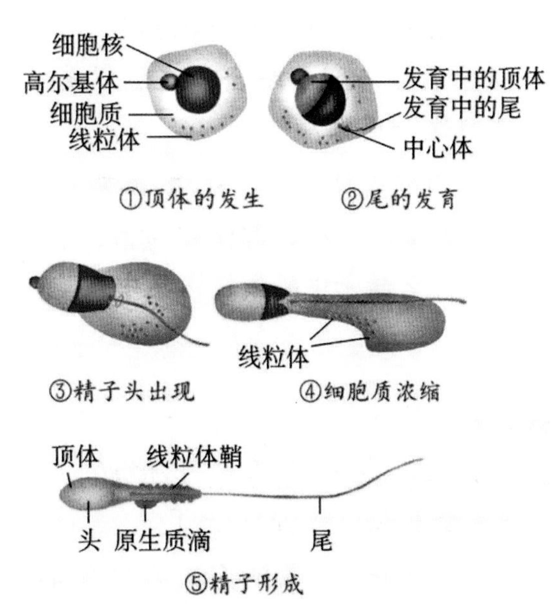

图7-4　精子细胞变成精子示意
（引自 https://image.baidu.com/search/detail?ct=503316480&z=0&ipn=d&word= 精子细胞变成精子示意图）

（4）精子在附睾内的成熟。在睾丸生成的精子，并不具有运动力与受精能力，睾丸精子需在附睾运行过程中逐步获得运动与受精能力，这个过程称为精子的功能成熟。精子在附睾的微环境中才能进一步成熟。一般认为，在附睾中精子获得运动能力，但有运动能力的精子未必一定具有受精能力。精子受精能力的消失比运动力消失要快。

附睾是精子贮存与成熟的器官，具有吸收、浓缩及分泌功能，同时具有稳定的特殊内环境。睾丸产生的睾丸网液进入附睾形成的附睾液，构成了精子成熟的环境。由于附睾的吸收与分泌作用，使睾丸网液的成分不断改变，所以附睾各部分中液体的性质均各不相同。根据各段附睾液的理化性质分析，表明由附睾头向尾移行时，具有规律性的变化。睾丸网液由精细管到附睾pH下降，这说明附睾上皮有酸化功能，对精子的成熟起一定的作用。附睾各部分的渗透压相差很大，以附睾尾部的渗透压最高，这是由附睾分泌的大分子物质造成的。高渗环境可使精子进一步脱水，并处于休眠状态。由附睾头到附睾尾的睾丸网液中，离子成分也不同，钠离子含量逐渐下降，氯离子含量明显下降，钾离子含量有上升趋势，磷的含量明显增加。由于离子浓度的改变影响到精子膜及其代谢功能。附睾上皮能分泌多种蛋白质和酶进入附睾液，有可能与精子的成熟、运动有关。附睾液中雄激素含量很高，特别是附睾体部雄激素含量最高，精子在此逐渐成熟，到达附睾尾部时，精子已近成熟，此处雄激素含量已下降，仅用于维持精子的基本代谢活动。这些雄激素至少对促进精子成熟并获得受精力是必要的。

2. 精子的形态结构与生理特性

牦牛的精子是一种高度分化的细胞，含有遗传物质，具有活动能力。其功能是将遗传信息携带给卵母细胞。

（1）精子的形态结构。公牦牛的精子分为头、颈、尾三部分（图7-5）。在电镜下，尾部又可区分为中段、主段和末段三部分（图7-5a，图7-5d）。精子的长度因动物种类而有差异，且并不与动物体的大小成正比。一般长57.4~90μm，尾部占总长的80%。牛精子头部长7.7~9.2μm、宽5.59±0.5μm，中段长约14.8μm，主段和末段长45~50μm。牦牛精子形态与普通牛无明显差别，但经超微测定，精子头部长度比普通牛短。正常的牦牛（家牦牛、野牦牛及半野牦牛）精子和其他哺乳动物都是典型的鞭毛精子，头部长度分别为8.1μm、8μm、8.8μm，头部最宽处的宽度分别为4.1μm、4.2μm、4.2μm，尾部中段长分别为14.5μm、13.7μm、14.7μm，主段长分别为49.7μm、54μm、52.4μm，末段长分别为4μm、4.0μm、3.4μm（表7-1），经t检验野牦牛和家牦牛精子头部长度、宽度、尾部中段长度差异不显著，而尾部主段长度家牦牛、野牦牛差异显著。

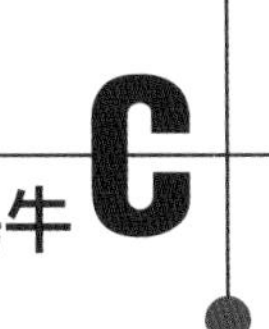

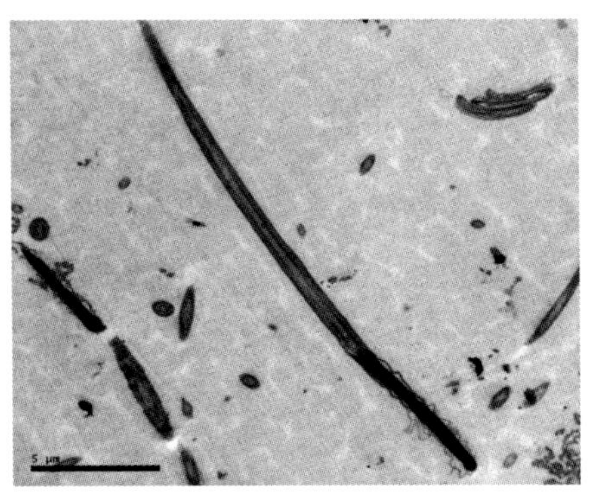

图 7-5a　精子完整结构（EM×6000）：完整的牦牛精子由头部、颈部和尾部组成

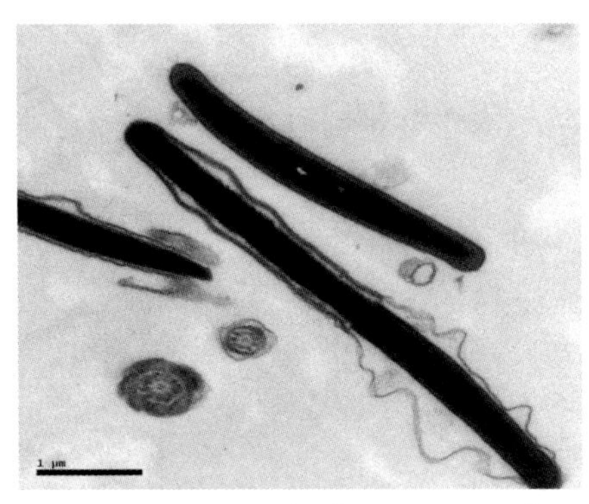

图 7-5b　精子头部（EM×25000）：细胞核 (n) 致密，顶体 (ac)、质膜 (pm)、顶体膜 (am) 核后帽 (pc) 结构完整，赤道板 (ep) 呈扁平环状套在精子头部的中央

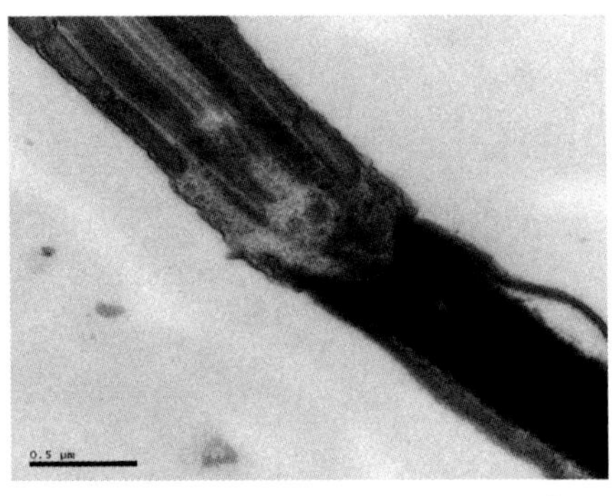

图 7-5c　精子颈部（EM×50000）：颈部较短，呈圆锥形，通过植入窝（↑）与头部相连

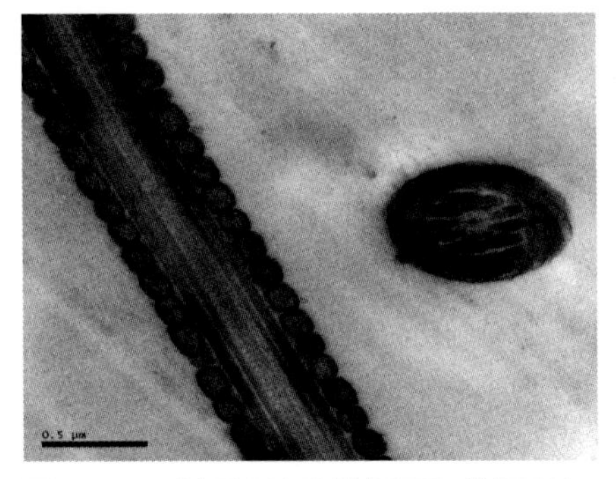

图 7-5d　精子尾部（横切面和纵切面）：（EM×50000）线粒体大小均一，紧密均匀地排列在轴丝外侧，中央纤维呈平行排列

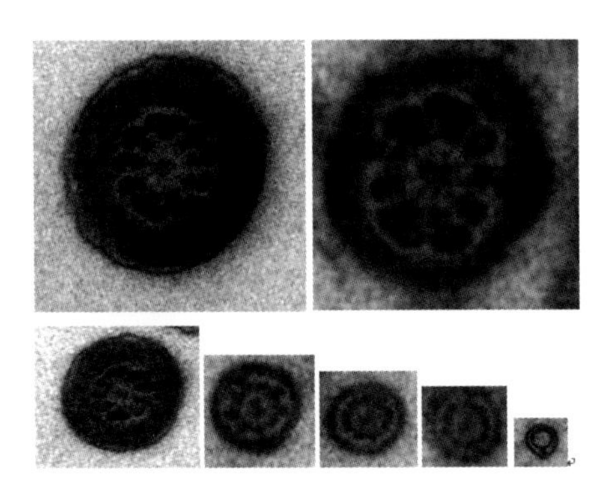

图 7-5e　精子尾部中段、主段、末段的横切面：中段、主段的“9+2”结构清晰可见，末段轴丝仅由胞膜包裹

图 7-5f　精子尾部中段、主段、末段的纵切面：中段由轴丝及外周的线粒体鞘螺旋状包围而成，主段由纤维鞘环绕而成，末段轴丝仅由胞膜包裹

图 7-5　牦牛精子的超微结构

表7-1　牦牛精子各段的长度（μm）

类型	精子头部长度	精子头部宽度	精子尾部中段长度	精子尾部主段长度	精子尾部末段长度
家牦牛	8.1	4.1	14.5	49.7	4.0
野牦牛	8.0	4.3	13.7	54.0	4.0
半野牦牛	8.8	4.2	14.7	52.4	3.4

①头部：牦牛精子头部呈倒卵圆形，前2/3处被顶体包裹，后1/3置于核后帽之中，中间是致密的细胞核。细胞核主要是由DNA与碱性核蛋白结合成的染色质组成。核呈前面薄、后面厚，两边稍薄、中间稍厚的扁平倒卵圆形，整个核被核膜包裹（图7-5b）。

顶体是一个包围着头部前2/3处的套子，本身由顶体外膜、顶体内膜和包围于其间的均匀而中等致密的顶体内容物组成，顶体外膜在头部上沿向一侧翻卷突出形成顶体嵴。顶体双层膜囊内含中性蛋白酶、透明质酸酶、穿透酶等都与受精有关。顶体是头部不稳定的部分，易变性脱落。在核前端有一个顶体内膜卷曲形成的尖形突出，内有中等致密的物质，像是鸟类和啮齿类动物精子中的钻孔器。

顶体内膜和顶体外膜从核中向下部相贴近形成赤道段（ep），顶体内外膜在赤道段处结合后似乎表现了不同的质地。与顶体内外膜很容易发生变化相对比，这一部分则比较稳定（图7-5b）。在光学显微镜下观察，经姬姆萨染色的精子，因着色不同可明显地看出赤道段。顶体受到破坏的精子的赤道段更为明显。

核后帽包围着赤道板以下区域，它质地致密不太容易发生变化，但常常远离精子核（图7-5b的pc）。

原生质膜完整地包围了整个头部和尾部，在头部前2/3处紧贴顶体外膜，极易膨胀破裂，后1/3紧贴核后帽比较牢固和稳定（图7-5b）。

头部下端中部向内凹陷成植入窝，用以接纳尾部植入板（图7-5c）。

②颈部：颈部位于头部与尾部之间起连接作用，从近端中心粒起到远端中心粒为止。牦牛精子颈部结构复杂而精巧。精子头部后极上有一浅窝称植入窝。颈部前端有一凸起称基板，与植入窝相吻合连接。基板以后为中心小体衍生而来的，由环状排列的9根微管所构成，长轴垂直于尾部（图7-5c）。纵列的远端中心粒大部分退化，近端中心粒在鞭毛发生时使轴丝微管集合，是鞭毛运动的启动处。颈部的中轴可见1对微管，是轴丝中央微管的直接延续，头端与近端中心粒相连，尾端延伸至精子尾的最末端。精子颈部长约0.5μm，脆弱易断。

③尾部：精子尾部位于精子颈部之后，是精子的运动器官，长40~69μm，分为中段、主段及末段三部分，是由精细胞中心小体发生的轴丝及纤丝组成（图7-5d，图7-5e，图7-5f）。

中段前接颈部后达终环，长8~15μm，是尾部最粗的部分。中段结构为2+9+9结构，即由外向内分别是9条外周粗纤维、9个微管对和2根中心微管。每个微管对都由亚纤维A 和亚纤维B组成。亚纤维A是封闭的圆环，是图中较黑的一个，其上隐约可见向旁边一个微管对伸出的2个短臂及由中心微管对幅射过来的轮辐。在纤维束的外围有大量由线粒体呈螺旋状排列而成的线粒体鞘，各个线粒体首尾相接，上下排列紧密，线粒体膜和线粒体脊清晰可见，其外由原生质膜包裹（图7-5e）。螺旋的圈数因物种不同而有差异，牛为70圈。线粒体鞘内含有与精子代谢有关的各种酶与能源，是精子能量代谢的中心。紧接线粒体鞘最后一圈的尾侧，有一致密环形板状结构，称为终环，是由局部细胞膜反转而成，主要是纤维物质，类似于纤维鞘，细胞膜牢固地附在此环上，防止精子运动时线粒体鞘向尾部移动，也是中段与主段的分界标志。

主段是精子尾部最长的部分，上起终环，下接末段，长30~49.7μm。其结构为2+9结构，中心为两条中心轴丝，9条外围纤丝与内圈相应的纤丝合并而消失。中间轴丝结构系由中段延续而来（图7-5e，图7-5f），唯外周粗纤维中的第三、第八根继续向后形成贯穿主段始终的纵行柱，很多横肋从两边把两个纵行柱连在一起，形成纤维鞘，取代了中段的线粒体鞘，纤维鞘的纵行柱及横肋由前向后逐渐变细。其余7根外周粗纤维依然保留，在纤维鞘之内沿着与之相应的微管对的外侧向后延伸，并逐渐变细。

纤维鞘及致密纤维终止以后的精子尾部称末段，长3~5μm，只由2条中央的中心轴丝及外周的细胞膜构成，其余的轴丝呈退行性变化，逐渐消失。

（2）精子的生理特性

①精子的代谢：精子为了维持其生命，在体内、体外都要进行复杂的代谢活动，精子代谢的主要形式是糖酵解和呼吸作用，此外也能分解蛋白质和脂质。

②精子的活动力：精子运动能力与受精能力紧密相关，是精子许多功能的一种综合直观的表现。通常精子的运动能力可以用精子活力（Spermmotility）来评价，它是前进运动精子数与精子总数的比例。成功的受精和受精潜能，在很大程度上不仅依靠精子数目、存活率、形态和速度，而更大程度上依靠前进运动质量。

精子活动的方式：在光学显微镜下可以观察到有以下几种活动方式。

前进运动：精子在适宜的条件下，以似直线前进。在40℃以内的温度下，温度越高前进运动越快。

摆动：头部左右摆动，没有推进力量。

转圈运动：精子围绕某处作圆周运动，不能直线向前行进。

以上精子的活动方式，只有前进运动才是正常的活动方式。当精子在前进运动时，由尾部的弯曲传出有节奏的横波，这些横波自精子的头端或中段开始向后达到尾端，横波对精子周围的液体产生压力，使精子向前泳进。

精子的运动机制：精子的运动是精子尾部轴丝滑动和弯曲的结果。精子中段是精子能量的代谢中心，线粒体能够利用果糖等单糖产生精子运动所需的ATP，精子纤丝中含有精球蛋白，与肌球蛋白在分子结构及生化性质上很相似，并具有ATP酶活性，能够利用ATP；精子纤丝还有一种黏动素与肌动素相似，这两种蛋白的相互作用引起纤丝收缩，导致尾部摇摆而使精子运动。

精子运动的特性：精子在液体状态或雌性动物的生殖道内运动时有其独特的形式。

向流性：在流动的液体中，精子表现出向逆流方向游动，并随液体流速运动加快，在雌性生殖道管腔中的精子能沿管壁逆流而上。

向触性：在精液或稀释液中有异物存在时，如上皮细胞、空气泡、卵黄球等，精子有向异物边缘运动的趋向，表现其头部钉住异物作摆动运动。

向化性：精子有趋向某些化学物质的特性，在雌性生殖道内的卵细胞可能分泌某些化学物质，能吸引精子向其方向运动。

精子运动的速度　哺乳动物的精子在37～38℃的温度条件下运动速度快，温度低于10℃就基本停止活动。精子运动的速度，因动物种类有差异，通过显微摄影装置连续摄影分析，牛精子的运动速度为97～113μm/s，尾部颤动20次左右。

③精子的凝集性：引起精子凝集的原因有2种：其一是理化凝集，其二是免疫性凝集。

理化凝集在繁殖实践中比较常见，如精液稀释、冲洗精子、冷休克、pH及渗透压的改变及金属盐处理等。通常是头对头或尾对尾凝集在一起，造成精子的异常，精液品质下降。精液中的柠檬酸钠具有抗凝集作用。

精子具有抗原性，可诱导机体产生抗精子抗体，在有补体存在的情况下，这种抗精子抗体可抑制精子运动而发生凝集。

四、精液的组成和理化特性

精液由固形成分、精子和液态成分、精清组成，亦即活的精子悬浮在液态和半胶样的精清中。

1. 精液的理化性状

精液的外观、气味、精液量、精子密度、比重、渗透压及pH等为精液的一般理化性状。

（1）外观。精液的外观因动物种类、个体、饲料的性质等而有差异，一般为不透明的灰白色或乳白色，精子密度大的混浊度大、黏度及白色度强。牛的精液一般为乳白色或灰白色，密度越大乳白色越深；密度越稀，颜色越淡。但亦有少数公牛的精液呈淡黄色，这与所用的饲料及公牛的遗传性有关。牛精液量少，密度大，刚采出的精液呈现云雾状运动，这是精子整体运动的结果，是精液质量良好的表现。野牦牛公牛精液的颜色呈白色或微黄色。

（2）气味。精液一般为无味或略带腥味，如产生异味，说明精液已变坏，可能是生殖器官发生炎症或精液存放时间太长，其中的蛋白质等有机成分变性，使精液产生异味。

（3）精液量。由于动物种类不同、生殖器官特别是副性腺的形态和构造差异，射精量相差很多。牛射精量少。同一品种或同一个体也因遗传、营养、气候、采精频率等而有差异。四川九龙牦牛采精14次，平均精液量为2.4mL；天祝白牦牛平均射精量4.5mL；我国青藏高原高寒牧区的牦牛，经调教后的公牦牛平均每次采精量为4.8mL。7岁时采精量最高。公牦牛的利用年限以4~7岁较好。各月份采精量以10月份最高，采精频度以每周2天，采精天采2次较理想。

（4）精子密度。精子密度又称精子浓度，是指每毫升精液中所含的精子数量。精液量多的动物每毫升所含的精子数少；精液量少的动物每毫升中所含的精子数多。精液量和精子密度因年龄、类群等有差异。四川九龙牦牛采精14次，密度平均26.8亿/mL，野公牦牛每毫升精液平均含精子21.3亿。

（5）pH。决定精液pH的主要是副性腺分泌液，精子生存的最低pH为5.5，最高为10。pH超过正常范围对精子有一定影响。野牦牛公牛精液pH平均为6.6。各种动物精液的pH值都有一定的范围。

（6）渗透压。精液的渗透压以冰点下降度（Δ）表示，它的正常范围为-0.55~-0.61℃之间，一般在-0.6℃。渗透压也可以用渗压克分子浓度表示（osmolarity，osm）。1L水中含有1osm溶质的溶液能使水的冰点下降1.86℃，如果精液的Δ为-0.61℃时，则它所含的溶质总浓度0.61/1.86 = 0.382osm，亦可用382mosm浓度表示。野牦牛公牛精液的渗透压平均为-0.65℃。

（7）比重。精子的比重决定于精子的密度，精子密度大的，比重大；密度小的，比重小。若将采出的精液静置一段时间，精子及某些化学物质就会沉降在下面，这说明精液的比重比水大。野牦牛公牛精液的比重为1.055。

（8）黏度。精液的黏度也与密度有关，同时黏度还与精清中所含的黏蛋白唾液酸的多少有关。黏度以蒸馏水在20℃作为一个单位标准，用厘泊（centipoise）表示。野牦牛精液运动黏度平均为1.69CPa，而普通牛种为1.94~4.1CPa。精液运动黏度低，减少了精子运动的阻力，一方面增加了精子运动的速率，另一方面降低了精子运动时能量消耗，从而延长其存活时间，增加受精机会。

（9）导电性。精液中含有各种盐类或离子，如其量大，导电性也就强，因而可通过测定导电性的高低，了解精液中所含电解质的多少及其性质。

（10）光学特性。因精液中有精子和各种化学物质，对光线的吸收和透过性不同。精子密度大，透光性就差；精子密度少，透光性就强。因此，可以利用这一光学特性，采用分光光度计进行光电比色，测定精液中的精子密度。

（11）总氮量。野牦牛精液中总氮量达到1 437.7mg/100mL，比普通牛种高出近1倍。总氮量包括了精液中一切含氮物质（各类蛋白质、游离氨基酸、非蛋白氮等）中的氮量，野牦牛精液密度大，则总氮量势必高，另一方面也说明野牦牛精液中供精子代谢的基质多，如精液中游离的氨基酸就是精子需氧代谢中可氧化的基质。高的含氮量是野牦牛精子存活时间长、抗力系数高的物质基础之一，对提高其受胎率具有很大的影响。

2. 精液的化学组成与作用

（1）精子的主要成分

①核酸（DNA）：是构成精子头部核蛋白的主要成分，几乎全部存在于核内。它不仅能将父系遗传信息传给后代，而且也是决定后代性别的因素。DNA含量常以1亿精子所含重量表示，牛为2.8~3.9mg。

②蛋白质：精子体内的蛋白质包括核蛋白、顶体复合蛋白及尾部收缩性蛋白三部分。核蛋白主要与DNA结合，对基因开启等有一定的作用。顶体复合蛋白存在于顶体内，主要由胺基酰胺酸等18种氨基酸及甘露糖、唾液酸等6种糖组成，具有蛋白质分解及透明质酸酶的活性，在受精时帮助精子入卵。尾部收缩性蛋白存在于精子尾部，主要是肌动球蛋白，精子的运动是由此种蛋白质收缩引起。

③酶：精子体内含有多种酶，与精子活动、代谢及受精有着密切关系。水解酶有脱氧核糖核酸酶、透明质酸酶、磷酸酶、糖苷酶及淀粉酶等；氧化还原酶有乳酸脱氢酶、过氧化物酶及细胞色素等；转氨酶有谷草转氨酶、谷丙转氨酶及甘油激酶等。

④脂质：精子体内的脂质主要是磷脂，占精液中磷脂的90%，大部分存在于精子膜及线粒体内，多以脂蛋白和磷脂的结合状态存在。既能作为精子的能量来源，也对精子有保护作用。

（2）精清的来源及主要化学成分与作用

①精清的来源与组成：

睾丸液：睾丸液是伴随精子最早的液体成分。尽管睾丸液分泌量很大，但射出的精液中睾丸液所占的成分却很少，这是因为附睾有很强的浓缩能力。睾丸液由足细胞分泌。足细胞可以从精细管周围组织中主动运送液体到精细管腔。由于血液－睾丸屏障，使得睾丸液的成分不同于流向睾丸的血液和淋巴液。正常的睾丸液不含葡萄糖，而含大量肌醇。肌醇被附睾吸收与磷酸结合可成为精子的一种能源。睾丸液中的氨基酸如谷氨酸、丙氨酸、甘氨酸、天冬氨酸，可能是在精细管中合成。但天冬氨酸、甘氨酸及谷氨酰胺参与嘌呤和嘧啶的合成，并且这些氨基酸在睾丸液中所保持的高浓度，对在精细管内合成核酸特别有利。牛的睾丸液中睾酮、脱氢表雄酮、5，2- 二氢睾酮以及雌激素，其浓度至少像外周血浆一样高。间质细胞分泌类固醇，精细管显然容易受到睾酮的影响，睾酮部分用于维持精子的发生，或者在附睾中直接影响精子。

附睾液：附睾液在精子成熟和贮存中起重要作用。附睾的前半部分有强烈的收水分作用，而本身的分泌量又很小，所以精子在附睾尾部的浓度非常大。甘油磷酸胆碱和肉毒碱是附睾液中浓度很高的成分，这两种成分均受激素的控制，对精子成熟起重要作用。附睾中的糖蛋白不但有润滑剂的作用，而且与唾液酸一起改变精子表面的活性结构。附睾液中的乳酸浓度很高，而果糖、葡萄糖和乙酸盐则很少。精子在附睾中利用的基质只能是乳酸。

前列腺分泌物：前列腺的分泌形式是顶浆分泌，即部分细胞质随分泌物被分泌细胞排出，这种类型分泌出的前列腺液含有丰富的酶，如酵解酶、核酸酶、核苦酸酶及溶酶体酶（包括蛋白酶、磷酸酪酶、糖苷酶）等。

精囊腺分泌物：与前列腺分泌物比较，精囊腺分泌物常呈碱性，含干物质较多，并有较多的钾、碳酸氢盐、酸性可溶性的磷酸盐和蛋白质。精囊腺分泌物的一个特点是具有量很高的还原物质，包括糖和抗坏血酸。正常的精囊腺分泌物常呈淡黄色，但有时由于核黄素而颜色加深。在紫外线下精囊腺分泌物和精清呈现强烈的荧光。牛精液中的大量糖是由精囊腺所分泌，果糖的化学测定可以作为一种指示剂，表示有关精囊腺供应给精液的相应部分。精液除有大量果糖外，某些动物还含有较少量的葡萄糖和山梨醇。在牛、猪和马中，柠檬酸和果糖虽有程度上的不同，但均由精囊腺产生。

尿道球腺和壶腹：公牛爬跨前，从包皮“流滴”出来的液体就是尿道球腺的分泌物，其功能是在无尿时冲洗尿道。某些动物的输精管末段管壁中有腺体，使管壁变厚形成输精管的壶腹。牛在求偶和交配前刺激时，由于输精管的蠕动，将精子从附睾尾输送到壶腹。

②精清的主要化学成分：

果糖和其他糖类：已证实大多数哺乳动物的精液和副性腺中有各种糖类。各种糖的浓度在各种动物、甚至同种动物个体间有很大的差异。牛精液的果糖浓度较高，糖对精子是一种营养物，精子能分解果糖。果糖被精子以糖酵解的方式进行代谢。磷酸己糖、磷酸丙糖和丙酮酸是导致形成乳酸的暂时中间体，虽然乳酸在有氧的条件下，经过三羧酸循环可以进一步被氧化成二氧化碳和水，但是乳酸容易引起积累。在副性器官中，果糖由血液中的葡萄糖形成；在某些动物的精清中，少量葡萄糖和中间体化合物山梨醇与果糖一起存在。如果糖、葡萄糖能够被精子经过糖酵解所利用一样，山梨醇可被氧化成果糖，因此也是一种有用的营养物。

各种有机成分：由附睾所产生的甘油磷酰胆碱（Glyceryl Phosphoryl Choline，GPC）存在于迄今研究过的所有动物的精清中。精子本身不能分解GPC，但某些动物的雌性生殖道内有一种酶能将GPC分解为磷酸甘油。精子经糖酵解途经而利用磷酸甘油。GPC在雌性生殖道内，可视为是精子的一种能源。柠檬酸存在于实验动物和家畜的精清中，通常浓度很高。但是，它不易被精子利用。在很多动物的精液中，还有一些山梨醇，据推测是来自睾丸液。精清含有抗坏血酸，在某些公牛射出的精液中含有相当高的核黄素使精液呈深黄色。

脂类和前列腺素：牛精液中的磷脂是脂类的主要部分，脂类还包含胆固醇、甘油二磷酯、甘油三磷酯及蜡酯。牛精清的磷酯成分包括在精子中发现的所有成分，即磷酰胆碱、乙醇胺和神经鞘磷酯。精清中的磷酯及其分解产物被精子利用的程度还不清楚。前列腺素（PGs）是不饱和脂肪酸的衍生物，大多数哺乳动物精清的PGs浓度少于100ng/mL。由于PGs对平滑肌的作用，认为有可能促进精子在雌性生殖道中的运送。

蛋白质和酶：哺乳动物精清的蛋白质含量为3%~7%，依动物种类而异。在精清中已发现多种酶，虽然大部分的酶来自副性腺，但至少某些是精子渗漏出的结果。例如，牛精子中的乳酸脱氢酶（LDH）浓度远比精清的要高。通常，如果精子中的酶浓度高于精清，精子在冷休克或深度低温冷冻时，酶就会从细胞中“渗漏”出来，如像LDH这种重要的酶在精子中损失，可用以解释精子在冷休克或深度低温冷冻时代谢降低的一个原因。

牛精清中的谷草转氨酶（GOT）及谷丙转氨酶（GPT）的来源之一是附睾，但也可能由精子渗漏出来。但是，精囊腺也似乎可以供给精清相当多的酸性磷酸酶。

无机离子：哺乳动物的精清中，钠和钾是主要的阳离子。尤其是钾可以影响精子的生活力，精清主要的阴离子是氯离子。

③精清的生理作用：

精清：作为精子的天然稀释液，可以扩大精液量，有助于精液射出体外及精子在雌性生殖道内的运行。

尿道球腺分泌液：雄性射精之前有冲洗尿生殖道的作用。

前列腺分泌物：含有大量的酶，如糖酵解酶、核酸酶、核苷酸酶及溶酶体酶等，对精子的代谢起一定的作用。

精囊腺分泌物：常呈弱碱性，具有很高含量的还原物质，如果糖及维生素C等。精囊腺分泌物中的糖蛋白是去能因子，能抑制顶体活动，延长精子的受精能力。

附睾分泌物：分泌出的GPC、肉毒碱与糖蛋白等，与精子成熟过程有关。

第二节　母牦牛的生殖生理

一、母牦牛生殖器官的解剖组织结构与功能

母牦牛生殖器官由卵巢、输卵管、子宫、阴道、尿生殖前庭和阴门所组成。母牦牛的生殖器官与奶牛相比，有明显差别。母牦牛生殖器官见图7-6。

1. 卵巢

卵巢（Ovarium）有1对，是产生卵细胞和分泌雌性激素的器官，即分泌雌激素以促进或抑制其生殖器官及乳腺的发育（内分泌功能）和排卵（外分泌功能）。

（1）卵巢的形态和位置。牦牛卵巢以体表部位估测，约在臀斜长线的中点，即髂部。卵巢系于子宫阔韧带前部的卵巢系膜边缘（见图7-6a）。卵巢后端以卵巢固有韧带与子宫角相连，前端连输卵管伞。卵巢位于骨盆前口的两侧，子宫角起始部及上方，未妊娠过的母牦牛，卵巢多位于骨盆腔内，在耻骨前缘两侧稍后。经产母牦牛则位于耻骨前缘的前下方。卵巢系膜较细小紧缩，游离度小，因而卵巢距子宫角尖近，或紧挨子宫角（见图7-6b），直肠触摸时较易触及卵巢。如透过直肠壁用中指、食指轻轻夹住，拇指触摸其大小及其表面状况时，更有“固定不动”之感。牦牛卵巢形如黄豆，卵巢门无凹陷（见图7-6b），其大小、重量见表7-2所示。在对18头天祝白牦牛的生殖器官解剖时发现，母牦牛卵巢呈稍扁的椭圆形，呈淡黄色，未妊娠母牦牛卵巢长约2cm，宽1.5cm，厚约1cm，重2.2g左右；妊娠母牦牛因黄体的存在，在妊娠期卵巢可见黄体突出于表面约0.3cm，重约2g左右，使孕侧重约4g左右，比未孕侧体积和重量都增大几乎1倍。同时，卵巢还随着牦牛年龄、胎次和妊娠时间的变化而改变。

未妊娠牦牛左、右两侧卵巢的大小和重量差异不显著。妊娠后孕角一侧的卵巢比空角显

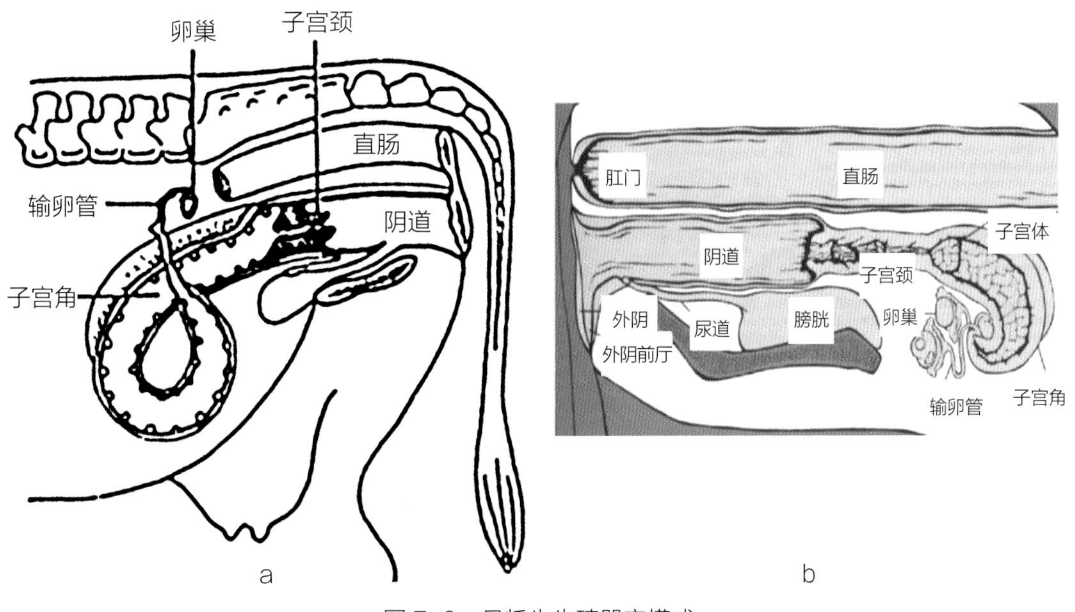

图7-6　母牦牛生殖器官模式
（引自《家畜繁殖学》（第六版），2015）

表7-2 牦牛卵巢大小及重量

项目	例数	长度（cm）	宽度（cm）	厚度（cm）	重量（g）
未妊娠左侧卵巢	8	2.33±0.20	1.48±0.38	1.00±0.23	2.72±1.31
未妊娠右侧卵巢	8	2.13±0.27	1.50±0.30	0.94±0.25	2.50±1.60
妊娠孕角卵巢	13	2.64±0.31	2.02±0.40	1.28±0.17	4.35±0.76
妊娠空角卵巢	13	1.98±0.33	1.27±0.27	0.78±0.21	1.85±0.98
胎龄0.5~1.5个月孕角卵巢	6	2.73±0.29	1.90±0.45	1.28±0.17	4.27±0.48
胎龄3~4个月孕角卵巢	5	2.64±0.34	2.10±0.42	1.26±0.23	4.44±1.10

著增大，卵巢因有黄体而略有变形；空角一侧的卵巢与未妊娠牦牛的卵巢相比，则较小。牦牛孕角卵巢增大与牦牛的年龄、胎次及胚胎月龄无关，即不因牦牛的年龄、胎次和胚胎月龄的增加而增加。

母牦牛妊娠早期的黄体一般呈散在状，不突出于卵巢面或突出很小，在临床检查上很不明显，因此以黄体明显与否作为母牦牛早期妊娠诊断的依据是困难的（图7-7）。

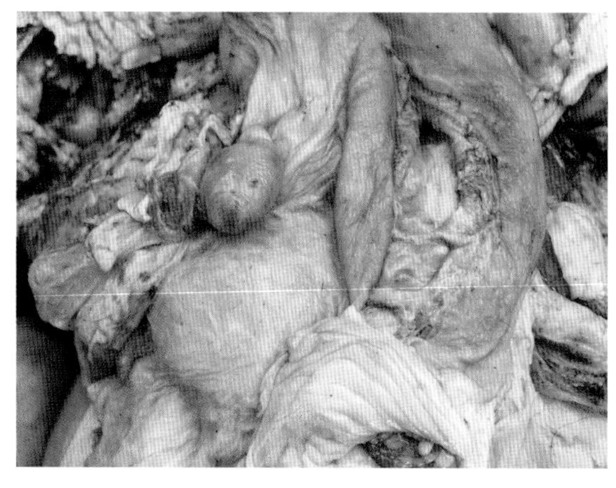

图7-7 牦牛卵巢上的黄体

从妊娠早期大通牦牛的卵巢上发现，孕角一侧的卵巢上都有明显的黄体，而且在有黄体的卵巢上同时存在大小不等的多个卵泡（图7-8，图7-9）。

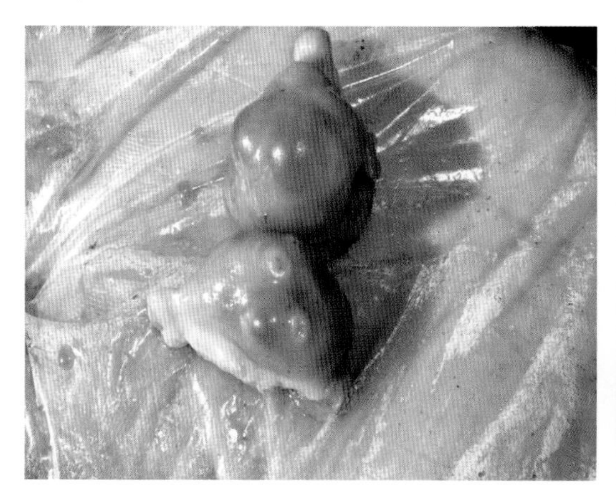

图7-8 牦牛卵巢上的卵泡、白体、黄体

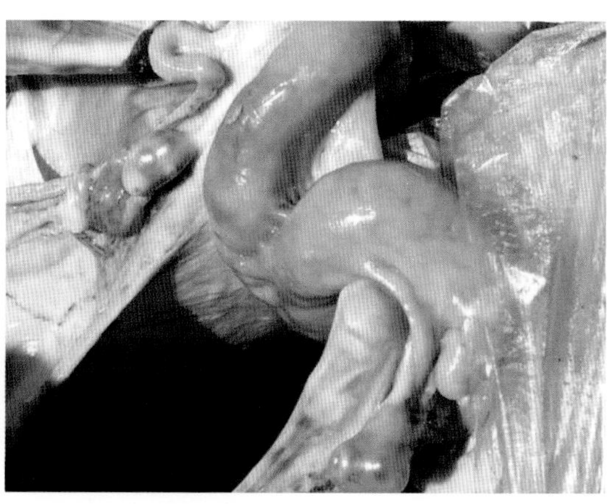

图7-9 牦牛生殖系统

（2）卵巢的构造。牦牛的卵巢切片组织的观察，与其他牛种粗略对比，在组织的细胞结构上基本是一致的。卵巢表面在其卵巢系膜附近被覆腹膜，其余大部分被覆生殖上皮。生殖上皮在胚胎期为立方上皮，是卵细胞的发源处，成年后变为扁平上皮。上皮深层有一层致密结缔组织构成的白膜，白膜内为卵巢实质。卵巢实质分为浅层的皮质和深层的髓质。皮质内含数以万计的卵泡，成熟的卵泡以破溃的方式将卵细胞从卵巢表面排入腹膜腔。髓质无卵泡，由血管、淋巴管、神经和平滑肌纤维的结缔组织构成。在卵巢断面上可见有的卵泡在发育过程中退化，这种卵泡称为闭锁卵泡。卵细胞成熟后，突出于卵巢表面，在神经、生殖激素和体液的影响下，卵泡破裂，从卵巢中排出后，卵巢壁塌陷，壁内细胞增大，并在细胞质出现黄色素颗粒，这些细胞称为黄体。如果排卵后没有受精，黄体则很快退化，称周期黄体。如果卵细胞受精，黄体继续发育，直到妊娠末期，这种黄体称真黄体或妊娠黄体。黄体退化后为结缔组织所代替，称为白体（图7-10）。

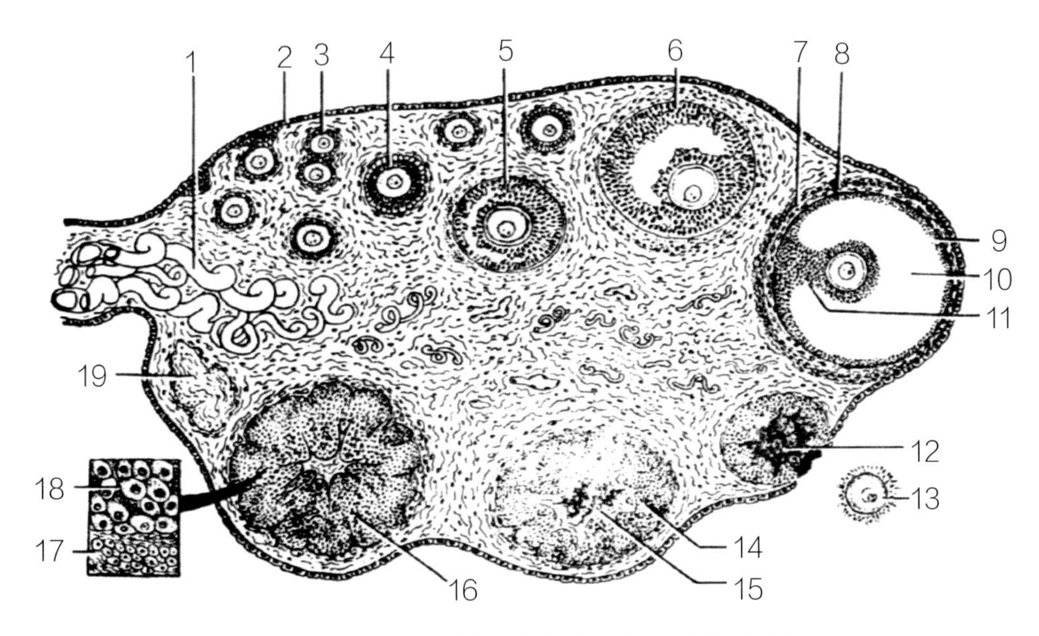

图7-10　牦牛卵巢中卵泡与卵子在形态学上的关系模式

1. 血管；2. 生殖上皮；3. 原始卵泡；4. 早期生长卵泡（初级卵泡）；5，6. 晚期生长卵泡（次级卵泡）7. 卵泡外膜；8. 卵泡内膜；9. 颗粒膜；10. 卵泡腔；11. 卵丘；12. 血红体；13. 排出的卵；14. 正在形成中的黄体；15. 黄体中残留的凝血；16. 黄体；17. 膜黄体细胞；18. 颗粒黄体细胞；19. 白体

（3）卵巢的功能。卵巢的主要功能是产生卵子和雌激素。

①卵泡发育和排卵：卵巢皮质部分布着许多原始卵泡。根据卵巢中卵泡的发育段，可将卵泡分为腔前卵泡（包括原始卵泡和初级卵泡）、有腔卵泡（次级卵泡）和排卵前卵泡（成熟卵泡），其最终排出卵子，排卵后在原卵泡处形成黄体。

②分泌激素：在卵泡发育过程中，包围在卵泡细胞外的两层卵巢皮质基质细胞形成卵泡膜。卵泡膜可分为血管性的内膜和纤维性的外膜。内膜可分泌雌激素等。当体内雌激素水平升高到一定浓度，便引起母畜的发情表现。由排卵的卵泡形成黄体后，黄体能分泌孕酮，当孕酮水平达到一定浓度时，可抑制母畜发情，孕酮是维持妊娠所必需的激素之一。

2. 输卵管

输卵管（Oviduct）是位于卵巢和子宫角之间的一对弯曲管道，输卵管的长度为16~21cm，直径0.4~1.6mm，有10个以上的弯曲。具有输送卵子的功能，是卵母细胞最后成熟、精子获能、受精以及卵裂的场所。输卵管左右各一，包埋于子宫阔韧带外侧层的输卵管系膜边缘里。输卵管的前端扩大成漏斗状，称为输卵管漏斗（Infundibulum Tubae Uterinae）或输卵管伞。输卵管伞薄而透明，直径相当于卵巢宽度的2倍，其边缘的一段与卵巢相接。输卵管伞中央的深处有一口为输卵管腹腔口（Ostuum Abdominale Tubea Uterinae），与腹腔相通，卵子由此进入输卵管。输卵管前段管径最粗，也是最长的一段，称输卵管壶腹（Ampulla of the Oviduct），卵细胞常在此处受精，受精后进入子宫腔着床；后段较狭而直，称输卵管峡部（Isthmus of the Oviduct），以输卵管子宫口开口于子宫角。输卵管与子宫角的交界处无明显界限。牦牛输卵管弯曲较奶牛窄，由系膜形成较大的卵巢囊，输卵管卵巢端——输卵管伞即开口于系膜的游离缘上，在卵巢囊口近卵巢处。卵巢囊是保证卵巢排卵顺利进入输卵管的。输卵管长度、直径和弯曲数见表7-3所示。

表7-3　牦牛输卵管长度、直径、弯曲数

项目	例数	长度（cm）	直径（mm）	弯曲数
未妊娠牦牛左侧输卵管	6	20.75±3.68	0.4~1.5	11.5±3.27
未妊娠牦牛右侧输卵管	6	19.58±1.56	0.4~1.6	11.8±3.25
妊娠牦牛孕角侧输卵管	11	17.05±4.54	0.7~1.8	14.5±3.17
妊娠牦牛空角侧输卵管	11	16.41±4.12	0.45~1.5	13.5±3.50

输卵管管壁由黏膜、肌层和浆膜构成。黏膜形成纵的输卵管褶，其上皮具有纤毛；肌层主要是环行平滑肌；浆膜包裹在输卵管的外面，并形成输卵管系膜。

牦牛输卵管的组织结构与其他家畜相似。黏膜上皮主要由纤毛细胞和分泌细胞组成，此外还有少量的基细胞和栓细胞。分泌细胞顶部可见凸起，凸起分为2种类型：一种凸起中不含核，凸起矮而钝圆，分泌细胞胞质的核上区和凸起中可见PAS（Periodic Acid Schiff Reaction，过碘酸雪夫氏反应）反应阳性的分泌颗粒；另一种凸起中含核，凸起高但无PAS反应阳性分泌颗粒。卵泡期，牦牛输卵管各部分泌细胞顶部钝圆，突向于管腔，凸起中不含核，细质核上区存在大量PAS反应阳性的分泌颗粒，以壶腹部最多，峡部最少；黄体期，漏斗部和壶腹部分泌颗粒显著减少，分泌细胞顶部显著凸起，凸起中含核，而峡部分泌颗粒变化不显著，细胞凸起不明显。牦牛妊娠早期输卵管漏斗部分泌细胞的凸起呈现2种类型，即含核和不含核，但凸起的程度较低，分泌颗粒的数量较少；壶腹部分泌细胞顶部仅见不含核的凸起，细胞中含大量PAS反应阳性颗粒；峡部分泌细胞顶部无凸起，细胞内亦无分泌颗粒。输卵管各部上皮中纤毛细胞胞核呈空泡状。

3. 子宫

（1）子宫的形态和位置。子宫（Uterus）是有腔的肌质器官，壁较厚，胎儿在此发育成长。牦牛的子宫角很发达，子宫体短小，子宫颈口几乎邻近角间纵隔，子宫颈环很明显。子宫几乎完全位于腹腔内，以子宫阔韧带附着于盆腔前部的侧壁上。子宫的背侧邻近直肠，腹侧为膀胱，并与瘤胃背囊和肠管等相接触。在妊娠时则根据妊娠期的不同，子宫的位置有显著变化。子宫分为子宫角、子宫体和子宫颈三部分。

①子宫角（Cornua Uteri）：左、右各一，牦牛子宫角呈螺旋状弯曲，角间沟部呈水平状位于直肠下方，从角间沟分叉处两角向下向外又向后呈圆形弯曲，角尖又转向上或略向前方，一般旋转1周。子宫角长10.54cm，由基部至尖端逐渐变细，外壁直径，基部为4.44cm，中部为3.69cm，尖端为1.19cm。未妊娠牦牛左、右子宫角的长度及外壁直径基本一致。妊娠0.5~1.5个月的牦牛两子宫角同时发育增粗，孕角与空角粗度差异不显著，至妊娠2个月后孕角才显著大于空角，比未妊娠牦牛的子宫角大近1倍。牦牛两子宫角内子宫阜数较多，未妊娠牦牛平均为47.17个，两角内基本相同。牦牛妊娠后约1个月，孕角子宫阜与胎盘绒毛膜的绒毛叶结合附着，并为绒毛叶所包住。空角子宫阜虽因妊娠而同时发育增大，但需到胎龄1个月后才被胎盘的绒毛叶完全包住。牦牛两子宫角基部内侧连成一纵隔，外表为一纵沟，即角间沟，长度为6.33cm。妊娠后角间沟略有增长，并变得模糊不清，以至消失。两子宫角后端相合，移行为子宫体（表7-4）。

表7-4　牦牛子宫角长度、直径及子宫阜数

项目		例数	长度（cm）	外壁厚度（cm）			子宫阜数	角间沟长度（cm）
				基部	中部	尖部		
未妊娠牦牛	左角	6	10.25±2.70	4.63	3.75	1.25	47.67±6.41	6.33±1.97（6头）
	右角	6	10.83±2.73	4.65	3.63	1.12	46.67±5.65	
	平均	12	10.54±2.61	4.64	3.69	1.19	47.17±5.78	
妊娠牦牛	孕角	14	17.00±3.00	8.67	6.00	1.57	42.21±8.28	8.83±2.70（11头）
	空角	14	18.33±2.52	7.17	5.00	1.30	39.79±8.29	

②子宫体（Corpus Uteri）：牦牛的子宫体很短，只有1.68cm，外壁直径8.82cm。妊娠牦牛在妊娠开始后，子宫角增大并向前引伸，使子宫体明显地变细；之后随着胎龄的增长，胎儿胎盘在子宫角和子宫体内进一步发育，子宫体则明显地变粗变短（表7-5）。

③子宫颈（Cervix Uterus）：是子宫体向后的延续部分，牦牛子宫颈长5.04cm，直径3.21cm。颈壁坚实，通过直肠很容易摸到。子宫颈后端伸入阴道口（膣部）1.24cm，形成子宫颈阴道口，用开膣器打开阴道，可清楚地看到如花瓣状的子宫颈阴道口。子宫颈内一般有3个横形凸起的子宫颈环，每环有许多小皱襞。子宫颈的黏膜上皮为单层柱状上皮（能分泌黏液）和少量的纤毛上皮。子宫颈的黏膜固有层含有弹性肌纤维，形成许多初级和次级的皱襞，并彼此嵌合。子宫颈肌肉层的内层肌肉较厚，环行分布，外层薄而纵行。牦牛子宫颈的长度和粗度、子宫颈环、阴道口和皱襞等，妊娠和未妊娠间无明显变化（表7-5，表7-6）。

表7-5　牦牛子宫体长度及直径

项目		例数	长度（cm）	直径（cm）
未妊娠牦牛子宫体		6	1.67±0.58	8.82±3.64
妊娠牦牛	胎龄0.5~1.5个月子宫体	6	2.25±0.88	7.20±3.76
	胎龄3~4个月子宫体	5	1.94±0.75	10.40±1.47
	平均	11	2.11±0.85	8.80±3.18

表7-6　牦牛子宫颈长度直径及皱襞数

牦牛类别	长度（cm）		直径（cm）		子宫颈环数		膣部长度（cm）		皱襞数	
	例数	$\overline{X}\pm S$	例数	$\overline{X}\pm S$	例数	$\overline{X}\pm S$	例数	$\overline{X}\pm S$	例数	$\overline{X}\pm S$
未妊娠牛	6	5.00±0.89	6	3.11±0.93	5	3.40±0.55	5	1.40±0.22	6	18.33±6.65
妊娠牛	11	5.05±0.94	11	3.27±0.65	8	3.41±0.83	9	1.16±0.45	10	19.80±3.61
平均	17	5.04±0.89	17	3.21±0.74	13	3.41±0.73	14	1.24±0.39	16	19.25±4.81

（2）子宫壁的结构。子宫壁由黏膜、肌层和浆膜构成。黏膜又称为子宫内膜，呈粉红色，在未妊娠时褶成无数皱褶，为柱状上皮（有时有纤毛）构成。膜内有子宫腺，分泌物对早期胚胎有营养作用。子宫角和子宫体的黏膜除形成纵褶和横褶外，其上还具有卵圆形隆起的特殊结构，称为子宫阜或子宫子叶（Caruncle Uteri）。子宫角内有子宫阜39.79±5.65~47.67±8.29个，比改良牛少。妊娠时，子宫阜特别大，是胎膜与子宫壁相

结合的部位，绒毛叶阜上无子宫腺的分布，肉阜浅部含有与卵巢基质类似的细胞性结缔组织，深部含有丰富的血管，肉阜底部有子宫腺的开口。

肌层又称子宫肌，由两层平滑肌构成，内层为较厚的环肌，外层为较薄的纵肌。在两肌层间有发达的血管层，内含丰富的血管和神经。肌层在妊娠时增生，在分娩过程中其收缩起着重要作用。子宫颈的环肌特别发达，有如括约肌，分娩时开张。

浆膜又称子宫外膜，被覆于子宫的表面。在子宫角的背侧和子宫体两侧形成的浆膜褶，称子宫阔韧带（Ligamenta Latum Uteri）或子宫系膜，前连卵巢系膜，将子宫悬吊于腰下和盆腔前部，支持子宫并使之有可能在腹腔内移动。妊娠时子宫阔韧带也随着子宫增大而加长变厚。子宫阔韧带内有走向卵巢和子宫的血管，其中动脉有卵巢子宫动脉、子宫中动脉和子宫后动脉。这些动脉在妊娠时增粗，常用直肠检查其粗细和脉搏的变化进行妊娠诊断。

（3）子宫的功能

①子宫是精子进入生殖道及发育成熟胎儿娩出的通道：发情时，子宫肌纤维强而有力的有节律的收缩，运送精子进入输卵管。分娩时，子宫以其强力阵缩而排出胎儿。

②为精子获能提供条件，是胎儿生长发育的场所：子宫内膜的分泌物和渗出物以及内膜生化代谢物，既可为精子获能提供环境，又可为孕体提供营养物质。

③调控着母畜的发情周期：在发情季节，如果母畜未妊娠，在发情周期的一定时期，子宫内膜分泌的前列腺素（$PGF_{2\alpha}$）有溶解黄体的作用，之后在FSH、LH等作用下，下一次卵泡开始发育。

④子宫颈是子宫的门户，在不同的生理状况下，适时启闭：在平时子宫颈处于关闭状态，发情时稍微开张，以便于精子进入。妊娠时，子宫颈柱状细胞分泌黏液堵塞子宫颈管，防止病菌侵入；将要分娩时，颈管扩张，以便胎儿排出。

⑤子宫颈黏膜隐窝是精子的良好贮存库：交配或人工授精后，大量精子停留在子宫颈隐窝内，其后不断成批地释放出来，并送到受精部位，保证成功妊娠。

4. 阴道

阴道（Vagina）是交配器官，同时也是分娩的产道。牦牛自子宫颈阴道口到尿道外口两旁的阴瓣，阴道平均长度为16.75cm，阴道基本呈圆筒形（上下略扁），直径8.87cm，与子宫体粗度相似。位于盆腔内，背侧为直肠，腹侧为膀胱和尿道，前接子宫，后连尿生殖前庭。阴道壁的外层，在前部被覆有腹膜，后部为结缔组织的外膜，中层为肌层，由平滑肌和弹性纤维构成，内层为黏膜。

阴道黏膜呈粉红色，较厚，并形成许多纵褶，没有腺体。阴道黏膜上皮为覆层扁平上皮。固有膜为疏松结缔组织、血管、神经。在阴道前端，子宫颈阴道部的周围，形成一个环状隐窝，称为阴道穹窿（Fornix Vaginae），深1.24cm（表7-7）。

表7-7　牦牛阴道、前庭、阴门裂的长度

牦牛类别	头数	阴道		前庭阴门长（cm）	阴门裂长度（cm）	阴门至宫颈外口长度（cm）
		长度（cm）	直径（cm）			
未妊娠牛	5	16.40±0.65	8.80±1.60	5.64±0.54	—	22.72±0.68
妊娠牛	6	17.05±0.86	8.93±1.05	5.68±0.36	—	22.14±0.52
平均	11	16.75±0.81	8.87±1.26	5.66±0.43	6.30±1.16	22.45±0.65

5. 外生殖器

（1）尿生殖前庭。尿生殖前庭（Urogenital Vestibule）是交配器官和产道，也是排尿必经之路。它是左右压扁的短管，前接阴道，后连阴门。阴道前庭的黏膜常形成纵褶，呈淡红色至黄褐色，在与阴道交界处的腹侧，有一个横行的黏膜褶，称为阴瓣（Hymen）。在前庭的腹侧壁，阴瓣的紧后方，有尿道外口。在黏膜的深部有前庭小腺和前庭大腺。前庭小腺分布于前庭侧壁和底壁，导管多，成行开口于黏膜上；前庭大腺位于前庭的侧壁内，导管有2~3条，开口于黏膜。前庭腺能分泌黏液，交配和分娩时增多，有润滑作用，此外还含有吸引异性的气味物质。尿生殖前庭的肌层除平滑肌外，还有环形的横纹肌，称前庭缩肌（Constrictor Vestibulimuscle）。牦牛阴道及尿生殖前庭长度、阴道直径与妊娠的关系不大（$P>0.05$）。牦牛前庭腺分左、右两叶，开口于距阴门2.33±0.55cm（左前庭腺开口）及2.59±0.78cm（右前庭腺开口）处，每侧前庭腺开口有1~3个。

（2）阴门（Vulva）。阴门又称外阴，为牦牛的外生殖器，位于肛门下方，以短的会阴与肛门隔开。阴门由左、右阴唇（Labium Pudendi）构成，在背侧和腹侧互相连合，形成阴唇背侧连合和腹侧连合。在两阴唇间的裂隙，称为阴门裂（Rima Pudendi）。牦牛阴门平均长度（指上下长度）为6.3cm（表7-7）。阴蒂（Clitoris）位于阴门裂的下角内，它与雄性动物的阴茎是同源器官，由海绵体构成。

掌握母牦牛生殖器官的解剖位置、形状及其特点，为进行直肠把握输精和早期妊娠检查提供科学依据。牦牛尽管子宫颈紧缩窄小，但是由于子宫至阴门的距离较短，而且子宫在盆腔内的游离度小，故在进行直肠把握输精操作时反而比奶牛省力。进行早期妊娠诊断，检查部位应着重于卵巢和角间沟。牦牛妊娠后孕角卵巢比空角卵巢大1倍多，且触摸牦牛卵巢比触摸奶牛容易；牦牛妊娠后1个月，角间沟因子宫角增大而消失，通过直肠检查，比较容易触摸到。

二、母牦牛的性功能发育

牦牛繁殖能力的获得是一个渐进的过程，不仅包含着生殖器官的变化，而且是神经-内分泌系统状态及环境因素等多方面复杂的相互作用的结果。从广义上讲，性活动是指牦牛从出生前的性别分化和生殖器官形成到出生后的性发育、性成熟和性衰老的全过程。性活动的狭义概念，是指牦牛出生后与性发育、性成熟、性衰老有关的一系列生理活动，包括性行为及其调节活动。母牦牛性活动的主要特点，是具有季节性和周期性。

1. 性发育

性发育的主要标志，是母牦牛出现第二性征。母牦牛在出生后一定时期，生殖器官虽然生长发育，但无明显的性活动表现。当母牦牛生长发育到一定时期，卵巢开始活动，在雌激素的作用下，出现明显的雌性第二性征，如乳腺开始发育，使乳房增大；长骨生长减慢，皮下脂肪沉积速度加快，出现雌性体型。

2. 性成熟

幼年牦牛发育到一定时期，开始表现性行为，生殖器官发育成熟，公牦牛产生成熟精子与母牦牛交配，使母牦牛妊娠。母牦牛能正常发情排卵并能正常繁殖，称为性成熟。发情是母牦牛繁殖的基础，如果牦牛不发情，不排卵，就不可能配种、妊娠和产犊。

牦牛性成熟的时间，尚无系统精确的测定。据在生产实践中观察，公牦牛在1岁左右就出现爬跨母牦牛的性行为，但此时没有成熟精子产生，也不能够使母牛妊娠。在2岁以上才有成熟精子产生，并能够使母牛妊娠。所以，公牦牛的性成熟时间是在2岁以后。公牦牛的使用年限可达10年左右，配种能力最旺盛的时间是在3~7岁，以后逐渐减弱。对配种能力明显减弱的公牛，应及时淘汰。在自然交配的条件下，1头公牛可配15~20头母牛。公牦牛嗅觉异常灵敏，能在成百头母牦牛群中迅速找到发情母牛。

母牦牛一般在18~21月龄开始显露性行为，个别营养好的小母牛，13月龄时即有卵泡发育；16月龄出现发情表现，并接受交配。母牦牛一般是2~2.5岁时第一次配种，有的个别个体1.5岁时即出现发情并受配妊娠，也有的个体到3~4岁时才发情受配。母牦牛的初配年龄取决于当地的草场和饲养管理条件，营养状况好，个体发育正常，初配年龄就早；营养状况差，发育受阻，初配年龄就推迟。据对四川甘孜地区九龙牦牛的调查统计，2岁配种3岁产犊者占32.49%，3岁配种4岁产犊者占59.90%。母牦牛的利用年限为10年左右。

发情（Estrus）是由卵巢上的卵泡发育引起，受下丘脑－垂体－卵巢轴系调控的生理现象。牦牛的发情发生在某一特定季节，称为季节性发情。母牦牛发情时，不仅在行为上有明显的表现，而且其生殖系统也发生一系列变化。

（1）卵巢变化。雌性动物一般在发情开始前3~4d，卵巢上的卵泡开始生长，至发情前2~3d卵泡迅速发育，卵泡内膜增生，卵泡液分泌增多，卵泡体积增大，卵泡壁变薄而突出于卵巢表面，至发情征状消失时卵泡已发育成熟，卵泡体积达到最大。在激素的作用下，卵泡壁破裂，卵子从卵泡内排出，即排卵（Ovulation）。从剖解发情前、中、后期各1头牦牛（5~6岁）得知，正常卵巢为扁平卵形，长2~3cm，宽0.9~2.5cm，厚0.5~2.5cm。随着卵泡发育的大小和排卵与否，整个卵巢形状有所改变。一般厚度增加，这是特点之一；第二，3头牛的一侧卵巢上皆有黄体存在，但不影响另一侧或同一侧卵巢上的卵泡发育和排卵（图7-8，图7-9）；第三，牦牛有左、右卵巢交替排卵的规律；第四，依据3头牛剖解结果，初步认为牦牛是在发情终止后3~6h排卵。

（2）生殖道变化。发情时随着卵泡的发育、成熟，雌激素分泌增加，孕激素分泌减少。排卵后开始形成黄体，孕激素分泌增加。由于雌激素和孕激素的交替作用，引起生殖道的显著变化。这些变化主要表现在血管系统、黏膜、肌肉以及黏液的性状等方面。

发情时生殖道黏膜上皮细胞发生一系列变化。牛输卵管的上皮细胞在发情时增高，发情后降低；子宫内膜上皮细胞在发情前呈圆柱状，发情时快速增长，至发情后由于孕激素的作用，子宫内膜增厚；子宫颈的上皮细胞高度在发情时也有所增加，发情后表层上皮缩小；阴道黏膜在发情时呈现水肿和充血，表层上皮有白细胞浸润；外阴在发情时充血、肿胀。发情时子宫腺体生长发育加快并产生许多分支，分泌大量黏液。排卵前由于雌激素的作用，子宫腺分泌大量稀薄黏液从阴道排出体外，排卵后由于孕激素的作用，黏液量分泌减少而变浓稠。发情时子宫肌细胞的大小和活动也发生变化，表现为子宫肌细胞变长，收缩频率加快，收缩幅度减小。通常，雌激素使子宫肌肉收缩增强，而孕激素使收缩活动减弱。发情盛期时，阴户肿胀并从阴道内流出黏液。分泌的黏液开始时为液状透明，继之变为较黏稠浑浊，至末期呈草黄色。如已接受公牛交配，黏液变为浓稠，似脓液状，封糊外阴部。发情开始时阴道黏膜充血，旺盛时为潮红，以后则变淡，同时子宫颈松弛变大。与未发情牛比较，发情牦牛的直肠温度和阴道温度分别高0.3℃、0.49℃。发情时期内，血红素增高，而红细胞、白细胞有下降的情况（个别牛只白细胞增多）。子宫颈口黏液pH，发情期呈碱性，pH为9，未发情的为中性，pH值为7（表7-8）。

表7-8　成年母牦牛的生殖生理生化常数

项目	头数	直肠温度（℃）	阴道温度（℃）	子宫颈口黏液pH	血红素（%）	红细胞（百万/mm^3）	白细胞（个/mm^3）
发情牛只	6	38.60（38.1~39.4）	38.75（38.05~39）	9	65.60（62~72）	6.86（6.15~7.576）	8 436（6 500~9 575）
未发情牛只	7	38.29（38.1~38.6）	38.26（38~38.5）	7	60.50（57~63）	6.99（5.94~7.18）	9 800（9 450~1 0250）
比差（+，-）		+0.31（-0.03~+0.8）	+0.49（-0.05~+0.8）	+2	+5.1（+5~+9）	-0.13（+0.21~0.3）	-1 364（-2 950~-67.5）

（3）行为变化。发情开始时，在卵泡分泌的雌激素和少量孕激素的作用下，刺激中枢神经系统，引起性兴奋，使雌性动物兴奋不安，对外界环境变化特别敏感，表现为食欲减退、

鸣叫、喜接近公畜，或举腰拱背、频繁排尿，或到处走动，甚至爬跨其他雌性动物或障碍物。

母牦牛在发情季节内喜奔赴地高凉爽的草地上采食，发情时举动不安，采食减少，喜奔走和尾随公牛，拱背举尾，常作排尿状。发情初期不愿接受公牛交配，到发情盛时则站立不动，接受公牛爬跨。

3. 性功能的分期

牦牛的一生从胚胎期开始，经过一系列的生长发育至出生后，又经过成长、成熟至衰老而结束。这一过程大致要经过如下几个性功能时期。

（1）初情期。牦牛第一次出现发情表现并排卵的时期，称为初情期（Puberty）。牦牛初情期的长短，受品种、气候、体重和出生季节等的影响。

母牦牛在14~15月龄或16~28月龄进入初情期。营养状况和生长发育速度是决定牦牛初情期的首要因子，即生长发育速度快的个体初情期早。据报道，在自然放牧条件下，九龙牦牛初情期为2~3岁，此时其平均体重为180~240kg，相当于成年母牛体重的60%~80%。同时，初情期主要取决于体重而不是年龄，在青海、四川、甘肃、蒙古及俄罗斯等国家和地区的其他牦牛品种也有类似的发现。Cheng和Liu（1994）的研究进一步证明，冬季补饲能有效提高牦牛早期生长发育速度，从而使初情期提前。

牦牛出生季节也对其初情期有直接影响。许多研究表明，3~5月份出生的犊牛有可能在第二年暖季出现第一次发情，即初情期为15~16月龄，而在5月份以后出生的犊生初情期要推迟1年，这是由于出生早的犊牛在冬季降临前有足够的哺乳期，早期生长发育完善。虽然目前尚未开展过品种间的直接比较研究，但不同品种的牦牛初情期有一定差异。九龙牦牛生长发育速度高于其他牦牛品种，但其初情期与国内其他牦牛品种相近，甚至晚于其他国家的一些牦牛品种。这说明生长发育速度和初情期之间无明显的遗传相关，即品种间初情期的差异可能主要是由其遗传基础决定的。高山型牦牛的初情期早于高原型牦牛。

（2）性成熟期。牦牛在初情期后，一旦生殖器官发育成熟、发情和排卵正常并具有正常的生殖能力，则称为性成熟（Sexualmaturity）。牦牛的这一年龄阶段，称为性成熟期。性成熟期与初情期有类似的发育规律，即牦牛不同品种、饲养水平、出生季节、气候条件等因素都对性成熟期有影响。牦牛2~3岁达到性成熟，在此之前，虽有发情表现并能受孕，但生殖器官尚未发育完全。

（3）初配适龄。牦牛在性成熟期配种虽能受胎，但因此期的身体尚未完全发育成熟，势必影响母体及胎儿的生长发育和新生犊牛的成活，所以在生产中一般选择在性成熟后一定时期才开始配种。适配年龄又称初配适龄，是指适宜配种的年龄。除上述影响初情期和性成熟期的因素外，适配年龄的确定还应根据其具体生长发育情况和使用目的而定，一般比性成熟期晚一些，在开始配种时的体重应为其成年体重的70%左右，体格过小，配种应适当推后。

牦牛的初配年龄为13~36月龄，是许多因子的共同作用造成个体间的极大差异。通常初配年龄是2.5~3.5岁。生产中以3岁即生后第四个暖季的发情季节内初配，4岁初产者居多。据四川（1979）统计，179头初产牦牛3岁、4岁、5岁和6岁初产的各占32.5%、59.5%、6.1%和1.5%。

（4）体成熟期。牦牛出生后达到成年体重的年龄，称为体成熟期。牦牛在适配年龄后配种受胎，身体仍未完全发育成熟，3~4岁才能达到成年体重。

（5）繁殖能力停止期。牦牛的繁殖能力有一定的年限，老年的牦牛繁殖能力消失或终止。牦牛繁殖能力消失的时期，称为繁殖能力停止期。该期的长短与牦牛的种类及其终身寿命有关。牦牛繁殖年龄为2.3~15岁，平均可利用年限10年。

三、牦牛的发情周期及其影响因素

1. 发情周期的概念

牦牛自第一次发情后，到性功能衰退之前，生殖器官及整个有机体便发生一系列周而复始的性的变化，除非发情季节及妊娠期外。如果没有配种或配种后没有受胎，则每隔一定时期便开始下一次发情，周而复始，循环往复。牦牛从一次发情开始至下次发情开始、或者从一次发情结束到下次发情结束所间隔的时间，称为发情周期（Estrous Cycle）。

母牦牛的发情季节性强，局限在几个月之内。发情周期的长短各地观测的结果极不一致，平均为21d。也有报道21.3d、14.88d的，个体差异悬殊，最短者5~6d，最长者60d以上，一般14~28d占多数，为56.2%。据大通牛场对82头母牦牛98个发情期的观察结果得知，发情周期平均为21.3d，与其他牛种相似。最短者只有5d，最长者可达66d，5~12d的较多，约37.8%；13~20d及21~28d者各占18.4%；29~36d，37~44d、45~52d、53~60d及61~69d者分别各占10.2%、5%、8.2%、0%及2%。天祝白牦牛的发情周期平均为20d，范围在18~22d，也有短者12d、长者28d的报道。一般壮龄、膘情好的母牦牛发情周期较为一致，老龄、膘情差的母牦牛发情周期较长。1978年青海大通牛场母牦牛（观测53头）发情周期平均为22.8d；甘肃山丹马场母牦牛（308头）平均为20.1d；四川省红原县母牦牛（1 184头）平均为20.5d。贾怀功报道，西藏康巴县母牦牛发情周期为18~22d。如果母牦牛第一次发情未妊娠，在配种季节结束前，能重复多次发情。据观察，经过3~5d重复发情的占7.6%，6~10d的占20.1%，11~15d的占17.4%，16~20d的占13.2%，21~25d的占20.1%，26~30d的占4.2%。

季节性发情动物在发情季节如果有多个发情周期，则称为季节性多次发情动物。牦牛在发情季节发情时，在没有较大环境变化的条件下，如果没有配种或配种后未受胎，可发生多个发情周期。据在青海大通牛场观察统计，发情1次者占73%，发情2次者占21%，发情3

次以上的只占6%。母牦牛在发情季节内第一次发情受配受孕的比例高，如由公牦牛本交，往往一次配种即妊娠，很少有返情而重配的。因此，抓好第一次发情的配种工作，对提高牦牛的繁殖率具有重要意义。

牦牛的繁殖有明显的季节性，发情配种集中在7—9月份。据青海大通牛场对416头母牛的观察统计，7月份发情的有59头，占14.2%，8月份发情的有150头，占36.1%，9月份发情的有194头，占46.6%，3个月合计发情头数占整体发情头数的96.9%。6月份以前和10月份以后发情的牛很少。产犊则集中于4月份、5月份、6月份3个月。据天祝白牦牛育种实验场在2000—2007年对松山、抓喜秀龙两乡镇的21群2 950头母牦牛的发情情况统计，在7月初至9月上旬为天祝白牦牛母牦牛发情旺季，也有个别母牦牛在10—11月份发情。这是由于牦牛的发情受气温气湿和天气状况的影响大，往往由于环境因素不利于母牦牛发情而推迟发情，延长发情周期，甚至不发情。如环境因素有利于牦牛发情，牦牛体质、体况也好，往往未到周期而提前发情。在生产实践中，常见到同一头牦牛前后两个情期的间隔时间相差2~3倍。牦牛发情周期变异范围如此大的内在机制，有待进行研究。

母牦牛的发情时间，与上年的繁殖状况有密切关系。“干巴”母牛（上年未产犊）发情最早，“牙日玛”母牛（上年产犊）次之，当年产犊的母牛发情最晚，甚至不发情。

关于牦牛的发情有明显季节性的问题，据调查，青海省大通牛场、果洛州乳品厂的牛群中，每年都有个别母牦牛于9—11月份分娩，这就说明个别牛于每年1—3月份发情受配，其明显季节性是相对而言，不是绝对的。根据1978年对青海大通牛场种间杂交参配母牦牛的配种记录统计（206头），发情115头，发情率为55.83%。其中干奶母牦牛为83头，发情70头，发情率为84.34%，当年产犊的产奶母牦牛123头，发情45头，发情率仅为36.59%，即近2/3的产奶母牦牛当年不发情。

2. 发情周期阶段的划分

根据牦牛的生理和行为变化，可将发情周期划分为几个阶段。阶段的划分主要有3种方法，即四分法、二分法和三分法。四分法主要侧重于发情征状，适于进行发情鉴定时使用；二分法侧重于卵泡发育，适于研究卵泡发育、排卵和超数排卵的规律和新技术时使用；三分法主要根据动物的精神状态将发情周期划分为兴奋期、均衡期和抑制期3个时期，其术语比较抽象，国内很少采用。

（1）四分法。牦牛的发情周期受卵巢分泌的激素的调节，因此根据牦牛的精神状态、对雄性动物的性反应、卵巢和生殖道变化情况可将发情周期分为发情前期、发情期、发情后期和间情期4个阶段。该法主要强调发情周期中具有发情特征的时期，实质是根据发情特征进行划分，将发情周期分为有发情特征的3个阶段和无发情特征的1个阶段。该法4个时期，是一个渐变过程，并不是截然分开。

①发情前期（Proestrus）：为发情的准备期，对于发情周期为21d的动物，如果以发情征状开始出现时为发情周期第一天，则发情前期相当于发情周期第十六至第二十天。卵巢上的黄体已退化或萎缩、卵泡开始发育；雌激素分泌增加，血中孕激素水平逐渐降低；生殖道上皮增生和腺体活动增强，黏膜下基层组织开始充血，子宫颈和阴道的分泌物增多，但无明显的发情征状。母牦牛有公牦牛或犏牛追随或母牦牛之间相互爬跨等现象，大部分在持续1~5d后即开始发情。激素分析表明，17β-雌二醇在发情前8~6d出现一个与发情当天相似的峰值（27.76pg/mL），而孕酮于发情前2d出现一小波峰（1.23ng/mL）。

②发情期（Estrus）：是发情征状的充分表现期，主要特征为：卵巢上的卵泡发育较快、体积增大，雌激素分泌逐渐增加到最高水平，孕激素分泌逐渐降低至最低水平，在这个期的末期排卵；母牛精神兴奋、食欲减弱；子宫充血、肿胀，子宫颈口肿胀、开张，子宫肌层收缩加强、腺体分泌增多；阴道上皮逐渐角质化，并有鳞片细胞（无核上皮细胞）脱落；外阴充血、肿胀，并有黏液流出；性欲要求强烈。牦牛发情持续的时间报道不一，有0.5~3d，也有2~3d，甚至7~8d。发情牦牛相互爬跨，喜欢接近公牦牛。成年公牦牛、公黄牛追随不舍，且频繁交配。发情期外阴明显肿胀、黏膜潮红，阴门中流出蛋白样黏液。此期血浆中17β-雌二醇含量于发情当天达最大值（24.57pg/mL）；孕酮一直维持低水平（0.19ng/mL）。

③发情后期（Metestrus）：发情征状逐渐消失的时期。母牛精神由兴奋状态逐渐转入抑制状态。卵巢上的卵泡排卵后开始形成新的黄体，孕激素分泌逐渐增加，子宫肌层收缩和腺体分泌活动均减弱，黏液分泌量减少而变黏稠，黏膜充血现象逐渐消退，子宫颈口逐渐收缩、关闭。阴道表层上皮脱落，子宫内膜增厚，子宫腺体开始发育。母牦牛拒绝爬跨，其精神及采食恢复正常，外阴肿胀逐渐消退，阴道黏液变稠。在此期，17β-雌二醇和孕酮含量降至基础水平。

④间情期（Diestrus）：又称休情期，是发情周期中最长的时期。动物的性欲已完全停止，精神完全恢复正常。开始时，卵巢上的黄体逐渐生长、发育至最大，孕激素分泌逐渐增加至最高水平；生殖道孕向变化，子宫角内膜增厚，表层上皮呈高柱状，子宫腺体高度发育，大而弯曲，且分支多，分泌活动旺盛。产生子宫乳，为早期胚胎提供营养，为以后着床打好基础。若妊娠，则进入妊娠期，母牛不再发情，在间情期的后期增厚的子宫内膜回缩，呈矮柱状，腺体变小，分泌活动停止。若未妊娠，黄体发育停止，并开始萎缩，孕激素分泌量逐渐减少，又进入到下一次发情的前期。牦牛进入乏情季节，以上发情的表现都消失并进入黄体活动期，具体指由黄体形成到黄体萎缩前的阶段。发情周期各阶段的划分及母牦牛相应变化见表7-9所示。

（2）二分法。在研究卵泡发育和超数排卵规律及方法时，以卵巢的组织学变化为依据，逐渐将发情周期划分为卵泡期和黄体期。从时间分布的均衡性方面分析，该法对牦牛发情周期的

表7-9　发情周期各阶段的划分及其母牛相应变化

阶段划分及天数	卵泡期		黄体期		卵泡期
	发情前期	发情期	发情后期	间情期	发情前期
	18d　19d　20d	21d　1d	2d　3d　4d　5d	6~15d	16d　17d
卵巢	黄体退化，卵泡发育、生长、成熟，分泌雌激素，发情结束后排卵		黄体形成、发育、分泌孕酮，无卵泡迅速发育		黄体退化
生殖道	轻微充血、肿胀、腺体活动增加	充血、肿胀、子宫颈口开放，黏液流出	充血肿胀消退，子宫颈收缩，黏液少而稠	子宫内膜增生，间情期早期分泌旺盛	子宫内膜及腺体复旧
全身反应	无交配欲		有交配欲		无交配欲

描述比较适宜。

①卵泡期：是指黄体进一步退化，卵泡开始发育直到排卵为止。卵泡期实际上包括发情前期和发情期2个阶段。

②黄体期：是指从卵泡破裂排卵后形成黄体，直到黄体萎缩退化为止，黄体期相当于发情后期和间情期2个阶段。

（3）三分法。将发情周期划分为兴奋期、均衡期和抑制期3个时期。

①兴奋期：又称发情期。精神兴奋，是性欲表现最盛的时期。

②抑制期：卵泡破裂后，形成黄体，产生孕激素，外表不表现任何性欲、性兴奋。

③均衡期：卵巢中周期黄体开始萎缩，同时新的卵泡开始发育增大。因此，既有退行性变化，又有性兴奋进行性变化。

3. 影响发情周期的因素

影响牦牛周期性发情或发情周期的因素很多，除环境因素外，还有遗传因素和饲养管理水平。

（1）遗传因素。牦牛是高原特有品种，由于其分布的广泛性及生存环境的特异性，使牦牛形成了不同的品种或类群。不同品种的牦牛遗传不尽相同，其发情周期也有所差异。不同品种以及同一品种不同家系或不同个体间的发情周期长短不一。

（2）环境因素

①光照：在整个生态环境中，光照是最原始和最重要的影响牦牛季节性繁殖活动的因子。长期生存在高寒地带的牦牛，随日照长度的季节性变化而出现季节性发情。6~11月份为牦牛的发情季节，其中7~9月份为发情旺季。光照信号通过松果体调节丘脑下部和垂体，进而影响其内分泌系统并控制发情。在发情季节第一个正常发情周期开始前8~6d，血浆和乳汁中的17β-E_2水平出现一个类似于发情时的分泌高峰值。随后在发情前2~3d出现一个短时期的孕酮分泌峰，这可能对活化正常卵巢周期活动具有生理意义，有助于刺激排卵前促性腺分

泌高峰的形成。

②气温和湿度：气温几乎对所有动物的发情都有影响，适宜的温度最适合于雌性动物发情。牦牛由于受高寒地区特殊生态环境的制约，母牦牛表现为暖季发情。但由于高原气候变化无常，对牦牛的发情影响也较明显。通常高寒地区5月份便逐渐进入暖季，此时青草萌发，牦牛的体质转入恢复时期。6月份以后，气温高，空气湿度增大，开始发情。7—8月份为牦牛发情旺季，10月份后气温下降，牧草枯黄，母牦牛的营养水平亦相应下降，发情逐渐减少。

与之相反，在南方地区，高温往往与高湿联系在一起。在高温季节，如果湿度也很高，不利于机体的散热，则可加剧高温对发情的影响程度。

③海拔：天祝白牦牛每年开始发情配种的时间，随海拔升高而推迟。海拔1 400m处母牦牛开始发情时间为5月份；海拔在4 600m处的母牦牛，7月初才会出现发情。

（3）饲养管理水平。饲养管理水平对发情的影响，主要体现在营养水平及某些营养因子对发情的调控。一般说来，适宜的饲养管理水平有利于牦牛的发情，饲养水平过高或过低，均可影响正常发情。正是因为6—11月份高原地区温度较高，牧草茂盛，牦牛营养较好，所以其发情才集中在这一阶段。对母牦牛来说，营养较好者发情周期较一致，一般为18~22d。老龄、营养不佳的母牦牛发情周期较长，一般为20~60d。高原气候寒冷，冬季草地可食草量少且质劣，冬春枯草季长达7~8个月，造成牦牛营养严重匮乏，这是导致牦牛繁殖力低下的重要因素，但目前关于营养因素影响牦牛繁殖力的研究较少。对牦牛进行冬季补饲可提高牦牛繁殖力，但仅补饲干草和尿素效果不明显，且干草营养价值低，不能保证瘤胃微生物的正常活动。相反，如采用舍饲，每头牛每日补饲2.2kg配合饲料，并自由采食青干草，结果表明其初配年龄可以比未补饲牦牛提前1年以上，可显著提高经济效益。

通过对牧户的调查，牧民群众把影响繁殖的首要因素归结为草场的好坏，其次是人工挤奶的强度。通过对带犊母牦牛实施隔离断奶，能够明显提高当年产犊母牦牛的发情率和妊娠率。发情季节里母牦牛的发情，多在早晚天气凉爽之时，尤以早晨为多；雨后和阴天，空气湿度大，发情的母牦牛增多，且发情表现也较明显。

四、牦牛的卵泡发育与排卵及其调节

1. 卵泡的发育及形态特点

卵泡是位于卵巢皮质部、包裹卵母细胞或卵子的特殊结构。动物在出生前，卵巢上便含有大量原始卵泡，出生后随着年龄的增长而不断减少，多数卵泡中途闭锁而死亡，少数卵泡发育成熟而排卵。牦牛卵巢皮质部的最外面覆盖有单层立方上皮细胞——生殖上皮，其间有瘢痕组织间断，生殖上皮的下面为一层胶原纤维形成的致密结缔组织——白膜，此层中弹性纤维和细胞成分较少。白膜下面为皮质，其间含有致密排列的大量梭形细胞、细胞间质、胶质和网状纤维、原始卵泡、发育过程中的各级卵泡、闭锁卵泡以及黄体组织。髓质部由弹性纤维的疏松结缔组织构成，内含大量血管、淋巴管和少量平滑肌纤维，而且髓质与皮质部间的界限不甚明显。

母犊出生前大量卵泡即发生闭锁，出生时仅约68 000个，4岁后原始卵泡开始明显减少，10~14岁时平均有25 000个，20岁时平均仅3 000个。健康成年（5~7岁）母牦牛的原始卵泡数较少，青麻（1年1胎者）母牦牛平均为20 926.74±13 946.66个，牙日玛（2年1胎者）母牦牛平均为9 461.15±5 161.18个，干巴（3年1胎者）母牦牛平均为4 406.25±5 815.37个。由此可见，牦牛卵巢上较少的原始卵泡数在一定程度上也可能影响了它们的繁殖力。

初情期前，卵泡虽能发育，但不能成熟排卵，当发育到一定程度时，便退化萎缩。初情期后，卵巢上的原始卵泡通过一系列的发育而成熟排卵。卵泡发育（Follicular Development）是指卵泡由原始卵泡发育成为初级卵泡、次级卵泡、三级卵泡、葛拉夫氏卵泡和成熟卵泡的生理过程。研究证明，牦牛卵泡和卵母细胞不同发育时期的结构变化与其他哺乳动物基本相似。

（1）原始卵泡（Primordial Follicle）。是位于卵巢皮质外周、体积最小的卵泡，由卵原细胞和被覆在卵原细胞周围的一层扁平状的卵泡细胞（颗粒细胞）构成，没有卵泡膜和卵泡腔。牦牛原始卵泡在大多数情况下成簇分布（见图7-11；1,2PrF），正常原始卵泡的细胞核呈圆形，位于中央，染色均匀，被单层扁平的卵泡细胞包围。而处于闭锁状态的原始卵泡表现为卵母细胞皱缩，核偏于一侧或固缩，周围扁平细胞变性。

卵母细胞胞膜比较光滑，与周围的卵泡细胞胞膜形成缝隙连接。胞核呈空泡状，有时偏心存在，两层核膜明显。胞质中细胞器聚集在核周。多数线粒体呈圆形或卵圆形，体积较大，成群分布于细胞核周胞质中，嵴较少。另外，还存在少量冠状线粒体（Hoodedmitochondria），其致密度较高，两层膜凹陷，形成一个与胞质相通的腔，在线粒体一端形成了帽状结构。在靠近线粒体的周围有较多粗面内质网分布，其上有许多核糖体颗粒附着。滑面内质网呈细长的囊状，也有较多量的分布。弥散的核糖体以小集群形式存在。高尔基复合体的体积和数量都较小。包围卵母细胞的卵泡细胞形态规则，体积较小，其核较大，呈两端钝圆的杆状，核膜下有薄层的染色质。胞质较少，有少量的线粒体，胞膜比较平滑。卵泡细胞外有薄层的基膜。牦牛原始卵泡平均直径为30.8~46.4μm，卵母细胞及其胞核的平均直径分别为17.6~24.4μm、8.7~13.9μm 。

（2）初级卵泡（Primary Follicle）。是位于卵巢皮质、由卵母细胞和排列在其周围的一层立方形卵泡细胞构成的卵泡，由原始卵泡发育而成。卵泡膜尚未形成，也无卵泡腔。

卵母细胞表面局部区域比较光滑，卵泡细胞与卵母细胞仍然以缝隙连接相联系，有的部位出现短小的微绒毛。此期卵母细胞体积增大，核亦增大，形态规则，核染色质淡。胞质中细胞器的数量增加，多散在分布于胞质中。线粒体体积增大、数目增多，嵴也增多。粗面内质网上核蛋白体分布增多。高尔基体的结构逐渐变得典型，核糖体和微丝等细胞器的数量也有增加。卵泡细胞的核逐渐变为圆形或卵圆形，胞质中线粒体和内质网的数量增加（图7-11：8、9）。当包围卵母细胞的卵泡细胞增加到2～4层时，卵母细胞与卵泡细胞的间隙内出现薄层的均质样物质，即透明带开始出现，其中含有一些微丝。卵泡细胞胞质中细胞器逐渐增多，并存在呈同心圆状排列的环层板。卵母细胞的体积继续增大，核周区域出现成团存在的皮质颗粒，呈小而圆、有单层膜、中等致密度，而此阶段卵母细胞胞膜上的微绒毛短而粗，平行排列，游离端伸向透明带。随着卵泡的发育，皮质颗粒的体积略有增加，在其周围可见一些圆形、大小与皮质颗粒接近的滑面内质网小体，有时还可见皮质颗粒与滑面内质网的中间类型。质膜上微绒毛排列密集，细而长，平行伸入到透明带中（图7-12：11、12）。牦牛初级卵泡的平均直径为53.6～144μm，卵母细胞的直径为18.8～71.7μm，胞核为10.1～17.5μm。

（3）次级卵泡（Secondary Follicle）。由初级卵泡进一步发育而来，位于卵巢皮质较深层。初级卵泡由2～4层卵泡细胞包裹卵母细胞组成，其主要特点是：卵泡细胞和卵母细胞的体积均较初级卵泡大，随着卵泡的发育，卵泡细胞分泌的液体增多，使卵泡细胞与卵母细胞膜间的间隙增大，但尚未形成卵泡腔。

卵母细胞体积继续增大，透明带增厚。卵母细胞被多层卵泡细胞所包围，其高尔基复合体、皮质颗粒和内质网等细胞器数量继续增多，并逐渐移至质膜下，在核周部出现一个空白区。皮质颗粒常成团分布（图7-12：13）；粗面内质网减少，滑面内质网数目明显增加。线粒体数目增多，与内质网相伴行渐渐移行到皮质区。卵泡细胞之间出现小的囊腔，其凸起也可伸入到透明带，甚至到达卵母细胞的表面并嵌入卵母细胞膜的凹陷中，形成桥粒连接（图7-12：14）。牦牛次级卵泡的直径为152～208μm，卵母细胞的直径为78.2～96.5μm，胞核直径为17.7～29.5μm。

以上3种卵泡的共同特点是没有卵泡腔，所以将上述3种卵泡统称为无腔卵泡（Follicle Without Antral）或腔前卵泡（Preantral Follicle）。

（4）三级卵泡（Third Follicle）。次级卵泡进一步发育成为三级卵泡。在这时期，卵泡细胞分泌的液体进入卵泡细胞与卵母细胞间隙，形成卵泡腔。随着液体分泌量的增多，卵泡腔进一步扩大，卵母细胞被挤在一边，并被包裹在一团卵泡细胞中，形成突出于卵泡腔中的半岛，称为卵丘。其余的卵泡细胞则紧贴在卵泡腔的周围，形成颗粒细胞层。

卵泡腔形成的早晚与卵泡发育程度有关。发育快的卵泡，卵泡腔形成较早，而发育慢的

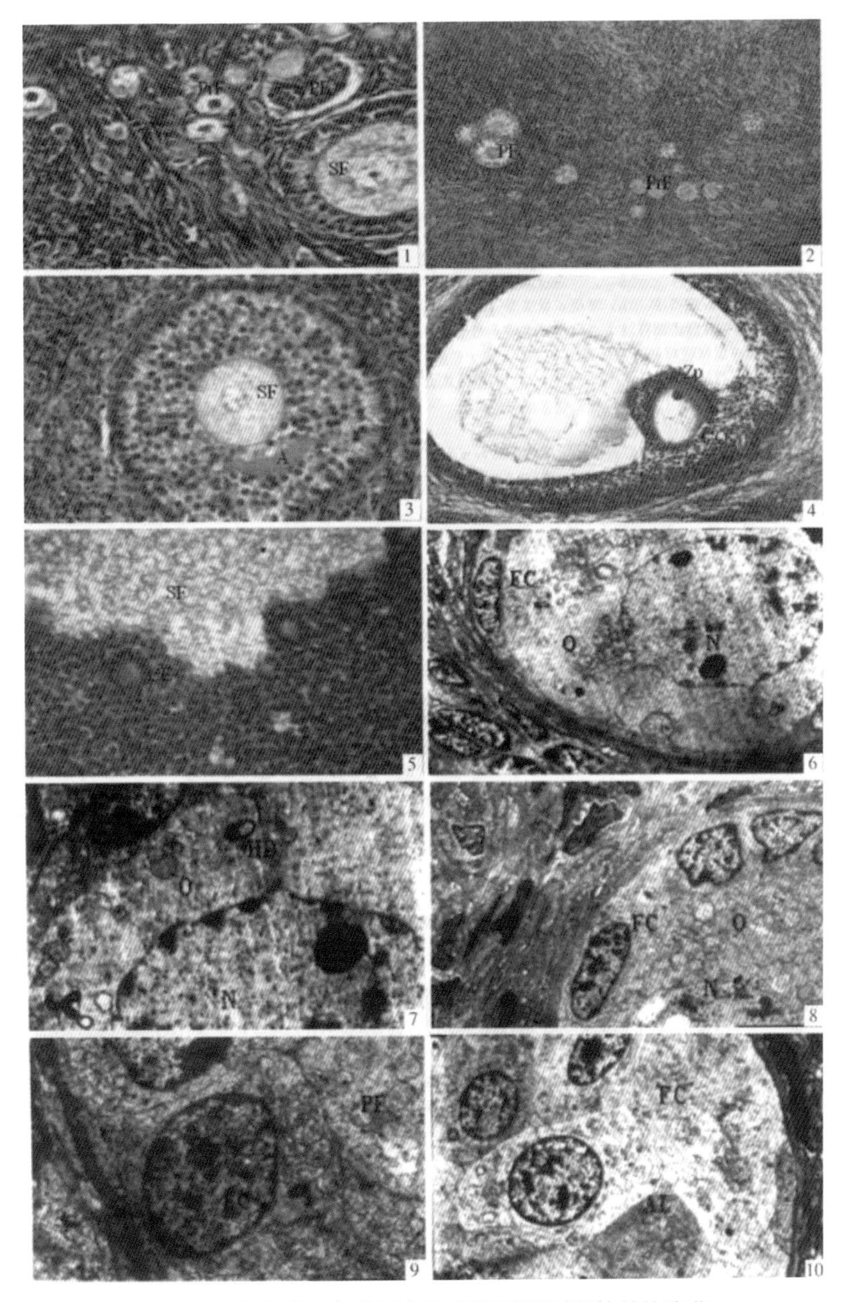

图7-11　牦牛卵泡细胞及其卵母细胞不同发育时期的结构变化

1.光镜下示原始卵泡（PrF）、初级卵泡（PF）和次级卵泡（SF）；2.光镜下示原始卵泡（PrF）和初级卵泡（PF）；3.光镜下示次级卵泡（SF），可见小囊腔（A）；4.光学显微镜下囊状卵泡，可见透明带（Zp）以及放射冠（CO）；5.光学显微镜下示次级卵泡及Call-Exner（CE）小体；6.电镜下原始卵泡的卵母细胞（O）为卵圆形，有一偏心存在的核（N），卵泡细胞（FC）为扁平状；7.初级卵泡卵母细胞的核（N）及胞质中的冠状线粒体（HD）；8.初级卵泡，卵泡细胞（FC）为立方状，卵母细胞核偏心存在（N），染色质聚集；9.初级卵泡（PF），卵泡细胞（FC）为立方状；10.初级卵泡卵泡细胞（FC）增加，胞质中的环层板（AL）

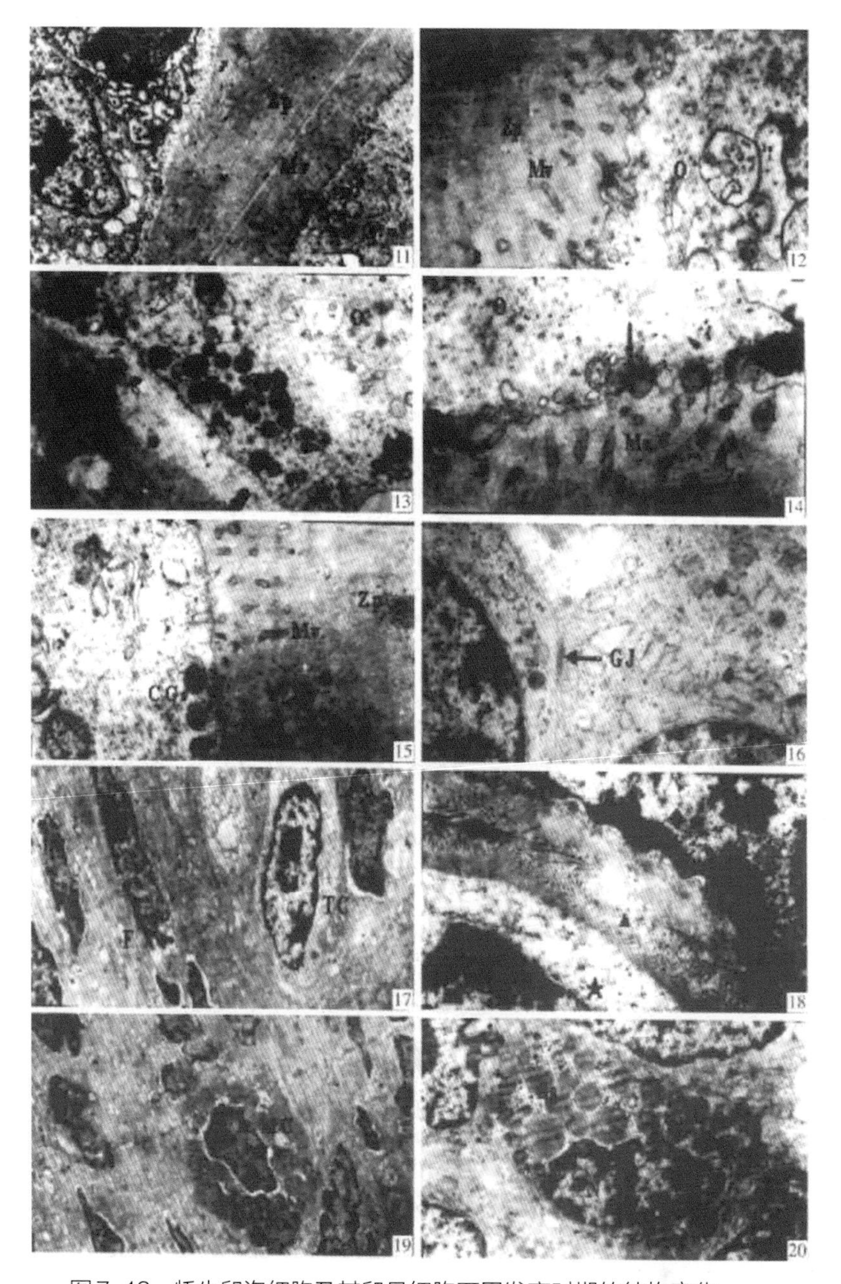

图7-12　牦牛卵泡细胞及其卵母细胞不同发育时期的结构变化

11.初级卵泡卵母细胞（O）透明带（Zp）增厚，微绒毛（Mv）垂直伸入透明带；12.放大的卵母细胞（O）质膜表面微绒毛（Mv）垂直伸入透明带（Zp）；13.次级卵泡卵母细胞中皮质颗粒（CGs）呈团块状聚集，位于质膜下；14.卵泡细胞的凸起伸入透明带（Zp）与卵母细胞（O）的质膜建立桥粒连接（箭头所示）；15.示囊状卵母细胞胞质中皮质颗粒（CGs）呈线性排列于质膜下；16.颗粒细胞之间的缝隙（GJ）连接；17.卵泡膜及其中的成纤维细胞（F）和卵泡膜细胞（TC）；18.卵泡基膜（△）将卵泡细胞（★）和卵泡内膜细胞（◇）分开，注意基膜中以互成角度排列的胶原纤维和弹性纤维；19.卵泡膜中的肥大细胞（MC）；20.肥大细胞（MC）的不规则核（N）与胞质中的颗粒（Gs）

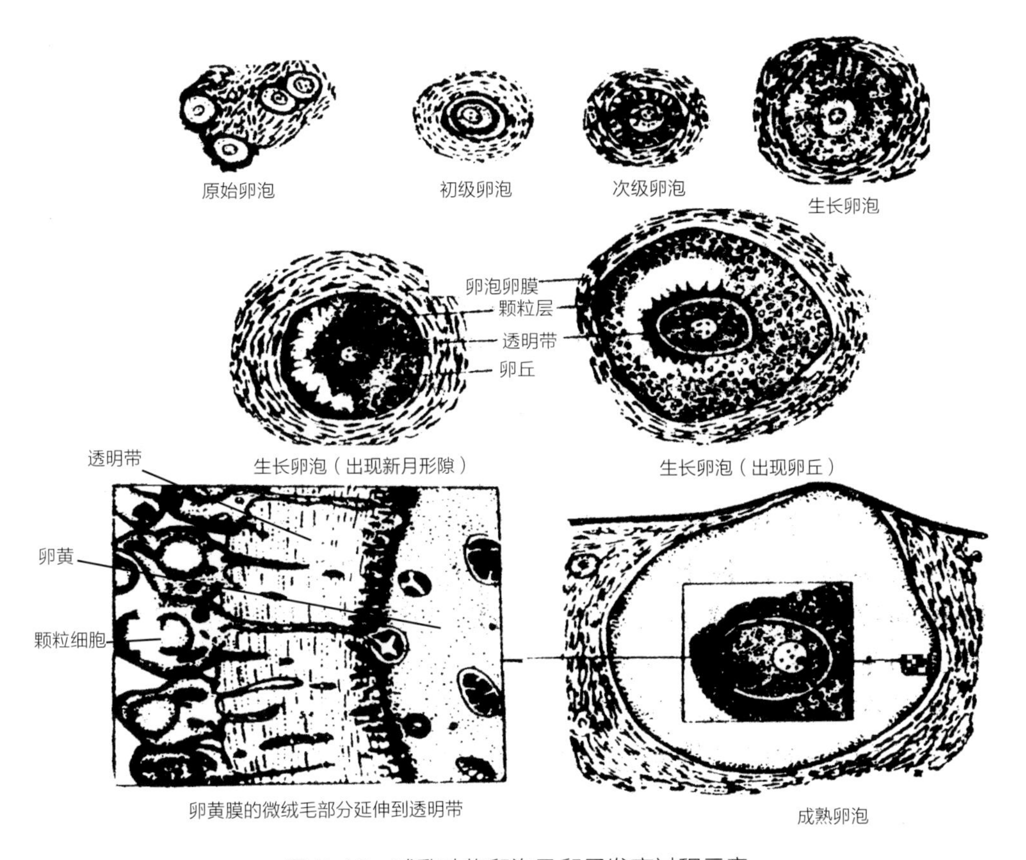

图 7-13 哺乳动物卵泡及卵子发育过程示意

卵泡，卵泡腔形成较晚。因此，卵泡腔是否形成及形成后的大小，可作为评定卵泡发育程度的依据。通常，卵泡腔的大小与卵泡大小成正比例关系。

当卵泡发育为囊状卵泡时，卵母细胞已接近成熟。这一时期皮质颗粒在卵母细胞质膜下基本呈线形排列（图7-12：15），但仍有一部分呈集团状分布。线粒体则由质膜下向胞质中央迁移，分散于胞质中，而且变圆变小，嵴模糊不清，甚至消失。粗面内质网减少，高尔基体的数目已很少，扁平的囊端小泡减少。牦牛这时卵泡的直径为300~500μm。

（5）葛拉夫氏卵泡（Graafian Follicle）。三级卵泡进一步发育成为葛拉夫氏卵泡。Regnierde Graaf于1672年介绍的卵泡为大卵泡，因此以他姓氏命名的卵泡实际为三级卵泡进一步发育至成熟前的卵泡。这种卵泡扩展达卵巢皮质的整个厚度，甚至突出于卵巢表面，卵泡的颗粒层外围被卵泡膜包裹。卵泡膜分为两层，外膜为纤维状的基质细胞，内膜分布有许多血管，内膜细胞参与雌激素的合成。在很多情况下卵丘和颗粒细胞层结合部呈蘑菇状，卵丘相当于蘑菇的伞部，颗粒细胞堆积成的基底部，相当于蘑菇柄，比卵丘窄小。

在有些情况下，当卵泡直径达到10mm时，卵丘和颗粒层的连接部较宽。位于囊腔面的

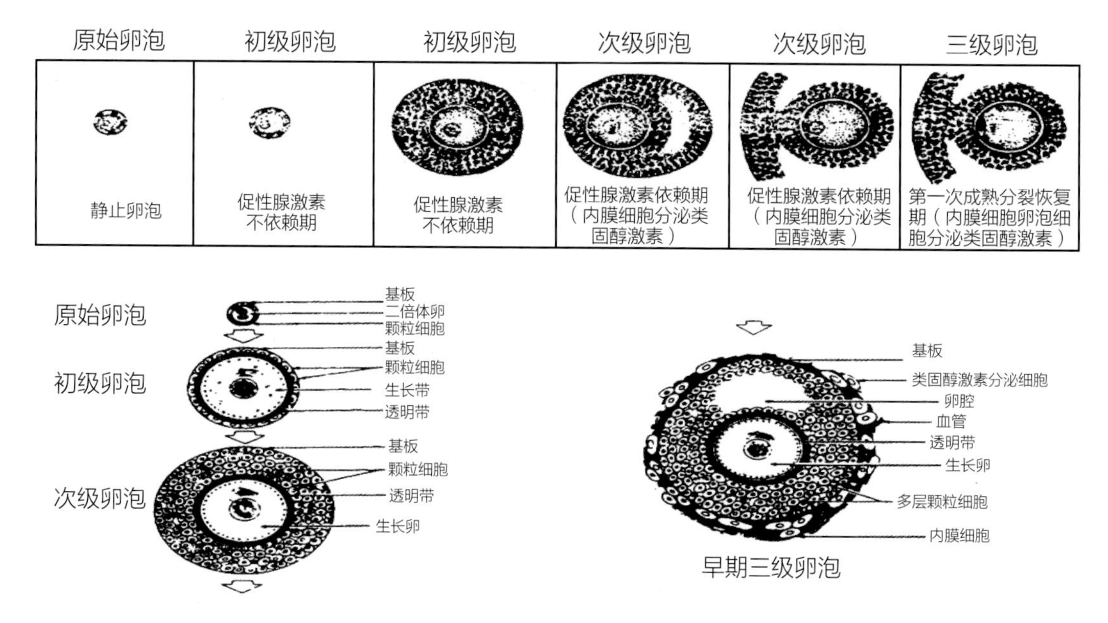

图 7-14　各级卵泡的形态结构示意及期限与促性腺激素的关系
（引自 Hafez E S E.Reproduction in Farm Animals.6thed.USA:Lea &Febigerr，1993，119）

颗粒细胞形成了一层连续的扁平颗粒细饱层。当颗粒细胞层持续增厚时，仅基层颗粒细胞为柱状，垂直排列于基膜上，其余的颗粒细胞呈多面形。直径在15mm以上的卵泡中，颗粒层变薄，只有6~9层细胞，基层柱状颗粒细胞变成多面形。

（6）成熟卵泡。卵泡发育到最大体积时，卵泡壁变薄，卵泡腔内充满液体使体积增至最大，这时的卵泡称为成熟卵泡（Mature Follicle）或排卵卵泡。牦牛的排卵前卵泡数量极少，卵丘细胞松散，细胞圆形或卵圆形；卵母细胞核移至边缘。三级卵泡、葛拉夫氏卵泡或成熟卵泡的共同特点是含有卵泡腔（Follicular Antral），因此被称为有腔卵泡（Antral Follicle）。初级卵泡、次级卵泡和三级卵泡的共同特点是生长发育很快，表现在细胞分裂迅速，体积增大明显，故常将这3种卵泡称为生长卵泡（图7-13）。图7-14表示了各种卵泡的名称。

（7）卵泡膜的超微结构。原始卵泡由一层结缔组织包围，在转化成初级卵泡时，卵泡膜开始分化。卵泡膜与卵泡细胞间以基膜相隔。卵泡膜分为内、外两层，即内膜层和外膜层。内膜层由多角形或梭形的细胞所组成，细胞间有许多毛细血管穿行，纤维成分较多。当卵泡细胞为多层时，在内膜层中出现血管。内膜层细胞核为卵圆形，核内染色质均匀，粗面内质网和游离的核糖体很丰富，有许多分散的脂滴和线粒体。卵泡继续发育到次级卵泡时，内膜层细胞中的脂滴和线粒体的体积逐渐增大、数目增多。外膜层胶原纤维和弹性纤维很多，常成束平行排列。成纤维细胞广泛存在于卵泡膜内、外层（图7-12，17）。基膜是由薄层的基板和胶原纤维、弹性纤维组成的结构，将颗粒细胞层和卵泡膜分开，胶原纤维和弹性纤维丰富，以互成角度的方式排列（图7-12：18）。在卵泡膜中还分布有一些肥大细胞（图7-12：19），这种细胞为圆形或椭圆形，表面有较多的微绒毛，胞核较小，呈卵圆形或不规则形。胞质中充满了平均直径约为1μm特殊颗粒，其粗大、均质、外部有包膜，形态似溶酶体。在胞质中还有一些短小的粗面内质网和游离的核糖体，线粒体数量较少，高尔基体发达，有少量的微丝（图7-12：20）。

（8）卵泡发生波。近来在研究牛的卵泡发生动力学规律时发现，在每个发情周期中，牛卵巢有2~3批原始卵泡发育成为三级卵泡，即每个发情周期有2个或3个卵泡发生波。每个卵泡发生波均有1个三级卵泡发育至成熟卵泡。Hamilton等人在12头荷斯坦牛中，发现8头在发情周期内出现3个卵泡发生波，其余4头只出现2个卵泡发生波。出现3个发生波的母牛，卵泡发生波开始于发情周期1.4d、9d和16d。出现2个发生波的母牛，卵泡发生波开始于发情周期第一天和第十二天。通常，出现3个卵泡发生波的母牛，发情周期较长（23.4d）；只有2个卵泡发生波的母牛，发情周期较短（19.5d）。Thatcher等综合文献资料，认为第1个卵泡发生波发生于发情周期第六天，以雌激素水平升高为特征。第二个卵泡发生波发生于发情周期的15~17d，可能对启动黄体溶解具有重要作用。第三个波发生于母牛发情前期（20~21d），可以发育成为排卵卵泡。通过直肠实施超声扫描技术证实，卵泡的发育的确是以波的形式进行的，并且在牛的卵泡发育过程中，有2个或3个发育波出现。具体过程是：在每一个发育波中，一开始都有5~7个卵泡同时发育，直至直径大于5mm；然后其中一个快速生长，而其他的卵泡则退化；这个快速生长的卵泡继续发育到直径为15mm左右，并保持2~3d，然后退化；此后又有新一轮发育波开始。如果一个优势卵泡的生长期恰好与黄体形成相一致，那么它就进行排卵前的迅速成熟，并最终排卵。

卵巢上的卵泡数量很多，每个卵泡均有同等发育潜力（表现为体积增大，分泌雌激素）。但在每个发情周期，一般只有其中一个卵泡发育成熟。这枚卵泡相对于其他卵泡有发育上的优势，通常称为优势卵泡（Dominant Follicle，DF），其他卵泡则称为劣势卵泡或从属卵泡（Subordinate Follicles，SF）。优势卵泡有时不一定破裂排卵，但其直径必须是所有卵泡中最大的，且维持这种发育上的优势性必须持续3~4d。牛优势卵泡的生长速度可达1.3±0.4mm/d，卵泡液中雌二醇与黄体酮含量的比值可达24~31，卵丘细胞发育良好（核呈球形，脂肪滴小，微绒膜柄和高尔基体数目较多）。劣势卵泡的生长速度较慢，卵泡液中雌二醇与孕酮含量的比值接近于1，卵丘细胞发育较差。此外，优势卵泡中卵母细胞也与卵丘细胞一样，比劣势卵泡中的卵母细胞发育较好。优势卵泡对劣势卵泡的生长发育具有抑制作用。

2. 影响卵泡发育的因素

卵巢上的黄体和子宫角分泌物以及哺乳等，对卵泡的发育均有影响。牛在哺乳期间，卵巢上的发育卵泡数不仅数量少、体积小，而且分泌的雌激素量亦低。

黄体的存在对卵泡发育非常有利。虽然有许多报道指出，黄体侧卵巢的卵泡体积小，卵泡液中雌激素含量低，但这是在使用屠宰场材料和进行组织学检查及雌激素测定条件下得出的结果，其可靠性远不如近期应用超声图像法对活体母牛所做的研究。应用超声图像法对母牛卵泡发育进行动力学研究，证实黄体侧卵巢的卵泡发育优于黄体对侧卵巢。

子宫对卵泡发育的影响，主要表现为抑制作用。在妊娠早期的孕体和（或）孕体同侧子宫可以分泌一些改变卵泡类固醇激素发生、降低卵泡生长能力的物质。在母牛产后注射 $PGF_{2\alpha}$，尽管子宫复原没有变化，但能降低孕角对侧的卵巢活性。在生产中也常发现，母牛产后第一次发情时，排卵多发生于孕角对侧卵巢，表明卵泡发育多发生于孕角对侧卵巢。

3. 卵泡的排卵、闭锁或退化

（1）自发性排卵。形成功能性黄体，成熟卵泡破裂、释放卵子的过程，称为排卵。牦牛是一种典型的季节性发情动物，在发情季节，卵泡成熟后便自行排卵并自动生成黄体。根据6头未将公牛隔开的母牦牛的直肠检查结果发现，从发情到排卵的时间为36~48h，而促黄体素峰出现在发情开始后14h左右，促黄体素峰作用后22~34h内排卵。

（2）排卵与黄体形成。在排卵前，卵泡体积不断增大，液体增多。增大的卵泡开始向卵巢表面突出时，卵泡表面的血管增多，而卵泡中心的血管逐渐减少。接近排卵时，卵泡壁的内层经过间隙突出，形成一个半透明的乳头斑。乳头斑上完全没有血管，且突出于卵巢表面。排卵时，乳头斑的顶部破裂，释放卵泡液和卵丘，卵子被包裹在卵丘中而被排出卵巢外，然后被输卵管伞接纳。

排卵后，破裂的卵泡腔立即充满淋巴液和血液以及破碎的卵泡细胞，形成血体或红体（Corpus Hemo-rrhagicum，CH）。血体进一步发育，形成黄体。黄体细胞有3种来源：一是血体中的颗粒层细胞增生变大，并吸取类脂质而变成黄体细胞；二是卵泡内膜分生出血管，布满于发育中的黄体，随着这些血管的分布，含类脂质的卵泡内膜细胞移至黄体细胞之间，参与黄体细胞的形成，成为卵泡内膜细胞来源的黄体细胞。此外，还有一些来源不明的黄体细胞。黄体细胞增殖所需的营养物质，最初由血体供应，以后随着卵泡内膜来的血管伸进黄体细胞之间，黄体细胞增殖所需营养则改由血液提供。黄体是机体中血管分布最密的器官之一，其分泌功能对于维持妊娠和卵泡发育的调控起重要作用。

家畜一般在发情周期（21d）第七天（以发情当天为第一天计算），血管生长及黄体细胞分化完成，所以黄体通常在发情周期的8~9d达到最大体积和最高分泌功能，即血液中黄体酮水平在发情周期的8~10d达到最高水平。母畜如果未妊娠，则此时的黄体称为周期黄体（Cycling Corpus Luteum）或假黄体（Corpusluteum Spurium），它存在于一个发情周期内，在下次发情之前其功能就消退；如果妊娠，则称为妊娠黄体（Gravid Corpusluteum）

或真黄体（Corpus Luteum Verum）。妊娠黄体可以稍微继续增大，直到妊娠中期停止增大，并在整个妊娠期都存在，以分泌黄体酮，维持妊娠，直到妊娠终止才退化。周期黄体一般在发情周期的12~17d（取决于动物种类）开始退化。在退化时，颗粒层黄体细胞退化很快，表现在细胞质空泡化及细胞核萎缩。随着微血管的退化，黄体的体积逐渐变小，颗粒层黄体细胞逐渐被成纤维细胞所取代。最后，整个黄体被结缔组织取代，形成一个白色斑痕，称为白体（Corpus Albicans，CA）。

成年母牦牛的黄体呈椭圆形或圆形，主要由2种细胞组成，即颗粒黄体细胞（Granulasa Lutein Cell，GLC）和膜黄体细胞（Theca Lutein Cell，TLC）。GLC体积大，呈多边形，胞质淡染，胞核较大，呈圆形或卵圆形，位于细胞中央，染色质均匀，有1个明显的核仁。TLC较小，呈纺锤形，主要分布于黄体周边部及小梁周围，胞核不规则、致密，多呈椭圆形，浓染。成熟黄体中GLC的平均直径为36.6μm，胞核直径为15.2μm；TLC的平均直径为14.4μm，胞核直径为10.9μm。

母牦牛在发情后期，排卵后卵泡塌陷，卵泡壁在卵泡腔内形成许多皱褶，内膜细胞和颗粒细胞发生黄体化、增生，卵泡膜细胞穿入颗粒层中。陷入的结缔组织和毛细血管逐渐形成黄体小梁。少数GLC较大，胞质丰富。TLC主要聚集成团分布于皱褶处。随着黄体进一步发育，GLC增多，体积显著增大，呈卵圆形或多边形，胞核大而圆，核仁清楚；TLC也增大，并随小梁逐渐移至黄体内部。毛细血管丰富。网状纤维最先出现在小梁和血管周围，随黄体发育逐渐出现在黄体细胞之间，交织成网。胶原纤维主要存在于小梁及血管周围区域，并随小梁逐渐伸入黄体内部。

随着黄体的发育，牦牛在发情间期，GLC体积显著增大，呈卵圆形或多边形，胞质呈深红色，胞核大而圆，核仁明显，有时可见到2个细胞核的GLC。黄体内部GLC间分布有较多的TLC，1个GLC常伴随有几个TLC。小梁中的TLC和结缔组织细胞不易准确识别。黄体中毛细血管十分丰富。在有些部位的血管周围，黄体细胞的分布与肝小叶细胞的排列相似，即以血管为中心，黄体细胞排列成条索形，呈放射状分布。有个别GLC呈现退化迹象，胞质着色较浅，细胞变小，沿细胞膜内侧出现环状空泡。微小动脉壁明显增厚。网状纤维丰富，胶原纤维也逐渐分布于黄体细胞间；动脉壁中，胶原纤维层加厚，网状纤维也有所增加。

牦牛进入发情前期，GLC呈圆形或卵圆形，胞质着色淡。黄体中出现较多的退化黄体细胞，早期多出现在血管周围，其中GLC较TLC退化更明显。当GLC退化显著时，细胞形态发生明显改变，细胞呈星形或不规则状，胞质逐渐浓缩，着色较暗，外周部空泡化进一步明显。在黄体细胞退化的同时，黄体内的毛细血管减少，微小动脉血管内皮细胞层呈锯齿状。黄体细胞间网状纤维也较丰富，胶原纤维明显增加，出现胶原纤维粗束。

在发情期的牦牛，黄体细胞的胞核发生明显固缩，核仁消失，胞核呈梭形，着色深，多位于细胞周边部。GLC还能被识别，其胞质不易着色，整个细胞呈空泡状；而TLC也有类似的变化。黄体内毛细血管少。网状纤维减少，细胞间网状纤维束变细，网眼呈卵圆形或圆形。此时，胶原纤维显著增加，细胞间胶原纤维束逐渐加粗。

牦牛白体呈肉色或白色，其体积明显小于黄体，与周围卵巢组织界限不清。白体中细胞成分很少，细胞显著皱缩，体积小，核固缩；纤维组织十分丰富，主要是胶原纤维。

（3）卵泡闭锁与退化：卵泡闭锁（Atresia）是指卵泡发育到一定阶段后停止发育并退化、形成黄体的现象。此时的黄体称为闭锁黄体或副黄体（Accessory Corpus Luteum），它是一个不完全的黄体。卵泡闭锁后，卵母细胞退化。动物在出生后有许多卵泡，但只有极少数卵泡发育成熟并排卵，大部分卵泡发生闭锁。

越是年轻的动物，卵泡闭锁的发生越严重。因此，随着年龄的增长，卵泡绝对数逐渐减少。例如，初生母犊有75 000个卵泡，10~14岁时有25 000个卵泡，到20岁时，只有3 000个卵泡。因此，应用活体采卵方法在动物幼年时收集卵母细胞时，获得的卵母细胞数较多。

卵泡的退化包括颗粒细胞和卵母细胞的退化。颗粒细胞退化后，引起卵母细胞退化。成熟卵泡闭锁后，可以形成4种结构：闭锁卵泡、闭锁小体、白体和纤维小体。闭锁卵泡的颗粒细胞中存在几种类型的退化性变化，而且卵泡液含有细胞碎屑和白细胞。基底膜增厚，血管侵入颗粒细胞层。最后，颗粒细胞层与基底膜分开。从闭锁卵泡中得到的退变卵母细胞，其放射冠细胞裸露，卵质呈空泡状并缩减，最终消失，致使透明带丧失其圆形结构。闭锁小体的特征是颗粒细胞层完全丧失，整个基底膜增厚和玻璃样变，内被膜层肥厚并且含有许多成纤维和胶原纤维。这种结构的卵泡腔通常萎缩、凹陷形成白体。如果不萎缩，卵泡腔偶尔保留并充满透明组织，这就是纤维小体。

近来发现，卵泡闭锁后，DNA转化率降低，雌激素合成量以及促性腺激素受体数均降低，但黄体酮和胰岛素样生长因子－Ⅰ（IGF－Ⅰ）结合蛋白生产量增加。引起卵泡闭锁的原因可能与垂体FSH的分泌不足或卵泡对FSH的反应性降低有关。卵泡的发育受FSH的调控。只有当卵泡生长序列与FSH分泌同步时，卵泡才能发育成成熟卵泡并排卵。如果一个未成熟卵泡未能在适当时期受到FSH的刺激，那么在LH的作用下，可引起卵泡闭锁。此外，颗粒细胞产生的黄体酮对于其他一些发育较慢的葛拉夫氏卵泡的生长具有局部抑制作用，使之发生退化和闭锁。Cox认为，卵泡闭锁受多种卵泡存活因子和卵泡闭锁因子的调控，当前者处优势地位时，卵泡继续发育成熟并排卵；相反，当后者处优势地位时，卵泡发生闭锁。卵泡存活因子包括表皮生长因子（ECF）、神经生长因子、胰岛素样生长因子、促性腺激素、激动素和雌激素；卵泡闭锁因子包括睾酮、GnRH和白细胞介素。牦牛卵泡闭锁发生于卵泡生长的各个时期，而且各级卵泡的闭锁有差异。发情周期的不同时期成年母牦牛卵巢中闭锁卵泡系统中两种卵泡的数量见表7-10所示。

表7-10　发情周期的不同时期成年母牦牛卵巢中闭锁卵泡系统

时期	闭锁生长卵泡（个）	闭锁囊状卵泡（个）
发情前期	308.6 ± 73.5	31.3 ± 6.1
发情期	323.7 ± 70.9	13.9 ± 2.5
发情后期	360.6 ± 65.7	36.2 ± 5.8
发情间期	320.4 ± 123.5	30.2 ± 4.5

①原始卵泡的闭锁：闭锁进行的较快，卵母细胞首先表现出退行性变化，卵母细胞皱缩，核偏于一侧，染色质成团块状，卵泡细胞核固缩（图7-15）。

②生长卵泡的闭锁：在早期，卵母细胞皱缩变形，胞核固缩，透明带塌陷，但颗粒细胞层和基膜仍正常存在（图7-16）。在后期，基膜消失，卵泡细胞核致密化，胞质空泡化，卵泡呈现不规则形；次级卵泡中近腔面的颗粒细胞松散、脱落进入卵泡腔，有的形成“闭锁小体”（Atretic Bodies）。在发情周期的4个时期，此类闭锁卵泡数分别是308.6 ± 73.5个、323.7 ± 70.9个、360.6 ± 65.7个和320.4 ± 123.5个，4个期之间差异不显著（$P>0.05$）（表7-10）。

③囊状卵泡的闭锁：囊状卵泡的闭锁过程比较复杂，且是一个连续的过程。根据细胞固缩和卵泡闭锁形态不同，将此类卵泡的闭锁过程分为3个时期：前期、中期和后期。前期一般有3种类型，即颗粒细胞松散、脱落，出现核固缩；基膜断裂，位于基膜上的柱状颗粒细胞开始无序排列；内膜层细胞变的短而圆，内膜血管丰富。

闭锁前期最早出现和最常见的现象出现在颗粒细胞层中，有些腔面的颗粒细胞肿胀，胞膜不清楚，染色质凝聚，含团块状染色质的胞核游离到卵泡液中，即为典型的“闭锁小体”（图7-17）。而此时，大多数卵泡的卵母细胞和卵丘正常。

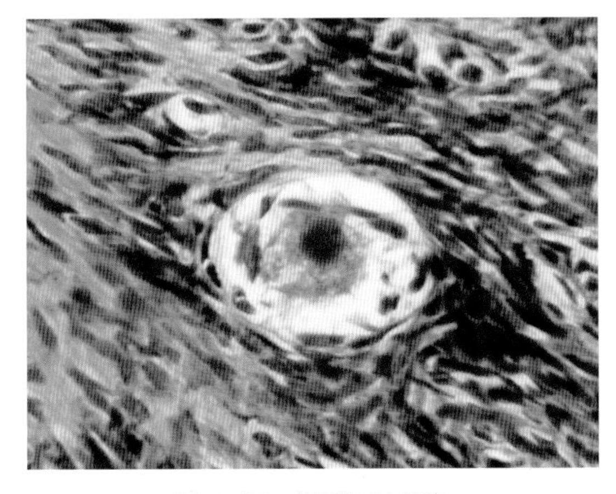

图7-15　闭锁原始卵泡

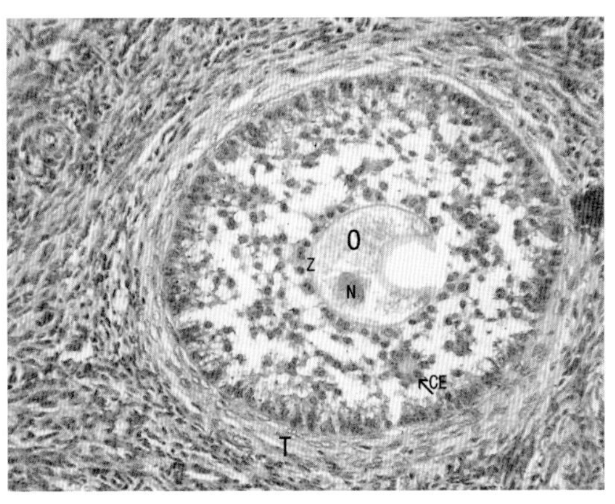

图7-16　闭锁初级卵泡

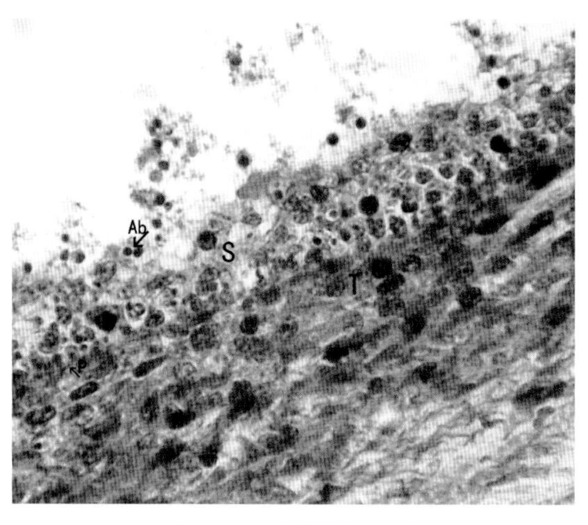

图 7-17　闭锁次级卵泡

在卵泡闭锁中期，除了早期闭锁特点进一步明显外，还发生了更多的变化。根据变化现象，将中期闭锁分为以下几种形式：Ⅰ型，塌陷式闭锁；Ⅱ型，皱缩式闭锁；Ⅲ型，囊肿式闭锁。

Ⅰ型闭锁卵泡膜、颗粒细胞层和卵母细胞还没有出现明显的退化迹象。随着闭锁的进一步发展，基膜断裂，在有些部位已消失，但基层颗粒细胞的排列方向仍保持正常，直到颗粒细胞层和内膜皱褶很多时。同样，表层颗粒细胞脱落、破碎，在卵泡液中留下“闭锁小体”（图7-17）。当卵母细胞闭锁变化明显时，有的卵丘颗粒细胞完全消失，而有的依然存在，持续到闭锁最后时期。

Ⅱ型闭锁是卵泡退化过程中最常见的一种形式。

当表层颗粒细胞脱落进入卵泡液时，基层颗粒细胞无序排列，基膜消失；卵泡膜的内膜细胞变的短而圆，使得内膜变的极厚。在卵泡腔内可见到嗜中性粒细胞和淋巴细胞。中后期，腔面颗粒细胞逐渐退化成一层或一不连续层。卵丘一般要存在一段时间，在完全退化前卵丘细胞可能具有方向性，发散排列。后期，颗粒层细胞几乎完全脱落，仅留下裸露的卵母细胞（图7-18、7-19）。

此外，还见到了3种闭锁表现。一种是卵泡一侧的颗粒细饱层和内膜闭锁明显，而对侧保持正常。第二种是2个或3个大小相近的囊状卵泡靠近时，两两卵泡相邻之间，结缔组织细

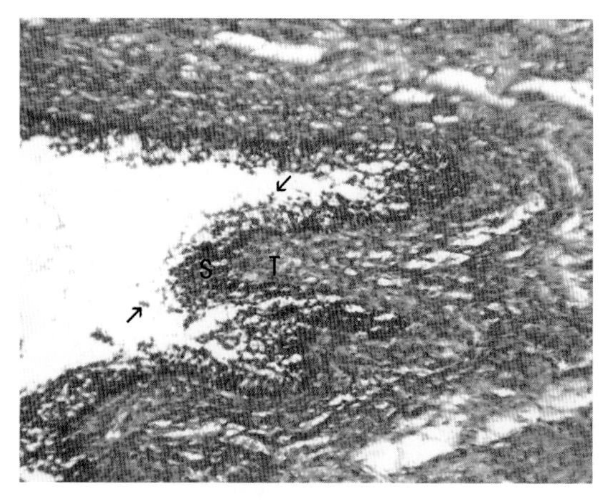

图 7-18　塌陷式闭锁

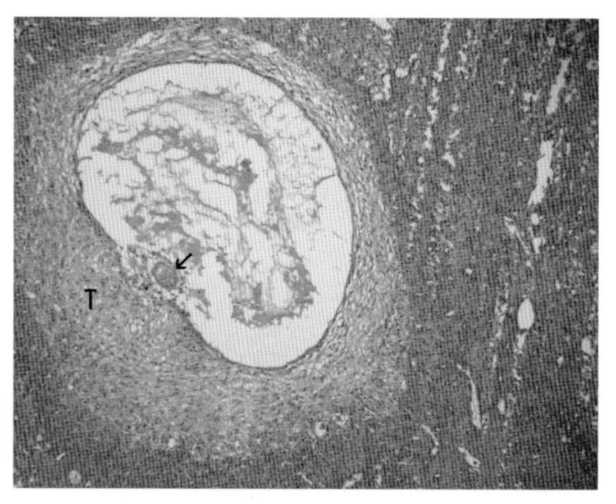

图 7-19　皱缩式闭锁中裸露的卵母细胞

胞胞核发生明显固缩；相邻侧较小卵泡的卵泡膜发生明显的透明样变，细胞核固缩，偏居于一侧，细胞膨胀呈空泡状；基膜消失，颗粒细胞中有较多闭锁小体，基层颗粒细胞无序排列。除相邻侧外，其余部位颗粒层中闭锁小体少，基膜断裂；内膜层基本正常，分泌细胞减少，成纤维细胞增多；外膜层血管腔扩大。较大卵泡不相邻侧闭锁迹象更不明显，仅卵泡腔内可见到有极少数的闭锁小体。第三种是卵丘和颗粒细胞层基本正常，但卵泡膜已穿入颗粒层内（图7-20）。

Ⅲ型闭锁较少出现。在所观察的切片中发现卵泡腔扩大，颗粒细胞层变成典型的单层“珍珠串”，有时连此扁平细胞层也消失了，有时也可见有些部位为两层。卵泡腔中有淋巴细胞侵入，闭锁小体多；卵泡膜中血管数量显著减少，内膜中分泌细胞不易观察，其他细胞膨胀使得卵泡膜增厚，内外膜间无界限存在。此型闭锁卵泡直径最大为22.5mm。

后期是卵泡闭锁的最后时期。基膜消失，内膜变厚，卵泡明显收缩。内膜层细胞增大呈多边形，其形态类似于黄体细胞；外膜层高度纤维化。卵泡膜发生透明样变，但透明带仍存在，且要保持到最后（图7-21）。

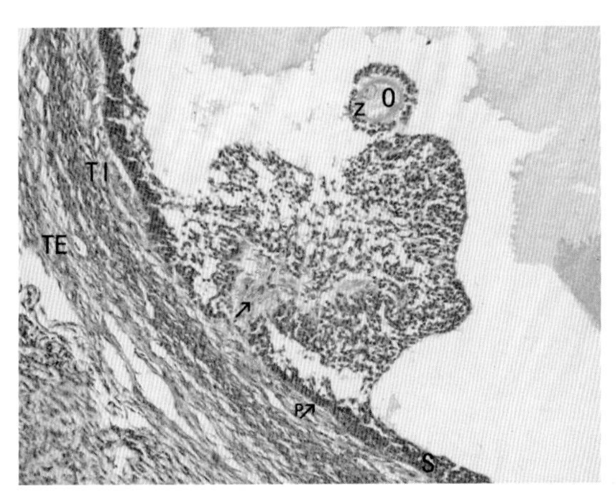

图7-20　皱缩式闭锁中卵泡膜穿入处

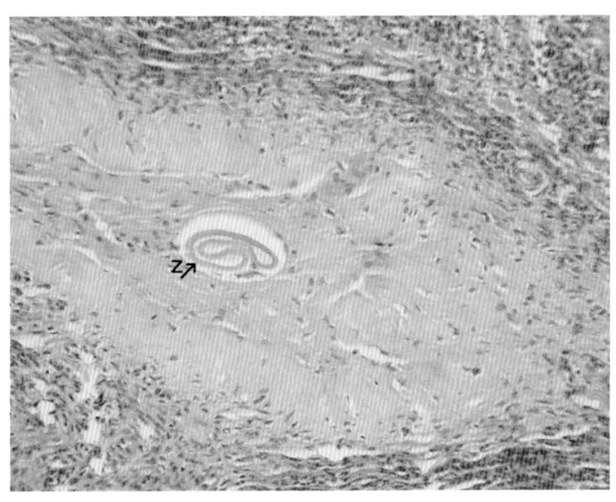

图7-21　闭锁后期囊状卵泡

发情周期中，每对卵巢的闭锁囊状卵泡平均总数在发情前期、发情期、发情后期和发情间期分别是31.3±6.1个、13.9±2.5个、36.2±5.8个和30.2±4.5个。可见，发情期与其他3个期差异极显著（$P<0.01$），发情前期和发情间期分别与发情后期差异显著（$P<0.05$）。

次级卵泡和囊状卵泡闭锁时，随颗粒细胞层退变，Call-Exner小体变成月牙形或扁椭圆形，或不规则，但围成小体的颗粒细胞层基本完整。

4. 卵泡发育和排卵的调控

前人的研究结果显示，在卵泡形成过程中，下丘脑-垂体-性腺轴的相互作用是占支配地位的，并建立了比较完整的理论体系，但近来的工作表明，非内源类促性腺激素因子和一些卵巢内部因子同样具有重要的作用。

（1）下丘脑和垂体分泌的激素对卵泡发育的调节。由下丘脑分泌的促性腺激素释放激素（GnRH）、促乳素释放因子（PRF）、生长抑素（SS）、生长激素释放激素（GHRF）和催产素等肽类激素，通过垂体门脉系统作用于垂体，可以刺激垂体细胞分泌FSH、LH、PRL和GH等蛋白质激素。这些激素和催产素等经外周血液循环到达卵巢，促进卵泡发育。

内源性GnRH可以调节垂体分泌和释放FSH和LH。FSH既可刺激卵泡生长，又可刺激颗粒细胞增加FSH受体数和受体结合能力，还能刺激颗粒细胞分泌雌激素。LH正常分泌时，对卵泡发育有利；分泌异常时，可以抑制卵泡的生长。

母牛用外源性GnRH或其类似物处理后，可以刺激垂体分泌和释放FSH和LH，进而刺激卵泡发育并分泌雌激素。但母牛对外源GnRH的反应与母牛本身生理（内分泌）状况有关。

在母牛发情周期任何时期注射FSH，均可诱导卵泡发育，但卵泡发育的程度（数量或成熟程度）与FSH提供时期有关。推测发情周期各阶段，母牛内源性生殖激素水平不同，卵泡发育的优势性也有差异，以致影响卵泡对外源FSH的反应性。

吮乳行为可以刺激泌乳母牛释放PRL，并可刺激卵泡发育，推测PRL对卵泡发育有间接调节作用。PRL在调节排卵前卵泡生长、类固醇激素发生和卵泡闭锁过程中起一定作用。体外试验表明，PRL在卵泡期可以抑制黄体酮的合成，而在黄体期对黄体酮合成具有促进作用。

下丘脑释放的GHRH和GHIF通过调节垂体生长激素（GH）和组织中肽类生长因子的合成而对卵泡发育起间接调节作用。6月龄母犊用GHRH主动免疫后，由于血中GHRH被免疫中和，血清和卵泡液中胰岛素样生长因子（IGF-Ⅰ）和GH水平显著降低，卵泡发育受抑制，母牛初情期延迟。相反，用GHRF处理的母牛，血液中促生长因子水平升高，卵泡发育速度加快。

FSH对于那些在初始阶段不依赖于促性腺激素的卵泡的进一步发育是必需的。而大一些的卵泡可以将它们对于FSH的依赖转向LH。因此，在卵泡的发育过程中，特别是对初始阶段以后（牛卵泡直径4mm）的发育，FSH起着至关重要的作用，即FSH对于原始卵泡的恢复发育发挥关键作用，而LH可能在卵泡的选择发育上，即卵泡优势化上起作用。外周血液中的FSH浓度呈现波动变化，而且每次波动恰好在卵泡发育的波动变化之前，同时FSH受体一般在卵泡直径为2mm时出现，而LH受体要到卵泡直径达到9mm时才出现表达。

（2）卵巢激素对卵泡发育的调节。由卵巢分泌的雌激素、孕激素和雄激素通过反馈调节机制作用于下丘脑和垂体，而对卵泡发育的调节具有间接作用。抑制素、激动素和卵泡抑制素除调节FSH的分泌外，还可直接作用于邻近卵泡，调节其发育。对于卵巢类固醇激素和一些蛋白类激素，一般认为，雌激素能够促进卵泡的发育和分化，而雄激素、孕激素、抑制素等起相反作用。

雌性动物的下丘脑和垂体细胞均有雌激素受体分布，可与血液中雌激素结合。卵巢分泌的3种类固醇激素均对卵泡发育有调节作用。在卵泡发育的初期，雌激素对下丘脑和垂体的分泌有正反馈调节作用，而在卵泡发育的末期（成熟排卵阶段），雌激素对下丘脑和垂体有负反馈调节作用。将母牛发情周期的激素含量变化曲线与卵泡发育动力学曲线进行比较，发现这两条曲线基本平行，说明黄体酮在维持卵泡发育过程中起重要作用；黄体期的牛卵泡生长速度（1.8 ± 0.4mm/d）高于卵泡期（1.5 ± 0.2mm/d）的事实，进一步证明黄体酮对卵泡发育具有促进作用。

（3）代谢激素对卵泡发育的调节

①胰岛素样生长因子系统：胰岛素样生长因子（Insulin Like Growth Factor，IGF）是由颗粒细胞分泌的代谢激素，有Ⅰ和Ⅱ两种类型，分别用IGF-Ⅰ和IGF-Ⅱ表示。这些激素的分泌活动受促性腺激素和生长激素的调控。这两种激素均参与卵泡发育的调控。通常，IGF-I可以刺激卵泡颗粒细胞的有丝分裂，IGF-Ⅱ主要影响类固醇激素的发生。但是体外试验表明，IGF-Ⅰ还可刺激颗粒细胞分泌催产素和黄体酮。IGF-Ⅰ系统对卵泡发育的调节与动物种类有关，不同动物对激素的反应效果有差异。

卵巢的胰岛素样生长因子能和IGFs受体相互作用调节类固醇激素的分泌以及FSH或LH受体的表达水平，从而扩大促性腺激素的作用。IGFs家族在控制卵巢内自分泌和旁分泌，调节卵泡的分化和成熟及闭锁中有着重要的功能。

②胰岛素：提供外源胰岛素可以促进卵泡发育，对于牛来说，其作用方式主要是使更多的原始卵泡进入生长期，因而能提高生长卵泡的总数。

③促生长素：促生长素（Somatotropin，ST）对卵泡发育和排卵的影响，各报道的结果不一致。人们倾向认为，GH和IGF主要是通过改变体内蛋白质和能量平衡来影响卵巢功能。Cole等用重组DNA技术生产的GH处理产后早期泌乳母牛可以提高5%双胎率。Gong等的研究结果表明，重组GH可以增加卵巢小卵泡（直径在2mm左右）的数量达2倍，但对于中等大小的卵泡（直径在5~10mm）或大卵泡（直径>10mm）的影响不大，对卵泡发育波也无影响。

五、牦牛卵子的发生与形态

1. 卵子发生

雌性动物在胚胎期，卵泡内的卵原细胞增殖成为初级卵母细胞。初情期后，初级卵母细胞发生第一次成熟分裂、生长发育成为次级卵母细胞，在精子的刺激下，次级卵母细胞完成第二次成熟分裂，并迅速与精子结合，形成合子。因此，卵子发生（Oogenesis或

Ovigensis）过程包括胚胎期的卵原细胞（Oogonia）增殖和生后期的卵母细胞（Oocyte）生长和成熟等3个阶段（图7-22）。其发育顺序为：原始生殖细胞→卵原细胞→初级卵母细胞（Primary Oocyte）→次级卵母细胞（Secondary Oocyte）→卵子（Ovum）。

（1）卵原细胞的增殖。动物在胚胎期性别分化后，雌性胎儿的原始生殖细胞（Primordial Germ Cell）便分化为卵原细胞。卵原细胞为二倍体细胞，含有典型的细胞成分，卵原细胞通过有丝分裂增殖成许多卵原细胞，这个时期称为增殖期或有丝分裂期。

增殖期开始和持续时间的长短与动物种类有关。牛和绵羊的卵原细胞增殖开始较早，持续时间相对于整个妊娠期较短，一般在胚胎期的前半期便已结束。

（2）卵母细胞的生长。卵原细胞经过最后一次有丝分裂之后，即发育为初级卵母细胞。初级卵母细胞进一步发育，被卵泡细胞所包被而形成原始卵泡。卵母细胞在生长期内有如下特点。①卵黄颗粒增多，使卵母细胞的体积增大；②在卵母细胞与卵泡细胞间形成透明带；③卵泡细胞通过有丝分裂而增殖，由单层变为多层。卵泡细胞可做为营养细胞为卵母细胞提供营养物质。④初级卵母细胞发育到成熟分裂前期便处于停滞状态，直至初情前夕或临近发情时，其中的1个或数个初级卵母细胞才恢复成熟分裂过程。

初级卵母细胞开始生长发生于初情期前。在生长的同时，一些卵母细胞便发生退化。由图7-22可知，一些初级卵母细胞早在胚胎期便开第一次有丝分裂，分为前期、中期、后期和末期。而前期也和精子发生一样，根据染色体变化情况分为细线期（Leptotene）、偶线期（Zygotene）、粗线期（Pachytene）、双线期（Diplotene）和终变期（Diainesesis）。大多数动物在胎儿期或出生后不久，初级卵母细胞发育到第一次成熟分裂前期的双线期；双线期开始后不久，卵母细胞第一次成熟分裂被中断，进入静止期（又称核网期，Dictyotene Stage）。静止期持续时间很长，一般到排卵前才结束。

（3）卵母细胞成熟。卵母细胞的成熟开始于初情期，是由初级卵母细胞经2次成熟分裂、发育成为卵子的时期。卵泡中的卵母细胞是一个初级卵母细胞，随着卵泡发育成熟至排卵前，卵泡内的初级卵母细胞恢复第一次成熟分裂，由核网期进入终变期，进一步发育进入中期和后期，完成第一次成熟分裂。

当初级卵母细胞进行第一次成熟分裂时，卵母细胞的核向卵黄膜移动，核仁和核膜消失，染色体聚集成致密状态，中心体（浓密细胞质的特殊区）分裂为2个中心小粒，并在其周围出现星体。这些星体分开，并在其间形成一个纺锤体，成对的染色体游离在细胞中，并且排列在纺锤体的赤道板上。在第一次成熟分裂的末期，纺锤体旋转，有一半的染色质及少量的细胞质排出，称为第一极体，而这时含有大部分细胞质的卵母细胞称为次级卵母细胞。由于第一次成熟分裂后，初级卵母细胞变成了次级卵母细胞和第一极体，所以细胞核内染色体数仅为初级卵母细胞的一半，即单倍体。

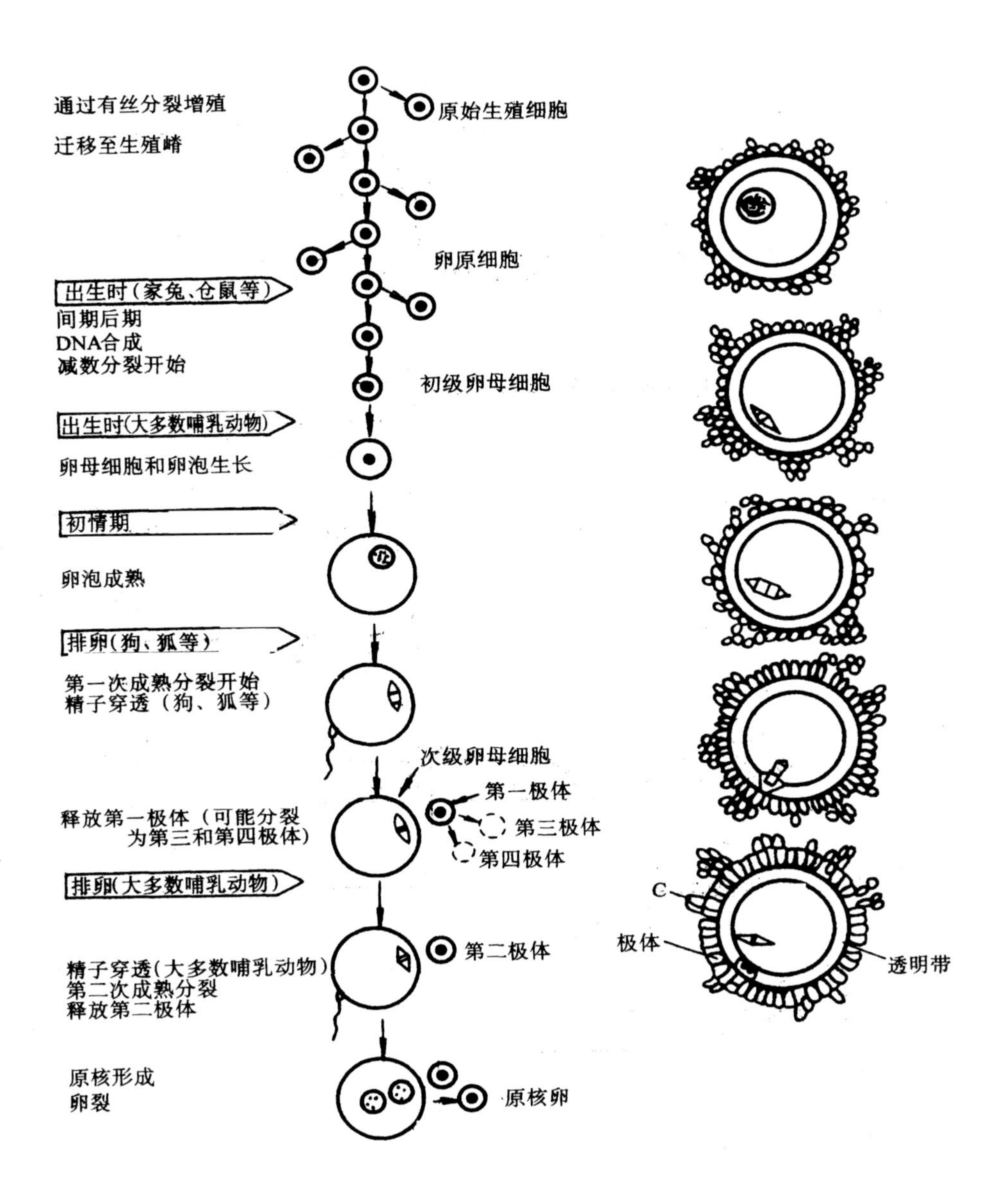

图 7-22　卵子发生各阶段示意（改自 Hafez E S E.Reproduction in Farm Animals.6thed.USA:Lea &Febigerr，1993，126）

第二次成熟分裂时，次级卵母细胞分裂成为卵细胞（卵子）和第二极体。卵细胞的染色体数为单倍体，第二极体也与第一极体一样，不仅染色体数为单倍体，而且细胞质含量很少。此外，第一极体有时也可能分裂为2个极体，分别称为第三极体和第四极体。第二次成熟分裂持续时间很短，是在排卵后被精子刺激完成的。

牛在排卵时，卵子尚未完全成熟，仅完成第一次成熟分裂释放出第一极体，即卵泡成熟破裂时，排出的是次级卵母细胞和第一极体。排卵后，次级卵母细胞开始进行第二次成熟分裂，直到精子进入透明带才被激活，产生第二极体，完成第二次成熟分裂。大多数动物在排卵后3~5d，受精和未受精的卵子均已运行至子宫，未受精的卵子在子宫内退化及碎裂。

与精子发生相比，卵子发生有如下特点：①卵母细胞被卵泡细胞包围，卵子发生与卵泡发育有关，而精母细胞游离于精细管中。②精子发生是一个连续过程，而卵子发生过程是断续的，卵子在第一成熟分裂前期的双线期开始后不久就停止进行分裂，进入静止状态。③1个卵母细胞最终只能发育形成1个单倍体的卵子和1~3个极体，这些极体所含细胞质较少，因而无生殖功能；而1个精母细胞最终可形成4个精子。④卵子发生持续时间较长，大多数动物在排卵时卵子尚未完成第二次成熟分裂；而精子在射精时已完成第二次成熟分裂和变形成熟的过程。⑤卵子发生在受精过程中才能完成，即卵子发生必须有精子或其他物质的刺激才能发育成熟变为真正意义上的卵子。由于受精过程持续时间较短，因此真正意义上的卵子存在的时间较短，在自然状态下所见到的卵子实际上是卵母细胞或受精卵。而精子的发生在射精前就完成，不需要卵子的刺激，在自然状态（显微镜）下可见到具有一定形态的精子。⑥完成成熟分裂的卵细胞无需变态，仍保持圆形；精细胞则须经过变形过程成为蝌蚪形。

2. 卵子的结构与形态

（1）卵子的形态结构。卵子是一个相对抽象的概念，只有在特定条件下才能见到。因此，通常将排卵后的卵母细胞称为卵子。卵子呈球型，在光学显微镜下呈圆盘状，由放射冠（Corona Radiata）、透明带（Zona Pellucida）、卵黄膜（Vitllinemembrane）及卵黄质（Vitellus）等结构组成（图7-23）。

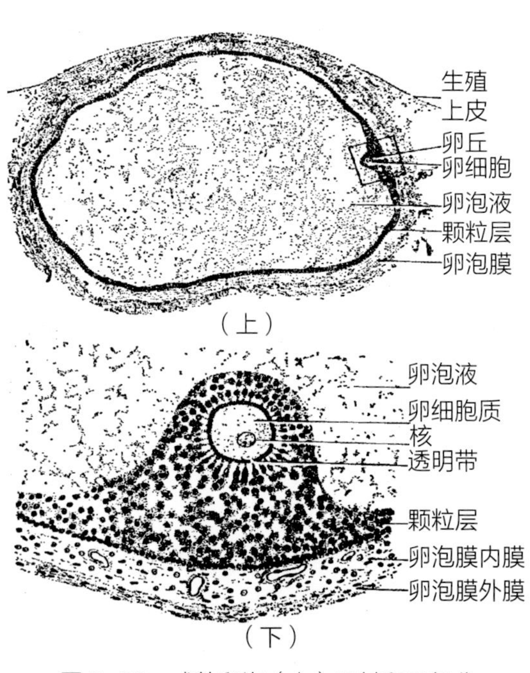

图7-23 成熟卵泡（上）及其卵丘部分的放大（下）

①放射冠：紧贴卵母细胞透明带的一层卵丘细胞，呈放射状排列，故名放射冠。放射冠细胞的原生质伸出部分穿入透明带，与存在于卵母细胞本身的微细凸起（微绒毛）相交织。排卵后数小时，由于输卵管黏膜分泌纤维蛋白分解酶的作用，使放射冠细胞脱落，引起卵子裸露。比较各种动物放射冠发生脱落的时间和部位，发现牛、绵羊、马和人的卵子运行到输卵管膨大部时，放射冠细胞消失。放射冠细胞在卵子发生过程中起营养供给作用，在排卵后与输卵管伞协同作用，

有利于输卵管伞拾捡卵母细胞，有助于卵子在输卵管伞中运行。

②透明带：是位于放射冠和卵黄膜之间的均质而明显的半透膜，主要由糖蛋白质组成。猪的透明带含71%的蛋白质和19%的糖。糖类主要有墨角藻糖、甘露糖、半乳糖、N-乙酰半乳糖胺、N-乙酰氨基葡萄糖和唾液酸等，小鼠的透明带中有透明带蛋白1、2、3（用ZPI、ZP2、ZP3表示，分子量分别为200 000、120 000和83 000）。已知ZP3有阻止精子与卵子结合的作用，可以防止多个精于进入卵子。透明带的厚度因动物种类而异，一般在5~15μm。牦牛在卵母细胞周围有2~3层卵泡细胞时出现透明带，后随卵泡的发育，缓慢增厚，最终厚度达5~8μm。

③卵黄膜：是透明带内包被卵黄的一层薄膜，相当于普通细胞的细胞膜，由2层磷脂质分子组成。用透射电子显微镜观察，呈典型的两层结构，具有微绒毛和细胞质凸起等结构，在微绒毛间有散在的吞噬细胞。用扫描电子显微镜观察，可见长度不一的微绒毛呈各种各样的形状。卵黄膜的表面随动物种类不同而有差异，受精前后以及不同发育时期的微绒毛发生变化。

④卵黄：是位于卵黄膜内部的结构，由线粒体、高尔基体、核蛋白体、多核糖体、脂肪滴、糖原等成分组成，主要为卵子发育和胚胎早期发育提供营养物质。

排卵时的卵母细胞，卵黄占据透明带以内的大部分容积。受精后，卵黄收缩，并在透明带和卵黄膜之间形成“卵黄周隙”（Perivitelline Space），以供极体贮存。卵黄的形状特点与动物种类有关，主要受卵黄和脂肪小滴含量的影响。卵子如未受精，则卵黄断裂为大小不等的碎块，每一块含有1个或数个发育中的核。

⑤卵核：是位于卵黄内的结构，由核膜、核糖核酸等组成。刚排卵后的卵核处于第二次成熟分裂中期状态，染色质呈分散状态。受精前，核呈浓缩的染色体状态，雌性动物的主要遗传物质就分布在核内。

（2）卵子的大小。大多数哺乳动物的卵子为圆形，直径为70~140μm。不同动物种类的卵子大小有差异，牛的卵子直径为138~143μm，卵子大小与排卵前卵泡大小的比例关系不明显。

六、牦牛发情周期中机体的生理变化

1. 卵巢的变化

牦牛在发情周期中，卵巢经历着卵泡的生长、发育、成熟、破裂、排卵和黄体的形成与退化等一系列变化（图7-24）。

在牦牛发情周期的大部分时间内，卵巢上都存在原始卵泡、初级卵泡、次级卵泡，其平均大小分别为30.8~46.4μm、53.6~144μm、152~208μm。这些卵泡在发生过程中可分为选择期（Selection）和优势期（Dominance）。选择期是指从大量不依赖促性腺激素的小卵泡中选择某些卵泡进入促性腺激素依赖期。被选择的卵泡在促性腺激素的作用下，优先发育成熟，卵泡发育进入优势期。在发情周期中，有2~3批卵泡具有发育成熟的潜力，因此在诱导母牛超数排卵时，在这3个选择期注射促性激素均有效（图7-25）。

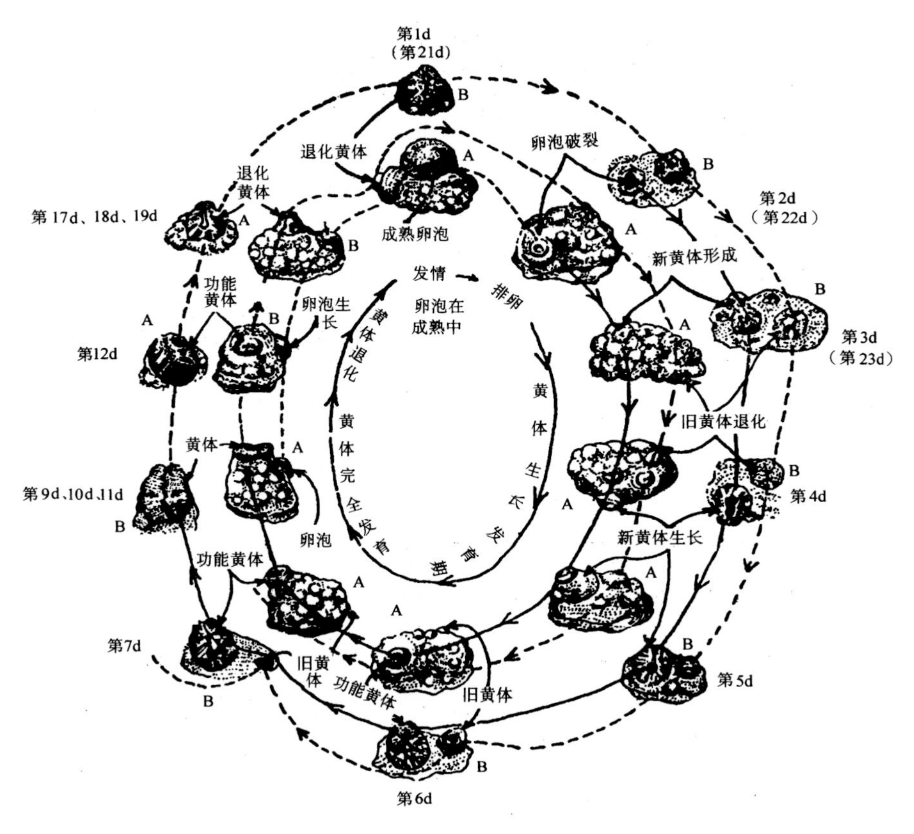

图7-24　牛发情周期中卵巢变化模式
（引自《家畜繁殖学》，1993）

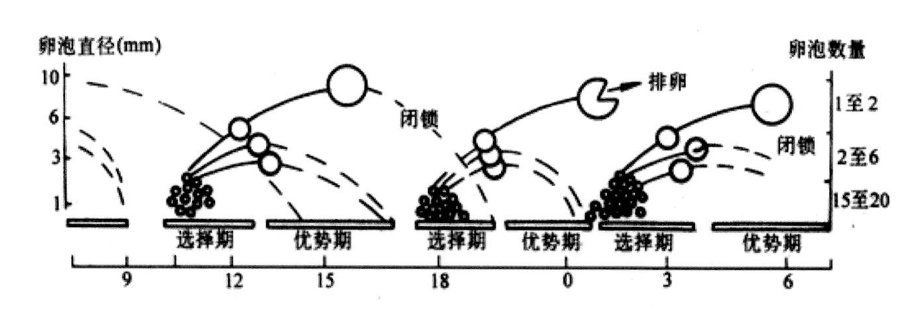

图7-25　发情周期内牛卵泡发育规律模式

2. 生殖道和行为的变化

牦牛在发情周期中，由于雌激素和孕激素的交替作用，引起生殖道发生一系列变化。这些变化主要表现在血管系统、黏膜、肌肉以及黏液的黏稠度和颜色等方面。

在卵泡期的发情前期，由于雌二醇的作用，生殖道的血管开始增生，至发情期第一天达到高峰。在生殖道血管变化的同时，由于雌激素和孕激素的协同作用，肌肉细胞的大小和活动能力也发生变化，这种变化在子宫中比较明显。子宫的肌肉细胞在卵泡期伸长，在黄体期缩短。子宫肌肉细胞的平均长度在间情期为70～80μm，而在发情前期、发情期及发情后期为110～128μm。肌肉细胞除了其大小有变化外，其活动方式也有变化。生殖道的许多功能如精子和卵子的运行，合子在子宫内膜中的附着等，都依赖于子宫和输卵管的活动。

雌激素可增强子宫活动，而孕激素则使子宫活动减弱。生殖道的自发活动在发情期最大，表现为收缩频率升高，但强度（振幅）减弱；至发情后期，生殖道收缩活动逐渐减弱，表现为频率降低，但强度（振幅）增强。

在生殖道血管和肌肉发生变化的同时，黏膜上皮细胞也发生一系列变化。输卵管的上皮细胞高度在发情时增高，发情后逐渐降低，至黄体期降至最低水平。子宫内膜上皮在发情前期呈圆柱状和假复层状，在黄体期显著增厚。子宫腺在发情期呈直管状，开始一些分支；在黄体期生长很快，出现很多分支并呈弯曲状态。子宫颈的上皮细胞高度在发情期有所增加，腺体分泌大量黏液，发情后约2d，表层上皮大多缩小，仅有少数细胞分泌黏液；在间情期，上皮由单层低柱状细胞构成，外表不整齐，无黏液分泌。阴道前段的周期性变化与子宫颈相似，在发情前期及发情期分泌黏液，邻近子宫颈的阴道黏膜变化比其他部位明显，其表层由大杯状细胞组成，在发情期后2d，上皮变低，水肿和充血消失。阴道前庭的黏膜在发情间期和发情期呈现水肿和充血，表层上皮有白细胞浸润；在发情后不久，阴道上皮厚度增加，表层鳞片细胞角质化，且有鳞片脱落；在间情期，阴道表层上皮逐渐变成鳞片状，但不见真正的角质化上皮。发情初期，外阴无肿胀；发情期，外阴唇肿胀，阴道内冲血呈潮红色，有分泌物排出；发情后期，外阴肿胀开始消失，阴道内黏膜呈浅白色，分泌物由透明变为浓稠状。

母牛在乏情季节结束第一次发情开始之前，都不定期地有幼年公牦牛或犏牛追随，母牦牛之间相互爬跨等现象。在发情时，母牦牛采食时不安静，相互爬跨，喜欢接近公牦牛。成年公牦牛、公黄牛、犏牛和骟牛紧跟其后，追随不舍，且频繁交配。在发情后期，成年公牦牛已不再追随，但犏牛和/或骟牛可能仍跟随1～3（1.5±0.7）d，但母牦牛拒绝爬跨，其精神及采食恢复正常。

3. 发情周期中生殖激素的变化

了解牦牛发情周期中的激素变化情况，对于探讨牦牛发情和排卵规律、判断激素测定方法中检测范围具有重要意义。牦牛体液中的激素水平虽然很低，但随着放射免疫测定技术和酶免疫测定技术的发展，现已获得牦牛在发情周期中体液激素水平的资料。

17 β－雌二醇在发情前6～8 d 出现一个与发情当天相似的峰值，而黄体酮于发情前2d出现一小波峰。在发情期，血浆17 β－雌二醇含量于发情当天达最大值，发情后期，17 β－雌二醇、黄体酮和促黄体素的含量均降至基础水平。

（1）发情前后血浆黄体酮和17 β－雌二醇含量的变化。6头牦牛血浆的测定结果表明，牦牛在开始发情前外周血浆黄体酮的基础水平为0.22±0.09ng/mL；从开始发情前5（-5）d起，其含量逐渐升高，-2d 达到峰值1.23±0.11ng/mL；-1d 又迅速下降，至发情开始时（0d）为0.19±0.08ng/mL，并一直维持到发情结束。在开始发情前血浆17 β－雌二醇的基础水平为12.33±4.63pg/mL；发情前6~8（-8~-6）d 出现一个与发情当天近似的峰期（峰值出现在-6d，为27.76±9.31pg/mL，P>0.05），-2d 降到最低10.41±6.53 pg/mL；-1d 开始升高，至发情开始时（0d）达峰值24.57±11.35 pg/mL，此后又开始下降，发情结束后降至6.97±5.76pg/mL（图7-26）。

（2）发情期血浆促黄体素含量的变化。6头牦牛血浆促黄体素含量的变化如图7-27所示。由图中可以看出，发情期促黄体素的基础水平为4.41±0.28ng/mL，开始发情时（0h）的含量5.49±1.17 ng/mL与基础水平基本相同；随后有波动地逐渐升高，于发情后10h出现一小峰7.89±0.87 ng/mL，11h又突然降低至4.03±1.60ng/mL，接近基础水平，12~15h出现促排卵峰期，其值在14h最高，为14.3±1.42ng/mL；此后又开始下降，于17h降至基础水平5.03±1.59 ng/mL。牦牛发情期血浆促黄体素含量的变化为脉冲式的升高或降低，这一现象可由1头采样时间间隔较短（0.5~1h）的牦牛（Y46）的测定结果很清楚地看到（图7-28）。

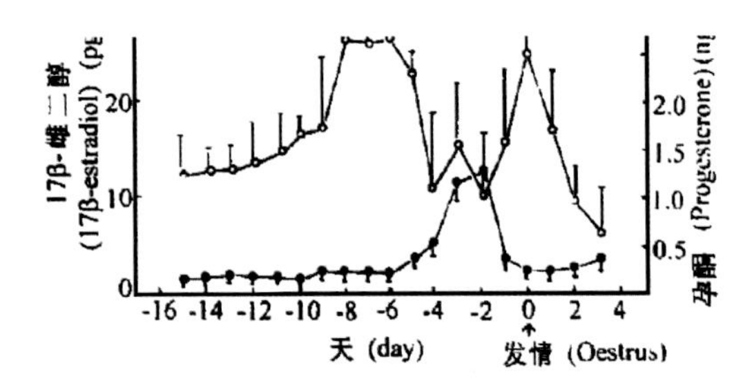

图7-26　牦牛发情前后血浆孕酮含量的变化

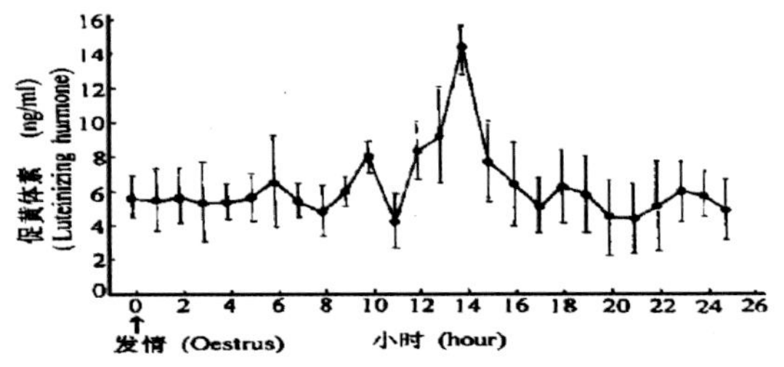

图7-27　牦牛发情期血浆促黄体素含量的变化

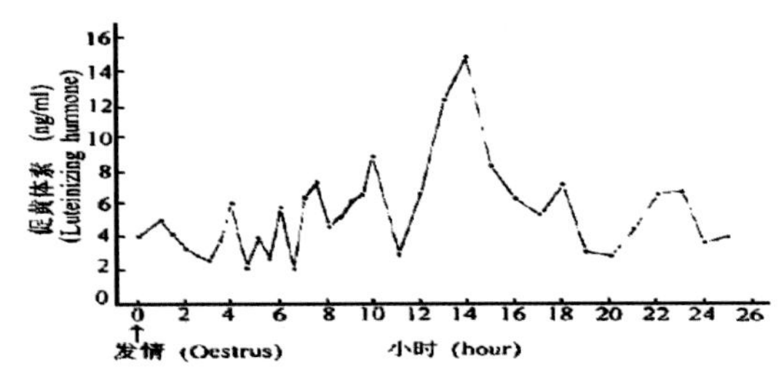

图7-28　Y46号牦牛发情周期促黄体素含量的变化

（3）褪黑素和促乳素含量的变化。与其他全年发情的哺乳动物一样，母牦牛褪黑素的日节律（Circadian Rhythms）为夜间分泌量高而白昼分泌量低，但无季节性节律差异。在季节性乏情期，营养匮乏、寒冷等恶劣的环境条件导致母牦牛血液中促乳素（Prolactin）浓度显著高于发情季节。

七、妊娠和分娩

1. 妊娠

（1）受胎率。牦牛发情配种后的受胎率，因繁育、配种方式和母牦牛体质、年龄、哺乳状况等不同差异悬殊。在配种季节内，公牦牛本交的母牦牛群受胎率为87.3%，在人工授精（AI）后由公牦牛本交群配的受胎率为93.8%。西藏那曲门堆乡1959—1965年间统计1 106头发情配种母牦牛，平均受胎率为87.8%，最高达94.2%；青海大通牛场1952—1956年统计3 833头配种母牦牛，平均受胎率61.4%，最高达82.2%。采用直肠把握子宫颈深部人工授精简称深部输精，其受胎率比用开膣器常规输精的高。青海大通牛场1954—1961年用液态精液常规输精受胎率为12%，而用冻精深部输精后达43.6%；四川安曲用奶牛冻精给牦牛做深部输精，平均受胎率达55.2%；新疆用普通牛冻精作深部输精，平均受胎率达46.5%，最高达58.6%；杜复生等用公牦牛冻精配母牦牛，受胎率达87.1%，同本交群配的受胎率差异不大。

3~6岁已产1胎以上的壮年母牦牛受胎率较高，其中“亚马”最高，“干巴”次之，带犊母牦牛最低，可能与母牦牛的发情率有关。用普通牛冻精输精后，“亚马”、“干巴”和带犊母牦牛的受胎率分别为59.7%、45.7%和26.7%。

在高海拔的夏季草地上，若天气较凉爽，配种更易成功。在内蒙古的高海拔草地上，受胎率为75.9%，而在低海拔草地上仅66.7%；在海拔2 600~3 400m的夏季草地上，受胎率为82.9%，而在3 900~4 200m帕米尔高海拔草地上可高达97.8%。

用野公牦牛与家母牦牛杂交，平均受胎率为85.82%，明显比家牦牛大群自然繁殖的受胎率高。用野牦牛冻精做属间反杂交（野公牦牛 × 母黄牛）的受胎率高达71.64%。

（2）妊娠。母牦牛配种妊娠后，下一情期即停止发情。蔡立报道，左侧子宫角妊娠的多于右侧子宫角，孕侧卵巢的体积和重量均大于空侧卵巢，且表面有黄体稍凸。角间沟因妊娠而逐渐模糊不清以至消失。妊娠2个月后孕角显著大于空角，并开始进入腹腔。故用直肠检查法进行早期妊娠诊断时，主要依卵巢的体积、形状和角间沟变化判断，准确率可达95%以上。

（3）妊娠早期乳汁P_4水平。妊娠14d内乳汁P_4水平与发情期的基本一致，在15d出现一短暂而明显的下降，而后继续升高，到19d、20d时，仍持续较高水平（极显著高于发情期牛），直到60d均呈持续上升趋势；未妊娠母牛乳汁P_4水平，从18d开始剧降，明显低于妊娠母牦牛。因此，测定乳汁P_4水平可对牦牛进行早期妊娠诊断。

（4）妊娠期。牦牛的妊娠期比普通牛种要短，一般为255（226~283）d，其中怀公犊260（253~278）d，母犊为250（226~283）d，犏牛为270~280d。

2. 分娩

（1）分娩行为。绝大多数母牦牛在白天放牧过程中于牧地分娩，而夜间在系留营地分娩的极少，可能与日照有关。临近分娩时，母牦牛会寻找一稍离大群的僻静处，以洼地、明沟、土坑等作“产房”。分娩时多采取侧卧或站立姿势，产杂种胎儿均取侧卧姿势，因杂种胎儿大，分娩时间长。脐带是在母牛娩出胎儿后站立时自行扯断或站立分娩胎儿下地时扯断，极少发生胎儿脐带炎。犊牛娩出后经母牦牛舔舐10min左右即可摇摆着自行站立，随后就企图吃乳，它有一固定的行为链：出生－站立－吃乳－卧，母牦牛母性极强，往往因护犊而主动攻击人，尤其在分娩后不久，若接近初生犊牛，极易遭到攻击。这种强烈的护犊行为，对其种的延续有重要的生物学意义。母仔间感情的建立，主要靠母牦牛对娩出犊牛的嗅、闻和舔舐；犊牛是靠母牦牛的舔舐在10min左右内站立吮乳。若娩出后10min左右内不让母牦牛嗅闻和舔舐，则要建立母仔感情就比较困难，尤其是发生难产时，因分娩时间过长，给母牦牛带来不良刺激，母仔感情的建立较难。故母牦牛产杂种犊时，不如产纯种犊有感情和母爱。

天祝白牦牛临产前典型的征候为乳头基部膨大，阴门先红肿后皱缩，时常举尾，有离群现象。初产母牛分娩前一天停止采食，而经产母牛采食如常。分娩开始时，母牛低声吼叫，起卧不宁，常回头望腹，分娩过程多在30~40min内完成。犊牛娩出后，母牛不断舔舐犊牛，犊牛从出生到第一次站立只需20~30min，一旦站立，在4~10min内就可以找到乳头，吃到初乳。当天归牧时，即可随牛群独立返回，足见生命力之顽强。母牛多在产犊后4~8h内排出胎衣。犊牛初生重小，平均为11.14kg，很少发生难产。天祝白牦牛有采食胎衣的习性，而且也未见采食后发生消化不良者。母牦牛分娩时正值春乏阶段，采食胎衣可以补充营养及一些激素等生物活性物质，对于增加泌乳、建立母仔感情等均有积极意义。

（2）产犊季节。产犊季节同牦牛的发情配种季节相联系，影响牦牛发情、配种、受胎的因素也影响产犊季节。我国牦牛的产犊季节，因产区的地理、气候等条件不一而有差异。青海大通县产犊季节较早，3月份开产，4—5月份较集中（73%），4月份最多（39.4%），7—8月份很少（4.4%）。甘肃漳县产犊时间稍晚，以5月份居多（27.6%），但各月较均衡。四川甘孜产犊季节也以6月份为多（38.2%）。杂交繁育群，因发情季节前半期由公黄牛本交或用普通良种公牛冻精配种，后半期才驱入公牦牛本交，相对地推迟了产犊时间。甘肃漳县的母牦牛群，产杂种犏牛集中在4月份（31.5%），产纯种犊牦牛则集中在6月份（37.9%）。

（3）产犊率。牦牛的产犊率较高，西藏那曲1959~1965年观测的结果产犊率为94.3%；四川向东牧场1976—1977年度的产犊率为94.1%；青海大通牛场1952—1956年的产犊率为89.5%。杂交繁育时，因怀杂种胎儿，常发生羊水过多症，导致流产或死胎，其杂种产犊率较产纯种犊稍低。川西北草地的母牦牛用普通牛冻精配种产犊率为80%，其中的红原安曲，选择壮龄“亚马”“干巴”母牦牛输精配种，并加强妊娠母牦牛的管理，产犊率为91.2%。

（4）犊牛成活率。因出生时间、哺育管理方式和种类不同差异很大。在产犊季节内过晚出生的（一般为7月份以后），因牦牛泌乳期短，犊牛因哺乳期不足而不易成活；而在牧草萌发期出生的，其成活率高。犊牛随母哺乳的母牦牛，不挤奶或少挤奶，其成活率都在90%以上。甘肃夏河调查，母牦牛不挤奶，牦牛成活率为93.7%，若挤奶仅为57.9%。在相同的哺育管理条件下，杂种犊犏牛有较强的生活力，比纯种犊牦牛易成活，往往可全部成活。大群生产统计资料表明，犊犏牛成活率一般为90%左右，如四川九龙牦牛为90.3%，青海大通牦牛为89.8%。

第三节　牦牛的繁殖技术

一、人工授精技术

人工授精是指采用器械采取公牦牛的精液，再用器械把一定量的精液输入发情母牦牛生殖道内，以代替公、母牦牛自然交配的一种配种方法。这种方法已经在各种家畜和部分野生动物中广泛采用。尽管家畜繁殖和遗传改良的技术不断发展，人工授精仍然是迄今为止应用最广泛并最有成效的技术。

1. 概述

从20世纪40~60年代的20多年间，人工授精技术的应用蓬勃发展，各种家畜的人工授精已相当普及，其中尤以奶牛的普及率最高，发展最快，技术水平也较高。20世纪50年代英国的Smith和Polge研究牛精液的冷冻保存方法成功后，人工授精技术进入了一个新的发展阶段。据1980年第九届家畜繁殖和人工授精会议报道，1977—1978年度在被调查的37个使用冻精的国家中，有12个国家全部使用冷冻精液，另外12个国家90%以上使用冷冻精液。

目前，世界各国人工授精的普及率进一步提高，一些国家如丹麦、日本、匈牙利、德国、挪威、英国、法国、美国、加拿大、新西兰、澳大利亚等，已全部或大部分采用牛的人工授精和冷冻精液。我国从1935年在句容种马场试行成功，到1951年以后，随着我国畜牧业的迅速发展，人工授精技术得到推广。在牦牛产区，畜牧科技工作者早在20世纪50年代就开始引用培育品种牛（如荷斯坦牛、西门塔尔牛等）与牦牛杂交，筛选最佳的杂交组合，利用杂交优势，提高牛的乳品生产力。为了充分利用这些引进的良种公牛，克服自然交配遇到的困难，采用人工授精技术是最有效的办法。例如，青海大通牛场早在1954年就曾用荷斯坦牛采用人工授精技术对牦牛进行杂交改良，截至1960年年底已有杂种牛236头。1973年以后，牛的精液冷冻保存技术首先在各大城市的奶牛场推广应用，并相继建立起一批种公牛站，使牛的人工授精技术进入了一个新的阶段，使优良种公牛的配种潜力得到充分的发挥，大大加速了品种改良的进程。在自然交配时，1头公牛可交配数十头母牛；采用人工授精，1头公牛可配数百头母牛；而采用冷冻精液配种，1头公牛的精液可为数千乃至数万头母牛授精。其次，冷冻精液可以长期保存，便于长途运输，因而使用上可不受时空的限制，可在任何时间和地点为母牛授精，现在可以用引进冷冻精液代替引进种公牛，有许多国家已经开展了精液贸易的业务。在养牛业生产中广泛推广冷冻精液配种的形势下，这项技术也被推广到牦牛的杂交改良中。应用冷冻精液技术，给牦牛的杂交改良创造了更为方便的条件。牦牛产区地处青藏高原及其毗邻地区，高产的培育品种牛多不能适应这些地区的艰苦条件，曾经造成很大经济损失。应用冷冻精液就不需要再把良种公牛饲养在当地，从而省去了购买公牛、修建牛舍和饲养等费用。在四川、青海、甘肃和新疆等地，都已发展了应用普通牛的冷冻精液进行牦牛的杂交改良工作。四川在1976—1982年应用普通牛的冷冻精液杂交改良牦牛取得了很大的成绩，他们先后在96个牦牛改良示范点上，组织了74 955头母牛参加配种，输精37 170头，受配率为49.59%；受胎14 935头，受胎率为40.18%；产犊11 108头，产犊率为73.17%；成活10 248头，成活率为91.13%。

人工授精在严格遵守操作规程和对公畜进行周密鉴定的情况下，有着巨大的优越性，对发展畜牧业生产有着重要的现实意义。但是，如果不遵守操作规程，则会造成受胎率下降，造成巨大的经济损失。当前，人工授精已成为现代畜牧业的重要技术之一，对促进畜牧业发展有重要的推动作用，并已广泛被世界各地所采用。

2. 采精

采精是人工授精的重要环节，认真做好采精前的准备工作，正确掌握采精技术，合理安排采精频率，是保证采得优质多量精液的重要条件。

（1）采精前的准备

①采精场的准备：采精需要具备一定的环境条件，以便公牦牛建立起巩固的条件反射。采精场地应宽敞、平坦、安静、清洁，采精前喷洒消毒液。台牛以发情良好的母牛最佳，并用采精架保定，或设立假台牛，供公牛爬跨进行采精。

理想的采精场应同时设有室内和室外采精场，并与人工授精操作室和公牛舍相连。室内采精场的面积一般为10m×10m，并附设喷洒消毒和紫外线照射设备。

②采精台及器械的准备：采精前，台畜保定在采精架内（图7-29A、图7-29B）。采精台应坚固、耐用。无论是真假台畜均需彻底清洗后躯并擦拭干净。应用假台畜采精，简单方便而且安全。

③公牛的调教：对于初次采精的公牛必须进行调教，调教的方法有以下几种：一是台畜旁边放一发情母牛，引起公牛性欲和爬跨之后，不让交配而把其拉下，爬上去，拉下来，

反复多次，待公牛性冲动至高峰时，迅速牵走母牛，诱其爬跨台畜采精；二是将待调教的公牛拴在台畜附近，让其目睹另一头已调教好的公牛爬跨台畜，然后诱其爬跨。

在调教过程中，要反复进行训练，耐心诱导，切勿抽打、恐吓，以防止产生不良反应。第一次爬跨采精成功后，还要经几次重复，以便建立巩固的条件反射。

④野牦牛的采精训练：驯育过程必须时刻牢记以能最终获得优质精液为目标。青海省大通牦牛场1984年1号野牦公牛达到3岁时，已出现了尾随发情母牛等性欲表现，遂即诱导到保定在配种架发情盛期的牦母牛前，以期交配采精。但遗憾的是毫无性反射，经多欢驯导和旁观见习亦未奏效，只是相当于做了一些必要的模拟训练而已。到1985年达4岁时出现了较强烈的交配欲。但是，见有人在旁，特别是陌生人在场，采精员持假阴道活动，或母牛发情不旺盛时，均不表现性反射。为此，除反复训练外，开始试行电刺激采精，然而2次都未得到正常精液，既不卫生，又影响情绪和健康。后又经连续多次试采循序渐进，频繁善诱，强化了交配意识，终于在6月19日用假阴道采集野牦牛精液成功，于是将精液制作成颗粒冻精，进行人工授精试验。训练的具体措施如下。

激发性欲，把发情旺盛的母牦牛放入野牦公牛圈里调情以激发它的性欲，经几次更换发情母牛，约2周左右时间，野牦公牛才开始有性反射的表现，如靠拢母牛、伸颈翻唇、亮齿、闻舔外阴部等，但仍不爬跨交配。

诱导反射，在采半血野牦牛公牛和家牦牛公牛精液时，让野牦牛公牛旁站观看，待采罢精后，把野牦牛公牛牵引到家牦牛母牛（必须是发情旺盛的母牦牛）周围活动或站立以激发它的性欲。通过多次反复试验，终于使它的性欲达到了高峰，直至阴茎勃起爬跨交配。

用假阴道法采精，将野牦牛公牛牵至台牛前诱导，待出现性反射先兆动作不久，公牛随即爬跨，穿着白色工作服的采精人员迅速柔和准确地将阴茎导入假阴道内采精。起初，连续数天，每天采精2次，以稳定其获得条件反射。休息1周后，转入正常采精。采集野牦牛公

图 7-29A　大通牦牛室外采精

图 7-29B　大通牦牛室内采精

牛精液时，假阴道的压力要比其他牛稍大；内壁温度稍高（家牦公牛40℃，半血野牦公牛42℃），一般要达42~45℃才能采到精液，温度不够时，虽有爬跨冲插行为，但没有高度兴奋和射精表现。所以，对野牦牛公牛采精时，必须要严格掌握假阴道内壁的温度、压力、滑度和手持假阴道的角度，才能采出数量多、活力好的精液。

半血野牦公牛和家牦公牛采精时，对台牛的选择性极强，必须用发情旺盛的母牛作台牛，才能顺利地采精，如果用发情旺盛的普通黄母牛、犏母牛、尕力巴母牛作台牛，很难引起性欲，多不亲近、嗅闻，也不爬跨，采不到精液。但是，驯育成功的野牦牛公牛只要是用发情旺盛的母牛作台牛，均可爬跨顺利采精。

一般公牦牛性情粗野，对周围环境条件变化的反应非常敏感，一旦调教建立了条件反射则不易消失。但野牦牛公牛的性情更加粗暴、凶猛，也更敏感。实践证明，一旦建立了人工采精的性行为，则会熟练地进行下去，见到采精员和周围的一切，能够迅速反应，完成爬跨、冲动和假阴道射精的全过程（通常仅1min左右）。从行为学角度来说，过度学习时，就可获得完全新的行为，并且自动发展成为一种新的习惯。

（2）采精技术。一种理想的采精方法，应具备以下4个条件：一是可以全部收集公畜一次射出的精液；二是不影响精液品质；三是公畜生殖器官和性功能不会受到损伤或影响；四是器械、用具简单，使用方便。

目前在生产中常用的采精方法有假阴道法、手提法、按摩法和电刺激法，基中以假阴道法最为理想。牦牛普遍使用的是假阴道法。

假阴道法是用模拟母牦牛阴道环境制成的人工阴道，诱导公牦牛在其中射精而取得精液的方法。

①假阴道的结构和具备条件：假阴道是一筒状结构，主要由外壳、内胎、集精杯及其附件组成（图7-30）。内胎为弹性强、薄而柔软无毒的橡胶筒，装在外壳内，构成假阴道内壁；集精杯由暗色玻璃或胶质制成，装在假阴道的一端。此外，还有固定内胎的胶圈，保定集精杯的三角保定带，充气用的活塞和双连球，以及为防止精液污染而敷设在假阴道入口处的泡沫塑料垫等。牦牛假阴道有欧美式和苏联式2种类型，后者集精杯有保温装置，适宜于寒冷地区使用。

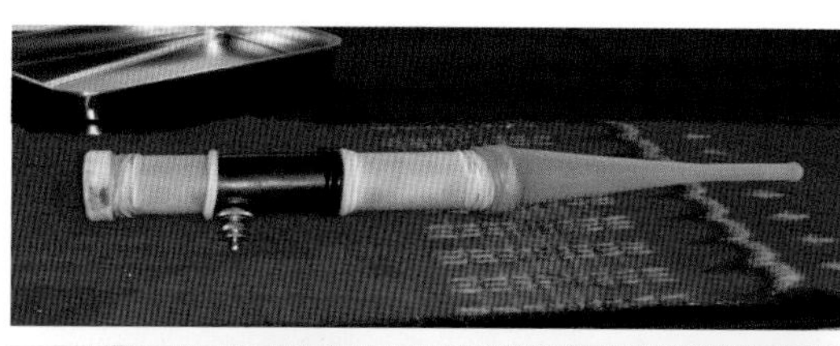
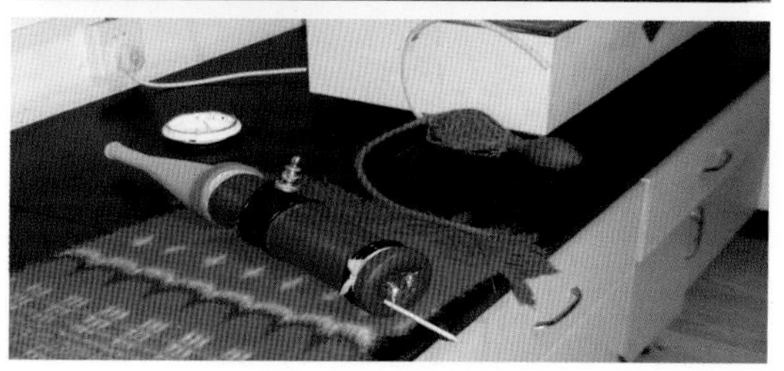
图7-30　牦牛用假阴道

假阴道在使用时先安装内胎，然后消毒、冲洗、注水、涂滑润剂、调节温度和压力等，使假阴道达到与母牛阴道环境相似的条件。

适当温度：通过注入假阴道容积2/3的温水来维持内部温度，在采精时保持38~40℃的温度，不需要过高；温度不合适是导致采精失败的主要原因之一。此外，集精杯温度应保持在34~35℃，以防止射精时因温度变化对精子产生危害。

适当压力：借助注入水和空气来调节假阴道的压力。压力不足不能刺激公牛射精，压力过大则使阴茎不易插入或插入后不能射精。

适当润滑度：用消毒过的润滑剂对假阴道内表面加以润滑，但润滑剂过多或过少都能影响采精效果和精液品质。

无菌：凡是接触精液的部分如内胎、集精杯及橡胶漏斗必须经过消毒。

无破损漏洞：外壳、内胎、集精杯应检查，不得漏水或漏气。

只有正确安装假阴道并保持适宜温度才能保证顺利采精。一种最好方式是将装好的假阴道放在40~42℃的恒温箱内，以免采精前温度下降（图7-31）。

图7-31　安装好的假阴道放在40~42℃的恒温箱内

采用手握假阴道采精时，采精员应站在牦牛台畜右后侧，当公牦牛爬跨时使假阴道与公牛阴茎伸出方向成一直线，紧靠并固定于台牛后躯，左掌心托住包皮，迅速将阴茎导入假阴道内，任阴茎在假阴道内抽动射精。在公牛抽动射精时尽量固定假阴道的位置，射精时将假阴道集精杯一端向下倾斜，以便使精液流入集精杯内。当公牛跳下时，假阴道随阴茎后移并保持假阴道下倾，防止精液从集精杯流出。排放假阴道内空气，待阴茎软缩后，取下假阴道。

由于公牦牛阴茎对刺激特别敏感，因此必须用掌心托住包皮，将阴茎导入假阴道内，切勿用手抓握阴茎。同时，牦牛交配时间短，只有数秒钟，当公牛向前一冲后，即行射精。因此，采精动作力求迅速准确，要防止阴茎突然弯折而损伤。

②采精频率：合理安排采精频率，是维持公牦牛健康水平和最大限度采取公牦牛精子数量的重要条件。公牦牛采精频率要根据精子产生数量、贮存量、每次射精量和公牦牛饲养管理水平来决定。1g睾丸组织每周可产生精子数约5 000万，而睾丸发育和精子产生数量又与饲养管理密切相关。因此，任何一头公牦牛在良好饲养管理条件下，适当增加采精频率是可行的。但是，随意增加采精次数，不但会降低精液质量，而且对公牛的生殖功能和健康状态带来不良影响。

公牦牛在生产实践中，通常每周采2d，每天采2次。在良好的饲养管理条件下，由于附睾精子贮存量相当于产量的5~6倍，因此每周采精6次不会影响繁殖力。青年公牛精子生成较成年公牛少1/3～1/2，采精次数应酌减，一般平均每周为2～6次。

在生产实践中，通常以是否出现精液质量下降、出现未成熟精子（如带有原生质滴）、性欲下降等作为检验公牦牛采精次数是否过频的依据。发现上述现象时，应立即减少或停止采精。

3. 精液品质检查

精液品质检查的目的在于鉴定精液的品质优劣，以便确定配种能力；评估公牛的饲养水平和生殖器官功能状态；反映技术操作质量；也是检验精液稀释、保存和运输效果的依据。

精液品质的检查和评定的项目有外观检查、显微镜检查、生物化学检查和精子活率检查。无论哪种检查法，都很难预测精液的受精能力。因此，采用多项综合检查，能较准确地确定精液的品质。

常规检查项目包括射精量、色泽、气味、混浊度、pH、活率、密度等。

定期检查项目包括死活精子检查、精子计数、精子形态、精子存活时间及存活指数，美蓝褪色试验、精子抵抗力以及其他等。

就当前从实际应用角度出发，精液评定指标与受精力相关程度比较大的项目有精子活率、密度、形态、存活时间、pH和精子耗氧量等，而且它们之间有着高度相关性（图7-32）。

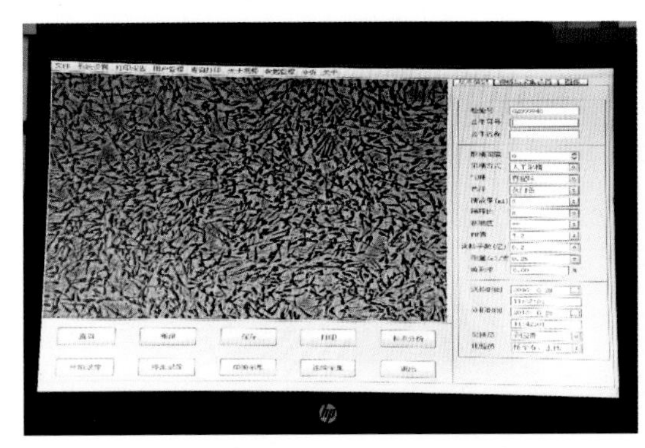
A. 在电脑屏上显示的精子活率

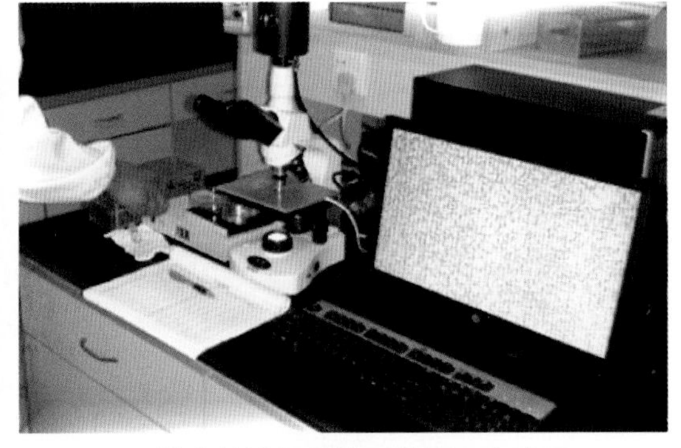
B. 检查精液品质的显微镜及电脑屏

图7-32　牦牛精液品质的检查和评定

检查精液时应注意：采精后要迅速将精液置于30℃左右保温瓶中，以防止温度突然下降，对精子造成低温打击，并标记精液来源；检查时力求动作迅速，操作时不使精液品质受到危害；取样具有代表性，保证评定结果准确。

（1）精液外观和射精量

①云雾状：正常牦牛精液因精子密度大而混浊不透明，肉眼观察时，由于精子运动翻腾滚滚如云雾状。精液混浊度越大，云雾状越显著，越呈乳白色，表明精子密度和活率也越高。

据此，可估测精子密度和活率的高低。

②色泽：正常牦牛精液为乳白色或乳黄色，水牛为乳白色或灰白色。精液乳白色程度越浓，表示精子数量越多。如色泽异常，表明生殖器官有疾病。例如，精液呈淡绿色是混有脓液，呈淡红色是混有血液，呈黄色是混有尿液等，诸如此类色泽的精液，应该弃去或停止采精。但公牛饲喂青草季节因含有核黄素而使精液变为黄色，这不应与有明显气味的混入尿液的精液相混淆。

③射精量：公牦牛每次采精时射出精液的量称为射精量。射精量可以通过有刻度的集精管（瓶）测出。公牦牛每次射精量为5~10mL。公牦牛的射精量如太多或太少，都必须了解其原因而加以防止。例如，射精量太多可能是由于过多的副性腺分泌物或其他异物（尿液、假阴道漏水）混入；如过少可能是由于采精方法不当、采精过频或生殖器官功能衰退造成。评定公牦牛正常射精量，不能凭一次采精记录，应以一定时间内多次射精量的平均数为依据。此外，精液中不应混有毛发、尘土和其他污染物。含有凝固和成块物质的精液，表明生殖系统有炎症，不能使用。

（2）精子活率。精子活率是指精液中具有前进运动的精子数所占总精子数的百分率。它与精子受精力密切相关，是评价精液的一个重要指标，一般在采精后、精液处理前后、输精时均应进行检查。对于刚采集的新鲜精液，可以使用低倍镜检查。滴于预热载玻片上的精液，根据精液漩涡的强弱对精液活率进行初评。一般采用5级评定标准：5级表示视野中精子运动异常活跃，精液呈现急剧的漩涡卷动，无法辨认单个精子的形态；4级表示视野中精子活动虽快，但其中少数精子活动微弱，可以清楚地看出其活动状态。如果视野中精子形态更易辨认，精子运动活跃程度更差，则等级逐渐降低。如果通过单个精子运动状态来判定，则需要在30~38℃条件下将稀释精液滴于预热载玻片上，在200~400倍镜下观察，一般采用10级评分法评定精子活率，每一级代表有10%的精子做前进运动，分别表示0.1，0.2……和1.0，无前进运动精子表示为0，100%直线前进运动表示为1.0。新鲜精液精子活率一般在0.7~0.8。液态保存精液，活率应在0.6以上，冷冻精液解冻后应在0.3以上。当公牛患睾丸炎、附睾炎、睾丸变性等疾病时，精子活率下降，不呈前进运动的精子数明显增加。

（3）精子密度。精子密度也称精子浓度，指精液的单位容积（通常是1mL）内所含的精子数目。由此可算出每次射精的精子总数，它直接关系到稀释剂量和精子数目，因此也是评定精液品质的重要指标。目前常用的测定方法有3种，即估测法、红细胞计数器计算法和光电比色计测定法。

①估测法：估测法通常与检查精子活率（不作稀释）同时进行，在低倍显微镜下观察，根据分布的稠密和稀疏程度，将精子密度粗略地分为密、中、稀三级。“密级”的精子在视野中十分拥挤，很难分清单个精子的活动情况；“中级”的精子均匀分布，彼此间有1~2个精子

长度的空隙；“稀级”的精子稀疏地散在于视野中，彼此间距离在3个精子以上的长度。

②红细胞计数器计算法：此法是对公牦牛精液做定期检查时采用的一种方法，可准确测定单位容积精液中的精子数。对牦牛精子密度高的精液使用红细胞吸管做稀释计算。

③光电比色计测定法：这种方法是目前用来评定精子密度的一种常用方法，适用于牦牛的精液。这是根据精子密度越高，透光性越低的原理，使用光电比色计通过反射光和透光来测定精子的密度。

首先，将原精稀释成不同比例，并用红细胞计数器计算其精子密度。制成标准管，在光电比色计测定其透光度，根据不同精子密度标准管的透光度，求出每相差1%透光度的级差精子数，制成精子查数表。测定精液试样时，将原精液按一定比例稀释，根据其透光度查对精子查数表，从表中找出精液试样的精子密度。这种方法的测定结果与使用红细胞计数器计数法测定的结果近似。其相关系数在0.93以上。

其他还有比色法、比浊法、血色素标准管法和细胞容量法等测定方法，这些方法都需要事先采用红细胞计数器测定精子的精确度以制作标准管和确定精子密度换算的表格。

④活精子计数：利用活精子不被某些染料着色，而死精子则因表面膜（特别是头部）的渗透性增加易被着色这一特性来区分死精子和活精子，从而计算死、活精子的比例。常用的染色剂是伊红或刚果红，用作背景的染料有苯胺黑、苯胺红、亚尼林蓝和快绿等；一般认为伊红－苯胺黑较为理想。其具体操作方法如下：将苯胺黑用等渗的磷酸盐溶液、柠檬酸钠溶液或0.9%氯化钠溶液配成1%的溶液，伊红配成5%溶液；将2滴苯胺黑溶液置于玻片上，1滴伊红溶液置于苯胺黑溶液旁边；然后将1滴精液滴于伊红溶液中，充分混匀后再与苯胺黑溶液混合，搅拌后制成抹片镜检。此时背景为黑色，活精子不着色，死精子为粉红色。通常检查500个精子，计算其中死、活精子比例。由于染色液的pH和渗透压以及染色时的温度对检查结果有一定的影响，因此要求染色液pH值为6~8，均为等渗，在整个染色过程中温度保持在37℃左右。

活精子数在输精时被视为有效精子数，它与精子活率评定结果密切联系，但后者百分率较低，因为有的精子虽未死亡，但已丧失前进运动的能力。一般正常精液中死精子不应超过25%，睾丸出现各种严重疾病时，死精子百分率增高。

（4）精子形态检查。精子形态与受精率有着密切关系，如果精液中含有大量畸形精子和顶体异常精子，其受精能力就降低。因此，为了保证受精率，必须检查精子的形态。

①精子畸形率：精子畸形率指精液中畸形精子所占总精子的百分率。在正常精液中常有些畸形精子出现，一般不超过20%，对受精力影响不大。优良品质的牦牛精液，精子畸形率不超过18%，如果超过20%以上者，则精液品质下降，受精力受到影响。

精子畸形可分为原发性畸形（初级畸形）和继发性畸形（次级畸形）；也有人将由于体

外保存不当引起的畸形称为三级畸形，常见于顶体损伤或脱落。原发性畸形指睾丸生精功能障碍所致的畸形，主要表现为精子头部的畸形，如巨头、小头、短头、窄头、梨形头、断头、双头、顶体分离、顶体缺失、顶体畸形、皱缩等。此外，还可见近端原生质小滴附着、双尾等，多见于睾丸发育不全、睾丸变性、睾丸炎及某些遗传性精子畸形病例。继发性畸形指由附睾和输出管道功能障碍引起的畸形，如无尾、卷尾、尾端原生质小滴附着等，多见于附睾炎，也与采精的频率有关。无尾和卷尾是精子老化的表现，精液检查过程中温度突然变化（冷打击）也可引起卷尾；精子冷冻后顶体畸形的比例大大增加。采精过频时精液中不成熟精子（精子颈部附着原生质小滴）比例增加。

畸形精子的检查方法可以与用红细胞计数器计算精子数同时进行；也可将精液制成抹片直接在400~600倍以上显微镜下观察；或用普通染色液红（蓝）墨水染色，水洗干燥后镜检。检查总精子数不少于400个，计算出畸形精子百分率，即精子畸形率。

②精子顶体异常率：在正常情况下，牦牛精子顶体异常率平均为5.9%，如顶体异常率显著增加，如牦牛超过14%以上，会直接影响受精率。

顶体异常有膨胀、缺损、部分脱落、全部脱落等数种。

顶体异常出现的原因，可能与精子生成过程和副性腺分泌物性状有关，但更重要的原因是由于射出体外后，精子受冷打击，特别是冷冻方法不当造成的。因此，检查顶体异常率，在一定程度上也是检验冷冻保存的效果。

常用的检查方法是：将精液滴制成抹片，在固定液中固定片刻，水洗后，用姬姆萨缓冲液染色1.5~2h，水洗干燥后，用树脂封装，置于1 000倍以上高倍镜或相差显微镜下，观察200个以上精子中出现顶体异常的精子数，计算出顶体异常率。

已稀释的精液（包括冷冻精液）检查时，必须将样品在含有2%甲醛的柠檬酸盐溶液中固定，涂片后在37℃条件下干燥，才能染色和镜检。

（5）精液病原微生物检查。在采精过程中，精液可能受到病原微生物污染，常见的有棒状杆菌、链球菌、葡萄球菌、假单孢菌和绿脓杆菌以及弯杆菌、胎毛滴虫、流产布鲁氏菌、钩端螺旋体、支原体、牛传染性鼻气管炎病毒、传染性胸膜肺炎病毒、传染性阴道炎病毒等，检验方法按常规微生物学检验操作规程进行。国外一般以每毫升精液中不超过500个或1 000个菌体为符合卫生学标准。

（6）生理生化检查

①精子的存活时间和存活指数检查：精子存活时间和指数与受精力密切相关，也是鉴定稀释液和精液处理方法效果的一种方法。存活时间是指精子在体外的总生存时间，而存活指数是指平均存活时间，表示精子活率下降速度。检查时，将稀释液置于一定的温度下（30~37℃），间隔一定时间检查活率，直至无活动精子为止，所需的总小时数为存活时间；

而相邻两次检查的平均活率与间隔时间的乘积之和为存活指数。精子存活时间越长，指数越大，说明精子生活力越强，品质越好。

②pH值：将一滴精液滴于pH6.6~8的精密试纸上测定，也可用pH计进行测定。贮存后的精液pH下降；pH增高可能与急性副性腺炎症和附睾炎有关。

③精子呼吸强度测定：精子呼吸强度与精子密度和活率有关，通常采用美蓝褪色试验测定。美蓝是一种还原剂，氧化即呈蓝色，还原呈无色。精子在美蓝溶液中，呼吸时氧化脱氢，美蓝获得氢离子后便使蓝色还原为无色。因此，根据美蓝褪色时间可测知精液中存活精子数量的多少，判定精子活率和密度的高低。

牦牛精液美蓝褪色试验，一般是在0.01%美蓝溶液与等量精液混合后，吸入内径0.8~1mm、长6~8cm的玻璃管，使其液柱高1.5~2cm，以白纸衬底，在18~25℃观察美蓝褪色时间。品质良好的牦牛精液美蓝褪色时间在10min内；中等者为10~30min；低劣者在30min以上。

④精液果糖分解测定：精液果糖分解能力与精子活率密切相关，因此测定精液果糖分解系数可作为精子活率评定指标。精液中精子代谢时消耗精液中的游离果糖和磷酸果糖。测定时在厌氧条件下，将0.5mL精液在37℃条件下孵育，在3h内每小时取0.1mL精液样品测定其果糖含量，将其结果与最初果糖含量比较。测定结果可表示为1亿精子每小时消耗果糖的毫克数，果糖消耗的快慢与精液中精子的密度、活率及代谢能力有关。

⑤精子耗氧量测定：精子呼吸时消耗氧气多少与精子活率和密度相关，但精液耗氧量不仅取决于精子细胞内氧化，而且也受精清（代谢基质）耗氧量所制约。因此，用全精液测定耗氧量就不可能排除其他氧化需氧，而将精清进行洗涤则面临着精子定量的麻烦。此外，精液的pH和保存温度也有影响。

耗氧率是以1亿精子在37℃1h内所消耗的氧气量，以微升数表示。一般是将一定量精液放在37℃恒温箱中孵育1h，用瓦（勃）氏呼吸器（Warburg Apparatus）测定其耗氧量，计算出精子耗氧率。

⑥精浆中其他化合物的测定：测定精浆中其他化合物如透明质酸酶、谷草转氨酶、酸性磷酸酶、柠檬酸、镁、锌、甘油磷酸胆碱、肉毒碱、精氨酸、精液素（Seminin）、类固醇激素和前列腺素等，有助于全面了解精液的品质和牦牛的繁殖力。

4. 精液的稀释

（1）精液稀释的目的。精液稀释是在精液中加入适宜于精子存活并保持受精能力的稀释液。精液稀释的目的是：通过降低精液能量消耗，补充适量营养和保护物质，抑制精液中有害微生物活动，可延长精子的寿命，扩大精液容量，提高一次射精量可配母畜头数，便于精子长期保存和运输。

（2）精液稀释液的主要成分及其作用。精液稀释液一般含有多种成分，按其作用，大致可分为下列几类。

①稀释剂：主要用以扩大精液容量。因此，此种物质的剂量必须与精液有相同或相似的渗透压。但一种物质往往不是只有单一作用，常常具有多种效能。例如，奶类和卵黄都是稀释液常用的成分，既有供给精子营养的作用，也具有抗低温打击作用。果糖和葡萄糖能直接被精子分解产生能量，也是一种保护物质；甘油是现行冷冻精液不可缺少的防冻保护物质，但也能参与精子代谢。然而，上述各种物质的等渗液，又都具有稀释精液、扩大容量的作用，只是有主次之分而已。一般单纯用于扩大精液量的物质多采用等渗氯化钠、葡萄糖、果糖、蔗糖以及奶类等。

②营养剂：主要提供营养，以补充精子所消耗的能量。精子代谢只是单纯的分解作用，而不能将外界物质通过同化作用转变为本身成分。因此，补充精子能量，只能用最简单的能量物质，如糖类、奶类和卵黄等。其中一些成分能渗过精子膜进入细胞内，参与精子代谢，给精子提供外源性能量，减缓内源物质的消耗，从而有助于延长精子在体外的存活。一般常用于提供营养的物质有葡萄糖、果糖、乳糖和其他糖类、鲜奶及奶制品、卵黄等。

③保护剂：对精子起保护作用，如中和缓冲精清对精子的危害、防止精子受“低温打击”、创造精子生存的抑菌环境等。

缓冲物质：具有保持精液pH的作用，附睾中的精液呈弱酸性，经与碱性的副性腺分泌物混合而变为弱碱性，激发精子活动，加速精子代谢。在保存过程中，由于精子代谢产物（如乳酸和碳酸）的积累，pH又会发生偏酸现象，超过一定限度，会影响精液品质，甚至发生不可逆的变性。因此，为了防止精液保存过程中的pH变化，必须加入适量的缓冲剂。一般常用的缓冲物质有柠檬酸钠、酒石酸钾钠、磷酸二氢钾等。近年来采用三羟甲基氨基甲烷（Tris）碱性缓冲液，对代谢中毒和酶活动反应具有良好的缓冲作用。

非电解质：具有降低精清中电解质浓度的作用。精清中的电离度很高，具有激发精子活动，有利于受精作用。但同时又能促进精子早衰，破坏精子脂蛋白膜，使精子失去电荷而凝集，不利于精液保存。因此，为了延长精子在体外的存活时间，必须在稀释液中加入适量的非电解质或弱电解质，以降低精清中的电解浓度。一般常用的非电解质或弱电解质如各种糖类、氨基乙酸等。

防冷和抗冻物质：具有防止精子冷休克和抗冻的作用。在保存精液时，常需作降温处理，尤其是从20℃急剧降温至0℃时，由于冷刺激，会使精子冷休克而丧失活力。这是因为精子体内的缩醛磷脂融点高，低温下容易冻结，从而防碍精子代谢的正常进行，造成不可逆的变性而死亡。因此，在保存稀释液中需要添加防止冷休克的物质。防止冷休克的物质以卵磷脂效果最好，卵磷脂融点低，进入精子体内后，可以代替缩醛磷脂，在低温下不易冻结，从而保护精子生存。此外，脂蛋白以及含磷脂的脂蛋白复合物亦有防止冷休克的作用。以上的这些物质均存在于奶类和卵黄中，所以在实践生产中，卵黄、奶是常用的精子防冷刺激物质。另外，在精液的低温和冷冻保存中，必须加入抗冻剂以防止冷休克和冻害的发生，常用的抗冻剂为甘油和二甲基亚砜（DMSO）等。此外，奶类和卵黄也具有防止冷休克的作用。

抗菌物质：即便在严格的操作下，采精时也难免要污染某些细菌等有害微生物，而精液和稀释液都是营养丰富的物质，是细菌微生物孳生的适宜环境，这些污染物的繁殖在精液保存过程中可能直接影响到精子活率，继而会影响受精过程和胚胎发育，甚至造成生殖道感染而不孕。改进环境卫生条件，严格控制操作规程，虽然能减少精液中的细菌数，但很难做到无菌。为此，有必要把抗菌物质列为稀释液的常规成分，此类物质一方面应起到抗菌作用，另一方面应对精子无害。常用抗菌物质有青霉素、链霉素、氨苯磺胺等。最近又有新的抗菌素的应用（如卡那霉素、多黏菌素等）试用于精液的稀释保存，取得较好的效果。

④其他添加剂：主要作用于改善精子外在环境的理化特性以及母畜生殖道的生理功能，以利于提高受精机会，促进合子发育。常用的有以下几类。

酶类：如过氧化氢酶具有能分解精子代谢过程中产生的过氧化氢，消除其危害以提高精子活率的作用；β－淀粉酶具有促进精子获能，提高受胎率的作用。

激素类：如催产素、前列腺素E型等，具有促进母畜生殖道蠕动，有利于精子运行，从而提高受胎率的作用。

维生素：如维生素B_1、维生素B_2、维生素B_{12}、维生素C、维生素E等，具有改进精子活率，提高受胎率的作用。

其他添加成分：如CO_2、己酸、植物汁液等以调节稀释液的pH，有利于常温精液保存；乙二胺四乙酸、乙烯二醇、聚乙烯吡咯烷酮等具有保护精子的作用，ATP、精氨酸、咖啡因、冬眠灵等具有提高精子保存后活率的作用。

（3）稀释液的种类及其配制

①稀释液的种类：根据稀释液的性质和用途不同，稀释液可分以下四类。

现用稀释液：适用于采精后稀释立即输精用，以扩大精液容量，增加配种头数为目的。因此，此类稀释液常以简单而等渗透压的糖类或奶类为主体。

常温保存稀释液：适用于精液常温短期保存用，具有含较低pH和抗菌素的特点，也有用明胶为主体的常温保存液。

低温保存稀释液：适用于精液低温保存，具有含卵黄或奶类为主体的抗冷休克特点。

冷冻保存稀释液：适用于冷冻保存用，具有含甘油、二甲基亚砜等抗冻物质为主体的特点。此类稀释液比较复杂，有的仅由1种稀释液组成，也有的由2~3种稀释液组成。

②稀释液的配制：牦牛精液稀释液的种类较多，正在试验尚未定型的更多，采用何种稀

释液应根据其效果、保存方法和成分是否容易获得而决定。配制时要注意下列事项：配制稀释液所用的一切用具，必须彻底清洗、消毒，用前必须经稀释液冲洗2~3次。稀释液必须保持新鲜，要现配现用。如条件许可，经过消毒、密封，可在冰箱中存放1周，但卵黄、抗菌素、酶类、激素类等成分，须在临用前添加。所用的蒸馏水或无离子水要求新鲜，pH呈中性。配制稀释液所用的药品，要求为分析纯，称量要准确，充分溶解并经过滤密封后进行消毒（隔水煮沸，或蒸汽消毒30min），加热应缓慢，防止失水和容器破裂。使用奶类要求新鲜（奶粉以淡奶粉为宜），尤其鲜奶须经过滤，然后在水浴中灭菌（92~95℃）10min，抑制对精子有杀害作用的乳烃素，并除去奶皮后方可使用。卵黄要取自新鲜鸡蛋，先将外壳洗净消毒后，破壳，用吸管吸取纯净卵黄，在室温下加入稀释液，并充分混合使用。抗菌素、激素类、维生素等添加剂，必须在稀释液冷却至室温时，按用量准确加入；氨苯磺胺可先溶于少量蒸馏水（用量计入总量中），单独加热至80℃，溶解后降温加入稀释液中。

（4）稀释方法与稀释倍数

①稀释方法：新采取的精液应迅速放入30℃保温瓶中，以防止温度变化，特别是当室温低于20℃时，由于冷刺激，精子可能出现冷休克现象，不利于精子保存。

采精后，精液稀释越早越好，原精液放置时间过长则降低其活率，一般最好在30min内进行稀释。稀释液与精液的温度必须调整一致，一般是将稀释液与精液置于30℃左右的保温瓶内片刻做同温处理。稀释时，将稀释液沿精液瓶壁缓缓加入，不可将精液迅速倒入稀释液内。稀释后将精液瓶轻轻转动，使精液与稀释液混合均匀，切防剧烈震荡。

如做高倍稀释，应分次进行，先低倍后高倍，防止精子所处的环境突然改变，造成稀释打击。精液稀释后，立即进行镜检，如果活率下降，说明稀释或操作不当。

②稀释倍数：精液进行适当的稀释可以提高精子的存活时间，但是如果稀释倍数超过一定限度，精子的存活时间即会随着稀释倍数的提高而逐渐下降，以致影响受精效果。因此，在研究稀释液时应结合试验获得该种稀释液的最适宜稀释倍数（表7-11）。

表7-11　家畜精液的稀释倍数

畜种	稀释倍数	输精量（mL）	有效精子数（亿）
奶牛、肉牛	5~40	0.2~1	0.1~0.5
水牛	5~20	0.2~1	0.1~0.5
牦牛	10~40	0.2~1	0.1~0.5

精液适宜的稀释倍数与品种和稀释液的种类有关。精液的稀释倍数取决于：每次输精所需的有效精子数；稀释倍数对精子保存时间的影响；稀释液种类；本次采精的精子活率和密度大小。试验和生产实践都证明，公牦牛精液的稀释倍数的潜力很大，保证每毫升稀释精液

中含有500万个有效精子数时，稀释倍数可达百倍以上，且对受胎率无大的影响。但在一般情况下，稀释10~40倍。

5. 液态精液的保存

精液保存是为了延长精子的存活时间，扩大精液的使用范围，便于长途运输。现行的精液保存方法，可分为常温（15~25℃）保存、低温（0~5℃）保存和冷冻（-79~-196℃）保存三种。前两者保存温度在0℃以上，以液态形式作短期保存，故称液态保存；后者保存温度低于0℃以下，以冻结形式作长期保存，故称冷冻保存。

无论哪种形式，都以抑制精子代谢活动，降低能量消耗，延长精子保存时间而不丧失受精能力为目的。目前用来抑制精子代谢活动的途径有：使保存精液与空气隔绝，造成精子的缺氧环境；加入适宜成分，造成精子的弱酸环境；降低温度，造成抑制精子活动的低温环境；加入适量抗菌素，造成精子的抑菌环境；加入适量营养及保护物质，补充精子能量消耗，造成适宜精子的生存环境。

6. 精液的冷冻保存

冷冻精液是利用液态氮（-196℃）或干冰（-79℃）作为冷源，这一低温范围称为超低温。将经过特殊处理后的精液冷冻，保存在超低温下以达到长期保存的目的。精液冷冻保存是人工授精技术的一项重大的革新，它解决了精液长期保存的问题，使输精不受时间、地域和种畜生命的限制。冷冻精液便于开展国际、国内种质交流，冷冻精液的使用极大地提高了优良公牦牛的利用效率，加速品种育成和改良的步伐，同时也大大降低了生产成本。近10多年来家畜冷冻精液保存技术发展很快，特别是牛最为显著，已形成一套完整定型的生产工艺流程。使用冷冻精液人工授精情期受胎率可达60%~80%。

（1）精液冷冻保存稀释液。牦牛冷冻保存稀释液主要有卵黄、柠檬酸钠、甘油，卵黄、糖类、甘油，奶类、甘油等3种。常用稀释液配方见表7-12所示。

（2）冷冻技术。牦牛精液冷冻技术已形成一套完整定型工艺流程。

①精液品质：精液品质与冷冻效果密切相关，因此冷冻公畜的精液，品质应比较优良，特别是活率要高，密度要大。

②精液稀释：由于冷冻精液的分装、冻结方法不同，所采用的稀释液、稀释倍数、稀释次数也不一样，一般多采用一次或二次稀释法，三次稀释很少应用。一次稀释法现常用于细管精液，以前也应用于颗粒精液、安瓿或袋装精液。即将采出的精液与含甘油的同温稀释液按比例要求一次加入。为减少甘油对精子的危害作用，采用二次稀释法效果较好，常用于细管、安瓿或袋装精液，但操作较为烦琐。即将采出的精液，先用不含甘油的第一液稀释至最后倍数的一半，经1h缓慢降温至5℃，然后用含甘油的第二液在同温下作等量第二次稀释。第二液加入方法有一次或多次加入不等，多次加入又分三次、四次（间隔10min）和缓慢滴入等

方法。

以牦牛用冷冻精液稀释为例，具体稀释过程如下。

A. 细管用冷冻稀释液

a. 柠檬酸钠液

基础液：2.9%柠檬酸钠溶液。

Ⅰ液：取基础液80mL，加卵黄20mL、青霉素10万IU。

Ⅱ液：含7%甘油的Ⅰ液。

b. 葡－柠液

基础液：葡萄糖3g，柠檬酸钠1.4g，蒸馏水加至100mL。

Ⅰ液：取基础液80mL，加卵黄20mL、青毒素10万IU。

Ⅱ液：含7%甘油的Ⅰ液。

c. 果－柠液

基础液：果糖2.5g，柠檬酸钠2.77g，蒸馏水加至100mL。

Ⅰ液：取基础液80mL，加卵黄20mL、青霉素10万IU。

表7-12 牦牛精液常用冷冻释释液

成分 \ 释液种类	乳糖、卵黄、甘油	蔗糖、卵黄、甘油	葡萄糖、卵黄、甘油	葡萄糖、柠檬酸钠、卵黄、甘油		解冻液
				Ⅰ液	Ⅱ液	
基础液						
蔗糖（g）	—	12	—	—	—	
乳糖（g）	11	—	—	—	—	
葡萄糖（g）	—	—	7.5	3.0	—	
二水柠檬酸钠（g）	—	—	—	1.4	—	
蒸馏水（mL）	100	100	100	100	—	2.9%柠檬酸钠溶液
稀释液						
基础液（容量%）	75	75	75	80	86	
卵黄（容量%）	20	20	20	20	—	
甘油（容量%）	5	5	5	—	14	
青霉素（IU）	1 000	1 000	1 000	1 000	—	
双氢链霉素（μg/mL）	1 000	1 000	1 000	1 000	—	
适用剂型	颗粒	颗粒	颗粒	细管	颗粒	

注：取Ⅰ液86mL，加入甘油14mL，即为Ⅱ液

Ⅱ液：含7%甘油的Ⅰ液。

d. 乳-柠液

基础液：乳糖2.25g，柠檬酸钠2.75g，蒸馏水加至100mL。

Ⅰ液：取基础液80mL，加卵黄20mL、青霉素10万IU。

Ⅱ液：含7%甘油的Ⅰ液。

B. 颗粒用冷冻稀释液（生产中很少用）

基础液：蔗（乳）糖12g，蒸馏水加至100mL。

Ⅰ液：取基础液80mL，加卵黄20mL、青霉素10万IU。

Ⅱ液：含7%甘油的Ⅰ液。

③稀释倍数：精液冷冻之后，有半数以上的精子因遭受冻害而死亡。冷冻后的精子活率一般为30%～50%，因此稀释倍数应该按照解冻后每头份精液中含有前进运动的精子1 000万～1 200万个来确定。细管型冷冻精液的剂量为0.25～0.5mL，因此稀释倍数较低；而颗粒型冷冻精液需经冷冻稀释和解冻稀释2次稀释，每头份剂量为1.5～2mL，因此稀释倍数也就较高。

根据原精液总精子数和冷冻精液解冻后预测精子活率来决定精液稀释倍数。计算公式如下：

$$\frac{Y \times M \times V}{X} = Z$$

式中，X为冷冻精液稀释倍数；Y为每毫升原精液中总精子数；M为冷冻精液解冻后预测精子活率；Z为每头份冷冻精液要求最低前进运动精子数；V为冷冻精液剂型容量。

根据牦牛冷冻精液国家标准规定，细管型冷冻精液容量为0.25mL，前进运动精子数不低于1 000万个。解冻后的精子活率均不得低于0.3。因此，0.25mL细管型冷冻精液的稀释倍数应该为：

$$X = \frac{\text{前进运动精子数/mL} \times \text{精子活率（0.3} \geqslant \text{）} \times 0.25\text{mL}}{1000\text{万}}$$

④降温和平衡：降温是指精液采出稀释后由30℃以上温度，经1～2h缓慢降至5℃，以防低温打击。

平衡是指加含甘油稀释液对精液作用的时间，平衡的目的是使精子有一段适应低温的时间，使甘油充分渗透进入精子体内，达到渗透的活性物质，产生抗冻保护作用。一般将降温至5℃的精液放入5℃冰箱内或冰瓶内平衡2~4h（或3~5h）。

7. 精液的分装和冷冻

（1）精液的分装。分装冷冻精液用颗粒、细管、安瓿和袋装4种分装方法。颗粒法、安瓿和袋装在牦牛上已经很少应用了。细管法多用长125~133mm、容量为0.2mL、0.25mL或0.5mL塑料细管，目前国际上一般采用0.2mL的细管。在5℃通过吸引装置分装，用聚乙烯醇粉末、圆珠或超声波封口，平衡后进行冻结，具有精液不易污染，便于标记，容积小，易贮存，冻结效果好，适于机械化的生产，便于解冻的优点，但成本较高。

（2）精液的冷冻。冷冻方法概据剂型和冷源不同，可分为干冰埋藏法和液氮熏蒸法。

①干冰埋藏法：

颗粒冷冻法：将干冰置于木盒中，铺平压实，用模板在干冰面上压孔，孔径为0.5cm，深度为2~3cm。用滴管将5℃经平衡的精液按定量（0.1mL或0.2mL）滴入孔内，用干冰封埋，2~4min后，收集冻精颗粒放入液氮或干冰内贮存。

细管、安瓿和袋装冷冻法：将分装的精液平铺于压实的干冰面上，迅速覆盖干冰，2~4min后，将冻精移入液氮或干冰中贮存。

②液氮熏蒸法：液氮熏蒸靠调节距液氮面的距离和时间掌握降温速度。

将细管精液放在距液氮面1~3cm的铜纱网上预冷数分钟，使其温度维持在-80~-100℃，停留5min左右，待精液冻结后，移入液氮中贮存。

先进细管的冷冻法是使用控制液氮喷量的自动记温速冻器，5~-60℃每分钟下降4℃，-60℃起尽快降至-196℃，效果很好。

8. 精液的解冻

冷冻精液的解冻温度、解冻方法都直接影响精子解冻后的活率，这是使用冷冻精液不可忽视的环节。冷冻精液的解冻温度，有低温冰水解冻（0~5℃）、温水解冻（30~40℃）和高温解冻（50~70℃）等几种。实践中以40℃解冻，较为实用，效果也较好，国外一般采用38℃解冻。

由于剂型不同，解冻方法也有差别，细管、安瓿或袋装精液，可将其直接投入40℃的温水中，待管（瓿、袋）内精液融化一半时，立即取出备用。

颗粒精液有干解冻和湿解冻两种方法。干解冻是将灭菌试管置于40℃水中恒温后，投入精液颗粒，摇动至融化，同时加入1mL 20~30℃的解冻液。湿解冻是将1mL解冻液装入灭菌试管内，置于40℃温水中预热，然后投入1颗冻精，摇动至融化，取出使用。

用于输精的冷冻精液，解冻后镜检的活率不得低于0.3，而且解冻后宜立即输精，不宜保存。如有特殊情况需短时间保存者，必须注意应以冰水解冻为宜；解冻后须保持恒温，切忌温度升高；解冻保存液要添加卵黄，可用低温保存稀释液作解冻液解冻。

9. 冷冻精液的保存和运输

冻结的细管精液，经解冻检查合格后，即按品种、编号、采精日期、型号分别包装，做好标记，转入液氮罐（或干冰保温瓶）中贮存备用。为保证贮存器内冷冻精液品质，不使精子活率下降，在贮存及取用过程中必须注意以下事项：一是根据液氮罐的性能要求，定期添加液氮，罐内所装冻精的提漏不能暴露在液氮罐外，如果用干冰保温瓶贮存，应每日或隔日补添干冰，务必使贮精瓶掩埋于干冰内不得外露，最少要深埋在5cm以下处。二是从液氮中取出冻精时，提漏不得提出液氮罐口外，可将提漏置于罐颈下部，用长柄镊子夹取精液。在定期清理液氮罐及干冰保温瓶时，或将贮精瓶向另一容器转移时，动作要迅速，贮精瓶在空气中暴露的时间不得超过10s。

10. 输精

输精是人工授精最后的一个技术环节，适时而准确地把一定量优质精液输到发情母畜生殖道内适当部位，这是保证得到较高受胎率的技术关键。

（1）输精前的准备

①母畜的准备：接受输精的母牦牛要进行保定，牦牛一般是站在颈架牛床或输精架内输精。母牛保定后，尾巴应拉向一侧，露出肛门和阴户。输精员用带乳胶手套的手轻搔母牦牛的肛门，刺激其排出粪便，再将此手插入母牦牛肛门，掏尽直肠内的宿粪。用清水洗净母牦牛的肛门、阴户和输精员的手臂，并用肥皂涂抹、润滑肛门和乳胶手套。阴门及其附近用温肥皂水擦洗干净，并用消毒液进行消毒，然后用温水或生理盐水冲洗擦干。图7-33所示为生产中牦牛常采用的保定方法，可因地制宜，灵活采用。

②输精器材的准备：牦牛输精器械见图7-34所示。输精用具在使用前必须彻底洗涤，严密消毒，最后用稀释液冲洗2~3次。玻璃或金属输精器可用蒸汽消毒，或用75%酒精擦

a 四栏柱保定

b 单柱保定

c 台牛保定架

d 绳子保定

图 7-33　牦牛的保定

拭消毒，也可放入高温干燥箱内消毒；输精管因不宜高温消毒，可用酒精或蒸汽消毒。输精器在临用前要用稀释液冲洗2~3次。开膣器以及其他金属用具洗净后可浸泡在消毒液中，或在使用时用酒精、火焰消毒。输精管以每头母牛准备1支为宜。如不得已用同一支输精管时，

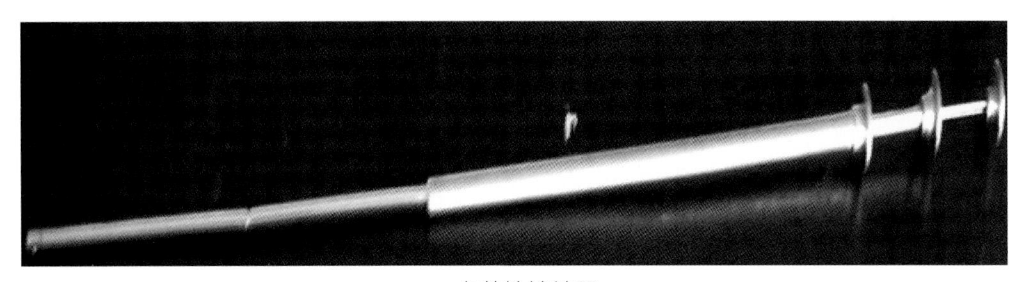
a 卡苏枪输精器

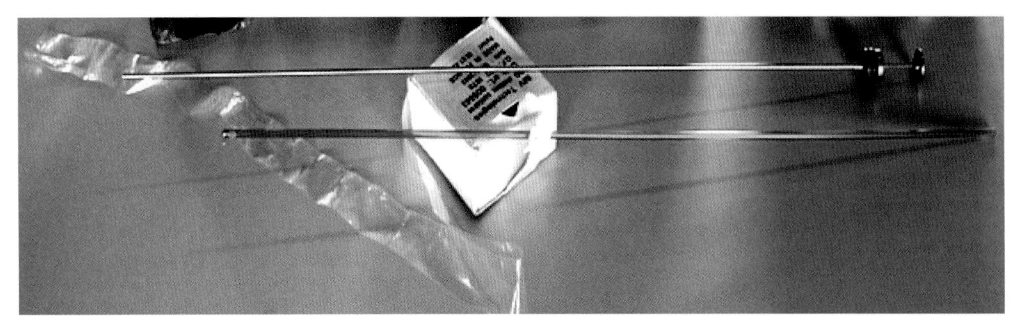
b 枪心、一次性套管、长塑料袋外套

图 7-34　牦牛输精器械

应以酒精球擦洗输精管外壁，再用稀释液冲洗才能使用。

现在生产中使用的牦牛输精器，都是由卡苏输精器演变过来的（图7-34），由枪心、蓝色的塑料一次性套管、无色的一次性长塑料袋组成。枪心的前端可装入细管精液，可更换细管精液、一次性套管、一次性长塑料袋、枪心对多头母牦牛使用，蓝色的塑料套管和最外层装入的无色的长塑料袋都是一次性的，每头母牦牛准备一支。

③精液的准备：新采取的精液，经稀释后必须进行精液品质检查，合乎输精标准时方可用来输精。常温或低温保存的精液，需要升温到35℃左右，镜检活率不低于0.6；冷冻保存的精液解冻后镜检活率不低于0.3，然后按牦牛需要量，装入输精器内输精。

④输精人员的准备：输精员的指甲须剪短磨光，洗涤擦干，用75%酒精消毒，手臂也应严格消毒，并涂以稀释液或生理盐水作为润滑剂。

（2）输精要求。输精量和输入有效精子须视母牛体型大小、胎次、生理状况和精液保存方法而有差异。对体型大、经产、产后配种和子宫松弛的母牛，应适当增加输精量；相反，对体型小、初次配种和空怀的母牛则可适当减少输精量。液态保存精液其输精量一般比冷冻精液多一些，而细管冷冻精液则比颗粒冷冻精液少一些。

适宜输精时间是根据母牛排卵时间并计算进入母牛生殖道内精子获能和具有受精能力的时间来决定。在生产实践中，常用发情鉴定来判定适宜输精时间。青海天峻县牦牛的发情期集中在12~24h，排卵时间大多在发情结束后的12~24h。

输精次数和间隔时间视输精时间与母牛排卵时间的距离和精子在生殖道内具有受精能力时间来决定，以保证活力旺盛的精子和卵子在受精部位相遇。牦牛生产上常用外部观察法来鉴定发情，不易判断排卵的确实时间。因此，在1个情期内采用2次输精，2次输精间隔时间为8~12h，以增加精卵相遇机会，但过多的输精次数是不必要的。

输精部位与受胎率有关，牦牛的子宫颈浅部输精比子宫颈深部输精受胎率低。

在进行直肠把握子宫颈输精时，必须坚持以下3条原则。第一，坚持对每头发情的母牦牛在1个情期内输精2次。若有的母牦牛在2次输精之后仍表现出很强的性欲，则应根据情况再输精1~2次。第二，坚持在母牦牛发情后12~18h输精，即早上和上午发情的母牦牛，当天下午和翌日上午输精。下午和晚间发情的母牛，翌日上午和下午输精。母牦牛一般是在发情终止后的6~12h排卵。第三，接近排卵时输精最佳，坚持插入子宫颈内4~5cm处输精，这样缩短了精子运行的时间，减少了精子能量的消耗，提高了精子的生命力和受精能力。优秀技术人员可采用排卵子宫角输精或两子宫角、子宫体三点式输精。

（3）输精方法。牦牛输精方法有开膣器输精法和直肠把握子宫颈输精法2种。

①开膣器输精法：它是用金属或玻璃开膣器将阴道扩大，借助一定光源（手电筒、额镜、额灯等），寻找子宫颈外口，然后用另一手将输精管插入子宫颈内1~2cm，即可徐徐输入精

液，随后取出输精管及开膣器。此法优点是能直接看到输精管插入子宫颈口内；缺点是操作烦琐，容易引起母牛不适，输精部位浅，受胎率较低，因此目前各地已很少使用。

②直肠把握子宫颈输精法：它是将一手伸入直肠内，排出宿粪，寻找并握住子宫颈外端，压开阴裂，另一只手持输精管插入阴门，先向上倾斜避开尿道口，再转入水平直向子宫颈口，借助进入直肠内的一只手固定和协同动作，将输精管插入子宫颈螺旋皱裂，将精液输入子宫颈内口或子宫体。此法的优点是用具简单，操作安全，不易感染；母牛无痛感刺激，处女牛也可使用；可防止误给妊娠牛输精而引起流产；输精部位深，受胎率较开膣器输精法可提高10%~20%。因此，直肠把握子宫颈输精法被广泛采用（图7-35）。

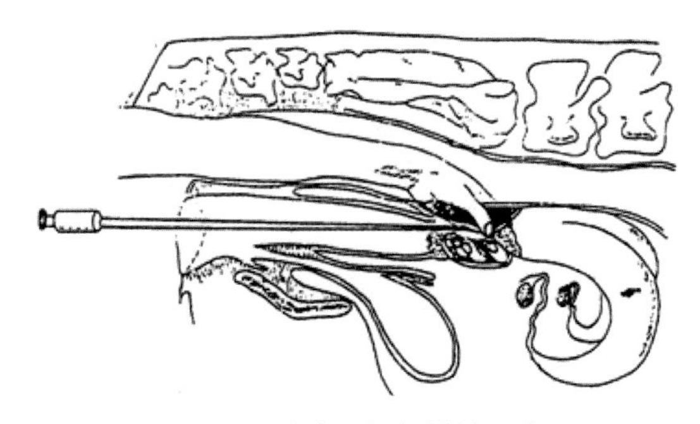

图 7-35　牛直肠把握输精示意图

细管冷冻精液的输精必须使用细管输精器。使用时将解冻的精液细管棉塞端插入输精器推杆深约0.5cm，剪掉细管封口部，外面套上塑料保护套管，拧紧固定圈，使护套固定在输精器上；套管中间用于固定细管的游子，应连同细管轻轻推至塑料套管的顶端，最外面套上无色的长塑料袋，即可准备输精。

（4）影响人工授精受胎率的因素。提高受胎率是实行人工授精的重要目的之一，决定受胎率的主要因素有种公牛精液品质、母牛发情排卵功能、人工授精技术操作质量、输精时间等几个方面。

①精液品质：公牛精液品质的好坏主要反映在精子生活力的强弱上，生活力强的精子，受精能力可保持较长时间，是促进受精、提高受胎率的先决条件。衰弱的精子不容易存活到与卵子相遇的时候，或受精后胚胎发育不正常甚至死亡，从而影响受胎率。

良好的精液品质，除了遗传因素外，主要是对公牛要有合理的饲养管理和配种利用。

公牛的日粮要注意总营养价值和饲养成分的搭配，其中以蛋白质、微量元素和维生素的供给尤其重要，这是提高精液品质的物质基础，无论数量和质量方面，都必须供应充足。此外，保持适当的运动和日光浴，注意牛舍的清洁卫生，合理安排公牛采精频率，对增强公牛体质和健康水平，维持生活力，也都十分重要。

②母牛发情排卵功能：母牛的发情排卵生理功能正常与否影响着卵子的发生和排出、配子的运行、受精以及胚胎发育的进行。生殖功能正常的母牛，才能产生生活力旺盛的卵子，才能把配子运行到受精部位，并顺利经过生理成熟完成受精过程和胚胎的发育。而正常的生殖功能有赖于合理的饲养管理，维持母牛适当的膘情，改善生活环境，给予适当的户外活动和光照，无疑对母牛的发情、排卵、受精和妊娠是重要的。

③人工授精技术水平：人工授精技术不当，是造成不孕的重要原因之一，清洗消毒、采

精、精液处理、输精等各个环节紧密相连，一环扣一环，任何一个环节掌握不好，都可能造成失配或不孕的不良后果。例如，清洁消毒不严会造成精液污染；采精方法和精液处理不当会引起精液品质下降；发情鉴定技术不良和授精方法不当会影响配子受精机会。这些都会降低受胎率，或者造成生殖器官疾病而引起不育。所以，严格遵守人工授精技术操作规程，不断改进技术水平，是保证提高受胎率的重要因素。

④输精时间：选择最适宜的时间输精，才能保证生活力强的精子和卵子在受精部位相遇，才能提高受胎率。如果输精时间过早，由于卵子尚未排出，精子在母牛生殖道停留时间过长而衰老，失去受精能力；相反，如果输精过迟，也因卵子排出后不能及时与精子相遇而衰老丧失受精能力，都会影响母牛受胎效果。此外，适当增加配种次数，采用混合精液输精，以及做好早期妊娠检查防止失配，都有助于提高受胎率。

为了及时准确地检出发情母牛，可用结扎输精管或阴茎移位的公牛作试情公牛，也可用去势的犏牛为试情牛。但简便易行的是用一、二代杂种公牛作试情公牛。杂种公牛本身无生育能力，不需做手术，且性欲旺盛，判断准确。一般每百头母牛配备2~3头试情公牛即可。配种开始后，放牧员一定要跟群放牧，认真观察，及时发现发情母牛。母牦牛发情的外部表现不像普通牛那样明显。发情初期阴道黏膜呈粉红色并有黏液流出，此时不接受尾随的试情公牛的爬跨，经10~15h进入发情盛期，才接受尾随试情公牛爬跨，站立不动，阴道黏膜潮红湿润，阴户充血肿胀，从阴道流出混浊黏稠的黏液。后期阴道黏液呈微黄糊状，阴道黏膜变为淡红色。放牧员或配种员必须熟悉母牦牛发情的特征，准确掌握发情时期的各阶段，以保证适时输精配种。在实践上一般是将当日发情的母牛在晚上收牧时进行第一次输精，翌日早晨出牧前再输精1次，而晚上发情的母牛，翌日早、晚各输精1次。

二、牦牛同期发情技术

利用某些激素制剂人为地控制并调整一群母畜发情周期的进程，使之在预定时间内集中发情的方法称为同期发情。它是20世纪60年代出现的一种家畜繁殖控制技术。利用这项技术可使母畜集中发情、集中配种、集中妊娠、集中分娩，有利于组织生产和管理。同时，也是胚胎移植工作的重要环节。

1. 同期发情的机理

母畜的发情周期，从卵巢的功能和形态变化可分为卵泡期和黄体期2个阶段。卵泡期是在周期性黄体退化血液中黄体酮水平显著下降之后，卵巢中卵泡迅速生长发育，最后成熟并导致排卵，此时母畜在行为上表现性兴奋并出现发情。卵泡期之后，破裂的卵泡发育为黄体，随之出现一段较长时间的黄体期。黄体期内，在黄体分泌黄体酮的作用下，卵泡的发育成熟受到抑制，母畜性行为处于静止状态，不表现发情。在未受精的情况下，黄体维持一定时间之后即行退化，随之出现另一个卵泡期。黄体期的结束是卵泡期到来的前提条件，一旦孕激素的水平降到低限，卵泡即开始迅速生长发育，并表现发情，如孕激素升高到一定水平，即可抑制发情。同期发情技术就是以卵巢和垂体产生的某些激素在母畜发情周期中的作用为理论根据，应用合成的激素制剂和类似物，有意识地干扰母畜自然发情的过程，把发情周期的进程调整到统一的范围之内，人为地造成发情同期化。

现行的同期发情技术通常采取2种途径，一种是给母畜同时施用孕激素，抑制卵巢中卵泡的生长发育和发情，经过一定时期同时停药，随之引起同时发情。另一种是利用前列腺素类药物，使黄体溶解，降低黄体酮水平，从而促使垂体促性腺激素释放，引起发情。

2. 牦牛同期发情的试验

在牦牛本品种改良和应用普通牛冷冻精液杂交改良牦牛的实践中可以发现，普遍存在参配母牛受配率低、受配母牛受胎率低、配种期长等问题。特别是牦牛饲养管理粗放，抓牛比较困难，由于这些条件的限制，致使牦牛的杂交改良进展缓慢。为探索应用同期发情技术，提高牦牛的受配率、受胎率，缩短配种期，减少人力、物力消耗，降低配种成本，从而使牦牛的杂交改良事业向前推进一步，曾在青海、四川、甘肃等牦牛产区进行了试验。

牦牛是季节性繁殖的家畜，它的发情受体况和气温等环境因素的影响比较大。因为许多激素制剂是调节活动期的卵巢，而对停止期的卵巢并不能诱导发育，因此在季节性发情的3~9月份，牦牛的体况、生殖器官处于最佳状态，同期发情处理效果相差不太明显，但如过早或过迟，因气温低、牧草还没有生长好、母牛体况差而导致发情效果不理想。

在青海省环湖地区选用3~10岁营养、体况相近的受体母牦牛352头进行试验，按试验要求随机将青年牛、经产牛分为3组，分别补饲0（对照组）、0.5kg（补饲1组），1kg（补饲2组）饲料，补饲时间为3个月，补饲结束后实施同期发情试验和定时授精，授精后40~60d采用直肠检查法检查受胎情况。同期发情处理采用放置阴道栓和生殖激素注射处理相结合的方法。注射用$PGF_{2\alpha}$（0.5mg/头）、促性腺激素释放激素（GnRH，100μg/头），阴道栓黄体酮含量1g/支。试验处理方案如下：0d开始，放置含量1.9g黄体酮阴道栓，并注射100μg GnRH，第七天，取出黄体酮阴道栓，注射$PGF_{2\alpha}$，第九天，注射100μg GnRH，注射后18~20h实施定时授精，第十一天，通过B超声波诊断，检测排卵情况，授精后45~60d通过直肠检查结合B 超声波诊断检查母牦牛的妊娠情况。对正常发情的或没有表现发情征状但有成熟卵泡发育的隐发情或暗发情的受体母牦牛在同期发情处理后实施定时输精；在受体母牦牛定时授精后分群放牧，提供充足的草料和饮水，补充维生素和矿物质，加强管理，防止流产。受精后40~60d通过B型超声波诊断仪结合直肠检查进行妊娠诊断。经上述程序处理后，结果表明，受体母牦牛补饲1组发情率达到63.33%，受胎率为46.67%；补饲2组发情率达到70.34%，受胎率为57.63%；对照组发情率为42.11%，受胎率为29.82%。说明母牦牛体内的营养储备状况是制约牦牛繁殖率的关键因素，在传统的放牧条件下通过适度补饲能够改善母牦牛的繁殖体况和卵巢功能状态，可明显提高母牦牛的发情率和受胎率。

在四川省红原县选择麦洼牦牛和九龙县九龙牦牛试验。全奶母牦牛为在当年3~5份产犊的健康母牦牛（产后期为60~120d），母牦牛带犊哺乳，每日挤奶1次。半奶母牦牛为在上年度产犊而在本年度未产犊的母牦牛。在自然发情季节中期（8月份），阴道黄体酮栓塞（CIDR）组用放栓枪将CIDR送入母牦牛阴道前庭，7d后每头肌内注射氯前列醇钠（$PGF_{2\alpha}$）0.2mg 和500IU PMSG，然后取出CIDR。如果采用自然交配则将公牦牛放入处理母牦牛群中让其自然交配；如果采用人工授精（AI）则在取出CIDR后48h用荷斯坦牛冷冻精液输精1次。Co-Synch 组母牦牛第一天每头肌内注射GnRH类似物（LRH-A3）25μg（Day 0），第八天肌内注射$PGF_{2\alpha}$ 0.2mg（Day7），第十天人工授精的同时肌内注射1次LRH-A3（Day 9）。结果表明，CIDR 法处理后，全奶麦洼牦牛和九龙牦牛发情率高，发情时间集中，翌年产犊率分别为82.1%和56.4%，分别比对照组提高74.4%和42.9%。半奶牦牛同期发情后，用荷斯坦牛冷冻精液人工授精的受胎率正常，配种效率大幅度提高。结果表明CIDR组和Co-Synch组人工授精的受胎率分别为30%和22.6%，与自然发情后人工授精受胎率（33.3%）相比无显著差异。但是同期发情处理显著提高了人工授精效率，在试验期内，CIDR 组和Co-Synch组分别有30%和22.6%的母牦牛配种（AI）受胎，而自然发情组只有8%的母牦牛配种（AI）受胎。

在甘肃省甘南州玛曲县选择80头母牦牛，随机分为2组，每组40头，在8月份的同一天上午，第一组用前列烯醇（PGF_{2a}）2次注射法，每头肌内注射0.4mg（2支），每隔11 d每头再肌内注射0.4mg（2支），第十八天后观察发情；第二组用CIDR结合雌激素（阴道栓塞激素法），第一天上午放阴道栓，同时肌内注射雌二醇0.2mL（半支）、黄体酮2mL（1支），第七天上午取出阴道栓，同时肌内注射PG0.4mg（2支），第九至第十一天观察发情，因为牦牛发情持续期短，仅为1d，所以第一组第十四天后停止记录，第二组第十至第十二天后停止记录。不论发情头数和同期发情率，还是受胎头数和同期受胎率，第二组明显高于第一组，差异显著，因此可以在同期发情和人工授精技术中应采用阴道栓塞激素法，效果明显，应加以示范和推广。

牛的同期发情技术，国内已有很多试验报道，但是要使这项技术在生产中广泛应用，还有待进一步完善和实用化。由于牦牛产区各种条件的限制，试验开始的时间比较晚，试验的规模也比较小，要使这项技术在牦牛改良上应用并进一步完善，还需要做许多试验研究工作。随着药品的改进，技术程序的简化，这项技术一定会在不久的将来，在牦牛的杂交改良、胚胎移植中发挥重要的作用。

三、牦牛胚胎移植

胚胎移植（Embryo Transfer，ET）是将优秀母牦牛配种后的早期胚胎用手术、非手术的方法取出或者是由体外受精及其他方式获得的胚胎，移植到另一头同种的生理状态相同的母牛体内，使之继续妊娠发育为新个体的技术，所以也称为借腹怀胎。提供胚胎的母牛称为供体（Doner），接受和孕育胚胎的母牛为受体（Recipient）。胚胎移植实际上是生产胚胎的供体母牛和养育后代的受体母牛分工合作，共同繁殖后代。胚胎移植产生的后代，它的遗传特性（基因型）取决于胚胎的双亲，即供体母牛和与之交配的公牛。受体母牛对后代的生产性能影响是很小的。为了使供体母牛多排卵，通常要用促性腺激素处理，促使几个、十几个甚至更多的卵泡发育并排卵，这个处理过程称为超数排卵。因此，国外将常规的胚胎移植称为MOET（Multiple Ovulation and Embryo Transfer），即超数排卵胚胎移植或称为多排卵胚胎移植。

动物胚胎移植的技术操作程序包括：供体母牛的选择和超数排卵处理；受体母牛的选择和同期发情处理；胚胎的采集和检查；胚胎的（冷冻）保存和培养；胚胎移植；受体母牛的妊娠诊断、饲养管理等。

近20年来从胚胎移植衍生出许多高新技术，如非手术法收集和移植牛胚胎，胚胎的超低温保存，胚胎的分割、体外受精以及胚胎性别鉴定等。实际上胚胎移植技术已成为现代生物技术和育种工程的基础环节。特别是Wilmut（1997）体细胞克隆羊——多利（洋娃娃）的诞生，震惊世界，接着体细胞克隆牛、小鼠、山羊陆续获得成功。体细胞克隆的成功，不仅将为人类创造巨大的经济价值，而且在科学研究上具有跨越性的重大意义。胚胎移植技术在牛、羊的发展已步入商业运行和推广。牦牛的胚胎移植在国内外才刚刚起步，还没有进入生产利用阶段。在高寒牧区，特别是对海拔3 000m以上放牧的牦牛，要使超数排卵有效用于牦牛生产实际，需研究提出适宜的超排方案及技术措施。2002年10月中国农业科学院兰州畜牧与兽药研究所牦牛课题组首次成功进行放牧牦牛超数排卵FSH剂量、方法、冲卵、胚胎冷冻等技术试验，3头牦牛获得17枚胚胎，突破牦牛超排领域研究的空白，为生物技术进一步在牦牛研究领域的发展及在野牦牛和白牦牛资源保护和利用上应用此项新技术提供依据。余四九等人2006年进行了天祝白牦牛胚胎移植试验研究，共收集18枚可用胚胎，将其中12枚移植到10头同期发情的受体牦牛，最终妊娠率50%，分娩率40%。在我国牦牛饲养牧区和犏牛、黄牛牧户散养条件下，建立野外处理及胚胎移植规范，研究更为简便、高效的冷冻、解冻方法是把胚胎移植技术应用于资源保护与生产的关键。

1. 同情发情和超数排卵

供体牦牛在发情周期的任一天放置阴道黄体酮栓（CIDR-B，1.9 g黄体酮），记为0d。第五天开始减量注射促卵泡素（FSH），每天2次，共8次，总量为10mg。第七到第八天另外注射PG（氯前列烯醇，宁波激素制造厂）2次，每次5mg。第八天下午撤栓。受体牛分为2组进行实验，10头采用CIDR-B+氯前列烯醇法（组1），除不注射FSH外，程序与供体相同。27头采用PG单次注射法（组2），直肠检查后，确认卵巢有黄体的牦牛注射PG 4mg。

超数排卵还可使用PVP（Polyvinnylpyrrolidone，聚乙烯吡咯烷酮）+FSH。FSH的超排效果虽然优于PMSG，但因其半衰期短，必须进行多次注射方能起作用，程序烦琐。由于PVP是大分子聚合物（分子量为40 000~700 000），用PVP作为FSH的载体，和FSH混合后注射，可使FSH缓慢释放，从而延长FSH的作用时间，一次性注射FSH即可达到超排的目的，大大简化了注射程序，特别对放牧牦牛减少了追抓注射困难及对牦牛产生不利影响。在经产母牛发情周期的9~13d间，将8~9mg FSH溶解于10mL 30% PVPK-30（分子量为40 000），一次肌内注射，第七天非手术法采集胚胎，将FSH溶于PVP载体中一次注射，可用于家畜的超排，但PVP的最佳分子量和浓度等，均待进一步试验研究。

2. 发情观察和人工授精

将佩戴试情布的成年公牛（试情牛）与试验牛群合群饲养，每天跟群观察母牦牛的发情情况。如果发现其被公牦牛跟随并爬跨，则认为该母牦牛发情。供体牦牛采用人工授精技术，于发情的当天下午和翌日早晨输精2次。

3. 胚胎收集

人工授精后的第七或第八天，用非手术法回收胚胎。冲胚前仔细检查卵巢的黄体数并记录，冲胚液（mPBS）自制，置于37℃水浴锅中待用；准备冲胚管、集卵杯等冲胚器械。供体牛保定后，首先肌内注射2%静松灵注射液0.5mL，然后在第一、第二尾椎骨间用2%普鲁卡因注射液2~3mL作硬膜外麻醉。左手在直肠把握子宫，右手将冲胚管经子宫颈放入一侧子宫角的合适部位后给气球充气15~20mL（图7-36），接通冲胚管和集卵杯，集卵杯放入保温瓶中（37℃），冲胚管固定后抽出钢芯，开始灌流冲胚液。每次进液30~50mL，反复冲8~10次，每侧总进液量为500mL，冲完一侧后再冲另一侧。全部冲完后，供体牛注射PG 4 mg，以溶解黄体使其进入发情周期。

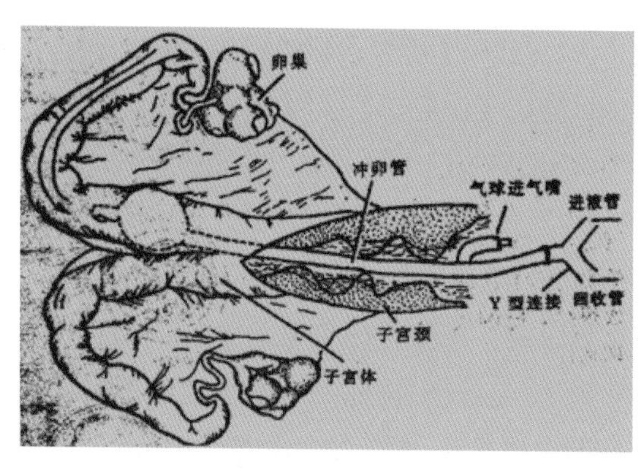

图7-36　牦牛冲卵方法示意

4. 胚胎的分级

冲胚结束后，迅速将集卵杯拿回实验室，用20mL注射器反复冲洗滤网，然后在体视显微镜下检胚。可用胚胎一般分为A级、B级和C级3个等级。

①A级：胚胎形态完整，轮廓清晰，呈球形，分裂球大小均匀、结构紧凑，色调和透明度适中，无附着的细胞和液泡或很少，比例<10%。

②B级：轮廓清晰，色调及细胞密度良好，可见到一些附着的细胞和液泡，变性细胞占10%~30%。

③C级：轮廓不清晰，色调发暗，结构较松散，游离的细胞或液泡较多，变性细胞达30%~50%。

胚胎的等级划分还应考虑到受精卵的发育程度。发情后第七天回收的受精卵在正常发育时应处于致密桑葚胚至囊胚阶段。凡在16细胞以下的受精卵及变性细胞超过一半的胚胎均属等外胚，如果胚胎还有一小团致密的内细胞存活，胚胎就可能有发育的能力，但受胎率低。图7-37为不同发育阶段的正常胚胎和不正常胚胎。

5. 胚胎装管

选择符合要求的B级以上的胚胎，检出的胚胎在mPBS中冲洗2~3遍后移入洁净的培养皿中，胚胎吸入0.25mL细管，通常1根细管装入1枚胚胎。0.25mL塑料细管，3段液体

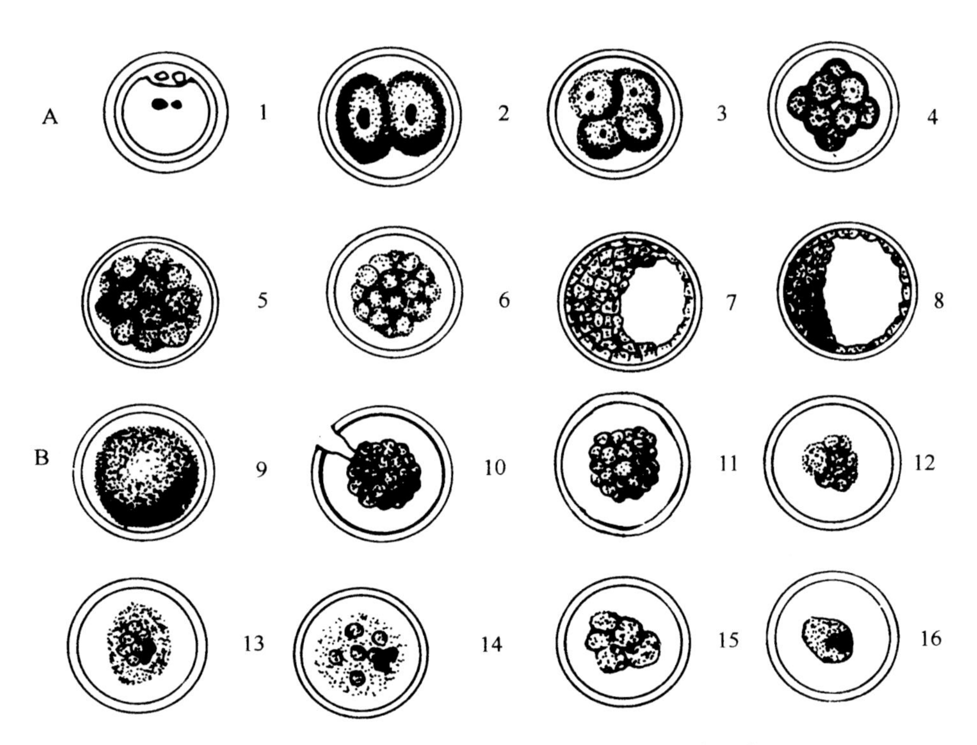

图7-37 不同发育阶段的正常胚胎和不正常胚胎

1. 雄原核、雌原核结合；2. 二细胞期；3. 四细胞期；4. 八细胞期；5. 密集桑葚胚；6. 桑葚胚；7. 囊胚；8. 扩张囊胚；9. 未受精卵；10. 透明带破损；11. 透明带椭圆；12~16. 退化变性胚

A为正常胚胎；B为不正常胚胎

夹2段空气，中段放胚胎（图7-38）。胚胎的位置可稍靠近出口端，以便于推出。

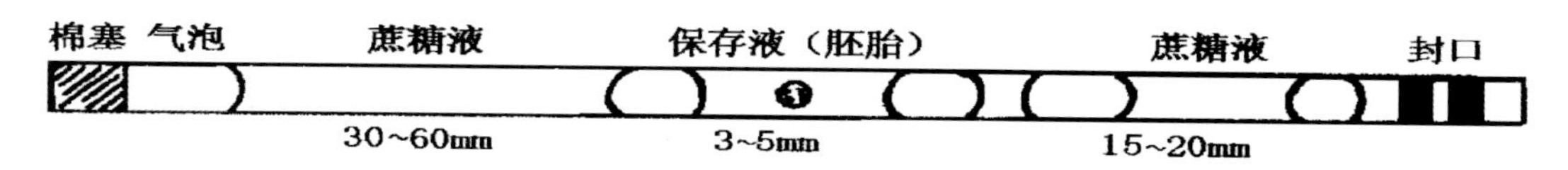

图7-38　一步吸管法装管示意

6. 移植操作

将胚胎细管装入有外膜的胚胎移植枪。移植前检查受体牛的黄体，黄体应基部充实，一般最大直径处约为1.5cm。受体母牛麻醉用1.5~3mL利多卡因注射液作硬膜外鞘注射，用0.3~1mL静松灵注射液全身镇静。移植操作时，彻底消毒外阴，拨开受体母牛阴唇，插入移植器至子宫颈外口时伸入操作手，顶开阴道保护鞘或保护膜，轻缓地通过子宫颈进入移植侧（黄体侧），移植器行至大弯或更深部位时，缓慢地推动钢芯将胚胎注入。

牦牛胚胎移植技术的成功和利用，将对牦牛独特的遗传资源开发与保护利用，具有重要的价值。同时，对牦牛种间杂交生产肉用、奶用犏牛具有生产推广前景。

四、体外受精技术

体外受精（In Vitro Fertilization，IVF）是指在体外环境完成精卵结合的过程。动物个体的发生源于卵子和精子受精过程的完成，一切能使受精卵数量增加的技术手段将是提高动物繁殖率的有效措施，而体外受精技术就是这些措施当中最为有效的技术之一。这项技术成功于20世纪50年代，在最近20年发展迅速，现已日趋成熟而成为一项重要而常规的动物繁殖生物技术。由于它的出现，可望解决胚胎移植所需胚胎的生产成本及来源匮乏等关键问题，并能为动物克隆和转基因等其他配子与胚胎生物技术提供丰富的实验材料和必要的研究手段，故体外受精技术一直是近10余年来的研究热点。从狭义上讲，体外受精是指将动物受精过程中的精卵结合在体外环境下完成的一种现象，包括自然条件下的体外受精（两栖类和鱼类的正常生殖过程）和人为培养条件下的体外受精（哺乳动物）。因此，通常所指的体外受精技术，即为将哺乳动物的精子和卵子置于适宜的培养条件下使之完成受精的一种技术。由于正常受精过程的完成需要一个完全成熟的卵子和一个获得受精能力的精子，且在受精后需对受精卵进行培养才能发育成为一个可移植的胚胎。因此，从广义上讲，体外受精技术又包含卵母细胞的体外成熟培养和受精卵的体外培养两项密切相关的技术。

体外受精技术是研究家畜受精生物学和胚胎工程学的重要技术手段，青海省畜牧兽医科学院罗晓林，甘肃农业大学何俊峰，中国农业科学院兰州畜牧与兽药研究所阎萍、许保增，西南民族大学字向东等先后开展了牦牛体外受精的研究，阎萍等在屠宰场采集乏情期的母牦牛卵巢，抽吸卵丘－卵母细胞复合体（COC），采用M199液中添加FSH、LH、17-β雌二醇（E_2）、胎牛血清（FBS）等成分作为成熟培养液，在39℃、5%CO_2及饱和湿度的条件下进行体外成熟（IVM），使牦牛COC的体外成熟率为71.1%~81.3%。该研究以BO液中添加牛血清白蛋白（BSA）、肝素和咖啡因为获能液，用上游法开展牦牛精子体外获能后，与体外成熟的牦牛COC进行体外受精（IVF），受精后卵裂率为33.3%~49.3%。字向东等以TCM199液为基础液配制IVM液和IVF液、人工合成输卵管液（SOF）为基础液配制体外获能液（用Percoll密度梯度离心法）和胚胎培养液（IVC）开展牦牛体外受精以及牦牛与普通牛异种体外受精也获得了成功，且卵裂率和囊胚率有了明显提高。

体外生产胚胎由多个步骤组成，包括卵母细胞成熟、精子获能、卵母细胞受精和受精后的体外胚胎培养。

1. 卵母细胞体外成熟培养

用于体外受精的卵母细胞主要有以下2个来源。

（1）屠宰场卵巢。从屠宰场采集卵巢保存在30~35℃条件下，运回实验室，吸取2~6mm直径的卵泡，国外报道较好的结果是1头牛的卵巢可生产15~20枚可用胚胎。我国目前牦牛屠宰母牛的卵巢卵母细胞的遗传品质和资料都不清楚，故此来源的卵母细胞，仅作为研究用，其胚胎不能用于生产。

（2）活体取卵母细胞。20世纪80年代末至90年代初，利用超声波（成年母牛、马、马鹿等）或腹腔镜（犊牛或羊等）引导经阴道穿刺采卵，吸取有腔卵泡中的卵母细胞的技术问世，这项技术与屠宰后动物卵巢取卵相比，称为活体取卵（Ovum Pick-up，OPU）较为恰当，也有些国家将此技术称为阴道穿刺采卵（Transvaginal Recovery，TVR）。这项技术的操作需要将B超主机连接一个阴道穿刺探头，穿刺针管路连接真空泵和一个收集管。术者用直肠把握的方式将探头插入阴道子宫颈一侧穹隆部，在直肠内的手将卵巢拿起，紧贴在探头所在的部位，在B超屏幕上所显示的卵泡位置进行穿刺而将卵泡及卵母细胞抽出。使用肝素等抗凝和使用一次性短针头、控制适当的真空压等措施可提高采卵率。活体取卵技术作为超数排卵的替代方法，母牛可每周采2次，重复数月，1头牛1年可生产100枚左右可用胚胎，是超数排卵（25~30枚／头·年）的数倍；优秀母牛可以用更多的种公牛交配组合，胚胎的遗传来源清楚；犊牛、青年牛、产后母牛、妊娠前3~4个月的牛都可用于采集卵母细胞，进一步缩短了世代间隔。

（3）卵母细胞成熟培养。选择卵丘细胞完整、形态良好的卵母细胞进行成熟培养。培养条件是39℃、5%CO_2，卵母细胞在培养皿液滴内培养约24h。体外成熟最常用的培养液是含有Earle氏盐成分的组织培养液199（TCM199），添加有颗粒细胞、促性腺激素、雌二醇、丙酮酸钠、胎牛血清（FCS）、阉牛或发情牛血清，还可添加生长因子，如EGF和IGF-

Ⅰ，以促进卵母细胞的成熟。

（4）牦牛卵母细胞成熟的判定。培养后卵母细胞用含0.1%透明质酸酶的mPBS液消化除去卵丘细胞，将得到的裸卵在实体显微镜下观察，排出第一极体（Pb1）的卵母细胞定义为成熟，否则认为未成熟。

2. 体外受精

在体外受精过程中，要使精子获能并保持精子和卵母细胞的活力，不同种的动物使用的受精液不同。牛最常用的受精液是TALP（Tyrode's Albuminlactate Pyruvatemedium），由Tyrode液添加白蛋白、乳酸和丙酮酸组成，再选择添加肝素、牛磺酸、肾上腺素、青霉素、咖啡因、钙离子载体（Lonophore A 23187，IA）等。BO液（Brackett和OlipHant's definedmedium）在牛、羊、兔等动物体外受精上使用也较广泛。精液一般要经离心洗涤处理，有些动物的精子还需要预孵处理。图7-39牦牛体外受精示意。

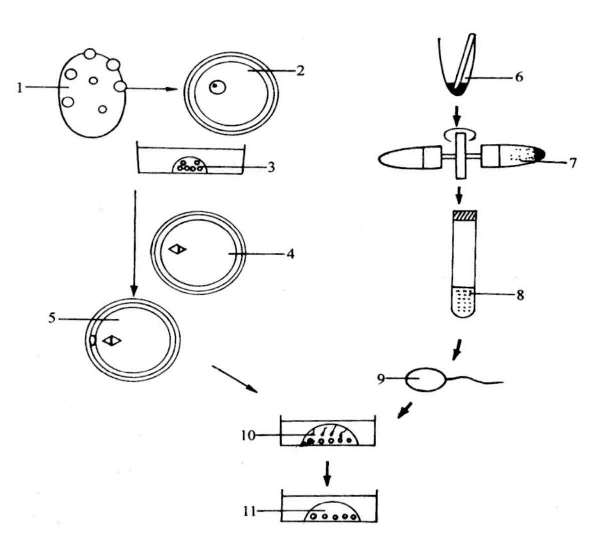

图7-39 牦牛体外受精示意

1.卵巢 2.GV期卵母细胞 3.卵母细胞成熟培养 4.MI期卵母细胞 5.MII期卵母细胞 6.精液解冻 7.精子离心洗涤 8.精子获能处理 9.获能精子 10.体外受精 11.胚胎培养

（1）精子体外获能的主要途径。早期人们采用体内获能方法，即精子从交配母畜的子宫中冲取，再与卵子受精。以后主要采用高离子强度（高渗透压）处理法、高pH处理法、钙离子载体（IA）法、肝素处理法、咖啡因处理法以及添加牛卵泡液（BFF）、猪卵泡液（PFF）、子宫液、输卵管液等。一般认为，凡能促使钙离子进入精子顶体和使精子内部pH升高的刺激，均可诱发获能。现在普遍采用肝素处理法和钙离子载体法。

①肝素处理法：First和Parrish（1988）发现，牛精子体内获能的活性物质是存在于发情期输卵管液中的氨基多糖（Glycosaminoglycans，GAGs），GAGs可促进精子对钙离子的吸取，从而诱发顶体反应，GAGs诱发精子体外获能有赖于其硫酸化。肝素是硫酸化程度最高的GAG，其作用最强。自从Parrish（1984）最早报道用肝素诱导牛精子体外获能以来，已在牛、猪、山羊、绵羊、马和驴的精子获能中得到了广泛的应用，其重复性和成功率之高是其他方法所不及的。一般认为，肝素的浓度以10~20μg/mL为宜，处理时间为5~60min，如再加入咖啡因，还可提高获能效果。肝素对精子获能的作用机制目前尚不十分明确，可能

是肝素与精子顶体帽结合，改变精子膜结构，促使精子吸收钙离子，从而诱发顶体反应，并激活顶体酶，最后导致精子获能。

②钙离子载体法：Yanagimachi等（1974）发现精子的顶体反应是一个钙离子依赖过程。他们利用钙离子载体（Ionophore A 23187，IA）与钙离子形成复合加咖啡因，则获能效果更好。咖啡因的浓度因畜种不同而异，牛为2~10mmol/L。离子载体保存液的配制方法如下：DMSO与乙醇（3 ：1）的混合液作为溶媒，将离子载体A23187按5.23g/L的浓度进行溶解（10nM保存液）。用离子载体处理前先将精子洗涤，然后将精子浓度调整至25×10^6个精子/mL，分装到试管中，每试管1mL。用微量吸管吸5μL离子载体保存液，移入加有蒸馏水的小试管（1×7cm）中，用电磁式搅拌器进行搅拌。蒸馏水量用于牛精子为2 495μL。也就是说，处理牛精子时钙离子载体浓度为0.1μmol/L稀释后的离子载体保存液加进精子悬浮液中。在1mL精子悬浮液中加5μL稀释的离子载体液，立即启动秒表，把试管在两手掌中急速回转，使内容物充分混合。用离子载体处理牛精子时为0.5~1min。处理后在试管内精子悬浮液中加入含有BSA 20mg/mL的BO液1mL。上述操作最好是在暗处进行。据旭日干（1993）报道，4种常用的获能处理方法及其受精率如下：①B液＋咖啡因+BSA预培养（Kajihara等，1987），受精率63%~89.7%；②BO+咖啡因+IA→+BSA（Hanad，1985），受精率为94.1%；③BO液＋咖啡因→BO+BSA+肝素（Parrish等，1985），受精率为91.8%；④Swim-up（上游法）+肝素（Parrish等，1986），受精率75.3%。

（2）获能精子的特征及检测。精子获能后将发生一系列明显变化，主要表现为获能精子的代谢量显著增加，尤其是呼吸能增加明显，氧摄入量增加2~4倍。另一个显著变化是运动方式改变，即出现超活化运动（Hyperactivation）。最后是发生顶体反应，即顶体帽部分的质膜和顶体外膜在多处发生融合，呈现出顶体帽区膜泡状化。为了确切判断精子获能与否，快速检测获能精子便备受人们的关注。目前采用的检测方法有以下几种。

①运动方式的测定：利用显微镜、显微录像机、记录仪、监控电视以及自动控制系统（计算机）等观察、记录、分析精子的运动方式，以确定精子是否获能以及获能精子的多少，但在定量分析方面尚有一定困难。

②顶体反应的检测：利用电镜技术观察精子的超微结构，若发现精子头部质膜与顶体外膜泡状化，或仅残存顶体内膜，便可准确判断精子发生了顶体反应。但此法成本高，制片繁琐，难以实施。利用三重染色技术（Triplestain Technique，TST）对精子顶体进行染色并在光镜下观察，可以区分出真顶体反应、假顶体反应、无顶体反应的活精子和无顶体反应的死精子四类精子。该法优点是无需昂贵的设备，操作不复杂，但不足之处在于有可能将一部分固定染色前已死亡的真顶体反应精子误判为假顶体反应精子。

（3）卵子的体外受精。体外受精就是将获能精子与成熟卵子置于受精液中共同培养，使之完成受精过程。受精液与获能液常为同一种培养液。

影响体外受精的因素很多，如卵母细胞的成熟、精子的获能、精子浓度、精卵相互作用时间、培养液成分以及受精时温度等。目前体外受精的具体做法是：选用受精处理基础液，如TALP、BO液等，并备有苯甲酸钠咖啡因、BSA。首先将5μL离子载体（或肝素）处理过的精子悬浮液置于灭菌塑料培养皿或多孔试验板上，然后把经过高压蒸汽灭菌处理过的石蜡油慢慢注入培养皿中，再追加95μL精子悬浮液，最后制成0.1mL的球状液滴，并确认液滴表面完全被矿物油覆盖。从成熟培养后的卵母细胞中选取外形正常且卵丘细胞层明显扩展的卵母细胞，以10~15个为一组缓缓移入精子悬浮液滴中。受精培养是静置在CO_2培养箱内进行的，直至精子进入卵子结束时为止。

3. 体外培养

经过体外受精后的受精卵（早期胚胎）目前普遍采用方法是体外共同培养系统，将体外受精卵与输卵管上皮细胞、颗粒细胞、子宫上皮细胞、肾细胞、成纤维细胞等体细胞共同培养，其中尤以牛输卵管上皮细胞（Bovine Oviduct Epithelial Cells，BOEC）、颗粒细胞（CCs）共同培养系统效果最好。

（1）输卵管细胞共同体外培养系统。目前输卵管细胞共同培养主要有2种方式，一种是将早期胚胎与事先制做的输卵管上皮细胞单层共同培养；另一种是将输卵管细胞用M199+20%FCS培养，每24h收集一次培养液，离心调pH至7.4，再以0.22μm孔径的滤膜过滤，制成条件培养液，用于培养早期胚胎。同样，用下列3种培养液M199+20%ECS、牛的条件培养液（类似于牛输卵管上皮细胞单层）与含20%FCS的M199共同培养系统以及牛的条件培养液，对牛的体外受精卵进行培养，7d后发育至桑葚胚和囊胚的发育率分别为15.9%、28.2%和32.3%。用牛输卵管上皮细胞与牛受精卵共同培养，其卵裂率、桑葚胚和囊胚出现率分别为63%、59.5%和54%。

（2）颗粒细胞共同体外培养系统。将颗粒细胞从卵泡中吸出来后，悬浮于与卵母细胞体外成熟培养相同的培养液中，制成颗粒细胞单层（GCM）培养系统。将体外受精卵移入GCM中，在与体外成熟相同的环境下继续培养5~7d，牛的体外受精卵发育至囊胚的比例可达45.1%。除了利用体细胞进行共同培养外，也可使用无任何体细胞的单纯培养液进行培养，常用的培养液主要有添加5%FCS的TCM199、合成输卵管液（SOF）、添加BSA和氨基酸的培养液等。尽管上述几种培养方式在培养体外受精卵发育至囊胚的比例上差异不大，但是体外培养系统培养的胚胎质量劣于体内培养系统，尤其是经过冷冻保存、解冻并移植后的妊娠率，体外培养系统一般仅20%~40%，而体内培养系统可达60%~70%；不过，体外培养系统培养出的胚胎作鲜胚移植时，妊娠率可达50%~60%。

（3）体外培养系统。体外受精的完成需要一个有利于精子和卵子存活的培养系统。目前用于卵母细胞体外成熟的培养系统主要有以下2种。

微滴法：这是一种应用最广的培养系统。具体做法是在培养皿中用受精液做成20~30μL的微滴，上覆矿物油，然后每滴放入10~20枚卵母细胞及获能处理的精子1×10^6~1.5×10^6个/mL，在培养箱中孵育6~24h。该法的优点是受精液及精液的用量均较少，体外受精的效果也较好。

四孔培养法：该法是采用四孔培养板作为体外受精的器皿，每孔加入500μL受精液和100~150枚体外成熟的卵母细胞，然后加入获能处理的精子1×10^6~1.5×10^6个/mL，在培养箱中孵育6~24h。该法的优点是操作相对比较简单，但受精效果不如微滴法稳定。

4. 体外受精胚胎质量的检测与评价

胚胎质量的检测和正确评价是胚胎移植成功的关键。单纯从胚胎形态学检查还难以确定胚胎的活力。至今胚胎质量检测包括主观指标（形态学评定）和数量指标（胚胎发育的细胞数量）2个方面。在实际工作中，用于胚胎质量评价的主要指标有形状、色泽、细胞数量及紧凑程度（指桑葚胚）、卵黄间隙、退化细胞数以及囊胚腔的大小等。Mannaets等（1986）、Picard等（1986）、Ushijima等（1988）报道，体外培养发育的胚胎细胞数平均为：早期囊胚100个，囊胚120个，扩张囊胚160个。Fukui等（1989）证明体外发育的囊胚细胞数在100~150个之间，与体内发育相类似。Kajihara等（1988）发现随着胚龄的增加，体外培养胚胎的细胞数也随之增加。Eber和Papaioannou指出，胚胎细胞数是胚胎活力的一个有效指标；Wurth等（1988）称体内囊胚随细胞数减少，其质量下降。

其具体检测方法有以下2种。

（1）囊胚固定和染色法。将检测的囊胚置于1%柠檬酸钠溶液中清洗1min，然后移入固定液（冰醋酸：酒精为1：3）内固定24h，最后用含1%Lacmoid的醋酸（45%）溶液染色，镜检。

（2）囊胚免疫检测法。先用2.5%的透明质酸酶（Haase）溶解囊胚的透明带，再将细胞团在CM液（T-199+10%OCS发情母牛血清）中清洗3~5次，接着将细胞团置于抗血清磷酸盐缓冲液（1 ：5，无钙、镁离子）中，培养30min。然后在含5%OCS的PBS液中清洗3~5次，再置于1cm的免疫抗血清（1份抗血清+16份蒸馏水）中，培养30min，使其只剩下内细胞团。再将其置于含5%OCS的PBS中清洗3~5次。最后按上述方法固定，染色，镜检。

上述两种方法不能进行活体检测，只能作为对某一种体外培养方法的评价。

5. 发展前景和存在的问题

体外生产胚胎系统与母畜体内生产胚胎相比，可用胚胎的比例仍较低，经选择的卵母细胞仅有20%~30%可发育到囊胚期，而且这些胚胎移植后，存活率低于体内来源的胚胎。

体外胚胎生产方法对细胞、亚细胞生理的影响，最终影响胚胎和胎儿发育的机理还未完全弄清楚。

虽然多种动物的体外受精已获成功，由于繁殖季节、经济价值和市场需求等方面的原因，牛的体外受精研究和应用最多。牛体外受精技术已日趋成熟，新鲜胚胎的移植妊娠率可达到50%~60%，而冷冻胚胎的妊娠率仅为鲜胚的一半甚至更低，这说明体外受精的胚胎与体内生产的胚胎还是有差别，主要是体外受精胚胎含脂滴多，线粒体形态也有差异。因此，体外受精的培养系统还需要改进和完善，以提高胚胎生产效率、耐冻能力和移植受胎率。目前趋向使用限定和半限定的培养液，减少血清的使用，尤其是在受精和受精卵早期发育时。未来的体外受精有可能发展成为从卵母细胞成熟到胚胎冷冻都用计算机和机器人控制的生产线，甚至使用经性别鉴定的精子，使用单精子注射的方法受精。牦牛体外受精技术也将随之不断提高。

五、牦牛的细胞核移植

1. 细胞核移植

细胞核移植（Nuclear Transfer），也有称体细胞克隆。“克隆”是英语“clone”的音译，为扩增复制之意，是分子生物学研究中经常提到的名词，如分子克隆、基因克隆等。此名词用在动物繁殖上指无性繁殖，即不经两性结合，个体就可不断地增殖，复制出外形、性能和基因型一致的个体，就像用复印机复印文件一样，所以克隆动物亦可说是“复制”动物。

随着哺乳动物体细胞核移植产物多莉羊（Dolly）的出生，各国生物科学家对哺乳动物核移植产生了前所未有的浓厚兴趣。在1996年克隆羊多莉出生后短短的几年时间里，普通牛、山羊、水牛、小鼠等主要畜种的体细胞核移植也相继获得成功。为了保护濒危动物，人们对哺乳动物的异种克隆更是倍加推崇。1999年，中国科学院陈大元先生首次将大熊猫体细胞核移植到去核兔卵母细胞，获得的异种重构胚成功发育到囊胚。2006年，中国农业大学李彦欣等将牦牛耳成纤维细胞、颗粒细胞和输卵管细胞，分别作为供核细胞移入去核普通牛卵母细胞中，牦牛与普通牛异种重构胚经体外培养后均获得了早期囊胚（囊胚率为35%），将108枚异种克隆牦牛胚胎移植给38头普通牛（20头荷斯坦牛，18头黄牛），其中有23头受体牛返情期延迟，60d后直肠检查确认2头受体（黄牛）妊娠，但在移植后120d内妊娠终止。该研究虽然没有产下牦牛与普通牛异种体细胞核移植的后代，但结果足以证明在这两个物种间可以成功开展异种体细胞核移植。

2. 细胞核移植技术

细胞核移植技术是指将一个动物细胞的细胞核移植至去核的卵母细胞中，产生与供细胞核动物的遗传成分一样的动物的技术（图7-40）。

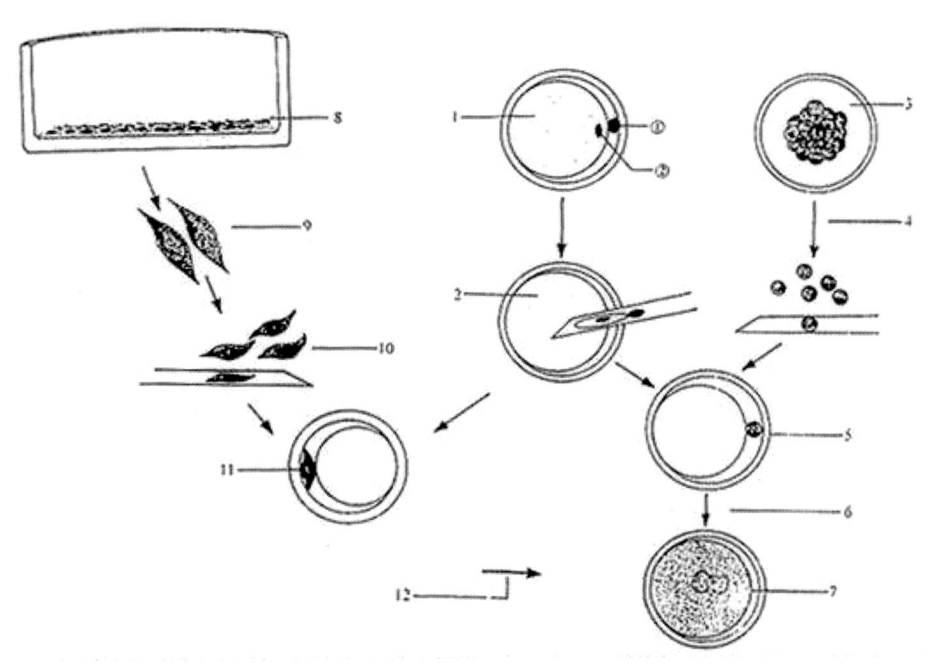

图 7-40　动物克隆技术线路示意

（引自《家畜繁殖学》（第六版），2015）

1. 受体卵母细胞；①第一极体；② M Ⅱ期纺锤体；2. 去核（去除第一极体和纺锤体）；3. 供体胚胎；4. 供体胚胎卵裂球的分离；5. 向去核卵母细胞移入单个卵裂球；6. 融合和激活；7. 新合子；8. 体细胞的传代培养；9.GO 或 GI 期体细胞；10. 用于核移植的体细胞；11. 移核；12. 融合和激活

3. 体细胞核移植的关键环节

由于体细胞和受精卵一样都含有全部的遗传信息，因此从理论上来讲，从体细胞获得完整的动物个体是完全可行的。但是由于动物细胞高度分化，它是否仍然保持发育的全能性一直是学术界关注的问题。为了证明分化后的动物体细胞是有全能性的，科学家们进行了大量的试验。最初科学家们的工作是从胚胎细胞的核移植开始的，在成功地进行了数例胚胎细胞核移植之后科学家们即着手进行体细胞的核移植试验，研究人员发现克隆动物的成功与否取决于以下几个关键性的问题。

（1）核移植是否成功。核移植过程中要首先分离得到供体细胞和作为受体的卵细胞。卵细胞在显微镜下去核后，将单个的供体细胞核注射到去核卵细胞的透明质下，在仙台病毒的介导或电脉冲作用下，两者发出融合，得到重组的卵细胞。试验表明电脉冲法比仙台病毒介导的细胞融合更为有效。

（2）要取处在适当发育阶段及细胞周期的受体和供体细胞。转核法的研究对象最早是两栖动物，目前已经知道两栖动物的囊胚细胞核、蝌蚪的肠上皮细胞核和成体红细胞核均能用于核移植。在哺乳动物中，已经证明发育到8细胞和16细胞的卵裂球细胞可以用作核供体，而克隆绵羊多莉的诞生则表明乳腺细胞也可以用作核供体。

细胞周期也可对核移植试验产生影响。当受体细胞与供体细胞处于细胞周期中的同一时期时，核移植成功的机率最大。另外，受体细胞周期中所处的时间对转核试验成功与否的影响要大于供体细胞所处的时间的影响。试验表明，无论是供体细胞还是受体细胞，选取G_2期进行核移植的效果都较好。G_2期细胞作为受体较好的原因可能是在G_2期细胞核已完全恢复了转录，因而具有较强的发育潜力。

Wilmut 等人在研究中还发现，转核试验能否成功还与细胞诱导分裂成熟的因子（Maturatin/Mitosis/Meiosis Promoting Factor，MPF）的活性有关。试验表明MPF的活性高则核膜崩解（Nuclear Envelope Break Down，NEBD），而核膜的完整性对控制DNA的复制至关重要，如果能够维持核膜的完整性，那么细胞核内的染色体能够正常复制，从而可以保证融合细胞具有正常的活性。他们证明MPF活性下降的速度对融合卵细胞的发育潜力会产生显著的影响，MPF活性下降速度越快，则发育潜力越大。

（3）卵细胞中的大分子物质。卵细胞中的大分子物质，如RNA、蛋白质等对核移植能否成功起决定性的作用。虽然作用时间很短，但融合卵细胞正是在这段时间内要完成基因组的重新组织（Reorganization）。分化程度越高的细胞的核植入卵细胞后，其重新组织越难完成。这也就是多年以来人们对高度分化的动物细胞是否具有全能性一直存在争议的重要原因。

克隆羊的诞生从理论上证明了已分化的动物细胞是具有全能性的，在适当条件下，通过基因组的重新组织就可能发育成新的个体。这对发育生物学、遗传学理论的深入发展必将产生重大的影响。从实际应用的角度讲，克隆动物技术的成熟对于动物资源的种质保存，尽可能多地保存地球生物圈内的生物多样性具有重要意义，这在基因已成为世界各国都在竭力争取的宝贵资源的今天，具有很重大的意义。克隆动物对培育优良物种也有重要的意义。爱丁堡药物蛋白有限公司之所以会投资资助克隆羊项目的研究也是因为他们认为转基因技术与克隆技术相结合可以快速培育出能够大量生产人类所急需的蛋白药物的优良品种。现在人们认为，克隆动物至少可以从生产移植器官、培育优良畜禽品种、利用动物作为生产反应器生产药物和提供试验动物等方面造福人类。

第四节　提高牦牛繁殖力的技术措施

繁殖力（Fertility）是牦牛维持正常繁殖功能、生育后代的能力。对于种畜来说，繁殖力就是它的生产力。繁殖力是反映牦牛生产水平最重要的指标，不断提高繁殖力，是发展牦牛生产的关键措施，也是从事牦牛科学研究要解决的重大课题。牦牛的繁殖力受遗传、环境和管理等因素影响，其中环境和管理包括季节、光照、温度、营养、配种技术等。除上述因素外，现代生物技术的应用也会提高繁殖力。

一、表示牦牛繁殖力的几项主要指标

表示牦牛繁殖力的指标很多，现将几项主要指标分述如下。

1. 受配率

受配率是受配母牛占参配母牛的比例。在公、母比例合适，公牛配种能力正常的条件下，这项指标取决于母牛的发情率。也可以说这项指标是反映母牛发情率的指标。受配率可用下式表示：

受配率 = 受配母牛数/参配母牛数 ×100%

2. 受胎率

受胎率（Conception Rate，CR）是妊娠母牛数占受配母牛数的比例。这项指标是由公牛的质量、精液品质和人工授精技术决定的。

受胎率 = 妊娠母牛数/受配母牛数

可根据生产、科研和其他需要选择情期受胎率、第一次情期受胎率、总受胎率。其计算方法和结果都不同。

3. 繁殖成活率

是本年度育成的犊牛数（一般是到6月龄）占上年参配母牛数的比例。它是牦牛繁殖的一项综合指标，受配率、受胎率、产犊率和犊牛成活率对这项指标都有影响。

繁殖成活率 = 本年度育成的犊牛数/上年参加配种的母牛数 ×100%

4. 繁殖率

繁殖率（Reproductive Rate）通常是指本年度内出生犊牛数占上年度终（或本年度初）存栏适繁母畜数的百分率，主要反映畜群增殖效率。

繁殖率 = 本年度内出生犊牛数/上年度终存栏适繁母牛数 ×100%

5. 流产率

是指流产的母牛头数占受胎的母牛头数的百分率。

流产率 = 流产母牛头数/受胎母牛头数 ×100%

6. 犊牛成活率

指出生后3个月时犊牛成活数占产活犊牛数百分率。

犊牛成活率 = 生后3个月犊牛成活数/总产活犊牛数 ×100%

除此之外，还有空怀率、产犊间隔等，在一定情况下都能反映出繁殖力和生产管理技术水平。

二、牦牛群繁殖的现状

根据研究报道，牦牛的繁殖成活率为40%~60%，即每100头成年繁殖母牛，饲养1年只能育成40~60头犊牛。如果以繁殖母牛占35%，死亡率占3%计算，总增率为11%~18%。这一数据基本上可以代表牦牛主要产区繁殖力的现状。牦牛1年1胎者较少，多数是2年1胎和3年2胎。有人对898头麦洼牦牛的调查统计，1年1胎者占28.84%（259/898），2年1胎者占51.34%（461/898），3年1胎者占19.82%（178/898）。四川红原县统计，1976—1980年共有适繁母牦牛499头（占牦牛总头数的39.1%），平均繁殖成活率为43.8%。四川九龙牦牛，1979年普查鉴定适繁母牦牛2 149头，公、母比为1 ：21，共产犊1 470头，繁殖率为68.4%，6月龄成活犊牛1 328头，繁殖成活率为61.8%。2003—2005年对2 042头青海高原型母牦牛从繁育状况和繁殖母牛体况的调查发现，母牦牛4~5岁初产占45.5%，5~6岁初产占25.15%，3~4岁初产占22.75%。3年来平均繁殖率为48.61%，犊牛平均成活率为65.73%，牦牛平均繁活率为32.07%，母牦牛年平均可产0.4~0.48胎，其中2年1胎（牙日玛）的占88.84%，3年1胎（干巴）的占9.51%，而1年1胎（青麻）仅占1.65%。

三、影响牦牛繁殖的若干因素

牦牛所处的生态环境和饲养管理条件是影响牦牛繁殖的最主要因素。另外，犊牛的断奶时间和断奶方式、牛群的健康状况对繁殖都有一定的影响。

1. 牦牛遗传改良方式落后

由于牦牛产区自然环境条件的限制，主要是牧户牧养，牦牛饲养牛场少，选育和繁育手段落后，牦牛群中普遍采取自繁自育和自然交配的繁育模式，重养轻选育。牦牛人工授精站难以建立，人工授精在牦牛遗传改良中的使用屈指可数，大多以自然交配为主，良种的利用受到极大地限制，严重影响了牦牛遗传改良工作的开展。再加之短时间内，草地畜牧业仍然摆脱不了靠天养畜的被动局面，使得生产效益不高，导致牧民收入低，缺乏用于生产性投入的资金。另一方面，随着气候恶化、水源枯竭、草地沙化、自然灾害频繁与人口不断增加、牦牛存栏量增加之间的矛盾也日益突出，由于季节营养不平衡的制约，生产上存在着冬春草地严重不够，夏秋草地利用不充分的问题，牦牛表现出“夏壮、秋肥、冬瘦、春乏”的典型动态变化，尤其在冷季消耗体重甚多，导致的损失每年达数亿元，也影响着牦牛的繁殖力。

2. 良种繁育体系基础薄弱

牦牛由于分布区域广泛，环境条件严酷，改良工作与其他牛种相比难度大，不同地方品种的数量、结构、分布以及供种能力的情况难以统一规划和推进。缺乏对种公牛进行科学的选拔、培育、调运和交流，随意在亲代中留种，近亲繁殖严重，无序繁殖致使牦牛畜群平均生产力和繁殖力下降。在品种培育、改良及良种体系的规划、布局、建设等项工作中缺少详实的依据，也给指导生产和遗传改良带来困难。另外，良种繁育体系与牦牛区域生产不配套，种牛场寥寥无几、空缺断层。牦牛遗传改良进程相对滞后和缓慢，繁殖力低。

3. 牦牛科技发展相对滞后

相比较其他地区而言，牦牛产区牧民的文化水平普遍较低，他们对新的思想和观念接触很少，接受也很慢，表现出商品观念淡薄，改造传统落后生产方式的迫切性不强，所以直接导致了科技对牦牛业发展支撑能力的低下，新的科技知识也难以推广应用，这就给实施草场的合理利用及保护、牦牛的科学饲养等带来了很大难度。另外，由于牦牛科技发展相对滞后，科技对牦牛产业发展的支撑力度弱，缺少促进产业发展的关键技术的研究，成果不多，转化和推广力度也不大。

4. 生产管理方式传统

饲养技术传统，牦牛混群放牧，饲草供给不足和营养匮乏，繁殖母牦牛过度挤奶导致犊牛营养不良、未完全发育的母牦牛提前繁殖、带犊母牦牛缺乏营养补充，导致部分牦牛个体日渐减小、生产性能日渐降低、抗病抗灾能力日渐减弱，阻碍了牦牛产业的健康发展。生产周期较长，商品意识薄弱，牧民对牦牛的惜杀吝售，导致牦牛周转缓慢，牛群结构不合理，能繁母牛比例过低，老龄牛比例增高，出栏率低，商品率不高，限制了市场的发展，最终使得市场发育滞后，流通不畅，影响牦牛的生产能力，难以将畜产品转化为商品，以提高收入。

牛群的健康状况对繁殖也有一定的影响，内外寄生虫病，生殖器官疾病，布氏杆菌病，支原体病，以及其它疾病等也都不同程度的影响牦牛的繁殖。

四、提高牦牛繁殖力的途径

1. 牦牛生产单位的经验

在1970—1980年间甘肃省山丹军马场和青海省皇城乡东滩村在提高牦牛繁殖率方面所取得的经验归纳如下。

第一，抓好放牧管理，坚持早出晚归，保证牦牛有较长的放牧时间，使牛群早日复壮、发情。

第二，适度挤奶，兼顾犊牛培育，3—4月份产犊的母牛，待吃饱青草时再挤奶，牧草枯黄后不挤奶或少挤奶，使犊牛能吃到适量母乳，保证正常生长发育。

第三，坚持年年整群，淘汰流产、低产、母性不强以及患病的母牛，选留生长发育好、体质健壮的后备母牛，提高牛群质量。

第四，在产犊季节，精心培育犊牛，做好疾病的预防和治疗，严防丢失、狼害等事故发生。

第五，配备体质好、性欲旺盛、配种能力强的壮龄公牛，公、母比例为1∶15~20，保证获得较高的受配率和受胎率。

2. 繁育管理方面

（1）加强牦牛饲养管理，确保母牦牛繁殖生理正常。饲养管理的好坏，直接影响牦牛的生产性能。合理解决高山草原牧草生产与牦牛生产之间的季节不平衡，在牦牛生产中主要是在冷季保持最低数量的牛群，以减轻冷季牧场和补饲所需饲料的压力，使冷季牧场的贮草量（加上补饲）与牛群的需草量大致平衡。在暖季，充分发挥由牦牛直接利用暖季内牧草的生长优势，合理组织四季放牧，从而在发情配种季节使母牦牛具有适当的膘情，保证正常的发情生理功能，促进牦牛正常发情和配种。

（2）加强选种，选择繁殖力高的优良公、母牦牛进行配种。选种就是选择基因型优秀的个体进行繁殖，以增加后代群体中高产基因的组合频率。牦牛群其遗传性生产潜力的高低，取决于高产基因型在群体中的存在比例。从生物学特性和经济效益考虑，对本品种选育核心群或人工授精用的公牦牛，要严格要求，进行后裔测定或观察其后代品质。对选育核心群的母牦牛，要拟定选育指标，突出重要性状，不断留优去劣，使群体在外貌、生产性能上具有较好的一致性。有计划、有目的、有措施的选择繁殖力高的优良公、母牦牛进行繁殖，既可提高牦牛的繁殖性能，又可通过不断选种，累积有利于人类的经济性状或高产基因，可以培育出新的类群或品种。开展品系繁育和杂交改良的有机结合，不断提高牦牛品种的质量。

（3）保证生产优良品种的精液。优良牦牛品种的精液是保证受精和早期胚胎发育的重要条件。因此，在生产中对种公牛的选择、饲养管理和使用，都要制定严格的制度。对精液品质进行检查时，不仅要注意精子的活率、密度，还要做精子形态方面的分析，这种分析既可发现某些只通过一般的活力检查所不能发现的精子形态缺陷，也可借助精液中精子形态的分析，了解和诊断公牛生殖功能方面的某些障碍。在发情母牦牛输精前，都要对精液品质做检查，以保证精液的质量。

（4）准确的发情鉴定和适时输精。准确掌握母牛发情的客观规律，适时配种，是提高受胎率的关键。母牦牛的发情，具有普通牛种的一般征状，但不如普通牛种明显、强烈。相互爬跨、阴道黏液流出量、兴奋性等均不如普通牛种母牛。一般来说，输精或自然交配距排卵的时间越近受胎率越高。准确的发情鉴定是做到适时输精的重要保证。牦牛的发情鉴定主要采用外部观察法，输精技术主要采取直肠把握子宫颈授精法。牦牛的人工授精技术要求严格、细致、准确，消毒工作要彻底，严格遵守技术操作规程。

（5）调整牛群结构，增加繁殖母牛的比例，提高总增率。总增率是反映整个牛群增殖效率的指标，在保持饲养头数不变的条件下，总增率等于出栏率。因此，要提高出栏率，就必须提高总增率。合理的牛群结构，应当是在保证牛群正常周转的情况下，取得最好的经济效益。生产母牛是牛群中最主要的生产者，生育犊牛和生产牛奶全靠它，创造的产值也最多。因此，应尽可能扩大繁殖母牛在牛群中的比例，这是使牛群结构趋向合理，向商品生产转化的重要措施，也是提高总增率的重要途径。其次是加强犊牛培育，缩短育成牛的饲养年限，使育成母牛到2.5岁时能配种投产。育成的公犍牛，也要加强饲养和培育，尽早出栏，加速牛群周转，尽量压缩育成牛在牛群中的比例。尽量减少驮牛的饲养量。繁殖母牛比例，可以由现在的35%左右，提高到50%~55%，个别地方甚至可以达到60%。

（6）新生犊的护理及病犊的抢治。在高寒牧区，受生态条件的制约，母牦牛在7~9月份发情受胎最多；翌年3~5月份大批产犊，在气温还很寒冷的情况下，如何接好犊、防好病、提高成活率很关键。牦牛犊出生后，常呈现各种病态，如能及时抢救，多数能愈，否则会很快死亡。

（7）加速对新繁殖技术的试验研究和推广。随着牦牛业的不断发展，一直沿用传统的繁殖方法将不能适应新时代的要求，因而必须对家畜的繁殖理论和科学的繁殖方法不断地进行深入探讨与创新，用人工的方法改变或调整其自然方式，达到对家畜的整个繁殖过程进行全面有效的控制目的。目前，国内外从母牛的性成熟、发情、配种、妊娠、分娩，直到幼畜的断奶和培育等各个繁殖环节陆续出现了一系列的控制技术，如人工授精（配种控制）、同期发情（发情控制）、胚胎移植（妊娠控制）、诱发分娩（分娩控制）、精子分离（性别控制）以及精液冷冻（冻精控制），这些技术进一步的研究和应用将大大提高牦牛的繁殖效率。

8

第八章　牦牛的饲养管理

我国牦牛饲养管理水平和技术措施，受牦牛分布地区生态环境条件、传统生产方式及生产者的科学文化水平、生产技能、风俗习惯，乃至宗教信仰等因素的制约和影响。总体而言，由于青藏高原严酷的自然生态环境、社会、历史条件等因素影响，牦牛生产长期处于落后状态，较少进行补饲，主要依靠天然草场维持营养需求。

第一节　牦牛的营养需要

牦牛的生长和肥育需要能量、蛋白质、矿物质、维生素及微量元素等多种营养物质，缺乏其中任何一种或者相互之间的配比不恰当，都会造成牦牛的生长或肥育受阻。根据牦牛对营养物质的需求，可划分为维持需要和生产需要。维持需要一般指牦牛将吸收的营养物质用于心跳、呼吸、内分泌及维持体温恒定等正常生命活动的营养需要；生产需要指牦牛用于生长和增加体重的需要。只有在满足维持需要的前提下，牦牛才能将剩余的营养物质用于生产需要。不同性别和生产阶段的牦牛对维持需要和生产需要的要求差异较大，在生产中要依据实际情况进行合理搭配，以达到高效生产和快速肥育的目的。

一、能量需要

饲草料的能量水平影响牦牛的生产性能及体内营养物质的吸收利用。研究显示，冷季补饲能量饲料优于补饲蛋白质饲料，表明处于冷季的牦牛对能量的需求更为重要。

1. 能量单位

我国肉牛饲养标准将肉牛综合净能值以肉牛能量单位表示，并以1kg中等玉米（干物质88.5%、粗蛋白质8.6%、粗纤维2%、粗灰分1.4%，每千克干物质中含消化能16.40MJ，Km=0.6214，Kf=0.4619，Kmf=0.5573，每千克干物质中NEmf=9.13MJ）所含的综合净能值8.08MJ作为一个肉牛能量单位（RND）。

2. 生长肥育牦牛的能量需要

关于成年牛每日每千克代谢体重（$W^{0.75}$）的基础代谢，现公认奶牛为293 kJ，肉牛为322 kJ。根据国内牦牛绝食呼吸测热试验，维持净能为272 kJ，各年龄代谢值低于ARC（1980）整理的资料，说明牦牛每千克$W^{0.75}$每天的散热量低于其他牛种，推测牦牛在海拔3 000~6 000m，处于缺氧环境和高寒草场冬春季严重缺草环境的适应性调节。当环境温度高于14℃时，牦牛的体温、心率及呼吸频率明显升高，认为生长牦牛绝食期等热区为8~14℃。引起产热升高的最低临界温度为-20℃，这两者均低于其他牛种。国内研究指出，生长牦牛基础代谢值为920 $W^{0.52}$（kJ/d）。

二、蛋白质需要

随着反刍动物蛋白质营养研究的不断深入，发现传统的粗蛋白质或可消化粗蛋白质体系不能完全反应反刍动物蛋白质消化代谢的实质，且不易准确指导生产实践。传统的粗蛋白质体系的主要缺点有以下五个方面：一是没有反映出日粮的蛋白质在瘤胃中降解和非降解的部分；二是没有反映出日粮的降解蛋白质转化为瘤胃微生物蛋白质的效率，以及微生物蛋白质的合成量；三是没有反应出进入小肠的日粮非降解蛋白质和微生物蛋白质的量；四是进而无法确定进入小肠的氨基酸量和各种氨基酸的比例；五是由于没有考虑到瘤胃微生物的产生量，当用全粪收集法评定日粮消化率时往往偏高或者偏低。

1. 小肠蛋白质的评定

小肠蛋白质＝饲料瘤胃非降解蛋白质＋瘤胃微生物蛋白质

饲料瘤胃非降解蛋白质＝饲料蛋白质—饲料瘤胃降解蛋白质

小肠可消化蛋白质＝小肠蛋白质 × 小肠消化率＝（饲料瘤胃非降解蛋白质＋瘤胃微生物蛋白质）× 小肠消化率

饲料蛋白质瘤胃降解率可采用瘤胃尼龙袋法或者持续动态人工瘤胃法进行评定。

2. 瘤胃微生物蛋白质合成量的评定

目前，对微生物蛋白质合成量的评定方法有两种：一种是通过饲料瘤胃降解蛋白质进行评定；另一种是通过瘤胃可发酵有机物进行评定。

饲料的小肠可消化蛋白质＝（饲料瘤胃降解蛋白质 × 降解蛋白质转化为微生物蛋白质的效率 × 微生物蛋白质的小肠消化率）＋（饲料非降解蛋白质 × 小肠消化率）

3. 瘤胃能氮平衡

瘤胃能氮平衡（RENB）＝用瘤胃可发酵有机物（FOM）评定出的微生物蛋白质量－用瘤胃降解蛋白质（RDP）评定的瘤胃微生物蛋白质量。若结果为正值，说明瘤胃能量有富余；如果结果为零，表明平衡良好；若为负值则表明应增加瘤胃中的能量。根据瘤胃能氮平衡的结果，能量有富余，可以利用添加非蛋白氮的方法增加小肠可消化蛋白质的含量。

三、矿物质需要

1. 钙、磷

钙和磷是牦牛体内含量最多的矿物质，约99%的钙和80%的磷存在于骨骼和牙齿中。钙、磷的适宜比例为1~2：1。饲料中钙、磷不足或者比例不恰当时，牛只食欲减退，生长不良，犊牦牛易患佝偻病，成年牦牛易患软骨症。

影响钙、磷吸收利用的因素很多，饲料中钙含量、牦牛年龄及生理状态均影响钙的吸收利用。随着年龄的增长，钙的吸收率降低；牦牛在妊娠和泌乳阶段可提高钙的吸收；消化道

（十二指肠）呈碱性或者中性会降低对钙、磷的吸收；钙和磷的比例、脂肪过多均影响钙吸收；饲料供应的钙过多，会因为拮抗作用而影响锌、锰、铜的吸收利用。

一般豆科牧草中含钙较多，而禾本科牧草和谷类籽实中相对缺乏钙。在以作物秸秆为主的日粮中常需要补加钙、磷。牦牛补钙多用石粉，补磷多用磷酸氢钙等。饼粕、麦麸中磷含量丰富，但大多以植酸磷形式存在，牦牛对植物磷的利用率高达90%，但幼龄牦牛由于瘤胃功能发育不健全，对植物磷的利用率仅为35%左右。

2. 钠、氯

钠和氯一般用食盐补充。钠和氯是胃液的组成成分，与消化功能有关，对维持机体渗透压和酸碱平衡具有重要作用。补给钠和氯的常用方法是按照精饲料量混合0.5%~1%的食盐，或者按照日粮中干物质量加0.25%的食盐；或用盐和其他元素配制加工成矿物质舔砖，让牦牛自由舔食。

植物饲料一般含钠量低，含钾量高，青粗饲料更为明显，钾能促进钠的排出，所以放牧牦牛的食盐需求量高于饲喂干饲料的牦牛，饲喂高粗饲料日粮耗盐多于高精饲料日粮。

3. 镁

体内约有65%的镁存在于骨骼中，镁还是许多酶系统的活化剂，对肌肉和神经系统的正常活动也非常重要。牦牛在早春大量采食青草时，可能产生缺镁痉挛症，表现为神经过敏和肌肉痉挛。一般植物性饲料中所含的镁可以满足牦牛的需要。

4. 硫

硫是构成蛋氨酸、胱氨酸等含硫氨基酸的组成成分，还是瘤胃微生物消化纤维素、利用非蛋白氮和合成B族维生素所必需的元素。一般蛋白质饲料含硫丰富，而青玉米、块根类含硫量低。在以尿素为氮源或饲喂氨化秸秆、秸秆日粮时易产生缺硫现象，需补充含硫添加剂。

5. 钾

生长、肥育牦牛对钾的需求量为日粮干物质的0.6%~1.5%，青粗饲料含有充足的钾，但不少精饲料的含钾量不足，故饲喂高精饲料日粮有可能缺钾。犊牛生长期钾的含量为0.58%时最佳。日粮中钾含量降低会影响牦牛的采食量。

6. 铁

铁主要和造血功能有关。牦牛缺铁会产生贫血症，食欲减退，体重下降，犊牛更为敏感，会发生严重的临床贫血症。通过给泌乳母牛饲喂富含铁的饲料，并不能增加乳汁中铁的含量，同时如果铁摄入过量，会引起磷的利用率下降，导致软骨症，补铁可以使用硫酸亚铁、氯化亚铁等。

7. 锌

锌对牦牛的生长发育和繁殖具有重要作用，特别是对公牦牛的繁殖力。缺锌时，牦牛生长受阻，皮肤溃烂，被毛脱落，公牛睾丸发育不良。锌与其他矿物质元素存在拮抗作用，日粮中铁、钙、铜过高会抑制锌的吸收。青草、糠麸、饼粕类含锌较高，玉米和高粱含锌较低，补锌常用硫酸锌、氧化锌、醋酸锌等。

8. 硒

硒参与谷胱甘肽过氧化酶的合成，参与机体的抗氧化功能，还对牦牛的繁殖有影响。母牛缺硒可引起繁殖功能失常，造成受胎率低、早期胚胎吸收和胎衣不下，犊牛表现白肌病。硒过量也会导致牦牛中毒，且中毒量和正常量之间相差不大。中毒表现症状为消瘦、脱毛、瞎眼、麻痹和死亡。碱性土壤中硒呈水溶性化合物，易被植物吸收，而酸性土壤地区的犊牛易患白肌病。补硒时，可将亚硒酸钠加入矿物质食盐中供牦牛舔食，补充量按每千克日粮干物质补充0.1mg。

9. 铜

铜对血红素和骨骼的形成、毛发的生长具有重要作用。缺乏铜的主要症状包括贫血症、骨质疏松等。牦牛缺乏铜会导致被毛干燥、易脱落，有时表现明显的颜色变化，皮毛由黑色变为暗褐色。一般饲料中含铜丰富，但长期在缺铜草场上放牧的牦牛可出现铜缺乏症。补铜可使用硫酸铜和氯化铜。

10. 碘

碘是甲状腺的重要组成成分。碘参与牦牛的基础代谢，可活化100多种酶，缺碘可引起甲状腺肿大，妊娠母牦牛出现死胎、弱胎，犊牛及母牦牛的卵巢功能及繁殖性能受损。补碘可使用碘化钾、碘酸钾等。碘化钾可按每100kg体重添加0.46~0.6mg。

11. 钴

钴被瘤胃微生物利用合成维生素B_{12}。缺钴表现为食欲不振，成年牦牛形体消瘦，伴有贫血现象。牦牛对钴的需要量为0.07~0.1mg/kg饲料干物质。缺钴地区可通过向每100kg食盐中混入60g硫酸钴进行补饲，牦牛体内钴含量过高能降低其他微量元素的吸收率。

12. 锰

锰参与骨骼的形成、性激素和某些酶的合成。大多数青粗饲料和糠麸类含锰丰富，而高精饲料容易缺锰。饲料中缺锰时容易造成犊牛关节增大、僵硬、腿弯曲、体弱且骨骼短小；公牦牛精子异常；母牦牛排卵不规律，受胎率低，妊娠母牦牛易流产。牦牛饲草料中锰的适宜含量为40mg/kg。当饲草料中钙、磷比例上升时，锰的需要量会增加。缺锰时可使用氧化锰、硫酸锰和碳酸锰进行补充。

四、维生素的需要

维生素是牦牛维持正常生产性能和健康所必需的营养物质。有充分证据说明，瘤胃微生物能够合成B族维生素及维生素K。牦牛本身也能合成维生素C，无需从饲料中供应。就牦牛而言，需从饲草料中供给的维生素只有维生素A、维生素D、维生素E三种。但犊牛必须从饲草料中获得各种维生素，优质牧草可以提供维生素A和维生素D。随着牦牛生产性能的提高及牦牛集约化养殖，饲草料中精饲料比例的增加以及加工过程中对维生素的破坏，添加水溶性维生素对提高牦牛的生产性能、增强免疫和减少疾病的发生有显著作用。

1. 维生素A

哺乳期犊牦牛可从母乳中获取维生素A，断奶后可由饲草料中获得的β－胡萝卜素再转化成维生素A。维生素A维持正常的视觉、上皮组织的健全、骨骼的生长发育和繁殖功能。维生素A缺乏的主要特征是夜盲症和上皮组织角化症。研究发现，适量的维生素A和β－胡萝卜素对公牦牛的内分泌调节、生殖器官的生长发育及精液品质都有显著影响，能促进母牦牛性成熟、受胎率和正常的繁殖功能。青绿饲料中含有β－胡萝卜素，而且颜色越绿含量越丰富。天旱少雨，缺乏青绿饲料时牦牛易出现维生素A缺乏症。

2. 维生素D

维生素D包括维生素D_2和维生素D_3，前者是植物体内的麦角固醇经紫外线照射而产生，后者是牦牛皮肤中的7－脱氢胆固醇经日光紫外线照射后形成的。维生素D与机体内钙、磷代谢有密切关系，缺乏时幼年牦牛易患佝偻病，成年牦牛易患骨软症、食欲减退、生长缓慢、消化功能紊乱等。

3. 维生素E

维生素E在牦牛体内具有广泛的生物学作用，补充适宜的维生素E可以增强牦牛繁殖功能，减少乳房炎和胎衣不下等症状的发生。维生素E和硒联合使用能够起到更为显著的效果。牦牛妊娠后期饲草料中同时添加维生素E和硒能够提高初乳的产乳量，增强犊牦牛的被动免疫和促进生长。维生素E在饲料中分布十分广泛，正常饲养条件下的牦牛能够从饲草料中获取足量的维生素E，而且由于饲草料中易氧化的不饱和脂肪酸在瘤胃中受到加氢作用，对维生素E的需要量较少。一般认为犊牦牛维生素E的需要为每千克饲草料干物质15~16 IU，成年牦牛的正常饲草料中含有足够的维生素E。

4. 烟酸

烟酸可促进瘤胃微生物合成蛋白质，这可能是由于烟酸能够提高瘤胃中丙酸浓度，使乙酸和丁酸浓度降低的结果。

5. 硫胺素（维生素B_1）

硫胺素有维护牦牛中枢神经系统正常功能、影响某些氨基酸的转氨作用和机体脂肪合成能力的作用。缺乏硫胺素的典型症状是肌肉运动失调、进行性失明、痉挛和死亡等。

6. 维生素B_{12}

维生素B_{12}对维持牦牛的正常营养、促进上皮的正常增生、加速红细胞的生成、保持神经系统髓磷脂正常功能有重要作用。缺乏维生素B_{12}会降低牦牛对纤维素的消化率。维生素B_{12}的合成需要微量元素钴的参与，成年牦牛可以利用钴合成自身需要的维生素B_{12}，但幼龄牦牛瘤胃功能尚不健全，需在饲草料中添加。瘤胃发育之前的犊牦牛需要补充B族维生素。

五、水的需要

水在牦牛体内主要参与饲料的消化吸收、粪便排出和体温调节。水的需要量受牦牛的体重、环境温度、生产性能、饲草料类型和采食量的影响。当饮用水内含盐量超过1%时，就会使牦牛中毒。在4℃之内，牦牛的需水量较为恒定，夏天饮水量增加，冬季饮水量减少。牦牛冬季的饮用水要保持在10℃左右，有条件的地方最好饮用温水，以减少饲料的损耗。在实际生产过程中，最好给牦牛提供充足的饮水，让牛只自由饮用。夏天天气炎热，饮水不足可造成牦牛不能及时散热，有效调节体温。

第二节　牦牛的饲养管理

饲养管理是提高牦牛生产水平，获得更高经济效益的重要环节。任何优良品种，都必须在科学的饲养管理条件下，才能充分发挥其生产潜力。如饲养粗放，管理不当，不仅难以发挥其生产潜力，而且容易造成牦牛体质衰退，严重时甚至能丧失繁殖能力。

一、牦牛舍饲条件饲养管理原则

1. 科学配制日粮，满足牦牛的营养需要

在生产中，犊牦牛要及早放牧或补饲植物性饲料，以促进前胃的发育和前胃功能的完善、提高身体素质和对外界环境的适应能力。为生长期牦牛提供尽可能多的粗饲料，补饲少量精饲料，促进骨架的发育，降低饲养成本。肥育牦牛则采用高精饲料日粮快速肥育，缩短饲养周期，提高出栏率和商品率。

牦牛补饲要做到“四定”，即定时、定量、定序、定人。定时，就是根据每天的饲喂次数，将补饲时间固定在一天的某几个阶段，时间相对固定，不要随意更改。定量，就是按饲养要求，确定每天的饲喂量，一般精饲料用量在某一阶段是不变的，粗饲料可酌情放开，少喂勤添，真正做到使每头牛都能吃饱饮足。喂料顺序也应确定，一般采用先粗后精再饮水的做法，饲喂顺序确定以后也不要随意变动。

2. 加强兽医卫生，做好牦牛的防疫检疫工作

制订牦牛舍及牦牛场的清洁消毒计划，减少病原微生物，控制疾病的发生。制订科学规范的免疫规程，并严格遵循，及时做好疾病防治，防止疾病特别是传染病的发生。对断奶犊

牦牛和肥育前的架子牛要进行驱虫，并保持牛体清洁，定期称重和测量体尺，做好记录工作。

3. 科学饲养管理，提高生产水平

生产中牧工或饲养员要做到“五看五注意”，即看牦牛采食注意其食欲好坏；看牛肚子注意其是否吃饱；看牛动态注意其精神状态；看牛粪便注意其消化状况；看牛反刍注意异常发生，发现异常情况要及时与专业技术人员联系。做好夏季的防暑降温和冬季的防寒保暖工作。夏季要加大通风，定时饮水。冬季有条件的合作社和牧户可采取牦牛暖棚过冬补饲，条件不允许的牧户要创造条件为牦牛进行防寒保暖，如加高圈墙、加厚垫料、饮用温水等。棚圈内湿度要控制在75%左右。加强运动，运动有利于牦牛的新陈代谢，促进消化，增强对外界环境急剧变化的适应能力，防止牛体质衰退和肢蹄疾病的发生。对于母牦牛，适度运动能有效预防难产的发生。对于公牦牛，运动更是一项非常重要的管理措施，能提高公牦牛体质和精液品质。

二、牦牛的管理

1. 牦牛的系留管理

放牧牦牛归牧以后将其系留于圈内，使其在夜间安静休息，不相互追逐和随意游走，减少体力消耗，不仅有利于提高生产性能，而且便于补饲、挤奶及开展防疫等其他工作。

（1）系留圈地的选择。系留圈地随牧场利用计划或季节而搬迁。一般选择接近水源、向阳干燥、略有坡度或有利于排水的场地，或者牧草生长差的河床沙地等。暖季气温高的月份，圈地应该设置在通风凉爽的高山或者河滩干燥地区，有利于放牧和抓膘。

（2）系留圈地的布局。系留圈地上要布以拴系绳，一般每头牛平均2m，在栓系绳上按不同类别的牦牛按一定间隔距离（表8-1）系上小的拴系绳，然后与牦牛颈部的公扣连接完成栓系。母牦牛和幼年牦牛拴系绳的长度为40~50cm，驮牛和犏牛为50~60cm，拴系绳多为毛绳。

表8-1　不同类别牦牛拴系绳的间隔距离

牦牛类别	有角母牦牛（m）	无角母牦牛（m）	犊牦牛（m）	驮牛（m）
拴系间隔	1.9~2.2	1.8~2	1.7~1.9	2.5~3

注：引自《牦牛藏羊绿色标准化生产技术》，杨勤、刘汉丽主编，2010年。

拴系绳在圈地上的布局多采用正方环形系留圈，也有长方并列系留圈，但没有前者使用广泛，系留绳之间的间隔为5m。

牦牛在栓系圈地上的栓系位置是按照不同年龄、性别及行为等来确定的，在远离牧民居住帐篷的一边，拴系体大力强的驮牛及暴躁机警的初胎牛，加上不拴系的公牦牛，均在圈外担当护群任务，兽害不易进入牛群。母牦牛及犊牛在相对邻近的位置拴系，以便于挤奶时放开犊牛吸吮。牛只的拴系位置确定后，不论迁圈与否，每次拴系时不要随意打乱。

图 8-1　牦牛的拴系管理

（3）拴系方法。在牦牛颈上拴系有带有小木杠的颈部拴系绳，小木杠用坚硬的木料削成，长约10cm，当牛只站立或牵入其栓系位置后，将颈部拴系绳上的小木杠套结于小拴系绳（母扣）上即拴系妥当（图8-1）。

2. 剪毛

牦牛一般在6月中旬进行剪毛，因气候、牛只膘情、劳力等因素影响可稍作提前或者推后。按照驮牛、阉牛、成年公牦牛、育成牛、干奶牛及带犊母牛的顺序进行剪毛，对患有皮肤病（如疥癣）的牦牛应留在最后进行，临产母牛应在产后2周进行，患有其他疾病的牛只则应在其恢复健康以后进行剪毛。

牦牛剪毛要及时准备工具、安排人力。按照劳动力状况分组进行，抓捕保定组、剪毛（或抓绒）组和毛绒整理装运组等各组分工合作，相互协作，有条不紊地进行。所剪的毛（绒）应该按照种类、色泽分类整理和打包。

图 8-2　牦牛的剪毛

当天剪毛的牛群，早晨不出牧也不进行补饲。剪毛时要动作温柔，轻捉轻保定，避免大声呵斥、剧烈追捕、拥挤和保定时弄伤牛只。牛只抓捕保定以后，要迅速进行剪毛，一头牛的剪毛时间最好不要超过15min，为此可两人同剪（图8-2）。兽医师可利用剪毛的时机对牛只进行检查、防疫注射等，对患有疾病或剪毛时不慎剪伤的牛只要予以及时治疗。

牦牛尾毛每两年修剪1次，修剪时于尾部末端处留一股长毛，以便牦牛驱蚊。驮牛为防止鞍伤，不宜修剪鬐甲或背部的被毛，母牦牛乳房周围的绒毛留茬要高或者留少量不剪，以防止乳房受风寒龟裂和蚊虫骚扰。乏弱牦牛仅剪体躯的长毛（裙毛）及尾毛，其余留作御寒，以防止天气突变而发生冻死冻伤。

3. 去势

牦牛性成熟晚，去势年龄比黄牛要迟，一般在2~3岁，过早去势会影响牦牛生长，阉牦牛与同龄公牦牛活重比较见表8-2所示。如果管理妥当或有围栏草场时，可以不进行去势。

表8-2 阉牦牛与同龄公牦牛活重比较

牛别	各年龄牦牛活重（kg）				
	1.5岁	2岁	2.5岁	3岁	5.5岁
阉牦牛	176.6	198.1	246.8	266.0	409.0
公牦牛	217.9	222.1	313.2	311.0	463.7

注：引自《牦牛藏羊绿色标准化生产技术》，杨勤、刘汉丽主编，2010年。

牦牛去势一般在每年5—6月份进行，此时气候温暖，蚊蝇少，有利于伤口的愈合，并为暖季放牧肥育打好基础。去势时手术要迅速进行，牛只保定时间不宜过长，术后要缓慢出牧，不能剧烈驱赶，并在术后一周注意观察，如发现有出血、感染化脓时应及时救治。

近年来，国内外有非手术的提睾去势法（又称人工隐睾），是将牦牛保定以后，尽量将睾丸挤到阴囊上端，使其紧贴腹部，然后用弹性好的橡皮圈套住阴囊下端，使睾丸不能再下降，这种方法使睾丸紧贴腹部，其温度升高致使精子不能成活，生理上达到去势的目的。但因雄性睾丸依然存在，故生长速度比摘取睾丸的阉牦牛要快。采用提睾去势的公牛仍然有性欲，可以用作试情公牛。

三、种用公牦牛的饲养管理

种公牦牛放牧管理的好坏，不仅直接影响当年配种和翌年的任务，而且也影响后代的质量，种公牛的选择对整个牦牛群的改良利用方面有着重要作用。俗话说“母牛管一窝，公牛管一坡”，这足以说明公牛在牛群管理中的重要作用，但优良公牛优异性状的遗传和利用效率只有在良好的放牧管理条件下才能充分显示出来。牦牛一般采用自然交配的方法，种用公牦牛在牛群中占的比例大，在配种季节公牦牛昼夜追随发情母牦牛，且公牦牛之间相互打斗，体力消耗大而持续时间长，至配种结束，往往体弱膘差。另外，公牦牛在放牧过程中，采食及卧息时间比母牦牛少，游走和站立时间长，种用公牦牛的这些特点在放牧过程中应予以重视。

牦牛配种一般在6—10月份，在配种季节，种用公牦牛容易乱跑，昼夜跟随发情母牦牛，造成其采食时间减少，体力消耗大，无法获取足够的营养物质来补充消耗的能量。因此，在配种季节，对性欲旺盛、交配能力强的优良种用公牦牛，应设法每天或者隔日进行补饲，饲喂富含蛋白质的精饲料和青草或青干草，缺少精饲料时可饲喂奶渣（干酪）、脱脂乳或者乳清等，也可以将种公牦牛定期隔离单独系留放牧或者补饲，使其有短期的休息，一段时间后再放入大群进行配种，以提高精液品质和母牦牛的受胎率。总之，应尽量采取一些补饲及放牧措施，减少种公牦牛在配种季节的体重下降量及下降速度，使其保持较好的繁殖力或精液品质。在自然交配情况下，公母牦牛比例以1 ：14~25为宜，最佳比例为1 ：12~13。

在非配种季节，为使种公牦牛具有良好的繁殖力，应和母牦牛分群放牧，或和阉牦牛、肥育牛组群，在远离母牦牛群的牧场上放牧，在条件允许的情况下，仍应该给予少量补饲，使其在配种季节到来时达到种用体况。

四、带犊母牦牛的放牧及挤奶

带犊母牦牛既要恢复体况又要哺育犊牛，放牧工作的好坏，不仅影响产奶和犊牦牛的生长发育，而且影响母牦牛当年发情配种。放牧工作要细致，应分配给距圈地近的优良牧场，放牧和挤奶人员要相对固定，最好跟群放牧。产犊季节要注意观察妊娠母牦牛，防止临产前离群产犊，并随时准备接产和护理母、犊牦牛。

暖季母牦牛挤奶和哺育犊牛，部分母牦牛先后发情配种，受干扰大且占用的时间多，因而采食相应减少，要尽量缩短挤奶时间早出牧，或天亮前先出牧（犊牛仍在圈地栓系），日出后收牧挤奶，在进行每日2次挤奶时还可以采取夜间放牧，要注意观察母牦牛的采食及产奶量变化，并适当控制挤奶量，使牛只尽早发情配种。

进入冷季前，要对带犊母牦牛停止挤奶并将犊牛隔离断奶，加强补饲，使胎儿正常生长发育，并为下一胎产奶和安全越冬过春打好基础。

五、犊牦牛的饲养管理

图 8-3　牦牛哺乳

犊牦牛一般为自然哺乳（图8-3）。为使犊牛生长发育良好，必须根据牧场的产草量、犊牛的采食量及其生长发育、健康状况，对母牦牛的挤奶量进行相应的调整。据报道，犊牦牛在哺乳期前6个月的自然哺乳量为248.1kg，其中1月龄（5月份）哺乳量最多，为64.5kg（日哺乳量2.18kg），2~5月龄哺乳量依次为50.4kg、43.8kg、37.8kg、24.4kg，且这一哺乳量饲养的犊牦牛生长发育正常。

犊牦牛在2周龄后即可采食牧草，3月龄左右可大量采食牧草。随着犊牛月龄增长和哺乳量的减少，或由于母牛产奶量越来越少不能满足犊牛需要时，可促使其加强牧草采食。同成年牛比较，犊牦牛每日采食时间短（占日放牧时间的1/5），卧息时间长（占1/2），这一特点在放牧中应予以重视。保证充分的卧息时间，防止驱赶或游走过多而影响生长发育。但不要让犊牛卧息于潮湿、寒冷的地方，不宜远牧。天气变冷、突降雨雪时应及早收牧，在干燥的棚圈卧息。犊牦牛哺乳至6月龄后（即进入冷季），应断奶并分群饲喂。

第三节　牦牛冷季和暖季放牧技术

一、牦牛冷季放牧及安全越冬渡春

1. 严寒气候对牦牛的影响

牦牛对高山草原寒冷气候具有一定的适应性，但毕竟有限，如果气温低于适宜温度，牛只为维持体温就需提高新陈代谢作用来增加热量，采食的饲料营养物质不足，就要动用体内的储备物质，所以体重逐渐减轻。一般在纯放牧的情况下，牛只在冷季，每头体重下降1/6~1/4，即每4~6头牦牛损失1头牛的体重。因此，严寒气候导致牦牛减重造成的损失较大。

在寒冷天气，乏弱牛只长时间卧息于露天或突然遭到暴风雪的袭击，机体热量散发超过了自身的产热量，导致体温急剧下降，初期机体的全部生理功能表现为代偿加强，如心跳加快而有力、呼吸次数增加、寒颤等。随着体温的继续下降，生理功能由兴奋转为抑制，血管极度收缩，循环阻力不断加大，以致衰竭，中枢缺氧，进入昏迷状态后被冻死。据报道，气温在-35℃以下并有5级大风持续8h，无棚圈的牦牛群即发生冻害。因此，在暴风雪来临时，将放牧牦牛收牧归圈，并搞好补饲及保暖，对露天圈地卧息的牛只，半夜驱赶起来活动1~2次，能有效防止冻害。

寒冷天气对妊娠母牛的影响也很大，喝冰凉雪水，吃冰冻饲草料，滑倒摔伤及受冻害等，往往导致乏弱的妊娠母牛子宫强烈收缩而引起流产。通过加强饲养管理，使妊娠母牛体质健壮，增强抗病力，是冷季预防流产的关键。

2. 冷季放牧的任务和方法

冷季放牧的任务是减少牦牛体重下降量或下降速度（俗称“保膘”）、保胎，防止牛只乏弱，使牦牛安全越冬，妊娠母牛安全分娩，提高犊牛的成活率。

进入冷季牧场初期，牦牛膘满体壮，应尽量利用未积雪的边远牧场、高山及坡地放牧，迟进居民点附近的冬季牧场。冬季风雪多，应留意气象预报，及时归牧，如风力达5~6级时，可造成牛只体表强制性对流体热损失多，牛只采食也不安，大风（≥8级）可吹散牛群，使牦牛顺风跑，大量消耗体热。

冷季要晚出牧，早归牧，充分利用中午暖和时间放牧，在午后饮水。晴天放阴山及山坡，还可适当远牧。风雪天近牧，或在避风的洼地或山湾放牧，即“晴天无云放平滩，天冷

图 8-4　牦牛冷季放牧

风大放山湾”。放牧牦牛群应顺风向前行，妊娠母牛在早晨及空腹时不宜饮水，避免在冰滩放牧。

在牧草不均匀或质量差的牧场上放牧时，要采取散牧（俗称“满天星”）的方式放牧，让牦牛在牧场上相对分散的自由采食，以便在较大面积上每头牦牛都能采食较多的牧草（图8-4）。

二、牦牛暖季放牧的主要任务及放牧技术

暖季放牧的主要目标是搞好配种及抓膘，使肉用牦牛在入冬前出栏、增产牛奶和为牛群越冬渡春打好基础。牧民说“一年的希望在于暖季抓膘”，进入暖季后，力争牦牛群早出冷季牧场，在向夏季牧场转移时，牛群日行程以10～15km为限，边放牧边向目的地推进。

暖季要早出牧，晚归牧，延长放牧时间，让牛只多采食。天气炎热时，中午应尽量让牛只在凉爽的地方卧息反刍，出牧以后逐渐向通风凉爽的高山放牧，由牧草质量差或适口性差的牧场，逐渐向牧草质量和适口性良好的牧场放牧，可在前一天放牧过的牧场再采食一遍，原因是牛只刚出牧时比较饥饿，选择牧草不严，能采食适口性差的牧草，可减少牧草浪费。在牧草良好的牧场放牧时，要控制好牛群，使牛群成横队采食（牧民称“一条鞭”）或为牧民说的“出牧七八行，放牧排一趟”，保证每头牛能充分采食，避免乱跑践踏牧草或采食不均造成浪费。

图 8-5　牦牛暖季放牧草场

暖季放牧应早出牧，露水草适口性好，让牛只多采食。牧区有谚语“牛吃露水草，发情配种早”。在有大量豆科牧草或豆科草人工栽培牧场上放牧时，一般每次采食不超过20min（全天不超过1h），然后及时将牛群转移到其他牧场。牦牛暖季放牧草场见图8-5所示。

暖季按各牦牛群安排要及时更换牧场或实行轮牧，牛只粪便能在牧场上均匀散布，对牧场，特别是圈地周围践踏较轻，可改善植被状态，有利于提高牧草产量，还可以减少寄生虫病的感染。

当宿营圈地距牧场2km以上时就应该搬迁，以减少每天出牧、归牧时牦牛体力的消耗及赶路时间。产奶带犊的母牦牛，每10d左右应搬圈1次，每3～5d应更换1次牧场。不按牧场

的放牧计划，抢牧好草场的做法应予以禁止。实践证明，每天为赶牧好草驱赶牛群而奔跑，对牛群的健康和牧场的利用均无好处。

暖季也应给牦牛补饲食盐，每头每月补饲1~1.5kg，可在圈地、牧场放置盐槽供牛只舔食，盐槽要注意防止雨淋，还可以制作尿素食盐舔砖放置于距水源较远处供牦牛舔食。有些地区将牦牛赶至含盐分较高的湖边饮湖水，或赶到盐土地区舔食盐土，对此要进行分析化验，防止牦牛中毒。

第四节　牦牛饲草料加工调制、贮存和饲喂技术

一、饲料原料的种类

根据动物不同生长阶段、不同生理要求、不同生产用途的营养需要及以饲料营养价值评定的实验和研究为主，按科学配方把多种不同来源的饲料，按照一定比例均匀混合，并按规定的工艺流程生产的饲料，称为配合饲料。配合饲料原料的分类以原料中各种营养成分的含量为标准，习惯上，将配合饲料的原料分为以下几类。

1. 能量饲料

能量饲料指其干物质中粗纤维含量低于18%，且粗蛋白质含量低于20%的饲料原料，这类饲料的消化能一般在10.5MJ/kg。能量饲料包括各种谷物子实以及它们的加工副产品，前者如玉米、小麦、高粱、稻谷，后者如米糠、麸皮等。此外，生产某些高能量饲料时，也把油脂作为能量饲料加入全价配合饲料当中。

2. 蛋白质饲料

按照饲料学分类，干物质中粗蛋白质含量在20%以上，且粗纤维含量低于18%的饲料原料称为蛋白质饲料。按其来源，可以分为植物性蛋白质饲料、动物性蛋白质饲料及单细胞蛋白质饲料。植物性蛋白质饲料包括各种油饼粕及一些豆科植物的子实，如大豆饼粕、菜籽饼粕、花生饼粕、葵花饼粕以及大豆等；动物性蛋白质饲料通常指鱼粉、血粉、羽毛粉、肉骨粉、蚕蛹粉等；单细胞蛋白质饲料在国内是近年发展起来的一种新型蛋白质饲料资源，典型代表为饲料酵母。

3. 矿物质饲料

矿物质饲料以提供矿物质元素为主要目的甚至是唯一目的，按动物需要量的多少，可以分为常量矿物质饲料和微量矿物质饲料，前者主要指钙、磷饲料及食盐，后者是指那些含微量元素的化合物，如铁、铜、锌的硫酸盐或氧化物。

4. 添加剂

饲用添加剂大体上可以分为两类，一类是营养性添加剂，如氨基酸、维生素及矿物质微

量元素等；另一类是非营养性添加剂，其本身没有营养价值，但为了保证饲料质量或某些特殊需要而添加的某些成分，如防霉剂、抗氧化剂、各种药物等。

二、饲料的加工调制

1. 子实类饲料的加工调制

禾谷类与豆类子实都被以种皮，牦牛采食时咀嚼不细往往消化不完全，甚至一部分以完整的形式通过消化道，故应对其进行适当的加工调制后再饲喂。

（1）粉碎、磨碎与压扁。将谷实与豆类饲料粉碎、磨碎与压扁，可不同程度地增加饲料与消化液、消化酶的接触面，便于消化液充分浸润饲料，使消化作用进行的比较完全，提高饲料消化率。但也不可粉碎过细，特别是麦类饲料中含蛋白质较多，会在肠胃内形成黏着的面团状物而不利于消化，粉碎过粗则达不到粉碎的目的。适宜的磨碎程度，取决于饲料性质、牦牛的年龄、饲喂方式等，一般磨碎到2mm左右或压扁。

（2）制成颗粒饲料和挤压处理。将粉碎的饲料制成颗粒饲料，可提高适口性，减少饲喂时的粉尘与浪费。据报道，在热制颗粒饲料过程中，蒸汽处理和高压搓挤可改变麦麸糊粉的消化性，增加可消化能量30%和17%。挤压工艺是：用螺旋搅拌器将磨碎的谷物弄湿（每吨加水275~400L），然后用挤压机处理。挤压处理后，饲料中仅残存极少量的微生物，大豆子实等的抗胰蛋白酶因子减少80%左右。

（3）浸泡与膨化。豆类、饼粕类饲料经水浸泡后（一般料水比为1：1~1.5），膨胀柔软，便于咀嚼。爆裂膨化，是将子实置于230~240℃条件下，30s就使子实膨胀为原来体积的1.5~2倍，果皮破裂，淀粉胶化，便于淀粉酶作用。

2. 饼粕类饲料的脱毒与合理利用

青藏高原有较大面积的油菜种植，为养殖业提供了丰富的饼粕类饲料。油饼和油粕中含有丰富的蛋白质（30%~45%），但饼粕类未被广泛用作饲料的最大原因是其含有有害物质和毒素，故应严格按照脱毒方法处理和遵循饲喂的安全用量。饼粕类蛋白质含量高，但大多缺乏1~2种必需氨基酸，宜与其他蛋白质饲料配合使用。

（1）菜籽饼的脱毒与适宜喂量。菜籽饼的蛋白质含量和消化率都较大豆饼低，但必需氨基酸较平衡，含赖氨酸较少，蛋氨酸较多。菜籽饼含硫葡萄糖苷，在中性条件下经酶水解，释放出致甲状腺肿物质噁唑烷硫酮、各种异硫氰酸酯与硫氰酸酯，在pH低的条件下水解时，会产生更毒的氰。菜籽饼的含毒量，因品种和加工工艺而异。甘蓝型品种含毒量低于白菜型品种，而加拿大双低油菜品种的含毒素量极低。机榨饼中毒素含量较压榨－浸提的油粕高。

菜籽饼的脱毒方法有坑埋法、硫酸亚铁法、碱处理法、水洗法、蒸煮法等。据报道，脱毒效果较好，干物质、蛋白质和赖氨酸保存效果也好的方法，是坑埋法与硫酸亚铁法。

坑埋法的具体做法是：选择向阳、干燥、地温较高处，挖一长方形坑（宽0.8m，深0.7~1m，长度视所埋菜籽饼量而定）。先在坑底铺一层草，而后将粉碎的菜籽饼按1：1加水拌匀浸透（切不可在坑内拌水），装入坑内，再在上面覆盖一层草和20cm厚的土层，2个月后即可饲用。用坑埋法可使异氰硫酸盐含量下降到0.059%，甚至到国家允许的残毒指标（0.05%）以下。

硫酸亚铁法是称取粉碎饼重1%的硫酸亚铁，溶于饼重1/2的水中，待充分溶解后，将饼拌湿，100℃下蒸30min，取出风干。菜籽饼的适宜喂量取决于饼中毒素含量和畜禽的耐受性。

（2）棉籽饼粕的脱毒与适宜喂量。棉籽饼中所含蛋白质品质较好，但胱氨酸、蛋氨酸和赖氨酸的含量较低，故将它作为饲料蛋白质来源时，应添加鱼粉、肉骨粉等其他蛋白质补充饲料。

棉籽中含有棉酚（0.3~20g/kg干物质），以游离棉酚与结合棉酚两种形式存在。游离形式有生理活性，可使单胃家畜中毒。棉籽饼粕中还含有环丙烯类脂肪酸，对畜禽亦有害。棉籽饼的去毒方法有硫酸亚铁法、加热法、碱处理法等，其中硫酸亚铁法的脱毒效果最好。硫酸亚铁溶液浸泡法是将1.25kg工业用硫酸亚铁溶于125kg水中，浸泡50kg粉碎的棉籽饼粕一昼夜，中途搅拌数次，即可饲用。榨油工艺过程中加入硫酸亚铁，或将棉籽饼粕加硫酸亚铁（使亚铁离子与棉饼中棉酚含量成1：1重量比），再混合其他饲料制成蛋白质浓缩料也是可行的。

（3）大豆饼有害物质的消除和适宜喂量。一般将大豆饼视为畜禽最好的蛋白质来源之一，其蛋白质中含有全部必需氨基酸，但胱氨酸和蛋氨酸含量相对较少。大豆饼含抗胰蛋白酶因子与抗凝乳蛋白酶、红细胞凝集素、皂角素等有害物质，故用生大豆或生大豆饼饲喂畜禽的增重与生产效果差，且因其有腥味，可使采食量减少或发生腹泻等。

将生大豆或生大豆饼粕在140~150℃条件下加热25min，即可消除大部分有害物质，使其蛋白质营养价值提高约1倍。用螺旋压榨机榨油时可达到这个温度，而用溶剂法浸提时只能达到50~60℃，传统方法则多用冷榨，故后两种方法生产出的大豆饼粕保存有大量的抑制物质，用作饲料前应进行处理。但必须严格控制烘烤过程，因过热会降低赖氨酸和精氨酸的有效性，降低蛋白质的营养价值。

（4）亚麻籽饼粕的脱毒与适宜喂量。亚麻籽饼粕蛋白质中蛋氨酸与赖氨酸含量较大豆饼粕与棉籽饼粕低，宜与一种动物性饲料一起饲喂。未成熟的亚麻籽含少量的亚麻苦苷和亚麻酶，亚麻酶能水解亚麻苦苷释放出氰氢酸。低温取油获得的亚麻饼粕中，亚麻苦苷和亚麻酶可能没有变化，但正常压榨条件可破坏亚麻酶和大部分的亚麻苦苷，制得的亚麻饼粕非常安全，在干燥状态下，含亚麻酶和亚麻苦苷的油饼是安全的饲料。

3. 青饲料的饲喂、调制与储存

（1）青饲料的喂前调制。调制方法有切碎、浸泡、闷泡、煮熟与打浆等方法。切碎便于家畜采食、咀嚼，减少浪费，通常切至1~2cm为宜；青饲料、块根块茎类与青贮饲料均可打浆；凡是有苦、涩、辣或其他怪味的青饲料，可用冷水浸泡或热水闷泡4~6h后，混以其他饲料进行饲喂。青饲料一般宜生喂，不宜蒸煮，以免破坏维生素和降低饲料营养价值。闷煮不当时，还可引起亚硝酸盐中毒。对草酸含量高的野菜类加热处理，可破坏草酸，利于钙的吸收。

（2）饲料青贮。青贮是指在一个密闭的青贮塔（窖、壕）或塑料袋中，对原料进行乳酸菌发酵处理，以保存其青绿多汁性及营养物质的方法。其原理是利用乳酸菌在厌氧条件下发酵产生乳酸，抑制腐败菌、真菌、致病菌等有害菌的繁殖，达到牧草保鲜的目的。目前采用的青贮方法主要有以下几种。

① 一般青贮：是依靠乳酸菌在厌氧环境中产生乳酸，使青贮物中pH下降，青饲料的营养价值得以保存。青贮成功的条件是：第一，适当的含糖量，原料中的含糖量不应低于1.0%~1.5%，禾本科牧草如玉米、高粱、块根块茎类等易于青贮。苜蓿、草木樨、三叶草等豆科牧草及马铃薯茎叶等含糖量低的饲草较难青贮，因此在青贮时应搭配其他易青贮原料混合青贮，或调制成半干青贮。第二，适当的含水量，一般为65%~75%，豆科植物为60%~70%，质地粗硬的原料青贮含水量可达80%左右，质地多汁、柔嫩的原料以60%为宜。玉米秸秆的含水量可根据茎叶的青绿程度估计。含水量越高的作物秸秆在青贮过程中，饲料中的蛋白质损失越多。第三，缺氧环境，在青贮窖中装填青贮原料时，必须踩紧压实，排除空气，然后密封，防止漏气。第四，适当的温度，一般控制在19~37℃，以25~30℃为宜。在35℃以下时，发酵时间为10~14d。

青贮建筑及建造要求：青贮建筑有青贮塔、青贮窖与青贮壕等。青贮塔是砖混结构的圆形塔，青贮窖（圆形）与青贮壕（长方形）可用砖混或石块和水泥砌成，土窖、土壕亦可，在地下水位高的地方可用半地下式窖（壕）。各种青贮建筑物均应符合以下基本条件：结实坚固、经久耐用、不透气、不漏水、不导热；必须高出地下水位0.5m以上；青贮壕四角应做成圆形，各种青贮建筑的内壁应垂直光滑，或使建筑物上小下大；窖（壕）址应选择地势高燥、易排水和离畜舍近的地方。

青贮建筑物的大小和尺寸，应以装填与取用方便、能保证青贮饲料质量为原则，根据青贮原料数量和各种青贮饲料的单位容重来确定，青贮窖（壕）的深度以2.5m左右为宜，圆形窖的直径宜在2m以内，青贮壕的宽度以能容纳取用时运输青贮饲料的车辆为宜。

塑料袋青贮和裹包青贮是近年来开发的青贮新方法，由于制作方法简单，易存储和搬运，在我国农区和半农半牧区有较多应用。牧区秋季有一定量的多汁饲料，用塑料袋或裹包青贮较为方便。制作塑料袋可选用抗热、不硬化、有弹性、经久耐用的无毒塑料薄膜。袋子或裹包规格大小的选择，可根据饲养牦牛的多少确定，但不宜太大，以每袋（包）可装25~100kg为宜。袋装青贮和裹包青贮应选用柔软多汁、易压实的青饲料。贮存时要防止青贮袋破裂和预防鼠害。

青贮的技术和步骤：第一，收割原料需注意收割日期。青贮原料适宜的收割期，既要兼顾营养成分和单位面积产量，又要保证较适量的可溶性碳水化合物和水分，一般宁早勿迟。豆科牧草的适宜收割期是现蕾至开花期，禾本科牧草为孕穗至抽穗期，带果穗的玉米在蜡熟期收割，如有霜害则应提前收割、青贮。收穗的玉米应在玉米穗成熟收获后，玉米秆仅有下部叶片枯黄时收割，立即青贮；也可在玉米七成熟时，收割果穗以上的部分青贮。野草则应在其生长旺盛期收割。第二，铡短、装填和压紧。原料切碎，含水量越低的牧草，应切割越短；含水量高的可稍长一些。饲喂牦牛的禾本科牧草、豆科牧草、杂草类等细茎植物，一般切成2~3cm长；粗硬的秸秆，如玉米、高粱等，切割长度以0.4~2cm为宜。装填时，如原料太干，可以加水或加入含水量高的饲料，如太湿，可加入铡短的秸秆。应先在青贮建筑底部铺10~15cm厚的秸秆或软草，然后分层装填青贮原料。每装15~30cm厚，必须压紧1次，特别要压紧窖（壕）的边缘和四角。第三，封埋。青贮原料装填到高出窖（壕）上沿1m后，在其上盖15~30cm厚的秸秆或软草压紧（如用聚氯乙烯薄膜覆盖更好），然后在上面压一层干净的湿土，踏实。待1周左右，青贮原料下沉后，立即用湿土填压。下沉稳定后，再向顶上加1m左右厚的湿土并压紧。为防雨水浸入，最好用泥封顶，周围挖排水沟。

开窖与取用至少应在装填后40~60d，青贮窖开封后，应鉴定青贮饲料的品质，确定其可食性。呈青绿色或黄绿色、具有芳香酸味和水果香味、质地紧密、茎叶与花瓣保持原来状态的，为品质良好的青贮饲料。呈黄褐色或暗绿色，香味极淡,酸味较浓，稍有酒味或醋酸味，茎叶与花瓣基本保持原状的青贮饲料，属中等品质。品质低劣的青贮饲料多为褐色、墨绿色或黑色，质地松软，失去原来的茎叶结构，多黏结成团，手感黏滑或干燥粗硬、腐烂，具有特殊的臭味、霉味。在有条件处，可用实验室方法（pH、含酸量、氨态氮含量）鉴定。不应用品质低劣的青贮饲料饲喂牦牛和其他家畜。

用青贮饲料饲喂牦牛，开始宜少，逐渐增加喂量。应将青贮饲料与精饲料、干草及块根块茎类饲料混合饲喂。不宜给妊娠后期的母牛喂青贮饲料，产前15d应停喂。对酸度过大的青贮饲料，可用5%~15%的石灰乳中和。不同用途的牛一般青贮饲料的喂量如表8-3所示。

② 外加剂青贮：外加剂大体有两类。一类是促进乳酸发酵的物质，如糖蜜、甜菜渣和乳酸菌制剂等；另一类是防腐剂，如甲醛、亚硫酸、焦亚硫酸钠、丙酸、甲酸或矿物酸等。用加酸法，可使青贮饲料的pH一开始就下降到需要的程度，从而降低青贮过程中好氧和厌氧发酵的损失。添加外加剂，可使青贮饲料的营养价值显著提高，在青贮豆科牧草时，最好使用

表8-3　不同用途的牛青贮饲料饲喂量

畜别	饲喂量（kg）	畜别	饲喂量（kg）
泌乳牛	15~30	种牛	5~10
犊牛	3~5	役牛	8~12
肉用牛	8~12		

注：引自《当代畜牧》，2014.14.李正云，苏金鹏。

外加剂。

③ 低水分青贮：或称半干草青贮，具有干草和青贮的特点。制做低水分青贮饲料，是使青贮饲料水分降低到40%~55%，造成对厌氧微生物（包括乳酸菌）的生理干燥状态（植物细胞质的渗透压达到55~60个大气压）抑制其活动，并靠压紧造成的厌氧条件抑制好氧微生物的生长繁殖，以保存青饲料的营养物质。低水分青贮发酵过程弱，养分损失少，总损失量不超过10%~15%。大量的糖、蛋白质和胡萝卜素被保存下来。

豆科牧草与禾本科牧草均可用于调制低水分青贮料。豆科青草应在花蕾期至始花期刈割，禾本科青草应在抽穗期刈割。刈割后，应在24h内使豆科牧草含水量不低于50%，禾本科不低于45%，其它要求与一般青贮类似。

4. 青干草的调制与品质鉴定

调制青干草的目的在于获得容易贮藏的干草，使青饲料的含水量降低到足以抑制植物酶与微生物酶活动的水平，尽量保持原来牧草的营养成分，具有较高的消化率和适口性。青饲料的含水量一般为65%~85%，降低到15%~20%后，才能妥善贮存。

（1）牧草干燥的原则。根据牧草干燥时水分散发的规律和营养物质的变化情况，应掌握以下基本原则：一是干燥时间要短，以减少物理和化学作用造成的损失；二是牧草各部位含水量力求均匀，有利于贮藏；三是防止被雨和露水打湿。

（2）牧草的干燥方法。大体分为自然干燥法和人工干燥法两类。自然干燥法又分为田间干燥法、草架干燥法和发酵干燥法，目前多采用田间干燥法。人工干燥法分为高温快速干燥法和风力干燥法。

① 田间干燥法：调制干草最普通的方法，是刈割后在田间晒制。应选择晴好天气晒制干草。水分蒸发的快慢，对干草营养物质的损失量有很大影响。因植物酶与微生物酶对养分的分解，一直到含水量降至38%才停止，故青饲料刈割后，应先采用薄层平铺曝晒4~5h，使水分尽快蒸发。当干草中水分降到38%后，要继续蒸发减少到14%~17%是一个缓慢的过程。应采用小堆晒干法，以避免阳光长久照射严重破坏胡萝卜素，同时也要注意防雨淋。为提高田间的干燥速度，可采用压扁机压扁，使植物细胞破碎；也可采用传统的架上晒制干草。

国外采用田间机械快速干燥技术与谷仓干燥装置，已大大提高了青干草的调制效率。

在晒制干草过程中应轻拿轻放，防止植物最富营养的叶片脱落。晒制豆科干草时，尤其要注意这一点。

调制干草时往往正逢雨季，由于淋溶、植物酶与微生物酶活动时间延长及真菌孳生等，可使干草中的营养物质产生重大损失。青藏高原草原气候比较寒冷，推迟到5月份播种的燕麦草，在9月份早霜来临时被冻死冻干，但仍保持绿色，这时再刈割保存，称作冻青干草。采用这种方式可避开雨季。

② 人工干燥法：将新鲜青草在45~50℃小室内停留数小时，使水分含量降至5%~10%，或在500~1 000℃下干燥6s，使水分降到10%~12%，这种干燥方式可保存干草养分的90%~95%。在1kg人工干燥的草粉中，含有120~200g蛋白质和200~350mg胡萝卜素，但缺乏维生素D。高温快速干燥法一般用于草粉生产。风力干燥法需要建造干草棚及各种配套设施，一般使用不多。

（3）干草的堆垛与贮藏。堆垛的基本要求是：堆垛坚实、均匀；减少受雨面积，以减少养分的损失。如果堆垛干草含水量超过18%，调制好的干草也会发霉、腐烂。一般情况下，用手把干草搓揉成束时能发出沙沙响声及干裂的嚓嚓声，这样的干草含水量为15%左右，适于堆垛贮藏。

在贮存过程中，干草的化学变化与营养成分损失仍在继续。水分含量较高时损失大，如果含水量低于15%，贮存期间就很少或不发生变化。据报道，干草贮存在草房内损失很少，10年即可收回草房费用，5年可收回草棚费用，我国一般以草垛形式贮存干草。堆垛处的地形要高燥，排水良好，背风或与主风向垂直，便于防火，垛底用木头、树枝、秸秆等垫起铺平，四周有排水沟。堆垛时，垛的中间要比四周边缘高，并用力踩实；含水量高的干草，应堆集在草垛上部；从垛高2/3处开始收顶；缩短堆垛时间，垛顶不能有塌陷和裂缝，以防漏雨，注意垛内干草因发酵生热而引起的高温，升到45~55℃或以上时，采取通风眼方法进行散热。堆好后，须盖好垛顶，顶部斜度应为45°以上。应用秸秆编成7~8cm厚的草帘，按顺序盖在垛顶，秸秆的方向应顺着水流的方向，以便雨水流下。

（4）青干草的品质鉴定。良好的青干草颜色呈鲜绿色或灰绿色，有香味，质地不坚硬，不木质化，叶片含量适当，有适量花序，收割期适时，贮藏良好；劣质青干草呈褐色，发霉，结块，不适于饲喂牦牛。

5. 秸秆饲料的加工与调制

秸秆的有机物质中，80%~90%是由纤维性物质和无氮浸出物（只含微量水溶性碳水化合物）组成，粗蛋白质含量在4%以下，几乎不含胡萝卜素，故天然状态下属营养价值低劣的饲料。但按干物质计，秸秆所含总能几乎与禾本科饲料作物相当。因此，农作物秸秆类饲料经适当加工调制，可以改变原来的体积和理化性质，便于牦牛采食，提高适口性，减少饲料浪费，改善消化性，提高营养价值和饲用价值。目前对秸秆类饲料加工调制的有效方法有物理处理、化学处理及微生物处理。

（1）物理处理

① 切碎、粉碎和制成颗粒饲料：切碎可提高草食家畜的采食量和减少浪费，通过铡短、粉碎、揉搓等方法，使秸秆长度变短，增加瘤胃微生物与秸秆的接触面积，可提高采食量和纤维素降解率。铡短揉碎后的玉米秸可以提高25%的采食量，提高35%的饲料效率，提高日增重。揉搓处理是近年来开发的一种秸秆处理新技术，通过揉搓机的强大动力将秸秆加工成细絮状物，并铡成碎段，可提高适口性和秸秆利用率。若能把秸秆粉碎压制成颗粒再喂牛，其干物质的采食量又可提高50%，颗粒饲料质地很硬，能满足在瘤胃中的机械刺激作用。在瘤胃碎解后，有利于微生物的发酵和皱胃的消化，能使饲料效果大大提高。如果能按照营养需要在秸秆中配入精饲料，则会得到更好的饲喂效果。

② 浸泡：是把切碎的秸秆加水浸湿、拌上精饲料饲喂。也可用盐水浸泡秸秆24h，再拌以糠麸饲喂牦牛。此法只能提高秸秆的适口性与采食量。

（2）化学处理

物理处理秸秆饲料，一般只能改变粗饲料的物理性质，对于粗饲料营养价值的提高作用不大。而化学处理则有一定的作用。用碱性化合物如氢氧化钠、石灰、氨及尿素等处理秸秆，可以打开纤维素、半纤维素与木质素之间对碱不稳定酯键，溶解半纤维素和一部分木质素及硅，使纤维素膨胀，暴露出其超微结构，从而便于微生物所产生的消化酶与之接触，有利于纤维素的消化。强碱，如氢氧化钠，可使多达50%的木质素水解。化学处理不仅可以提高秸秆的消化率，而且能够改进适口性，增加采食量。我国目前使用最多的是氨化处理。

①氨化处理

氨化秸秆饲料的优点：秸秆氨化处理后有机物消化率可提高8%~12%，秸秆的含氮量也相应提高。可提高适口性，增加采食量。据测定，采食速度可提高20%，采食量提高15%~20%。氨化秸秆可提高生产性能，降低饲养成本。氨化秸秆有防病作用。氨是一种杀菌剂，1%的氨溶液可以杀灭普通细菌，等于对秸秆进行了一次全面消毒。此外，氨化秸秆可使粗纤维变松软，容易消化，也减少了胃肠道疾病的发生。氨化秸秆可缓冲瘤胃内的酸碱度，减少精饲料蛋白质在瘤胃中的降解，增加过瘤胃蛋白质，提高蛋白质的利用率。同时，可预防牦牛肥育期常见的酸中毒。氨化饲料可长期保存。开封后，若1周内不能喂完，可以把全部秸秆摊开晾晒，待其水分含量低于15%，即可堆垛长期保存。

氨化秸秆饲料的制作方法与步骤：

方法一，无水氨或液氨处理法。在地面或地窖底部铺塑料膜，膜的接缝均用熨斗烫接牢固。一般秸秆垛宽2m，高2m，垛的长短根据秸秆的数量而定。铺垫及覆盖的塑料膜四周要富余0.5~0.7m，以便封口。向切碎（或打捆）的秸秆喷入适量水分，使其含水量达到15%~20%，混入堆垛，在长轴中心埋入一根带孔的硬塑管或胶管，然后覆盖塑料膜，并在一端留孔露出管端。覆膜与垫膜对齐折叠封口，用沙袋、泥土把折叠部分压紧，使其密封。然后用高压橡胶管连接无水氨或氨贮运罐与垛中胶管。无水氨或液氨的用量，冬天环境温度在8℃时，添加无水氨或液氨为2kg/100kg干秸秆，夏天环境温度在25℃时，添加无水氨或液氨4kg/100kg干秸秆。然后把管子抽出封口。夏天不少于30d、冬天不少于60d即可达到氨化效果。无水氨或液氨处理成本低，效果好，但需要专门的无水氨或液氨贮运设备与计量设备（可向氨肥厂租用），适用于大规模制作氨化秸秆。

方法二，尿素或碳铵处理。氨化池或窖可建在地上或地下，也可以一半建在地上一半建在地下。以长方形为好，如在池或窖的中间砌一堵隔墙，即成双联池则更好，可轮换处理秸秆。1个2m^3的池子能氨化小麦秸300kg，可供2头成年肥育牛吃30d。制作时先将秸秆切至2cm左右，玉米秸秆需切得再短些，较柔软的秸秆可以切得稍长些。每100kg秸秆（干物质）用3~5kg尿素（碳铵6kg）、20~30L水（如用0.5%的食盐水，适口性更好），被处理秸秆的含水量为25%~35%。将尿素溶于温水中，分数次均匀地洒在秸秆上，入窖前后喷洒均匀即可。如在入窖前将秸秆摊开喷洒则更为均匀。边装边踩实，待装满窖后用塑料膜覆盖密封，再用细土压好即可。用尿素氨化达到氨化效果的最佳时间，可根据气温的变化而决定，当日间气温高于30℃时需10d左右；20~30℃时需5~20d；10~20℃时需20~35d；0~10℃时需35~60d。

影响氨化效果的因素：影响氨化效果的因素有温度、处理时间、秸秆含水量、氨化剂用量和秸秆种类等。

无水氨和液氨处理秸秆要求较高的温度，温度越高，氨化速度越快，效果越好。据报道，液氨注入秸秆垛后，温度上升很快，在2~6h可达到最高峰。温度的上升决定于开始的温度、氨的剂量、水分含量和其他因素，但一般变动在40~60℃之间。最高温度在草垛顶部，1~2周后下降并接近周围温度。周围的温度对氨化起重要作用。所以，氨化要在秸秆收割后不久，气温相对高时进行。但尿素氨化秸秆温度不能太高，故在夏日使用尿素氨化秸秆要在荫蔽条件下进行。

氨化时间的长短要根据气温而定。气温越高，完成氨化所需的时间越短；相反，氨化时气温越低，氨化所需时间就越长。

尿素氨化秸秆还有一个分解成氨的过程，一般比液氨延长5~7d。因尿素在脲酶的作用下，水解释放氨的时间约需5d，只有释放出氨后才能真正起到氨化的作用。

水是氨的“载体”，氨与水结合生成氢氧化铵（NH_4OH），其中NH_4^+和OH^-分别对提高秸秆的含氮量和消化率起作用。因而，必须有适当的水分，一般以25%~35%为宜。含水量过低，水分会吸附在秸秆中，没有足够的水充当氨的“载体”，氨化效果差。含水量过高，不但开窖后需延长晾晒时间，而且由于氨浓度降低引起秸秆发霉变质，同时对于提高氨化效果没有明显的作用。

含水量是否适宜是决定秸秆氨化饲料制做质量乃至成败的重要条件。一般秸秆的含水量为10%~15%，进行氨化时不足的部分要加水调整。加水时可将水均匀地喷洒在秸秆上，然后装入氨化池或窖中；也可在秸秆装窖时洒入，由下向上逐渐增多，以免上层过干，下层积水。

用于氨化的原料主要有禾本科作物及秸秆，如麦秸、玉米秸等。最好将收获子实后的秸秆及时进行氨化处理，以免堆积时间过长而发霉变质，也可根据利用时间确定制做氨化秸秆的时间。秸秆的原有品质直接影响氨化效果。影响秸秆品质的因素有很多，如品种、栽培的地区和季节、施肥量、收获时的成熟度、贮存时间等。一般来说，原有品质差的秸秆，氨化后可明显提高消化率，增加非蛋白氮含量。

氨化秸秆的品质检验：氨化秸秆在饲喂前要进行以下几方面品质检验，以确定能否饲喂牦牛。

一是气味。氨化好的秸秆有一股糊香气味和刺鼻的氨味。而氨化玉米秸秆的气味略有不同，既有青贮的酸香味，又有刺鼻的氨味。

二是颜色。氨化的麦秸为杏黄色；氨化的玉米秸秆为褐色。

三是pH。氨化秸秆偏碱性，pH值为8左右；未氨化的秸秆偏酸性，pH值为5.7左右。

四是质地。氨化秸秆柔软蓬松，用手紧握没有明显的扎手感。

氨化秸秆的饲喂：氨化窖或垛开封后，经检验合格的氨化秸秆，需放氨1~3d，去除氨味后，方可饲喂。放氨的方法是利用日晒风吹，气温越高越好，将氨化秸秆摊铺晾晒。若秸秆湿度较小，天气寒冷，通风时间稍长。每天要将饲喂氨化秸秆所需的量于饲喂前1~3d取出放氨，其余的再密封起来，以防放氨后水分仍很高的氨化秸秆在短期内饲喂不完而发霉变质。氨化秸秆饲喂牦牛要由少到多，少给勤添。刚开始饲喂时，可与谷草、青干草等搭配，7d后即可全部饲喂氨化秸秆。使用氨化秸秆要注意合理搭配日粮，适当搭配精饲料混合料，以提高肥育效果。

②微生物处理：利用微生物分解纤维素的研究已有半个世纪，但目前仍处于研究、探索阶段。国内外大致都从3个方面进行研究：一是培养分解纤维素酶活性强的菌种，如筛选属于木材腐朽菌的木霉以及消化道和自然界的细菌，并致力于使用紫外线、化学药品等进行诱变。二是在纤维素酶化学方面进行研究，利用工厂生产的酶制剂开展工作。三是用人工瘤胃的方法进行研究。以上3个方面的研究都取得了一定的进展，但现有方法都没有突破发酵条件复杂和成本过高的难题，故尚未在饲养实践中广泛应用。

③秸秆微贮技术：秸秆微贮饲料就是在粉碎的作物秸秆中加入秸秆发酵活干菌，放入密封的容器（如水泥池、塑料袋、大水缸等）中贮藏，经一定的发酵过程，使农作物秸秆变成具有酸香味、牦牛喜食的饲料。微贮饲料具有易消化、适口性好、易制作、成本低等优点。

菌种的配制：先将秸秆发酵活干菌菌种倒入水中充分溶解，然后在常温下放置1~2h，再倒入0.8%~1%食盐水中混好。食盐水、菌种的用量见表8-4所示。

秸秆长度：不能超过3cm，这样易于压实和提高微贮的利用率。

表8-4　微贮饲料的菌种配制

种类	重量（kg）	发酵活干菌用量（g）	食盐用量（kg）	用水量（L）	贮料含水量（%）
稻麦秸秆	1 000	3	9~12	1 200~1 400	60~70
玉米秸秆	1 000	3	6~8	800~1 000	60~70
青玉米结	1 000	1.5		适量	60~70

注：引自《农作物秸秆养羊手册》，刁其玉主编，2014

秸秆入池或其他容器：先在底部铺上20~30cm厚的秸秆，均匀喷洒干菌水溶液，压实后再铺放20~30cm厚的秸秆，再均匀喷洒干菌水溶液，直到高于窖口或池口40cm。

密封：秸秆装满经充分压实后，在最上面一层均匀洒上食盐粉，用量为250g/m^3。盖上塑料薄膜，再在上面铺20~30cm厚的麦秸，再盖上15~20cm厚的湿土。特别是四周一定要压实，不要漏气。

贮存水分的控制与检查：在喷洒菌液和压实过程中，要随时检查秸秆的含水量是否合适，各处是否均匀一致，不得出现夹干层。含水量的检查方法是：抓取秸秆试样，用力握拳，若有水滴顺指缝下滴，则较为适合；若沿着指缝往下流水或不见水滴应调整加水量。

微贮饲料质量的识别：优质的成品，玉米秸应该呈橄榄绿色，如果呈褐色或墨绿色，说明质量较差。开封后应有醇香和果香气味，并伴有弱酸味。若有腐臭味、发霉味，则不能饲用。

微贮饲料的取用：一般经过30d即可揭封取用。取料时从一角开始，从上到下逐渐取用。要随取随用，取料后应把口盖严。饲喂微贮饲料的肥育牦牛，饲喂精饲料时不要再加喂食盐。牦牛的微贮饲料用量以每头5~12kg为宜，可与其他草料搭配饲喂。

秸秆自然发酵或加曲发酵，均起软化饲料，改善风味与提高适口性的作用，菌体蛋白与B族维生素可能有所增加，但对粗纤维几乎没有影响。

6. 牦牛营养舔砖

舔砖是将放牧家畜所需的营养物质经科学配方和加工工艺制成块状，供其舔食的一种饲料。也称块状复合添加剂，通常简称“舔块”或“舔砖”。中国农业科学院兰州畜牧与兽药研

图 8-6　营养舔砖

究所生产的饲料舔砖见图 8-6 所示。营养舔砖中添加了放牧家畜日常所需的矿物质元素、维生素微量元素等，能够补充动物日粮中各种微量元素的不足，维持牦牛、藏羊等反刍家畜机体的电解质平衡，防治矿物质营养缺乏症，以补充、平衡、调控矿物质营养为主，调节生理代谢，有效提高饲料转化率，促进生长繁殖，提高生产性能，改善畜产品质量。随着我国养殖业的发展，舔砖已成为大多数集约化养殖场必备的高效添加剂，享有放牧家畜“保健品”的美誉。补饲舔砖能明显改善牦牛、藏羊健康状况，加快生长速度，提高经济效益。

（1）舔砖的分类。舔砖的种类很多，形状叫法各异，不论舔砖是圆形或方形，中心都有一圆孔，以便悬挂让牦牛舔食。一般根据舔砖所含主要成分来命名，例如，以矿物质元素为主的叫复合矿物舔砖，以尿素为主的叫尿素营养舔砖，以糖蜜为主的叫糖蜜营养舔砖。现有的营养舔砖大多含有尿素、糖蜜、矿物质元素等，因此叫复合营养舔砖。我国地域辽阔，地区差异较大，不同区域、不同环境、不同季节牲畜的营养需求也不尽相同，对舔砖的需要也不一致，按成分区分一般分为营养型营养舔砖和微矿型营养舔砖。以下列出了两种类型舔砖的配比实例。

营养型舔砖：玉米15%、麸皮9%、糖蜜18%、尿素8%、胡麻饼3%、菜籽粕4%、水泥（硅酸盐水泥）22%、食盐16%、膨润土4%、矿物质预混料1%。

微矿型舔砖：食盐（氯化钠含量98.5%以上）56.8%、85%七水硫酸镁26%、磷酸氢钙11%、85%七水硫酸亚铁3.09%、85%七水硫酸锌1.22%、85%一水硫酸锰1.26%、82%五水硫酸铜0.49%、1%亚硝酸钠0.47%、5%氯化钴0.2%、5%碘酸钾0.18%。黏合剂选用膨润土（钠质与食盐中的钠元素对反刍动物作用机制相同）或糊化淀粉。

（2）舔砖的加工工艺。舔砖制备有浇铸法和压制法两种。压制法生产舔砖具有生产效率高、成型时间短、质量稳定等优点，因而被广泛采用。

①浇铸法：浇铸法所需设备和生产工艺较压制法简单。但浇铸法的成型时间长，质地松散，质量不稳定，生产效率不高，计量不准确。

②压制法：压制法生产舔砖是在高压条件下进行的，各种原料的配比、黏合剂种类、调制方法等直接影响舔砖压制的质量。近年来，国内生产的营养舔砖，大多以精制食盐为载体，加入各种微量元素，经150Mpa/m^2压制而成，产品密度高，且质地坚硬，能适应各种气候条

件，大幅度减少浪费，适于牦牛舔食。

若采用压制法时吸取化学灌注法的成型机理，采用在物料中加入凝固剂、增加保压时间等措施，促进舔砖成型，这样不仅能有效地提高产品的产量和质量，还可相对降低系统压力，从而降低机械制造的精度要求和制造成本。

（3）舔砖的配方

① 常见配方组成：糖蜜30%～40%、糠麸25%～40%、尿素7%～15%、硅酸盐水泥5%～15%、食盐1%～2.5%、矿物质元素添加剂1%～1.5%、维生素适量。

② 常见原材料及其作用：糖蜜是蔗糖或甜菜糖生产过程中剩余的糖浆，糖蜜的主要作用是供给能源和合成蛋白质所需要的碳素；糠麸是舔砖的填充物，起吸附作用，能稀释有效成分，并可补充部分磷、钙等营养物质；尿素提供氮源，可转化成蛋白质；硅酸盐水泥为黏合剂，可将舔砖原料黏合成型，并且有一定硬度，控制舔食量；食盐可调节舔砖的适口性和控制舔食量，并能加速黏合剂的硬化过程；矿物质添加剂和维生素可增加营养元素。

③ 舔砖的作用：牦牛饲养管理较粗放，特别是冬、春枯草季节，在舍饲饲喂青干草、农作物秸秆和青贮饲料等粗饲料的情况下，即使补充少量的精饲料，蛋白质和矿物质元素等营养物质摄取量也不足，常常导致营养失衡，造成易患病、生长缓慢、佝偻病、犊牛瘦弱、缺乏食欲、产奶量低、异食癖、皮毛粗糙不光滑，以及不孕、生殖力低下、生殖缺陷、流产、死胎等，给养殖户带来很大的经济损失。牦牛复合营养舔砖的使用可预防和治疗部分营养性疾病，提高日增重、产奶量、繁殖率、饲料转化效率和免疫力。舔砖的主要作用有以下几个方面。

补充矿物质元素：舔砖中含有钙、磷、碘、硒、镁、锰、铜、铁、锌、钴等10多种矿物质元素，由营养专家根据牦牛不同生长阶段的营养需要，把要补充的各种矿物质元素配合好，压成块，农牧民只需根据需要选用相应的舔砖即可。

补充粗蛋白质：秸秆的粗蛋白质含量通常在2.5%～4.0%，远不能满足牦牛生长发育的需要。生产实际中给牦牛补充粗蛋白质最廉价的方法就是使用非蛋白氮（NPN）。而在舔砖中加入适当NPN，可以提高牦牛粗蛋白质的摄入量，既廉价而且很安全。

补充可溶性糖分：舔砖中配入适当糖蜜，既可提高舔砖适口性，又可作为黏结剂，还可补充可溶性糖分，改善瘤胃发酵过程，使尿素利用效果更好。

补充维生素：牦牛可以在体内合成多数维生素（包括维生素C），但少数维生素（如维生素A）则需要补充，特别是在缺少青饲料时。

（4）应用舔砖的注意事项

第一，根据牦牛类别、生理状态、饲养方式、生产目标等情况不同，应选用不同类型的舔砖。

第二，使用初期，可在舔砖上撒少量精饲料（如面粉、青稞）或食盐、糠麸等引诱其舔食，一般经过5d左右的训练，牦牛就会习惯舔食舔砖（图8-7）。

第三，保持清洁，防止污染。用绳将舔砖挂在圈内适当地方，高度以牦牛能自由舔食为宜。

第四，舔砖以食盐为主，不能代替常规饲料的供给，秸秆＋舔砖≠全价饲料。牦牛舔食舔砖以后应供给充足的饮水。

第五，舔砖的包装袋等应及时妥善处理，防止污染场地或被牦牛误食。

（5）舔砖应用效果。牦牛饲喂舔砖，能提高饲草料的利用率，对其健康、增重、产奶、繁殖等方面有促进作用，还可防治异食癖、皮肤病、肢蹄病等多种营养性疾病。冯宇哲等（2008）报道，冷季对放牧牦牛补饲尿素糖蜜营养舔砖，可使每头牦牛少减重19.1~25.85kg，减少损失171.9~232.65元/头，相应多获利63.99~83.34元/头；暖季通过90d放牧补饲肥育，补饲后牦牛比同龄对照组体增重提高40.13%~70.39%，补饲后牦牛多获利77.13~148.59元/头，经济效益极为显著。祁红霞（2006）对体重相近的2岁牦牛进行尿素糖蜜营养舔砖补饲试验，2个月后，牦牛增重效果明显，取得较高的经济效益。补饲营养舔砖的牦牛，平均日增重提高 0.21kg，平均每头每日多获净收益0.68元。

王万邦等（1997）在冬春季进行放牧牦牛饲喂复合尿素舔砖试验。结果表明：不同年龄

图 8-7　牦牛采食舔砖

试验组牦牛的减重和减重率明显低于对照组。同时还证明，复合尿素舔砖具有多种营养成分，不仅适口性好，并且便于运输、贮存，使用十分方便，在冬、春季给放牧牦牛进行补饲，可提高越冬能力，减少死亡，是一种较为理想的复合尿素舔砖。德科加（2004）用糖蜜玉米型营养舔砖对冷季放牧牦牛进行补饲，经过2个月的试验，结果表明，补饲营养舔砖对维持牦牛活重有明显作用。补饲营养舔砖牦牛试验组活重损失为2.74kg，而对照组为8.8kg，每头减少经济损失25元。研究指出对牦牛实施冷季营养舔砖补饲可大幅度降低活重损失。

营养舔砖是放牧家畜冬、春季高效的补充饲料，可补充牧草中粗蛋白质、磷、硫等营养物质的不足，发挥瘤胃微生物分解纤维素的能力，从而提高牧草利用率，促进健康、增重、产奶和繁殖，减少掉膘，防止成年畜、幼畜死亡，增强抗病和越冬能力，有效减少经济损失。同时，由于营养舔砖便于运输、贮存和饲喂，在青藏高原广大牧区具有巨大的推广潜力。

第五节　牦牛及其杂种牛的肥育技术

一、影响肥育效果及经济效益的因素

1. 牦牛肥育的利与弊

草原地区或农区肥育肉用牦牛的有利因素包括：牦牛只能利用大量的天然牧草和农区的自产饲料，为粗饲料提供一个变通的出路，特别是农区，肥育来自草原牧区的肉用牦牛，有草、秸秆等粗饲料，就可以充分利用农作物生产中至少15%的麸皮、糠、渣等，使农副产品饲料转化为畜产品，增加农业生产的稳定性。牧区利用暖季丰盛的牧草肥育肉用牦牛，所需劳动力少，饲养成本低，并能获得优质的牛肉，到入冬前屠宰，可减轻冷季牧场的负担和牛只冷季减重的损失。农区冬季舍饲肥育，虽然所需劳力多，但是由于冬季农闲，有助于全年劳动力的调节。农区肥育草原牧区入冬前淘汰的犊牛和架子牛，可减少建立基本繁殖母牛群的投资，资金周转较快，牛粪肥田，能保持土地肥力，促进农业增产，并有效利用农副产品，综合经济效益较高，肥育肉用牦牛需用的建筑和设备投资少，牛只发病少，死亡风险小。

在一定条件下肥育肉用牦牛也有一些不利因素，如需要有一定的养牛科学知识和经营管理能力，建立基本繁殖母牛群或购入架子牛的投资较多，繁殖率较低，犊牛生长期长，饲料报酬低，在无科学饲养知识的情况下更低，对技术、市场价格和成本变化的反应慢，资金周转也慢，受一些传染病，特别是外来传染病的威胁大，运输和交通不便，当地无冷库或加工厂以及销售渠道不畅时，牛肉不易储藏，经济效益低。

2. 肥育牦牛的年龄

（1）幼牛。一般在1岁以内的牦牛生长快，随年龄增长而增重渐缓。幼牛对饲料的采食量比成年牛少，放牧肥育时增重速度比成年牛差，采食的牧草不能满足其最大增重的需要。

幼牛在生长期主要采取放牧的方式，以后短期进行舍饲肥育较有利，也可放牧兼补饲，或者自然生长和肥育同时进行。但总的来讲，幼牛延长饲养或肥育期比成年牛有利。1岁以内的幼牛收购时投资少，经过冬、春季“拉架子”，饲喂较多的粗饲料，在翌年夏、秋季肥育出售经济效益高，但冬季须有保暖的牛舍等，所需投资较多。

（2）成年牦牛。成年牦牛包括淘汰牛、废役牛、有繁殖障碍的母牦牛等。年龄越大，每千克增重消耗的饲料越多，成本越高，肥育后肉质差，经济效益不如幼牛。成年牦牛肥育后脂肪主要储存在皮下结缔组织、腹腔及肾、生殖腺周围和肌肉组织中，胴体和肉中脂肪含量高，内脏脂肪含量高，瘦肉或优质肉切块比例减少，在有丰富的碳水化合物的饲养条件下，短期进行肥育并及早出栏经济效益高。因成年牦牛采食量大，耐粗饲，对饲料的要求不如幼牛严格，比幼牛容易上膘，增重快，所以短期强度肥育成年牦牛比肥育幼年牛有利。秋末购入成年牦牛特别是老牛，经过冬、春季饲养，在翌年秋末出售，饲养期太长，增重不经济，即延长成年牦牛的肥育期（超过160d），增重和经济效益明显下降，不如幼牛。

3. 肥育牦牛的性别

同龄的公、母牦牛比较，母牦牛比公牦牛增重稍低，成本较高。母牦牛适于短期肥育，特别是淘汰母牛，经过2~3个月的肥育，达一定肥育程度即出售比较有利。母犏牛和一些淘汰母牛在肥育期不利的因素是发情干扰，有些地区进行卵巢摘除手术，试验证明，卵巢摘除后增重速度比正常母牛要慢，而且手术需要一定的恢复期，故此手术实无必要，事实上母牦牛的发情在肥育初期频繁，达到一定肥育度后则减少。

过去认为，公牦牛去势后易肥育，产肉量高。但据近年来的试验证明，育成公牦牛比同龄的阉牛生长速度快，每千克增重比阉牛少消耗饲料12%，而且屠宰率高，胴体有较多的瘦肉，因此，单独组群肥育的育成公牦牛、种间杂交公牛可以不去势。

4. 饲养水平对牦牛肥育效果的影响

饲养是提高肥育效果的主要因素。饲养水平高，可以缩短肥育期，牦牛用于维持的饲料较少，单位增重的成本低，经济效益高。幼年牦牛在肥育过程中，长肌肉、骨骼的同时，也储存一定的脂肪，初肥育时增重的蛋白质多，脂肪少，随着肥育期的延长，或者达到一定的肥育度时，脂肪的比例逐渐增大。因此，肥育幼年牦牛时除供给充分的碳水化合物饲料外，还要喂给比成年牦牛更高的蛋白质，如果日粮中能量较高而蛋白质不足时，虽能达到肥育目的，但不能充分发挥幼年牦牛肌肉生长迅速的特点，即不能获得最大日增重或较高的饲料报酬。

成年牦牛在肥育过程中，以增加脂肪为主，蛋白质增加较少，日粮中应有丰富的碳水化合物以合成脂肪。碳水化合物在瘤胃中经发酵产生低级脂肪酸成为合成脂肪的原料，碳水化合物在代谢过程中变为脂肪的途径最简单,而且消耗也少。如果喂给蛋白质丰富的饲料，虽然蛋白质在体内可以变为碳水化合物，然后转变为脂肪，但损耗大，不经济。然而如肥育牦牛日粮中蛋白质含量过少或缺乏，不仅影响食欲，而且饲料的消化率降低。

此外，牛种、种间杂交组合及气候条件等对肥育效果也有一定影响。

二、肥育前的准备

肥育前要拟出肥育计划，对牧场、棚圈、饲料等做出合理的安排，提出肥育期的计划增重及采取的放牧、补饲或饲养管理、防疫等措施。

肥育前要检查肥育牦牛的健康状况，将年龄过大、患病（特别是消化系统疾病）等无肥育价值的牛只淘汰，以免浪费饲料。大群肥育时，为便于管理，将喜攻击人、畜的牦牛实施锯角，无论放牧或舍饲肥育的牦牛，都要进行防疫和驱虫，最好进行一次药浴。

为便于放牧管理和掌握肥育效果，根据活重、膘情、性别和种别等情况进行组群和编号，使全群牛的状况尽可能相近。肥育前和每个肥育阶段结束后最好进行称重，计算增重情况，及时调整肥育日粮，加强对增重低的牦牛的饲养管理，淘汰无继续肥育价值的牛只。

对从草原牧区收购的牦牛，特别是刚断奶的幼年牦牛，应用当地肥育地区的饲料进行短期饲养，做适应肥育地区部分饲料的训练，驱赶或运输时间要短，防止在长途驱赶或运输过程中发病。

要按肥育牦牛种类和肥育计划，及早准备好各种饲料，幼年牦牛因不如成年牦牛耐粗饲，肥育期要准备一些品质好的青、粗饲料。秸秆等要进行调制，以提高适口性。肥育牦牛的饲料应以当地数量多而廉价的作物秸秆、青贮、豆秸、野干草为主，应多采用新鲜的糟粕、马铃薯、玉米、高粱、燕麦及油饼类等，这些都是肥育牦牛的好饲料。蛋白质饲料缺乏时可以利用尿素、铵盐，食盐和矿物质饲料也不可缺少，要合理搭配或科学配合日粮。

在原地未经适应而长途运来的牦牛，当两地饲料差别很大时，要同时购入原产地的少量饲料，防止因为饲料转换过急而减重或致病。

对放牧肥育的牦牛，应及早安排牧场的轮牧顺序，对饮水设施、牧道、围栏以及补饲圈、槽等要进行维修。舍饲肥育牦牛在进舍前要维修牛舍及饲槽等，要清除粪便，彻底消毒。

三、放牧肥育

放牧肥育的方式有全放牧肥育（不补饲）、放牧兼补饲肥育（包括全期补饲和牧草生长盛期过后给予的有限补饲）、放牧肥育末期进行短期的强度肥育等。选择何种方式肥育牦牛及其种间杂交牛，依当地牧场天然牧草的品质、牛只的年龄、种质特性、饲料状况或精饲料的价格、市场对牛肉品质的要求及价格而定。

1. 全放牧肥育

全放牧肥育是我国牦牛产区的传统肥育方式，肥育时间长，增重低，但不使用精饲料，成本低廉。

牦牛经过冷季进入暖季后，采用放牧肥育，活重增长起初比较快，随后逐渐变慢，与牧民们说的“牦牛见青就上膘”一致，这是牦牛补偿生长强、适应高山草原生态环境的有益特性。在牧草丰盛的牧场，可以进行放牧肥育。陈励芳（2008）报道，对2岁1/2野血牦牛、1/4野血牦牛及家养牦牛在暖季进行放牧肥育试验，120d肥育期结束时，3组牦牛体尺、体重均有显著增长，其中体重分别增加65.65kg、58.43kg和46.23kg，平均日增重为547g、487g和385g。另有报道，阉牦牛在放牧肥育期的1~4个月内，活重依次增加49kg、26.6kg、13kg和4kg。可见，在暖季进行牦牛放牧肥育，可获得较好的肥育效果，但是在放牧肥育后期，牛只具有相当的膘情以后，增重速度降低，肥育效果不明显。

2. 放牧兼补饲肥育

青藏高原海拔高，气温较低，一年四季气候变化不明显，只有冷暖两季，暖季较短而冷季时间较长，可达7个月之久，暖季牧草生长旺盛，数量充足，而冷季期间牧草枯萎，数量奇缺，放牧牦牛往往在暖季生长良好，进入冷季后就开始减重。近年来的研究发现，青藏高原高寒草地放牧家畜的数量已大大超过草地的承载能力，草地生态系统存在着严重的草畜失衡。牦牛在暖季积累的能量有一半以上在冷季被消耗，Long等（2005）报道放牧牦牛冷季体重的损失可达暖季增重的80%~120%。冷季放牧牦牛体况瘦弱，如遇大风雪等恶劣天气，极易造成死亡。对牦牛采取合理的补饲可提高其生产性能，缩短生产周期，还可减轻青藏高原草场放牧压力，缓解草畜平衡及草场退化等问题，对牦牛产业健康良性发展具有重要意义。

（1）牦牛冷季补饲。在传统饲养方式中，牦牛冷季补饲大多集中在生长牦牛及妊娠母牦牛。补饲所用的补饲料有营养舔砖、精饲料、青干草、氨化秸秆等。晁文菊等（2009）用精饲料、青干草、营养舔砖补饲围产母牦牛，经90d的试验期，与不补饲的自然放牧组比较发现，补饲组母牦牛的体重、产奶量及犊牛初生重均有显著提高。Long等（2005）在冷季用青稞秸秆、燕麦草和尿素糖蜜舔砖分别补饲1~6岁牦牛，结果表明补饲能有效减少各年龄段牦牛冷季体重损失，其中1岁牦牛增重效果最好，其次为2岁牦牛。李平等（2011）报道了相似的研究结果。因此，在冷季相同的补饲条件下，对1岁和2岁牦牛进行补饲能产生较好的效果。董全民（2007）报道，在冷季运用精饲料和青干披碱草补饲生长牦牛，在162d的补饲期内，补饲精饲料组、混合组和青贮披碱草组牦牛体重分别比自然放牧组提高95.36%、64.42%和59.84%，并指出补饲精饲料能带来最大的生态效益。

由于冷季（11月份至翌年5月份）牧草短缺，导致牦牛体重的季节变化大，产奶量和繁殖率低。冷季对牦牛进行补饲（图8-8）能有效减少牦牛的体重损失，跳出牦牛养殖“夏壮、秋肥、冬瘦、春乏”的恶性循环，提高牦牛生产性能，增加经济效益。

（2）牦牛暖季补饲。关于牦牛暖季补饲的研究报道相对较少，且大多是关于生长期牦牛的补饲研究。传统观念普遍认为暖季牧草生长旺盛，可以满足牦牛日常生长、增重需要，故不用补饲，近年来的研究却动摇了这一观点。

图8-8 冷季补饲牦牛

张建勋等（2013）报道，暖季（8—9月份）选用青稞和菜籽饼补饲3岁左右的母牦牛，经37d试验期，青稞组、菜籽饼组平均日增重分别为0.75kg和0.68kg，分别比自然放牧组（0.34kg）提高了120.59%和100%。谢荣清等（2004）用精饲料对3岁牦牛进行暖季补饲，发现暖季补饲可提高牦牛生长速度，增加经济效益。王万邦等（1996）运用精饲料补饲2岁、3岁、4岁牦牛，补饲组牦牛增重显著高于对照组，其中2岁牦牛增重最多，肥育效果最佳。巴桑旺堆等（2012）发现，对2岁牦牛采取放牧加精饲料补饲，能有效提高牦牛生长速度，增加经济效益。

以上研究表明，虽然暖季牧草丰盛，但实际并不能完全满足生长牦牛的营养需要，仍需对其进行补饲，以充分发挥其生长潜能，缩短牦牛生产周期，提高经济效益。因此，探寻暖季牦牛补饲的适宜饲粮配比及补饲方法，可有效提高牦牛的生产效率，缩短肉用牦牛及其种间杂交牛的饲养期，提高肉产量。有条件的牧区在暖季可采取放牧兼补饲的肥育方式。

四、牦牛错峰出栏

牦牛错峰出栏技术是在牦牛冷季舍饲肥育饲养技术的基础上逐渐完善形成的，主要目的是转变传统的牦牛生产方式，使其适应现代集约化、规模化养殖，缓解草原超载过牧，减少牦牛掉膘死亡，缩短饲养周期，保障鲜牦牛肉季节稳定均衡供给，增加农牧民收入。由于牧区牧草供应在一年四季中很不平衡。暖季水热条件好，牧草产草量和质量达到高峰；而进入冷季后，则水冻草枯，牧草营养价值降低，且数量减少，很难满足牦牛生长需要。传统饲养管理模式下，牦牛终年放牧饲养，随着牧草的枯荣交替，经历着“夏壮、秋肥、冬瘦、春乏”的循环。长期以来，大部分牦牛产区都是在牦牛经过几年的累积生长后，在冷季到来之前将其集中出栏屠宰出售，采取这种方式主要是因为：一是牦牛体重已达到了一年当中的最大值，二是可减轻冷季草场载畜压力。但是，这种集中出栏方式也存在不少弊端：一是给屠宰加工企业造成很大的生产压力，而在接下来长达9个月的时间里，屠宰加工企业无原料来源，不能均衡生产；二是牦牛肉市场供应不平衡，每年2—5月份市场上只有黄牛肉，基本无牦牛肉出售，6—11月份以本地屠宰的牦牛、犏牛肉为主，12月份至翌年1月份以冷冻牦牛肉为主；三是养殖户都集中在枯草期到来之前使牦牛出栏，造成短时间内市场上牦牛肉供大于求，出售价格相对较低。

错峰出栏采用舍饲技术，进行牦牛短期肥育，该技术在青海省海北综合试验站高原现代生态畜牧业科技试验示范园的试验证明，对30头3周岁环湖型公牦牛舍饲饲养，增加日粮能量水平，牦牛日增重可达770g，按牦牛活重价24元/kg计，增重效益可达18.49元/d，扣除饲料成本后毛利润可达10.68元/d。在青海省海晏县夏华牦牛规模化舍饲养殖场的验证试验也发现，对54头2周岁牦牛舍饲饲养，平均日增重可达621g，与传统饲养相比，可有效缩短饲养周期，并能实现牦牛的错峰出栏，牦牛增重效益可达14.91元/d，经济效益可达5.24元/d。马登录等（2014）对秋季未达到出栏标准的牦牛进行错峰出栏研究，经60d的放牧加舍饲肥育，不同补饲组均比自然放牧组显著增重，经济效益明显。

实践证明，牦牛错峰出栏技术在避免牦牛冷季掉膘同时能显著提高牦牛生产性能，提高饲草料利用率，提高牦牛养殖效益，实现牦牛肉的全年均衡供给，稳定市场价格，可以获得较高的经济效益和生态效益。

第九章　牦牛的产肉性能及其肉产品的加工技术

第一节　牦牛的产肉性能

产肉性能是牦牛生产的主要方向。提升牦牛产肉性能，改善牦牛肉品质，是牦牛科学研究和生产的主要任务和目标，也是牦牛产业供给侧结构性改革的主要内容。

一、影响牦牛产肉性能的因素

1. 品种

因牦牛遗传差异，不同牦牛品种表现出不同的产肉性能。不同牦牛品种因体格大小、体型和代谢类型等方面的不同，其产肉量和胴体组成方面表现出较大的差异。

2. 性别

不同性别的牦牛在生长强度和胴体组成方面差别明显。据研究，公牛日增重较大，阉牛次之，而母牛较小；胴体组成以公牛的脂肪较少，母牛较多，阉牛则居中。

3. 年龄

牦牛的产肉性能与年龄关系密切。肉的嫩度随着年龄的增大而逐渐下降；胴体中的脂肪含量，性成熟以前的犊牛很少，而经肥育的4岁以上的大龄牛却很多；犊牛每头产肉量少，但生长速度快；成年牛产肉量多，但生长速度慢。

4. 营养水平与管理状况

各种产肉指标都会受到营养水平的很大影响，如活重、胴体重、胴体组成、生长速度等。管理状况，特别是放牧技术与管理水平，对牦牛生产来说特别重要。

5. 品种间杂交

在牦牛生产中，以生产杂种牛作肉用。杂交生产的杂种优势主要表现在与生长和繁殖性能相关的性状，而且周岁存活率、青年牛的生长势（即断奶后生长率）等都较高。但是，胴体品质特点却很少表现出杂种优势。杂种母牛具有较早的性成熟和较长的产犊寿命，并且繁殖率高，犊牛死亡率低。因此，在肉牛生产中，充分利用品种间杂交的繁育制度，促进肉牛生产总效益的提高，成为一个有效措施。

二、产肉性能指标及测定方法

1. 生长－肥育期

（1）初生重。指犊牛出生后吃初乳前的活重。

（2）断奶重。一般用校正断奶重，牦牛用210d或205d的校正断奶重，其公式如下：

$$210\text{d校正断奶重}=\frac{\text{断奶体重（kg）}-\text{初生重（kg）}}{\text{断奶时日龄（d）}}\times 210\text{d}+\text{初生重（kg）}$$

如用205d校正断奶重，则只要将上式中的210d改成205d。

（3）哺乳期日增重。指断奶前犊牛平均每天增加的重量，公式为：

$$哺乳期日增重（kg/d）=\frac{断奶体重（kg）-初生重（kg）}{断奶时日龄（d）}$$

（4）肥育期日增重。其公式如下：

$$肥育期日增重（kg/d）=\frac{肥育期末体重（kg）-肥育期初体重（kg）}{肥育期天数（d）}$$

2. 屠宰测定指标

（1）宰前重。指宰前绝食24h后的活重。

（2）宰后重。指屠宰放血以后的体重。

（3）血重。指宰时所放出的血液重量，或宰前重减去宰后重的重量差。

（4）胴体重。指放血后除去头、尾、皮、蹄（肢下部分）和内脏所余体躯部分的重量，并注明肾脏及其周围脂肪重。在国内，胴体重包括肾脏及肾周脂肪重。

（5）净体重。指除去胃肠及膀胱的内容物后的总体重量。

（6）胴体骨重。指将胴体中所有的骨骼剥离后的骨重。

（7）胴体脂重。指胴体内、外侧表面及肌肉块间可剥离的脂肪总重量。

（8）胴体肉重。也称肉重，指胴体除去剥离的骨、脂后，所余部分的重量。

（9）背膘厚度。指第五至第六胸椎间距背中线3~5cm处，相对于眼肌厚度处的皮下脂肪厚度。

（10）腰膘厚度。指第十二至第十三胸椎间距背中线3~5cm处，相对于眼肌厚度处的皮下脂肪厚度。

（11）眼肌面积。指第十二至第十三肋间眼肌的横切面积（cm^2）。有鲜眼肌面积，即新鲜胴体在宰后立即测定的；亦有将样品取下冷冻24h后，测定第十二肋后面的眼肌面积。眼肌面积测定的方法有硫酸纸照眼肌轮廓划点后用球积仪计算的，也有用透明方格纸照眼肌平面直截计数求出的。测定时特别要注意，横切面要与背线（设定）保持垂直，否则要加以校正。

3. 产肉能力的主要计算指标

（1）屠宰率。指胴体重占宰前活重的百分率，其计算公式为：

$$屠宰率（\%）=\frac{胴体重（kg）}{宰前重（kg）}\times 100$$

（2）净肉率。指胴体净肉重占宰前活重的百分率，其计算公式为：

$$净肉率（\%）=\frac{净肉重（kg）}{宰前重（kg）}\times100$$

净肉重即胴体肉重。

（3）胴体产肉率。指净肉重占胴体重的百分率，按下式计算：

$$胴体产肉率（\%）=\frac{胴体净肉重（kg）}{胴体重（kg）}\times100$$

（4）肉骨比。指胴体中肉重与骨重的比值，其计算公式为：

$$肉骨比=\frac{胴体中肉重（kg）}{胴体骨重（kg）}$$

（5）每100kg胴体重所对应的眼肌面积（cm^2）。每100kg胴体重所对应的眼肌面积，其计算公式为：

$$每百千克胴体重所对应的眼肌面积=\frac{眼肌面积（cm^2）}{胴体重（kg）}\times100$$

（6）肉用指数。即平均成年活重（kg）与体高（cm）的比值。该指标的特点是：可活体测量；既可比较群体，也可比较个体；既可作为役用型牛转化为肉用型牛的数值指标，又可作为专门化肉用牛的选种指标。

三、牦牛的屠宰性能

1. 屠宰性能指标

（1）屠宰率。牦牛的宰前活重，因品种、年龄、肥育程度的不同而有差别，屠宰率也有差异。我国成年阉牦牛的屠宰率一般为48%~57%，成年母牦牛的屠宰率为42%~50%。和普通牛比较，牦牛的屠宰率接近于我国的黄牛，低于国外肉用品种牛。各地牦牛产肉性能见表9-1所示。

（2）净肉率。成年阉牦牛的净肉率为31%~45%，而我国良种黄牛成年牛的净肉率普遍都在50%以上。

2. 胴体组成

牦牛胴体的肌肉、骨、脂肪组织所占胴体重的百分率，在生长过程中有很大变化，肌

表9-1　各地牦牛的屠宰率和净肉率

性别	产地	头数	年龄	活重（kg）	胴体重（kg）	屠宰率（%）	净肉率（%）	胴体含骨率（%）
公	四川九龙	3	6岁	471.24	248.69	52.77	44.33	16.00
	甘南碌曲	2	4岁	275.5	140.00	50.82	39.02	23.21
公	青海大通	5	成年	339.4	180.80	53.27	45.34	14.88
	新疆巴州*	9	成年	237.78	114.73	48.25	31.84	34.01
母	甘南碌曲	2	成年	239.70	108.20	45.14	33.29	26.25
	香格里拉	8	成年	309.10	178.77	57.60	45.68	18.33
	新疆巴州*	3	成年	211.30	99.90	47.28	30.32	32.93

注：引自《牦牛生产技术》，张容昶、胡江主编，2002。*中下等膘情

肉的比例是先增加后降低，骨骼的比例持续下降，而脂肪的比例则持续增加。但牦牛各体组织在胴体中所占比例，因年龄、性别、饲养水平的不同而有所差异。牦牛胴体组成见表9-2所示。

表9-2　牦牛的胴体组成

品种	性别	年龄（岁）	头数	活重（kg）	肌肉（%）	骨骼（%）	脂肪（%）	肉骨比
九龙牦牛	公	2.5	4	194.33	75.62	22.80	1.58	3.32
	母	4.5	4	299.91	77.84	21.23	0.93	3.67
	阉	4.5	4	328.88	79.34	18.52	2.14	4.28
天祝白牦牛	阉	4.5	3	261.80	75.60	21.10	3.30	3.58
大通牦牛	公	0.5	3	63.63	75.22	22.78	2.00	3.44
1/2野血牦牛	公	0.5	3	78.67	74.57	23.53	1.90	3.17

注：引自《牦牛生产技术》，张容昶、胡江主编，2002。

3. 非胴体部分占活重的百分率

非胴体部分指头、蹄及内脏各器官。同龄公、母牦牛所占活重比例基本一致，并随体重的增加，各内脏器官也相应增长。如2.5岁九龙牦牛心、肝及肺分别占活重194.33kg的0.48%、1.34%和1.58%；4.5岁九龙母牦牛分别占活重299.91kg的0.43%、1.22%和1.63%。

4~9岁阉牦牛血重占活重的3.88%~4.20%，头重占3.90%~5.69%，皮重占5.48%~7.98%，胃总重占3.60%~4.13%，肠总重占2.21%~2.71%（表9-3）。

表9-3　阉牦牛胴体与非胴体部分占活重的百分率

项目	天祝白牦牛（n=3，4岁）		西藏当雄牦牛（n=4，9岁）		蒙古牦牛（n=30，4~9岁）	
	重量（kg）	占活重（%）	重量（kg）	占活重（%）	重量（kg）	占活重（%）
活重	261.77	100	527.80	100	298.30	100
胴体重	133.37	50.95	240.60	45.59	145.80	48.90
血	10.90	4.14	20.50	3.88	12.50	4.20
头	14.90	5.69	27.30	5.17	11.60	3.90
胃总重	9.43	3.60	21.80	4.13	10.70	3.60
肠总重	7.10	2.71	11.65	2.21	6.90	2.31
心脏	1.43	0.55	2.10	0.40	1.50	0.50
肺脏	3.37	1.29	7.10	1.35	3.60	1.21
肝脏	3.47	1.33	6.10	1.16	4.30	1.44
肾脏	0.80	0.31	0.95	0.18	0.80	0.27
蹄	5.37	2.05	9.50	1.80	6.20	2.08
皮	20.07	7.67	29.00	5.49	23.80	7.98
其他*	3.83	1.46	-	-	1.90	0.64

注：引自《牦牛生产技术》，张容昶、胡江主编，2002。*包括脾、胆、生殖器官及尾

四、提高牦牛产肉性能的主要措施

1. 补饲和放牧

良好的补饲和放牧，是提高产肉性能和改善肉品质的主要措施。牦牛有较强的暖季补偿生长能力，但是任何家畜的补偿生长都是有一定限度的，冷季过度的乏弱对牦牛生产性能影响较大。为了提高产肉性能，就应加强冷季的补饲。在暖季时注意贮备一定量的草料供冷季补饲用，有条件的地区还可补饲一定量的精饲料，尽量满足牛只冷季的营养需要。修建一些简易的棚舍，以利于牦牛防寒保暖，减少牛只的冷季活重的损失。

（1）牦牛补饲技术。牦牛能适应高寒牧区漫长的枯草期，其体重下降1/4还能维持生命，牦牛在极为艰苦的条件下维持着简单的再生产。冷季枯草季到来后，必须对妊娠母牛和犊牛用刈割干草和混合精饲料进行补饲。一般在放牧归来后在专门的补饲栏进行补饲，青干草放在草架上让牛自由采食，精饲料在补饲槽中让牛集中食用，补盐可以在补精饲料时同时进行。

（2）放牧肥育技术。牦牛放牧肥育是牧区传统肥育方式。特点是肥育期长，增重低，但不喂精饲料，成本低。一般在暖季选择牧草茂盛、水草相连的草场，放牧肥育100~150d。每天早出牧，中午在牧地休息，晚归牧，每天放牧12h。放牧时控制牛群，减少游走时间，放牧距离不超过4km，让牛群多食多饮，获得高的增重。据研究，放牧肥育较适合幼龄牛，日增重以1~2岁牛只最高，成年牦牛最好是在放牧后期集中短期强度肥育。经放牧肥育的牦牛，

在进入冷季前应及时出栏或屠宰，以免减重。为缩短肉用牦牛及种间杂种牛的饲养期和提高产肉量，饲料条件好的牧区，在暖季可采取放牧兼补饲肥育的方式，提高其胴体重或肉品质。

（3）牦牛的饮水和喂盐。暖季应给牦牛补饲食盐，每头每月补饲1.0~1.5kg，可在圈地、牧地设盐槽，供牛舔食，盐槽要防雨淋。还可以制做食盐舔砖，放置于离水源较远、不被雨淋的牧地或挂在圈舍中让牛舔食。盐砖配料：食盐40%、膨润土50%、糖蜜8%、尿素2%。冷季要定时给牦牛饮水，每天2次，暖季放牧时要有意识放牧到有水源的地方，让牛群自由饮水。

2. 适宜的屠宰时间

牦牛年龄越大，单位增重所消耗的营养物质就会越多，因为大龄牦牛增重主要是体脂肪的增加，而脂肪的沉积比肌肉的生长需要更多的营养物质。同时，年龄越老，饲养的时间就会延长，越度冷季的次数增多，冷季损失的活重也会增加，如阉牦牛从出生到4岁时，经过4个冷季，冷季总的减重相当于2头牦牛的净肉量。就肉的品质而言，老龄牛肉质较粗硬，风味差，肉中的脂肪过多，可降低人体对营养物质的消化和肉的烹饪特性。目前国内外市场含脂肪少的牛肉畅销，肉中蛋白质与脂肪的比例为1.3~1.7 ：1为最佳。

由于牦牛产区生态条件和技术条件等的限制，多用淘汰牛生产牛肉，有计划地肥育工作较少进行。为了促进牦牛肉生产的发展，可以多方面地探讨适合于当地的肥育牦牛的方法，力争将2~3岁的牦牛屠宰上市。其中生产犊牦牛肉的关键环节是提高母牦牛的繁殖率和犊牛个体的胴体重。通过人工授精等技术使犊牛集中在3—5月份出生，对母牛少挤奶或不挤奶（如果挤奶，挤奶时间尽量安排在7—8月份为宜），来加强犊牛的培育。

此外，肥育后牦牛向屠宰场驱赶、运输等过程中的活重损失，对其产肉性能也有一定的影响。

第二节　牦牛肉的主要理化特性

牦牛肉血红蛋白含量高，色泽鲜艳，有特殊风味，深受国内外市场青睐。肉中脂肪分布较均匀，蛋白质含量高，氨基酸齐全，无论炒、煮、烧、炖等均可口。缺点是年龄大的牦牛肉，其肌纤维较普通牛粗，但犊牛肉及18~30月龄的肉则细嫩。

一、物理特性

牛肉的感官及物理性质包括颜色、风味、系水力、多汁性、嫩度等，对牛肉及牛肉制品的评价取决于这些特性，而且它们直接关系到肉的可接受性。

1. 色泽

牛肉的色泽一般依肌肉与脂肪组织的颜色来确定，因肌红蛋白含量及化学状态、解剖部位、年龄、品种、肥度、宰后处理而异，又以牛肉中发生的各种生化过程（如发酵、自体分解、腐败）而变化。

牦牛肉的颜色一般呈红色，但色泽及色调有所差异。如老龄牛肉呈暗红色，犊牛肉呈淡灰红色。

肌肉的红色主要取决于其中的肌红蛋白含量和化学状态。肌红蛋白主要有3种状态：①紫色的还原型肌红蛋白；②红色的氧合肌红蛋白；③褐色的高铁肌红蛋白。其中，氧合肌红蛋白和高铁肌红蛋白的形成和转化对肉的色泽最为重要，因为前者为鲜红色，代表着肉新鲜，为消费者所钟爱；后者为褐色，是肉放置时间长的象征。如果不采取任何措施，一般肉的颜色将经过2个转变：第一个是紫色转变为鲜红色，第二个是鲜红色转变为褐色。第一个转变很快，在肉置于空气中30min内即发生，而第二个转变快则几小时，慢则几天。颜色转变的快慢受环境中氧气分压、pH、细菌繁殖程度、温度等诸多因素的影响。减缓第二个转变，即由鲜红色转为褐色，是保色的关键所在。冷却或冻结并长期保存的牛肉，同样会发生颜色的变化，这是肌红蛋白受空气中氧的作用方式或程度不同所致。不同年龄的牛，其肉的颜色不同，主要是因肌红蛋白的含量不同。肌红蛋白含量随牛的年龄增大而增加，所以老牛肉的颜色较犊牛肉深或暗。

细菌繁殖消耗肉表面的氧气，减少了氧气向肉内部的渗透，有利于高铁肌红蛋白的形成，因为高铁肌红蛋白在低氧下生产较快。当细菌繁殖到一定程度时，肉的表面缺氧，细菌或肉中的具有还原剂性质的物质又可将高铁肌红蛋白还原成肌红蛋白。

加热使蛋白质变性，使肌红蛋白变性成为灰色高铁血色原，赋予熟肉以灰状颜色。在无氧条件下变性的高铁血色原会慢慢还原，转变为变性的血色素或粉红色的血色素。

肉的颜色可通过比色板、色度仪、色差仪等以及化学方法评定。

2. 风味

（1）风味的概念。肉的风味是肉质量的表征之一。肉的风味大都通过烹饪后产生，生肉一般只有咸味、金属味和血腥味。成熟适当的牛肉具有特殊芳香气味，与肉中的酶作用后所产生的某些挥发性芳香物质（如游离的次黄嘌呤核苷酸）有关。如果牛肉成熟过程中保存的温度高，易招致肉的气味不良，如陈宿气、氨气臭、硫化氢臭等。

肉的风味由肉的滋味和香味组合而成。滋味的成味物质是非挥发性的，主要靠人的舌面味蕾（味觉细胞）感觉，经神经传导到大脑反映出味感。香味的呈味物质主要是挥发性的芳香物质，主要靠人的嗅觉细胞感受，经神经传导到大脑产生芳香感觉，如果是异味物，则会产生厌恶感和臭味的感觉。肉中的一些非挥发性物质与肉滋味有关，其中甜味来自葡萄糖、核糖、果糖等；咸味来自一系列无机盐、谷氨酸盐及天冬氨酸盐；酸味来自乳酸、谷氨酸等；苦味来自一些游离氨基酸和肽类；鲜味来自谷氨酸钠、肌苷酸等。另外，谷氨酸钠、肌苷酸及一些肽类除使肉产生鲜味外，还有增强以上4种基本味的作用。

生肉不具备芳香性，烹调加热后一些芳香前体物质经脂肪氧化、迈拉德褐色反应以及硫胺素降解产生挥发性物质，赋予熟肉芳香性。与风味芳香有关的物质多达上千种。尽管构成肉食品滋味和香气的成分是微量和复杂的，但它却非常敏感，即使在极低的浓度下也能察觉。因此，风味是多成分的综合反映。

（2）形成肉类滋味和香气的主要因素

①加热时形成的牛肉特殊风味和滋味物质，存在于肌肉纤维中，这些成分在肉的成熟过程中逐渐积累，而在加热中显现出来。

②肉类香味和滋味成分多为低分子易溶于水的物质，所以在烧煮时在肌肉中溶解，加热时被强烈地反映出来。

③脂肪是产生香气的成分之一。

④氧化加速脂肪产生酸败味，随温度升高而加速。

纯正的牛肉风味来自瘦肉，受脂肪影响很小。牛肉的呈味物质主要来自硫胺素降解。降解产生的硫化氢（H_2S）可以与呋喃酮等萘环化合物反应生产含硫萘环化合物，赋予牛肉最基本的风味。

（3）风味的鉴定

①煮沸试验：将已除净可见脂肪的肉样20～30块（每块重2～3g）装入到250mL三角瓶内，加清水浸没肉，瓶口用平皿盖好。将内容物加热，待肉汤煮沸后，揭开平皿，立即用鼻子嗅其蒸汽的气味而判定（表9-4）。同时，观察肉汤的透明度及其表面漂浮的脂肪的状态。

表9-4　牛肉煮沸试验判断指标

风味	肉汤	浮油脂肪	评定
芳香	透明	呈大油滴	良好
无香味	混浊	油滴小	部分变质肉
霉败、腐臭气味	污秽、带絮片	几乎不见油滴	腐败肉

②炸煎法：将一大片肉放在平底锅上，用少量无气味的植物油炸煎，趁热嗅其气味。

3. 系水力

系水力指保持原有水分和添加水分的能力。肌肉中通过化学键固定的水分很少，大部分是靠肌原纤维结构和毛细管张力而固定。

肌肉系水力是一项重要的肉质性状，它不仅影响肉的色香味、营养成分、多汁性、嫩度等食用品质，而且有着重要的经济价值。如果肌肉保水性能差，则从牛屠宰后到肉被烹调前这一段过程中，肉因为失水而失重，造成经济损失。肌肉中的水分以3种状态存在：水化水、不易流动水和自由水。其中以不易流动水为主，占总水分的80%，存在于纤丝、肌原纤维及膜之间，它能溶解盐类及其他物质，在0℃或稍低温度下结冰。通常测定肌肉系水力的变化主要由这部分水决定，而这部分水的可保持性主要取决于肌原纤维蛋白质的网状结构及蛋白质所带的静电荷多少。水化水又称为结合水，指与蛋白质分子表面紧密结合的水分子层，占总水量的5%左右。结合水的冰点为-40℃，不易解离和蒸发，也不易受肌肉蛋白质结构和电荷变化的影响，甚至在施加严重外力的条件下，也不能改变其与蛋白质结合的状态。因此，结合水对肌肉系水力没有影响。自由水是存在于肌细胞外间隙中的水分，这部分水主要靠毛细管作用而存在于肌肉中。

肌肉系水力的测定方法可分为三类：①不施加任何外力，如滴水法；②施加外力，如加压法和离心法；③加热法，如熟肉率来反映烹调水分的损失。

影响系水力的因素很多，屠宰前后的各种条件、品种、年龄、身体状况、脂肪厚度、肌肉的解剖学部位、宰前运输和囚禁及饥饿、屠宰工艺、pH的变化、能量水平、尸僵开始时间、蛋白质水解酶活性和细胞结构以及胴体储存、熟化、切碎、腌渍、加热、冷冻、融冻、干燥、包装等，都影响肌肉系水力，而最主要的是pH（乳酸含量）、ATP（能量水平）、加热和腌渍。

4. 嫩度

肉的嫩度是指煮熟肉类制品的柔软、多汁和易于被嚼烂的程度，是消费者接受的重要的品质指标。与嫩度矛盾的对立面是肉的韧度，指肉在被咀嚼时具有高度持续性的抵抗力。肉的品质越老，越不易咀嚼，不受消费者欢迎。

决定和影响肉嫩度的因素很多，除与宰前牛的遗传有关外，主要决定于肌肉的组织状态、结缔组织的构成和屠宰后肉的生物化学变化、热加工、水化作用、pH等。

一般情况下，肉的韧度与嫩度受品种、性别、年龄、使役情况、肉的组织结构及品质、后熟作用、冷凉方法等影响，且与肌肉的解剖学分布有关。

对肉嫩度的客观评定是借助仪器来衡量切断力、穿透力、咬力、剁碎力、压缩力、弹力、拉力等指标，而最通用的是切断力，又称剪切力，即用一定钝度的刀切断一定粗细的肉所需的力量，以kgf为单位（力的法定计量单位为N，1kgf=9.8N）。一般来说，如剪切力值大于4kgf（39.2N）的肉就比较老了，难以被消费者接受。

由于影响肉嫩度的因素很多，所以测定程序必须标准化，所得结果才有可比性，如取样时间、取样部位、加热方法、测试样品的大小等。取样时间和部位因测试目的不同而异，但需要说明，国际较通用的加热方法为加热到肉中心温度70℃为止，水浴温度在75~80℃。测试样品按与肌纤维平行的方向切取为长条形，一般截面为1cm^2，长度为2.5cm左右，1块肌肉应取4~5个样品（多的可取8~10个），测定时切刀与肉样纤维方向垂直，切断为止，最大用力值则为剪切值，以kgf为单位。

5. 多汁性

多汁性也是影响肉的食用品质的一个重要因素，尤其对肉的质地影响较大。据测算，10%~40%肉质地的差异是由多汁性好坏决定的。多汁性评定较可靠的方法是主观评定。

二、化学成分

牦牛肉主要由水分、蛋白质、脂肪与灰分所组成，不同肥度及不同年龄有很大差异。一般幼年牛肉的水分含量较大而脂肪含量较低。经肥育的牛，水分含量降低而脂肪含量提高，蛋白质含量也有所降低。此外，部位不同，肉的组成也不一样。

牦牛肉的化学成分随年龄不同而异。青海省畜牧兽医科学院营养分析室测定：0.5岁犊牛（背肋肌）干物质含量平均为21.5%，粗蛋白质为19.15%，粗脂肪为1.55%，灰分为0.95%，总能量为17kcal/g。新疆八一农学院测定：1.5~3.5岁牛眼肌中水分平均为75.3%，粗蛋白质为21.19%，粗脂肪为2.04%、灰分为1.07%，其中蛋白质和灰分含量比黄牛高，干物质含量与黄牛基本相同。眼肌中氨基酸总量为86.38%，其中必需氨基酸含量为35.96%，非必需氨基酸含量为50.42%。在必需氨基酸中，以赖氨酸含量最高，为7.86%。综上所述，牛肉品质好坏的评定标准，取决于蛋白质、氨基酸含量的多少以及脂肪分布匀度和眼肌面积大小等。牦牛肉除脂肪分布稍差外，其余都与黄牛肉接近，且蛋白质含量丰富、氨基酸种类较齐全，肌纤维中密布血管，呈深红色。所以，牦牛肉是一种营养价值高、品质好的牛肉。

1. 蛋白质

牦牛肉中的蛋白质主要为胶原蛋白及弹性蛋白。这两种蛋白质在酸、碱的作用下都难以分解，因此是稳定蛋白质，属于硬性蛋白。胶原蛋白在水中加热到70~100℃，一部分分解而变成胶质。弹性蛋白比胶原蛋白更为强韧，即使加热也不溶解。

2. 蛋白质的氨基酸组成

决定蛋白质营养价值的主要因素为其中的氨基酸组成。肉类蛋白质中含有全部营养必需的氨基酸，而且量较多，因此营养价值很高。牛肉中含量较高的氨基酸是亮氨酸、谷氨酸、精氨酸和赖氨酸；含量较低的氨基酸是缬氨酸、色氨酸、甘氨酸和组氨酸。

3. 脂肪

牦牛肉的脂肪主要由棕榈酸、硬脂酸、油酸等组成。此外，还有亚油酸、挥发酸、不皂化物、甘油和微量的脂溶性维生素。在自然放牧与补饲（玉米、豆粕、麸皮、菜籽粕、酒糟、舔砖、燕麦草）条件下，青海高原牦牛脂肪酸组成见表9-5所示。

表9-5 不同饲养条件下牦牛肉脂肪酸含量

序号	脂肪酸名称	背最长肌		半腱肌	
		放牧条件下	补饲条件下	放牧条件下	补饲条件下
1	十四烷酸（肉豆蔻酸）	0	0.83±0.53	0	1.04±0.64
2	十六烷酸（软脂酸/棕榈酸，C16:0）	7.16±6.05	8.51±7.90	12.84±9.47	16.74±0.57
3	2-甲基-棕榈酸	0	0.12±0.15	0	0.76±0.64
4	软脂油酸（棕榈油酸）	4.46±5.58	0.86±1.42	7.25±3.17	0.90±0.64
5	十七烷酸（C17:0）	0.47±0.12	2.07±3.46	1.69±2.25	0.44±0.58
6	14-甲基十六烷酸	0.95±0.90	0.32±0.12	0	0.06
7	2-己基-环丙烷辛酸	0	4.94±7.87	0	1.13±0.58
8	十八烷酸（硬脂酸，C18:0）	6.92±4.43	0.18±0.265	7.61±6.55	2.72±2.08
9	顺式-11-十八烯酸	0	1.45±2.50	0	2.40±2.65
10	反-9-十八碳烯酸	0	16.96±12.91	0	26.31±0.58
11	亚油酸	17.22±8.51	4.98±8.42	4.84±4.46	20.68±0.58
12	油酸	15.00±12.76	0	34.02±0.42	0
13	十九烷酸（C19:0）	9.84±13.14	3.90±4.68	0	2.32±0.58
14	顺9，10-甲基十九烷酸	0	3.28±4.28	3.43±0.19	1.38±1.53
15	7，10，13-十六碳三烯酸	1.91±2.36	0.33±0.58	0.76±0.49	0
16	亚麻酸	8.57±8.28	0.68±0.29	0.86±1.38	1.06±0.58
17	花生四烯酸（ARA）	5.67±6.27	0.53±0.49	0.08±0.06	2.14±2.83
18	二十烷酸（花生酸，C20:0）	4.77±7.25	0.38±0.58	6.85±11.54	0.36±0.57
19	反亚油酸	2.46±2.13	4.17±0.60	0	3.58±0.55
20	11顺-二十碳一烯酸	6.02±4.79	1.53±2.23	0	0.61±0.72
21	（顺，顺，顺）-7，10，13-二十碳三烯酸	3.78±2.37	4.58±6.12	0	1.35±6.08
22	二十二碳六烯酸（DHA）	3.27±2.70	13.51±19.51	2.54±2.21	2.10±1.85
23	二十碳五烯酸（EPA）	1.84±2.39	0.44±0.57	8.50±1.67	3.44±1.31
24	山嵛酸	0	19.63±19.06	0	1.80±0.82
25	芥酸	0	4.83±6.53	5.92±4.57	2.56±1.01
26	二十三烷酸（C23:0）	0	1.85±2.76	2.79±4.71	2.32±1.85
27	二十四烷酸（木蜡酸，C23:0）	0	3.35±2.80	0	1.76±1.02

4. 碳水化合物及有机酸

牦牛肉中含有少量无氮有机化合物，主要为碳水化合物及有机酸，还存在微量的肌醇。

乳酸在肌肉中含0.04%~0.07%。肌肉中的乳酸呈右旋性，称为肉乳酸。当牛疲劳时，乳酸含量增加。屠宰刚结束时肌肉的pH约为7（6.8~6.9）。然后，由于乳酸增加，pH下降到5.5左右，然后又因蛋白质分解，pH上升。如果pH升为6以上时，表明是陈旧的肉。

5. 无机物及提出物

牦牛肉中含有人体所需的多种元素，如钾、钠、钙、镁、铁、铜、氯、磷、硫等无机物，总量为1%~2%，其中大部分钙存在于骨中，铁含量是猪肉的2倍，是鸡肉的3倍。

新鲜的牛肉约含2%的提出物，其中有机物约占0.7%，无机物约占1.3%。用盐水浸泡鲜肉时，最初溶出的大部分蛋白质产生凝固，因此将此浸泡煮沸过滤后即为提出物。肉提出物中的有机化合物，可分含氮化合物与无氮化合物两类。

6. 色素剂维生素

肉的色素除本身的色素之外，还包含有毛细血管中的血色素。牛肉本来的色素包括脂溶性胡萝卜素、胡萝卜素醇、水溶性的核黄素（维生素B_2）、细胞色素、肌红蛋白等，而叶酸的含量比猪、禽肉中的含量都高。牛肉中含有各种维生素，但含量很低，而且也不稳定。

第三节　牦牛的屠宰方法

牦牛屠宰是牦牛产业中的重要环节，联系着牦牛养殖和消费市场，在牦牛产业中担当龙头角色，对于提高牦牛肉质量、加速牦牛产业发展有着不可替代的作用。

一、屠宰前的要求

牦牛的屠宰应在定点屠宰场进行，要符合食品、兽医卫生要求，对操作人员没有危险，并能得到营养及商品价值良好的牛肉。

屠宰前24h要停止放牧或饲喂，但每隔6h供应1次饮水。宰前8h停止饮水。牦牛在宰前要保持安静，不追捕、殴打，防止牦牛惊恐，否则易引起内脏血管收缩，血液剧烈流入肌肉内，导致放血不全，影响牛肉的品质。

进行宰前测定，对牛只进行称重、评膘。

二、致昏

1. 电晕法

电晕俗称“麻电”，通过专人操作电晕工具，使电流通过牛体，使其中枢神经麻痹而晕倒。3岁以下牛采用电压70~100V，麻电时间8~10s；3岁以上牛相应为100~120V和10~12s。

电晕可避免宰杀时对屠宰者构成危险，又可避免对牛只追捕、捆绑等过程而造成的强刺激。电晕后将牛倒悬吊上屠宰线传送带或捆绑牢四肢待宰。

2. 击昏法

用击昏枪对准牛的双角与双眼对角线交叉点，启动击昏枪使牛昏迷。

3. 刺昏法

固定牛头，用尖刀刺牛的头部“天门穴”（牛两角连线中点后移3cm）使牛昏迷。

三、屠宰要求

1. 放血

电晕后应立即放血，用刀时注意避开食管和气管，割断颈部动脉及静脉，倒挂放血比横卧放血更充分。血盛入盆内，接血要卫生，血可食用。牧民一般从牛颈下喉部切断“三管”（血管、气管和食管），优点是操作快而简便，但血容易被食管中流出的胃内容物污染，甚至使血无法食用。

2. 去头、四肢及尾

剥皮后沿头骨后端和第一颈椎间割断去头；前肢由腕关节处割断，后肢由跗关节处割断；尾由第一至第二尾椎之间割断。

3. 剥皮

采用倒挂剥皮或横卧剥皮。倒挂剥皮是通过牛体后肢悬挂起来，沿腹中线切开，然后依腹壁、四肢内侧、颈、背的顺序将皮剥离。

4. 开膛取出内脏

用砍刀沿胸骨剑状软骨纵向砍开胸腔，沿腹中线切开腹部及骨盆腔，须细心操作，不能损伤内脏器官，然后取出全部内脏、食管及气管。割除生殖器官及母牦牛的乳房。

5. 胴体劈半

胴体倒悬时，先由尾根沿脊椎到颈部垂直切开肌肉和脂肪，然后用劈刀劈半。一人持刀，两人站在左右帮助拉开腹腔，从正中直向下劈成两半，要保质腰椎棘突剖面完整，以免降低胴体上市等级。有条件时，可用电锯劈半。

四、胴体的修整与冲洗

1. 胴体修整

仔细清除胴体表面的损伤、淤血及污物等，防止微生物繁殖和影响胴体外观质量。特别要注意修整颈部的血肉、淋巴、伤斑及污物，包括除去肾脏及周围的脂肪。

2. 冲洗

修整后的胴体，应立即用冷水冲洗，但不得用拭布擦拭，以免增加微生物对胴体的污染，加快肉表面腐败变质或降低鲜肉的货架期。

第四节　牦牛屠宰后肉的变化与保藏

随着我国经济、社会的快速发展和人们生活水平的提高，消费者对牦牛肉品质的要求也越来越高。了解牦牛肉屠宰后的变化规律和控制影响牦牛肉食用品质的各种因素，是满足消费者需求和保证牦牛肉产品优良的关键。

一、屠宰后肉的变化

1. 肉的成熟

肉的成熟也可叫做非热处理的熟化，经过成熟使“肌肉”变成适于食用的“食肉”，主要包括僵硬和自溶2个过程。

（1）僵硬。屠宰后肌肉断绝了氧的供给，肌糖原酵解成乳酸，三磷酸腺苷（ATP）分解产生磷酸，酸的聚集使pH下降，当pH降至5.4～5.5时，肌球蛋白和肌动蛋白结合成不溶性肌动（凝）蛋白，使肌肉收缩。接近主要蛋白质的等电点，水合能力最小，肌肉表现僵硬状态。酸性条件有利于抑菌保鲜。肉表阻力增加2倍，耐穿透力增加25%，加工时耗能增加，煮熟后硬度大，风味和口感差，不易消化。糖原酵解，ATP分解和肌肉收缩均放出热量，叫僵硬热，可使肉温升高1～2℃。

（2）自溶。僵硬终止后，肉中自溶酶使部分蛋白质变成水溶性肽、氨基酸，进而产生有机酸、核酸代谢产物、还原嘌呤、挥发性还原物质等。使肉变得柔软、多汁、组织细腻、滋味和气味鲜美。未成熟肉和成熟肉的感官特征见表9-6所示。

表9-6　成熟肉与未成熟肉的感官特征

项目	成熟肉	未成熟肉
煮熟的肉	柔软多汁，有肉特殊的滋味和气味	坚硬、干燥，缺乏肉特殊的滋味和气味
肉汤	透明，有肉汤特殊的滋味和气味	混浊，缺少肉汤特殊的滋味和气味

2. 肉的腐败

微生物活动是肉腐败变质的主要原因。自溶发展阶段，蛋白质开始分解，同时真菌可在酸性条件下繁殖分解蛋白质，使肉pH上升，为腐败菌繁殖创造了条件。腐败菌将蛋白质分解为氨基酸和胨；氨基酸进一步被分解为氨、硫化氢、二氧化碳、氢、胆碱、硫醇、吲哚、胺类和水等。同时，糖和脂肪亦被进一步分解。分解产物有毒，恶臭是最灵敏的感官指标。外观特点是肉表发黏和色泽改变。肉腐败的进程与温度和表面污染度相关。大部分腐败菌首先由结缔组织间隙和血管周围向肉内侵入，骨膜、关节液也适于侵入，这些部位易呈现腐败特征。

3. 肉色变褐

肌肉在空气中色泽将由紫红色到鲜红色再到褐色，这种现象叫作变褐。正常肉的紫红色是肌红蛋白所致，肌红蛋白缓慢与氧结合生成鲜红色的氧合肌红蛋白，肌红蛋白或氧合肌红蛋白被强烈氧化，生成Fe^{3+}的氧化肌红蛋白，呈褐色。肉也可能变成绿色、黄色、青色或发荧光等，是微生物繁殖的反常现象。

4. 肉的干耗

肉与空气接触，水分或水晶由于表面蒸发或升华，使重量减轻，伴随着质量下降，即是肉的干耗。用乙酰化单甘油水溶液喷洒于肉表，形成薄膜，可降低干耗。

5. 脂肪氧化

在空气中脂肪被氧化，产生醛、酮、醇、酸等，出现令人不快的“哈”味，同时脂肪比重下降，黏度增大，也叫脂肪酸败。它与温度关系不大，主要是空气接触和存放时间长短等因素所致。

二、肉的保藏方法

1. 干燥保藏法

把肉切成条或碎块状，以风干、烘、焙等方式，使肉中水分降至15%~20%或以下，可保存3~6个月或以上。

2. 食盐保藏法

将肉重6%~10%的食盐干涂于肉表或配成22%~25%的盐液浸泡肉品，使肉汁形成高渗液，从而抑制微生物的繁殖，可保存6~12个月或以上。

3. 低温保藏法

低温可以抑制微生物繁殖、化学反应和酶的活性。肉温在0~4℃下叫冷却肉或冷凉肉，是在3±5℃的冷库内，在相对湿度85%~95%、气流速度0.1m/s条件下保藏7~35d的肉。在−23℃的急冻间，气流速度为2m/s，保存24h，使肉温达−15~−18℃的肉叫作冻结肉。在−18±1℃冷库内，相对湿度保持在80%~95%，可保存6~10个月。

4. 放射线照射保藏法

用放射源钴60或铯137照射包装肉，剂量50万~70万拉德，可杀死肉表层和深层的无芽孢病原微生物；高剂量可以达到无菌，常温下可保藏9个月以上，无毒、不致癌，但有“照射味”。

5. 熏烟保藏法

肉在熏烟室或柴火灶顶，用含树脂少的木柴或秸秆不完全燃烧时产生的烟熏，可以达到防腐目的。肉具有适口的烟熏味。

6. 罐藏法

将肉切碎后装罐，经高温灭菌和真空密封，可达到长期无菌保藏的目的。

第五节　牦牛的胴体分割和肉品质感官评定

胴体分割是牛肉处理和加工的重要环节，也是提高牛肉商品价值的重要手段。肉质是肉品消费性能和潜在价值的体现，优质肉品更容易被消费者接受，肉质不仅是营养品质、加工品质、食用品质的体现，更是卫生品质和人文品质的体现。

一、胴体分割

我国牛胴体分割方法中规定，标准胴体的产生过程包括活牛屠宰后放血、剥皮、去头蹄与内脏、胴体整理等步骤。

沿脊椎骨中央用电锯（斧或砍刀）将胴体劈为左、右两半，称二分体。半片胴体由胸部13~14（或14~15）肋骨间（牦牛肋骨比普通牛多1~2对）截开，称四分体，前边为前腿部，后边为后腿部。

1. 胴体结构

标准的牛胴体二分体大体上又可进一步分成后腿肉、臀腿肉、腹部肉、腰部肉、胸部肉、肋部肉、肩颈肉和前腿肉共8个部分。

在部位肉的基础上可进行进一步的分割，最终将牛胴体分割成13块不同的零售肉块：里脊、外脊、眼肉、上脑、胸肉、嫩肩肉、臀肉、大米龙、小米龙、膝圆、腰肉、腱子肉和腹肉。里脊即腰大肌；外脊主要是背最长肌；眼肉主要包括背阔肌、肋最长肌、肋间肌等；上脑主要包括背最长肌、斜方肌等；胸肉主要包括胸升肌、胸横肌等；腱子肉分为前和后两部分，主要是前肢肉和后股肉；腰肉主要包括臀中肌、臀深肌、骨阔筋膜张肌；臀肉主要包括半膜肌、内收肌、股薄肌等；膝圆主要是臀骨四头肌；大米龙主要是臀骨二头肌；小米龙主要是半膜肌；腹肉即是肋排，主要包括肋间内肌、肋间外肌等，分无骨肋排和带骨肋排。其中，臀肉、大米龙、小米龙、膝圆、腰肉、腱子肉为优质牛肉，其他部分（如前躯臂肉、脖颈肉、牛腩等部位）的肉称为普通牛肉。

2. 胴体分割方法

（1）前腿部分割方法

①前小腿肉：前肢自肘关节割下，去骨。

②前腿肉：沿肩胛骨和胸臂结合处分割，使肩胛骨和上膊骨与胴体分离，去骨。

③胸肉：自脊椎骨内侧向前剔至颈部，剔掉颈骨使脖肉完整，不要割下，再在用刀尖挑开肋骨膜，沿软肋向上将肉揭开至肋骨顶端后，将肋脊椎骨和颈骨全部去掉，再从胸骨尖端处斜切至第十二肋骨上端距椎骨约15cm处，分割的下部为胸肉。

④脖肉：沿最后颈椎棘突方向斜切下的肉块。

⑤背肉：前腿部分割后余下的部分即为背肉。

（2）后腿部分割方法

①后小腿肉：由膝关节割下去骨，和前小腿肉合称小腿肉。

②腹肉：剔下第十四或第十五肋骨，沿腰椎下缘经肠骨角向下，将腹肌全部割下。

③里脊肉：由腰部内侧剔出带里脊头的完整条肉。

④腰肉：由第四腰椎骨（比普通牛少1个）后缘割下去骨。

⑤短腰肉：自第六荐椎骨（比普通牛多1个）处经髂骨中点作斜线切割。

⑥膝圆：沿股骨自然骨缝分离，再用尖刀划开股四头肌和半腱肌的肌膜，割下股四头肌。

⑦后腿肉：从坐骨结节下缘沿骨缝经髋关节，再沿股骨自然骨缝分离股骨后部肌肉（股二头肌、半腱肌和半膜肌）为后腿肉。

⑧臀肉：后腿部分分割剩下的部分。

二、肉品质感观评定

1. 肉品质

（1）眼肌面积。眼肌面积大小（指13~14肋骨上端背最长肌横断面面积）是衡量肉品质的标志之一。眼肌面积大小与年龄大小和膘情好坏有关。一般年龄越大，膘情越好，则眼肌面积越大；反之则小。

（2）肌纤维粗细。牦牛的肌纤维是各类牛种中最粗的，且随年龄的增长而变粗。其横断面多呈圆形或椭圆形，平均直径为60.3μm，其中最细的约27.39μm（幼龄），最粗的116.9μm（老龄）。食用犊牛肉不显粗糙。

2. 肉的感官识别

胴体肉外形是易于区别的肉类，局部小块则需要从色泽、肌束粗细、风味等方面区分。

牦牛肉呈深红色，较黄牛肉色泽深，肌束比黄牛肉粗，组织硬，肌肉间夹杂白色或淡黄色脂肪且较硬，有特殊风味。

不足2岁的小牛肉，色淡红，水分多，脂肪少，柔软，特殊风味较淡。

3. 肉新鲜度感官评定

感官评定是利用人们的感觉器官（视觉、嗅觉、味觉等）来对肉的好坏进行评定，也是选择食用或肉品加工原料的关键环节。因为肉贮存不当或发霉变质，就会降低甚至失去食用价值。

牦牛肉的色泽比普通牛（如黄牛）的深，呈深红色（普通牛肉为红褐色），脂肪呈橘黄色（普通牛的脂肪呈浅黄色或白色），肥育或膘情好的牦牛肉，肌肉组织间夹杂脂肪，断面呈现深红色和橘黄色分明的大理石状花纹。1.5岁以下的小牛肉，肌肉和脂肪色泽较浅，肉质较为细嫩、柔软，水分多，脂肪较少。

（1）鲜牦牛肉。肌肉有色泽，深红色均匀，脂肪橘黄色，即色泽、气味正常，外表微干或有风干膜，不粘手，切口稍潮湿而无黏性。肉质紧密富有弹性，指压后的凹陷立即复原，无酸、臭等异味，具有鲜牛肉的自然香味。腱紧密而有弹性，关节表面平坦而光滑，渗出透明液。

煮沸后肉汤透明澄清，脂肪聚于表面，具特有香味。

（2）陈牦牛肉。肉表面干燥，有时带黏液，色泽发暗，肉质松软，弹性小，切口潮湿而有黏性，指压后的凹陷不能立即复原，甚至肉表面有腐败现象，稍有霉味，但深层无霉味。腱柔软，关节表面有浑浊黏液。煮沸后肉汤浑浊不清，汤表面油滴细小，无鲜牦牛肉的香味，有时带腐败味。肉表面有霉斑（灰白色或浅绿色），肉质松软无弹性，指压后的凹陷不能复原，肉的深层有较浓的酸败味，煮沸后肉汤呈污秽状，有难闻的臭味等，这种腐败肉不能加工肉制品或食用。

新鲜肉、次鲜肉、变质肉的感官区别见表9-7所示。

表9-7　牦牛肉新鲜度的感官区别

项目	新鲜肉	次鲜肉	变质肉（不得食用）
色泽	肌肉有光泽，红色均匀，脂肪洁白或呈淡黄色	肌肉色稍暗，切面尚有光泽，脂肪缺乏光泽	肌肉色暗，无光泽，脂肪呈黄绿色
黏度	外表微干或有风干膜，不粘手	外表干燥或粘手，新切面湿润	外表极度干燥或粘手，新切面发黏
弹性（新切面）	指压凹陷立即恢复	指压凹陷恢复慢，且不能完全恢复	指压凹陷不能恢复，留有明显痕迹
气味	具有各种肉的正常特有气味	有酸、氨、霉味，有时表面有腐败味，但深部无腐败味	有臭味，深部有腐败味
骨髓	骨髓充满管状骨腔，呈黄色，有弹性，断面有光泽	骨髓与壁稍分离，色较暗，或呈灰白色，无光，较软	骨髓腔间隙大，骨髓软，粘手，色暗，呈灰白色，无光

（续表）

项目	新鲜肉	次鲜肉	变质肉（不得食用）
腱和关节	有弹性，致密有光。关节液透明	腱较软，呈灰色，关节面有黏液，关节液浑浊	腱潮湿，有黏液，呈污灰色。关节液浑浊，关节处黏液多
肉汤	透明，芳香，脂肪团聚积表面	稍浑浊，香味差。脂肪呈小滴状浮于汤面	浑浊，有絮状沉淀，有臭腐败或酸败味，几乎无油滴
眼球	饱满	皱缩凹陷，晶体稍浑浊	干缩凹陷，晶体浑浊

第六节　牦牛肉制品加工技术

牦牛肉产业已经成为青藏高原地区一个新兴的、重要的农牧产业，但牦牛肉及其副产物的开发利用率比较低，消费还以鲜牛肉为主。牦牛肉制品工业产量较少，目前市售牦牛肉制品主要有牦牛肉干、牦牛肉粒、牦牛肉脯、风干牦牛肉、手撕牦牛肉、酱牦牛肉、卤牦牛肉等，其价格比同类别普通牛肉制品略低，资源优势并未转变成竞争优势。从产品流通来看，大部分产品的销售以牦牛产地及周边地区为主，而这些地区的消费水平和消费能力处于较低阶段，北京、上海、广东等具有较强消费实力的城市中却只有几个品牌的少量产品销售。

与黄牛、羊、猪的肉相比，牦牛肉肉质鲜嫩，营养丰富，食用起来有野味。牦牛肉比黄牛肉颜色深，主要是由于牦牛为适应高山草原少氧的生态环境，肉中肌红蛋白含量高。牦牛肉可用于各种肉制品加工的原料。由于牦牛产业在我国起步较晚，且仍处于相对落后状态，我国学者对牦牛肉制品的研究也多集中在产品的研制、加工工艺和嫩化技术上。目前，研制过的牦牛肉产品主要有牦牛肉干、牦牛肉粒、腊牦牛肉、牦牛肉脯、牦牛肉灌肠制品等，虽然部分产品加工工艺比较简单，品质有待改善，但都对我国牦牛肉制品的发展奠定了基础。

一、鲜牦牛肉

将屠宰后的胴体切割成块，置于锅内加水清煮，煮沸后维持片刻，即可食用。食用时用刀具，一片片切下，可略蘸食盐用奶茶辅食。水煮后的牦牛肉，盛于盘内，称为“手抓肉”。

二、风干牦牛肉

风干牦牛肉是充分利用青藏高原地区冬季低温低气压的特殊自然气候条件，将牦牛肉进行切条、风干后形成的一种生食传统肉制品。由于其整个干燥过程是在低温低压环境下进行，可避免加工过程常见的物料中热敏性成分被破坏和易氧化成分被氧化的现象，这种特殊的加工条件极大限度地保留了牦牛肉的风味和营养成分，是青藏高原地区牧民最主要的传统肉制消费品之一。产品呈黄褐色或红褐色，肌纤维纹理较清晰，具有牦牛肉特有的风味，然而加工季节的不同即风干条件不同导致其口感和质地略有差异，通常温度越低质地和口感越酥松，易手撕成条状。

1. 选料

选取自然放牧条件下，健康、无病、肥度良好的鲜牦牛肉，经屠宰分割后排酸24h。

2. 加工条件

风干肉的加工对环境条件的要求很强。每年11月份时进行大量屠宰，此时的气温都在0℃以下，相对湿度也比较低，大多数年份各地区湿度最高不超过54%，最低只有29%。在这样的温度和湿度条件下，肉极易冻结，肉中水分也较易干燥。

3. 晾挂与风干

将牦牛肉切成宽4~5cm、长30cm左右的肉条，一端相连，将切好的分割肉块即刻用绳子悬挂于通风阴凉的房子里，肉块之间不要互相接触，特别注意通风和防止沙土污染。肉块将很快由热变凉至冻结，风干肉质量超高，经过40~50d，肉块脱水干燥为风干肉。采用风干的方法贮藏牛肉比天然的冻牛肉贮藏的时间长，只是风味不同。风干肉的出品率约为34.09%，含水量为7.46%，脂肪、蛋白质却无变性表现，也无异味。优质风干肉呈棕黄色，肉质松脆，用手一掰即断，如果用双手搓揉，肌纤维可成肉松状。

4. 加工技术要点

（1）季节的选择。选择在秋末冬初进行牦牛屠宰加工，此时西藏藏北高原牦牛产区平均气温在-5℃以下，使宰杀后的牦牛肉处于低温冷冻状态，不会出现微生物繁殖而腐败变质，是牦牛产区最适合于肉类保存和后期长途运输销售的时期。风干牦牛肉一般在气温低于-10℃开始加工生产，气温大致范围为-25~-10℃。

（2）原料肉的选择。牛肉的内在品质因牛的品种、性别和营养状况不同而有相当大的差别，同一头牛的不同部位经冻干处理后，其产品品质差异也较大。原料肉选取兽医卫生检验合格的母牦牛、阉割的公牦牛及小牦牛的前肢、后肢及背部的纯瘦肉（包括背最长肌）部分为最佳肉，仔细剔除皮、骨、筋腱、脂肪、肌膜、血管、淋巴结、结缔组织等。

（3）冷却及肉的成熟。将选择好的原料肉用薄膜包装，冷却至3℃进行成熟。在此过程中，牛肉会发生一系列生物化学的变化，如牛肉本身存在的组织蛋白酶将缓慢地分解肌纤维间或肌肉本身的结缔组织，一方面生成与肉香味有关的游离氨基酸，另一方面使肉体嫩化，这将使产品复水后具有更好的品质和风味。

（4）切条吊挂。根据需要，将新鲜牦牛肉块切成长条。一般每条肉长20~25cm、宽及厚为3~3.5cm，切条过程中形状、长度都要求大小均匀一致。切条中注意剔除肉块中残存的脂肪、筋腱。同时，每两条肉连接处保留0.5~1cm厚的肌肉使两条肉连接起来便于吊挂。切好的肉吊挂于牦牛绒捻的绳子上，每条肉之间保持1~2cm的距离，利于通风冻干保持一致的色泽。

（5）风干冷冻。风冻干牦牛肉的冻干室要求通风、阴凉、避光、寒冷（即保温性能要极差），生产季节冻干室内温度要达到-20~-10℃才能生产出品质最佳的风冻干牦牛肉。一般自然通风的冻干室内吊挂近2个月左右才能完全冻干。

5. 风干牦牛肉加工过程中外观特征变化

在风干牦牛肉加工过程中，观察并记录外观特征。产品在脱水和肌红蛋白氧化的作用下，颜色呈红色-深红色-浅红色-红棕色变化，与传统加工方法生产的产品相比颜色略深，可能是由于肌红蛋白的氧化程度不同。产品的酥松性略低于传统加工方法生产的产品，可能是因为气压不同造成的，有待于进一步研究。

6. 风干牦牛肉加工过程中失重率变化规律

牦牛肉加工过程中，失重率逐渐升高。失重的产生主要有两个原因：一是由于样品的缓慢冷冻和解冻每天交替进行，冷冻过程中冰晶的生长导致细胞结构和组织破裂，在解冻时肉中汁液流失，流失的汁液中包括水分、脂肪、小分子蛋白质等物质，但以水分为主，这也正是造成失重率大于失水率的原因；二是由于水分的蒸发和升华。风干的0~5d两种失重方式并存，而从风干第五天到最后，失重主要以第二种途径进行。最终产品的失重率为76%，即成品率为24%。

7. 风干牦牛肉加工过程中水分含量和失水率变化规律

随着加工过程的进行，风干牦牛肉的水分含量呈下降趋势，最终产品的水分含量约为18%，相比原料下降了约56%。从干制的条件来看，风干牦牛肉是冷冻干燥和低温自然干燥交替进行的过程。冷冻干燥阶段，水分直接升华。低温自然干燥阶段，肉块的内部水分向外扩散，表面水分向外蒸发，当内部水分扩散的速率大于等于表面蒸发速率时为恒速干制阶段，水分的蒸发在肉块表面进行，蒸发速度取决于空气的温湿度和流速；当肉中水分的扩散速率不能再使表面水分保持饱和状态时，水分扩散速率便成为影响干制速度的控制因素，干制进入减速阶段。风干0~15d是恒速干制阶段，风干10~15d水分含量下降速率最快，失水率变化显著，是风干过程的主要失水阶段，15~20d水分含量下降速率降低，进入减速失水阶段。风干过程中失水率的提高有效地降低了产品的水分活度，防止产品腐败变质。但失水率的快速升高，易导致产品表层硬化，内部水分的扩散速度小于表层水分的蒸发速度，不利于产品的风干成熟。因此，风干过程中失水速率是影响产品风干时间和酥松性的主要因素。

三、牦牛肉灌肠制品

灌肠制品就是将碎肉加入调味品、香料等均匀混合，装入洗净的小肠、大肠或真胃内煮熟而制成的肉制品。灌肠制品分小肠灌肠、大肠灌肠、灌肚子和血肠4种。在洗净的牦牛小肠，灌以鲜牛肉或血而成。灌肠制品因含水分较多而不能久存，一般是现加工现食用。但在冷季如挂在通风阴凉处也可保存1个月左右。

1. 原料与配方

以高原优质牦牛肉为原料，主要取自于颈肉、胸叉肉、腹肉、里脊横隔，可分割的优质肉块不用于灌肠。肉料分割为1kg左右的大块，冷却至0℃。血液、心、肺、肝、肾及部分内脂都可灌入。大肠、小肠、真胃，另配以青稞炒面、米粉、食盐、调味品等。

主料（以下均以质量分数计）：牦牛肉49%，牛脂肪21%。

腌制料：食盐1.5%，亚硝酸钠0.01%，异维生素C钠0.05%。

拌料：冰水21%，玉米淀粉味精2%，白砂糖、复合磷酸盐、红曲红色素（60色价）、五香粉合计1.44%。

2. 工艺流程

原料牦牛肉选择→清洗→整理分割→修整切条→冷却→绞制→配料、腌制→斩拌→充填（用天然肠衣）→干燥→蒸煮→冷却→定量包装→二次灭菌→冷却→检验→外包装→贴标、打码→成品贮藏。

3. 工艺条件

（1）选料。经兽医检验合格的质量良好的新鲜牦牛肉或冷冻牦牛肉。

（2）开剖、去骨。带骨的加工原料，经过开剖去骨工艺，去除骨骼，并剔除部分脂肪。

（3）修割、细切。去除筋键、肌膜、碎骨、软骨、血块、淋巴结等不利于加工部分，并将大块的原料，分切成拳头大小的肉块，以便于腌浸和绞碎。

（4）腌制。在整理切块后，将磷酸盐加70mL温水，溶解后加入拌匀。将食盐、亚硝酸钠混合，加水150mL溶解，然后加入肉中混匀。将卡拉胶加入150mL水制成膏状，加入肉中拌匀。将异维生素C钠加入30mL水溶解后添加到肉中拌匀。然后在0~4℃条件下腌制36h，每隔2h搅拌1次。将牛肉和牛脂肪分开用腌料在4~6℃条件下腌制，使腌料充分渗透扩散。

（5）绞碎。用绞肉机将经腌制后的肉块绞碎成肉粒，牛脂肪切成0.6~0.8cm^3的方丁。

（6）充填。将处理好的肉馅装入灌筒，装入时要紧实，以避免产生空隙。

（7）干燥。在65~70℃的条件下烘烤40min左右，待肠衣表面干燥光滑，变为粉红色，手摸无黏湿感觉且肠衣呈半透明状时，停止烘烤。

（8）煮制。在85~90℃的条件下煮制，当灌肠的中心温度达到68~70℃即已煮好。

（9）熏制。在烟熏箱内进行熏制。

（10）冷却。将煮制或熏制的灌肠，冷却至20℃左右，再移到2~5℃的冷库冷却24h，然后包装。

4. 加工方法

先将上述牦牛肉、内脏脏器和脂肪用刀或绞肉机切碎，切得越细越好。根据配料比例，将各种原料和调料混合在盆中或拌馅机内进行充分搅拌混匀。洗净肠衣，避免破损，大、小肠灌制稍有区别。

将灌料填入，用线扎好开口，在外角隔6cm左右扎一道线即可，装好的大肠不需要捆扎。小肠灌好之后，要一圈一圈盘起来，一方面是方便下锅煮，另一方面也是检查一下灌肠的饱满程度，每圈应有1/4~1/3的肠子是空的，如果全部充满，煮时易破。灌肠不可生吃，一定要煮熟之后方可食用。小肠煮的时间较短，开锅40~60min为好，大肠需开锅煮2h为好。煮时应注意肠子和冷水同时入锅加热，或者是待开锅后再放入肠子，切忌温水下锅。

（1）小肠灌制。可分为血肠和面肠。肠衣用小肠（包括十二指肠、空肠、回肠）。肠子要用水反复冲洗。血肠配方：青稞炒面10%，血液80%，内脏10%，食盐、调味品适量，拌匀成糊状；面肠配方：面粉30%，水分55%，内脏油15%，食盐、调味品适量，拌匀成糊状。无论是灌制血肠还是面肠，都应用漏斗，在野外多用真胃或半截无底的酒瓶充作漏斗，也十分方便。如用灌肠机，效果更好。小肠灌制时不需要翻肠，残留的肠系膜及油在外。

（2）大肠灌制。肠衣用直肠、结肠和盲肠，反复用水洗净。混合碎肉70%，水5%，内脏油25%，加食盐等调味品以及葱、蒜，特别是蒜不可缺少。因大肠灌料以肉为主，流动性差，所以不需要漏斗，一般用手填灌。如有灌肠机则更为方便。大肠灌制时需要把肠子翻过，翻的方法比较特别，并不是在灌肠前翻，而是边灌边翻。方法是刚开始灌时先把肠头的一小段（3~4cm）翻入肠内，然后开始灌肉料，靠手或灌肠机下推的轻微压力，肠衣随灌料下行而自然翻进，一条肠子灌完，也就同时全部翻完。肠衣外残留的肠系膜及油全部翻进肠内，灌好的肠子肠黏膜在外，外表十分光滑而且好看。

（3）灌肚子。仅用牛、羊的真胃，在灌肠时，真胃可充作“软漏斗”，真胃下部连带的一段小肠可作漏斗下口，伸入到待灌肠内，真胃可作为漏斗上口，加进灌料用手轻捏即将灌料挤入肠内。将小肠、大肠全部装完后所剩余的灌料就全部装入真胃，很少有单独灌真胃的灌料配方。

5. 操作要点

（1）斩拌制馅、灌装。瘦肉入斩拌机低速慢斩，斩至瘦肉呈1.5~2cm见方的肉粒时加入肥肉条，边斩边添加辅料，斩拌至肥肉呈米粒大小。肉馅温度应控制在-1~2℃。

（2）发酵、干燥、烟熏。15℃室内挂晾24h，入发酵间缓慢发酵7d，发酵温度起始不高于22℃，24h后至发酵结束不高于18℃，发酵相对湿度起始为90%，以后逐渐降至75%，最后阶段又升至80%~85%，保持15~18℃微烟熏24h。

（3）包装、灭菌、冷却。煮沸袋真空包装，每小节1袋。包装后入85℃热水，保温约45min，捞出沥干表面水汽，于2℃室内放置24h后进行外包装。

6. 质量标准

（1）感官指标。肠衣干燥完整，并与内容物密切结合，紧实有弹力，无黏液及霉斑，切面坚实而湿润，肉呈均匀的蔷薇红色，脂肪为黄白色，无腐臭，无酸败味。

（2）理化指标。理化指标见表9-8所示。

表9-8　理化指标

项目	指标
亚硝酸盐（以$NaNO_2$计，mg/kg）	≤30
铅（以Pb计，mg/kg）	≤0.5
砷（以As计，mg/kg）	≤0.5

（3）微生物指标。微生物指标见表9-9所示。

表9-9　微生物指标

项目	指标
细菌总数（个/g）	≤20000
大肠菌群（个/100g）	≤30
致病菌	不得检出

四、酱牦牛肉

1. 工艺流程

牦牛肉原料选择→原料预处理→调酱→装锅→酱制→出锅→冷却→成品。

2. 设备及用具

（1）主要设备。冷藏柜、煤气灶、恒温冷热缸等。

（2）主要用具。台秤、砧板、刀具、塑料盆、盘等。

3. 工艺要点

（1）原料选择。选用经兽医卫生检验合格的新鲜、健康、无疾病、肥度适中且来自非疫区的新鲜牦牛肉或冷冻牦牛肉。

（2）原料预处理。冷冻肉需要放在干净卫生的解冻池中完全解冻后使用，符合要求的原料肉，先用冷水浸泡，清除淤血，用板刷将肉洗刷干净，剔除骨头。然后切成0.75~1kg的肉块，厚度不超过40cm。切好的肉块，放在清水中冲洗1次，按肉质老嫩分别存放。

（3）调酱。以牛肉100kg计，黄酱用量为10kg，食盐用量为3kg。将一定量水和黄酱拌合，把酱渣捞出，煮沸1h，撇去浮在汤面上的酱沫，盛入容器内备用。

（4）装锅。先在锅底和四周垫上骨头，使肉块不紧贴锅壁，按肉质老嫩将肉块码在锅内，老的肉块码在底部，嫩的放在上面，前腿、腔子肉放在中间。

（5）加配料酱制。以牛肉100kg计，香辛料用量为桂皮250g、丁香250g、砂仁250g、大茴香500g。

在锅内放好肉后，倒入调好的酱汤，煮沸后按照比例加入各种配料，用压锅板压好，添上清水，用旺火煮制4h左右。煮制1h后，撇去汤面浮沫，再每隔1h翻锅1次。根据耗汤情况，适当加入老汤，使每块肉都能浸在肉汤中。再用微火煨煮4h，使香味慢慢渗入肉中。煨煮时，每隔1h翻锅1次，使肉块熟烂一致。

（6）出锅。出锅时为保持肉块完整，要用特制的铁拍子，把肉一块一块地从锅中托出，并随手用锅内原汤冲洗，除去肉块上沾染的料渣，码在消过毒的屉盘上。

（7）冷却包装。将煮好的肉静置冷却，然后真空包装，即为成品，可置于冷藏条件下保存。

4. 新工艺

（1）工艺流程。原料牦牛肉处理→配制注射液→注射→滚揉→煮制→冷却→成品。

（2）工艺要点。

①原料肉处理：选用牛前肩或后臂肉，去除脂肪、筋腱、淋巴结、淤血后，切成2~3kg的小块。

②配制注射液：以牛肉100kg计，将适量的白胡椒、花椒、大料放入20L水中熬制，然后冷至30℃左右，加入食盐2kg，品质改良剂2kg，搅拌使其溶化，过滤后备用。

③注射：用盐水注射机将配制好的注射液注入肉块中。

④滚揉：将注射后的牛肉块放入滚揉机中，以8~10 r/min的转速滚揉。滚揉时的温度应控制在10℃以下，滚揉时间为4~6h。

⑤煮制：将滚揉后的牛肉块放入85~87℃的水中焖煮2.5~3h出锅，即为成品肉。

⑥冷却包装：将煮好的肉静置冷却，然后真空包装，即为成品，可置于冷藏条件下保存。

五、牦牛肉干

经过选肉及剔肉后，将牦牛肉蒸煮熟化，切割固形，再将切好的小肉块在锅内炒制，最后烘干、包装。牦牛产区生产的牛肉干一般有五香牛肉干、咖喱牛肉干2种。

1. 主要加工设备

摇浸机、夹层蒸煮锅、蒸汽烤箱、电子秤、真空包装机。

2. 工艺流程

选料修整→去血素→漂洗→预煮→切形配料→复煮→脱汁→烘干→冷却→称量→灭菌冷却包装。

3. 操作要点

（1）选料修理。选择经卫生检验合格的鲜（冻）牦牛肉，剔净原料肉中的皮、骨、筋腱、脂肪及肌膜，原料最好用冻肉，但同一生产批次应品种相同。冻肉在一定程度上减少了血色素（血红蛋白、肌红蛋白）含量，有利于肉干色泽，而且有利于货源的供应。牛肉的选取部位以前后腿（牛展）、针扒、烩扒、尾龙扒、林元肉为佳。自然解冻（温度≤15℃，相对湿度≥70%）后，除去牛肉上附着的脂肪、板筋、肌腱、淋巴结、血污等杂物，顺着肌纤维纹路将原料肉切成重量在0.5kg左右的肉块，备用。

（2）去血素预煮。将选好并修整出来的牛肉用冷水浸泡1h左右（此过程也可以在修整时边修整边浸泡），除去肉中多余的血红蛋白，这样有利于成品色泽。冷水浸泡去血素后，将肉投入蒸汽夹层锅内预煮，生肉与水的重量比为1∶1.5，加水量以淹没肉块为度，肉与冷水同时加入，然后再升温。牦牛肉膻味较大，初煮时需加入0.5%的食盐、1%的生姜和1%的葱（以原料肉重计）。待水沸腾时，捞净锅内的浮沫，然后加入生姜、葱及香料包，预煮时间为1h左右，煮至肉块表面硬结、切开内部无血水时为止。煮后将肉块捞出冷却，使肉块变硬，以便切坯。肉不完全成熟阶段可通过复煮完成。

（3）切形配料。切形可用手工，也可利用机器（分切机），依据工厂情况确定。机器的切形可能因为机器的充填箱的大小尺寸及与肉块中肉丝纤维的走向不相吻合而出现切出的肉散、碎较多，因此倾向于人工切形，这就要求有熟练工人，以保证有大致整齐划一的肉条或肉片。一般片型长3~4cm、厚0.3~0.4cm；条型长3~5cm、宽及厚0.3~0.5cm；切肉丁时则长、宽、厚各1cm。切坯过程中无论切成什么形状都要求大小均匀一致。切坯中注意剔除肉块中残存的脂肪、筋腱。定量复煮，以求好配料，在工业化生产中，辅料种类并非越少越好，但也不是越多越好，毕竟有许多辅料的作用有时会相互抵消。例如，香料中孜然与小茴香，发色剂中的异维生素C钠与亚硝酸钠（$NaNO_2$），而且还应考虑成本。

（4）复煮。复煮时，先定量出复煮汤（用预煮肉的肉汤最好），可以依据口味而加少量香料粉来调味，取部分初煮原汤，以淹没肉条为准，然后加入肉条或肉片，用较高的蒸汽压煮制，随汤水的减少而改为较低蒸汽压煮制，在无汤水时加入味精等调味料（如桂皮、甘草、八角、大小茴香），然后关火翻炒几次再添加香料，分3次加入适量的白砂糖、精盐等调料。添加香料的标志是用手捏肉条或者肉片，有肉汁渗出但不滴下为准，此时复煮肉已经完全煮熟，而且水分在45%~50%（因肉质不同而略有差异），也利于干燥过程中节约能源。

（5）脱汁干燥。用连续式（隧道式）干燥箱。将复煮肉用提升机提升到连续式干燥箱入口处，通过干燥箱的定量装置均匀输入干燥箱内，箱内风速（0.5~1.0m/s）采用两段中间排气式，即混合式气流排气式，由于刚进干燥箱的复煮肉含汁较多而易粘筛，因而用两节相互独立控制的连续干燥箱配合使用，这样在第一节干燥完后可以让肉条或肉片翻到第二节上，利于干燥。整个过程用时70~80min，平均温度67℃，当肉干水分含量为20%以下时，即可出烤箱。用连续式干燥箱较间歇式干燥箱更易均匀控制水分和利于及时进行下一工序。

（6）杀灭冷却包装。干燥出来的肉干再均匀通过一紫外线冷灭菌通道，并伴有机械鼓风冷却，以达到灭菌与冷却之双效，然后用复合膜包装，以求阻气、阻温之效。

（7）称量、包装。用电子秤准确称量，采用双层复合膜抽真空包装。

在上面的工艺中已经介绍了许多不同于传统加工的方法。例如用冻牛肉、去血素，复煮收汤，连续式干燥，紫外线灭菌伴鼓风冷却。在加工过程中应注意以下几点：第一，在复煮肉中加亚硝酸钠（$NaNO_2$）量很少，仅为15~20mg/kg浓度，使用量远远低于国标。而且加少许亚硝酸钠，可以防止肉毒杆菌和部分腐败菌的生长、繁殖，并可形成特殊的风味，还可以促进发色，使肉干显示出良好的红色效果，这个步骤必须在加肉条或者肉片于复煮锅的前一刻加入，以免亚硝酸钠在热汤中挥发掉，而且在开始复煮时将肉与肉汤混匀后盖住复煮锅，让它煮上一段时间再翻炒，使之上色成功。第二，在消费者看来，毛绒绒的肉干制品更能引人食欲，这就要求生产厂家顺应潮流而让肉干发毛。在复煮后期，肉的基本味已渗入，肉色也已成熟，发毛是肉在翻炒中相互碰撞、搓擦而产生的肉丝纤维的少量分离，这就要求炒制工人的熟练程度，或者是用带有搅拌功能的蒸汽夹层锅。注意不可发毛过重和用力过猛，否则就不是肉干了，而成了碎肉丝。第三，在配方方面，由于我国地域广阔，不同地方的消费者，以及地理环境与人文思想不一样，因而口味很不一样，故配方不必统一标准，应以销售地方的消费者习俗而定。配方若精简更好，这样利于降低成本，也利于突出肉制品特色。用以上新法生产牛肉干，可比传统制法节约复煮与干燥时间2~3h，而且成品较酥软，色泽好，且均匀一致，保存期会更长，而且节约了人工成本，在规模化生产中占得先机。

牦牛在高寒草原上放牧，无工业污染和农药污染，环境清新，再加上因气候、生态条件特殊，太阳辐射强、昼夜温差大，牧草营养具有粗蛋白质、粗脂肪、无氮浸出物和热能高及粗纤维低的特性，形成了无污染的“绿色野味肉”。牦牛肉中蛋白质含量高于其他肉类，氨基酸组成齐全，其中以赖氨酸含量最高。脂肪色泽呈橘黄色，大量贮存于皮下及腹腔。牦牛肌肉中脂肪层不足，可能与其终年放牧，肌肉活动强烈或能量消耗大有关。脂肪中胡萝卜素含量丰富，每千克脂肪含胡萝卜素19.1mg，而普通牛仅为7.2mg。牦牛肉中的钙、磷、铁含量明显高于黄牛、羊、猪肉类，含有多种维生素，维生素A、维生素B_1、维生素B_2，烟碱酸含量高于其他肉类。因此，牦牛肉是一种高蛋白质、低脂肪、富含维生素和矿物质的独特的“绿色”牛肉。

在牦牛饲养地区，广大牧民对牦牛肉的加工利用形成了一系列独特的方法，产生了一些特殊风味的产品，极具地方与民族特色。如果更进一步开发利用，定可形成有价值的风味产品。随着少数民族地区旅游业的大力发展和人们对天然绿色食品的追求，牦牛肉制品作为西北地区的土特产渐渐受到人们的青睐，销量逐渐上升，随之也涌现出一大批规模较大的牦牛肉加工企业。

第十章　牦牛的产乳性能及其乳产品的加工技术

第一节　牦牛的产乳性能

牦牛乳被称为“天然浓缩乳”，是高原地区各族人民赖以生存的重要物质基础之一，同时也是乳品加工的主要原料。牦牛一般在4—6月份产犊，泌乳初期由于犊牛自然哺乳而不挤奶，6—10月份（或暖季牧草旺盛期）为挤奶期。因此，牦牛泌乳量是指挤奶量与犊牛自然哺乳量的总和，牦牛的泌乳量与其泌乳期的阶段无明显关系，主要受季节、气候、草场类型等自然生态条件和胎次、产犊时期、膘情、挤奶次数与技术、放牧管理等条件的制约，各品种泌乳性能不尽相同。一般每年7—9月份气候温暖、青草茂盛、牦牛营养良好时则产乳量高；10—11月份牧草枯黄、气温降低时则产奶量开始减少；5—6月份气温转暖但牧草青黄不接时产乳量也较少。牦牛产奶量以2~5胎时最高。

表10-1　牦牛产乳性能及主要乳成分

产地	泌乳期（d）	年挤奶量（kg）	干物质（%）	乳蛋白率（%）	乳脂率（%）
九龙牦牛	153	350	17.8	4.8	7.0
麦洼牦牛	153	244	17.0	5.3	6.1~8.0
木里牦牛	196	300			
中甸牦牛	195	210			6.2
娘娅牦牛	180	192	16.5	5.0	6.8
帕里牦牛	120	200		5.73	5.95
斯布牦牛	180	216		5.27	7.05
西藏高山牦牛	150	138~230			6.68
甘南牦牛	150	315~335	16.7		6.9
天祝白牦牛	150	340~400		6.53	5.6
青海高原牦牛	150	195~270	17.7	5.51	5.99
巴州牦牛	120	300	17.35	5.36	5.6
大通牦牛	150	262.2	17.86	5.24	5.77

注：根据《中国畜禽遗传资源志·牛志》（2010）有所调整

牧业生产中泌乳量是牦牛的重要生产性能和种质特性之一，泌乳性能的高低与牧民的经济收入有着密切的关系。由表10-1可以看出，不同地方的牦牛品种其泌乳性能差异较大。在泌乳期内，日产乳量为1.5kg左右，无明显的产乳高峰期。由于母牦牛的乳房较小，加之泌乳周期较短，牦牛的产乳量远远低于其他牛种，相当于普通奶牛的1/20~1/15，奶源极其稀少。

第二节　牦牛乳的主要理化特性

牦牛乳是牦牛分娩后从乳腺分泌的一种不透明的乳白色液体，这种乳干物质、乳脂、蛋白质、乳糖等营养成分含量均高于奶牛乳。牦牛乳脂肪球大，乳脂含量高，是牦牛犊出生后最易于吸收的全价乳品。同时，牦牛乳也是加工奶油系列制品最优的原料乳之一。

一、不同泌乳阶段牦牛乳成分特点

在牦牛的泌乳期中，由于不同泌乳季节或泌乳阶段、生理条件和饲养管理条件的不同，导致牦牛乳成分发生变化，各泌乳阶段乳成分具有显著特点。

1. 初乳

初乳是牦牛产犊后1周内分泌的乳。在枯草期，牦牛初乳略带黄褐色，浓稠，具有特殊的气味；而在青草期，初乳为黄色，其浓稠度不如枯草期，略带有芳香气味。初乳干物质含量较高，平均为17.96%。由表10-2可知，牦牛初乳中蛋白质含量平均为16.14%，显著高于奶牛和山羊初乳，其中酪蛋白占66.01%，乳清蛋白占25.63%，均高于其常乳。总氨基酸含量高达5.48%，8种必需氨基酸所占比例较高，达到47%左右。牦牛初乳中脂肪含量平均为14%，是奶牛的2倍多，乳糖含量平均为4.86%，高于奶牛和山羊。矿物质含量平均为0.8%，高于常乳。初乳中，维生素A、维生素E、维生素C以及β-胡萝卜素含量丰富，分别达1.07mg/kg、2.45mg/kg、150.85mg/kg、0.26mg/kg；单不饱和脂肪酸含量达26.6%，多不饱和脂肪酸含量达4.51%。初乳比重平均为1.05，高于常乳。初乳加热时易凝结成块，呈豆腐状，不能用作乳制品加工的原料。

表10-2　牦牛与奶牛、山羊初乳成分比较

营养成分	牦牛初乳	奶牛初乳	山羊初乳
总固形物（%）	33.01	16.98	22.77
脂肪（%）	14.00	5.74	8.70
蛋白质（%）	16.14	6.54	10.40
乳糖（%）	4.86	3.49	2.10
粗灰分（%）	1.01	0.90	1.57

注：引自刘冬等2013

2. 常乳

牦牛产犊1周以后所产的乳称为常乳。这种乳的营养成分和理化特性、色泽与气味趋于稳定。冷季枯草期，其色白芳香，气味不浓郁；暖季青草期，其色泽微黄，芳香扑鼻，是犊

牛哺乳或用作乳制品加工的原料。牦牛常乳与其他动物常乳的比较见表10-3所示。

表10-3 牦牛与其他哺乳动物乳成分比较 （%）

品种	干物质	乳脂肪	蛋白质	乳糖	灰分
牦牛	18.36	6.82	5.60	5.20	0.74
荷斯坦牛	12.00	3.45	2.79	4.97	0.79
黑犏牛	15.87	5.82	4.51	4.79	0.69
西门塔尔牛	12.82	3.94	3.51	4.67	0.70
安格斯牛	13.10	3.90	3.30	5.20	0.70
水牛	17.96	7.60	4.36	4.83	1.17
山羊	—	4.09	4.03	4.49	0.81
马	—	1.17	2.02	5.77	0.36
人	—	3.76	2.22	4.29	0.31

注：1.引自《中国牦牛奶制品工艺学》，1997。2.黑犏牛为荷斯坦牛 × 牦牛 F_1代，资料取自《冷季补饲提高犏母牛产奶性能的研究》，1985

牦牛常乳中干物质含量为18.36%，高于所列其他动物的常乳，比荷斯坦牛高53%。其乳脂率除低于水牛外，高于人和所列其他动物，比荷斯坦牛高97.68%。乳脂是重要的营养物质，与牛奶的风味有关，也是稀奶油、奶油、全脂奶粉及干酪等的主要成分。牦牛乳脂的碘值平均为34.4，8—9月份最高为38。说明乳脂中不饱和脂肪酸（如油酸）含量多，脂肪较柔软。

牦牛乳蛋白质含量为5.6%，均高于表中所列其他动物，比荷斯坦牛高100.72%。牦牛乳蛋白质的组成以酪蛋白为主，含量在84%左右，酪蛋白含量高，奶酪产量就高，而且其凝乳性好，对乳品加工具有积极影响。牦牛奶酪蛋白有 α_S、β、γ 和 κ 4种类型，其中 α 和 β 两种类型占酪蛋白的80%以上。此外，牦牛乳乳糖含量为5.2%，比荷斯坦牛高4.6%。牦牛乳脂肪球直径平均为4.39mm，比黄牛的大1倍，比山羊的大2倍。乳脂夏、秋季为黄色，冬、春季为白色（牧草中缺少胡萝卜素的原故）。热值较黄牛乳高，按乳中乳脂下限6.5%含量，每千克牦牛乳热量为1 019.5 kcal以上。

据测定，牦牛乳的18种氨基酸绝对含量合计为2 458mg/100g，各种氨基酸含量较高，且种类齐全；必需氨基酸与非必需氨基酸的比值为1.038 ：1；必需氨基酸百分比含量（除赖氨酸较低外）均可相当于荷斯坦牛乳和山羊乳。牦牛乳中总氨基酸质量浓度如表10-4所示。

据资料报道，牦牛乳中维生素A、维生素C、维生素B_1、维生素B_2、维生素B_5、维生素B_6和维生素B_{12}的含量分别为43mg/100g、3.45mg/100g、41mg/100g、160mg/100g、

表10-4　牦牛乳中氨基酸质量浓度

氨基酸名称	质量浓度（g/L）	氨基酸名称	质量浓度（g/L）
天冬氨酸	1.728~2.710	异亮氨酸	1.223~3.300
苏氨酸	1.023~2.178	亮氨酸	1.460~5.441
丝氨酸	1.175~3.054	酪氨酸	1.130~1.813
谷氨酸	5.074~13.377	苯丙氨酸	1.130~2.530
甘氨酸	0.494~0.967	赖氨酸	0.510~3.777
丙氨酸	0.900~1.774	组氨酸	0.547~1.470
胱氨酸	0.01~0.200	精氨酸	0.780~2.241
结氨酸	1.411~3.902	脯氨酸	0.197~5.360
蛋氨酸	0.544~0.952		

注：引自《中国牦牛奶制品工艺学》，1997

340mg/100g、36mg/100g和0.52mg/100g，尼克酸含量为9mg/100g，维生素D含量为3.1 IU/100g，类胡萝卜素含量为7.19mg/g。除维生素B_5外，维生素含量均较普通牛乳高。牦牛乳干物质中钾、钠、钙、磷、铁和镁等矿物质含量分别为17 500mg/100g、572mg/100g、5 418mg/100g、3 446mg/100g、166mg/100g和1 764mg/100g，且钙、磷比（1.92 ：1）接近2 ：1，更易被人体吸收。与普通牛乳相比较，牦牛乳除具备高浓度、高比重、高营养物质的特点外，还含有独特的抗动脉粥样硬化因子，即CLA（共轭亚油酸），其具有降低人体血液中胆固醇、甘油三酯和低密度脂蛋白，抗动脉粥样硬化，调节血糖，提高骨密度，强化肌肉组织，减少脂肪堆积，消除过度活跃的自由基，增强免疫功能的作用。

3. 末乳

牦牛末乳一般指初冬（10月份）至严冬（1月份）这一段时间所分泌的乳。牦牛末乳与普通牛、水牛不一样，其所含成分、色、味不受泌乳期长短与受孕临产生理变化制约，而受冷暖季生态条件的影响。其乳色随气温下降与牧草枯黄程度高度相关，由微黄色逐渐变白，芳香气味变淡，干物质含量增加。这种乳在牦牛产区一般不作乳制品加工原料或食用，而任由犊牛吸吮。

二、牦牛乳的物理特性

1. 色泽和风味

新鲜牦牛乳的色泽呈乳白色或微黄色。受季节、产乳期及牧草营养成分的影响，其色泽与普通牛乳相比有深浅差异。自然条件下，由于牦牛乳中脂肪球、磷酸盐、酪蛋白、钙等受光的反射和折射而使其呈白色。因牧草中含有大量的胡萝卜素，乳中的黄色主要是牦牛采食牧草使色素增加所致。乳中的核黄素是水溶性的维生素B_2，为黄色或黄绿色，是牦牛乳呈黄色的成因之一。

牦牛乳浓稠纯香，微甜，其风味物质主要受到挥发性脂肪酸等物质的影响。用GC-MS法分析牦牛乳中的挥发性物质，在总离子流图上可明显分离出44种化合物，根据计算机Nist和Willey库检索定性的有38种，包括酯类8种，烯类7种，醇、酮类各6种，醛类3种，其他氨、酸、环状等化合物14种；荷斯坦牛乳中检索定性的有27种化合物，包括酯类4种，烯类5种，醇类3种，酮类3种，醛类3种，其他氨、酸、环状等化合物9种。其中牦牛和荷斯坦牛的乳中均有L-丙氨酸（L-alanine）、甲酸丁酯（Butyl Formate）、乙酸异丁酯（Isobutyl Acetate）、L-水芹烯（L-pHellandrene）等愉快乳香物质，而牦牛乳表现有乳香味的典型成分有2,3-丁二酮（2,3-Butanedione）、3-羟基-2-丁酮（3-Hydroxy-2-Butanone）、丙酮（Acetone）、乙酸乙酯（Ethylacetate）、p-伞花烯（p-Cymene）、2-乙基己醇（2-Ethyl-1-Hexanol）、已醛（Hexanal）等。

2. 冰点和沸点

由于牦牛乳中含有大量的乳糖、盐类等溶质，致使其冰点下降。牦牛乳的冰点变化范围为-0.68~-0.535℃，平均为-0.54℃，比水略低0.5℃。

在1个大气压下，牦牛乳的沸点为100.95℃，稍高于水的沸点。但在海拔3 000m不足1个大气压下的沸点为78~82℃。

3. 酸度

酸度是衡量牛乳化学性质或新鲜程度的指标之一。其表示方法主要有pH酸度、乳酸度和测定酸度（滴定酸）。生产实践中常用测定酸度（°T）来较为简单准确地评价牦牛乳。新鲜牦牛乳的酸度为16~18°T，此酸度称为正常生理酸度。

在生产加工过程中，若乳中酸度过高（大于22°T），说明乳质已经受到微生物污染，产生过多的乳酸，从而加热处理时容易凝结，对热的稳定性降低。

奶粉生产中，如果鲜乳贮存不当，酸度升高，会使产品的溶解性降低，冲调性极差，不利于贮存。因此，加工前必须检测乳的酸度，而且鲜乳贮藏的适宜温度为4℃。

4. 密度、黏度和表面张力等

牦牛乳比重（d15℃/15℃）为1.035左右，略高于普通牛乳，而与水牛较为接近。乳的密度是指同体积的20℃时的乳与4℃的水质量之比（即D20℃/4℃）。同温度下，牛乳密度较比重低0.002，并以此差值来进行换算。在生产实践中，常通过感官、密度或比重的测定来判定乳的质量好坏。如果掺水或分离出乳脂肪，则乳的密度降低。

表10-5为山羊乳、绵羊乳、牦牛乳和荷斯坦牛乳的一些物理特性。由表中可以看出，牦牛乳的密度在山羊乳、绵羊乳和荷斯坦牛乳密度的范围内，黏度的最小值低于山羊乳和绵羊

乳，表面张力高于绵羊乳和荷斯坦牛乳，冰点低于山羊乳、绵羊乳和荷斯坦牛乳，牦牛乳的脂肪球直径也大于山羊乳、绵羊乳和荷斯坦牛乳。牦牛乳的其他物理性质如电导率、折光指数、缓冲容量和酪蛋白胶束直径等还有待研究。

表10-5 山羊乳、绵羊乳、牦牛乳和荷斯坦牛乳的一些物理特性比较

物理特性	山羊乳	绵羊乳	荷斯坦牛乳	牦牛乳
密度（kg/m^3）	1.029~1.039	1.034 7~1.038 4	1.023 1~1.039 8	1.034 6
黏度（Pa/s）	2.12	2.86~3.93	2.0	1.6~2.2
表面张力（达因/cm）	52.0	44.94~48.70	42.3~52.1	45~62
电导率（μS/cm）	0.004 3~0.013 9	0.003 8	0.004 0~0.005 5	—
折射率（n20）	1.450	1.349 2~1.349 7	1.451	—
冰点（℃）	-0.540~ -0.573	-0.570	-0.530~-0.570	-0.680
酸度（%）	0.14~0.23	0.22~0.25	0.15~0.18	—
pH值	6.50~6.80	6.51~6.85	6.65~6.71	—
脂肪球直径（μm）	3.49	3.30	2~4	4.39
酪蛋白胶束直径（μm）	260	193	180	—

注：引自李海梅等，2009

三、牦牛乳的化学特性

1. 化学组成

牦牛乳的主要化学成分有水分、蛋白质、脂肪、乳糖、无机盐、磷脂、维生素、酶、免疫物（抗体）、色素、气体及其他微量成分。牦牛乳中各种主要成分的含量总体上是比较稳定的，但随季节、饲料成分的变化，只有脂肪的变动较大，其他诸如蛋白质、乳糖等变化较小，通常秋季的乳品质较好，干物质含量最高，营养价值也高。

2. 蛋白质特性

（1）一般特性。蛋白质的基本结构单位是氨基酸，它是由氨基酸残基按一定的顺序，通过肽键连结而成的高分子化合物。牦牛乳中含有人体所需的全部必需氨基酸，是全价蛋白质。牛乳中蛋白质可分为4种类型，即酪蛋白、白蛋白、球蛋白和脂肪球膜蛋白。酪蛋白约占乳蛋白总量的83%。纯酪蛋白为白色、无味、难溶于水的粉末。依据酪蛋白的凝结特性可加工成酸奶、干酪、食用及工业用干酪素。乳蛋白约占乳蛋白总量的13%，而乳球蛋白和脂肪球膜蛋白约占5%左右。

蛋白质是乳中最复杂的组分，这是由蛋白质的多样性和它们的结构所决定的。牦牛乳蛋白质的平均质量分数（5.6%）高于藏山羊（4.27%）、杂交牛（4.71%）和荷斯坦牛（2.79%）。

虽然哺动物的乳蛋白质在理化特性方面有许多相似之处，但仍存在着差异。

（2）氮分布。一般来说，总氮占乳质量分数的0.5%，酪蛋白一般是总蛋白的70%~74%，非蛋白氮（NPN）占总氮量的5%左右。NPN含量的高低在一定程度上标志着可消化蛋白质吸收率的高低。另外，NPN中的尿素还影响乳的热稳定性。如表10-6所示，甘南牦牛总氮含量最高，NPN含量最低；甘南牦牛酪蛋白氮以及乳清蛋白氮高于中甸牦牛、麦洼牦牛和奶牛。

表10-6 不同牛种乳中的氮分布（%）

指标	中甸牦牛（N=56）	甘南牦牛（N=48）	麦洼牦牛（N=114）	奶牛
总氮	0.68	0.84	0.79	0.36~0.69
非蛋白氮	0.07	0.03	0.04	0.03
非蛋白氮：总氮	10.29	3.58	5.06	5
乳清蛋白氮	0.13	0.17	0.15	—
乳清蛋白：总氮	19.12	20.23	18.99	17
酪蛋白氮	0.48	0.64	0.6	—
酪蛋白氮：总氮	70.59	76.19	75.95	78
乳清蛋白氮：酪蛋白氮	27.08	26.41	25	22

注：引自李海梅等，2010。

（3）酪蛋白。乳中酪蛋白占总蛋白含量的76%~86%，包括α_{s1}-酪蛋白、α_{s2}-酪蛋白、β-酪蛋白、κ-酪蛋白，其他的酪蛋白成分主要来源于酪蛋白的磷酸化和糖基化以及酪蛋白的水解。人们利用乳酪蛋白和乳清蛋白质的分子大小、电荷性质、密度、蛋白质的等电点等的不同，利用分子排阻色谱、离子交换色谱、等电聚焦等分析手段，已经实现了对乳酪蛋白和乳清蛋白的分级分离。研究表明，α_{s1}-酪蛋白的基因变种有5个，α_{s2}-酪蛋白为4个，β-酪蛋白为7个，κ-酪蛋白为2个，不同的基因变种在牛乳中有不同的概率和分布，不同牛品种、同一品种的不同个体之间均有一定的差异性。

近十几年来，牦牛乳酪蛋白的研究都集中于利用SDS-PAGE分析牦牛乳蛋白多态性及其与泌乳性能和生长发育性能等方面的遗传关系上，以了解牦牛的遗传多样性和遗传分化，试图发现乳蛋白多态性与产乳性能的联系，以求把它作为生化标记基因来辅助选择优良种畜，改进家畜品质，提高产奶性能。研究表明，牦牛乳β-酪蛋白、κ-酪蛋白呈单态，而α_{s1}-酪蛋白呈多态性，不同地区的牦牛乳蛋白多态性基因频率亦不同。牦牛乳酪蛋白各组分的分级分离、酪蛋白胶束的化学组成、酪蛋白的空间结构及酪蛋白与乳制品的产率及乳制品的品质间的关系都有待研究。

（4）乳清蛋白。乳清蛋白是乳去除酪蛋白后，分离出来的乳清中所含的蛋白质。主要包括β-乳球蛋白（β-Lactoglobulin，β-Lg）、α-乳白蛋白（Lactalbumin,α-La）、清蛋白（Serum Albumin,SA）、免疫球蛋白（Lmmunoglobulin,Lg）和乳铁蛋白（Lactoferrin,LF）等。研究表明，乳中β-Lg有8个遗传变异体，有2个遗传变异体，免疫球蛋白有4个遗传变异体。而牦牛乳乳清蛋白的SDS-PAGE分析表明，α-La呈单态，β-Lg呈多态性（图10-1）。SDS-PAGE分析麦洼牦牛和西藏牦牛乳清蛋白的组成如表10-7所示。牦牛乳乳清蛋白中β-Lg和Lg的质量分数都高于水牛和藏山羊。

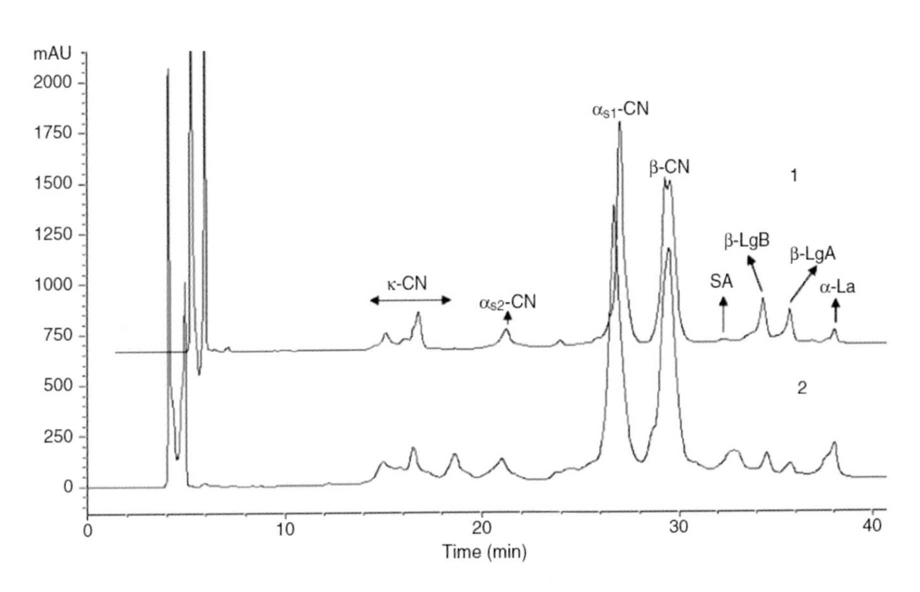

图10-1　牛乳和脱脂牦牛乳中蛋白色谱

表10-7　牦牛乳乳清蛋白的组成

品种	数量	α-La	β-Lg	SA	Lg（s）	LF
麦洼牦牛	59	15.1±4.4	41.7±5.8	7.0±3.1	35.8±8.4	0.4±4.4
西藏牦牛	50	15.2±4.3	41.9±5.6	6.8±2.9	35.8±7.6	-
摩拉水牛	-	31.74±4.15	48.48±5.86	5.00±1.44	5.22±0.00	4.16±1.41
藏山羊	11	23.0±10.6	47.5±9.1	6.6±3.0	22.9±6.5	-

引自李海梅博士论文，2011。

3. 牦牛乳脂肪特性

（1）一般特性。牦牛乳脂肪以球状乳浊液分散于乳中，具有一定的香味。乳脂肪是乳中重要的组成成分，是哺乳动物幼仔生长初期的主要能量来源，同时也是构成其细胞膜的主要成分。牦牛乳中脂肪质量分数平均为6.82%，脂肪球直径平均为4.39μm，而普通牛乳脂肪球直径平均为2~4 μm。牦牛乳脂肪含量高，是加工奶油系列制品的优质原料乳之一。乳脂肪对乳制品的风味及其加工工艺有重要的影响。乳脂肪大部分是由单一脂肪基团组成（三酰甘油酯，大约98%），乳脂肪中脂肪酸的种类多于其他组织中脂肪的种类，且以酯化形式存在于乳脂肪中的长链脂肪酸也较多。乳脂肪以脂肪球的形式存在于乳中。

（2）脂肪酸。牛乳中的三酰甘油酯大多由短链脂肪酸构成，特别是牛乳中含有C4：0到C10 ：0脂肪酸是唯一主要提供短链脂肪酸和三酰甘油的食品。在牛乳脂肪中所含的脂肪酸和不饱和脂肪酸中，水溶性挥发性的脂肪酸在总脂肪酸中的质量分数特别高，如丁酸、己酸、辛酸、癸酸等，占脂肪酸总量的9%左右。乳脂肪酸中90%以上的是不可溶的非挥发性饱和脂肪酸（十二烷酸、月桂酸等）和非水溶性不挥发性脂肪酸（如十四烷酸、十六烷酸、十八烷酸、十八碳烯酸、十八碳三烯酸等）。乳脂肪的不饱和脂肪酸主要是油酸，约占不饱和脂肪酸总量的70%。牦牛酥油中的脂肪与牛乳中的饱和脂肪酸在结构和占总脂肪酸的质量分数上都很接近，但酥油中的十五碳烯酸、二十二碳烯酸是牛乳脂肪中没有的。酥油中的多不饱和脂肪酸在组成和质量分数上与牛乳相比存在明显差别。酥油中的二十碳五烯酸、二十二碳五烯酸在牛乳脂肪中没发现，除亚油酸、二十碳三烯酸外，其他如亚麻酸、二十碳四烯酸，在酥油中质量分数都要明显高于牛乳脂肪。在酥油中还有质量分数很高的功能性脂肪酸二十碳五烯酸和二十二碳六烯酸。

牦牛乳中的主要脂肪酸（FA）分别为C14：0、C16：0、C18：0和C18：1。其中短、中、长链FA的含量平均值分别为9.69、42.37和47.94g/100g FA。在总脂肪中，平均 68.68g/100g FA是饱和的，此值略低于牛奶中饱和脂肪酸。许多研究都表明牛乳中较低饱和脂肪酸的比例似乎有利于人类健康，因为饱和脂肪酸对动脉硬化具有负面作用。在不饱和脂肪酸中，顺式油酸（cis-9 C18：1）是最丰富的。牦牛乳中长链不饱和脂肪酸浓度较高，主要为亚麻酸（C18 ：3 n-3）。对于功能性脂肪酸，牦牛乳EPA的平均比例（0.04g/100g FA）低于牛乳中EPA（0.08g/100gFA）的含量，但DHA（0.05g/100g FA）与牛乳中没有显著差异。牦牛乳中*cis-9,trans-11*共轭亚油酸（CLA）高于普通牛乳，同时对于放牧牦牛而言，功能性脂肪酸含量较高。这可能是因为牧草中某些特殊成分促进了瘤胃中的产生CLA和抑制十八碳烯酸（C18：1）转化成硬脂酸（C18：0）的微生物活性，从而进一步提高乳脂中CLA肪含量（(Nudda等2005；Or-Rashid等2008)。

4. 矿物质和维生素

如表10-8所示，牦牛乳中钙、磷、钠、钾、镁、铁、铜、锌、锰的含量均有随着海拔上升而升高的趋势，其含量均显著高于商品乳。

表10-8　牦牛乳与商品乳中矿物质元素含量比较

矿物质元素（g/100g）	牦牛乳			商品乳
	乌鞘岭（海拔3 016m）	果洛（海拔3 824m）	那曲（海拔4 750m）	
钙	208	227	198	114
磷	154	170	157	103
钠	22.2	29.4	32.1	13.5
钾	124	134	129	111
镁	13.9	14.5	13.0	11.2
铁	0.78	0.97	0.94	0.31
铜	0.03	0.01	0.01	0.04
锌	0.83	1.23	1.13	0.53
锰	0.31	0.28	0.17	0.03

由表10-9可知，牦牛乳中维生素A的含量为44.46 μg/100g，高于奶牛和绵羊；维生素C含量高达3 446 μg/100g，高于奶牛和山羊；维生素D含量相比奶牛、山羊和绵羊则为最高；维生素B_2、维生素B_3、维生素B_6含量均高于奶牛；维生素B_1和维生素B_5含量相对较低。

表10-9　牦牛和其他哺乳动物乳中维生素含量比较（μg/100g）

维生素	样品			
	牦牛	奶牛	山羊	绵羊
维生素B_1	34.71	45	68	80
维生素B_2	179.96	160	210	376
维生素B_3	345.59	80	270	416
维生素B_5	84.84	320	310	408
维生素B_6	47.48	42	46	80
维生素A	44.46	37.8	55.5	43.8
维生素C	3446	940	1290	4160
维生素D	3.95	0.05	0.06	0.18
维生素E	98.52	100	—	—

5. 凝乳特性

乳的凝乳性能决定奶酪的产量和质量，凝乳时间和凝胶硬度是影响奶酪产量的重要因素，凝乳时间短和凝乳的硬度大可提高奶酪的产量。乳的凝乳性能受乳的组成影响，所以影响乳组成成分的泌乳期、胎次、乳的酸度、个体和遗传等因素同样影响凝乳性能。酪蛋白的组分不同，以及酪蛋白与乳清蛋白的比例不同也影响凝乳的硬度。目前，已对荷斯坦牛的凝乳性能及其影响因素进行了大量的研究，并提出了提高乳酪产量的一些措施。我国乳酪生产研究起步较晚，关于牦牛乳的凝乳特性研究的相关报道较少。郑玉才对四川麦洼牦牛乳的凝乳性能进行分析表明，麦洼牦牛全乳能较好地凝乳，凝乳时间个体间差异小。

第三节　提高牦牛产乳性能的主要措施

牦牛是一个特殊牛种，也是一个原始畜种，是世界上最大的少数民族聚居区的牧业经济支柱，与飞速发展的邻近学科和行业相比，尚有很大差距。对这个特定地域的特殊牛种的整体情况还需进行系统、全面、科学的研究，提出切合实际和与当地生态环境相符的发展战略和实施方案，推广提高牦牛的产乳性能技术。

一、推广综合措施，改善牦牛产乳性能

牦牛本身性能及群体性能的提高，对于改善、调控系统内各个环节的功能，使其从自然经济低水平循环转变成为发达的商品经济的高水平循环具有重要意义。推广昼夜放牧，把白天控制放牧改为昼夜放牧，如当年产犊母牦牛在8月上旬放牧日采食青草42.6kg（其中白天采食25.02kg，晚上采食17.62kg），挤奶量可增加25%~40%。

推广冷、暖季节补饲。实行补饲是提高牦牛产乳水平的重要手段。冷季适当补饲青干草、青贮饲料和矿物质饲料，不仅可防止牦牛大幅度掉膘，而且对维护妊娠母牦牛健康、防止流产、提高牦牛的繁殖成活率及增加产后泌乳量均有重要作用。文勇立等（1993）的试验表明，补饲优质青干草能显著抑制母牦牛冷季体重下降的状况，提高其繁殖性能和产奶性能。文勇立等（1987）在暖季（6—9月份），每天对每头泌乳黑犏牛放牧后补饲尿素70g，复合盐（含钙、磷、钾、镁、铁、铜、硒、碘等常量和微量元素）30g，玉米粉250g，与对照组（泌乳黑犏牛只放牧不补饲）相比，产奶量和乳品质都有显著提高。在122d试验期内，试验组平均每头泌乳量提高94kg，日产奶量提高0.77kg。

推广牦牛暖棚管理。由于高寒草地冷季气温过低，牦牛棚圈过于简陋，难以御寒，牦牛最适温度为8~12℃，气温低于最适温度时，气温每下降2℃，饥饿家畜的新陈代谢就提高2%~5%，机体表面散热或热量损失为0.65 kCal/m^2。每天给活重300kg的牛补饲1.1kg精

饲料或2.2kg青干草，才能弥补寒冷天气造成的散热损失。朗杰等（1985）在冷季对泌乳黑犏牛进行半舍饲，不仅可以实现冷季产奶，并且还可有效抑制母牛的体重下降。半舍饲对母牛泌乳性能的影响不仅表现在试验期，还表现在翌年暖季。补饲期3个补饲组产乳量（标准乳，下同）分别提高41.76%、34.67%和46.18%。在翌年泌乳期，补饲组产乳量分别比对照组提高35.29%、29.96%和17.17%。

二、推广杂交改良繁育体系

研究表明，用不同父本随机杂交的犏牛中，以荷斯坦牛、西门塔尔牛为父本的犏牛产乳量最高。利用乳用牛品种冷冻精液授配牦牛，杂种F_1代第一胎150d产奶量为690~1 000kg，比牦牛产奶量提高2~3倍，乳脂率达到5.15%~5.31%，杂种优势效果非常明显。但人工授精繁殖率低，需加大培育和饲养管理。近年来，以娟姗牛、黑白花奶牛为父本的犏牛杂一代，已成为提高产乳性的主要科技手段，在牧区普遍推广应用，具有开发高附加值特色乳制品的潜力。

为了使杂种优势这一生物学特性在牦牛业持继发展中发挥作用，还需采用新的繁殖技术与方法，探索新的杂交组合和途径，如选择体型较小、生长发育快、产乳性能好的培育品种改良牦牛，以达到繁殖力和杂种优势相得益彰、并行不悖的效果。

第四节　牦牛的挤乳方法

挤乳是牦牛管理中劳动量很大的一项工作。牦牛挤乳分为犊牛吸吮和手工挤乳2个阶段。在每次挤乳过程中，吸吮和挤乳要重复2次（排乳反射分两期），因此需要的时间长、劳动效率低。

通常在挤乳前，首先要幼犊牛对乳房、乳头的吮吸和刺激，母牛感受到幼犊牛在吸奶后，刺激垂体催产素释放，这种激素释放到血液中后，会引起乳房中乳腺排乳。通常，在挤乳前1min，垂体催产素开始释放，引起乳腺内肌肉细胞压迫腺泡，称之为“排乳反射”，这时乳房中产生压力，迫使牛乳下流到乳池中，牛乳从乳池中被挤出。因此，挤乳前用温热水毛巾擦洗乳房和乳头并与按摩相结合，也可达到促进母牛排乳的效果。排乳反应随着垂体催产素在血液中不断地被释放到减弱而有规律地逐渐消失，即在4~7min后完全消失。因此，挤乳应在这段时间内完成。如果越过此时间段，母牛就不再积极配合。如果继续挤乳，势必造成乳房的过度扭拉，从而激怒母牛，导致挤乳困难。如果30min后再挤乳，垂体还能再分泌激素，则可照常规进行挤乳。

在青藏高原上，大都采用手工挤乳的方法（图10-2）。由于牦牛的乳头细短（长仅为

图10-2　牦牛手工挤乳

2~3cm)，一般多用拇指和食指二指挤乳。挤乳时，随时边挤边向下挤压和移动就可以促使奶汁排出。

在挤乳前，挤乳员通过用手按摩乳房和模仿小牛的吮吸动作来使母牛作排乳准备。当母牦牛有了排乳反应时，可以开始挤乳。方法是先挤两前乳房，再挤两后乳房，但也可挤乳房对角线两侧的乳头。一只手挤出一个乳头的乳汁，然后放松压力使乳汁再流入乳池中，这时另一只手可以挤另一乳头，这样两只乳头可以交替地挤乳。用上述方法将乳挤净后，再挤另外两个乳头，直至全部乳房挤空为止。泌乳母牦牛对生人、异味等很敏感，因此挤乳时要安静，挤乳员、挤乳动作、挤乳顺序和相关制度不宜随意改变。

牛乳挤入提桶中，通过滤网初步滤去杂质，常用4层纱布过滤，滤液倒入容量为50~80L的桶内。高原上气候较凉，夏季水温都在10~15℃。可将桶暂时放在能流动的小河边，在较低温度的冷水中贮存，等待运至乳品厂。牦牛目前还无法采用机械挤乳的方法，因此挤乳员要掌握正确的手工挤乳技术，才能提高挤乳速度和产乳量。挤乳员挤乳时，若双手的力量较均匀地分布在前膊、手指和手掌的肌肉上，并配合正确的坐姿，则能使肌肉在紧张工作中消耗的能量得以补充，可不觉疲倦地挤乳。否则，若蹲着挤乳，肌肉过度紧张，用力不匀，不仅挤乳速度慢，而且很快就会感到疲惫。

挤乳时挤压乳头所需的肌肉力量为15~20kg，若每群牛挤乳2.5h，挤乳速度80~140次/min，则每天手关节及肌肉的紧张动作达1.2万~2.1万次，劳动强度非常大，故一定要注意保护双手。每天用温水(40℃)浸泡双手、臂部1~3次，每次10~15min。浸泡后擦少许护肤脂，然后按摩手指、关节及上膊肌肉，以促进血液循环，增强肌肉新陈代谢，防止双手发病。

第五节　牦牛乳的过滤、冷却和贮存

一、过滤

在挤乳及原料乳的出售等过程中，乳中会混入一些杂质或受到污染，要过滤去除。因此，要求乳从一个容器倒入另一个容器或从一个工序到另一个工序，都要进行过滤。在藏区，牧户常用纱布过滤法，即用3~4层纱布覆在奶桶或容器口上进行仔细过滤。一块纱布或纱布上的一个过滤面，视乳中混入杂质的情况，过滤50~120kg奶后就要更换，纱布用后要彻底清洗并煮沸消毒10～20min。

二、冷却

从理论上讲，健康母牛挤出的牛乳是无菌的，但必须防止细菌在挤乳的中间环节侵入。牛乳在37℃时离开乳房，由于挤乳时乳房上、挤乳员手上的尘土、草渣、饲料粒以及细菌不免要污染乳，这时牛乳就变成了细菌繁殖的良好培养基，因为牛乳中含有细菌所需要的所有营养物质。为此，牛乳一旦挤出后，要立即冷却到1～4℃，使微生物的活性降低，在此温度下，也可使牛乳暂时保持良好的质量状态。

冷却是保证原料乳新鲜、优质的必要条件，也是乳初步处理的基本方法。鲜乳中微生物污染少，冷却迅速，冷却温度低，抗菌特性保持的时间长，乳的新鲜度保持得就越好。而刚挤下的乳，温度为32℃左右，是微生物繁殖、发酵的最适宜温度，如不尽快冷却，甚至置于生火的帐篷内或放在草原上经受日晒，就会很快变质，造成乳品厂和收乳站拒收。乳迅速冷却不仅可以有效抑制乳中微生物的繁殖，还能延长生乳自身抗菌物质的抗菌期限。

草原上牛乳冷却的方法主要用泉水、河水和井水冷却。要求冷却水池中的水量为乳的4倍，水面要高出奶桶中乳的液面2～3cm。池底应有放置乳桶的木垫（高10cm）。冷水最好从池底进入，池面出水，用进出水量来调节水温，不断更新或对流。因乳的导热性较差，奶桶入池后的最初几小时，要对乳进行多次搅拌，加速降温。每3～7d清洗水池1次，再用石灰液消毒，以防水池出现异味、霉味等。冷却水池中不得洗涤食品或其他任何东西，保持清洁卫生。高山草原阴坡泉水、从雪山流来的河水，都可将乳冷却到6～10℃。河岸边有残冰的河水，在岸边搭棚将奶桶系、吊入河水中，乳可冷却至5～7℃。将盖严不透水的奶桶系吊入水井中，乳可冷至8～12℃。这种水池冷却方法的优点是就地取材，设备简单，适于暖季频转放牧场的牛群。缺点是乳冷却速度慢，冷却过程中要经常搅拌，工作量较大。

草原上乳的冷却，只能暂时停止微生物的活动，短时间贮存牛乳。因此，冷却乳应及时加工处理或出售，避免乳温升高，微生物活性恢复。乳的冷却温度可根据需要贮存的时间来确定，冷却温度越低，乳的贮存时间就越长。但乳贮存于0℃以下会冻结成冰，使乳中的蛋白质发生不可逆的变化而沉淀，乳脂肪上浮，所以贮存温度不能低于0℃。

三、贮存

未经处理的牦牛原料乳（全脂乳）要尽快地贮存在10℃或更低温度的贮奶罐中。如果在较低的4～10℃贮存，保存时间就长。通常一般小罐多放在室内，大罐放在室外，可减少建筑费用。露天大罐为双层结构，两层壁之间有保温层。罐内壁是用不锈钢板制成的，内壁要抛光，外层由钢板焊接而成。在生产上称0～10℃条件下的贮存为冷却贮存，这时乳内微生物活动受到抑制或暂时停止，只要升温后微生物马上开始活跃，所以冷却贮存也称为暂时贮存。

第六节　牦牛乳品质评定

在乳的加工业中，只要是优质牦牛乳所生产的产品，其味道好，香味浓，色泽也好。乳的杂质度低，细菌数更少。从经济角度来说，优质牦牛乳可在市场上获得较高的价格。因此，牦牛乳在进入加工厂前的验收十分重要。乳制品厂首先要对牦牛乳的卫生质量进行检验看是否合格，如检测出劣质乳时，加工厂就应拒收。

一、牦牛乳的检验

一般影响原料乳质量的主要因素有：牦牛的品种和健康状况，牧场环境，饲料品质，清洗与卫生，乳的微生物总质量，化学药品残留量，游离脂肪酸，挤奶操作，贮存时间和温度。常规的牦牛乳检测包括以下几个方面：①感官评定，主要包括牛乳的气味、清洁度、色泽等。②理化指标，主要包括乳脂率、蛋白质含量、杂质度、冰点、酒精试验、酸度、相对密度、pH、抗生素残留量等。③微生物指标，主要是指细菌总数以及有无致病菌存在。④掺假检验，如牛乳中是否掺水、淀粉、蔗糖、豆浆、食盐、碱、尿素、芒硝等。

1. 感官检验

一般对原料乳首先进行嗅觉、味觉、外观、尘埃等方面的检验。观察乳中有无异物和杂质，色泽、气味是否正常，乳液状态是否均匀一致。

2. 比重测定

原料乳必须逐桶采样作比重测定，一般采用乳稠计来测定，牛乳的比重为1.03~1.034，如果测定出比重值在此下限，则说明乳过稀，可能掺入了水。

3. 新鲜度检查

可采用滴定酸度法、酒精试验法、煮沸试验法等方法来进行牛乳的新鲜度检查。原料乳的滴定酸度一般是16~18°T，牛乳存放时间过长，新鲜度下降之后，由于微生物作用产酸，会使牛乳的滴定酸度升高，酒精试验会出现阳性反应，煮沸试验容易产生沉淀。在检查时可采用其中一种方法，也可用几种方法结合起来判断。

4. 乳成分检查

主要是测定乳脂率。常规方法有格伯氏法和巴布克氏法，也可采用乳脂仪来测定。乳脂仪操作方便，测定快捷，但需要经常校正。乳脂率越高，则说明乳的质量越好，价格也越高。在有条件情况下，也可测定全乳固形物、蛋白质含量等项目。目前的多功能乳成分分析仪，一次可测定乳脂率、蛋白质、乳糖、水分等多项指标。

5. 微生物、抗生素残留检验

本项目可定期抽查或对可疑样品进行检查。微生物检验一般有大肠杆菌数、金黄色葡萄球菌数、沙门氏菌数以及微生物总菌数等项目。

6. 掺假检验

经上述各项测定之后，如仍发现有异常，还可进行掺假或兑假检验。现将几种最常见的掺假检验方法简要介绍如下。

（1）掺水检验。牛乳掺水后，比重、全乳固体、乳脂率均随之下降。可将被抽测的牛乳与新鲜正常牛乳进行对比来计算掺水率。

掺水百分率=（正常牛乳全乳固体-被测牛乳全乳固体）/正常牛乳全乳固体×100%

（2）掺淀粉的检验。比较常见的是掺入小米粥的上清液。检查方法是取被测牛乳5mL置于试管中，稍稍煮沸，待冷却后，加入数滴碘液（碘的酒精溶液），如出现蓝色或青蓝色沉淀者，即牛乳中有淀粉存在。

（3）掺豆浆的检验。取乳样5mL置于试管中，加入8mL乙醇和乙醚混合液，再加入28%氢氧化钠溶液2mL，充分混合均匀，5~10min内观察颜色变化，如呈现黄色，则表示乳中有豆浆存在。

（4）加食盐的检验。取乳样10mL置于试管中，滴入10%铬酸钾溶液2~3滴，加入0.1%硝酸银溶液5mL，摇匀，观察其颜色变化，如红色消失，变为黄色，则证明乳中掺入了食盐。但患乳房炎时挤出的牛乳也会出现此现象，可与乳房炎牛奶的检验结合进行。

二、异常乳

异常乳指性质及成分发生改变的乳。正常乳的性质和成分在一般情况下是稳定的。造成异常乳的原因与疾病、放牧管理、气温和其他化学药物污染等因素有关。异常乳不适合加工任何乳制品。

1. 异常乳的常规分类

（1）病理性异常乳。主要包括乳房发炎和患其他疾病牛所产的乳。

（2）生理性异常乳。主要包括初乳和末乳。

（3）化学性异常乳。主要有高酸度乳、低成分乳、细菌污染乳、混入杂质风味异常乳、酒精试验阳性乳。

2. 几种主要异常乳产生的原因及检测方法

（1）酒精阳性乳。在加工厂采用68%~70%的酒精检测原料鲜乳时，如果乳中发生絮状凝块为酒精阳性乳。这种乳为不合格乳，不能用于加工各种乳制品。产生的原因主要是在挤乳、收乳和运输时，冷却条件不达标，使乳中微生物大量繁殖，导致乳的酸度升高所致。如果乳的酸度测为24°T以上时，用79%酒精检测时发生絮状，则为阳性。

（2）乳房炎异常乳。当牦牛体被细菌感染，如有外伤病和患乳房炎后，所分泌的乳中成分和性质都发生了变化，产生乳房炎异常乳。

产生乳房发炎的病因主要是牛体、牛棚舍内环境卫生差，挤乳方法不当等。

（3）细菌污染乳。被细菌污染的乳都称为细菌污染乳。是由于挤乳后牛奶不及时冷却，或设备消毒不彻底，使乳中细菌数大量增加所致，严重的不能作为生产原料乳。特别在夏天更容易造成细菌污染，在对牛乳冷处理过程后，不及时清洗消毒容器、设备都会造成大量的细菌污染。因此，要求把好鲜乳收购、运输等各环节的关口，以确保鲜乳的质量。

（4）低品质成分异常乳。乳的质量取决于良好的品种和选育以及遗传、饲养管理等因素。

①季节及气温变化对产奶量的影响：季节的变化、光照时间和温度、湿度等对产乳量和乳品质有重要影响。如产乳量与青草丰盛季节有关。无脂干物质含量在舍饲的后期为最低。由春季转入夏季放牧时，无脂干物质增加很快，这是由于牧草中含营养成分较高所致。

②饲料对含脂率的影响：饲料被食入瘤胃后，由微生物发酵产生了挥发性低的脂肪酸。据测，在瘤胃中乙酸含量少，丙酸浓度低时，则含脂率也低，这是因为精饲料供给太多所致。如果单独喂粗饲料则热量不够，产乳量也少。因此，改良的优质牧草和充足的热量供给是保证产奶量和乳品质的必要条件。

③饲料对无脂干物质的影响：长期的营养不良可使产乳量和乳中干物质及蛋白质含量减少。在正常的饲养条件下，舍饲和放牧对乳品质的影响都比较小。

（5）风味异常乳。造成风味异常乳的原因主要是通过牛体而吸收的饲料味；乳中酶的作用使脂肪分解而产生的脂肪分解味；挤乳后从外界吸入的金属味和牛体的气味等。据测，风味异常乳中的饲料味比例最高，其次是涩味和牛体味。除以上异味外，由微生物作用也间接产生脂肪分解味，这是因牛乳及微生物中的脂肪酶所产生的，要引起注意。

（6）混入杂质的异常乳。混入的杂质包括昆虫、药物、金属、尘土、皮毛、农药、饲草等，种类繁多。一旦进入牛乳后，就产生了杂质异常乳。

（7）疾病异常乳。牛体发生了疾病，尤其是患口蹄疫、布鲁氏菌病、乳房炎、内脏病变、肝片吸虫病、产科疾病等，都容易产生酒精阳性乳，不适于乳制品的加工。

第七节　牦牛乳产品加工技术

一、牦牛乳的分离原理及方法

牦牛乳的比重为1.035，含脂率高达6.5%~7.2%，这对于奶油分离有积极的影响，意味着从牦牛乳中分离出3.5%~4.0%的奶油后，还可将余下的3.0%~3.2%的标准化含脂率牛乳，再加工为其他系列乳制品，如干酪、全脂奶粉、酸牛奶等。

当牦牛乳静置后，因乳受重力作用，脂肪球逐渐上浮形成了很厚的脂肪层。在生产上，把这种含脂率高的部分称为“稀奶油”。乳的最下层含脂肪很少的部分称为“脱脂乳”。把奶液分为稀奶油和脱脂乳的工艺过程称为奶的分离。

分离出稀奶油可以作为一种乳制品直接利用，也可以进一步加工制成奶油、酸稀奶油、冰淇淋奶等制品。而脱脂乳可用来饲喂犊牛及其他幼畜，也可加工制成酸牛奶、脱脂奶粉、干酪素和乳糖等。很多制品的前加工处理都离不开乳的分离，因此乳的分离是一项很重要的工艺手段。

乳的分离，主要有以下2种方法。

1. 重力静置法

是一种古老而原始的方法。是将乳静置于较深的桶内，经过24~36h后，脂肪上浮而使奶油分离出来。这是因为乳的脂肪密度比其他成分低，脂肪上浮于表面，形成16%~22%的稀奶油。此法的缺点是脂肪的损失比较多，所需时间长，稀奶油酸度高，生产效率很低。

2. 离心分离法

通过分离机对牛乳进行连续式分离生产奶油，提高了奶油生产率，保证了卫生条件，不发酸，并大大提高了奶油的产品质量。

二、牦牛酸奶制品的加工工艺

酸奶（也称发酵乳）系列制品，是经过加入乳酸菌发酵之后而制成的产品。在发酵过程中也可以添加一些有益于人体健康的营养物质，增加酸奶制品的风味和口感。按生产类型分为凝固型、搅拌型、饮料型、片剂、丸剂及粉剂等，后3种类型称为乳酸菌制剂。

发酵酸奶制品具有良好的口感和香味，具有洁白、良好的凝块和硬度，要具备这些特点，必须通过加工过程中的灭菌、热处理、均质、冷却接种、恒温培养等严格的工艺过程。目前，世界上酸奶制品种类超过200余种，虽然按加入发酵剂种类不同而风味各异，但加工的工艺大同小异。

牦牛乳因含脂率太高，可先脱去大量脂肪，将含脂率调整到3.0%~3.2%为宜，并将分离出的稀奶油另外加工为无水奶油制品。

牦牛酸奶因含固形物（无脂干物质）高，食用时很浓稠，味道鲜美，硬度较大。用牦牛乳制作酸奶可分为凝固型、搅拌型两大类。品质好的酸奶应具有乳脂香味，凝固如豆腐状，表面不出现黄水（乳清），微酸或酸度为0.7~0.9（乳酸度）。品质不好的则乳脂味淡、凝固硬度差、出现黄水和酸度高。

凝固型牦牛酸奶的制作工艺：最古老的酸奶制作十分简单，先将乳加热至85℃，冷却30min后，加入菌母液，在火炉边保温4~8h即凝固为牦牛酸奶。目前，除这种纯天然的酸奶制作方法外，经过人们不断改进后，在乳中加入香精、果酱、水果、香草、色素、蔗糖、稳定剂等物质，大大提高了原天然型酸奶风味。目前，普遍将酸牛奶制作为风味酸凝乳，其风味和质量都得到很大改进。酸奶的工艺流程设计见图10-3所示。

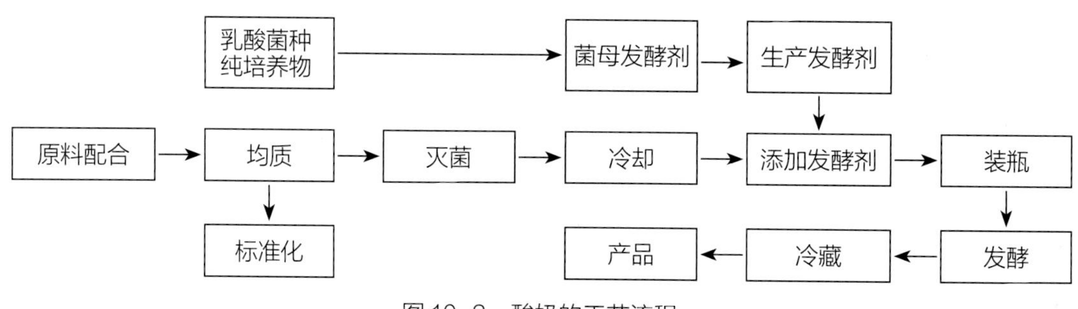

图10-3 酸奶的工艺流程

目前市场上对酸奶的需求越来越大，酸奶的生产大都为集中生产，即规模大，销售范围广。为了取得较好的经济效益，产品销售期要求比一般酸奶延长7~10d，这就称为长期保存酸奶。由于比普通酸奶的保存期延长了数天，因此赢得了消费周转时间，提高了经济效益。

三、牦牛奶油的制造工艺

牦牛乳含脂率高，是生产奶油的最好原料，各生产厂家都十分重视这一产品的加工。将奶油进行发酵、脱水后，就成为当地藏牧民不可缺少的酥油食品。酥油是产区藏族传统称谓，即国内外通称的奶油或黄油。酥油可制作酥油茶、酥油糌粑等，是牧民每天食用的主要油脂来源。目前，在牧区主要生产奶油和酥油两大类制品，市场畅销供不应求，其奶油的生产量逐年上升。

1. 各种奶油的分类及特点

奶油是将鲜乳进行分离后所得到的稀奶油，再经成熟、搅拌、压炼、包装而成的乳制品，有的地方称为黄油。在藏族牧区常采用天然发酵的方法，经挤压失水后再定型的奶油，称为酥油。

2. 普通奶油的生产工艺

通常，一般普通奶油的工厂化生产工艺过程（如图10-4）。

（1）新鲜牦牛乳稀奶油的分离。在牧区，先将挤下的牦牛乳进行过滤，冬天将乳加热到38℃，夏天保持在35℃的温度进行分离。目前多采用手动式分离机（图10-5），在不缺电的

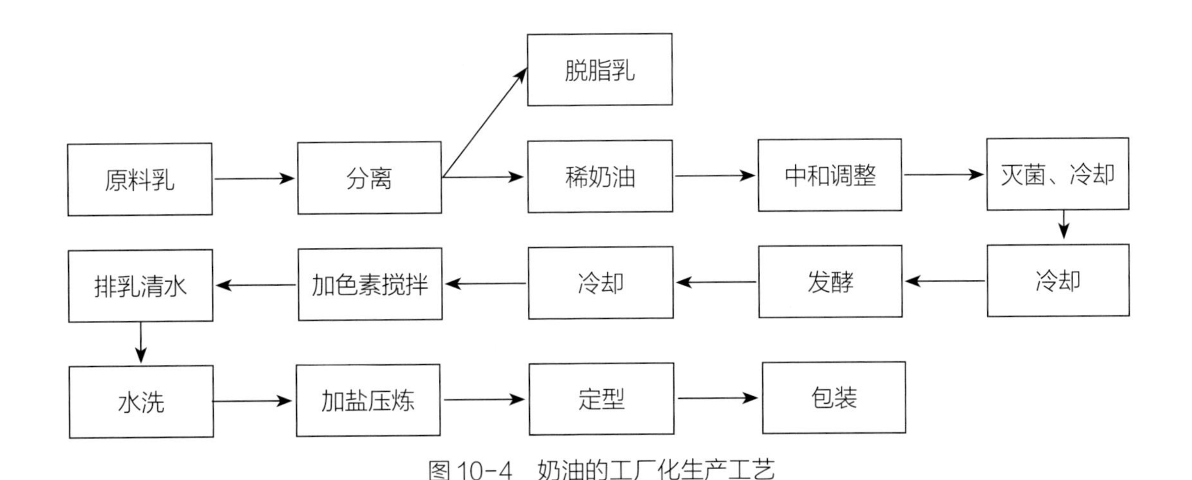

图 10-4　奶油的工厂化生产工艺

图 10-5　手动式奶油分离机

图 10-6　电动式奶油分离机

地区也可用电动式分离机（图10-6），再把分离后的牦牛乳稀奶油集中起来。

（2）加热与发酵。将分离出的稀奶油先加热到75～80℃，因在高原上气压低，在80～85℃时可见到牛乳有沸腾的气泡，这个过程叫煮奶。煮奶在30～40min内完成，然后立即冷却到35℃左右加入预先准备好的酸奶发酵剂，又称菌母液。将乳置于38℃条件下发酵24h，并用盖把桶盖严，以准备次日抽打奶油用。

（3）抽打（搅拌）发酵稀奶油。所谓抽打发酵奶油也就相当于生产上的机械搅拌。将发酵后的稀奶油倒入专门能上下抽动的木桶内。木桶长为1.2m，直径为40～60cm不等。桶上有盖，中央有一根木棒，木棒下端有一带孔的圆盘。稀奶油受圆盘上下移动（抽动）急流的挤压，将乳脂肪碰撞上浮到木桶上端。当抽动木棒25～30min后，打开桶盖，用手将奶油粒捧出来。这样每抽打25～30min，捧一次奶油粒，将稀奶油基本全部搅拌出来集中在一起。剩下的酪乳再静置，取其沉淀（浓酪乳）。每次留500～1000g含乳酸菌的乳液于低温处盖严放存，以备下次发酵稀奶油时再用，而下层的乳清水一般倒掉不用。

（4）水洗奶油粒。经过抽打完成获得的奶油粒中，因含有大量发酵的酪乳液，必须用冷开水进行水洗。水洗的方法是用手将奶油粒捏成小块放入冷开水中，不停地搅动，尽量把酪乳溶解出来。先加入的冷开水由清亮转变为白色的乳浊液。一般要水洗2次后，奶油粒中的酪乳基本溶于水中，再用手捧出奶油块，倒去水洗酪乳液。

（5）挤压定型。将水洗后的奶油块以1.5~2.5kg为一团，用手进行挤压，目的是将奶油中多余的水分挤出来。边挤边揉动，直到奶油不再出水时，把奶油搓成圆球形、扁圆形或砖块形等，每团1.5~2kg，这时的成品即为酥油，在牧区因酥油发酵时间有长有短，即发酵自然成熟的程度不一样，则多带有一股浓酪乳发酵酸味。

（6）酥油的包装

①简单包装方法：在牧区包装酥油的材料多因地制宜，就地取材，如采用乳酸浸泡后鞣制的羊皮、瘤胃剥后的外层结缔组织膜，以及用酥油热浸后的白布等来包装。这些包装材料多用于包长方形和扁圆形的酥油，外型十分美观，携带、运输、贮存也都十分方便。

②木桶包装法：在牧区也用预先做好的木桶（加盖）来包装酥油，容量为2.5kg、5kg、10kg。木桶在包装前要洗净，晒干后直接装入酥油压实，不留空气和空隙。装好后要盖上木盖，有利于贮存和随时取出食用。

③纸箱包装法：为了节约大量的木材，现代化乳制品加工厂多用瓦楞纸板作外包装，内包装为硫酸纸，每箱装20~25kg。但该包装只适于冬季，不适于夏季包装，因为夏天气温高容易熔化流失。

四、牦牛乳制作干酪的加工工艺

牦牛乳属于高脂肪高蛋白质的牛乳。其制作时，可以先脱去50%的脂肪，也可以不脱脂。牦牛乳制作的干酪硬度比普通牛乳制作的干酪稍大，其原因可能是牦牛乳中含酪蛋白的总量比其他牛乳要多，并以此增加了硬度，但还有其他一些原因，正在探索之中。干酪富含蛋白质、脂肪、矿物质、维生素等物质，营养价值较高。

干酪的种类繁多，按其蛋白质、脂肪、水分和盐类的含量，以及凝固蛋白质的方法，可以生产出风味各异、干物质含量和保存期等各具特点的干酪。牦牛产区常食用的有硬干酪、半硬干酪、鲜干酪3种。

硬干酪含乳清较少，质地坚硬，颗粒小，似小米、绿豆、黄豆、蚕豆大小；半硬干酪含水量（乳清）在20%~30%，也有含40%左右的，质地偏软，颗粒较大如大拇指；鲜干酪为排出乳清后的凝乳块，尚含有一定数量的乳清，类似大豆制品豆腐干。不同种类的干酪食用方法也不一样。硬干酪多与青稞炒面、酥油混食，即藏语“糌粑”。半硬干酪除饮用奶茶时食用外，多在外出如放牧牲畜时应急食用。鲜干酪多切成方形小薄片盛于盘内，在饮用奶茶时食用；也有放糖食用或用油炒加盐食用的。

传统干酪生产工艺见图10-7所示。

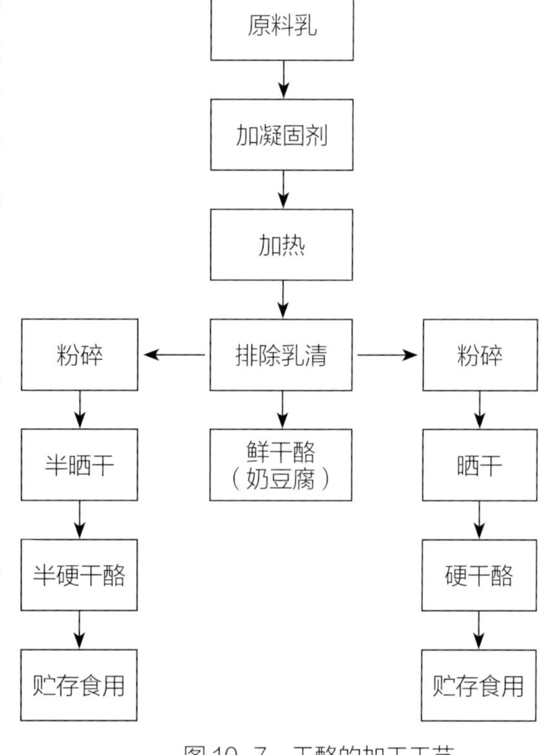

图10-7　干酪的加工工艺

1. 原料乳

一般为脱脂奶，也有用全脂奶或半全脂乳。前者所制干酪色白，后者色黄，味道更为可口。

2. 加凝固剂

原料乳灭菌冷却盛入锅中，倒进少量酸奶与原料乳混合均匀。

3. 加热

不要用大火加热，避免球蛋白沉底烧焦，使所制干酪质差带焦腥味。加热时要文火，直至加热到乳清呈现，凝乳块下沉。在加热过程中，要不断搅拌直到微烫手时为止，这样可避免烧焦。

4. 排除乳清

将加热过的凝乳块与乳清盛入干净白布袋，然后扎口吊在帐房外，让乳清缓缓渗出，直至不渗滴时取下。然后将扎口绳移至凝乳块处扎紧，放在高于地面的桌面上或平坦的石板上，上面压以平整木板或石片，再压以较重的石块或其他重物，使袋内凝乳块中残留乳清尽快排净，至不再渗出为止。

五、牦牛奶粉的加工工艺

在意大利人马可·波罗的《中国游记》中记载：蒙古人曾经使用牛乳在阳光下晾晒的方法制作奶粉。现代化的奶粉加工厂所生产的奶粉，更严格控制了微生物的数量，其制品耐贮存，并且味道和营养物质几乎没有发生损失和变化。远比古代简单的生产方式更科学，规模更大，并可以连续化地投入生产。

1. 奶粉的生产工艺

各种奶粉的生产工艺流程，大致相似。主要加工工艺如图10-8所示。

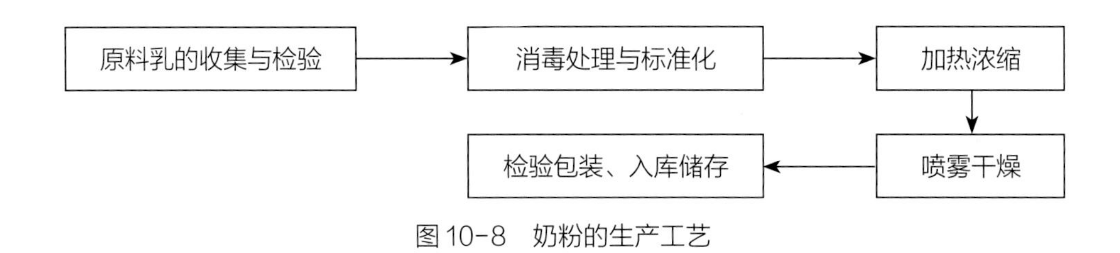

图10-8　奶粉的生产工艺

2. 对原料乳的要求

第一，用于生产奶粉的鲜乳质量要求很严格。首先是每克奶粉中细菌数不能超过3万～5万个。因此，要求鲜乳的酸度应小于18°T。为了除去奶中的芽孢菌，要采用离心机进行处理，以提高奶粉的质量。

第二，用于生产奶粉的鲜乳不得先进行高温处理，以防蛋白质中乳清蛋白变形。并保证奶粉的溶解度，香味、风味等不受影响。此后，奶粉须经过过氧化物酶和乳清蛋白试验，这两种试验都可测出牛乳在加热灭菌中温度是否过高。

第三，运输过程中牛乳不能冻结，以防产生部分脂肪的分离而降低品质。

第四，感观检查中，凡是有异味、变色、杂质等情况的乳不能用于奶粉加工。

第五，理化指标中，酸度、比重、酒精阳性试验不合格的变质乳不得加工奶粉。

第六，在离心除菌前要先过滤，而净化后的乳应暂放于4～6℃温度下，且存放不得超过24h，应及时加工处理。

第七，生产脱脂奶粉之前，乳的净化与脱脂分离可同时进行，然后再进行含脂率标准化处理。如果生产加工全脂奶粉，须先进行离心净化处理。

第八，加热灭菌处理中，要求达到磷酸酶试验呈阳性。全脂奶粉加热处理温度高低的确定，须根据能否控制脂肪酶的钝化而定。一般高温灭菌处理之后，也应作磷酸酶的试验，以确定鲜牛乳中途热处理的质量及变化情况。

3. 奶粉的缺陷及防止措施

通常合格的奶粉冲调之后，应具有原来鲜乳的优良风味。但经过贮存一段时间后，将会产生以下缺陷和不良风味，应采取相应的措施加以防范，以减少奶粉的损失和变质。

（1）脂肪酸败味。又称脂肪分解味，是一类似于酪酸的酸性刺激味。主要是在奶粉中解脂酶的作用下，将脂肪水解而产生游离的挥发性脂肪酸。防止措施是在牛乳灭菌时必须将解脂酶破坏掉，还要严格检查鲜乳的质量。

（2）氧化味。又称哈喇味，造成氧化味的主要原因是奶粉受到空气中的氧、光线、金属铜、氧化酶、过氧化物酶、水分、游离脂肪等各种因素的影响所致。

（3）棕色及陈腐味。如奶粉中水分超过5%时，易产生棕色和陈腐味。在水分的作用下，使蛋白质中氨基与乳糖中羰基发生化学反应而产生棕色。

（4）奶粉的吸潮性。奶粉在空气中吸潮性很强，这是因为奶粉中乳糖为无水结晶玻璃状态，乳糖吸水后，使蛋白质粒子之间黏结形成块状物。因此，奶粉最好为真空密封包装，这样可防止吸潮的发生。

（5）细菌作用引起变质。只要奶粉中含水量在2%~5%之间时，真空密封条件下贮存，一般细菌不会繁殖，也不会使奶粉变质。当奶粉存放时间过长，水分超过5%时，细菌容易繁殖而导致变质。因此，只要奶粉开罐后，要尽快食用，不宜久放。

总之，奶粉在冷贮条件下，密封好、只要不使含水量增加，则化学反应极缓慢，贮存几年营养价值也不会受到影响。

4. 乳制品加工设备的清洗及消毒

在乳制品加工厂中，设备的清洗和消毒是一项非常重要的工艺，否则，将出现严重的不良后果。如果牛乳进入未经过清洗的加工设备中，将不可避免地污染上细菌和污物。这将使现代化、大规模、大销售的乳制品加工厂蒙受巨大的经济损失，因此不可轻视。

目前，对乳制品加工设备的清洗和消毒的研究工作，在不断进行和发展之中，消毒的标准包括以下几方面。

物理清洁度：清洗表面，除去全部可见的污垢。

化学清洁度：要除去肉眼看不见的，或通过味觉和嗅觉感测出来的残留物。

细菌清洁度：通过杀死所有细菌数来确定。

通常，奶制品加工设备的清洗、消毒工作，要求要达到化学清洁度和细菌清洁度。因此，设备表面首先要用化学洗涤剂进行彻底清洗，然后再进行消毒处理工作。

六、牦牛奶皮的加工工艺

奶皮是我国少数民族地区自制的一种乳制品，是乳制品中的精华。制作奶皮的历史非常悠久，但到目前为止，奶皮的生产还局限于家庭手工制作，生产时间长，效率低，组成成分变化大。

奶皮是牦牛产区少数民族特有的乳制品，以信仰伊斯兰教者最喜欢制做食用。其外形随制作锅具不同而有差异，也随原料而变，一般为厚约1cm、直径10~20cm的圆形饼状物，颜色微黄。营养价值高，其中水分约占3%~4%，乳脂占85%左右，蛋白质占9%，乳糖占4%，营养成分高于一般奶油。

奶皮的制造工艺流程如图10-9所示。

（1）原料乳。为不脱脂鲜乳。

（2）过滤。除去原料乳中的牛毛、草等杂物。

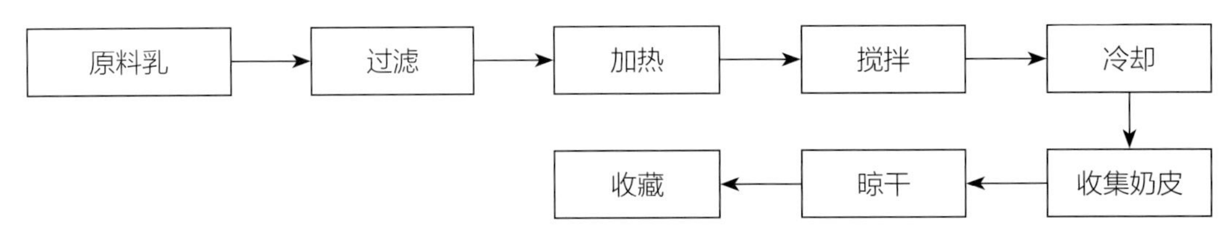

图 10-9　奶皮的生产工艺

（3）加热与搅拌。将过滤后的原料乳倒入圆形锅中，然后用大火烧至近沸腾时，即慢慢减弱火势，并用铁勺不断上下翻动，使其中一部分水分蒸发，并破坏乳脂球表面的蛋白质膜，促使乳脂球聚集。经过一段时间后，锅中乳表面就形成密集的泡沫，这时就可以把锅端下。

（4）冷却。将端下的热奶锅放在通风阴凉处，自然冷却，并注意平放，避免奶皮厚薄不一。

（5）收集奶皮。经过12h左右，奶的表面形成厚厚的奶皮层，这时用小刀沿锅边将奶皮划离锅壁，然后用筷子伸入奶皮下面将奶皮挑出。

（6）晾干。为了便于保藏，将从锅中挑出的湿奶皮放在平面上晾干，一般需2~3d即可硬化。

（7）收藏。收藏时间不宜过久，同时要勤检查，以防霉变。

（8）加米汤。这是减少原料乳、降低奶皮中乳脂含量的一种制奶皮方法。米汤有大米、小米制作的两种，前者制作的奶皮显白，后者显黄。米汤要经过滤，一般加入1/4~1/3，制成的奶皮经晾干后质地较硬。

奶皮在产区一般用于拌奶茶做早点，或切成小块作菜肴、夹饼夹馍等食用（图10-10）。

图 10-10　成品牦牛奶皮

七、干酪素

乳中酪蛋白在酶或酸的作用下所生成的凝固物，经干燥后即成干酪素。分为酸法干酪素、凝乳酶（皱胃酶）干酪素、工业用干酪素、食用干酪素4种。下面将产区食用、工业用两种干酪素生产方法介绍如下。

1. 工业用干酪素

是脱脂乳中加盐酸或硫酸产生酪蛋白钙盐的沉淀物，主要用于军工、医药、造纸、印刷、建筑等方面。

2. 食用干酪素

食用干酪素是用优质脱脂乳制成，供食品工业生产营养食物或医药方面之用。食用干酪素的制法分为酸制法、凝乳酶制法2种。脱脂乳先经70～75℃、10～15min灭菌，或95℃高温短时灭菌。酸制法在制作食用干酪素时，将灭菌后的脱脂乳降温至34～35℃，加入化学用纯稀盐酸（1：8），使形成凝乳块。其他工艺流程同工业用干酪素。

八、曲拉的加工工艺

曲拉（藏语，指奶干渣）是青藏高原地区的牧民将牦牛乳脱脂分离、煮沸、接种乳酸菌发酵使乳蛋白质凝固，经脱水干燥所得的奶干渣。在中国乃至世界上只有甘、青、川三省交界的青藏高原牧民有将牦牛乳制成曲拉的生活习惯，是中国的独有资源。中国以曲拉为原料生产干酪素时存在的主要问题是色泽黄暗，酸度较低，黏度低，气味不佳，质量不能达标，不能满足市场对高质量盐酸干酪素的需求；同时，用曲拉生产的干酪素品种单一，缺少深加工产品，加工技术落后，产品质量不稳定，生产规模小，管理水平低，经济效益不高。

第八节　牦牛乳及其制品的开发前景

跨入21世纪，我国乳业作为一项极具活力的新兴产业，在接收严峻的挑战的同时，也面临着更多新的机遇。中国是一个人口大国，庞大的人群对乳制品日益提高的需求是推动奶业发展的主要动因。随着人们生活水平的提高、营养知识的普及，其营养观念和消费习惯也在悄然发生着变化，高蛋白、低脂肪的食品成为首选。

牦牛乳的营养价值很高，乳资源十分丰富，开发前景很好，又因牦牛长期生长在高寒、无污染的纯天然草原上，故牦牛乳被人们称为“乳中极品”。经常食用牦牛乳及其乳制品，对人的健康有益。我国牦牛数量众多，用于加工的乳量按每头泌乳量1/3计算，每头牦牛年产乳200kg左右泌乳母牦牛头数按总头数的36%计，年产乳70万吨左右。但目前，实际加工乳量微乎其微，不足产量的1/4，因此，必需研究提高牦牛产乳性能及产品加工工艺。

中国西部地区各民族对牦牛奶的加工历史悠久，史料记载丰富。特别是在藏文化史中，有不少关于牦牛乳制品加工的记载，尤其以加工具有各地特色的酥油方面的记载更为详细。牦牛乳及乳制品具有一定规模的商业开发有20多年的历史，广告宣传和卖点定位的起点比较高，都是向大中城市的高端市场进军。牦牛乳以其产地空气、土壤、牧草无工业污染，终年采食天然牧草，无饲料添加剂危害，乳中无抗生素、激素、农药和其他有害物质残留等优势冲向市场。牦牛乳生产销售企业还利用牦牛乳中微量成分的特色展开了广告战，如牦牛乳被商家宣传含有“神奇因子”，其具有抗氧化作用、能降低人体内胆固醇含量；含有能防止动脉粥样硬化、增强骨密度、提高免疫力作用的共轭亚油酸（CLA）。牦牛酸奶由于其独特的风味和口感同样受到广大消费者的欢迎。经过微生物发酵后，牦牛酸奶中的乳糖被大量降解，更适合于患有乳糖不适症的消费人群。此外，牦牛酸奶还被报道其中的某些乳酸菌具有降胆固醇和抗氧化的功效，正好可以满足当前广大追求食品健康的消费者的需求。目前，在西藏、四川、青海和甘肃等牦牛集中产区有十余家规模较大的现代化牦牛乳加工企业，也推出了十几个品牌，许多大中城市有专卖店或进入了超市，售价高出普通牛乳数倍甚至10多倍。市场化运作较好的品牌有新西兰乳尊生物科技有限公司与甘南藏族自治州燎原乳业联合出品的“FIVE ZERO PASTURE（五零牧场）”和“JOKUL TOP-DAIRY（雪域乳尊）”系列婴幼儿配方牦牛奶粉，西藏高原之宝牦牛乳业公司生产的菲凡牌牦牛乳、红原牦牛乳业有限责任公司生产的雪域之舟牦牛乳和红原牦牛系列乳粉等产品，在市场上开始显现出旺盛的生命力。这些企业都引进国外的生产线，技术起点高，研发力量雄厚，市场拓展思路清晰，市场成长快，发展前景十分可观。特别是五零牧场和菲凡品牌，每年的增长速度都能翻番。他们的纯高端定位以及所强调的“零化学，零物理，零激素，零公害，零农药残留”的无任何污染的乳制品十分切合时下消费者的需求，填补了国内高端乳制品的市场空白，市场前景是非常广阔的。

第十一章　牦牛的产毛绒性能及产品初加工

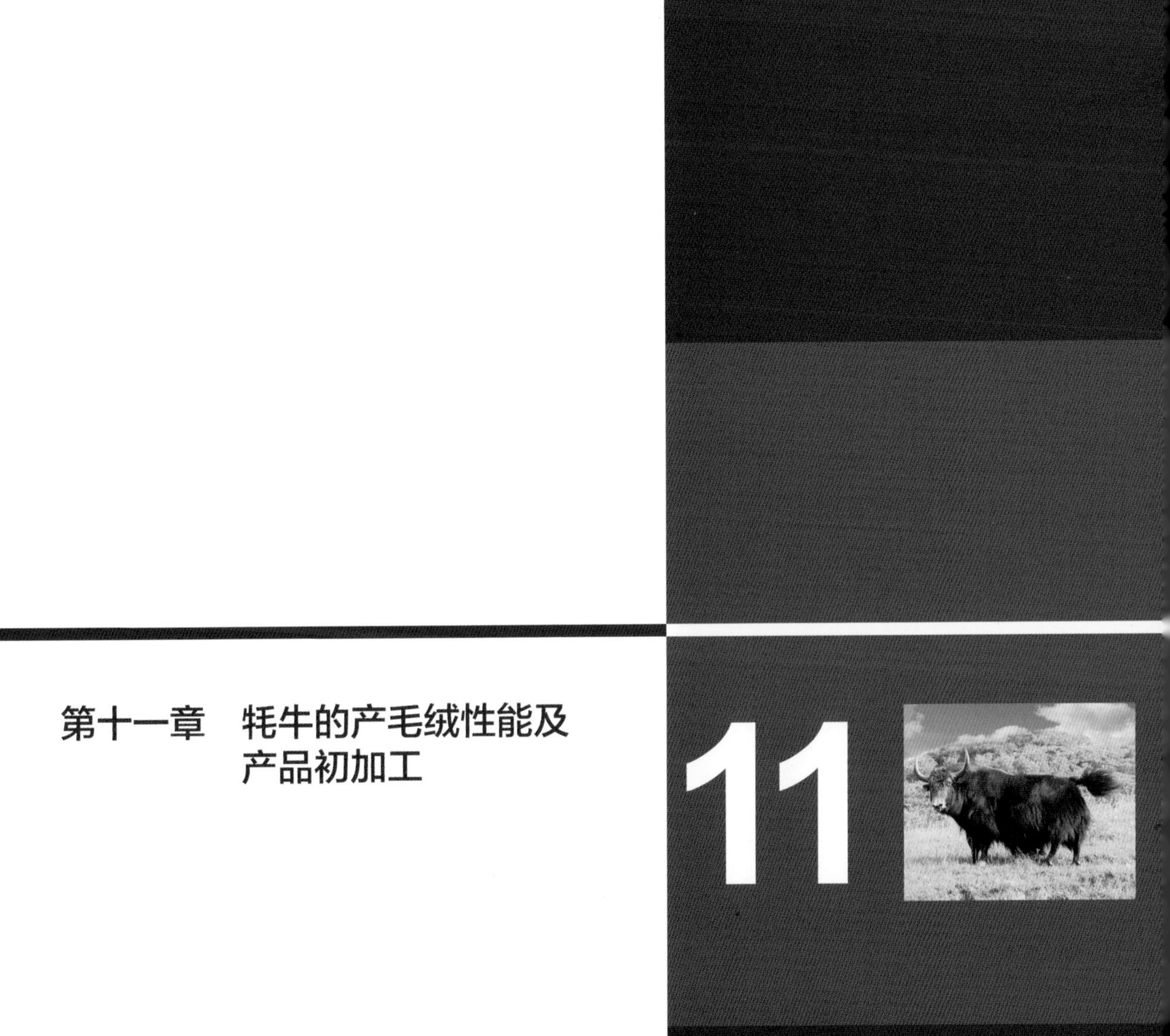

第一节 牦牛的产毛绒性能

牦牛是牛属家养品种中唯一能生产毛和绒的牛种，也是牦牛成为“全能”家畜的主要表现。牦牛被毛是由不同长度、细度及不同毛纤维类型组成的混合型被毛。牦牛被毛有毛、绒之分，牦牛身体不同部位毛的形态差异很大，既有粗长的尾毛（长度达40cm），又有细短的绒毛（长度仅3.0cm）。牦牛被毛虽属开放性被毛，但被毛内有很厚的空气层，被毛纤维的吸湿性差，能很好地保暖、防水，是牦牛适应青藏高原特异的高寒环境条件的保护机制之一。早在秦、汉以前牦牛尾毛成为一种珍贵的贡品，之后一直是传统的出口物资。20世纪50年代毛纺工业开始利用牦牛毛绒。近年来，随着毛纺工业对特种资源的发掘和利用，牦牛毛绒，特别是牦牛绒的利用，受到了多方面的重视并生产出了多种产品以供应市场需求。

一、毛绒产量

牦牛的产毛绒能力因牦牛类型不同而异，也与其性别、年龄和取毛绒方法及时间有关。2周岁之前，公母牦牛毛绒产量基本相同；2周岁之后，随年龄的增长毛绒产量开始相应的增加。

青藏高原牦牛：3岁前年产粗毛、绒毛几乎各占一半。母牛的产量为1.13～1.50kg，其中粗毛为0.44～0.79kg，绒毛为0.69～0.79kg；阉牛产量为0.8～1.97kg，其中粗毛0.25～1.1.7kg，绒毛0.55～0.90kg。成年阉、母牛年产量为2.62～1.53kg，其中粗毛0.85～1.60kg。

九龙牦牛：据钟光辉（1996）对九龙牦牛产毛性能的研究，幼龄母牦牛剪毛量为1.25～1.51kg，3岁以上母牦牛剪毛量具有随年龄增长而下降的趋势；公牦牛剪毛量为1.27～4.31kg，存在随年龄增长而增高的趋势，直到6岁以上剪毛量趋于稳定。幼龄牦牛含绒率显著高于成年牦牛，净毛率为80.43%～94.79%。两类群（斜卡和洪坝）间产毛性能无显著差异，与其它牦牛品种研究结果比较，九龙牦牛具有产毛量高、含绒率高和净毛率高的特点。

天祝白牦牛：成年公牦牛剪裙毛量（包括粗毛）平均为3.62kg，最高达6.0kg；抓绒毛量为0.40kg；尾毛量为0.62kg。成年母牦牛裙毛量、抓绒毛量、尾毛量相应为1.18kg、0.75kg、0.35kg，阉牦牛裙毛量、抓绒毛量、尾毛量相应为1.69kg、0.48kg、0.30kg。成年公牛、母牛、阉牛毛股长度尾毛最长，公牦牛为52.30cm，母牦牛为44.70cm，主要是因两年剪尾毛一次，其次是腹部裙毛（母牦牛除外），再次为臀部的粗毛，以背毛最短。

半血野牦牛：汪晓春（2003）对180头生长家牦牛和半血野牦牛的产毛量进行了测定。结果表明，1岁家牦牛产毛量1.263±0.239kg/头，2岁牦牛产毛量1.404±0.329kg/

头，3岁牦牛产毛量1.158±0.410kg/头。其绒毛产量分别为1岁家牦牛0.605±0.143kg/头，2岁家牦牛0.711±0.216kg/头，3岁家牦牛0.635±0.246kg/头。半血野牦牛产绒量为1岁0.556±0.177kg/头，2岁0.418±0.201kg/头，3岁0.453±0.217kg/头。裙毛产量分别为家牦牛1岁0.658±0.137kg/头，2岁0.693±0.175kg/头，3岁0.866±0.187kg/头。半血野牦牛裙毛产量分别为1岁0.518±0.211kg/头，2岁0.646±0.257kg/头，3岁0.705±0.258kg/头。

西藏牦牛：姬秋梅（2001）对西藏三个优良类群牦牛毛绒的生产性能进行了测定，嘉黎牦牛一般7~8月份剪毛，成年公牦牛平均每头剪毛0.69kg，成年母牛平均每头剪毛0.18kg。嘉黎公牦牛剪毛时以当地风俗习惯不剪胸毛，所以剪毛量不包括胸毛，母牛全剪。由于抓绒没有确定的月份，加之嘉黎县属于灌木林草甸草原，在没抓绒之前被灌木脱挂，实际抓绒量少于产绒量，一般产绒量平均可达0.6kg。帕里成年公母牦牛剪毛量为0.15~1kg。实际抓绒量为0.25kg/头，由于牧民不重视抓绒，部分绒自然落掉，所以实收和应产的毛绒量差异较大。如果适时抓绒，产绒量可达0.6kg。斯布牦牛的剪毛量一般可达0.63kg，产绒量实际收绒0.2kg/头。如果加强管理，其产绒可以达到0.5kg以上。

二、影响产毛绒量的因素

牦牛的产毛绒量因牦牛的性别、年龄、营养状况及各地生态环境条件的不同而异。各地成年牦牛的产毛量见表11-1，天祝白牦牛裙毛、尾毛和头心毛的产毛量，见表11-2。

表11-1　各地成年牦牛的产毛量

产地（或国家）	公		母	
	头数	产毛量（kg）	头数	产毛量（kg）
四川省九龙县大草坝	6	3.12±1.26	17	0.65±0.35
甘肃省天祝县永丰滩	39	2.33（0.8 ~5.0）	312	0.66（0.06 ~2.3）
青海省大通县宝库草原	2	2.10（1.7 ~2.5）	17	0.48（0.4 ~0.9）
前苏联吉尔吉斯	—	2.35	—	1.42

表11-2　天祝白牦牛裙毛、尾毛和头心毛的产量

性别	年龄/岁	头数	裙毛量（kg）	尾毛量（kg）	头心毛量（g）
公	6	6	1.16	0.34	78.50
母	6	10	0.54	0.24	33.50
阉	6	5	0.58	0.36	—

据 Денисов В.Ф. 氏报道，苏联不同年龄、性别牦牛的产毛量见表11-3。1~3岁的公牦牛，随年龄增加产毛量升高，抓绒量减少，裙毛量增加。

表11-3　苏联各年龄牦牛的产毛量

性别	年龄/岁	剪毛量（g）		抓绒量（g）	总产毛量（kg）
		裙毛量	粗（短）毛量		
公牦牛	1	—	820	720	1.54
	2	930	440	430	1.80
	3	1380	610	360	2.35
母牦牛	1	—	840	690	1.53
	2	780	380	390	1.55
	3	750	370	300	1.42

牦牛季节性自然脱毛对产毛量有很大影响，特别是牛只膘情差时，脱毛早且脱落数量多。据对两群膘情较差的成年牦牛统计（在6月中旬），72%的牛绒毛、粗短毛有不同程度的自然脱落，严重者体表皮肤外露。牦牛在进入暖季后，被毛开始脱落绒毛，如不抓取或及时剪毛会全部脱落，少量粗毛也有脱落现象，一般是从颈部向后躯，从背部到腹下逐渐脱落，进入冷季前后又重新生出绒毛。

剪毛过早虽能减少自然脱毛的损失，但因高山草原天气未暖而且变化大，牛只容易受冻害，甚至死亡。成年母牦牛的被毛（除裙毛外）比幼年牦牛更易自然脱落，而且脱落的早，数量相对较多，这也是一些成年母牦牛产毛量低的原因之一。为提高牦牛的产毛量，除进行选育外，根据各地的生态条件、劳力等状况，可进行两次抓绒。在绒毛顶出毛根将脱落时先抓一遍，剪毛时再抓第二遍，这样不仅可防止天气变化时牛只受冻，而且可提高产毛量和经济收益。

图11-1　牦牛剪毛

在剪毛季节，大部分地区用剪刀剪毛（图11-1）。西藏那曲地区等用特制的割毛刀割毛，甘肃省天祝藏族自治县等对成年公牦牛用特制的拔毛棍进行拔毛（主要是拔群毛），所获毛量比剪毛量多。但拔毛费时费力，牛只也颇为痛苦。据牧民经验，拔毛可提高翌年的产毛量，对此有待研究。

第二节　牦牛毛绒品质及组织结构

一、毛绒品质

1. 绒毛含杂

牦牛的绒毛比羊毛更易于粘缩。用中性洗剂，水温40～50℃，洗净率约50%。杂质中的油脂平均含量9%～10%，熔点在37～43℃。

2. 毛丛形态

牦牛的毛丛形态可分为微瓣毛丛、小瓣毛丛、大瓣毛丛和平顶毛丛。

微瓣毛丛：毛丛中纤维细度较均匀，比绒毛稍粗，有不规则卷曲，丛顶有微瓣。系1岁以内牛体所生，毛丛长度为60～70mm。

小瓣毛丛：多见于1岁以上牦牛前躯，上部有较长粗毛、两型毛，下部由绒毛组成，毛丛长90～100mm。

大瓣毛丛：多见于成年牛后躯，长度较长，一年生长约20cm，多为粗毛，绒毛较少。

平顶毛丛：均为绒毛组成，长度很短，30～40mm。取于颈肩部位。该类型的毛丛为幼龄牦牛，尤以犊牦牛颈肩部所具有。

以上四种毛丛中，平顶毛丛和微瓣毛丛不经分梳即可使用，小瓣毛丛和大瓣毛丛则需经分梳后才能做为高档毛制品原料。

二、毛纤维的组织结构

牦牛绒、毛由里到外分为髓质层、皮质层和鳞片层，牦牛绒、毛纤维大部分由鳞片层和皮质层组成，只含有极少数的髓质层。

1. 鳞片层

牦牛粗毛纤维的鳞片结构位于纤维最外层，可保护纤维，其结构对毛纤维的吸湿性能、表面性能及耐化学试剂性能等至关重要。牦牛粗毛纤维表面覆盖着3层鳞片，其中最外层鳞片厚度远低于内层鳞片（见图11-2）。鳞片细胞之间存在明显的细胞间质（CuCM）结构。牦牛粗毛纤维的每一个鳞片均为一个角质化的单细胞，其鳞片细胞最外层有一层含硫量高的细胞膜为外表皮层（Ep），厚度约为10～20nm，较均匀；紧

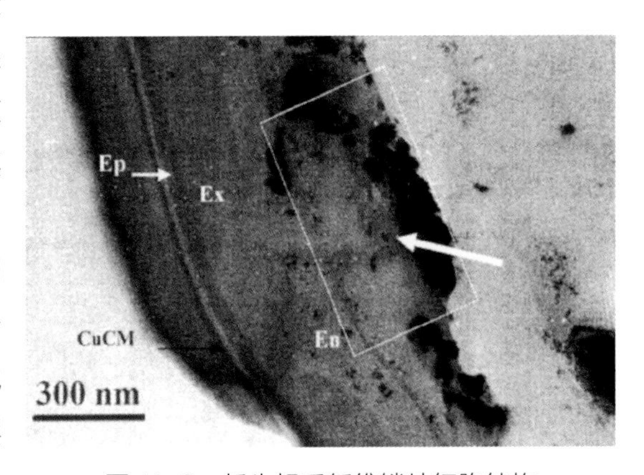

图11-2　牦牛粗毛纤维鳞片细胞结构

邻外表皮层的部分为含硫量略低于外表皮层的次表皮层（Ex），该层结构厚度在不同位置差异较大，约为100～250nm；该鳞片细胞中含硫量最低部分为内表皮层（En），其厚度与次表皮层相似，约为100～200nm。此外，最内层鳞片细胞不同于最外层和中间层细胞，其与中间层细胞间的细胞间质相对外层细胞间质要薄。而且，此细胞不具有上述三层清晰的结构，通过含硫量划分仅有次表皮层和内表皮层结构，但是结构位置与外层细胞相反。此结构少量存在于皮质层相连的鳞片细胞处，在多数纤维截面中未见此结构，该结构部分厚度较小，约为100～150nm。此结构可能为鳞片细胞根部，处于鳞片细胞角质化过程初期，因为在多数观察到的鳞片细胞中均依次分布有外表皮层、次表皮层和内表皮层结构。

表11-4　牦牛不同部位鳞片的特点

部位	纤维类型	纤维直径（μm）	径比	可见鳞片纵向间距离（μm）	鳞片密度（个/mm）	鳞片形状
肩部	粗毛	58.16～98.40	1:1.36	9.50 ～22.00	49～73	镶嵌龟裂形
	两型毛	30.95～44.49	1:1.51	4.50 ～22.00	67～121	环形或斜条形
	绒毛	16.25～23.73	1:1.45	4.00 ～15.20	80～170	环形
尾部	粗毛	93.32～244.08	1:1.27	8.13 ～23.13	70～73	镶嵌斜条形

如表11-4所示，牦牛绒细度不同，其鳞片层结构也各异。绒毛的鳞片似花盆，一个一个相叠包覆于毛干上，鳞片边缘张开不显著。天祝白牦牛绒毛的鳞片形状属于非环形鳞片，形状不规则，边缘不整齐，放大1 000倍时，鳞片表面起伏不平，呈轻微的条纹结构，放大5 000倍时，可清晰地看到绒毛鳞片边缘薄而紧贴。这就是牦牛绒具有可纺性而不易毡结的原因之一。

两型毛的鳞片随其直径大小不同而不同，直径小的鳞片呈环形或斜条形，直径大的鳞片形状类似于粗毛。一般来说，直径愈大，鳞片的可见度愈小。

粗毛鳞片也随其直径大小不同而不同，直径大的鳞片呈波纹状或复瓦状，边缘呈锯齿状而不翘起，鳞片重叠度大，毛愈粗，鳞片结构愈模糊。直径小的鳞片呈瓦片状包覆于毛干上。电子显微镜下放大3 000倍时，鳞片边缘薄而紧贴。所以牦牛粗毛具有极为强烈的光泽。

电镜下牦牛毛鳞片结构呈不规则的扁平型排列（见图11-3至11-10），牦牛毛翘角平均值为33.2。鳞片高度平均值为9.08μm，鳞片厚度平均值为0.46μm；能谱的定量结果为：C 71.78%，O 24.25%，S 3.90%，Ca 0.17%。牦牛绒翘角平均值为24.1；鳞片高度平均值为9.53μm，鳞片厚度平均值为0.44μm；能谱的定量结果为：C 73.61%，O 23.41%，S 2.91%，Ca 0.33%。

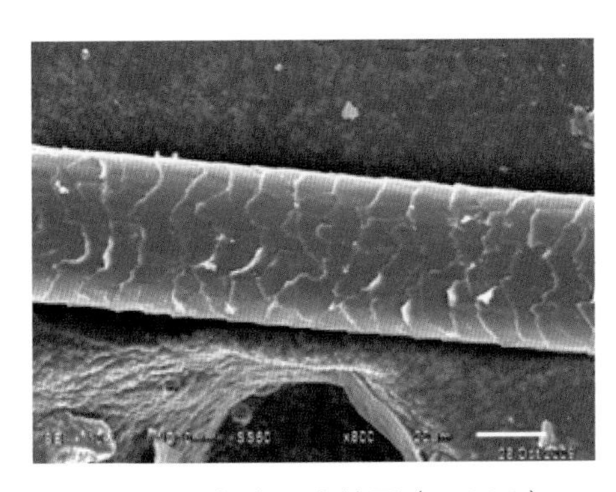

图 11-3　牦牛毛电镜图（×800）

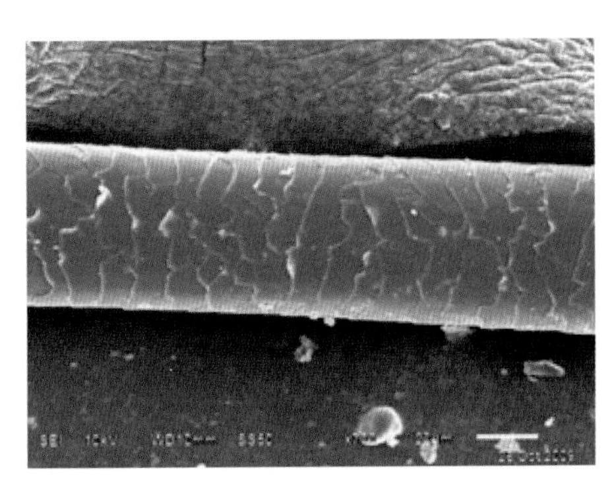

图 11-4　牦牛毛电镜图（×700）

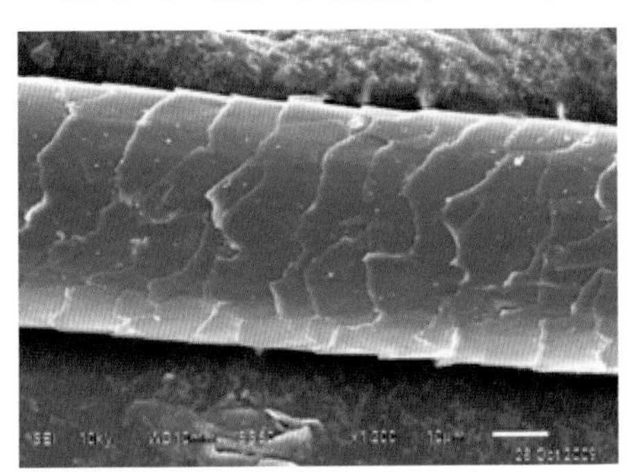

图 11-5　牦牛毛电镜图（×1 200）

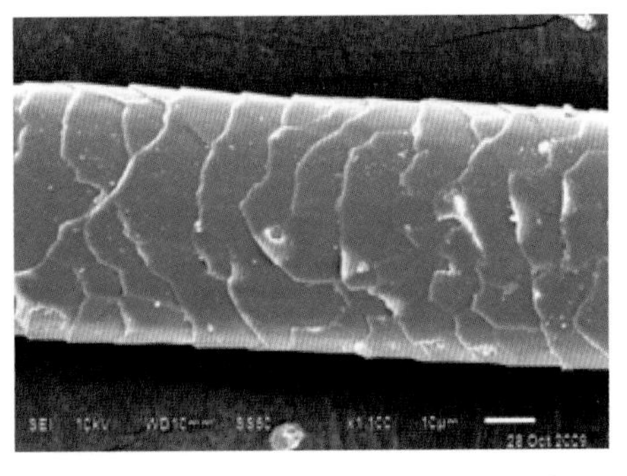

图 11-6　牦牛毛电镜图（×1 100）

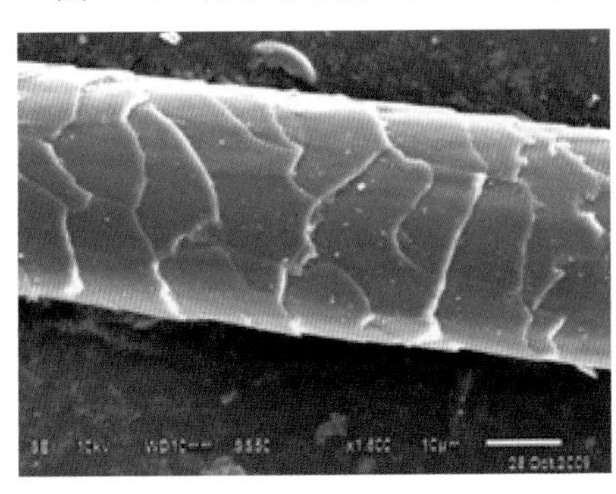

图 11-7　牦牛绒电镜图（×1 400）

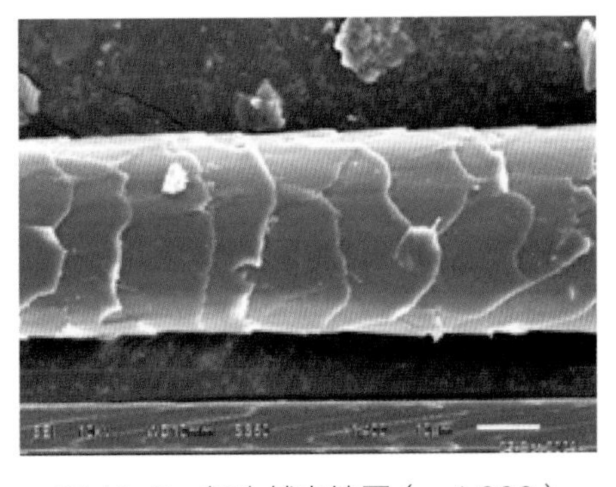

图 11-8　牦牛绒电镜图（×1 600）

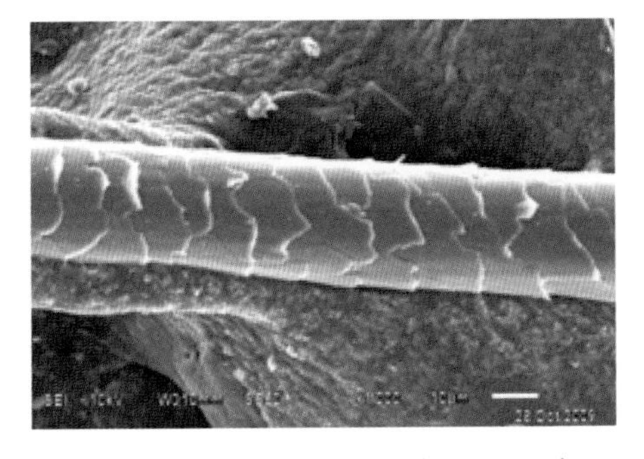

图 11-9　牦牛绒电镜图（×1 000）

图 11-10　牦牛绒电镜图（×1 000）

2. 髓质层

牦牛绒、毛的髓质层分为连续状、点状（剖面上呈大小不等的点）、断续状（髓质不相连，呈不规则的断续）及混合状。其横切面呈圆形或椭圆形，可观察到有色绒毛的色素沉积。髓质分布情况见表11-5和11-6。

表11-5　不同类型牦牛毛纤维中髓质分布

毛纤维类型	观测根数	髓质分布					
		有髓	比例（%）	断续、点状髓	比例（%）	无髓	比例（%）
绒毛	1 002	0	0	37	3.69	965	96.31
两型毛	872	80	9.17	141	16.17	651	74.66
粗毛	772	140	18.13	243	31.48	389	50.39
合计	2 646	220	8.31	421	15.92	2005	75.77

引自《毛纺科技》，1981（5）。

表11-6　牦牛不同部位毛纤维中髓质的分布

牛体部位	观测根数	髓质分布					
		有髓	比例（%）	断续、点状髓	比例（%）	无髓	比例（%）
背部	829	192	23.17	148	17.85	489	58.98
腹部	920	0	0	45	4.89	875	95.11
臀部	897	28	3.12	228	25.42	641	71.46
合计	2 646	220	8.31	421	15.92	2005	75.77

引自《毛纺科技》，1981（5）。

经测定不同类型毛纤维，有髓质仅占8.31%，其中断续、点状髓毛占15.92%；无髓毛占75.77%。75%以上无髓毛是牦牛毛的显著特点之一，也是其贵重品质的主要标志。不同毛纤维类型中，髓质的分布不同。粗毛中50.39%无髓，两型毛中74.66%无髓。说明牦牛毛纤维似与羊毛不同，不以粗毛中有髓毛多为准。牦牛体表不同部位的毛纤维中，背部毛纤维有髓毛较多（23.17%），臀部次之（3.12%），腹部毛除了少量有断续、点状髓的毛（4.89%）之外，其余全为无髓毛。髓质平均细度31.36μm，相当绒毛细度，范围为8～84 μm。髓质和有髓毛纤维细度之比平均为1：1.97（31.36μm ：61.90μm）。

3. 皮质层

皮质细胞是构成动物毛纤维的重要组成部分，构成了纤维的毛干结构，对纤维的物理机械性能起着决定作用。牦牛粗毛纤维鳞片细胞包覆部分为纤维的皮质层，纤维鳞片层与皮质层之间由一层含硫量稍高的清晰结构相连接，该结构为鳞片细胞与皮质细胞间的细胞间质，通过该细胞间质可以清晰的区分开鳞片层与皮质层。牦牛粗毛纤维的皮质细胞长度偏短，细胞长径比小，皮质细胞整体较羊毛纤维皮质细胞粗短（图11-11）。牦牛粗毛纤维皮质细胞的这种形态结构最终将影响纤维的强力、拉伸性能与松弛性能等。

牦牛粗毛纤维的鳞片层只占纤维结构的极少部分，其主体结构是皮质层，主要由皮质细胞通过细胞间质紧密堆砌而成。皮质细胞中具有不规则形状的大小不等的巨原纤维结构特征。牦牛粗毛纤维的巨原纤的直径约为200～600nm，且巨原纤之间具有含硫量较高的原纤间基质。牦牛粗纤维中含有一种含硫量极高的巨原纤结构，其直径大小约为200nm，含有少量疏松结构物质（图11-12）。

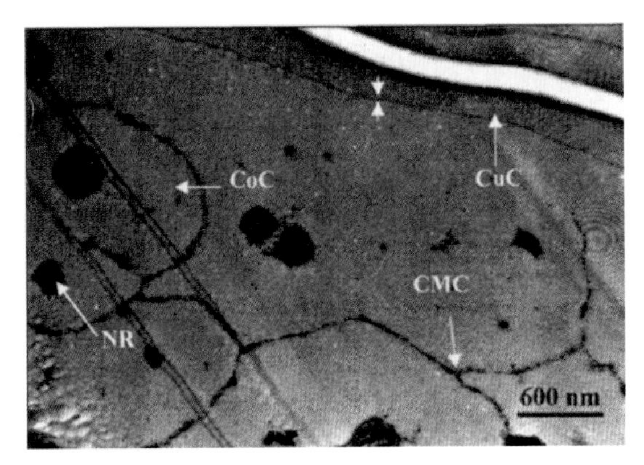

图11-11　牦牛粗毛纤维皮质层结构（×600nm）

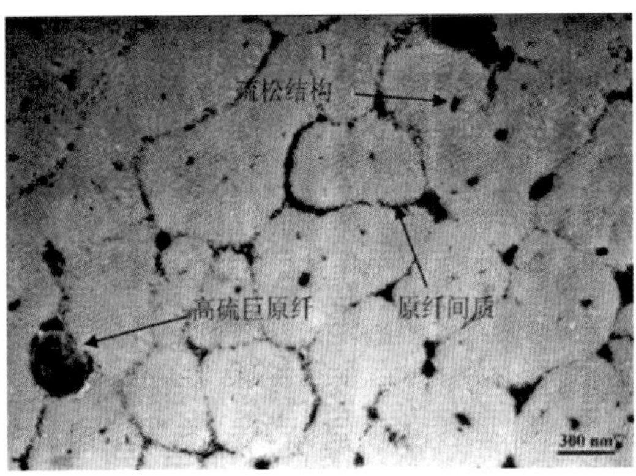

图11-12　牦牛粗毛纤维皮质细胞巨原纤结构（×300nm）

牦牛粗毛纤维巨原纤中含有明显圆形原纤结构，其粗细约为7～9nm左右，为微原纤。牦牛粗毛纤维的微原纤结构具有明显的环形纹理，牦牛粗毛纤维的皮质细胞有明显的巨原纤结构，而巨原纤是通过微原纤呈环形排列构成，其间由原纤介质连接而成。

牦牛绒、毛的皮质层很发达，其皮质细胞较易分离，分离出的皮质细胞形状为近似的较长的纺锤形。牦牛绒、毛的超微结构显示（图11-13至11-16），其粗毛、两型毛以及绒毛的纤维横截面都有正、偏两种皮质细胞。绒毛正皮质细胞结晶区较小，吸湿性高，吸湿膨胀率较大，偏皮质细胞恰好呈现双边分布，出现卷曲和柔软等性能，粗毛则不明显，正皮质细胞大多分布于纤维内部，偏皮质细胞大多分布在纤维外部，几乎无卷曲，并且呈现粗、硬、刚、直的状态。

牦牛粗毛纤维皮质细胞整体呈现典型纺锤形轮廓。部分皮质细胞通体扁平且厚度较薄，呈竹叶状。对单个皮质细胞进行高倍放大，皮质细胞表面较光滑，但部分位置出现沿长度方向的纤维状隆起，此物质可能为牦牛粗毛纤维皮质细胞内部次级结构。

牦牛粗毛纤维皮质细胞间质呈现典型的“三明治”结构，这与羊毛纤维一致。牦牛粗毛纤维皮质细胞间质总厚度为30～50nm，与皮质细胞连接的部分是含硫量低的ρ角朊，其分

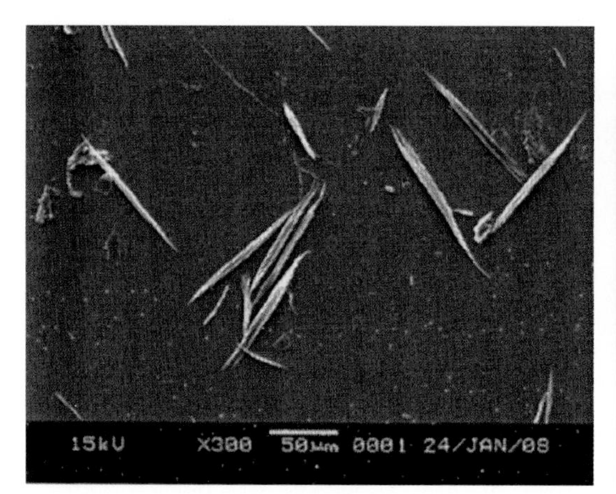

图 11-13 牦牛粗毛纤维皮质细胞扫描电镜图（×300）

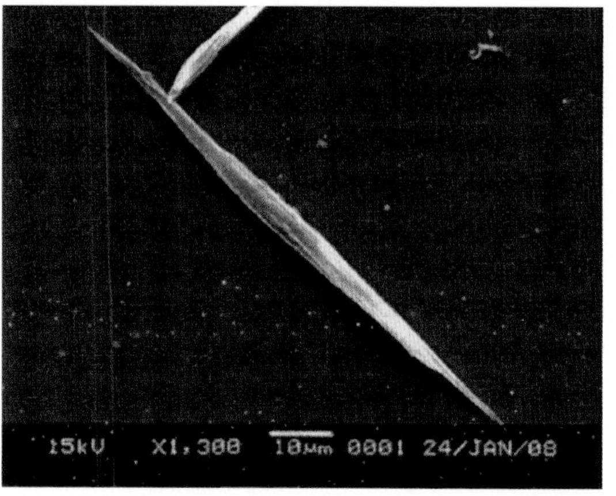

图 11-14 牦牛粗毛纤维皮质细胞扫描电镜图（×1 300）

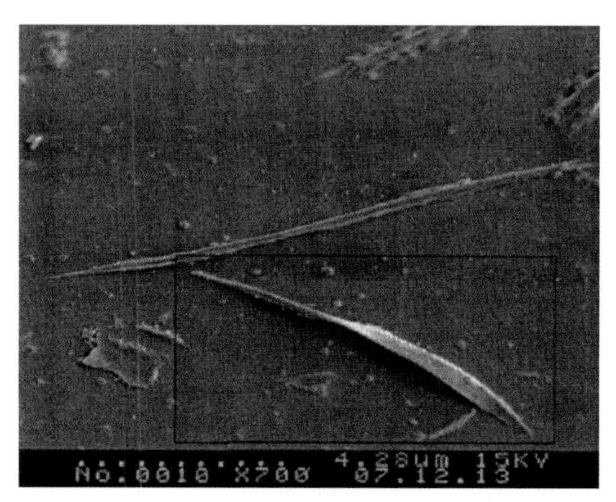

图 11-15 牦牛粗毛纤维皮质细胞扫描电镜图（×700）

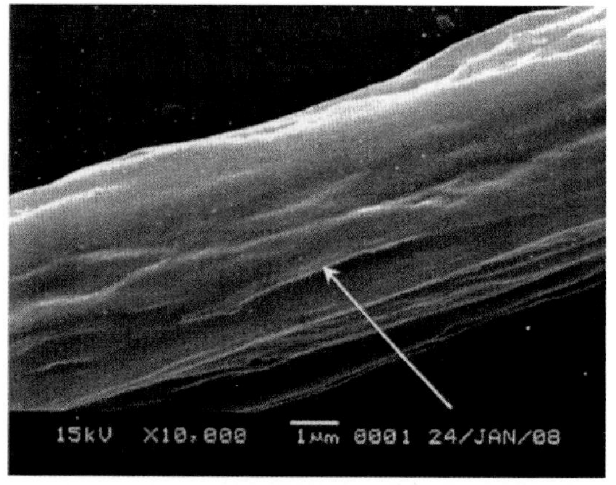

图 11-16 牦牛粗毛纤维皮质细胞扫描电镜图（×10 000）

布于皮质细胞间质两侧，厚度差异较大，为5～15nm，这一结构的主要作用是粘结皮质细胞。皮质细胞间质夹层为含硫量较高的γ角朊，其厚度较均匀，约为20nm，称为D带，对皮质细胞的变形起传递作用。正是由于牦牛粗毛纤维皮质细胞间质的这种“三明治”结构，使其同时兼具良好的粘结性和可变形性能。当牦牛粗毛纤维被拉伸时，其皮质细胞的变形将因细胞间质的作用而保持同步，不会存在皮质细胞间滑移。

三、毛纤维类型的划分

根据结构特征，牦牛毛纤维分为以下3种类型。

绒 毛：有不规则弯曲，大多无髓，长度较短，直径25μm以下。

两型毛：牦牛两型毛仅以细度作为划分标准，直径25～52.5μm，部分纤维有点状或断续髓质存在，长度比绒毛长，有少量大弯，光泽好。

粗毛：毛粗而长，抱合力差；直径52μm以上，可纺性能差。

在对牦牛毛的显微镜观察中，没有发现髓质充满毛腔的死毛。

天祝白牦牛不同类型毛纤维特征，见表11-7。

表11-7 天祝白牦牛不同类型毛纤维特征

项目	毛纤维类型		
	绒毛	两型毛	粗毛
长度	最短	介于粗、绒毛之间	最长
细度	细（30μm以下）	同上	粗（64μm以上）
弯曲度	有弯曲，弯曲大小不规则	同上	多平直，少量有大弯
光泽	荧光，光泽差	玻光	玻光

第三节 牦牛毛绒的主要特性

作为纺织原料的毛绒纤维，牦牛毛、绒不同的理化特性有着不同的纺织性能，直接影响其加工工艺的选择。因此，选择和改造毛绒纤维的纺织性能时也必须基于毛绒纤维的理化特性的研究。

一、物理性质

毛绒纤维的物理特性是决定毛绒纤维品质的物质基础，也是决定毛绒纤维使用价值和加工工艺的物质基础。毛绒纤维的物理性能包括许多方面，比如吸湿性、回潮率等。但是，与毛绒纤维纺织性能密切相关的主要有细度、长度、强力、伸长率等。

1. 细度

在毛纺工业中，纤维细度是重要的工艺性能指标，为了保证加工过程顺利进行及纱线具有一定的强度，要求纱线断面中有一最低纤维根数。精纺毛纱断面中最低纤维根数为30～40根，粗纺毛纱为90～120根。在满足最低纤维根数的情况下，纤维愈细，纺纱支数愈高，纱线愈均匀。牦牛毛纤维最细的为7.5μm，最粗的近100μm。经分梳后，牦牛绒的平均细度约为18μm左右，仅次于绵羊细毛，相当于70s羊毛的细度。牦牛绒较细是其宝贵的特征之一。

（1）不同地区牦牛绒的细度不同。由于各地区的海拔、降水量、平均气温等自然条件有所差异，导致了牦牛绒纤维有着不同的细度。最细牦牛绒纤维细度为7.5μm，大部分在

12～35μm，平均细度18μm。

（2）牦牛不同部位绒纤维的直径不同。这是牦牛躯体不同部位对御寒要求不同所形成的。背部含绒量较多，绒纤维的细度较细；股部含绒量次之，其细度偏粗；腹部含绒量较少，直径居中。

（3）同一根绒纤维上不同部位细度有差异。因四季温差及营养条件不同，牦牛同一绒纤维不同部位细度也不同，上段在暖季牧草丰盛期长成，较粗，中段为暖冷过渡期长成，较细，由此形成了牦牛绒纤维粗细不匀。

林芝牦牛公、母牛背部粗毛平均细度分别为52.99μm、54.63μm；腹部粗毛的细度分别为73.32μm、65.96μm，腹部绒毛细度为17.35μm。见表11-8。

表11-8　林芝牦牛毛绒纤维细度

毛纤维类型	性别	根数	背部（μm）	根数	腹部（μm）
粗毛	公	20	52.99±10.72	19	73.32±7.20
	母	24	54.63±10.20	25	65.96±6.78
绒毛	母	——	——	25	17.35±2.22

注：引自《动物科学与动物医学》，2002（8）

天祝白牦牛绒毛平均细度在30μm以下，腹部最细，背、臀部最粗；两型毛的细度为39.56～45.72μm。粗毛平均细度在64μm以上，背部最细，腹部和臀部较粗；见表11-9。

表11-9　天祝白牦牛不同类型毛纤维细度

部位	粗毛			两型毛			绒毛		
	数量	细度（μm）	CV	数量	细度（μm）	CV	数量	细度（μm）	CV
背部	210	64.32±18.32	28.48	294	39.56±15.10	38.16	325	28.28±10.84	38.30
腹部	254	70.76±21.36	30.18	322	45.72±15.28	33.42	344	25.16±9.86	38.47
臀部	308	70.58±21.54	30.52	256	44.94±15.04	33.46	333	29.50±10.85	36.60

注：引自《甘肃农业大学学报》，1997（2）

帕里、嘉黎、斯布三个类群牦牛毛纤维细度在不同部位有差异，背部粗毛细度最大，肩部绒毛细度最小，帕里牦牛绒细度最小，其次是嘉黎牦牛，最后是斯布牦牛。见表11-10。

高原牦牛粗毛平均细度为79.26～88.56μm，两型毛细度为38.97～43.35μm，绒毛细度为16.57～18.40μm。见表11-11。

表11-10　帕里、嘉黎、斯布三个类群成年牦牛的毛纤维细度

类别	头数	粗毛（μm）				绒毛（μm）			
		肩部	背部	腹部	股部	肩部	背部	腹部	股部
帕里	6	65.92±6.11	74.38±4.46	67.61±8.63	63.35±9.3	19.83±1.70	24.94±1.88	24.40±2.43	24.68±2.37
嘉黎	7	63.5±14.61	67.00±14.66	66.60±8.02	57.07±6.45	20.65±1.93	27.46±5.45	23.31±2.06	26.30±1.52
斯布	7	69.56±6.77	74.51±5.49	64.63±7.86	62.59±7.24	23.19±4.36	26.37±2.18	26.77±3.71	26.62±2.29

注：引自《中国畜牧杂志》，2001（4）

表11-11　高原型牦牛毛绒细度

参数 部位	粗毛（μm）				两型毛（μm）				绒毛（μm）			
	n	X	S	CV	n	X	S	CV	n	X	S	CV
肩	1 200	79.26	11.24	14.18	1200	41.69	8.58	20.58	1200	17.73	3.37	19.01
背	1 200	81.01	12.41	15.32	1200	39.20	8.15	20.79	1200	16.57	3.37	20.34
臀	1 200	84.88	12.14	14.30	1200	39.80	9.22	23.17	1200	17.50	3.82	21.83
腹侧	1 200	86.68	12.51	14.43	1200	38.97	8.87	22.76	1200	16.70	3.40	20.36
前臂	1 200	88.56	13.70	15.47	1200	43.35	9.08	20.95	1200	18.40	3.15	17.12

注：引自《青海畜牧兽医学院学报》，1994（2）

2. 伸直长度

不同地区牦牛绒的长度不同，这是各地区自然条件不同形成的。牦牛个体不同部位绒的长度不同，绒纤维以背部最长，达60mm左右，股部纤维的长度次之，约为31mm，腹部最短，约为26mm。粗毛腹部最长，背部次之，侧部最短。

高原型牦牛粗毛平均长度为12.88～19.28cm；两型毛平均长度为6.79～10.18cm，绒毛平均长度为3.75～4.64cm。见表11-12。

表11-12　高原型牦牛毛纤维伸直长度（cm）

参数 部位	粗毛				两型毛				绒毛			
	n	X	S	CV	n	X	S	CV	n	X	S	CV
肩	1 200	12.88	1.49	11.57	1200	6.79	1.12	16.21	1200	4.64	0.75	16.16
背	1 200	13.25	3.79	28.60	1200	8.80	1.27	14.43	1200	4.60	0.95	20.65
臀	1 200	17.94	2.27	12.65	1200	9.60	1.55	16.15	1200	4.21	0.72	17.10
腹侧	1 200	18.98	2.41	12.70	1200	10.18	1.73	16.99	1200	3.82	0.67	17.54
前臂	1 200	19.28	2.55	13.23	1200	10.07	2.13	21.15	1200	3.75	0.67	17.87

注：引自《青海畜牧兽医学院学报》，1994（2）

林芝地区牦牛公、母牛背部粗毛伸直长度约为8.82cm、5.62cm；腹部粗毛伸直长度约为23.23cm、18.95cm；母牛腹部绒毛伸直长度约为4.74cm。见表11-13。

表11-13　林芝地区牦牛毛绒纤维伸直长度

毛纤维类型	性别	根数	背部（cm）	根数	腹部（cm）
粗毛	♂	20	8.82±3.40	19	23.23±8.20
	♀	24	5.62±1.19	25	18.94±4.84
绒毛	♀	—	—	25	4.74±0.72

注：引自《动物科学与动物医学》，2002（8）

3. 净毛率和含脂率

据王杰等报道，成年母牦牛的净毛率为89.13%±4.33%，成年阉牛为94.33%±2.41%。成年母牦牛污毛的含脂率平均为1.7%，各部位毛含脂率比较，背部最高约为3.76%，其次为股部约为2.18%、腹部约为1.52%，尾部约为0.32%。牦牛绒、毛纤维油脂率虽低，但其油脂的碘值和熔点较高，乳化性能差，不易被雨水冲刷和机械损伤。

据薛纪宝等报道，西藏和新疆牦牛绒毛的含脂率平均为9%～10%，油脂熔点为37～43℃。含水溶物约为11%～15%，含杂率为12%左右（其中含土沙11.36%，皮屑、草刺及粪块为0.64%）。

九龙牦牛成年公牛净毛率为80.43%～94.79%，成年母牛净毛率为86.33%～91.75%。九龙牦牛不同部位净毛率见表11-14。

表11-14　成年九龙牦牛净毛率

性别	部位	测定头数	净毛率（%）	标准差	变异系数
公	肩	5	80.43	8.79	10.94
	腹	5	94.79	7.17	7.56
	臀	5	90.77	5.22	5.75
母	肩	5	86.33	4.54	5.26
	腹	5	91.75	4.67	5.09
	臀	5	86.85	6.85	7.89

注：引自《西南民族学院学报·自然科学版》，1996（2）

4. 回潮率

牦牛绒纤维具有吸湿放热性能，在寒冷地区，牦牛绒制品具有防潮保温作用。牦牛绒吸湿与羊毛吸湿规律开始较为相似，吸湿都较快，随着时间的延长，牦牛绒吸湿性能低于羊毛，牦牛绒平衡回潮率低于羊毛。牦牛毛大多有髓质层，无论吸湿速度还是平衡回潮率均大于牦牛绒。在温度一定的情况下，相对湿度增加，回潮率增高。牦牛毛纤维中，粗毛回潮率最大，两型毛次之，绒毛最低。牦牛毛纤维的回潮率见表11-15。

表11-15　牦牛不同毛纤维在不同湿度条件下的回潮率（%）

纤维类型	空气（20℃）的相对湿度	
	76%时的回潮率	85%时的回潮率
牦牛粗毛	11.33	12.34
牦牛两型毛	7.82	8.50
牦牛绒毛	7.44	7.74

注：引自《中国畜牧杂志》，1985（2）

5. 静电性能

在纺织加工中，由于纤维与纤维，纤维与机体之间的接触、摩擦，造成电荷在物体表面间的转移，产生静电现象，使纤维飞散、缠绕机件，造成断头，严重者无法进行生产。比电阻是纤维导电性能指标之一，有三种表示方法，表面比电阻、体积比电阻和质量比电阻（表11-16）。比电阻大的纤维导电性差，在加工和使用中易集聚静电。牦牛绒的回潮越高，静电干扰越小。薛纪莹测定了牦牛绒的电阻，结果表明随着纤维回潮率的增加，其电阻值几乎直线下降（表11-17）。

表11-16　牦牛绒纤维的比电阻值

项目	1	2	3	平均值
纤维的电阻值（Ω）	5.63×10^{10}	7.39×10^{10}	5.97×10^{10}	6.33×10^{10}
体积比电阻（Ω·cm）	1.6×10^{11}	2.1×10^{11}	1.7×10^{11}	1.8×10^{11}
质量比电阻（Ω·g/cm^2）	2.11×10^{11}	2.77×10^{11}	2.24×10^{11}	2.37×10^{11}

表11-17　牦牛绒不同回潮率时的电阻值

回潮率（/%）	1.7	4.03	8.11	10.06	13.56	21.15	30.85
电阻值（Ω）	4.5×10^{13}	3×10^{13}	10×10^{12}	7×10^{11}	5×10^{10}	2.5×10^{8}	1.2×10^{6}

注：引自《中国牦牛》，1981（1）

6. 摩擦性能与缩绒性能

纤维在湿热及化学试剂作用下，经机械外力的反复挤压，其集合体逐渐收缩紧密，并相互穿插纠缠，交编毡化的性能就是纤维的缩绒性。影响缩绒性的因素主要是纤维的自然特性，如纤维的鳞片结构、摩擦系数、卷曲弹性等，其中逆鳞片摩擦系数与顺鳞片摩擦系数差异愈大，其缩绒性愈好。牦牛绒纤维缩绒性较小。

纤维的摩擦性能通常用摩擦阻力和摩擦系数来表示，纤维的摩擦性能与纤维的表面结构、纤维表面的附加物（如油脂、油剂等）有关。当纤维的表面结构具有方向性，使顺鳞片的摩擦系数小于逆鳞片的摩擦系数时，两者的差值愈大，毛纤维集合体的缩绒性越显著。

7. 卷曲性能

牦牛绒卷曲形态不规则，数量较少，卷曲率及卷曲弹性率约为10%和89%。抱合力较好，所生产毛纱与织物手感丰满柔软，穿着舒适。

8. 比重

用密度梯度管测定牦牛绒的体积比重值为1.32～1.33g/cm^3，牦牛毛的比重值为1.22～1.32g/cm^3，牦牛毛比重值偏高。纤维的比重影响到最后加工成品的重量。

9. 保暖性能

因牦牛绒、毛的特殊纤维结构而具有良好的防潮、御寒和保暖特性，其保暖率约为57%，而绵羊毛为63.5%，其保暖性略差于绵羊毛。

二、机械性能

1. 强力和伸长

牦牛绒的断裂强力约为5.75cN左右，大于羊绒，而断裂伸长率则略小于羊绒（见表11-18）。

表11-18　牦牛绒纤维的强力

项目	断裂强力（cN）	断裂伸长（mm）	断裂强度（cN/dtex）	断裂伸长率（%）	断裂时间（s）
平均值	5.75	4.52	15.75	45.28	27.17
平方差	0.82	0.90	1.28	9.04	5.42
变异系数（%）	14.26	19.91	8.13	19.97	19.95

不同直径牦牛绒的平均屈服点应力为3.22cN/dtex，平均弹性模量为25.06cN/dtex。牦牛绒纤维无论是屈服点应力还是弹性模量均较高，这说明抗变形能力强。牦牛绒纤维平均直径较粗，挺括性较高。

林芝牦牛地区毛纤维强力和伸长见表11-19、表11-20。

帕里、嘉黎和斯布牦牛毛纤维强力和伸长，见表11-21。

牦牛绒毛的强力除肩部稍小于其他部位外，其余比较一致，不同类群间，帕里牦牛绒毛

表11-19　林芝牦牛毛绒纤维强度

毛纤维类型	性别	数量	背部（g）	数量	腹部（g）
粗毛	公	20	41.16±9.32	19	38.82±3.28
	母	24	31.19±7.87	25	33.88±5.84
绒毛	母	——	——	25	15.28±2.97

注：引自《动物科学与动物医学》，2002，19（8）

表11-20　林芝地区牦牛毛绒纤维伸度

毛纤维类型	性别	数量	背部（%）	数量	腹部（%）
粗毛	公	20	41.84±4.58	19	46.73±2.52
	母	24	41.21±3.32	25	45.76±2.35
绒毛	母	——	——	25	43.91±4.66

注：引自《动物科学与动物医学》，2002，19（8）

表11-21　帕里、嘉黎、斯布三个类群成年牦牛的毛绒强伸度

类别	头数	强力（CN）				伸度（μm）			
		肩部	背部	腹部	股部	肩部	背部	腹部	股部
帕里	8	15.78±2.27	17.94±3.27	18.40±2.07	20.12±3.44	40.64±2.10	38.56±5.10	43.36±2.24	41.92±2.10
嘉黎	7	17.72±3.67	22.45±4.05	20.13±5.42	20.76±3.32	39.36±3.62	39.24±6.80	43.38±4.32	43.19±4.49
斯布	7	19.91±5.42	21.35±3.02	22.88±6.23	21.46±4.12	42.42±8.11	33.34±4.88	42.64±5.66	43.47±5.10

注：引自《中国畜牧杂志》，2001，37（4）

强力略小于嘉黎和斯布牦牛。

天祝白牦牛不同类型毛纤维强度和伸长，见表11-22。

表11-22　天祝白牦牛（母）的被毛强度、伸度

年龄	纤维类型	强度（g）	伸长（%）
成年	粗毛	54.88±6.40	35.93±1.13
	绒毛	5.88±0.36	35.63±4.07
幼年	粗毛	44.95±7.57	36.97±3.38
	绒毛	4.49±0.25	41.11±1.23

成年母牦牛粗毛的断裂强度大于幼年母牦牛。天祝白牦牛粗毛和绒毛的伸度相近，尾毛细长，强度大，伸度高，断裂强度高达96.6g，伸度为42.8%。

几种不同来源毛线的强力和伸长，见表11-23。牦牛毛纤维的强度优于其他纤维，断裂伸长则小于其他纤维。牦牛绒强度大，是其优良特性之一。

表11-23　几种毛纤维的强力和伸长

毛纤维种类	细度（μm）	断裂强力（g）	断裂伸长（%）	断裂长度（km）	纤维公制支数
牦牛毛	49.75	32.79	31.5	13.288	405
牦牛绒	16.80	9.81	38.8	29.231	2979
牦牛绒	14.50	4.85	64.0	22.015	4586
70s外毛	19.78	5.31	46.0	13.064	2464
骆驼绒	16.22	5.18	51.0	18.989	3666

引自《中国牦牛》，1981（1）

2. 弹性

不同细度的牦牛绒与羊绒拉伸10%进行对比，发现牦牛绒的弹性略低于羊绒，平均弹性伸长率分别为63%和65%。

三、化学性质

1. 氨基酸组成

毛绒纤维是一种天然蛋白质纤维，主要组成成分为蛋白质，这些蛋白质属于高分子化合物，除了含有一般蛋白质所含有的碳、氢、氧、氮四种元素外，还含有较多的硫，这是毛绒纤维区别于其它蛋白质的主要特点。硫含量与毛绒纤维的纺织性能有密切的关系，含硫量越高，纤维的弹性、韧性就越好，纺织性能就越高。毛绒纤维中的硫主要存在于胱氨酸、半胱氨酸、蛋氨酸中。所以说，胱氨酸是毛绒纤维最主要的氨基酸，它不仅是大分子蛋白质的主要成分，也是毛绒纤维中含硫量的主要体现者。

牛春娥（2007）测定了天祝白牦牛各类型纤维的氨基酸组成，结果表明不同纤维类型均由18种氨基酸组成（表11-24）。但是，各种氨基酸含量略有差异，其中，成年白牦牛各类型纤维氨基酸总量、胱氨酸及硫含量均大于幼年白牦牛。而且不论是成年牦牛还是幼年牦牛，其被毛中含硫量均较高，且呈现出纤维越细，胱氨酸和硫含量越高的趋势，原因是绒毛纤维和两型毛纤维的皮质层比粗毛纤维皮质层发达，而硫主要存在于皮质层中，且胱氨酸是主要的含硫氨基酸，所以绒毛和两型毛胱氨酸和硫含量较高。

表11-24　不同年龄天祝白牦牛被毛不同类型纤维氨基酸含量

名称	成年白牦牛			幼年白牦牛		
	绒毛（%）	两型毛（%）	粗毛（%）	绒毛（%）	两型毛（%）	粗毛（%）
天门冬氨酸	6.27	6.09	5.84	6.08	6.15	6.27
苏氨酸	5.94	5.79	5.45	5.06	5.29	5.37
丝氨酸	7.82	7.74	7.75	7.59	7.43	7.29
谷氨酸	13.83	13.40	12.79	12.39	12.91	13.40
甘氨酸	3.35	3.68	4.28	5.06	4.56	4.49
丙氨酸	3.61	4.72	3.40	3.38	3.40	6.74
缬氨酸	4.65	0.65	5.16	4.39	4.32	0.52
蛋氨酸	0.58	0.38	0.47	0.51	0.39	0.39
异亮氨酸	3.28	3.07	2.90	2.95	2.94	3.05
亮氨酸	7.28	7.02	6.89	7.18	7.12	7.34
酪氨酸	2.84	2.92	2.99	3.69	3.13	2.88
苯丙氨酸	2.02	2.32	2.64	3.29	3.01	3.00
赖氨酸	3.05	2.96	2.81	2.99	2.89	2.97
组氨酸	0.87	0.92	0.97	1.09	0.99	1.00
精氨酸	8.97	8.60	8.21	7.98	8.30	8.40
脯氨酸	5.38	5.48	5.17	4.51	4.92	4.97
胱氨酸	12.67	12.65	10.40	9.94	9.80	8.99
色氨酸	0.69	0.70	0.69	0.63	0.67	0.58
总量	93.1	89.09	88.81	88.71	88.22	87.65

引自《天祝白牦牛被毛特性及超微结构的研究》，2007

2. 化学试剂对牦牛绒、毛纤维的损伤

化学试剂对牦牛绒纤维的损伤程度因化学试剂不同各异。无机酸（H_2SO_4）和有机酸（醋酸）对牦牛绒纤维的损伤程度仅次于羊绒纤维，牦牛绒纤维对酸虽有一定的抵抗力，但强酸在浓度大、温度高时，仍会对其造成损伤。碱对牦牛绒纤维的损伤较大，即使在较低温度和较低浓度作用下，损伤也较为严重。氧化剂、还原剂对牦牛绒的损伤较大。

3. 染料对牦牛绒、毛纤维的作用

牦牛绒纤维本身颜色较深，只能染深色（剥色后除外）。若采用活性染料染色，在80℃以上，其上染速率加快，100℃时上染率最高。用这种方法染色，可用缩短沸染时间的方法，防止染色影响纤维的品质。若用酸性染料染色，牦牛绒纤维在近100℃时才开始集中上染，极易将纤维染花。

第四节　牦牛的抓绒方法及绒毛收购规格

一、牦牛体表被毛经济区划

根据牦牛被毛的组成、分布状况、经济价值及我国对牦牛毛收购要求，牦牛被毛经济区划如下。

1. 剪毛区

（1）尾毛小区。分布于尾根至尾端，毛纤维长、粗、无卷曲、断裂强力大、弹性和光泽好。每两年剪一次，经济价值高，一般情况下成年公牦牛每头每次可剪毛0.34kg，成年母牦牛0.24kg，成年阉牦牛0.36kg。

（2）裙毛（缨子毛）小区。体表分布区域为肩端至肘、腰角、髋结节及臂端联线以下，包括胸骨以及项脊至颈峰,下颇,垂皮部位。长度、细度、强力及弹性略次于尾毛，光泽与尾毛相似甚至优于尾毛。裙毛一般不自然脱落，每年剪一次，裙毛越长经济价值越高，其产量约占全身被毛总量的50%左右（除尾毛外）。裙毛底部还着生少量的绒毛，这些绒毛特别是体侧部的绒毛因有粗长的裙毛保护，细度、长度、光泽均较好。

（3）绒、短粗毛小区。主要包括除尾毛、裙毛和四肢内侧、前后肋、母牛乳镜、乳房及四周、公牛阴囊及周围以外的区域，这些部位着生着短粗毛和较多的底绒，很容易脱落，每年剪抓一次。其中，粗毛短、粗、硬、无卷曲、断裂强力大，弹性和可纺性差，一般只用于地毯、里衬或工业用，产量占全身被毛总产量的25%左右（除尾毛外）。绒毛经济价值高，一般原绒进厂后经洗净和分梳，将粗毛去掉。进厂原料含粗长毛越少，则分梳效果越好。故应积极提倡抓绒。不抓绒的地区，绒、短粗毛等统货收购。

2. 非剪毛区

体表部位为前后肋、四肢内侧，母牦牛乳镜、乳房及其周围腹面，公牦牛阴囊及周围腹面。

二、牦牛的抓绒方法

从牦牛体上抓取下来的细绒毛为牦牛绒。牦牛绒有白、青、紫三种颜色，白色牦牛绒可以染织成各色织品，为上等品，价格很高；青色和紫色的牦牛绒只能织成本色织品，价格也较低。牦牛绒的质量越好，价格较高，牦牛养殖户收入也越好。但是，若错过抓绒的最佳时间，或抓绒方法不当，不仅产绒量下降，而且牦牛绒的品质变差，以致影响收入。因此，抓绒要适时得法，掌握要领，才能抓到高质量的牦牛绒。

1. 抓绒顺序

牦牛绒的脱落顺序是“背部开始，逐渐移向腹部和股部”，所以抓绒也应按以上顺序进行。按群抓绒应按母牦牛、公牦牛、阉牦牛，最后为育成牦牛的顺序进行，因为母牦牛脱绒较早。按同一牧场的地势情况，应先平原，再山前，最后山后的顺序进行抓绒；抓绒时间应根据当地气候条件确定，一般6月上旬开始抓绒。

2. 抓绒工具

抓绒一般要准备两种钢梳。一种是密梳，由12～14根钢梳齿组成，梳齿间距0.5～1.0cm。另一种为稀梳，由7～8根钢梳齿组成，间距2～2.5cm。抓绒时先用稀疏顺毛抓一遍，再用密梳抓一遍，最后再用密梳逆毛抓一遍。抓绒时梳子应贴近皮肤，用力均匀。

3. 抓绒方法

抓绒一般进行1 ～2次。抓绒前，先将牦牛禁食12h以上。对妊娠后期的母牦牛，特别要注意避免动作粗暴，以防引起流产。对于种公牦牛和育成牦牛应注意安全，避免造成大块皮肤抓破和挤压造成内脏出血。

然后将所有参加抓绒的牦牛按绒的颜色分开，保证分别抓出白绒、黑绒。牦牛抓捕以后，首先用手轻轻拍打，把其身上的草、粪、土等杂物拍落去除。然后使其卧倒，用绳子将两前腿及一后腿捆在一起，放倒在干燥干净的地上，再开始抓绒。牦牛不同部位绒质量不同，颈侧、前肩、腰背等部位的为一等。后躯及腹部的为二等。抓绒时要分别抓取，区分放置和包装。

为了抓绒轻便，在抓绒前先打掉梢子毛，如抓绒1次，7d左右进行剪毛，如抓绒2次，天气凉的山区，打过梢子毛抓绒以后，相隔15d后再抓绒一次，不再进行剪毛或者只留下背部的毛不剪，第二次的抓绒量是第一次的20%。

梳下的牦牛绒和剪下的牦牛毛，根据标准划分等级分别贮藏，有利于提高产品品质，增加效益。同时也为饲养管理和育种工作的改进提供依据。

三、牦牛毛、绒、尾收购规格

1. 牦牛毛、绒

品质要求：以手抖净货为标准。

等级规格：牦牛绒：特等平均细度小于等于18μm，手扯平均长度大于等于25mm，净绒率大于等于50%；一等手扯平均长度大于等于30mm，净绒率大于等于60%；二等平均细度18~22μm，手扯平均长度大于等于35mm，净绒率大于等于50%；三等平均细度18~22μm，手扯平均长度大于等于40mm，净绒率大于等于40%；四等平均细度大于等于22μm，手扯平均长度大于等于45mm，净绒率大于等于50%。牦牛毛：特等平均毛丛自然长度不小于25mm，绒含量不大于1%，草杂含量不大于0.5%，死毛含量不大于1%；一等平均毛丛自然长度不小于20mm，绒含量不大于3%，草杂含量不大于1%，死毛含量不大于1%；二等平均毛丛自然长度不小于15mm，绒含量不大于3%，草杂含量不大于1.0%，死毛含量不大于3%；三等平均毛丛自然长度不小于10mm，绒含量不大于3%，草杂、死毛含量不大于3%。

毛、绒比差：牦牛毛100%，牦牛绒140%。

色泽比差：牦牛毛绒的色泽有黑色、白色、花色三种，其中以白色最为名贵，数量较少，可做浅色产品，而花色最多。色泽比差，一等黑色牦牛毛100%；一等白色牦牛毛120%；一等花色牦牛毛80%。

2. 牦牛尾

品质要求：无霉烂，无杂质。

等级规格：一等450mm以上；二等300mm以上；三等150mm以上。

等级比差：一等100%；二等70%；三等40%。

色泽比差：白色100%；黑、花色80%。

第五节　牦牛毛绒的初加工及开发利用

牦牛绒手感柔软、弹性和保暖性好，可用于生产高档毛纺织品，而牦牛毛粗长挺直、卷曲少、抱合力极差，不能纺纱，目前作为毡制品、绳索等低档产品，以及制作假发套、须髯，但品质较差，因此必须对牦牛毛纤维进行改性处理，改善刚度，减小细度，以充分利用牦牛毛资源，提高其应用范围和经济价值。

一、牦牛毛绒的初加工技术

随着人们生活水平的提高，对天然真发制品的需求量越来越大，而有限的人发资源无法满足需求，牦牛毛已成为其重要的替代原料。目前，市场上天然发制品随使用纤维长度的增长其价值成倍提高，因此，在充分认识牦牛毛纤维的基础上，利用物理、化学方法对普通牦牛毛进行改性加工，使其长度提高，直径减小，改善纤维的可纺性，不仅可以提高牦牛毛制品的附加值，扩大纤维应用范围，还可以有效提高牧民的生活水平。

由于牦牛粗毛纤维性状的特殊性，导致其应用范围有很大的局限性，价格低廉。为了改善品质和提高应用范围，目前对牦牛粗毛纤维的改性主要集中在改善纤维的表面性能（包括染色性和可纺性）和柔软化处理等方面，改性过程所采用的方法包括物理、化学、生物工程、等离子体处理等。

1. 化学改性处理

牦牛粗毛纤维的化学改性处理主要是为了实现对纤维的漂白脱色、抛光和柔软化处理等三个方面。目前，国内外对天然有色动物纤维的漂白均采用选择性漂白法，该方法虽然可选择性的洗去角朊上的铁离子，减小纤维损伤，但是效果不太理想。阎克路等对牦牛绒纤维选择性漂白工艺中的金属盐预处理、清洗工艺进行系统研究，优化预处理的工艺条件，在热清洗浴中加入一定量铁离子络合剂WP-803，通过测定牦牛绒纤维的白度、碱溶解度、束纤维强力以及牦牛绒针织物的手感，证明用助剂WP-803进行清洗，可较大程度地降低漂白牦牛绒的损伤，明显改善手感，并能保持较高的漂白白度，该方法在假发制品后期的色彩加工处理中应用。黄玉丽等使用氧化/还原法对牦牛毛分梳下脚料进行变形处理，可使纤维鳞片发生剥落，纤维细度可降低8～9μm，且可改善纤维柔软性和卷曲性能，但纤维强力下降明显。利用化学改性处理，可使毛纤维氢键和二硫键等断裂并在新位置重新结合，使纤维产生过缩，形成卷曲，纤维的弹性增加，但其强力和断裂伸长率均下降。青海省纺织工业研究所申请了一种用于牦牛毛纤维化学变性方法的专利，是将牦牛毛纤维经过预处理－还原处理－柔软处理－烘干等步骤进行变性处理，使牦牛毛卷曲数增多，细度下降，手感变软，抱合力增大，光泽无损伤，纤维可成条纺纱，可用于毛织粗纺产品。

上述对牦牛粗毛的化学改性处理对纤维的力学性能均有弱化，且对纤维细度的改善不突出。因此，用牦牛粗毛制作假发，对其价值的提升较小。

2. 生物酶处理

生物酶处理主要是通过剥离纤维表面的鳞片，提高其柔软性。在常温常压下，蛋白酶能高效催化蛋白质肽键的水解，近年来广泛应用于纺织工业。梁治齐等采用过氧化氢预处理，纤维的二硫键被破坏，再结合中性蛋白酶催化作用进行变性处理，牦牛毛单纤维强力、断裂伸长率、弹性模量及压缩弹性等性能均有较大改善。欧学志等在预处理的过程中加入Fe^{3+}，蛋白酶处理的毛纤维细度提高了10%左右，酶处理对单纤维强力、断裂伸长率影响较小，细度和柔软性的改善，提高了纤维的可纺性，但是其长度及卷曲率等方面未有明显改善。此外，生物酶处理的过程不易控制，且对纤维的损伤较大，不利于发制品长期使用的要求，因此该技术对快速提升牦牛粗毛发用的品质不太适合。

3. 低温等离子体处理

等离子体处理主要是改善纤维的染色性和可纺性等表面性能。等离子体分为高温等离子体和低温等离子体，低温等离子体主要用于纺织材料改性。牦牛毛纤维表面经过等离子体处理可以刻蚀掉其表面致密的鳞片层，使纤维表层的大分子链断裂形成离子或自由基，提高纤维表面亲水性能，从而改善毛纤维染色性。马晓光等对牦牛毛纤维经过低温等离子体处理，纤维鳞片结构弱化，染色性能得到明显改善，上染率提高20%，但对改善纤维细度的作用很小，仅用于发制品的后期加工处理，等离子体处理技术并不能提升牦牛粗毛的发用价值。

4. 拉伸细化处理

动物毛纤维拉伸细化技术是近年来毛纺织工业取得的重要成就之一。该技术采用物理和化学加工相结合的方法，将毛条中的毛纤维拉伸细化并定形。拉伸细化处理的主要作用是提高毛纤维长度，减小纤维细度，并使纤维柔化。

王娟等对牦牛毛进行拉伸细化改性处理，认为拉伸率不超过80%时，可选择低捻拉伸，控制捻度在1.67捻/10cm，而拉伸率大于80%时，最好不要加捻。郑来久等对牦牛绒进行拉伸细化，研究了拉伸的最佳工艺参数，确定了最适拉伸速度、罗拉隔距和拉伸率，并对拉伸细化后的牦牛绒纤维与原毛绒的细度、长度和力学拉伸性能进行了检测对比，拉伸后纤维细度变细2~3μm，细度变化率约12%。拉伸后毛绒的整体长度增长3~4μm，长度变化率约13%，拉伸细化效果明显，具有良好的手感，但纤维力学拉伸性能整体下降。

拉伸细化牦牛毛纤维，其80%的直径可降低约20μm，细化纤维形态更加接近人发。此外，拉伸细化可疏松纤维紧密贴覆的鳞片结构，有利于发用牦牛粗毛纤维后期的染色、抛光等处理。因此，采用拉伸细化技术可极大的改善牦牛粗毛纤维的长度、细度以及柔软性，提升其品质和经济价值。

拉伸细化技术、剥鳞技术、低温等离子改性技术等在纺织工业中的广泛应用，扩大了牦牛毛绒的用途，提升了产品的档次，譬如男士牦牛绒高级围巾、女士牦牛绒披肩、牦牛绒帽子等，这些产品在国内外深受欢迎，开辟了牦牛绒利用的新时代。

二、牦牛毛绒的开发利用

全世界95%以上的牦牛分布在中国，因此国外牦牛绒毛的产量非常小，加工利用也很少。我国牦牛毛绒年产量约1.3万吨，居世界第一。牦牛绒纤维具有柔软滑糯、弹性好、蓬松保暖等特点，用其织成的牦牛绒产品，外形丰厚、绒毛平顺、手感滑腻柔软、光泽柔和、保暖性好，且不易毡缩、起球等，深受消费者喜爱。

我国对牦牛毛、绒的开发利用在牦牛驯养初期就己开始。据1959年青海省都兰县诺木洪遗址（地处昆仑山下诺木洪河畔的塔里他里哈地区，海拔2780m）出土的遗物中，就有绵羊和牦牛毛作原料加工的毛布、毛绳、毛线和毛带等，距今约2700年左右，相当于周厉王时期，是迄今为止出土最早的牦牛毛织品。

我国古代用牦牛尾毛制作旌旗上的饰品，并用作枪矛和帽上的红缨等。牦牛尾毛在我国的应用历史悠久，如《商书·出车》道：“左杖黄钺，建彼旄矣”，又《荀子·王制》说：“西海则有皮革文旄焉，而中国得而用之”，所谓西海很可能指今青海省内，文旄是染成彩纹的牦牛尾毛。

在我国牦牛尾毛主要用于戏剧道具，如蝇拂、刀剑、缨穗和胡须等，国外用于加工假发或发帽、圣诞老人化妆用的胡须及一些工艺品。在各牦牛品种的牦牛毛绒中，以天祝白牦牛尾毛纤维长，强度大，历来就是珍贵的贡品，主要用于制作剧装、须髯、假发及拂尘等，经济价值高，也是目前利用较好的牦牛毛纤维，2001年商贩收购价格为300元（黑牦牛尾毛收购价为100元），因此，牧民对尾毛格外珍惜，收取的积极性也高。

随着生产技术的不断进步，牦牛毛绒的用途越来越广。目前牦牛毛、绒在毛纺工业中的利用有两种方法，一是不经分梳，在牦牛绒中仍保留有两型毛和少量粗毛，这种原料毛可用于中低档粗梳毛纺产品的织造，另一种是将粗毛、大部分两型毛去掉，剩下的绒可用于粗梳毛纺的高档呢绒、毛毯、针织衫，也可用于精纺产品的加工。特别是在纺织工业高速发展的今天，拉伸细化技术、剥鳞技术、低温等离子改性技术等在纺织工业中广泛应用，使牦牛毛绒的用途越来越广，产品档次越来越高。上世纪20年代后，我国上海、北京、天津、四川、西藏、青海等地，在开发利用牦牛绒，变资源优势为产品优势方面作了大量的研究。先后生产出牦牛绒大衣、碴毽、毛毯、絮片、针织衫等不同品种规格的产品，开辟了牦牛绒利用的新时期。但牦牛绒毛大多为黑色、褐色，其天然色泽依然影响着纺织品的染色工艺。

我国是世界第一纺织大国，对纺织原料的需求量逐年上升。据报道，从2000年到2005年，我国人均纤维消费量从8.0kg上升到13.0kg，而我国纺织原料的自给率较低，绝大部分需要进口，特别是作为毛纺原料的毛绒纤维更是我国贸易逆差最大的畜产品，每年约有60%以上的毛纺原料依赖于进口。但是，多年来，我国对牦牛绒的开发利用很不重视，再加上流通体系不健全，使牦牛绒毛价格低迷，大多数牧民不愿抓绒剪毛，任其自然脱落流失，或者牧民自产自用，不仅影响牧民的经济收入，而且浪费资源。因此，大力开发利用牦牛毛绒资源，不仅可为我国毛纺工业提供优质的纺织原料，而且可以增加当地牧民的经济收入，促进牦牛产业的健康持续发展。

12

第十二章　牦牛疾病防治

牦牛疫病病种多、病原复杂。近年来，随着畜牧业生产规模不断扩大，养殖密度不断增加，一些重要疫病，如布鲁氏菌病、包虫病等呈上升趋势，局部地区甚至出现暴发流行。动物疫病防治是一项重要的民生工程，采取有计划地控制、净化和消灭严重危害畜牧业生产和人民群众健康安全的动物疫病，对于维护养殖业生产安全、动物产品质量安全以及公共卫生安全等方面具有重要的经济和社会意义。在牦牛疫病防治方面，经过新中国成立后60多年的不懈努力，取得了一些可喜的成就，如目前消灭了牛瘟和牛肺疫，同时有力地控制了口蹄疫以及多种内外寄生虫病等。但由于广大牧区普遍以传统游牧为主，牧民居无定所且相当分散，致使科学、合理的防疫制度难以实施和推广，部分改良牦牛得不到有效、及时的疫病防治和正确的饲养管理，也增加了牦牛改良工作的难度。因此，应加强牦牛病害技术宣传工作，提升牧民抵御自然灾害的能力，积极探索建立畜牧业生产疫病风险保障机制，为确保牦牛养殖产业的健康可持续发展，获得高养殖效益提供保障。

第一节　牦牛疫病防治的原则

疫病对牦牛的正常生长发育、繁殖与生产危害极大，必须重视其防治。造成疫病发生和流行有3个必要条件，即传染源、传播途径和易感家畜。因此，查明和消灭传染源、切断传播途径、减少易感家畜，提高牦牛抵抗力等是防治牦牛疾病的主要措施。同时，应积极贯彻“预防为主，防重于治”的卫生防疫方针，树立防病保健意识，健全防疫卫生制度，减少或控制疫病的发生和流行。

一、建立牛群的检疫制度，查明和消灭传染源

了解疫情及疫情来源是制定防疫措施的重要依据。应根据当地牛群疫病流行趋势，主动自检或配合有关部门定期检疫，积极做好消灭传染源的工作。

1. 坚持自繁自养原则，把好引进牦牛关

自繁自养原则是防止从外地购买牦牛带入疫病的关键措施。牦牛场或牦牛养殖专业户应选养健康的良种牦牛，自繁自养，尽可能做到不从场外引种，这不仅可大大减少入场检疫的工作量，而且可有效地避免因新引入牛而带进新的传染源。必须引进牦牛时，一定要从非疫区引进，逐头做好产地检疫，经业务部门的同意，确定无传染病方可购入。引进牦牛前应对饲养场地、设施等进行消毒，还应严格遵守隔离观察制度，购入的牦牛必须经2个月的隔离观察及再次检疫，确定无病后才能入群饲养。

2. 搞好牛群的检疫工作，及时了解、上报疫情，将传染源限定在较小的范围内

当发现牦牛群中多只牛同时或先后发病，而且症状相似，应当首先怀疑为传染病。这

时应本着“早、快、严、小”的原则，及时进行处理。根据当地的疫情或业务部门的检疫计划，每年要对牛群进行有计划的检疫，及时发现传染源。当发现动物传染病或者疑似传染病时，牦牛饲养场必须迅速采取隔离、消毒等防疫措施，防止传染给其他健康牛只。并及时向当地畜牧兽医行政管理部门详细报告疫病的发生情况（病畜种类、发病时间和地点、发病头数、死亡头数、临床症状、剖检病变、初诊病名及已采取的防治措施等），接受相关业务部门的防疫指导和监督检查。必要时应通报邻近地区，以便共同防治，防控疫病扩散。牦牛饲养场饲养的牦牛及其产品在出场前，必须经当地畜牧兽医行政管理部门或者其委托的单位依法实施检疫，并出具检疫证明。未经检疫或者检疫不合格的牦牛及其产品不得出场。

3. 搞好疫病封锁，防止疾病传播

通过对牛行为（采食、饮水、排便）的观察，发现牦牛发病时应立即报告兽医或到当地防疫部门送检。以确定疾病的性质，对于普通病因或非生物性因素引起的疾病可采取对应和对症治疗，对怀疑是传染病的要迅速采取如下措施。

（1）迅速隔离病牛，全面彻底消毒。在牛群中发现具有传染特征的病牦牛时，应及早隔离，使全部病牛、健康牛分开，隔离期间继续观察诊断，必要时抓紧治疗，以消灭和控制传染源。隔离病牛的场所要较偏僻，不能靠近公路、水源等。隔离场病牛要设专人饲养和护理，严禁人、畜入内。病牛的牛舍、粪便、垫草和接触过的场地圈舍都要进行严密的消毒处理。病牛排出的粪便应集中到指定地点堆积发酵和消毒，同时对其他牛舍进行紧急消毒。

（2）紧急预防和治疗。根据病情，对同牛舍或同群的其他牛要逐头进行临床检查，必要时进行实验室诊断，以便及早发现病牛。选择特异性疫苗，进行紧急预防接种，或在饲料、饮水中投入相应的抗生素药物。对多次检查无临床症状、实验室诊断阴性的牛要进行紧急预防接种，以保护健康牛群。

（3）及时、正确处理病牛尸体。死于传染病的牛只，原则上应焚毁或深埋，特别是死于人兽共患传染病的牦牛尸体，严禁剥皮或随便抛弃。对死亡病牛的尸体要按《中华人民共和国防疫法》规定进行焚烧或深埋无害化处理。对严重病牛及无治疗价值的病牛应及时淘汰处理，以便尽早消灭传染源。

（4）酌情实行封锁。烈性传染病，要将主要道口封锁，严禁人、畜出入，防止病原扩散。发生危害严重的传染病时，应报请政府有关部门划定疫区、疫点，经批准后在一定范围内实行封锁，以免疫情扩散，封锁行动要果断迅速，封锁范围不宜过大，封锁措施要严密。严格遵守封锁的有关规定，如不得出售牛只或畜产品，不得将牛群赶到非疫区（安全区）避疫等，防止疫病向非疫区扩散。

二、建立定期消毒制度，切断传播途径

进行有效消毒是集约化牦牛养殖场控制与预防疾病发生的一项重要措施。进行定期消毒的目的在于预防病原微生物的入侵、减少死亡率与维护动物的健康稳定。牦牛场每年春、秋两季应定期对牛舍、设备及用具等进行2次大消毒，以防止病原微生物繁殖，消灭病原体，切断传播途径。

消毒方法主要有蒸煮法、浸泡法、喷洒法和熏蒸法。一些金属器械、木质和玻璃用具、衣物等被污染物品，煮沸15~30min，可杀灭大多数病原微生物及芽孢。煮沸1~2h，可杀死所有病原微生物。药液浸泡要浸过物件，保持水温及延长浸泡时间，消毒效果较好。所有与病牛接触过的棚圈、用具、垫草等，均用强消毒剂消毒；垫草、粪便要焚烧或深埋。牛舍地面及墙壁、舍内的固定设备等先经铲、刮、清扫或洗刷清除污物并晾干后，再进行全面喷雾消毒或甲醛气体熏蒸消毒。消毒时牛舍或房屋至少要密闭12h以上；甲醛对皮肤和黏膜有刺激性，操作人员要尽量避免吸入这种气体，而且消毒牛舍时要将牛放出去，隔半天驱散消毒气体后用清水冲洗饲槽、地面，再放进牛只。牛舍的用具可移到舍外在日光下曝晒3h以上。定期消毒可以消灭散布在牛舍内的病原微生物，保持环境的清洁，切断传染途径，预防疾病的发生并保证牛群的安全。常用的化学消毒剂及使用方法见表12-1所示。

表12-1　常用的化学消毒剂及使用方法

消毒剂类型	使用浓度	消毒范围	使用注意事项
氢氧化钠	1%~3%	棚圈、牛舍、地面和用具排水沟和粪尿的消毒	对细菌或病毒均有效果，配法：取99份或97份水加1~3份氢氧化钠充分溶解即成1%或3%氢氧化钠溶液
生石灰	10%~20%	牛舍、棚圈、地面或粪尿沟，刷墙	现用现配，消毒作用很强，能杀死细菌，但不能杀灭芽孢。配法：取生石灰10份，加水10份，待石灰块化成浆糊状后，加水40~90份，即成10%~20%的石灰乳，现用现配）
草木灰	10%~20%	棚圈、牛舍与地面	草木灰20kg，加水100L，煮沸20~30min，边煮边搅拌。如草木灰容积大，可分2次煮，去渣后用其清液消毒
甲醛	0.8%~40%	圈舍、皮毛、金属和橡胶制品等，也可用于空气消毒	0.8%甲醛溶液可用于器械消毒。因蒸发较快，只对表面有消毒作用，故与物体表面接触一定时间才会有效，在高温环境下消毒的效果较好。1%溶液可做牛体体表的消毒。40%甲醛溶液按每平方米用18~36mL，与高锰酸钾液按5:3比例混合于耐高温容器中产生甲醛气体，进行熏蒸消毒。熏蒸消毒效果好、成本低廉、无损房屋，且驱散消毒后的气体也较简便
碘酊（碘酒）	2%~5%	皮肤	对真菌及芽孢有强大的杀菌力，碘甘油常用于黏膜的消毒

（续表）

消毒剂类型	使用浓度	消毒范围	使用注意事项
漂白粉	1%~2%	非金属器具及饲槽	按 $10g/m^2$ 加入井、泉水中消毒饮水，充分搅拌，待数日后方可饮用
新洁尔灭	0.1%	皮肤、器械浸泡消毒，	0.01%~0.05%溶液，用于冲洗黏膜
石炭酸（苯酚）	1%~5%	器械用具、牛舍及排泄物	1%溶液用于局部涂擦，3%~5%溶液用于喷雾或浸泡用具、器械、牛舍及排泄物的消毒

三、加强饲养管理及完善免疫程序，提高牛群抗病能力

1. 加强饲养管理，提高牦牛机体抵抗力

饲养管理直接关系到牦牛群健康水平的高低。许多疫病的发生或病情轻重都与饲养管理及卫生条件等密切相关。牦牛场应建在干燥、平坦、背风、向阳的地势，一般应远离屠宰场、兽医院，不要靠近公路、铁路及交通要道。牛只发病与牛体自身的抵抗力密切相关，应加强饲养或放牧，经常注意饲料、饮水的卫生，牛舍要防寒保暖和透光通气，以减少应激。牛舍、用具定期消毒，环境保持清洁卫生，人员出入牛舍、棚圈要经消毒池消毒，一般要谢绝参观等。搞好卫生消毒，饲料、饮水要新鲜，不食用霉变的草料，增强牛体抗病能力。

2. 科学预防接种，保护健康牛群

定期搞好免疫注射，激发牛体产生特异性免疫力，降低易感性。根据牦牛以前的发病史、目前的发病情况、周围环境疾病流行情况和疾病流行趋势，由畜牧兽医部门有选择地进行疫苗免疫，制定科学合理的免疫程序，切不可盲目进行。建立检疫和免疫制度，牦牛场每年要在春、秋两季进行2次布鲁氏菌病和结核病的定期检疫。每年定期进行防疫注射，接种相关疫苗，可以提高牦牛对相应疫病的抵抗力。

牧民应积极配合当地畜牧兽医部门定期进行防疫注射。大型牦牛饲养场应当配备一名以上具有兽医中专以上学历或者相当学历的兽医专业技术人员；设置固定的动物诊疗室、动物传染病隔离圈舍；配备常用的诊疗、消毒器械和污水、污物、病死动物无害化处理设施。目前必须进行免疫的牦牛主要传染病包括口蹄疫、炭疽、布鲁氏菌病、黏膜病毒病、巴氏杆菌病、沙门氏菌病等，常用的疫苗及使用说明见表12-2所示。

表12-2　牦牛常用疫苗及使用说明

疫苗名称	使用说明	免疫期
口蹄疫弱毒疫苗（A.O型）	春、秋两季用同型疫苗接种1次，肌内或皮下注射，1~2岁牛1mL/头，2岁以上牛2mL/头，1岁以下的小牛不接种	4~6个月
牛瘟绵羊化兔化弱毒疫苗	无论大、小牛只均注射2mL/头，肌内注射，每1~2年免疫1次	1年以上

（续表）

疫苗名称	使用说明	免疫期
无毒炭疽芽孢苗	每年春、秋两季各注射1次。颈部皮下注射，1岁以上牛1mL/头，1岁以下牛0.5mL/头。注射后14d产生坚强的免疫力	1年
第Ⅱ号炭疽芽孢苗	无论大、小牛只均注射1mL/头，颈部皮下注射	1年
牛出血性败血病氢氧化铝疫苗	体重100kg以上牛注射6mL/头，100kg以下注射4mL/头，肌内或皮下注射，21d产生可靠的免疫力。体弱、食欲不正常及妊娠后期的牛只不宜使用	9个月
布氏杆菌羊型5号冻干弱毒疫苗	皮下注射或气雾吸入，用于3~8月龄犊牛，公牛、成年母牛。妊娠母牛均不宜使用	1年
牛副伤寒氢氧化铝灭活疫苗灭菌	1岁以下1mL/头，1岁以上牛第一次2mL/头，10d后同剂量加强接种1次。肌内注射	6个月
气肿疽明矾疫苗	不论年龄大小的牛，一律皮下注射5mL。6月龄以下的牛注射后，长到6月龄时应再注射1次。注射后14d产生可靠的免疫力，流行区每头牛第一年注射2次，以后每年注射1次	6个月

第二节　牦牛主要传染性疾病及其防治

牦牛传染病是指一定的致病性（微）生物进入牦牛体内，在一定的部位定居、生长繁殖，引起牦牛产生一系列的病理反应。这些病原体微生物可通过牛的排泄物和分泌物传播到外界环境，感染其他牛或易感动物。牦牛的主要传染病有20多种，其中人兽共患的主要有13种，包括口蹄疫、轮状病毒病、炭疽、布鲁氏菌病、巴氏杆菌病、大肠杆菌病、沙门氏菌病、钩端螺旋体病、结核病、弯曲菌病、嗜皮菌病、皮霉菌病和肉毒梭菌中毒病。发生在牦牛的其他传染病还有传染性胸膜肺炎、传染性鼻气管炎、黏膜病、狂犬病、传染性角膜结膜炎、传染性脓疱口膜炎、牛瘟等。传染病严重危害牦牛生产，造成牦牛大批死亡和畜产品的损失，影响农牧民生活和牦牛对外贸易，某些人兽共患病还严重威胁人体健康。

一、口蹄疫

口蹄疫（Foot and mouth disease，FMD）是由口蹄疫病毒（Foot and mouth disease virus，FMDV）引起的一种急性、热性、高度接触性传染病，俗称口疮热，藏语称“卡察欧察”。主要侵害偶蹄兽，国际兽医局（OIE）将该病列为A类传染病之首，是世界范围内重点控制的传染病。牦牛极易感染口蹄疫，临床上以口腔黏膜、蹄部和乳房皮肤发生水疱和溃疡为主要特征。口蹄疫可造成犊牛死亡、产奶和产肉量下降。此外，畜产品出口受限，可导致巨大的经济损失。

1. 病原体

口蹄疫病毒属于小RNA病毒科（Picornaviridae）、口蹄疫病毒属（*Aphthovirus*）。病毒外壳为对称的二十面体，无囊膜，基因组为单股正链RNA，在RNA芯髓外对称衣壳上有32个壳粒。该病毒目前有O型、A型、C型、SAT1型（南非1型）、SAT2型（南非2型）、SAT3（南非3型）和Asia1型（亚洲1型）7个血清型，各型之间几乎没有相互免疫保护力，感染了一型口蹄疫的动物仍可感染另一型口蹄疫病毒而发病。口蹄疫病毒基因组RNA全长约8.5kb，依次为5′非翻译区（5′-UTR）、开放阅读框（ORF）和3′非翻译区（3′-UTR）组成，其中5′-UTR长约1 300 bp，含有VPg二级结构、poly（C）区段和内部核糖体进入位点等；ORF约6.5 kb，由L基因、P1结构蛋白基因、P2和P3非结构蛋白基因以及起始密码子和终止密码子组成。口蹄疫病毒对酸、碱很敏感，对消毒剂的抵抗力较强。病毒耐热性差，85℃处理1min、70℃处理10min或60℃处理15min均可被灭活，但裸露的RNA对热较稳定。

2. 流行特点

口蹄疫的流行特点是传染范围广，传播速度快，发病率高。该病无严格的季节性，但一般冬季多发，夏季基本平息。呈流行或大流行，每隔2～3年流行1次，具有一定周期性。在牦牛中流行的口蹄疫病毒主要为O型和A型，O型死亡率较A型死亡率高。口蹄疫病毒对外界环境抵抗力很强，尤其能耐低温，在夏天草场上只能存活7d，而冬季可存活195d。患病牦牛和带毒牦牛是主要传染源。病牛的水泡皮内、淋巴液、血液、奶、尿液、口涎、泪和粪便中都含有口蹄疫病毒，可通过直接接触和间接接触传播。其中病牛的分泌物和排泄物可经消化道及受损伤的皮肤黏膜而引起传染；病毒经呼吸道也可传播给其他动物。此外，还可通过各种传播媒介间接传染，如饲养管理人员、运输车辆、屠宰加工厂、污染水源等。牦牛感染病毒的潜伏期一般为2～7d，最短为24h，最长为14d。人同样有感染该病的可能，多数经直接接触病牛或经外伤感染所致，患病后典型症状为呕吐、发热、水泡等。

3. 临床症状

患病初期，病牛体温升高（41℃）、精神不振、食欲减退，随后在唇内、齿龈、舌面等黏膜出现水泡；口角流涎，呈白色泡沫状；水泡破裂可发生溃疡。同时，趾间和蹄冠皮肤出现红肿或发生水疱，如有细菌感染，则发生化脓，严重者蹄壳脱落（图12-1）。乳头也常发生水泡，进而出现烂斑，继发感染可引起乳房炎、泌乳停止。成年牛多数呈良性，死亡率不超过2%。妊娠母牛往往发生流产或早产，严重者死亡。犊牛的水泡症状不明显，主要表现为出血性胃肠炎和心肌麻痹，病死率较高。

4. 诊断

口蹄疫病变典型易辨认，结合流行情况和病牛症状可初步诊断。确诊须报请有关单位检测并鉴定毒型。诊断方法可采用动物接种试验、血清学诊断及鉴别诊断等。采样取病牛舌面、蹄部、乳房等处水泡皮、水泡液，置于50%甘油生理盐水中，迅速送往国家参考实验室进行

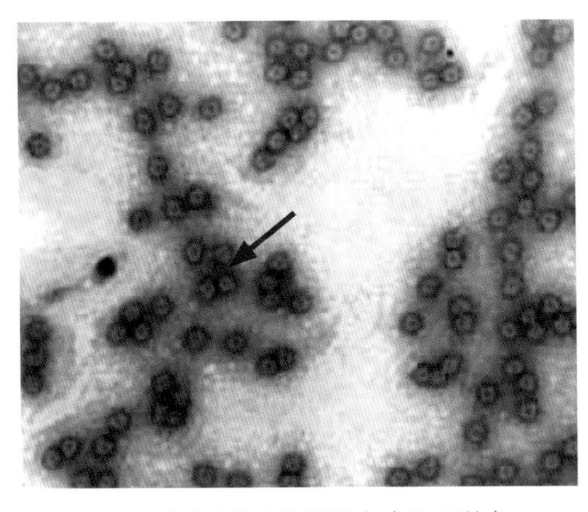

1. 口蹄疫病毒电镜下形态（10 万倍）

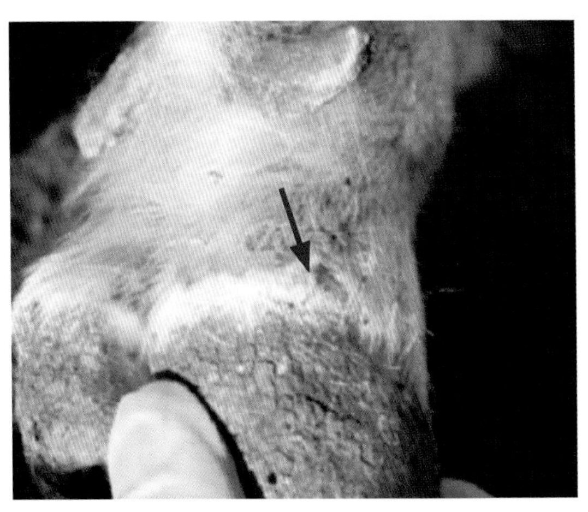

2. 蹄部典型症状

图 12-1　牛口蹄疫（中国农业科学院兰州兽医研究所 供图）

注：箭头指示为口蹄疫病毒粒子及病变

补体结合试验或聚合酶链式反应（PCR）检测；或取病牛康复期血清，进行乳鼠中和试验，以鉴定毒型。

5. 防治

牦牛口蹄疫的预防和控制，关键要采取和完善以下措施。

（1）加强日常的饲养管理。定期清扫圈舍，严格消毒管理。轮换使用5%氨水溶液、2%氢氧化钠溶液、0.5%次氯酸钠溶液、10%石灰乳等消毒液，对受威胁区域环境进行彻底消毒。

（2）强制免疫。应在常发区和受威胁区，对牦牛强制定期接种口蹄疫疫苗。但所用疫苗的血清型一定要与本地流行的病毒血清型一致，否则不能获得有效保护力。

（3）强化疫情监管。本着“早发现、早治疗、早封锁”的原则，一旦出现疫情，要及时隔离牛群，及早划定疫区和疫点，并强制封锁疫区。病死牛只必须焚烧或深埋，进行无公害化处理；未发病的病牛，建议紧急接种疫苗，避免疫情的发生和蔓延。

（4）加强宣传和培训。对牧民进行动物饲养和疫病防控培训，引导牧民更新观念，提高疫病防控意识，以减少该病的发生。

（5）加强病牛管理。病牛要严格隔离，加强护理。口蹄疫病牛原则上不允许治疗，应按国家规定捕杀后无害化处理。对有种用价值的牦牛，应在严格隔离场所，保证圈舍清洁干燥，给予清洁饮水及易消化饲料，症状轻微的病牛一般经10d左右多可自愈。对口腔、乳房等感染的病牛，应进行积极对症治疗。口腔溃烂者，可用清水、食醋或0.01%高锰酸钾溶液清洗，糜烂面涂抹碘甘油、1%~2%明矾溶液或冰硼散。蹄部感染者，可用3%来苏儿溶液洗涤后涂抹松馏油、鱼石脂软膏或青霉素软膏。乳房感染者，可用肥皂水冲洗后，涂抹青霉素软膏或碘甘油等，同时要定期挤奶，避免发生乳房炎。对于严重病例，除对症治疗外，可用强心剂、葡萄糖或青霉素进行全身治疗。

二、病毒性腹泻

病毒性腹泻（Bovine viral diarrhea，BVD）是由牛病毒性腹泻病毒（Bovine viral diarrhea virus，BVDV）引起的以腹泻、繁殖障碍和免疫功能障碍为主要特征的病毒性传染病；又称黏膜病（Mucosal-disease，MD）、“拉稀病”（牧民称“小牛瘟”），简称BVD/MD。OIE将其定为B类传染病，我国在进出口检疫中也将其列为二类传染病。1983年西南民族学院“牦牛拉稀病”课题组从牦牛体内分离出黏膜病病毒（牦牛Ⅰ号毒株），首次证实了牦牛感染病毒性腹泻。该病是严重危害全球养牛业发展的主要传染病之一，在20世纪80年代，就已经受到各国政府和科研工作者的高度重视。欧美等一些国家为了根除和防控病毒性腹泻的蔓延，启动了国家或区域性病毒性腹泻的根除和防控计划并实施，已取得了显著成效。病毒性腹泻病毒宿主较多，包括牦牛、奶牛、羊、鹿等反刍动物以及猪。由于毒株不断发生变异，加大了防控工作的难度。因此，要根除和防控该病，需研发出高效病毒性腹泻疫苗。

1. 病原体

牛病毒性腹泻病毒为RNA病毒，属于黄病毒科（Flaviviridae）、瘟病毒属（*Pestivirus*）。病毒粒子形态多种多样，仅有一种血清型，但种间有显著的遗传和抗原异质性（图12-2）。根据病毒基因组5′非翻译区（5′-UTR）的序列将病毒性腹泻病毒分成Ⅰ、Ⅱ2个基因型，Ⅰ型还可以进一步分为Ⅰa、Ⅰb、Ⅰc和Ⅰd 4个亚型。病毒性腹泻病毒进入机体后可造成牛只的免疫抑制和持续性感染，持续感染牛的血清抗体为阴性，但却终身带毒，遇到应激时即向外排毒，并能降低机体的免疫力，导致其他病原混合感染或继发感染而加大其危害性，由此每年都给养牛业造成巨大的经济损失。

2. 流行特点

该病具有高度传染性，牦牛感染率可达30%以上。病牛和隐性带毒者是主要传染源，可通过病牛分泌物和排泄物如乳汁、眼泪、尿液、呕吐物、粪便排毒，也可通过胎盘等方式进行病毒传播。易感动物可经空气、土壤、水及共用饲养用具被感染，多数动物感染后无明显临床症状。该病潜伏期为6~8d，感染后5~17d排出病毒，2~3周血清转为阳性。牛病毒性腹泻的发生有明显的季节性，以春季和冬季发病较多，在湿度较大、动物集中、饲养管理和环境卫生条件较差的养殖场（户）较易发病，常与其他细菌或病毒发生混合感染。

3. 临床症状

牦牛感染病毒性腹泻病毒后可引起多种临床症状，分为急性型和慢性型。急性型主要表

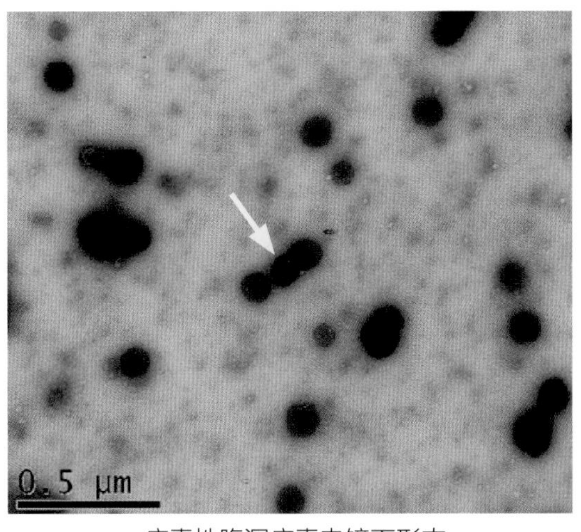

病毒性腹泻病毒电镜下形态
（10 万倍；宫晓炜 提供）

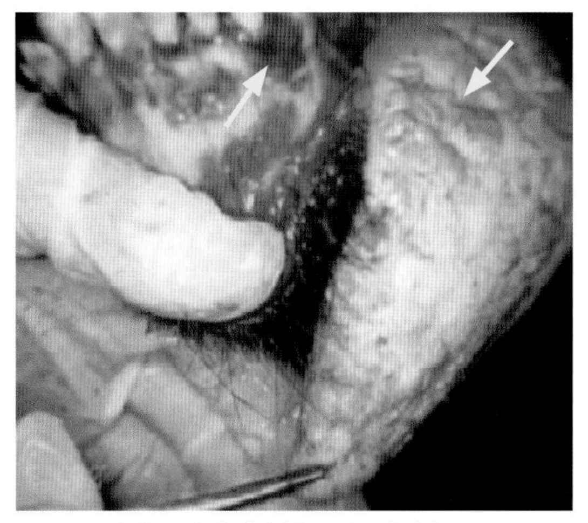
病牛口腔黏膜糜烂，舌面上皮坏死
（http://www.baike.com）

图 12-2 牛病毒性腹泻

注：箭头指示为BVDV及病牛口腔黏膜病变。

现为高热、腹泻、粪便带血；精神萎靡不振、食欲不佳、嗜渴；结膜炎，眼角有大量脓性分泌物；口腔黏膜糜烂和溃疡（图12-2），大量流涎，泌乳减少或停止；妊娠母牛可出现流产、产死胎和畸形胎等；急性病例者一般在发病后15d死亡，恢复的少见。慢性型主要由部分急性病例转归而来，表现为食欲不振、消瘦，伴随间歇性腹泻和体温波动等。

4. 诊断

应用于该病检测的方法有病毒分离鉴定、动物接种、病毒中和试验（Neutralization test，NT）、琼脂扩散试验、酶联免疫吸附试验（Enzyme linked immunosorbent assay，ELISA）及分子生物学技术等。

（1）病原学诊断。采集病牛脾脏和淋巴结，制做电镜切片。电镜观察可在浆细胞内发现扩张的粗面内质网池或附近有较多的病毒粒子。

（2）酶免疫技术。将接毒的犊牛肾、睾丸细胞培养物晾干后，按猪瘟酶标记抗体说明书进行染色后镜检，可观察到细胞质染成棕黄色的细胞，镜检有病毒粒子的存在。

（3）免疫荧光技术。牦牛全血用犊牛睾丸细胞进行病毒分离，盲传三代的细胞培养物，用病毒性腹泻特异性免疫荧光抗体进行染色鉴定，具有特异性荧光。

（4）病毒中和试验。具体方法有2种，即固定病毒-稀释血清法和固定血清-稀释病毒法，其中前一种方法更为常用。前法测定结果为中和效价，后法测定结果为中和指数。

（5）酶联免疫吸附试验（ELISA）。已有商品化试剂盒（牛病毒性腹泻/黏膜病阻断ELISA试剂盒），操作简便，敏感性和特异性较高，适用于大批量样本的检测，更重要的是它能检出持续性感染动物，为该病的防控提供技术支撑。

（6）PCR检测。RT-PCR 扩增 BVDV E0 基因，目的片断 E0 长度为 705 bp。

5. 防治

接种疫苗和逐步净化是预防和控制病毒性腹泻的主要方法。

（1）接种疫苗。牛病毒性腹泻弱毒疫苗和灭活疫苗、猪瘟兔化弱毒疫苗等均能对牛病毒性腹泻起到预防作用。据研究表明，这些弱毒疫苗或灭活疫苗对抗原性差异小的毒株和同源毒株有保护作用，但病毒发生变异时，达不到理想效果。

（2）推进病毒性腹泻病毒的净化。及时淘汰阳性感染牛对该病综合防控措施的制订与净化至关重要。通过流行病学调查，掌握不同地区、不同时间病毒性腹泻病毒的感染情况，综合采用血清学抗体检测方法和抗原检测方法对牛群进行动态监测，及时发现和淘汰阳性感染牛，逐步实现病毒性腹泻病毒的净化。

三、布鲁氏菌病

布鲁氏菌病（Brucellosis）是由布鲁氏菌（*Brucella*）引起的一种人兽共患的慢性传染病，俗称“流产病”，简称“布病”。世界动物卫生组织（OIE）将该病列为B类动物疫病，我国将其列为二类动物疫病，是国际贸易卫生检疫中必检的传染病之一。其特征是生殖器官、胎膜及多种组织发炎、坏死，引发流产、不育及睾丸炎。在家畜中牛、羊最易感。

1. 病原体

布鲁氏菌（*Brucella*）是革兰氏阴性需氧杆菌。分类上属根瘤菌目（Rhizobiales）、布鲁氏菌科（Brucellaceae）。牛种菌（*B. abortus*）A13334的全基因组为3.3Mb，由2条染色体组成，长度分别为2.1Mb（ChrI）和1.2Mb（ChrII）；G+C含量均为57%；约有3 338个编码基因，其中2 182个位于染色体1，另1 153个位于染色体2；2条染色体中85%~87%的基因可以编码蛋白。本属细菌为非抗酸性，无芽胞，无荚膜，无鞭毛，呈球杆状。在组织涂片或渗出液中常集结成团，且可见于细胞内，培养物中多单个排列（图12-3）。布鲁氏菌属有6个种，即牛种、羊种、猪种、绵羊种、犬种和沙林鼠种，前5种均感染家畜。布鲁氏菌在土壤、水中和皮毛上可存活数月，一般消毒药即可将其杀死。

2. 流行特点

病牛是该病的主要传染源，特别是病牛分娩或流产后，布鲁氏菌随胎儿、胎衣、羊水、乳汁及阴道分泌物排出。健康牛只食入被布鲁氏菌污染的饲料、饮水后经消化道感染，也可通过皮肤和黏膜感染或交配感染。被该病病原菌污染的物体及吸血昆虫也是扩大再感染的主要媒介。牦牛饲牧人员要加强自身的防护，特别是在牦牛发情、配种、产犊季节，要搞好消毒和防疫卫生工作。

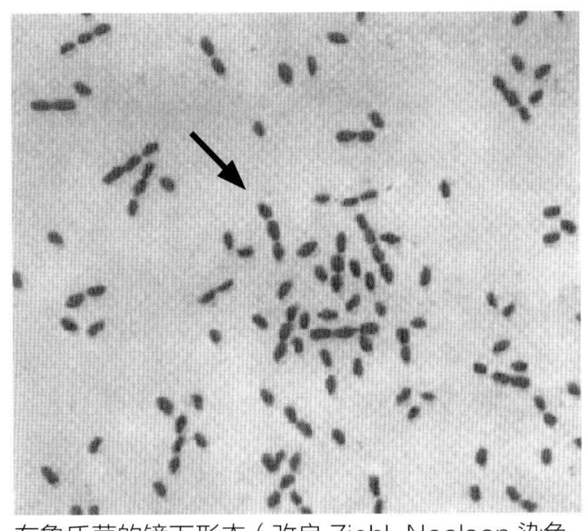

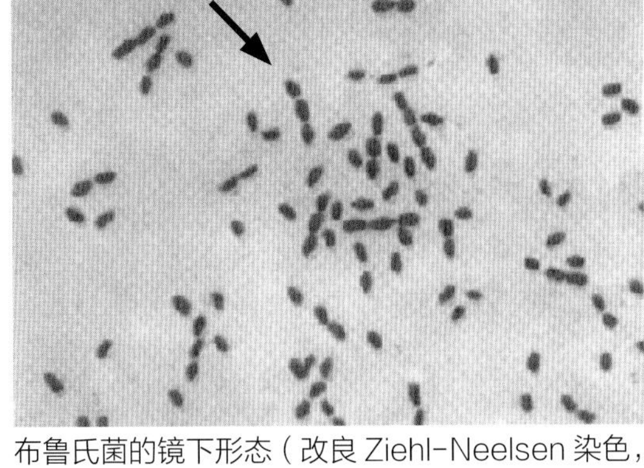

布鲁氏菌的镜下形态（改良 Ziehl-Neelsen 染色，菌体红色，呈球杆状）

牛流产胎儿皮下水肿

图 12-3　布鲁氏菌及牛流产胎儿（http://image.so.com）

注：箭头指示为布鲁氏菌典型形态和皮下水肿

3. 临床症状

母牛感染后除流产外，一般无全身性的特异症状，流产多发生在妊娠后期（5~7个月）。流产前病牛食欲减退，精神萎顿，起卧不安，阴道中流出黄色、灰黄色黏液，流产母牛多发生子宫内膜炎，排污秽恶露，常伴发胎衣不下，造成母牛不孕；公牛患该病后发生睾丸炎、附睾炎及关节炎；犊牛感染后一般无症状，但性成熟后，对该病最为敏感。

4. 诊断

布鲁氏菌病的诊断主要依据实验室诊断，主要方法如下。

（1）病原学诊断。布鲁氏菌病的病原已有用过氧化物酶标记或荧光标记的特异性免疫染色检验技术。DNA探针和PCR技术也有望成为病原鉴定的实用方法。

（2）凝集试验。在国际贸易中，缓冲布鲁氏菌抗原试验是牛种布鲁氏菌病诊断的指定试验，作为筛选试验用，包括卡片试验、虎红平板凝集试验和缓冲平板凝集试验。其中虎红平板凝集试验按《动物布鲁氏菌病诊断技术》（GB/T18646-2002）规定的程序操作。

（3）酶联免疫吸附试验（ELISA）。本试验与补体结合试验（CFT）效果相当，操作简便。牛布鲁氏菌病的ELISA是国际贸易指定试验，用于血清学诊断和乳汁检查，且可同时作为筛查和确诊试验。

5. 防治

目前我国对布鲁氏菌病重点疫区采取疫苗接种为主，检疫扑杀为辅的防控策略。同时，采取对家畜布鲁氏菌病实施群体和地域净化为主的综合防控措施。

牦牛布鲁氏菌病的预防可每年定期注射布鲁氏菌病疫苗，注射密度应达到100%。疫苗包括M5号菌苗、19号菌苗或S2号菌苗。通过气雾或饮水免疫，免疫期达1年以上。

该病无治疗价值，也无特效药物，一般不予治疗。发病后的防治措施是：用虎红平板凝集试验等方法进行牛群检疫，发现阳性和可疑病牛均应及时隔离，可疑病例可用土霉素、金霉素或磺胺类药物治疗；一旦确诊，则最好作淘汰屠宰及无害化处理。流产胎儿、胎衣、羊水和产道分泌物必须妥善消毒后深埋。对污染的场所和各种饲养用具必须用5%来苏儿溶液、10%~20%石灰乳、2%氢氧化钠溶液等进行彻底消毒。病牛皮要用3%~5%来苏儿溶液浸泡后方可利用，乳汁要煮沸消毒，粪便要发酵处理。

四、炭疽

炭疽（Anthrax）是由炭疽杆菌（*Bacillus anthracis*）引起的一种急性、热性、败血性传染病。人和家畜及各种动物均可感染或患病。藏语称“沙什菌”“沙乃”。我国将其列为二类动物疫病。病变主要特征为脾脏肿大，血凝不良、呈煤焦油状，尸僵不全、极易腐败等。

1. 病原体

炭疽杆菌（*B. anthracis*）属于芽孢杆菌科（Bacillaceae）、芽孢杆菌属（*Bacillus*）。其基因组序列长5 200kb，含有5 000多个基因。菌体粗大，两端平截或凹陷，是致病菌中最大的细菌；排列似竹节状，无鞭毛，无动力，革兰氏染色阳性。该菌专性需氧，最适培养温度为25~30℃，最适pH为7.2~7.4；琼脂平板培养24h，可见直径2~4mm的粗糙菌落，菌落呈毛玻璃状（图12-4）；在5%~10%绵羊血琼脂平板上，菌落周围无明显的溶血

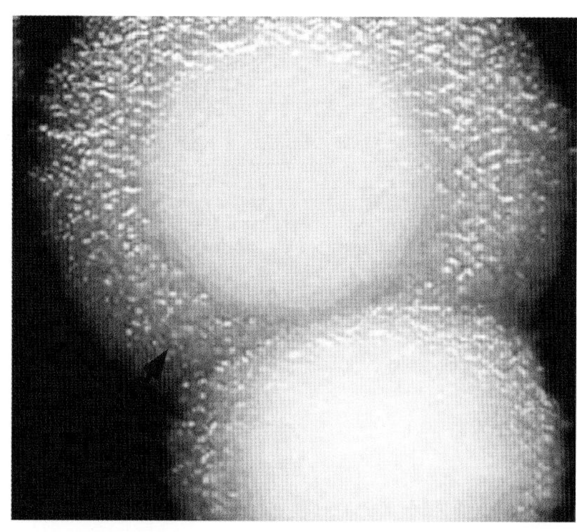

琼脂平板培养菌落形态（边缘不整，呈毛玻璃状）

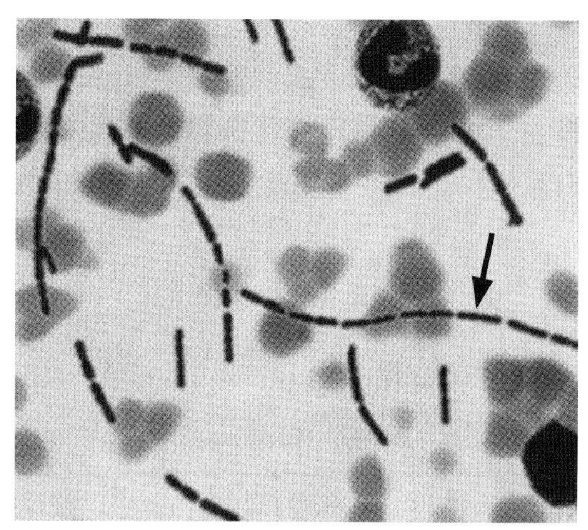

血涂片的镜下形态（瑞氏染色，呈紫色，竹节状）

图12-4　炭疽杆菌（http://image.so.com）

注：箭头指示为炭疽杆菌典型形态。

环，但培养较久后可出现轻度溶血。炭疽杆菌受低浓度青霉素作用，菌体可肿大形成圆珠，称为“串珠反应”，这也是炭疽杆菌特有的反应。炭疽繁殖体抵抗力不强，易被一般消毒剂杀灭；而芽胞抵抗力强，可在污染的牧场存活20～30年。芽孢需经煮沸处理40min、140℃干热3h、110℃高压1h以及浸泡于10%甲醛溶液15min和20%漂白粉数日以上，才能将其杀灭。炭疽芽孢对青霉素、先锋霉素、链霉素、卡那霉素等高度敏感。

2. 流行特点

牦牛产区历史上就有该病发生，呈地方性流行或散发。一年四季均可发生。病牛是该病的主要传染源。健康牛采食被病牛排泄物污染的饲料、饮水、草原牧草后经消化道感染；当病牛尸体处理不当或炭疽杆菌形成抵抗力极强的芽胞时，污染草地、土壤及水源等，成为长久疫源地。牛吸入带芽胞的灰尘或被带菌的吸血昆虫叮咬，也可感染。

3. 临床症状

病牛主要表现为体温升高，精神不振，反刍停止，呼吸困难，行走摇摆或昏迷倒地等。最急性的发病急剧，数小时即可死亡。病死牛腹部臌胀，尸僵不全，天然孔出血且血凝不良，呈煤焦油样。

4. 诊断

根据病牛症状表现可初步作出诊断，如尸僵不全，天然孔出血，血液凝固不良等。确诊须结合以下实验室检测。

（1）显微镜检查。采集病牛耳尖或鼻孔血液，标本涂片进行沙黄荚膜染色或革兰氏染色等镜检，观察形态及荚膜特征，可进行初步诊断。革兰氏染色可见G^+粗大杆菌。荚膜染色法菌体呈深紫色，荚膜呈淡紫色；碱性美蓝染色可将菌体染成蓝色，荚膜为淡粉红色。

（2）血平板分离培养。可作为确诊试验。将待检病料接种于血琼脂平板，37℃培养12～15h，观察菌落周围不透明，无明显溶血环；菌落有黏性，用接种针钩取可拉成丝。

（3）菌落鉴别试验。钩取可疑菌落，可利用明胶穿刺、青霉素串珠试验和串珠荧光抗体染色法等进行鉴别确定。明胶穿刺后沿穿刺线形成白色的倒立松树状生长，可证实为炭疽杆菌。青霉素串珠试验为炭疽杆菌所特有，与常规检查符合率高达80%～90%。串珠荧光抗体染色法结合了串珠试验和荧光抗体染色法的特点，具有双重特异性，可与其他需氧芽孢杆菌鉴别。

（4）小白鼠致病力试验。可与其他需氧芽孢杆菌进行鉴别诊断。取病料分离菌的普通肉汤培养物接种小白鼠，0.2mL/只，皮下注射。接种后饲养观察2d。剖检观察死亡小白鼠病理变化及取皮下病变组织和脾、肝分别接种于营养琼脂和普通肉汤培养基，同时涂片镜检，按常规方法进行菌株鉴定和生化特性试验。

5. 防治

彻底消灭免疫死角是当前有效控制和消灭牦牛炭疽病的关键措施。

抓好每年的春季预防工作，健康牛群可注射无毒炭疽孢苗和第Ⅱ号炭疽芽孢苗，大牛1mL/头，小牛0.5mL/头，免疫期可达1年。要求牧户真正做到“户不漏畜，畜不漏针”，确保免疫密度达到100%。

发生疫情时，要严格封锁疫区，隔离病牛，专人管理，严格搞好排泄物的处理及消毒工作。病死牦牛尸体要进行深埋，不剥皮，更不能食用。接触病牛的人员，包括饲牧人员、屠宰人员及经营牦牛皮、毛等畜产品的人员都要严格消毒，注意卫生保健及做好自身防范工作。

发病牦牛及早隔离，可用抗炭疽血清或青霉素、四环素等药物治疗，一般2~3d 可治愈。

专业兽医技术人员要深入牧户，切实做好牦牛炭疽病的危害和防治常识的宣传工作，使牧民认识到预防炭疽的重要性。教育牧民群众不要食用病死家畜肉，如果发现应立即向当地兽医站报告。

五、结核病

结核病（Tuberculosis）是由结核分枝杆菌（*Mycobacteria tuberculosis*）引起的一种人兽共患慢性传染病。其特征为渐进性消瘦，以及肺或其他组织器官内形成结核结节和干酪样坏死灶。该病是世界动物卫生组织规定必须通报的疫病，在我国属二类动物传染病，被列为检疫扑杀对象。该病对养牛业发展、食品安全与人类健康构成重大威胁。

1. 病原体

结核分枝杆菌（*M. tuberculosis*）属放线菌目（Actinobacterales）、分枝杆菌属（*Mycobacterium*）。为革兰氏阳性菌。牛分枝杆菌形态粗短略带弯曲，大小（1~4）μm×0.4μm。牛分枝杆菌强毒株AF2122/97基因组为4 345 492 bp，存在于单一的环状染色体中，GC含量为65.63%，基因组包含3 952个编码蛋白的基因，包括1个原噬菌体和42个IS插入序列。细胞壁脂质含量较高，约占干重的60%。分枝杆菌一般用齐尼（Ziehl-Neelsen）抗酸染色法，以5%石炭酸复红加温染色后可以染上，但用3%盐酸乙醇不易脱色。若再加用美蓝复染，则分枝杆菌呈红色，而其他细菌和背景中的物质为蓝色（图12-5）。电镜下菌体外有一层较厚的透明区，即荚膜，荚膜对结核分枝杆菌有一定的保护作用。结核分枝杆菌致病因子主要为胞壁中所含的大量脂质，脂质含量与菌体毒力呈平行关系，含量越高，毒力越强。

2. 流行特点

患结核病的人、牛等都是该病的传染源。患病个体的粪便、乳汁及气管分泌物均含有致病菌，经污染饲草、饮水、食物等散播开来，通过呼吸道或消化道传染。犊牛感染，主要经吮吸带菌的母乳感染；成年牛感染，多数经病牛、病人的直接接触而传播感染。生殖道结核

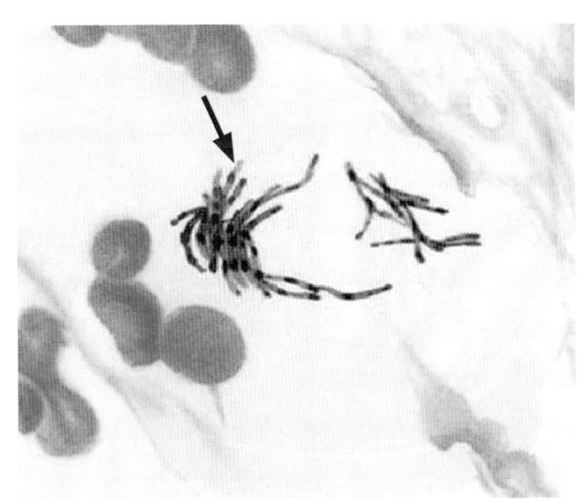

结核杆菌镜下形态（抗酸染色阳性，呈红色）

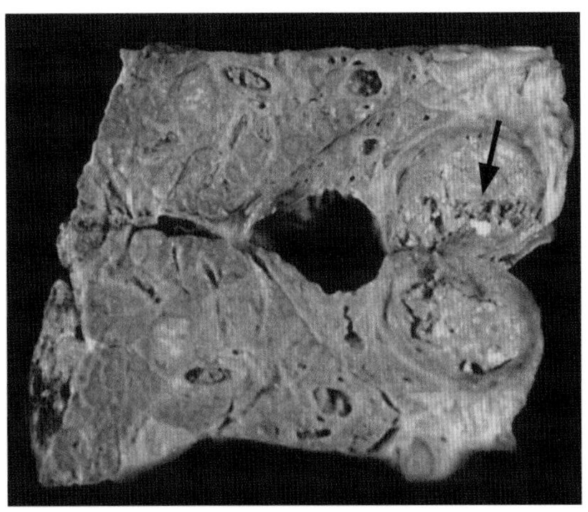

牛肺结核标本（结节中有明显的灰白色钙化灶，结节周围有结缔组织包裹）

图12-5　结核杆菌及典型结核结节（http://image.so.com；马学恩）

注：箭头指示为结核杆菌及钙化灶

病牛，可经交配传染；患病母牦牛可经胎盘感染胎儿。该病流行呈散发性，发病季节性不明显，地区差异很显著，各日龄阶段的牛均有易感性。该病诱因复杂，场地拥挤、通风不良、阴暗潮湿、光照不足、卫生条件差等，都是感染该病的导火索。

3. 临床症状

结核病潜伏期长短不一，短的有10~45d，长可达数月甚至数年。多数呈慢性经过，发病程度和病变器官不同，症状也略有差异。其中，以肺结核、乳房结核、肠结核最常见。同时，可见淋巴结核、生殖器结核和脑结核等。

（1）肺结核。牦牛以肺结核为主，病初食欲、反刍无明显变化，但有短促的干咳，以后咳嗽逐渐加重，变为湿咳，呼吸次数增加，流黏性或脓性鼻液。病牛逐渐消瘦、贫血、易疲劳，颌下、咽部、颈部等处淋巴结明显肿大。后期可诱发慢性瘤胃臌气。病情严重时，病牛卧地不起，体温骤升，呼吸极度困难，最后因心力衰竭而死亡。

（2）乳房结核。病牛乳房淋巴结肿大，可摸到局限性或弥漫性硬结，硬结无热痛症状，表面凹凸不平。产奶量逐渐降低，严重时乳汁稀薄如水或混有脓絮，甚至停止泌乳。

（3）肠结核。常见于犊牛，表现消化不良，食欲不振，全身乏力，顽固性腹泻，极度消瘦。

（4）脑结核。伴有神经症状，如惊恐不安、异常兴奋、肌肉震颤、站立不稳、步履蹒跚、头颈僵硬等。病程后期呼吸失常，严重昏迷，伴有痉挛症状。

（5）生殖器结核。主要表现为性功能紊乱、流产和不孕。母牛感染后流出黄白色黏液，混有干酪样絮片。影响发情周期，发情次数增加。受孕率降低，可导致妊娠母牛流产。公牛感染后附睾部肿大，阴部有结节，严重的可导致阴茎部糜烂。

4. 诊断

结核病的检测方法主要包括细菌学检测（如镜检、细菌培养、动物试验等）、免疫学检测和分子生物学诊断技术等。目前所有新老检测方法在检测群体阳性率方面较准确，但在检测个体阳性率方面准确率较差。

（1）结核菌素皮内变态反应。简称皮试，是各个国家法定的检测方法。有尾褶皮试（Caudal told test，CFT）、颈中部皮试（Cervical intradermal test，CIT）和颈部比较皮试（Comparative cervical test，CCT）等方法。尾褶皮试常用于结核初筛，牛结核菌素的皮内注射剂量一般为2 000 IU，当进行牛结核病根除计划时，世界动物卫生组织推荐用5 000 IU，但不能少于2 000 IU，注射体积不能多于0.2mL，一般为0.1mL。禽结核菌素一般注射5 000 IU，注射体积为0.1mL。颈部比较皮试是最准确的结核菌素皮试方法，具体方法是：用牛结核菌素与禽结核菌素同时做皮试检测，用牛结核菌素导致的皮厚增加扣除禽结核菌素导致的皮厚增加作为结果判断标准，增加4mm为阳性，2~4mm为可疑，2mm以下为阴性。

（2）IFN-γ 体外释放检测。该方法是一种细胞免疫检测方法，已有商品化IFN-γ ELISA试剂盒。步骤包括：采集肝素抗凝外周血，在细胞培养箱中，用牛结核菌素和禽结核菌素平行刺激外周血淋巴细胞。细胞过夜培养后，结核病阳性牛的外周血淋巴细胞在结核菌素刺激下将分泌大量IFN-γ；然后收集刺激液，用IFN-γ ELISA或ELIspot检测IFN-γ 浓度，根据检测结果即可判断是否感染了结核病。

（3）抗体检测法。有ELISA与试纸条两种方法，其抗原成分基本上是在MPB70和MPB83基础上增加更多的检测抗原。国际市场上已有试纸条供应，但价格昂贵。国内也研发了类似产品，但尚未进入产业化转化。在牛结核病控制与净化中，对于那些牛结核病感染率高，但又承受不了高额淘汰成本的国家或地区而言，淘汰抗体阳性牛是另一种办法。

5. 防治

结核病是我国法定的检疫对象，需采取定期检疫等综合性防治措施预防和控制该病的流行。

加强消毒管理，遏制病原菌的扩散蔓延。消毒剂常用20%漂白粉乳剂、20%新鲜石灰乳、5%来苏儿溶液等，消毒效果良好。使用时，建议几种消毒药物交替使用，避免耐药性的产生。场地内所有粪便集中堆积发酵，诊治无效的病死牛集中深埋或焚烧。

严格检疫制度，净化牛群。检疫使用牛型提纯结核菌素，春、秋两季各检疫1次，发现可疑及阳性病例应予以淘汰，并及时扑杀结核病阳性牛。

制定有效的防控和净化计划，加强对牛结核病及野生动物结核病的流行病学调查研究，实施高覆盖率采样，整合相关调查结果，彻底摸清病原流行及分布特点，为牛结核病的防控和净化打下坚实的基础。学习发达国家控制牛结核病的重要措施和成功经验，加大牛群流动监管力度，实行牛群注册与可追溯体系以及牛群移动限制，实现区域化管理。引入牛只后必须进行隔离检疫。宰后检测的有效性与畜群的可追溯密切相关，发现阳性牛能通过追溯体系准确找到牛的来源并确认来源牛群的感染情况。

治疗结核病的药物较多，但除个别在牦牛选育中有价值的种牦牛外，一般不用药物治疗。优良种畜可试用青霉素、异烟肼、氨基水杨酸等药物按疗程治疗。

健全、更新牛结核病的相关政策法规，提高公众对牛结核病防控意义的认识，各级部门及相关人员应相互配合，为有效控制牛结核病提供保障。

六、巴氏杆菌病

巴氏杆菌病（Bovine pasteurellosis）是由多杀性巴氏杆菌（*Pasteurella multocida*）引起的以败血症和出血性炎症等变化为特征的一种急性、热性传染病，又名出血性败血症。是牧区牦牛最常见的传染病之一，发病急、传染快，对养牛业的影响较大，是牧区重点防控的疾病之一。牦牛感染后的主要特征是败血症和组织器官广泛出血，在咽喉、胸部、头颈部位出现局部炎性水肿，又称“锁喉风”，藏语称之为“苟后”。

1. 病原体

多杀性巴氏杆菌（*P. multocida*）属于巴氏杆菌科（Pasteurellaceae）、巴氏杆菌属（*Pasteurella*），为革兰氏阴性杆菌。本菌为细小的球杆状或短杆状菌，两端钝圆，近似椭圆形，大小为（0.5~2.5）mm×（0.2~0.4）mm，在培养物中呈圆形、卵圆形或杆状，单在，有时成双排列，病料涂片用瑞氏染色或美蓝染色时，可见细菌的两端颜色深而中间颜色浅，故常常被称之为“两极性细菌”（图12-6）。新分离的强毒菌株具有黏液性荚膜，但经培养后迅速消失。本菌无芽孢，无鞭毛。最适生长温度为37℃，pH 7.2~7.4；在血琼脂平板或血清琼脂平板上生长良好，菌落呈水滴状，灰白色，无溶血。本菌对外界抵抗力不强，容易死亡，一般56℃处理15min或60℃处理10min即可被杀灭。10%石灰乳、1%氢氧化钠溶液或2%来苏儿溶液等均可杀死本菌。此外，本菌在蒸馏水和生理盐水中很快死亡，对磺胺类药物、土霉素敏感。

2. 流行特点

该病一年四季均可发生，但以天气寒冷、气候剧变，闷热、潮湿、多雨的时期发生较多。过度疲劳、营养不良及寄生虫感染等因素可降低牦牛的抵抗力，是该病主要的发病诱因之一。患病牦牛、病死牦牛是该病在牧区传播的主要传染源，健康牦牛大多通过被病牛的分泌物和排泄物所污染的饮水、饲料等经消化道感染。牦牛最易感染，犏牛次之，母牛及2岁左右牛发病率较高。该病多呈地方性流行或散发，同种动物能相互传染，不同种动物之间也偶见相互传染。

3. 临床症状

该病特点为发病急、病程短、死亡率高。潜伏期2~5d。临床可分为急性败血型、水肿型和肺炎型3种。

（1）急性败血型。病牛突发高热，体温高达41~42℃；被毛松乱，停止采食，鼻镜干裂；继而腹痛下痢，粪便恶臭并混有血丝，有时伴有血尿。本型起病急，预后不良，病牛常常在1d内死亡。

（2）水肿型。除表现全身症状外，病牛颈部、咽喉部及胸前的皮下结缔组织迅速出现水肿，手指按压硬痛，同时舌及周围组织的高度肿胀，舌伸出齿外，大量流涎；两眼流泪，眼结膜赤红、发炎；病重者呼吸高度困难，皮肤和黏膜发绀，病牛因窒息在2~3d内死亡。

（3）肺炎型。主要表现为纤维素性肺炎和浆液纤维素性胸膜炎。病牛呼吸困难、干咳。胸部叩诊呈实音。2岁以下的小牛多伴有带血的下痢，常因极度衰弱而死。肺组织颜色从暗红色、炭红色到灰白色，切面呈大理石样病变（图12-6）。

4. 诊断

根据流行病学调查、发病情况、临床症状等可作出初步诊断，确诊有赖于病原学的分离鉴定。

（1）涂片镜检。无菌采集病死牦牛的淋巴结、血液、肝、肺、脾等病料涂片，并分别用革兰氏染色法和美蓝染色法染色、镜检。经革兰氏染色法染色的涂片镜检可见很多呈革兰氏

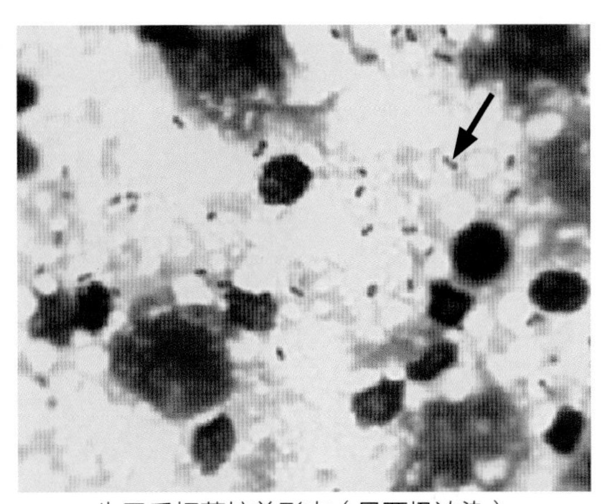

牛巴氏杆菌培养形态（呈两极浓染）

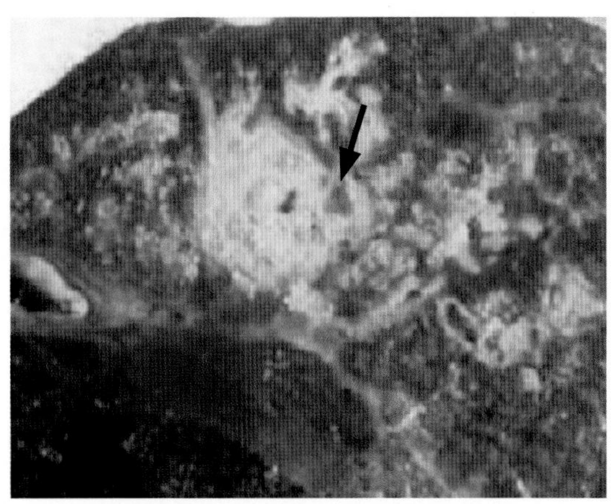

病牛肺组织切面图（呈大理石样）

图12-6 牛巴氏杆菌（http://image.so.com）

注：箭头指示为细菌典型形态和病牛肺组织切面

阴性的杆菌，经美蓝染色法染色的涂片中均可见两极浓染的短杆菌。

（2）细菌分离培养。病料同时接种血琼脂和麦康凯琼脂平板，置于37℃条件下连续培养24h后，肉眼观察麦康凯琼脂无细菌生长；血琼脂上应生长灰白色、水滴状菌落，不溶血，可初步鉴定为巴氏杆菌。

（3）动物回归试验。取病料制成混悬液或肉汤培养物，注射到小白鼠皮下。于24~48h后取死亡小鼠肺进行涂片，用美蓝染色或瑞氏染色后，通过镜检或接种血琼脂平板再证实。

5. 防治

要加强牦牛的日常饲养管理，改善卫生条件，以增强牦牛的抵抗力。疫病发生后，要紧急采取以下综合措施。

出现疫情，应立即隔离病牛与可疑病牛，严格封锁疫区，避免疫情进一步蔓延。无害化处理病死牦牛，严禁食用或销售感染的牦牛肉和相关产品。有条件的可及时转场，以避开污染区。

对健康牦牛定期注射牛巴氏杆菌灭活疫苗（牛出血性败血症氢氧化铝疫苗），体重200kg以下的注射 5mL/头，200kg以上的注射10mL/头。肌内或皮下注射，免疫期为9个月。尤应注意的是，本疫苗切勿与其他疫苗同时使用，一般可间隔2~3周再进行其他疫苗注射，在免疫的过程中不得使用抗生素和肾上腺皮质激素类药物，以免降低免疫效果。

定期对病牛污染的环境和用具进行严格消毒，2种以上的消毒剂交替、轮换使用，以避免产生耐药性。一般使用强力消毒灵或兽用50%来苏儿溶液进行消毒。

对于危重病牛，可用抗巴氏杆菌病的高免血清或抗生素进行药物治疗，并辅以解热镇痛、纠正酸中毒、消除水肿等对症治疗。抗生素可使用磺胺嘧啶钠注射液，剂量按1~1.5mL/kg体重，静脉注射，每日2次，连续注射3~5d。或用链霉素2g/头，肌内注射，每日3次，连用3d。对于体温升高的病牛可肌内注射10mg/kg体重安乃近；发生水肿和呼吸困难的病牛可用5%碳酸氢钠注射液静脉注射，直至呼吸频率恢复正常（约40次/min）为止。

七、副伤寒

副伤寒（Paratyphoid fever）是由沙门氏菌属（*Salmonella*）的一种或多种血清型的沙门氏菌引起的一种急性或慢传染病，藏语称“娘钠”、“比乃”。主要侵害犊牛，以15~60日龄的犊牛发病较多，是牦牛产区较常见的传染病之一。犊牛发病以消化道和呼吸道症状为主，表现为腹泻、体温升高和呼吸困难。病理变化表现为出血性、卡他性肠炎和间质性肺炎。成年牛有时不出现临床症状而突然倒毙。

1. 病原体

沙门氏菌（*Salmonella*）属于肠杆菌目（Enterobacteriales）、肠杆菌科（Enterobac

teriaceae）。多项研究报道，引起牦牛副伤寒的主要病原为都柏林沙门氏菌（*S. dublin*）、病牛沙门氏菌（*S. bovismorbificans*）、圣保罗沙门氏菌（*S. saintpaul*）和肠炎沙门氏菌（*S. enteritidis*）4个类型。圣保罗沙门氏菌主要感染成年牦牛，其他3种沙门氏菌主要感染犊牦牛。沙门氏菌为革兰氏阴性肠道杆菌，菌体大小为（0.6~0.9）μm×（1~3）μm，无芽胞，一般无荚膜，有鞭毛。沙门氏菌在水中不易繁殖，但可生存2~3周；在自然环境里的粪便中可存活1~2个月。对热抵抗力不强，60℃处理15min即可被杀死。沙门氏菌最适繁殖温度为37℃，在20℃以上即能大量繁殖；营养要求不高，分离培养常采用肠道选择鉴别培养基。

2. 流行特点

我国牦牛分布地区都有该病的发生和流行，主要侵害犊牦牛，尤以15~60日龄幼犊感染发病率高。据不完全统计，甘肃平均发病率在40%以上，致死率高达57.3%；西藏年平均发病率为5.18%，致死率为26.18%；青海发病率为10.5%，致死率为55.6%。病牛为主要传染源，健康牛通过采食被病牛粪便、乳汁等污染的饲料及水源而感染。该病的发生和流行，主要与冷季无补饲，牛只乏弱，犊牛哺乳不足等造成营养不良或抵抗力弱有关；圈舍卫生状况差及天气寒热突变也易引发牛只感染发病。

3. 临床症状

临床症状较复杂，死亡率为5%~10%。病犊表现体温升高，精神沉郁，呼吸急促、咳嗽，喜饮水，有的呻吟，鼻镜干燥，心跳加快，呈腹式呼吸，咳嗽或表现肺炎症状，流浆性鼻液，后变为黄白色的黏性鼻液；哺乳次数减少，采食毛或泥土等异物。眼红并肿胀、流泪。病重时肛门红肿，出现下痢，排恶臭稀便，呈白色或灰黄色，混有未消化的乳块。病牛剧烈腹痛，常用后肢蹬腹部。多数病犊出现跛行，腕、系关节肿大，发生浆液性关节炎。重者多在5~10d死亡，轻者或经早期治疗的病犊牛可痊愈。

4. 诊断

根据发病情况、临床症状、病理变化，结合实验室检验，可确诊该病。

实验室诊断可进行病死牛肝脏组织触片镜检。经革兰氏染色后，镜检见两端钝圆、中等大小、细长的红色杆菌。肝脏组织接种鲜血琼脂平板和麦康凯琼脂培养基进行细菌培养，结果观察应在鲜血平板培养基上出现半透明、圆形、凸起、光滑湿润的小菌落；麦康凯培养基上可见无色、透明、圆形、光滑、扁平的小菌落。挑取可疑菌落涂片、革兰氏染色镜检，细菌形态应与肝脏组织触片染色镜检相同。

5. 防治

牦牛副伤寒流行多年，目前仍未得到有效控制。多种沙门氏菌都可能引起牦牛发病，所以需加强流行病学调查与病原诊断监控工作，结合以下措施进行综合防控。

饲养管理方面，要改进放牧、补饲，给犊牛留足母乳或适当掌握挤奶量，6~8月份将带犊母牦牛群放牧于干燥、凉爽的草地。

预防可注射牛副伤寒氢氧化铝灭活疫苗，1岁以下牛每头注射1~2mL；1岁以上牛每头注射2次，每次每头注射2mL，免疫间隔10d，免疫期为6个月。

发现病牛要隔离治疗，同时对全群牦牛逐头检查，有发热或腹泻者迅速隔离治疗。病死牛进行焚烧深埋，对牛场内外环境用0.1%强力消毒灵彻底消毒。

发病初期可用药物治疗病牛。治疗可选用0.5%痢菌净水溶液，3mL/kg体重，肌内注射，每日1次；口服给予5mg/kg体重，第一天给药2次，间隔6~8h，以后每天给药1次，3d为1个疗程，有显著疗效。青霉素320万IU，链霉素200万IU，肌内注射，每日2次；磺胺甲基异噁唑20~40mg/kg体重，灌服，每日2次；盐酸土霉素2g，以生理盐水或5%糖盐水稀释为1∶40的溶液，缓慢静脉注射，治愈率可达93.8%。

八、犊牦牛大肠杆菌病

犊牦牛大肠杆菌病是由致病性大肠杆菌（*Escherichia coli*）引起的一种犊牛急性肠道传染病；也称犊牛白痢。临床上主要表现为剧烈腹泻、脱水、虚脱及急性败血症。该病在牧区普遍存在，严重威胁牦牛的健康，多发生于生后1~4d的犊牛。

1. 病原体

致病性大肠杆菌（*E. coli*）属于肠杆菌科（Enterobacteriaceae）、埃希氏菌属（*Escherichia*）。大肠杆菌为革兰氏阴性的短杆菌，大小为（0.4~0.7）μm×（2~3）μm，两端钝圆，散在或成对，周生鞭毛，能运动。不产生荚膜，无芽孢。有时两端着色较浓，要注意与巴氏杆菌鉴别。抵抗力中等，各菌型之间存在差异。该菌对青霉素有中等抵抗力，对一般消毒剂都比较敏感。对氯尤为敏感，水中游离氯达到0.2mg/L时，即可杀死该菌。该菌在土壤中、水中及粪便中可存活数月以上。有报道称，从西藏牦牛分离到的大肠杆菌TD1血清型为O148。

2. 流行特点

该病最早发生于母牦牛，以泌乳期的母牦牛最易感染，其次为1~4月龄犊牛，公牦牛次之。患病和带菌牦牛是主要的传染源。病牛排泄物污染牧草和饮水，健康牦牛通过采食和饮水经消化道感染发病。该病于每年3~10月份发生，4~6月份为发病高峰期，一般呈散发或地方流行性，以小肠的出血性或水样水肿为特征。

3. 临床症状

主要病症包括腹泻、败血症和肠毒血症。

（1）腹泻型。犊牛最典型的特征是剧烈腹泻，多发于吃过初乳1~2周龄的犊牛。体温正常或稍高（40℃），食欲减退或拒食。不久后出现腹泻，排出乳白色或灰白色的粪便并混有凝乳块、血块和泡沫，呈粥样或糊状；如不及时治疗，排便失禁，1～3d因脱水而死亡。病程延长者，则出现肺炎、关节炎等。若及时治疗，一般可治愈，但发育缓慢，成为侏儒牛。

（2）败血症型。多见于未吃初乳的初生犊牛。生后几小时，最多不过2～3d即发病。病犊体温升高，精神沉郁，食欲废绝，几小时内死亡。病程长的并发关节炎、脑炎死亡。

（3）肠毒血症型。主要发生于7日龄以内吃过初乳的犊牛。发病突然，很快死亡。病程稍长的犊牛表现出不安、兴奋等中毒性神经症状，之后昏迷死亡，死前常出现剧烈的腹泻症状。

4. 诊断

该病结合临床症状、发病史可作出初步诊断，确诊需结合微生物学诊断，采集病犊牛的病变组织，进行实验室细菌分离培养、血清型鉴别和动物试验等。

（1）细菌分离培养。无菌采集病死犊牛的肝脏、脾脏及粪便，分别接种于血琼脂或麦康凯琼脂平板上，置于37℃条件下培养24h；挑取麦康凯平板上的红色菌落或血平板上呈 β 溶血的典型菌，转接三糖铁琼脂培养基斜面进行生化试验和纯培养；三糖铁琼脂上表现为斜面和底层均发黄。同时，挑取单个菌落抹片，革兰氏染色镜检，应观察到革兰氏阴性两端钝圆的短杆菌。

（2）血清型鉴定。将分离培养的菌株用抗大肠杆菌O、K和H因子标准血清分别进行血清型的鉴定。已报道牦牛致病性大肠杆菌血清型主要有O142、O148、O158和O26。

（3）动物试验。取分离菌株的肉汤纯培养物0.2mL，注射于小白鼠腹腔，进行观察。攻毒小白鼠一般于注射后18h内死亡。分离培养小鼠体内的接种细菌，形态、生化特性和血清型应与分离菌株相一致。

5. 防治

目前对该病的防治可采用化学药物，在日常管理方面应采取以下措施。

加强妊娠母牛和犊牛的饲养管理，改善环境卫生，保持牛舍干燥和清洁卫生，及时清除粪便和污物，并经常用5%来苏儿溶液进行消毒，铺垫干燥垫草。

加强犊牛的护理，犊牛出生后要哺足初乳，以增强抵抗力。哺乳前用温肥皂水洗去乳房周围的污物，再用淡盐水洗净擦干。防止犊牛受潮湿和寒风袭击，禁饮脏水，可配制0.1%高锰酸钾溶液供犊牛饮用。

对患病犊牛要尽早给予治疗。对症治疗可静脉滴注5%葡萄糖注射液、6%低分子右旋糖酐注射液、5%碳酸氢钠注射液、安钠咖注射液、维生素C等。对患病犊牛或体弱犊牛，可饲喂酸奶150～300mL。另外，给患病犊牛喂服次硝酸铋5～10g/次、陶土50～100g/次或活性炭10～20g/次，也可进行灌肠，以减少毒素的吸收。抗菌消炎可选用新霉素，初次口服用量为40mg/kg体重，12h后剂量减半，连用3～5d。5%糖盐水500～1 000mL，按25mg/kg体重剂量加入头孢唑啉，每日2次，连用3～4d。也可使用黄连素、痢菌净、磺胺嘧啶等。

九、牦牛嗜皮菌病

牦牛嗜皮菌病（Dermatophilosis）是由刚果嗜皮菌（*Dermatophilus congolensis*）引起的一种急性或慢性人兽共患的皮肤传染病，以浅表渗出性、脓疱性皮炎，局限性痂块性和脱屑性皮疹为主要临床特征。世界动物卫生组织将该病列为B类疫病。1980年在甘肃省甘南地区的牦牛病例中分离到刚果嗜皮菌，确认该病在牦牛中广泛流行。各种年龄的牦牛均可发病，感染后可引起生产力及抗病力下降。

1. 病原体

刚果嗜皮菌（*D. congolensis*）属于放线菌目（Actinomycetales）、嗜皮菌科（Dermatophilaceae）、嗜皮菌属（*Dermatophilus*）。刚果嗜皮菌为兼性厌氧菌，革兰氏染色阳性。适宜生长条件为27℃或37℃，适宜pH为7.2~7.5。在生长过程中存在菌丝期和孢子期的特性。菌丝期一般呈分枝状，有膈，菌丝最粗时，直径可达5μm。菌体成熟后，球状细胞可断裂成具有丛生鞭毛的游动孢子。游动孢子为感染阶段，呈圆形或椭圆形，每个细胞有5~7根长鞭毛，鞭毛极细，直径8~9nm。孢子停止游动后萌发，再次生长成菌丝体，这样完成一个生活周期。

2. 流行特点

刚果嗜皮菌为皮肤专性寄生菌，无宿主特异性，对各种动物均有致病作用。该病常见于炎热、多雨季节，多呈地方性流行；牦牛多在6~9月份发病，以犊牛发病率较高。病牛为该病的重要传染源。可直接通过破损皮肤接触、吸血昆虫叮咬，或间接接触被病菌污染的饲槽、用具等引起该病传播。人感染嗜皮菌病的主要原因是接触了患病动物组织或污染的畜产品。

3. 临床症状

病牛主要表现为口唇、头颈、背、胸等部位的皮肤出现豌豆大至蚕豆大的结节，呈灰褐色或黄白色。随着病情的发展，结节逐渐形成大小不一、表面粗糙的痂块。被毛脱落后，痂块裸露，剥离部位可能引起出血或流出脓液。胸部症状因被长毛覆盖而不易发现。病牛体质瘦弱，被毛粗乱，无其他病侵袭时，很少死亡。

4. 诊断

结合临床症状和流行病学可对嗜皮菌病进行初步诊断。确诊要依靠病原体检查，常用方法有以下几种。

（1）实验室诊断。主要依据在病料培养物中检出革兰氏阳性分枝样菌体或者成行排列的球状孢子，或者用剥离的结痂下渗出物作涂片，姬姆萨染色或革兰氏染色，镜检后看到相同形态的微生物，可确诊为嗜皮菌病。

（2）分子生物学诊断。利用刚果嗜皮菌16S RNA序列进行PCR扩增及测序分析，有利于嗜皮菌病病原的确定。

（3）动物试验。将病料接种到家兔的皮肤，1d后，家兔开始发病，接种部位皮肤逐渐形成结节并结痂。取痂皮及渗出物涂片染色，观察到革兰氏阳性的典型菌丝及球菌状孢子，可进一步确诊该病。

5. 防治

目前该病尚无安全有效的疫苗，防治要本着“早诊断、早治疗”的原则。

加强牛只管理、搞好牛舍环境卫生是预防该病的关键。同时，要定期组织疾病检疫工作，避免牛只的各种外伤感染，一旦有外伤发生，及时实施外科手术治疗处理。

消灭吸血昆虫，防止牛群淋雨或被吸血昆虫叮咬。一旦有染病情况出现，立即对病牛进行隔离治疗。全面消毒牛舍、圈栏及用具。被病牛污染过的垫草、残留的粪便、废弃物等要进行严格的无公害化处理。此外，饲养人员也要做好个人疾病防护措施，避免人畜感染。

治疗一般采取局部处理配合全身疗法，疗效明显。局部处理方法为：将患部剪毛后用温肥皂水洗刷，除去皮肤所有痂皮及周边渗出物；涂擦1%龙胆紫溶液或水杨酸溶液，也可用5%的灰黄霉素与液状石蜡合剂涂擦，每日1次，一般7d可治愈。全身治疗可使用青霉素1万IU/kg体重、链霉素10mg/kg体重，肌内注射，每日2次，5d为1个疗程。土霉素，5~10mg/kg体重，肌内注射，每日2次；螺旋霉素，4~20mg/kg体重，肌内注射，每日2次。

十、牦牛传染性胸膜肺炎

传染性胸膜肺炎（Contagious bovine pleuropneumonia，CBPP）是由丝状支原体（*Mycoplas mamycoides*）引起的一种危害严重的接触性传染病，也称牛肺疫、烂肺疫；藏语称“洛”、“洛乃”。世界动物卫生组织将其列为A类传染病。该病在我国牦牛产区流行已久，是危害牦牛业的主要传染病之一。主要侵害牦牛的胸膜和肺，其病理特征为纤维素性肺炎和浆液纤维素性肺炎。

1. 病原体

牛肺疫丝状支原体（*M. mycoides*），过去称星球丝菌或丝状霉形体，隶属于支原体目（Mycoplasmatales）、支原体科（Mycoplasmataceae）、支原体属（*Mycoplasma*），是能自行繁殖、体积最小、构造最简单的原核生物。革兰氏染色阴性，无细胞壁，光镜下呈多形性，但常见球形，能通过细菌滤器在无细胞培养基中生长，菌落呈典型的油煎蛋状（图12-7）。代表株PG1基因组为单股环状DNA，大小为1 211 Kb，GC含量为24%，包含985个假定基因。支原体属的pH要求在7.0~8.0，温度36~38℃；日光、干燥和加热均不利于本菌的生存；对苯胺染料和青霉素具有抵抗力。但1%来苏儿、5%漂白粉、1%~2%烧碱或

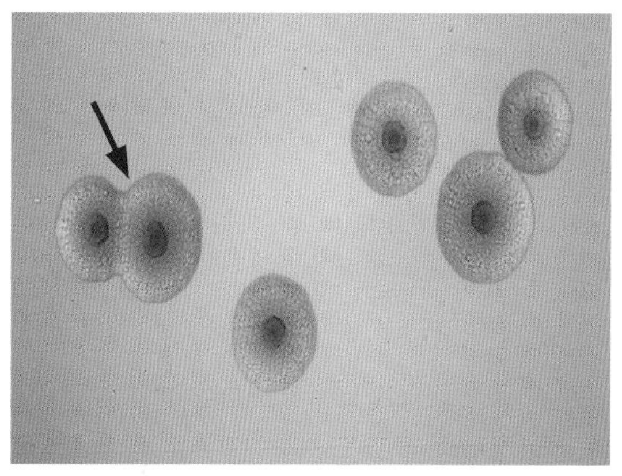

丝状支原体培养形态（宫晓炜 提供）

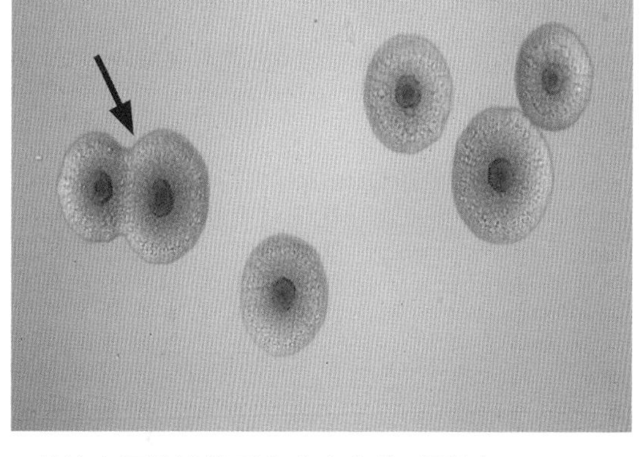

病牛症状（鼻孔扩张，有浆液性或脓性鼻液流出；http://www.baike.com/）

图12-7 丝状支原体形态及病牛症状

注：箭头指示为典型油煎蛋样菌落和病牛症状

0.2%升汞均能迅速将其杀死。对放线菌素D、丝裂霉素C最为敏感。硫柳汞和链霉素均能抑制本菌。

2. 流行特点

该病多呈散发性流行，非疫区常因引进带菌牛而呈爆发性流行。发病无明显季节性，但以冬、春两季多发。该病在亚洲、非洲和拉丁美洲仍有流行。在自然条件下主要侵害牛类，包括黄牛、牦牛、犏牛、奶牛等，其中3~7岁多发，犊牛少见。黄牛、牦牛对该病易感性高，发病率达60%以上，病死率可达50%。病牛和带菌牛是主要传染源，治疗康复后仍可能持续排毒1~2年。致病菌可经呼吸道、尿液、乳汁、子宫渗出物等排出体外，易感牛群主要经呼吸道感染，或通过被污染的饲草经消化道感染。

3. 临床症状

潜伏期长短不一，自然感染条件下平均为2~4周，短者1周，长者可达8个月。根据病程缓急，分为急性型和慢性型。

（1）急性型。患病初期，体温升至40~42℃，呈稽留热型。呼吸浅快，鼻孔扩张，鼻翼扇动，流浆液或脓性鼻液。腹式呼吸明显，牦牛发出“吭、吭”声或痛性短咳。多数因胸部疼痛而不愿走动，卧地不起，采食及反刍减少。可视黏膜发绀，臀部或肩胛部肌肉震颤。胸部叩诊呈浊音，有痛感；听诊肺泡音减弱。重症感染病例，胸下部及肉垂水肿，排便量少，便秘与腹泻交替发生。病牛呼吸极度困难，呻吟，体温骤降，口流白沫。通常情况下，急性感染病例在15~30d内因窒息而死亡。

（2）慢性型。病牛消瘦，典型症状为干咳。听诊胸部有实音且敏感。在老疫区多见牛使疫力下降，消化功能紊乱，食欲反复无常，有的无临床症状但长期带毒，故易与结核病相混，应注意鉴别。一般在改善饲养管理条件后，多数能逐渐恢复正常。

4. 诊断

该病初期不易诊断，可根据典型病理组织学变化，结合流行病学资料与症状，作出初步诊断。确诊应进行血清学检查和病原学检查。

（1）典型症状。病牛出现高热不退和浆液性纤维素性胸膜炎的征兆；病牛肺组织呈多色泽的大理石样变，肺间质明显增宽、水肿，肺组织坏死。

（2）病原检查。病原体分离和生化试验是确证性试验，应由参考实验室完成。取病死牦牛肺组织、胸腔渗出液与血液等涂片镜检，在高倍镜下可见多形性菌体。病原分离可用鲜血平板，取肺病变区等部位新鲜病料与葡萄球菌交叉划线，置于10%二氧化碳培养箱中37℃培养24h后，可见划线附近有不透明、扁平的小菌落，其周围完全溶血，呈典型的β-溶血。

（3）补体结合试验（CFT）。为世界动物卫生组织推荐使用方法。CFT检测敏感性欠佳，在流行病学调查分析中需结合病原检查和其他方法，如ELISA、PCR等。

（4）鉴别诊断。肺炎型巴氏杆菌病的肺病变与该病相似，应注意鉴别。

5. 防治

各级防治部门要提升对该病危害性的认识，注意做好疫病的防控工作。

加大宣传工作，加强防疫意识。完善防疫消毒制度，非疫区勿从疫区引进牛只；老疫区宜定期对6月龄以上的牛接种牛传染性胸膜肺炎兔化弱毒疫苗，每年1次。严格消毒制度，及时清理粪便，集中堆积发酵。牛舍、场地、用具等定期用3%来苏儿溶液或20%石灰乳消毒。

发现病牛应立即上报有关部门，及时隔离病牛，必要时宰杀淘汰，尸体严格进行无公害化处理；划定疫区并严格封锁，禁止疫区内牛只的市场流动。同时，区域内进行场地和用具消毒，避免区域内传播或扩散该病。

慢性感染病例，可针对性施治。药物可选用磺胺嘧啶钠，0.1mL/kg体重，肌内注射，每日1次，连用3~5d。或选用氟苯尼考，0.1mL/次，配合地塞米松5mL/次，肌内注射，每日1次，3~5d为1个疗程。急性胸膜肺炎可用青霉素、链霉素联合氢化可的松静脉滴注。胸腔积液诱发呼吸困难的，要给予强心、利尿、缓泻治疗。

十一、传染性角膜结膜炎

传染性角膜结膜炎是一种高度接触性的传染性眼病，俗称“红眼病”，是由衣原体、支原体、立克次体、细菌或病毒等多种病原微生物共同引起，其中以牛摩拉氏杆菌为主要病原。通常呈急性经过，临床特征为眼虹膜和角膜明显发炎、大量流泪、不同程度的角膜浑浊或呈乳白色。牛只直接接触感染，蚊蝇也起传染媒介的作用。牦牛产区普遍存在该病，以1岁左右牦牛及白眼圈的白牦牛易感染，犏牛发病较少。

1. 病原体

牛传染性角膜结膜炎的主要病原菌是牛摩拉氏杆菌（*Moraxellaboris*）。为革兰氏染色阴性杆菌，大小为（0.5~1.0）μm×（1.5~2.0）μm，多成双排列，也可成短链状排列，有荚膜，无芽胞，不能运动。只有在强烈的紫外线照射下才能产生典型症状。本菌对理化因素的抵抗力弱，一般的消毒剂均有杀菌作用，病菌在外界环境中存活一般不超过24h。也有学者认为该病的病原体还包括立克次体、霉形体、衣原体或某些病毒；病毒可能参与结膜炎的发病，而细菌起到协同作用或作为继发性病原。

2. 流行特点

该病呈世界性分布，多种家畜均可感染该病，且无年龄、品种和性别的差异。但哺乳和肥育犊牛发病率最高，无角比有角的动物发病率高。发病牛和带菌牛是主要的传染源。此外，康复期的牦牛，其眼睛分泌物仍然含有病原菌。传染途径一般为直接接触，病原菌会直接传播到健康牛群或者污染饲料、饮水、用具等环境造成间接传播。该病在夏、秋季节较为流行，气候炎热、刮风、尘土、蝇类媒介等因素可促使该病的发生和传播。一旦发病，迅速传播，多呈地方性流行。青年牛群的发病率可高达60%~90%。病程短者7d左右，一般持续20~30d。

3. 临床症状

传染性角膜结膜炎的潜伏期一般为3~7d。病初病牛眼睑红肿，畏光流泪。2~3d后眼角沉积或流出脓性分泌物；严重病例眼角膜出现云翳、白斑，甚至病眼溃烂、失明。病牛会因双目失明而行走不便，觅食困难，但一般无全身症状，很少有发热现象。眼球化脓时往往伴有体温升高、食欲减退、精神沉郁、产奶量下降和逐步消瘦等症状，多数可自然痊愈。

4. 诊断

根据该病的流行病学特点和临床症状，对该病进行诊断并不困难，但要与恶性卡他热、维生素A缺乏症和吸吮线虫所引起的角膜结膜炎相区别。

确诊需进行实验室病原检查。方法为采集病牛眼结膜分泌物，置于乳糖培养基中进行显微镜检查和微生物分离。染色镜检后可见革兰氏阴性的球状杆菌，不能运动，偶见形成短链状形态。进行微生物培养时，接种病料于琼脂平板上，在37℃条件下恒温培养48h，可见圆形且光滑、半透明、边缘整齐、灰白色的菌落。对于某些复杂症状也可采取姬姆萨染色、荧光抗体染色和血清抗体检测等实验室技术进行辅助诊断。

5. 防治

目前尚无疫苗用于预防该病，可采取以下综合措施积极防治。

（1）定期消毒。要注意搞好牛舍卫生，用2%～4%氢氧化钠溶液或3%来苏儿溶液等进行经常性消毒；无害化处理牛场污染物。切勿从疫区引进牛、饲料及动物产品。新引进的牛只要隔离观察3～7d，严格检疫确认无病后再进行混群饲养；也可用抗生素进行局部或全身用药，以减少该病的发生。

（2）加强饲养管理。应避免病牛眼睛长时间受到日光照射和蚊蝇侵袭。做好圈舍和周围环境的灭虫工作，消灭传播媒介。由于病原菌可出现在泪液和鼻液内，故应设法避免饲料和饮水遭受泪液和鼻液的污染。牛群饲养密度要合理，使用添加抗生素的饲料添加剂，可降低牛群发病率。对视力下降的病牛舍饲喂养，饲喂青干草，并给予充足饮水。

（3）防止传染和复发。由于该病具有传染性，发现病牛应及早隔离、治疗或淘汰，同时还要对圈舍、器具进行严格消毒。病牛治疗可用2%～4%硼酸溶液清洗患眼，拭干后用青霉素溶液滴眼，每日2～3次；也可用青霉素钠80万IU、链霉素100万IU粉剂撒布于患眼，每日1次；如有角膜混浊或角膜翳时，可用八宝退云散点眼。对严重病例采取自家血疗法，方法为：用消毒注射器吸取地塞米松3mL，然后在病牛颈静脉采血7mL，混合后迅速注入患眼上下眼睑各3～5mL，每隔2～3d使用1次，一般注射1～3次即可痊愈。

第三节　牦牛主要寄生虫病及其防治

寄生虫病是影响牦牛健康的主要因素之一，直接影响牦牛产肉、产奶等生产性能，严重时可导致牦牛死亡，每年给牦牛饲养业造成较大的损失，严重影响牦牛经济的发展。蜱、螨、蝇、虱、蚤等体外寄生虫和胃肠道线虫等多种寄生虫在我国牦牛分布地区广泛存在。由于牦牛主要在天然草场中放牧饲养，极易遭受寄生虫侵袭。牦牛的寄生虫病主要有体表寄生虫病、吸虫病、莫尼茨绦虫病、棘球蚴病、多头蚴病、肺线虫病、焦虫病等。牦牛感染寄生虫后，除少数表现典型症状外，在临床上仅表现消化功能障碍、消瘦、贫血、营养不良和发育受阻等慢性、消耗性疾病的症状。调查和收集寄生虫病的流行因素、发病年龄、季节、发病率、死亡率及寄生虫病的传播和流行动态等，可为早期发现疾病提供重要参考。同时，应积极开发针对牦牛寄生虫病的特效药物，并深入研究这些药物在牦牛体内的代谢和残留规律，减少药物在牦牛体内的残留和环境风险。另外，要研制适合牦牛使用的药物剂型，通过几种药物复合配制，研制浇泼剂、涂擦剂等，减少给药次数和给药强度。通过综合措施提高牦牛寄生虫病的防治工作效果。

一、体表寄生虫病

体表寄生虫病主要是由寄生在牦牛体表的寄生虫引起的一类寄生虫病的总称。牦牛的体表寄生虫主要有牛虱、蠕形蚤、蜱和螨等。通常在牦牛被毛密长的冷季较多，剪毛后显著减少。牛只通过相互接触而感染，主要症状为皮肤发痒或发炎。此类寄生虫是一些人兽共患病的传播媒介和贮存宿主，不仅严重影响牛群的生长发育，还传播多种疾病，导致牛体衰竭乃至死亡，造成巨大的经济损失。

1. 病原体

主要有牛虱、蠕形蚤、蜱和螨。

（1）牛虱。包括牛血虱（*Haematopinidae eurysternus*）和牛毛虱（*Damalinia bovis*），分属于昆虫纲（Insecta）的虱目（Anoplura）、血虱科（Haematopinidae）和食毛目（Mallophage）、毛虱科（Trichodectidae）。虱体扁平，无翅，呈黄白色或灰黑色；头、胸、腹分界明显，头部复眼退化。触角3~5节。胸部有足3对，粗短。卵呈淡褐色，多黏附于牛毛的基部（图12-8）。发育属不完全变态。牛虱一般寄生于牛体的头颈、肩胛、后肢和尾根等部位。牛血虱为刺吸式口器，主要以吸食牛体血液供给自身营养；牛毛虱为咀嚼式口器，主要以牛毛、皮屑和皮脂分泌物为食。

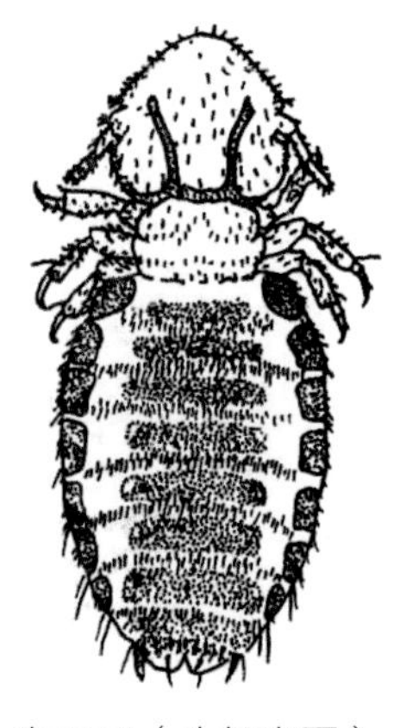

牛毛虱（头部宽圆）

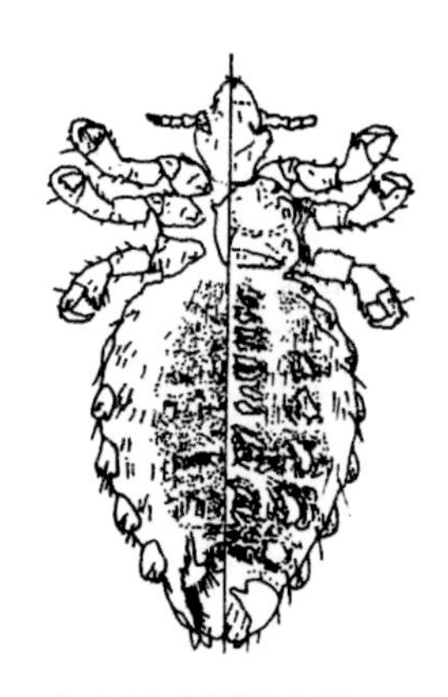

牛血虱（阔胸血虱，所有跗爪大小相等）

图 12-8　牛虱（刘文道，靳家声）

（2）蠕形蚤。俗称革子，属于昆虫纲（Insecta）、蚤目（Siphonaptera）、蠕形蚤科（Vermipsyllidae）。常见花蠕形蚤（*V. alakurt*），虫体左右扁平，无翅，未吸血前呈黑褐色；头部呈三角形，侧方有1对单眼；触角3节，刺吸式口器；胸部有足3对，粗大；腹部分7节，后3节变为外生殖器（图12-9）。发育属完全变态。多寄生于牦牛颈部、下颌部和肩部，主要以吸食宿主血液为生，幼蚤以排泄物和其他皮肤碎屑为食。

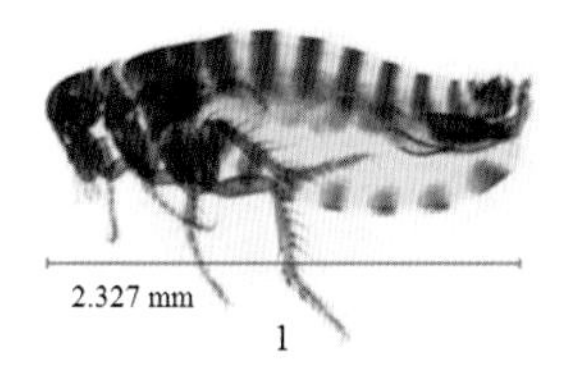

雄蚤（♂，侧面观）

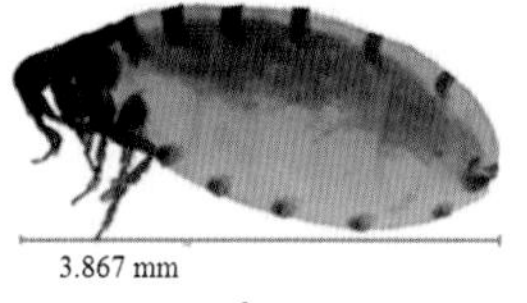

雌蚤（♀，侧面观；腹部增大，跳跃性差）

图 12-9　花蠕形蚤（Zhao SS 等，2016）

（3）螨虫（Mites）。包括疥螨和痒螨，分属于蛛形纲（Arachnida）、蜱螨目（Acarian）的疥螨科（Sarcoptidae）、疥螨属（*Sarcoptes*）和痒螨科（Psoroptidae）、痒螨属（*Psoroptes*）。体长0.2~0.8mm，呈椭圆形、龟状，为灰白色或略带黄色的虫体，头、胸、腹部融合为一，体表有坚固的角质小钩，口器由螯肢、口下板和须肢组成，附肢的末端有

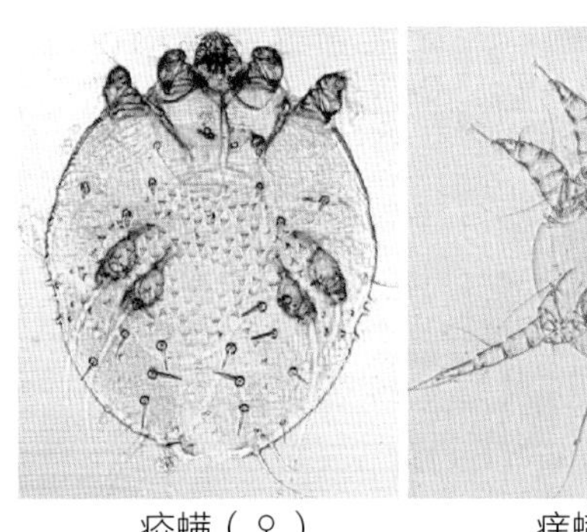
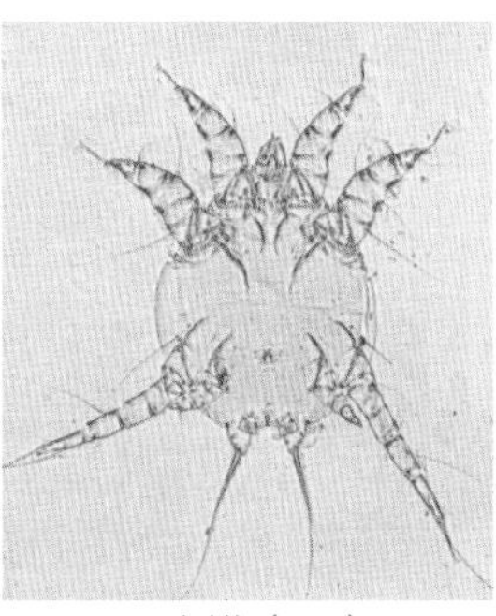

疥螨（♀）　　痒螨（♂）

图12-10　牛螨虫（Bowman DD等，2013）

钟形或喇叭状的吸盘，吸盘由分节或不分节的柄与肢端相连，是成虫固于宿主的附着器（图12-10）。发育属完全变态，整个发育期约15d，均在牦牛体表完成。虫体常常隐藏于绒毛和隐蔽的皮肤处，如耳壳、面部、尾根、阴囊、四肢内侧等。以皮肤细胞、组织液、淋巴液为营养。

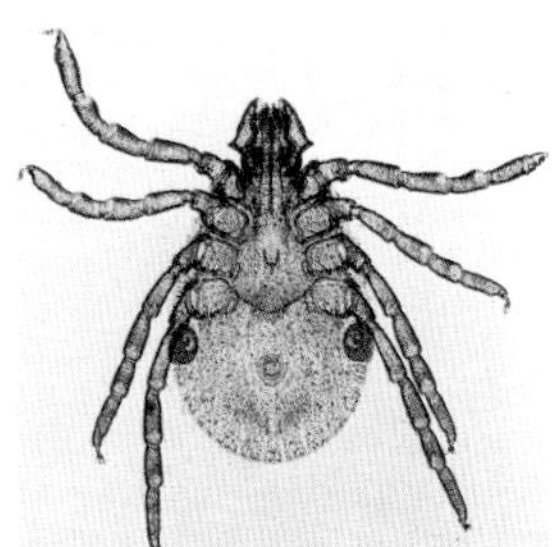
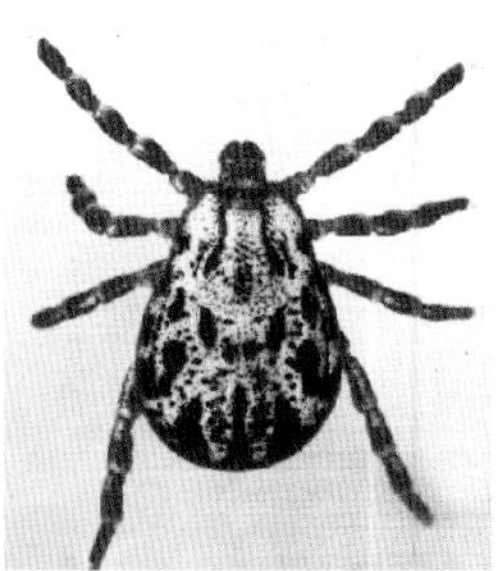

血蜱（腹面观；须肢第二节横向外展）　　革蜱（背面观；盾板具有珐琅斑）

图12-11　硬蜱（Bowman DD等，2013）

（4）蜱（Ticks）。俗称草爬子、牛鳖子，属于蛛形纲（Arachnida）、蜱亚目（Ixodida），主要分为硬蜱科（Ixodidae）和软蜱科（Argasidae）。硬蜱呈红褐色，卵圆形，背腹扁平，分为假头和躯干两部分。成虫躯体背面有壳质化较强的盾板（图12-11）。发育属不完全变态。白天长时间吸食血液供给自身营养，传播焦虫病和多种微生物性传染病。软蜱身体呈卵圆形或球形，成虫躯体背面无盾板；寿命可达十几年，主要分布在干旱区域或潮湿地区的干燥地带，常寄生在牛体的尾下、乳房四周和四肢内侧无毛区等部位，多在夜间吸食牛体血液进而传播疾病。

2. 流行特点

我国牦牛体表寄生虫感染种类较多，六省区牦牛体表寄生虫的分布不尽相同，这可能与当地的气候、植被、生态环境等因素有关，如新疆牦牛体外寄生虫以蜱类为主，螨病则在各牦牛主产区均有分布。该类寄生虫活动有明显的季节性，发病多在冷季。高峰期感染率达100%，危害严重。病牛和带虫牛是重要的传染源，可通过直接接触传染或者通过被污染的墙壁、垫草、用具、牧民等间接传染。

3. 临床症状

表现为慢性型感染，主要影响犊牛的正常生长发育。感染严重时，会降低牛体对外界疾病的抵抗力，从而诱发其他各种疾病。

（1）牛虱病。当大量虱寄生于牛体时，可导致牛皮肤发痒、脱毛、皮炎等，随着感染时间的延长，牛体逐渐消瘦，免疫力下降。

（2）螨虫病。又叫疥癣。初期症状不明显；随病程进展，患病牦牛皮肤出现丘疹和水疱，表现剧痒、摩擦或舔舐患部，被毛脱落，皮肤增厚、结痂。该病传染性强，严重时可蔓延至全身，病牛消瘦甚至乏弱、死亡。该病为人兽共患寄生虫病。

（3）蠕形蚤病。通过叮咬牛体，导致牛局部剧痒，严重者可导致过敏，主要传播鼠疫、斑疹伤寒等多种疾病。

（4）蜱病。牦牛轻微感染时，无明显症状。感染严重时，牦牛消瘦、贫血、产奶量减少，犊牛生长受阻。严重者出现蜱瘫，主要是由于蜱吸食血液的同时向牛体释放毒素进而造成渐进性麻痹，首先表现为后躯共济失调，接着发展为瘫痪，进而蔓延至前躯，最后因呼吸肌麻痹导致死亡。

4. 诊断

一般根据流行病学和临床症状，如病牛瘙痒不安、脱毛、消瘦等可作出初步诊断。确诊需要进行虫体鉴定。

牛虱、蠕形蚤和蜱，一般在牛体表面见到虫体，看到虫体即可确诊。螨虫可通过显微镜检查确诊，方法是从皮肤患部与健康部位交界处用手术刀片刮取皮肤，至轻微出血，将刮取的皮屑置于黑纸上，在强烈的日光下可见到皮屑在虫体的带动下移动。如果将皮屑放于培养皿中，在酒精灯下加热至37～40℃，移动会更明显。或将皮屑放于载玻片上，加一滴50%甘油，盖上盖玻片轻压，使病料展开，在50倍显微镜下观察到螨虫虫体，即可确诊。

5. 防治

体表寄生虫的防治主要遵循“早发现、早治疗”的原则，采取定期驱虫、药物辅助治疗等综合性防控措施。

制定严格的消毒程序，定期对牛舍及周围环境进行消毒处理，牛粪进行堆积发酵处理。经常观察牦牛群有无摩蹭皮肤、掉毛等现象。外购牦牛做好检疫工作，并隔离驱虫确认无异常后再混群饲养。牦牛饲养人员要时刻注意消毒，以免通过手、衣服和用具传播病原。放牧时尽量避开该类寄生虫活动频繁的区域；冷季牦牛进入圈舍前要喷洒药物消毒地面，以防受到侵袭。

发现可疑牦牛，要及时隔离治疗。对棚圈、用具等进行消毒杀虫。牦牛体表寄生虫可用0.5%～1%敌百虫溶液或0.05%的螨净、倍硫磷、灭虱灵等涂擦患部，喷洒、药淋及药浴均可获得良好的效果。喷洒时间可与投药、药浴同步进行。在冬、春季高发期，每15d使用1次。也可给予1%伊维菌素，按每50kg体重皮下注射1mL的剂量使用，可驱杀所有的体表寄生虫，且安全可靠。治愈的病牛应继续观察20d，如未再发，再次用杀虫药处理后并入牛群。

药浴疗法适用于大群发病时，常在温暖季节使用。将病牛患病部位剪毛、除去痂皮和污垢、温水清洗后涂擦5%敌百虫，每次用药面积不超过体表面的1/3。也可使用0.05%辛硫磷乳油水乳液进行药浴。用药后要防止牛舔食，以免中毒。一般要求7～14d后，重复药浴1次。由于驱虫药毒性较大，所以要保证治疗剂量准确、可靠，药物的配制和使用应按使用说明书进行。驱虫、药浴前，先进行小群试验，确认安全后方可大群使用。驱虫或药浴后应跟踪观察，对中毒、伤残牦牛应及时抢救、治疗。

针对牛蠕形螨病和牛疥癣病，可给予伊维菌素0.2~0.3mg/kg体重，皮下注射，并辅以0.5%~1%敌百虫溶液或0.05%辛硫磷溶液药浴或局部涂擦。对于吸血性比较严重的牛虱、牛蜱以及蚊蝇、蚤等其他昆虫引起的疾病，除了按照上述方案防治外，还可以用、25%溴氰菊酯等药物溶液对牛体进行全面的喷洒。隔1周重复用药1次，直到连续检查2次均呈阴性为止。

二、牛皮蝇蛆病

牛皮蝇蛆病（Warbles cattle grubs）是由皮蝇的幼虫寄生于牛只背部皮下引起的一种危害较严重的慢性寄生虫病。该病在牦牛产区流行极为普遍，不但影响牦牛的生长发育和生产性能，也影响皮革品质。青海、甘肃个别地区曾发现有人感染牛皮蝇幼虫，并引起严重病症的报道。

1. 病原体

病原属双翅目（Diptera）、皮蝇科（Hypodermatidae）、皮蝇属（*Hypoderma*）。主要有牛皮蝇（*H. bovis*）、纹皮蝇（*H. lineatμm*）和中华皮蝇（*H. sinense*）。皮蝇的生活史基本相同，1年发生1代，发育过程分为卵、幼虫、蛹和成蝇4个阶段。成蝇外形似蜜蜂，长13~15mm，体表被有密绒毛，翅呈淡灰色。成蝇不叮咬牛只，也不采食，仅存活1周左右，雌蝇产卵后即死亡。虫卵经4~7d孵化出Ⅰ期幼虫，沿寄主的毛孔钻入皮肤内，在皮下移行发育，约2.5个月进入咽头、食道部或椎管硬膜外脂肪组织，逐渐蜕皮变成Ⅱ期幼虫；寄居5个月左右，移行到背部皮下组织寄生2~3个月，最后发育为Ⅲ期幼虫。第Ⅲ期幼虫体粗壮，呈棕褐色，体长可达28mm，体分11节，体表具有很多结节和小刺，最后2节腹面无刺；有2个后气孔，气门板呈漏洞状（图12-12）。再经2~3个月，老熟幼虫由皮孔钻出，落地入土化蛹，经1~2个月后羽化为蝇，继续危害牛群。

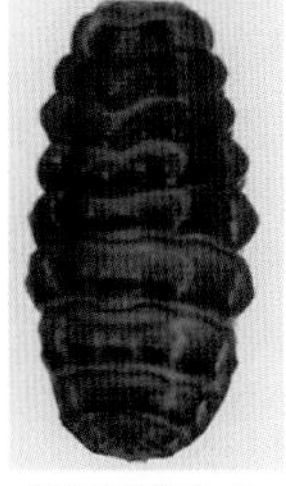
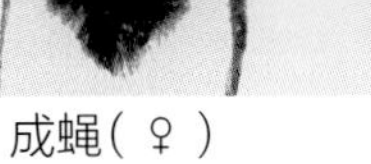

成蝇（♀）　第Ⅲ期幼虫

图12-12　牛皮蝇（Bowman DD等，2013）

2. 流行特点

在各牦牛主产区均有分布。夏季在草场放牧的牛群多发，舍饲牛较少感染。成蝇一般多在夏季出现，在阴雨天气隐蔽，在晴朗炎热无风的白天，成蝇飞翔，雌雄交配，侵袭牛只，在其身上产卵。幼虫在牛体内寄生10~11个月，牛皮蝇和纹皮蝇从虫卵到发育为成蝇整个生活期为1年左右。

3. 临床症状

感染牛皮蝇后，病牛一般不呈现明显的临床症状。但严重感染时，犊牦牛表现生长缓慢、消瘦、贫血；成年牦牛活重或产奶量下降；放牧牛因皮蝇骚扰，躁动不安，影响采食或卧息反刍。若幼虫在移行过程中死于脊椎附近，病牛会出现瘫痪。幼虫钻入脑部时，可引起神经症状，如作后退运动、突然倒地、麻痹或晕厥等，重者可造成死亡。此外，由于第Ⅲ期幼虫钻入皮肤，在组织中移行，造成组织损伤，形成穿孔，因细菌感染而引起化脓，形成瘘管，常有脓液和浆液流出，瘘管逐渐愈合，形成斑痕。

4. 诊断

根据国家标准《牛皮蝇蛆病诊断技术》（GB/T 22329-2008）对该病进行诊断，可以病牛症状为参考指标，确诊需在牛的背部柔软皮肤中心发现呼吸孔，且可挤出第Ⅲ期幼虫。在疫区开展流行病学调查时，多采用剖检方法，重点检查部位为食道黏膜、背部皮下、瘤胃浆膜、大网膜、食道浆膜等部位，发现第Ⅰ期、第Ⅱ期或第Ⅲ期任一阶段的幼虫，便可确诊。商品化ELISA试剂盒可用于血清抗体检测。

5. 防治

防治牛皮蝇蛆病的主要措施是消灭牛体内的幼虫，防止幼虫落地化蛹。

搞好环境卫生，加强灭蝇工作。夏季定期对牛舍、运动场等用拟除虫菊酯喷雾灭蝇。

适时预防，避免不良后果。有可疑病牛时，每年11月份前用伊维菌素按0.2mg/kg体重给药，一次皮下注射。

正确诊断，积极治疗。消灭幼虫可用化学药物或机械方法。在成蝇活动季节，每15d用1%~2%敌百虫水溶液涂擦牛体，因牦牛对敌百虫较为敏感，每头用量不得超过300mL。消灭体表的Ⅲ期幼虫，可用0.000 1%溴氰菊酯溶液或0.000 2%氰戊菊酯溶液，对牛进行体表喷洒，每头牛平均用药500mL，每20d喷1次，1个流行季节喷4~5次。需要注意的是，因12月份至翌年3月份幼虫在食道壁和脊椎神经外膜下寄生，虫体死亡会引起相应的局部严重反应，故此期间不宜用药。杀灭背部的Ⅲ期幼虫，可用1%伊维菌素按1mL/50kg体重剂量皮下注射，或用倍硫磷原液按0.5~0.6mL/100kg体重剂量肌内注射，或用倍硫磷微型胶囊按7~9mg/100kg体重剂量皮下包埋，效果较好，杀虫率可达100%。如瘤状肿有新鲜破裂孔，可用手从结节内挤出幼虫并杀灭，然后用亚胺硫磷乳油洗擦患部，再涂消炎软膏；也可用2%敌百虫酒精溶液涂擦患部，每周1次，连用3~5次。

三、肝片吸虫病

肝片吸虫病（Fascioliasis）是由肝片形吸虫（*Fasciola hepatica*）寄生于牦牛肝脏及

胆管中引起的一种常见寄生虫病。肝片吸虫病又称肝蛭或柳叶虫病。临床主要表现为肝实质炎、胆管炎和肝硬化等。该病感染率高达20%~60%，若诊治不及时，将引发批量死亡；即使痊愈也可影响牦牛的正常发育，严重危害畜牧业发展。牦牛养殖区做好肝片吸虫的防治工作至关重要。

1. 病原体

肝片形吸虫（*F.hepatica*）隶属于扁形动物门（Platyhelminthes）、吸虫纲（Trematoda）、片形科（Fasciolidae）、片形属（*Fasciola*）。肝片吸虫成虫为雌雄同体，新鲜虫体呈棕红色，背腹扁平，外观呈树叶状。虫体长20~40mm、宽5~13mm；体表有细棘，前端突出略似圆锥（称为头锥）。口吸盘在虫体的前端，在头锥之后腹面有腹吸盘，生殖孔在腹吸盘的前面。口吸盘的底部为口，口经咽通向食道和肠，在二肠干的外侧分出很多的侧枝。精巢2个，前后排列呈树枝状分支；卵巢1个，呈鹿角状分支，在前精巢的右上方；劳氏管细小，无受精囊。虫卵呈椭圆形、淡黄褐色，卵的一端有小盖，卵内充满卵黄细胞（图12-13）。

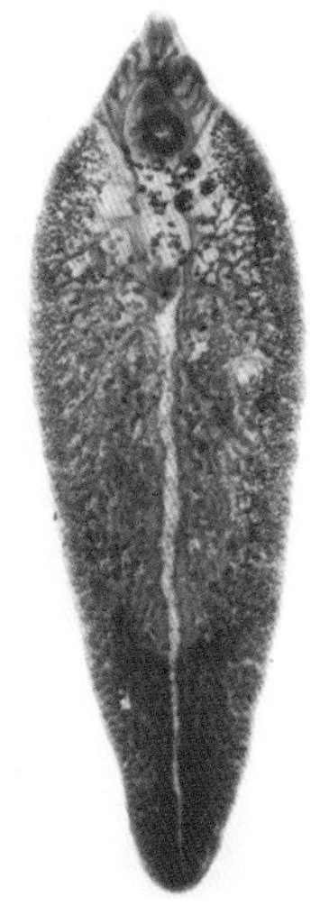

成虫

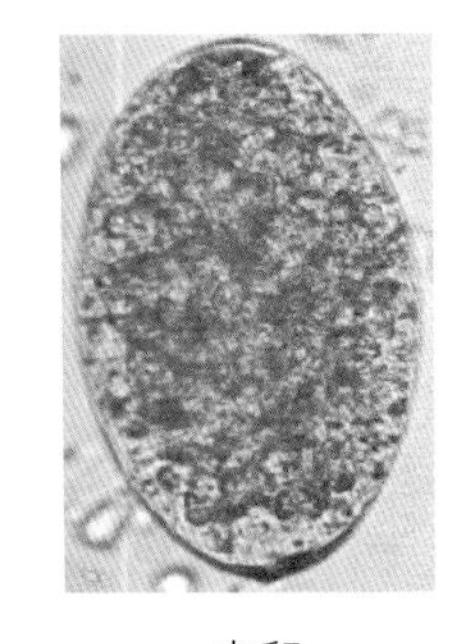

虫卵

图12-13 肝片形吸虫（Bowman DD等，2013）

肝片吸虫在牦牛肝胆管内寄生产卵，每条成虫每天可产卵约20 000个。虫卵随粪便排出体外，在温暖潮湿有适量水分的条件下，经9~14d发育为含毛蚴卵，并迅速钻入椎实螺，在螺体内经胞蚴和雷蚴两代发育成尾蚴，其后从螺体逸出，在水面下浮游。由于毛蚴至尾蚴的发育时间长达50~80d，1个毛蚴最后可以发育成100个甚至上千个尾蚴。尾蚴离开螺体很快变成囊蚴，囊蚴黏附于草上或游于水中。牛在吃草或饮水时吞食囊蚴被感染。囊蚴经小肠液脱囊后成为尾蚴，尾蚴经肠壁进入腹腔约48h发育为童虫。童虫最终进入肝胆管发育为成虫，此过程需要2~4周才能完成。成虫寿命3~5年，但一般1年左右即被宿主自然排出。

2. 流行特点

肝片吸虫分布普遍，牦牛感染率为20%~50%，感染强度1~100条。病牛或带虫牛从粪便排出的卵，在水草滩或沼泽地及水沟、水池中孵出毛蚴，钻入椎实螺的体内发育成有感染力的尾蚴，后离开螺体，附着于水草上形成囊蚴，被牛、羊等采食后感染，在牛体内经3~4个月发育成能产卵的成虫。致病虫体可长期寄生于螺体内，大量进行无性繁殖。通常情况下，1只阳性螺能逸出700个左右的尾蚴。囊蚴对外界抵抗力较强，尤其在潮湿环境下，可长期寄生达半年之久，持续有感染能力。本地螺体内的尾蚴在7~8月份趋向成熟，之后大量逸出。而3月份牦牛外出放牧，在啃食沼泽、草甸等草场时，往往易受感染。此外，虫卵排量大，生活周期长，即使仅有少量病虫，传播条件适宜时，同样可导致批量流行。

3. 临床症状

牦牛感染的典型症状为急性或慢性肝炎、胆管炎，伴发全身性中毒和营养障碍。主要表现为逐渐消瘦、严重贫血、水样腹泻、下颌及胸下水肿，最终可因营养代谢障碍而死亡。高原地区的牦牛，常年放牧在草甸、沼泽等草场，更容易感染肝片吸虫。幼牛、弱牛等病死率偏高。急性感染病例多见于犊牛，3~5d死亡。慢性感染病例的典型症状为皮毛杂乱，干枯易断，缓慢下痢，渐显消瘦，离群掉队。严重感染病例伴有明显的前胃弛缓。母牦牛感染后产奶量锐减，妊娠期间易发生流产。

4. 诊断

水洼地是肝片吸虫的孳生地，被感染的牦牛表现为贫血、消瘦、可视黏膜苍白，根据此症状并结合放牧场地可作出初步诊断。采集病牛的新鲜粪便5~10g，用尼龙筛淘洗法或反复沉淀法可检出肝片吸虫虫卵，虫卵呈长卵圆形、金黄色，据此可进一步确诊。

5. 防治

防治肝片吸虫病最根本的措施，在于预防性驱虫和消灭椎实螺，主要落实好以下各项防控措施。

（1）合理放牧。春季一般是半天利用沼泽地、半天利用干燥地放牧，暴雨后不利用沼泽地。夏、秋季节外出放牧时禁止到低洼、潮湿和有椎实螺的地方放牧。

（2）消灭椎实螺。配合农田水利建设，填平低洼水潭，杜绝椎实螺栖生场所。也可每年冬季轮换焚烧沼泽地，以消灭椎实螺。

（3）粪便处理。把平时和驱虫时排出的粪便收集起来，堆积发酵，杀灭虫卵。

（4）定期驱虫。对牦牛定期驱虫是防治该病的必要环节。该病常发生于每年10月份至翌年5月份，每年春、秋季要进行两次预防性驱虫。感染严重的地区可每年多次驱虫，一般1年1~2次。驱治肝片吸虫的药物可选用以下几种。

① 硝氯酚（肝治净）：是近年来驱治肝片吸虫的特效药物之一，按体重3~4mg/kg给药。大群驱治可采用目测体重给药，投服剂量按0.5g/100~200kg体重或1g/200~400kg体重。无须禁食，可用水瓶灌服，也可将粉剂混料喂服。在首次用药后，间隔3d，按体重投喂10mg/kg体重，一次性投服。之后，参照此法重复用药，每月1次，连续用药4次，配合检查粪便，查不到虫卵后方可停药。

② 肝蛭灵：按5~8mL/100kg体重，分点深部肌内注射。一般按体重17mL/200kg体重，分两点肌内注射。

③ 硫双二氯酚：驱虫效果理想，但下泻作用强，体弱牦牛禁用。剂量按50mg/kg体重口服给药。

四、棘球蚴病

棘球蚴病（Echinococcosis），又称牦牛包虫病，是由细粒棘球绦虫（*Echinococcus granulosus*）的幼虫寄生在牦牛肝脏、肺脏及其他器官中引起周围组织贫血和继发感染的疾病。该病为危害严重的人兽共患寄生虫病，流行较广，对牧区家畜危害严重。

1. 病原体

细粒棘球绦虫（*E. granulosus*）隶属于扁形动物门（Platyhelmithes）、绦虫纲（Cestoidea）、圆叶目（Cyclophyllidea）、带科（Taeniidae）、棘球属（*Echinococcus*）。可引起囊型棘球蚴病（cystic hydatid disease），又称囊型包虫病（Cystic echinococcosis）。

细粒棘球绦虫的成虫主要寄生在犬的小肠内，虫体长2.5~6mm，由头节和3~4个节片组成。头节呈梨形，有顶突与4个吸盘。孕节最长，等于体长的一半，子宫内充满虫卵（200~800个），在肠内或肠外破裂后释出虫卵。虫卵呈圆形，棕黄色，内含六钩蚴。虫卵对外界抵抗力较强，在室温水中可存活7~16d，在干燥环境中可存活11~12d，0℃时可存活116d。在蔬菜与水果中不易被化学杀虫剂杀死。煮沸与直射阳光（50℃）1h对虫卵有致死作用。

幼虫称为细粒棘球蚴，为一圆形单房性囊状体，囊内充满无色透明或微带黄色的囊液。其生长力强，内存许多可育的生发囊、原头蚴和子囊，单囊直径可超过30cm（图12-14）。

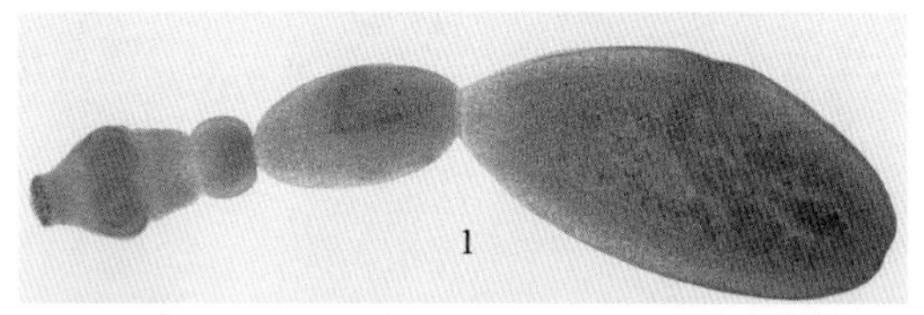

细粒棘球绦虫成虫（Bowman DD等，2013）

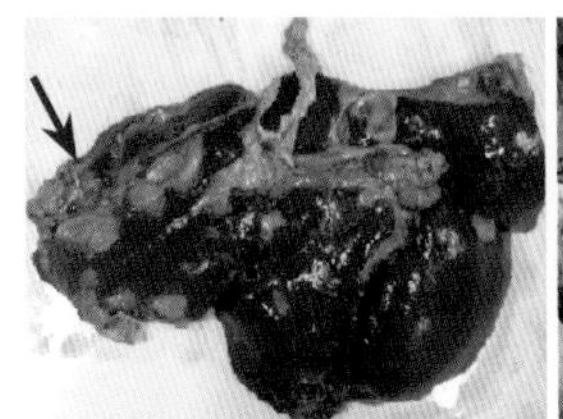
肝脏包虫病（贾万忠 提供）

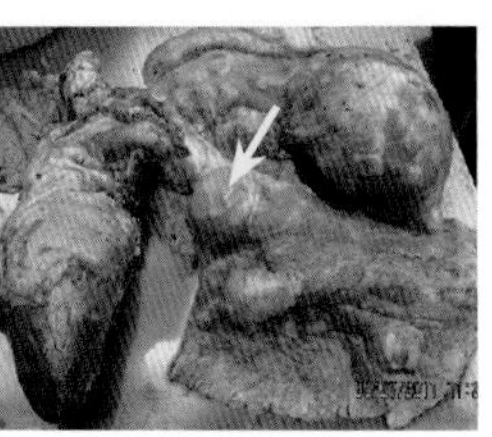
肺脏包虫病（贾万忠 提供）

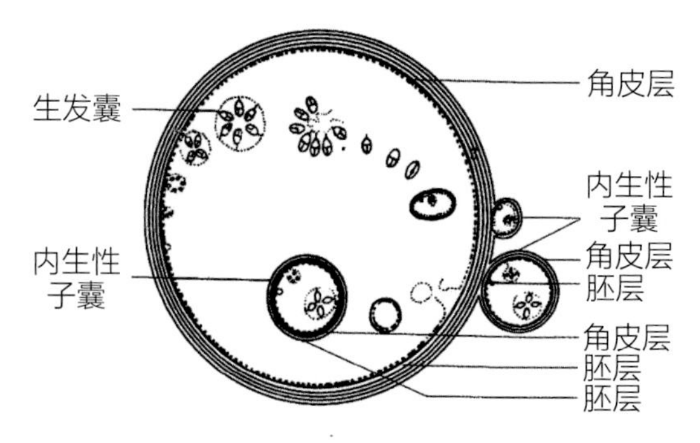

棘球蚴模式构造（Monnig；囊包内生长许多原头蚴）

图12-14 细粒棘球蚴

注：箭头指示为肝脏和肺部寄生的棘球蚴

在我国有11种有蹄家畜（绵羊、山羊、牦牛、黄牛、犏牛、水牛、骆驼、马、驴、骡以及猪）均可感染单囊型棘球蚴。

2. 流行特点

该病呈世界性分布，棘球蚴有较广泛的宿主适应性，主要以犬和偶蹄类家畜之间循环为特点。在我国，牦牛－犬循环仅见于青藏高原和甘肃省的高山草甸和山麓地带。

家犬和牧羊犬是最主要的传染源，从粪便中排出孕卵节片，内有虫卵污染饲草、饲料和水源等，牦牛吞食虫卵后被感染，虫卵经消化道进入血管转移至肝、肺中寄生形成大包囊。在该病高发区，患病率可达5%。

3. 临床症状

棘球蚴病的临床表现取决于幼虫的大小、寄生部位和数量。主要症状是因为幼虫虫体的机械压迫使周围组织萎缩和功能障碍，或由于包囊破裂囊液流出引起过敏反应。严重感染时病牛可出现消瘦、反刍无力、臌气、产奶量下降，有的出现黄疸或喘气、咳嗽，严重者因乏弱、窒息或严重过敏反应而死亡。

4. 诊断

由于包囊寄生在动物肝脏、肺脏的深处，动物生前诊断较困难。尚没有理想的兽医临床诊断和鉴别诊断方法，一般在剖检时发现虫体即可诊断。筛查可采用皮内变态反应、间接血凝实验（IHA）和酶联免疫吸附试验（ELISA）。

5. 防治

包虫病危害严重，防治难度大，要坚持“预防为主，防治结合，政府主导，部门配合，全社会共同参与”的原则，开展棘球蚴病的综合防治。

（1）重视防治教育宣传。采取多种形式加大包虫病危害性、感染方式及防治措施等方面的宣传力度。改善环境卫生，培养良好的卫生习惯，饭前洗手。食物应煮熟，不饮生水、生奶，不吃生菜。避免与犬密切接触，这对儿童尤为重要。

（2）控制传染源。“切断病原循环链”是各国采取的主要防治措施。犬是包虫病最主要的传染源，对犬进行定期驱虫是最有效的控制模式之一。要不断完善犬的登记管理，对流行区所有家（牧）犬实行登记，定期检疫，野犬应予扑杀，犬粪应作无害化处理。犬应定期驱虫，给予吡喹酮5mg/kg体重，顿服，1次/6周；其他驱除蠕虫的药物（如丙硫咪唑和甲苯咪唑等）也可用于治疗和预防棘球蚴病。

（3）加强家畜管理。对牦牛进行抗细粒棘球蚴病虫苗接种，每年进行1次强化免疫。要设立定点屠宰场，做好家畜病变脏器的无害化处理，可高压、焚烧或深埋，严禁出售。同时，严禁在屠宰场内养犬，并防止犬进入屠宰场。在无定点屠宰条件的地区，要教育和引导群众不用未经处理的病变脏器喂犬，可将病变脏器煮沸40min后喂犬，也可对病变脏器焚烧或深埋。

（4）改善放牧与饲养管理。犬舍应与牛圈分开。重视饲料卫生与牛舍清洁。推行四季轮流划区放牧，可减少感染。人、畜应分塘用水，防止水源污染。

五、脑多头蚴病

脑多头蚴病（Coenurosis）是由多头带绦虫（*Taenia multiceps*）的幼虫脑多头蚴（*Coenurus cerebralis*）寄生于牛脑或脊髓而引起的一种绦虫蚴病，又称脑包虫病。主要侵害1~2岁的幼牦牛。因能引起病牛明显的转圈症状，故又称为转圈病或旋回病。

1. 病原体

脑多头蚴（*Coenurus cerebralis*）是多头带绦虫（*T. multiceps*）的中绦期幼虫，隶属于圆叶目绦虫（Cyclophyllidea）、带科（Taeniidae）、多头属（*Multiceps*）。脑多头蚴呈囊泡状，囊体乳白色，豌豆大到鸡蛋大，囊内充满透明液体。囊壁由2层膜组成，外膜为角质层，内膜为生发层，表面附有原头蚴，每个直径为2~3mm，数目100~250个（图12-15）。多头带绦虫的成虫寄生于犬小肠，呈扁平带状，长40~100cm，由200~250个节片组成。头节上有顶突与4个吸盘。孕节子宫内充满虫卵，虫卵内含六钩蚴。孕卵节片随粪便排出，当牦牛等反刍动物吞食了虫卵以后，卵内的六钩蚴随血液循环到达宿主的脑和脊髓，经2~3个月发育成为多头蚴。犬等肉食兽吞食含多头蚴的脑脊髓而感染，原头蚴附着于小肠黏膜上发育，经45~75d虫体成熟，发育为成虫。

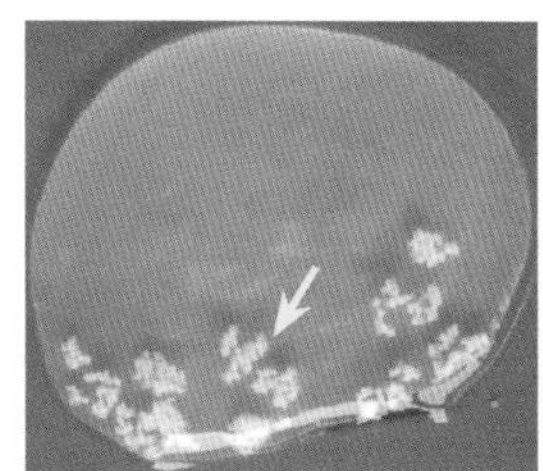
脑多头蚴（包囊内生长许多头节，呈白色）

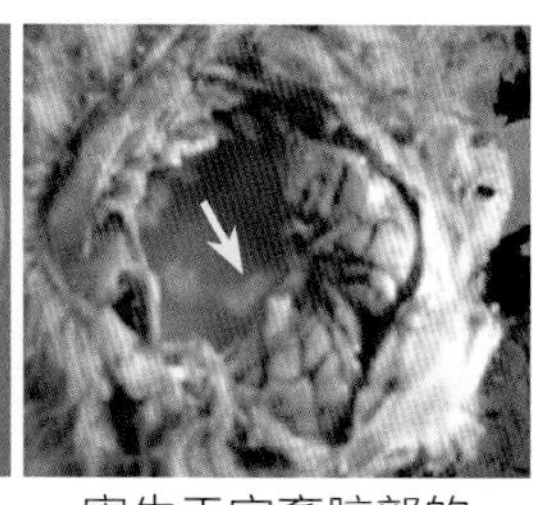
寄生于家畜脑部的多头蚴

图12-15 脑多头蚴（李文卉、付宝权 提供）
注：箭头指示为头节和寄生于脑部的多头蚴。

2. 流行特点

脑多头蚴病呈世界性分布，一年四季均可发生，没有明显的季节性。不同年龄的牛均可感染发病，主要是1~1.5岁的幼牦牛发病症状较为严重。犬感染多头带绦虫，是导致该病流行的主要因素。牧区牛与犬经常接触，给脑多头蚴病的流行创造了条件。犬因吞食病畜的脑或脊髓而被感染，孕卵节片随粪便排出后，虫卵污染草地、饲料及饮水。牦牛经消化道而感染，虫卵在牛胃肠中脱出六钩蚴，进入血管后再移至脑部（牦牛多在大脑额骨区或颞顶区），经2~3个月后发育成多头蚴。近年来，随着农牧区养犬数量的增加和狼等野生动物种群的扩大，动物脑多头蚴病也在逐年增多，特别是犊牛的脑多头蚴病，严重影响了我国畜牧业的发展，同时也增加了人患脑多头蚴病的机率。

3. 临床症状

脑多头蚴病是一种神经系统疾病，主要致病作用是机械性损伤。临床症状主要取决于包囊的大小和寄生部位。牦牛患病初期，呈现体温升高及类似脑炎或脑膜炎的症状，表现为精神沉郁、食欲减少、呆立、斜视、头颈弯向一侧等神经症状，重度感染的动物常在此期间死亡。感染后期，由于虫体生长对脑髓的压迫引起脑贫血、萎缩和坏死，出现典型的神经症状，向患侧做转圈运动，虫体越大，转圈半径越小；食欲废绝、暴躁不安、肌肉痉挛；有的牛反射迟钝，对侧视觉被破坏，角膜浑浊；患病犊牛常垂头直行，离群不归。后期病区头骨变软，严重病例因贫血、高度消瘦或重要的神经中枢受损害而死亡。

4. 诊断

在流行区内，可根据特殊的临床症状、病史作出初步诊断。寄生在大脑浅层时，触诊头骨变薄、变软和皮肤隆起，可以判定虫体所在部位。包囊寄生较深时，头骨变化不明显，但叩诊病灶区头骨有浊音。通过剖检可做出最终确诊。

5. 防治

该病的防治主要是消灭野犬和狼等终末宿主，并对家犬进行定期驱虫。

加强牦牛的饲养管理，保持圈舍的清洁卫生，保证饲草料及饮水清洁；给予营养丰富的饲料，以增强牦牛体质，提高其抗病力；每年的12月份至翌年的1月份进行预防性驱虫，待1周左右重复驱虫1次，效果更佳。

控制传染源。牧区犬、狼、狐狸等肉食动物均为终末宿主，对散养犬及牧羊犬的管理方法同“棘球蚴病防治措施”。犬只定期进行驱虫，粪便收集后进行焚烧、发酵、深埋等无害化处理，以免污染饲料和饮水。妥善处理好病牛及尸体，患病动物的头颅、脊柱应予以销毁，严禁将患病动物的脑和脊髓喂犬或乱丢。

患病初期的牦牛可给予药物治疗，可投喂吡喹酮片（150~200mg/kg体重），或肌内注射吡喹酮（100mg/kg体重）；或用阿苯达唑片（30~50mg/kg体重）进行治疗，以清除寄生在脑部和脊髓中的脑多头蚴，犊牛治愈率可达95%。对于严重病牛，投药后可能会出现发热等脑膜炎症状，应及时给予退热、镇静、抗感染、脱水等对症治疗，以提高病牛成活率。

患病后期的牦牛可给予手术治疗。借助X光或超声波诊断确定寄生部位，如寄生于脑表层，可施行手术摘除囊体。若多头蚴过多或寄生于脑深部不能取出，可于囊腔内注射酒精等以杀死多头蚴。手术后精心护理，其治愈率可达75%以上。

六、牦牛莫尼茨绦虫病

莫尼茨绦虫病是由裸头莫尼茨属（*Moniezia*）的绦虫寄生于牦牛小肠内引起的一种寄生

虫病。在我国常见的有扩展莫尼茨绦虫和贝氏莫尼茨绦虫。犊牛最易感染贝氏莫尼茨绦虫，主要影响犊牛生长发育，严重感染时可致死。

1. 病原体

贝氏莫尼茨绦虫（*M. benedeni*）与扩展莫尼茨绦虫（*M. expansa*）均隶属于圆叶目（Cylophyllidae）、裸头科（Anoplocephalidae）、莫尼茨属（*Moniezia*）。两种虫体在外观上很相似，头节小，近似球形，上有4个吸盘，无顶突和小钩。节片宽而短。成节内有两套生殖器官，生殖孔开在节片的两侧。卵巢和卵黄腺在节片两侧相互构成菊花状环形。睾丸数百个，分布于整个节片内。子宫呈网状，生殖孔各向一侧开口。在节片后缘有节间腺。扩展莫尼茨绦虫的节间腺呈环状，疏松地排列于节片后缘，其两端几乎达到纵排泄管。贝氏莫尼茨绦虫的节间腺呈带状，位于节片后缘的中央。扩展莫尼茨绦虫长可达10m，呈乳白色带状，

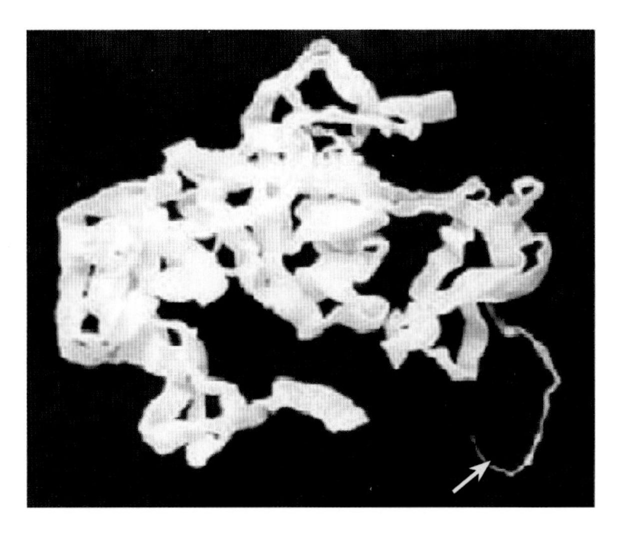
成虫（乳白色；采自青海大通牦牛）

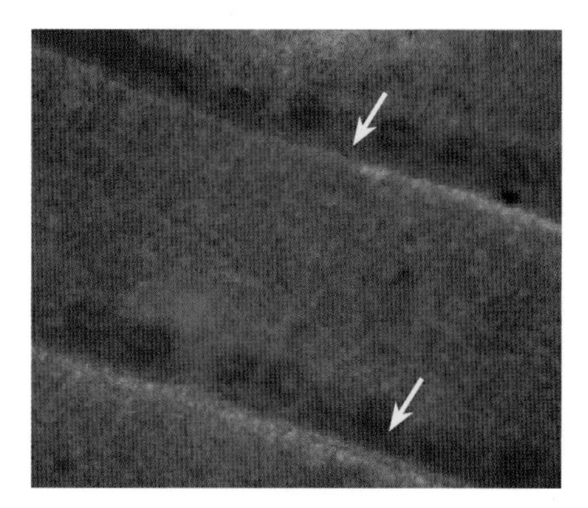
节间腺（苏木精－伊红染色；节片后缘排列小圆囊状物）

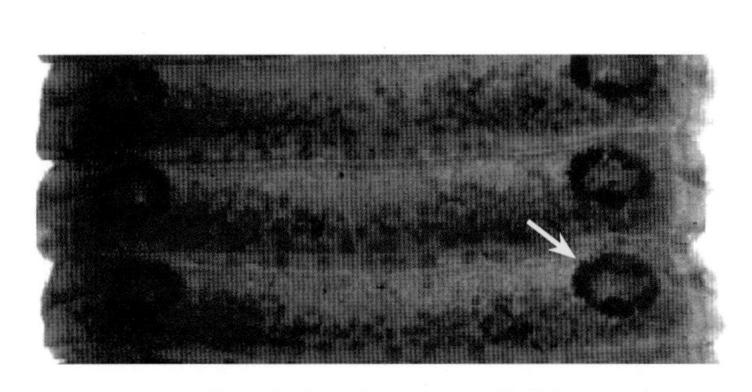
卵巢和卵黄腺（位于节片两侧，菊花状环形）

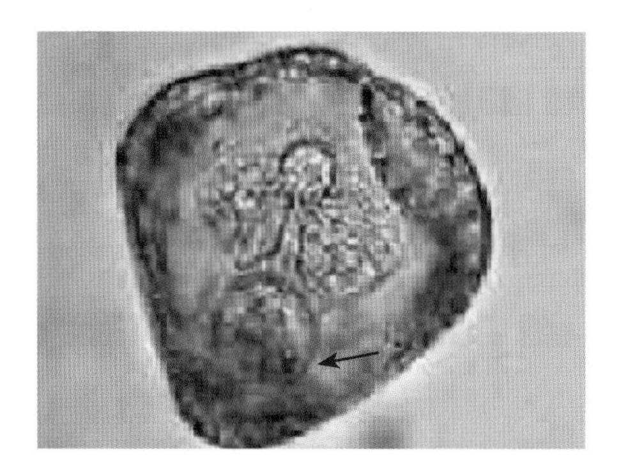
虫卵（近似三角形，内有特殊梨形器；http://image.so.com）

图12-16 扩展莫尼茨绦虫（张少华、郭爱疆 提供）

注：箭头指示为成虫头颈节、卵巢、节间腺和梨形器

分节明显，虫卵近似三角形（图12-16）。贝氏莫尼茨绦虫呈黄白色，长可达4m，虫卵为四角形，虫卵内有特殊的梨形器，器内有六钩蚴。

寄生于小肠内的成虫，其孕卵节片脱落后，随牛粪便排出体外，在外界环境中或肠道内孕卵节片被破坏，虫卵逸出。虫卵被中间宿主—土壤螨吞食后，六钩蚴钻入其血腔内发育，经26~30d，变成感染性似囊尾蚴。牦牛吃草时吞食了含有似囊尾蚴的土壤螨而遭到感染。似囊尾蚴在消化道中被释放出来，吸附在小肠黏膜上生长发育为成虫。从进入牛肠道到发育为成虫，扩展莫尼茨绦虫需要37~40d，贝氏莫尼茨绦虫需50d。成虫寿命2~6个月，此后即由肠内自行排出。

2. 流行特点

该病呈世界性分布，我国各地均有报道，常呈地方性流行，特别是在青海等青藏高原地区。主要危害犊牛。该病的流行与土壤螨的生态特性有密切关系。土壤螨白天躲在草皮或腐烂植物下，黄昏至黎明爬出来活动，牛在此时间放牧最易感染。土壤螨体内的似囊尾蚴可随土壤螨越冬，因此早春放牧时即可被感染。土壤螨多存活于潮湿牧地、森林牧场以及草层较厚或牛粪堆积处，干燥开旷的牧地上较少见。由于土壤螨多数可以越冬，早春放牧的犊牛较易感染。受污染的牧地可保持感染力近2年之久。

3. 临床症状

莫尼茨绦虫主要危害幼牦牛，对成年牦牛的致病性很弱，感染后几乎没有临诊症状。犊牛患该病后，表现被毛逆乱，体质消瘦，四肢无力，体温可达39.8℃，消化不良，腹泻，有时便秘，粪便中混有绦虫的孕卵节片。有时因虫体过多，聚集成团，可引起肠阻塞、肠套叠、肠扭转，甚至肠破裂。后期病牛不能站立，出现回转运动，经常做咀嚼样动作，口周围有泡沫，精神极度萎靡，最后因衰竭而死亡。

4. 诊断

结合临床症状和粪便病原检查，可确诊该病。

（1）病原检查。病牛粪便表面可发现黄白色的孕卵节片，但在感染初期，莫尼茨绦虫尚未发育成熟，无孕卵节片排出，此时可用药物作诊断性驱虫，如服药后有虫体排出且症状明显好转，亦可确诊。病牛尸体剖检，检出虫体亦可作出诊断。

（2）虫卵检查。用饱和盐水浮集法检查。方法是：取可疑粪便5~10g，加入10~20倍饱和盐水混匀，通过60目筛网过滤，滤液静置0.5~1h，使虫卵充分上浮，用直径5~10mm的铁丝圈与液面平行接触，蘸取表面液膜后将液膜抖落在载玻片上，覆以盖玻片即可镜检发现大量圆形虫卵。

5. 防治

根据该病的流行特点，可采取以下综合措施进行防治。

（1）预防性驱虫。因犊牛在早春放牧可遭到感染，采取成虫期前驱虫的方法可有效控制该病的流行。虫体成熟前，即在放牧后4~5周进行第一次驱虫，再经2~3周进行第二次驱虫。此法既能保证驱除寄生的绦虫，又可防止牧场遭受污染。

（2）控制中间宿主。污染的牧地一般空闲2年得到净化后再放牧。有条件的地区可进行牧场改良，种植优良牧草或科学轮牧。人工草场耕种3~5年后不仅能大量减少土壤螨，还可提高牧草质量，有利于该病的防治。

（3）加强饲养管理。成年牛与犊牛分群饲养，到清洁牧地放牧犊牛。尽可能避免在雨后、清晨或黄昏放牧，避免在有土壤螨孳生的草地放牧，以减少牛只吃入土壤螨的机会。注意牛舍卫生，对粪便和垫草要堆肥发酵，杀死粪内虫卵。

（4）药物治疗。发现病牛宜及早诊治，以免耽误治疗时机，造成不必要的损失。常用药物有硫双二氯酚（别丁），按体重50mg/kg，一次口服。氯硝柳胺（灭绦灵），按体重60mg/kg，配成10%的水悬液灌服。吡喹酮，按体重100mg/kg，一次口服。

七、牦牛肺线虫病

牦牛肺线虫病是由胎生网尾线虫（*Dictyocaulus viviparus*）寄生于牦牛的气管、支气管内而引起的一种寄生性线虫病，又称网尾线虫病。我国肺线虫分布较广，危害较大，主要危害犊牛。临床上以气喘、咳嗽和肺炎为主要症状，主要引起发育障碍，畜产品质量降低，也是引起牦牛春乏死亡的重要原因之一。

1. 病原体

胎生网尾线虫（*D. viviparus*）隶属于圆线目（Strongylata）、网尾科（Dietyoeauludae）、网尾属（*Dsctyocaulus*）。虫体呈乳白色丝线状，雄虫长40~50mm，交合伞发达，交合刺呈黄褐色，为多孔性构造（图12-17）。雌虫长60~80mm，阴门位于虫体中央。虫卵呈椭圆形，内含Ⅰ期幼虫，大小为（82~88）μm×（33~39）μm。

雌虫在牛气管或支气管中产卵，当病牛咳嗽时，虫卵随痰液到口腔，被牛吞入消化道，Ⅰ期幼虫孵出后随粪便排到体外，在适宜的条件下经过2次蜕皮后变成感染性Ⅲ期幼虫。牦牛采食或饮水后被感染，幼虫沿血液循环经心脏到达肺，逸出肺的毛细血管进入肺泡，再移行到支气管内发育成为成虫。

2. 流行特点

我国西藏牦牛多有此病发生，呈地方性流行。胎生网尾线虫幼虫发育适宜温度为23~27℃，低于10℃或高于30℃均不能发育到感染期。牦牛在吃草或饮水时摄食感染性幼虫经消化道引起感染。有调查显示，成虫高潮期在3~7月份，5月份为全年高峰；9月份到翌年2~4月份，牦牛体内幼虫量较高；而5~8月份成虫寄生占绝对优势。

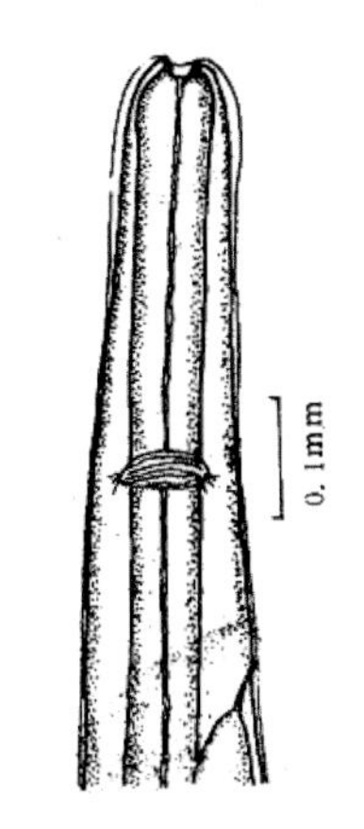

成虫前端（侧面观）

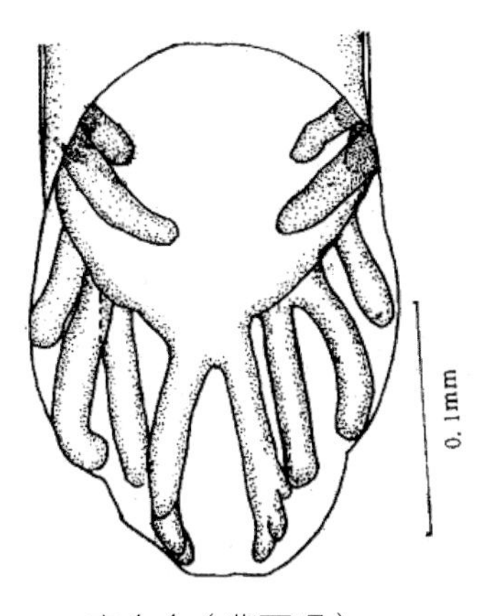

交合伞（背面观）

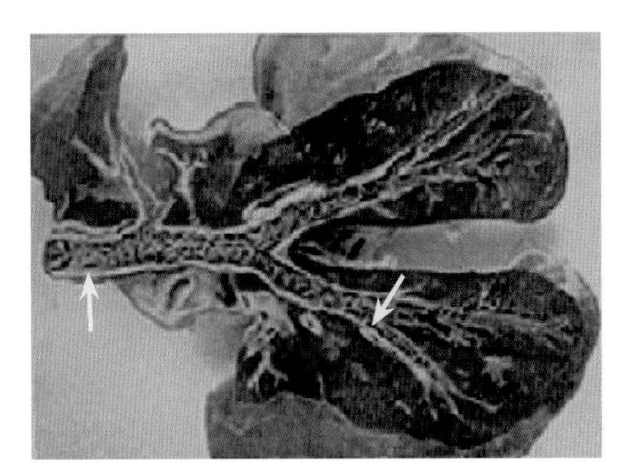

寄生于牛气管和支气管内的胎生网尾线虫

图 12-17　牛胎生网尾线虫（刘文道，靳家声；http://image.so.com）

注：箭头指示为寄生于气管内的虫体

3. 临床症状

犊牛主要症状为咳嗽、气喘或呼吸困难、流黄色黏液性鼻液，干燥后形成痂块，精神沉郁，食欲减退，消瘦或贫血，多在冷季死亡。成年牛临床症状不明显，仅表现为低热，稍咳嗽，食欲、精神无显著变化，在体况较好时可自愈。

4. 诊断

根据临床症状，特别是牛群咳嗽发生的季节和发病率，可考虑是否有线虫感染的可能。该病的确诊可用幼虫检查法，采集病牛口、鼻分泌物，直接涂片镜检，找到虫体即可确诊。粪便幼虫检查可用贝尔曼法。剖检时在气管和肺中发现一定量的虫体和相应的病变时，亦可确认为肺线虫病。

5. 防治

该病的防治措施应注意以下几个方面。

（1）加强饲养管理。注意饲料、饮水卫生，并合理补充精饲料，以增强牛体的抗病能力，从而达到减少寄生数量和缩短寄生时间的目的。圈舍应定期消毒，牛粪及时堆积发酵处理，以免虫体污染外界环境。

（2）实行分群放牧。犊牛与成年牛应隔离饲养，分群放牧，并且应对放牧场实行合理轮牧，以避免接触感染性幼虫。不在低洼潮湿地放牧，夏季避免牛吃露水草，降低感染机会。

（3）定期驱虫。在该病流行区，坚持春、秋两季定期驱虫和放牧期间的普查工作。每年2月份和11月份各进行1次药物驱虫。

（4）药物治疗。发现病牛及早确诊，给予积极的药物治疗。该病治疗可选用以下药物。

① 乙胺嗪：按体重50mg/kg，一次口服，或配成30%的溶液肌内注射，必要时隔数日

重复注射2~3次。

② 左旋咪唑：8mg/kg体重肌内或皮下注射，也可按体重12~15mg/kg口服。

③ 1%伊维菌素：剂量按体重0.2mg/kg皮下注射。

④ 氰乙酰肼：按体重17.5mg/kg剂量溶于少量温水中，一次灌服，也可拌入少量精饲料中喂服；或按体重15mg/kg，配成10%溶液，皮下或肌内注射；该药宜现用现配。

对严重病例还应结合强心、止咳平喘、健胃清热、补液等对症疗法。

八、胃肠线虫病

胃肠道线虫病是由多种线虫混合寄生于牦牛胃肠道内引起的一类寄生虫病。虫体寄生往往造成牦牛胃肠道炎症和出血，肝坏死和肝细胞脂肪变性，呈现贫血和营养不良等一系列症状。常造成牦牛生产障碍，严重时导致犊牛死亡。该病在中国牦牛分布地区广泛存在，多为混合性感染，是牦牛群中严重的寄生虫病之一。

1. 病原体

寄生在牛胃肠道内的线虫有8属14种。代表性线虫主要有食道口科（Oesophagostomatidae）、食道口属（*Oesophagostomum*）的哥伦比亚食道口线虫（O. columbianum）和辐射食道口线虫（O. radiatum）。此外，夏伯特线虫、牛仰口线虫和古柏线虫也较多见。

食道口线虫成虫长10~20mm，头端弯曲，口囊呈小而浅的圆筒形，外周有口领。口缘有叶冠，有颈沟。雄虫交合刺发达；雌虫排卵器发达，呈肾形。虫卵较大，多呈椭圆形。成虫寄生于牦牛结肠，幼虫可在宿主肠壁的任何部位形成结节（图12-18）。虫卵随粪便排出后，在外界孵化为感染性幼虫，牦牛采食了被感染性幼虫污染的牧草、饲料及饮水而通过消化道感染。感染后36h，大部分幼虫已钻入肠黏膜形成结节，继续蜕化后，约8d返回肠腔，

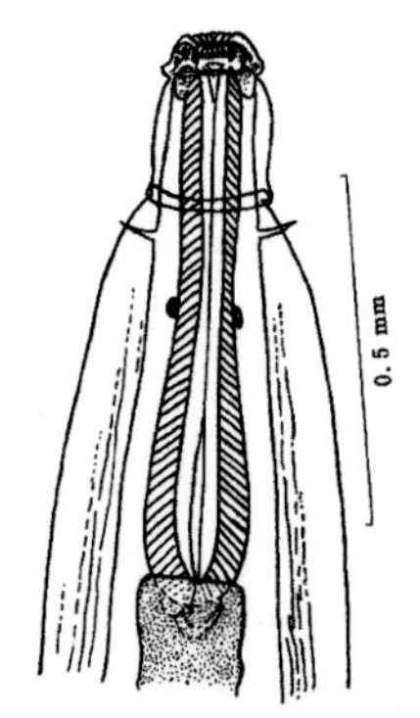

哥伦比亚食道口线虫（前部腹面）

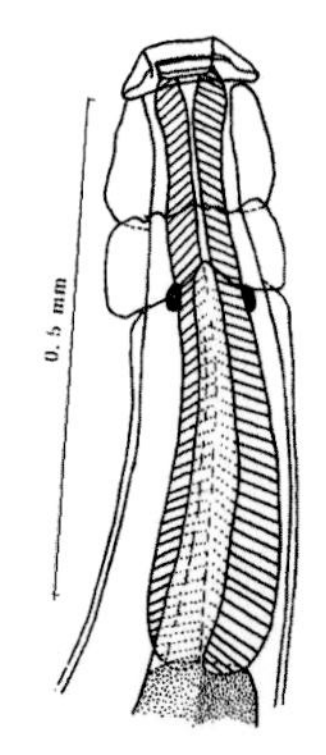
辐射食道口线虫（前部侧面）

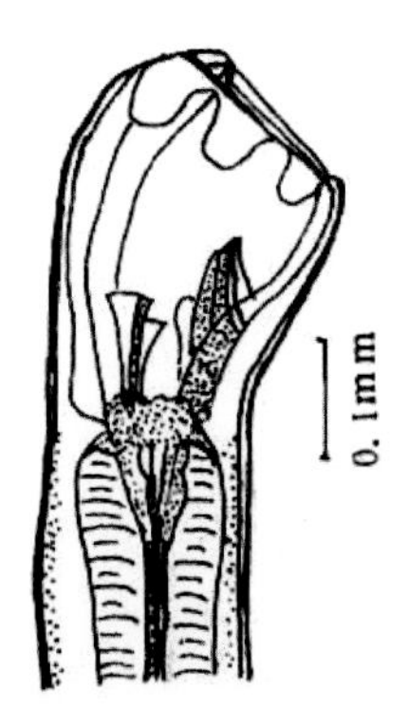

牛仰口线虫（前部侧面）

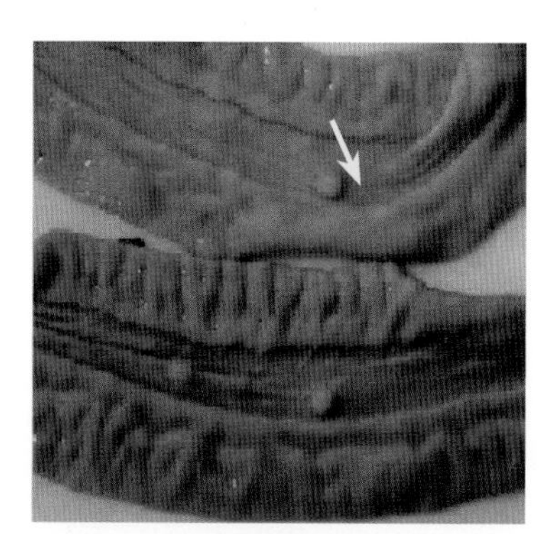
肠壁结节 http://image.so.com

图12-18 牦牛主要胃肠道线虫（熊大仕，孔繁瑶）

发育为成虫。

2. 流行特点

该病分布广泛，因感染性幼虫对外界因素的抵抗力不同，个别种类呈地区性流行。感染性幼虫主要经消化道感染宿主。温度低于9℃虫卵不能发育，温度高于35℃所有幼虫均可死亡。

3. 临床症状

病牛由于寄生线虫吸血，临床表现为渐进性消瘦，可视黏膜苍白，下颌及腹下水肿，被毛粗乱，腹泻或顽固性下痢，有时便秘与腹泻交替发生，可因衰竭而死亡。剖检可见前胃、真胃及肠道各段有数量不等的虫体吸着在胃黏膜上或游离于胃内容物中。

4. 诊断

怀疑为该病时，可用饱和盐水漂浮法检查粪便中的虫卵，病理剖检在病牛肠壁上发现大量幼虫结节，以及在肠道内发现大量虫体，即可确诊。

5. 防治

主要采取定期驱虫，结合改善饲养管理条件进行综合防治。

加强牦牛饲养管理，补充精饲料，加强营养。饮水和饲草保持清洁，改善牧场环境。

牦牛普遍进行冬、春季驱虫，有预防冷季乏弱的效果。牦牛胃肠道线虫常用驱虫药有：伊维菌素按体重0.2mg/kg，一次口服；5%左旋咪唑注射液，按体重4mg/kg的剂量皮下注射，对牦牛捻转血矛线虫、仰口线虫、结节虫、毛首线虫的驱虫率为100%。此外也可使用敌百虫，但使用不当易发生中毒。

九、焦虫病

焦虫病是由蜱为媒介而传播的一种血液原虫病，又叫梨形虫病（Piroplasmosis），包括巴贝斯虫病和泰勒虫病2种，是牦牛的重要疫病之一。焦虫寄生于牦牛红细胞内，主要临床症状是高热、贫血或黄疸，反刍停止，泌乳停止，食欲减退，消瘦严重者则造成死亡。

1. 病原体

据报道，牦牛焦虫病的主要病原体是双芽巴贝斯虫（*Babesa bigemina*）和中华泰勒虫（*Theileria sinensis*）；病原隶属于复顶亚门（Apicocomplexa）、梨形虫纲（Piroplasmea）、巴贝斯科（Babesiidae）或泰勒科（Theileriidae）。

双芽巴贝斯虫寄生于动物红细胞内，是一种大型虫体，其长度大于红细胞的半径。典型形状是成双的梨籽形，尖端以锐角相连。每个虫体内有2团染色质块。红细胞染虫率为2%~15%，每个红细胞内含1~2个虫体（图12-19）。

中华泰勒虫形态不规则，具有多形型，可为梨籽形、圆环形、杆形或边虫形等；有些虫体具有出芽增殖的特性（图12-19）。

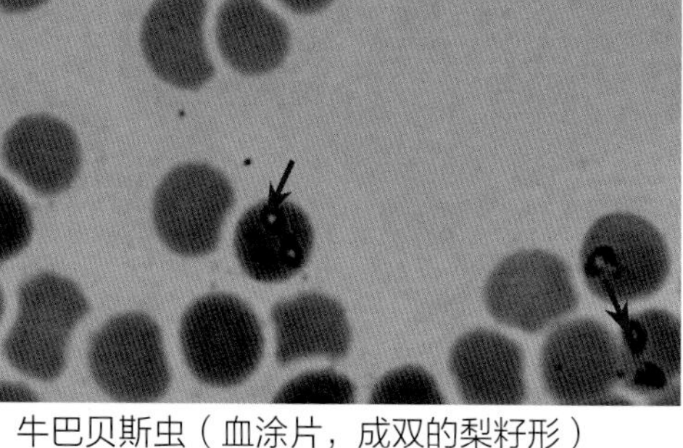
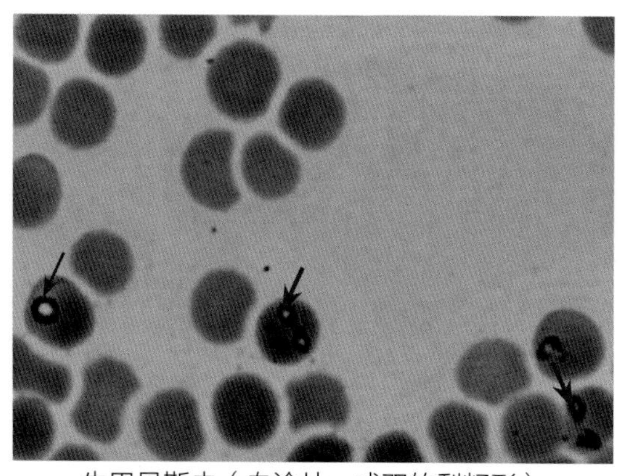

牛巴贝斯虫（血涂片，成双的梨籽形）　　环形泰勒虫（血涂片，形态多形性）

图12-19　牛焦虫（关贵全 提供）

注：箭头指示为红细胞内的梨形虫

2. 流行特点

该病以散发和地方性流行为主，呈明显季节性，多发于夏、秋季节和蜱类活跃地区。发病高峰期在每年4~6月份，9~10月份；以1~2岁牛只发病最多。外地新购进的牦牛易发病，尤其是从非疫区进入疫区后发病率高，死亡率可达60%~92%。而本地牦牛则发病比较少。牦牛在患其他疾病后也易激发焦虫病，特别是产后抵抗力下降时更易感染焦虫病。

病原体必须通过适宜的蜱来传播。当蜱叮咬牦牛时，虫体随蜱的唾液进入牦牛体内，随即由血液进入红细胞进行繁殖。牦牛泰勒虫病的传播媒介为青海血蜱，疾病流行与青海血蜱的消长活动相一致。

3. 临床症状

该病呈急性经过。初期，病牛表现为发热，体温高达40~42℃，呈稽留热。病牛精神沉郁，伏卧，食欲减退或消失，呼吸急促，心跳加快。中期反刍停止，可视黏膜潮红或有出血斑，贫血、黄疸；步态蹒跚，便秘与腹泻交替发生，粪便中带血；尿液呈淡黄色至深黄色；血液稀薄。随病程延长，排恶臭的褐色粪便及特征性的血红蛋白尿，尿液呈红色乃至酱油色；病牛体质极度虚弱，急性病例可在2~6d内死亡，轻症病畜几天后体温下降，恢复较慢。

4. 诊断

根据病牛发病情况、临床症状、剖检变化、流行特点、蜱类特征可以作出初步诊断，确诊需采血进行实验室病原学诊断。方法为采集病牦牛耳静脉血进行涂片，镜检，仔细观察虫体的形态，在红细胞内找到特征性虫体，可确诊为牦牛焦虫病。

5. 防治

灭蜱与治疗相结合是防治牦牛焦虫病的根本措施。春末夏初应着重消灭牛体上的幼虫，以杜绝该病的发生和传播。

（1）阻断传播媒介。灭蜱是防治牦牛焦虫病的主要方法。了解当地蜱的活动规律，每年在蜱活动前要定期灭蜱；避免牦牛群到大量孳生蜱的牧场放牧。可用溴氰菊酯喷雾牛体，于每年3月中旬进行第一次喷雾，然后视蜱感染程度再喷2~3次，间隔时间为15d。同时，也可以达到灭虱的目的。在焦虫病高发季节尽量不从外地引进牛，引进前也应使用药物灭蜱。

（2）疫苗预防。该病多发区域，可接种牛焦虫疫苗。于每年3~4月份接种，疫苗注射后21d产生免疫力，免疫期1年。但应避免给发热病畜、妊娠母畜和弱畜进行免疫注射。

（3）药物治疗。发生该病要及时进行治疗，常用药物有以下几种。

① 三氮脒（贝尼尔或血虫净）：是治疗焦虫病的高效药物，但毒性较大，不能超剂量使用。临用时，用注射用水配成5%~7%溶液，深部肌内分点注射。一般病例注射按体重3.5~3.8mg/kg，重症病例注射按体重7mg/kg。一般用药1次较安全。给药后，要注意观察可能出现的副反应。

② 灭焦敏：对牛泰勒焦虫病有特效，治愈率可达90%~100%。剂量按0.05~0.1mL/kg体重，肌内分点注射，每日或隔日1次，共注射3~4次。

③ 咪唑苯脲：对各种巴贝斯虫均有效。治疗剂量按体重2mg/kg，配成10%溶液，分2次肌内注射。

④ 锥黄素：治疗剂量按体重3~4mg/kg，配成0.5%~1%溶液静脉注射，症状未减轻时，24h后再注射1次。注射时，切忌将药液漏到血管外。病牛在治疗后的数日内须避免烈日照射。

⑤ 阿卡普林：治疗剂量按体重0.6~1mg/kg，配成5%溶液皮下注射。有时注射后数分钟出现肌肉震颤、流涎、呼吸困难等副作用，一般于1~4h后自行消失。严重者可皮下注射10mg/kg体重阿托品，能迅速解除副作用。

对重症病牛还应同时进行强心、解热、补液等对症疗法，如用维生素B_{12}治疗贫血；有条件的还可应用输血疗法，治愈效果更好。

第四节　牦牛普通病及其防治

牦牛的普通病包括内科病、外科病、产科病、眼病等。据不完全统计，牦牛的主要常发普通病包括犊牛肺炎、犊牛消化不良、犊牛胎粪滞留、犊牛脐炎及脐带异常病、有毒牧草中毒症、水疱性口炎、瘤胃积食、瘤胃臌气、子宫脱出、子宫内膜炎、胎衣不下、牦牛创伤等各类疾病。

一、犊牛肺炎

犊牛肺炎是一种常见的危害犊牛健康的肺部炎症性疾病。发病速度快，处理不当会影响犊牦牛的生长发育。多见于早春、晚秋气候多变季节，初生至2月龄的犊牛发病率高。该病危害性大，容易造成群发，严重者会导致死亡。

1. 病因

主要发病原因是天气骤变，受寒感冒，病原菌侵染，母乳不足或乳量少，犊牛免疫力低下，饲养条件差和管理不当等。该病不仅可引发呼吸道病变，还可造成消化道疾病和关节炎，是犊牛发病率、死亡率都较高的主要疾病。

2. 临床症状

犊牛肺炎一般为支气管肺炎。病初表现为精神不振，食欲下降，喜卧，咳嗽，鼻镜干，流黏性或脓性鼻液等。随病情发展，病牛体温升高（40~41.5℃），喘气甚至呼吸困难，严重时呈腹式呼吸，听诊肺部有啰音，特别在前肩区啰音更明显，可伴发胸膜炎、心力衰竭而死亡；或转为慢性咳嗽，被毛粗乱，生长缓慢。对病死犊牛进行剖检，可见肺部化脓、坏死，并有干酪状分泌物。

3. 预防

做好冬、春季节病害的预防工作，主要是加强犊牛饲养管理，增强犊牛抵抗力。保持环境卫生和圈舍清洁、干燥、通风透气。保温，防止贼风，谨防母牛、犊牛受寒引起感冒。对妊娠母牛特别是妊娠后期的母牛要合理供应饲料，使胎儿获得发育所必需的营养物质，生产出体质健壮的犊牛，减少染病几率。另外，犊牛间极易相互舔舐，因此要杜绝不同年龄的犊牛混养。发现病犊及可疑病犊要立即隔离饲养。

4. 治疗

治疗原则是镇咳祛痰和消除炎症，目的是抑制病原菌的生长，防止败血症和酸中毒。镇咳祛痰可口服氯化铵9~15g，每日1次，或者向气管中注入5%的薄荷脑石蜡油，每次9~15mL，间隔1 d再注入1次。抑菌消炎可联合使用青霉素和链霉素或磺胺类药物，治疗效果较好。一般给予青霉素钠盐80万IU，链霉素100万IU，加注射用水10mL，肌内注射，每日2~3次，连用5~7d。病重者可静脉注射磺胺二甲基嘧啶50mg/kg、维生素C 20mL、维生素B_1 10mL、5%糖盐水500~1 500mL，每日2~3次。使用磺胺类药物3d以上时，须口服或注射碳酸氢钠，以免损害肾脏。

二、犊牛消化不良（腹泻）

犊牛消化不良是消化功能障碍的统称，又称犊牛胃肠卡他，是哺乳期犊牛常见的一种以腹泻为主要症状的胃肠道疾病，多发生在出生后12~15d的犊牛。该病对犊牛的生长发育危害非常大，常导致犊牛生长受阻，死亡率也高。

1. 病因

病因较多，主要是饲养管理不当或细菌感染引起，如母牛营养不足，使初生犊牛体弱，抵抗力低，母牦牛挤奶过多，过迟喂给初乳、犊牛吃初乳不足，饥饱不匀，犊牛舔舐污物，天气突变，在潮湿圈地上系留或卧息过久导致受凉等均可引发该病。

2. 临床症状

患病犊牛以腹泻为主要特征，粪便呈粥状或水样，颜色呈暗黄色，后期多排出乳白色或灰白色恶臭稀便。病牛很快消瘦，严重者脱水。出现自体中毒时，病牛表现神经症状，如兴奋、痉挛，严重时嗜睡、昏迷。

3. 预防

主要是加强妊娠母牛的饲养管理，保证蛋白质、维生素和微量元素的充足供给，保证乳汁的质量。确保新生犊牛尽早吃到初乳。保持牛舍清洁干燥，防止犊牛舔食泥土、吃污染的饲草料和饮污水。加强犊牛运动，防止久卧湿地，给予充足的饮水。人工哺乳时应定时、定量，且应保持适宜的温度。

4. 治疗

犊牛发病要及早治疗，主要原则是祛除病因，改善饮食，抑菌消炎，缓泻制酵，调整胃肠功能。改善饮食并进行针对性治疗对消化不良的康复至关重要。如给予优质易消化的青草等，最好是放牧。缓泻制酵目的在于清理胃肠，制止腐败发酵，减轻胃肠负荷和刺激，防止和缓解自体中毒，这对排便迟滞型消化不良的病牛尤为必要。治疗可用人工盐、石蜡油加适量制酵剂（鱼石脂等）灌服。病初可灌服石蜡油或食用油50~80mL，清除肠内的刺激物。防止肠道感染，可口服土霉素、四环素或金霉素，按体重75~100mg/kg，每日3次，连用5~7d。磺胺脒或磺胺二甲基嘧啶，按体重0.3~0.4g/kg，分2~3次服用，翌日剂量减半，连用5~7d，同时服等量或半量碳酸氢钠。如因持续腹泻出现脱水时可静脉注射5%糖盐水。

三、犊牛胎粪滞留

新生犊牛一般在吃足初乳后24h内即能排出胎粪。但若24~48h内未排出，并有腹痛表现，则为胎粪滞留或胎粪不下，应及早处理，以免犊牛中毒而死。

1. 病因

主要为管理不当，新生犊牛未能及时吸吮初乳，致使胎粪在体内停留时间过长，不能及时排出，造成胎粪滞留。

2. 临床症状

犊牛表现不安，精神沉郁，食欲不振或废绝，拱背努责，回头顾腹，严重者四肢张开，四肢如柱，不愿行走，有时作转圈运动。鼻镜湿润，舌干口燥，结膜多呈黄色。在直肠内可掏出黑色浓稠或干结的粪球。

3. 预防

犊牛出生后应尽快吃足初乳，哺食初乳前应将母牦牛乳头中的前几滴奶挤掉，擦拭乳头，然后协助犊牛哺乳。

4. 治疗

主要采取软化粪块等对症处理措施。软化粪块可用温肥皂水灌肠，或口服食用油或石蜡油50~100mL。用蜂蜜150g，大蒜泥50g，加水适量混匀后一次灌肠，也可取得一定疗效。中药可用当归20g，肉苁蓉15g，大黄10g，水煎灌服。若伴有严重腹痛和肠道炎症者，可肌内注射30%安乃近注射液5~6mL，并配合使用消炎药物和维生素C等。防止自体中毒和脱水，可静脉注射5%糖盐水300~500mL和20%安钠咖注射液5~10mL。

四、犊牛脐炎及脐带异常病

脐炎是指脐带脉管及周围组织的炎症性疾病，常因犊牛断脐时被病原菌感染所致。脐炎可发展为脓肿、腹膜炎甚至败血症，还可感染破伤风。

1. 病因

常因母牛产犊时断脐消毒不严格，犊牛互相吸吮脐带残段，或卧息时脐带被粪尿、污水浸渍而感染。

2. 临床症状

5月份发病较多，2~3日龄犊牛症状明显。病初犊牛主要表现为食欲减退和消化不良。随病情发展，体温升高至40~41℃，病犊牛卧地不起，呻吟并有时发出叫声，全身发抖，经常摇头，行走时背部弓起。用手压腹或拉脐部时犊牛表现疼痛，脐带肿胀甚至流脓，严重时脐带坏死，触碰脐部病犊牛有疼痛感，且温度、湿度明显高于其他部位，若挤按有带臭味的脓液流出。后期呼吸困难，脐部肿胀如拳头大小，脐部周围也会肿胀，形成脓肿、腹膜炎、破伤风等。发生脐带坏疽时，脐部呈污红色，伴有恶臭气味。脐带残段脱落后，在脐孔处会生出肉芽，形成溃疡，渗出脓液；当化脓菌及毒素侵入肝、肺、肾等脏器时引发病情再度发展，会造成败血症或脓毒血症，此时病犊出现呼吸急促、心跳加快，体温升高、脱水，导致牛犊衰竭死亡。

3. 预防

犊牛断脐时，要按程序严格消毒，并在脐带脉搏管停止搏动后结扎剪断，认真检查脉管和脐尿管断端的封闭情况。

保证圈舍环境清洁卫生、干燥。加强初生犊牛的护理，对有脐带残段吸吮癖的犊牛要单独喂养和拴系，以降低脐炎的发生率。

治疗期间每日检查和消毒脐带残段和脐部，发现异常及时处理，直到脐带残段干枯脱落痊愈为止。

4. 治疗

主要采取手术治疗。首先清除病犊的脐带残段，将脐孔周围剪毛后，用0.1%高锰酸钾溶液清洗患部，向脐孔内注射5%碘酊液。若脐部发生脓肿或坏死，需将脓肿部位切开排脓，清除坏死组织，用3%过氧化氢溶液清洗干净后，灌注5%碘酊液，涂抹抗菌药物并用绷带包扎。另外，防止全身感染，可肌内注射青霉素160万IU，每日2次，一般5~7d即可痊愈。

五、牦牛中毒症

中毒是因牦牛误食有毒牧草而出现的一系列中毒症状，幼牦牛发病较多。通常情况下，误食有毒牧草后1h，即可出现典型的中毒症状，即精神萎靡、行走摇摆、卧地不起等。

1. 病因

常见于冬季枯草季牧草缺乏时，牦牛此时常会因误食有毒牧草而中毒。常见的有毒牧草包括毒芹、飞燕草、棘豆草等。每年从11月份开始，至翌年2~3月份达高峰，病程可持续4~5个月。

2. 临床症状

中毒多表现为神经症状，且症状的严重程度与采食毒草的量有很大的关系。采食量少时，病牛表现为口吐白沫，食欲减退，精神萎靡。采食大量毒草后，病牛低头，头晕目眩，行走摇摆，呼吸加快，起卧不安，易伴发贫血、消瘦、四肢无力、视力障碍或失明以及妊娠母牛流产等。

3. 预防

避免在毒草较多的草原上放牧。有条件的地方，可采取铲除毒草或选用化学除草剂除毒草。

4. 治疗

该病尚无特效疗法，一般采取对症治疗，取酸奶0.5kg或脱脂乳1kg，食醋0.25~0.5kg，调配混匀，每次用1L左右的量，灌服治疗，效果较好。

六、牦牛瘤胃积食

牦牛瘤胃积食是由于幽门堵塞或瘤胃内积滞过量的食物而诱发胃壁扩张、运动机能紊乱的疾病，又称急性瘤胃扩张。该病典型症状为脱水和毒血症。

1. 病因

常由于饲养管理不当，牦牛采食了大量青草、谷物或块茎类饲料，吃干草后饮水不足或误食塑料等异物，积聚于瘤胃，压迫瘤胃黏膜感受器，引起胃壁神经机能紊乱，瘤胃蠕动减弱甚至消失，导致胃壁扩张和麻痹。一般幼牦牛发病极少，成年牦牛发病率5%左右。

2. 临床症状

该病发病急，病程短；病牛初期表现为采食、反刍及嗳气逐渐减少或停止，粪便减少似驼粪，或排少量褐色恶臭的稀粪，尿少或无尿。病牛腹围增大，腹痛不安，呻吟，努责；左肷窝平坦或凸起，触诊瘤胃有充实坚硬感。一般体温不升高，鼻镜干燥，呼吸快，结膜发绀。发病后期病牛呈现运步无力，臀部摇晃，四肢颤抖，昏迷卧地。最后可因肾脏衰竭死亡。

3. 治疗

治疗原则为恢复瘤胃蠕动机能，排除瘤胃内容物，制酵，提高瘤胃的兴奋性和防止自体酸中毒。

（1）发病初期可使用西药制剂排出瘤胃内容物。可用硫酸钠400～800g或人工盐500～1 000g，鱼石脂20～30g，加水8～10kg，一次灌服。也可取熟菜籽油（凉）0.5～1kg或石蜡油0.5～1kg，一次灌服。有条件时，于服药后皮下注射10%安钠珈20～30mL、10%浓盐水500mL、氯化钙100～250mL，治疗效果更好。

（2）提高瘤胃兴奋性，可用白酒100～200g加水0.5L灌服。

（3）伴有膨气及呼吸困难时，可静脉注射10%～20%浓盐水300～500mL；也可静脉注射促反刍液500～1 000mL或内服促反刍散80～100g；或用套管针穿刺瘤胃放气。

（4）防止自身酸中毒可静脉注射糖盐水1 500mL、25%葡萄糖液500mL、5%碳酸氢钠液500mL、10%安钠咖20mL。

（5）中药治疗可取党参180g、山楂60g、枳实60g、厚朴90g、陈皮60g、神曲60g、麦芽60g、贯众40g、白术40g、草果40g、五灵脂40g等研磨进行灌服；每日1次，连用2d。

（6）病牛积食严重时，可行瘤胃切开术，取出大部分内容物后，再放入适量健康牛的瘤胃液，康复效果良好。

七、牦牛瘤胃臌气

瘤胃臌气是因为瘤胃内饲料异常发酵，引起瘤胃和网胃内积聚大量发酵气体，并呈现反刍和嗳气障碍的一种疾病，也叫肚胀、气胀。根据瘤胃内发酵气体的环境及其理化性质的不同，又可分为原发性瘤胃臌气（泡沫性臌气）和继发性瘤胃臌气（气体性臌气）两种类型。该病主要发生在初春和夏季。

1. 病因

主要是病牛采食了过量易发酵的饲料，在瘤胃内微生物的作用下，迅速酵解，产生大量的气体，引起瘤胃和网胃急剧臌胀，主要表现为产气过多和排气障碍。产气过多与饲料的关系极为密切，主要是采食了大量的豆科牧草，引起泡沫性发酵。排气障碍主要是嗳气反射功能紊乱，主要是采食了发霉、腐败的饲料以及有毒的毒草，造成瘤胃麻痹，蠕动缓慢。

2. 临床症状

原发性瘤胃臌气发病突然、快，常在采食饲草15min后产生臌气，特征性症状是左腹部急剧臌胀，严重者可突出背脊。病牛食欲废绝，反刍、嗳气停止。剧烈腹痛，表现为不断回头顾腹，后肢踢腹，疼痛不安，急起急卧，呼吸困难，头颈伸展，张口呼吸，不断呻吟。叩诊左腹部呈现鼓音，按压时感觉腹壁紧张，压后不留痕迹。病至末期，病牛共济失调，站立不稳，倒卧不能起立，结膜发绀，最后由于窒息或心脏麻痹而死，重者1~2h死亡。继发性臌气发展缓慢，呈周期性发作，病程较长，一般1周到数月不等。

3. 预防

要加强日常的饲养管理，放牧前应先喂些干草或粗饲料，适当限制在牧草幼嫩茂盛时的牧地和霜露浸湿的牧地上的放牧时间。防止贪食过多幼嫩多汁的豆科牧草。切忌给牛喂食结块霉烂的草料。发现病牛，要及时治疗，消除病牛瘤胃臌气的症状。

4. 治疗

治疗原则为排气减压，制止发酵，除去瘤胃内容物，恢复瘤胃功能。

（1）臌气不严重时可用简易办法解除气胀，牵拉牛舌，将一木棒横放于牛口中，使口张开，再用另一木棒轻捣软腭，不断拉舌，配合压迫左肷部或鼻端涂些鱼石脂，促进其咀嚼运动，增加唾液分泌，以提高嗳气反射，促进气体排出。伴有明显臌气且呼吸困难时，可灌服食醋0.5~1kg或白酒250mL加水0.5L，以制酵排气。

（2）消除臌气可用松节油30~60mL或鱼石脂10~15g加酒精30~40mL，或石蜡油或豆油等植物油200~300mL，再加适量清水，充分混匀，一次性口服。还可用聚氧丙烯25~50g或硫代丁二酸二辛钠20g口服。

（3）恢复瘤胃功能可酌情选用兴奋瘤胃蠕动的药物。可灌服番木鳖酊，也可注射新斯的明20~60mg，同时配合瘤胃按摩和牵引运动，疗效显著。

（4）急性病例必须采取手术治疗，如瘤胃穿刺术。瘤胃穿刺是利用套管针在瘤胃部位穿刺放气，放气应该先快后慢，有间断的放气。首先将牛保定，术部选择在左腰肠管外角水平线中点上；术部剪毛，皮肤碘酊消毒，手术刀切开皮肤1~2cm长后，用无菌套管针斜向右前下方刺入瘤胃到一定深度拔出针栓，并保持套管针一定方向，防止因瘤胃蠕动时套管离开瘤胃损伤瘤胃浆膜造成腹腔污染。当合并泡沫性臌气时，泡沫和瘤胃内容物容易阻塞套管，用针栓上下活动通开阻塞，有必要时通过套管向瘤胃内注入制酵剂（土霉素、青霉素、植物油及矿物油等）。拔出套管针时，先插入针栓，一手压紧创孔周围皮肤，另一手将套管和针栓一起迅速拔出，拔出后按压创口几分钟，皮肤消毒，必要时，切口作1~2针缝合。放气过程中应注意不可过度，否则易引发病牛虚脱。

八、牦牛子宫脱出

牦牛子宫脱出是子宫外翻完全或不完全脱出于阴门之外，在兽医临床上是常见病；多发于种间杂交的牦牛，尤以经产母牦牛或产犊季节体质乏弱的母牦牛发病较多；如未及时治疗或治疗不当均会造成母牦牛不孕甚至死亡。

1. 病因

母牦牛营养不良、体质乏弱及助产不当为常见发病原因。受高寒牧区生态环境的影响，牦牛在怀孕期正逢牧草枯黄或缺草季节，妊娠母牛易发生营养不良和体质下降；分娩时伴发子宫收缩不良，生产无力，阴道受刺激后努责加强，待胎儿娩出子宫形成相对负压，子宫外翻。此外，由于杂种胎儿个体相对大，造成分娩困难；助产时用力方法不当，易使子宫连同胎衣一起排出体外。

2. 临床症状

患牛体弱，多卧地不起，子宫外翻悬垂于阴门外，脱出的子宫被粪土、泥沙、草屑等污染。子宫脱出1～2h呈紫红色，随时间的延长子宫淤血和水肿加重，短时间内发炎或坏死，继发子宫内膜炎、不孕并出现明显的全身症状。

3. 治疗

主要采取子宫复位的方法治疗。治疗时，先妥善保定病牛，并清除病牛直肠内的积粪，以防污染。保定采用前低后高站立位，使腹腔脏器前移，以减小盆腔压力，利于子宫复位。野外无法保定时，可使病牛前低后高体位侧卧于斜坡处，后躯铺上干净的塑料布。用38～40℃的生理盐水、0.1%的新洁尔灭或0.1%高锰酸钾冲洗并消毒脱出的子宫，清除污染物和坏死组织，剥离附着的胎衣；检查无损伤和严重出血后，取5%的盐酸普鲁卡因注射液40～50mL，洒于脱出的子宫表面，术者用拳头顶住子宫角尖端小心推进，将脱出的子宫送回腹腔；之后轻柔按摩子宫粘膜，促进子宫收缩。复位手术结束后，可于病牛后海穴注射2%盐酸普鲁卡因10mL，以防止努责和子宫再次脱出。整复后3～4h应有专人管理，禁止病牛卧倒。术后连续肌肉注射青霉素、链霉素3d以控制感染。

九、子宫内膜炎

子宫内膜炎是由于子宫内膜受病原微生物感染而发生的炎症性疾病，是适繁牛的常见病，该病多发于产后牦牛。

1. 病因

牦牛妊娠后期大都在枯草季节，天气寒冷，无均衡营养供给，蛋白质、能量、微量元素、维生素等远远跟不上妊娠母牛的需要。因此，其营养代谢和子宫发育受到影响，流产、死胎、胎衣不下增多是造成子宫内膜炎的主要原因，另外，种间杂交、助产不当以及人工授精等器械消毒不严，患传染病和寄生虫病等也易造成子宫内膜炎。

2. 临床症状

根据症状主要分为以下几种类型。

（1）急性子宫内膜炎。多发生于产后，炎症往往扩散，引起子宫肌和浆膜同时发炎。病牛有时努责，从阴门中排出脓性分泌物。严重者体温升高，食欲降低，反刍减弱，并有轻度臌气。阴道检查发现阴道及子宫颈充血，宫颈口开张，有脓液在膣部或宫颈口附着。

（2）慢性子宫内膜炎。多由急性转来，临床上分为隐性、卡他性、卡他脓性和脓性，一般全身症状不明显。

①隐性子宫内膜炎：发情周期正常，阴道检查和直肠检查子宫没有异常，但屡配不孕，发情时子宫分泌物较多，韧性较差，略微浑浊。

②卡他性、卡他脓性和脓性：子宫内膜炎临床症状大致相同，只是程度上有所区别。或有时发情但周期紊乱，或发情完全停止；阴门流出黏性、黏脓性分泌物，发情时增多。子宫角增粗，子宫壁增厚，弹性减弱，收缩反应微弱。

3. 预防

要加强牦牛个体的营养和抵抗力。采取划区轮牧，特别是在枯草季节，妊娠母牛应选择在海拔低、牧草长势好的草场放牧，适当补饲青干草、颗粒饲料及微量元素、维生素等。另外，在助产时应进行严格消毒以防病菌的侵入性感染，同时应做好每年的驱虫及防疫工作，预防牦牛子宫内膜炎的发生。

4. 治疗

原则为抗菌消炎，促进子宫收缩排出炎性分泌物，改善子宫局部血液循环，促进组织修复和子宫功能恢复。一般采取局部治疗即可，但全身症状较重的急性病例，应配合肌内注射抗菌药物及其他全身对症疗法。

（1）急性化脓性子宫内膜炎。10%浓盐水200~300mL，土霉素3g或利凡诺0.5g，蒸馏水300mL，一次灌注。或用清宫液进行子宫灌注，50mL/次，隔日1次，连用3~4次。此法也适合治疗各种类型的子宫内膜炎，疗效优于其他药物。对于有黄体的脓性子宫内膜炎，可肌内注射前列腺素F_{2a}及其类似物，用量按药品说明书。

（2）慢性脓性子宫内膜炎。蒸馏水1 000mL中溶解碘片5g、碘化钾10g，每次用量100~200mL，进行子宫灌注，严重病例隔5d再进行1次。或用10%浓盐水100~200mL，3%过氧化氢溶液20mL一次灌注。或用1%碘溶液和2%过氧化氢溶液先后冲洗，冲洗时间要短，并立即用生理盐水冲洗。

（3）隐性子宫内膜炎。青霉素320万IU、链霉素100万IU，用10～20mL生理盐水溶解，在输精2h后注入子宫。

另外，可用宫得康子宫灌注，每次1～2支，每隔7～10d使用1次或1个情期注药1次，适合治疗各种类型的子宫内膜炎。

中药治疗可用生化汤：炮姜30g，红花25g，当归25g，川芎25g，桃仁20g，益母草80g，甘草15g，水煎服或研末灌服，每日1剂，连用3d。

十、牦牛胎衣不下

牦牛正常分娩后，一般产出胎儿后4～12h胎衣即可自行排出；如超过12h仍未排出胎衣者，称为胎衣不下或胎衣滞留。可分为全部胎衣不下（大部分滞留于子宫，少量垂于阴门外或阴门外不见胎衣）和部分胎衣不下（大部分悬垂于阴门外）。牦牛胎衣不下者较少见。该病的主要危害是引起子宫感染、子宫恢复延迟和卵巢功能障碍，导致母牛不孕。

1. 病因

主要原因在于产后子宫收缩无力和胎盘炎症，致使胎盘不能从母体子宫脱离。胎儿过大可引起子宫过度扩张，或母牛体弱、营养不足均可导致子宫收缩力减弱或无力。胎盘炎症主要是母牛妊娠期子宫受到病原菌感染，如布鲁氏菌、沙门氏菌、结核杆菌以及病毒等，发生子宫内膜炎及胎盘炎症，导致胎盘和子宫内膜粘连而引起胎衣滞留。

2. 临床症状

初产母牦牛、10岁以上老龄母牦牛、胎儿过大或缺乏钙等矿物质的母牦牛易发病。病牛表现不安，拱背努责；胎衣腐败时，从阴门排出红褐色恶臭液体；腐败产物吸收后引起自体中毒，病牛精神不振，体温升高，采食停止，瘤胃弛缓、积食及臌气。

3. 预防

加强妊娠母牛的饲养管理，妊娠中后期给妊娠母牦牛适当补饲青干草，条件允许时投服微量元素，保证母牛体质健壮。规范配种及助产操作，防止子宫感染。

4. 治疗

治疗以药物治疗为主、手术为辅。促进子宫收缩，使胎衣和子宫内容物排出。

（1）促进子宫收缩。产后数小时可使用催产素40～80 IU，肌内或皮下注射，2h后再重复注射1次；或用甲基硫酸新斯的明30～37.5mg，肌内或皮下注射。

（2）促进胎盘分离。在母牛分娩后用红糖30～50g、食盐30～50g、茯茶30～50g、干姜30～50g、益母草100～200g，每日1次，灌服连用3d。子宫灌注0.1%利凡诺溶液500mL，也可子宫灌注高渗盐水借渗透压作用致使胎衣脱水皱缩，有利于胎盘分离。如果治疗无效，应及早请兽医师进行手术剥离。

（3）中药治疗。益母草500g、车前子200g，水煎取汁或共研为细末，加酒100mL，灌服；也可用当归60g、川芎21g、桃仁18g、炮姜15g、炙甘草15g、党参30g、益母草30g，共研为细末，以黄酒120mL为引，开水冲调，灌服。

（4）预防腐败和感染。胎衣滞留时间过长，可造成胎衣腐败和子宫化脓，应采取子宫内灌注抗菌防腐药，在抑制腐败和细菌感染的情况下，让组织自溶排出。也可用生理盐水300～500mL、金霉素（或土霉素、四环素等）0.5～1g，混合一次灌注子宫，一般12h内可使胎衣排出。或用蒸馏水1 000mL溶解碘片5g、碘化钾1g，每次用量为100～300mL，灌注到子宫与胎衣间隙中，一般使用1次，特殊病例几天后再用1次；或用10%浓盐水200～300mL，胰蛋白酶3～8g，洗必泰1～2g，混合后在胎衣子宫壁间隙一次投注，1～2h后，耳后皮下注射新斯的明5～10mL。

（5）抗菌消炎。母牛出现体温升高等症状时，应采取抗菌消炎治疗。可给予25%葡萄糖注射液500mL，10%浓盐水200mL，30%安乃近注射液30mL，庆大霉素100万IU，氢化可的松50～100mg，静滴每日1次，静脉输液2～3d。

十一、牦牛创伤

牦牛创伤是由一些机械性因素造成的牦牛组织或器官受伤，易引发局部组织感染。

1. 病因

角斗、异物刺伤及摔伤均可造成牦牛组织感染。牦牛角细长而尖锐，时有角斗相互抵伤，可伤及皮肤、肛门，甚至阴门等。驮牛易受鞍伤；异物刺伤可造成皮肤和蹄部感染等。

2. 临床症状

有未感染的新创伤，也有因牦牛体表覆盖长毛未及时发现而感染的陈旧创伤，甚至局部出现化脓溃烂等。

3. 治疗

新创伤应先剪去伤口周围被毛，用0.1%高锰酸钾溶液清洗创面，消毒后撒上消炎粉或青霉素，然后用消毒纱布或药棉盖住伤口。如有出血，可外用止血粉。创面大且严重时，应进行创口消毒和缝合包扎。流血严重时，可肌内注射止血敏10～20mL或维生素K_3 10～30mL。感染的创伤先用消毒纱布将伤口覆盖，剪去周围的被毛，用温肥皂水洗净创面，再用75%酒精或5%碘酊进行消毒。化脓创伤应先排出脓液，清除坏死组织，用0.1%高锰酸钾液或3%过氧化氢溶液将创腔冲洗干净，用棉球擦干，撒上消炎粉或去腐生肌散、抗生素药粉，每日1～2次。

主要参考文献

阿尔斯坦. 1999. 新疆畜收业回顾与展望[J]. 新疆畜牧业，(4)：6-7.
阿依木古丽. 2011. 发情周期不同阶段牦牛子宫中生殖激素受体表达的研究[D]. 兰州：甘肃农业大学.
白文林，郑玉才，尹荣焕，等. 2005. 天祝白牦牛三个功能基因部分序列的PCR- RFLP研究[J]. 江苏农业科学（4）：84-86.
白文林，郑玉才，尹荣焕，等. 2006. 大通牦牛三个功能基因部分序列的PCR-RFLP研究[J]. 黑龙江畜牧兽医（4）：13-15.
包鹏甲，阎萍，梁春年，等. 2012. 三个牦牛群体DRB3.2 基因PCR-RFLP多态性研究[J]. 黑龙江畜牧兽医（1）：1-3.
保善，张钰. 1992. 新疆的牦牛及其开发利用[J]. 新疆农业科学（1）：34-35.
Bowman DD. 2013. 兽医寄生虫学（第九版）[M]. 李国清等，译. 2013. 北京：中国农业出版社.
蔡葵蒸，徐建民，黄振亚，等. 2009. 奶牛高效养殖和疾病防治技术指南 [M]. 银川：宁夏人民出版社.
蔡宝祥. 2001. 家畜传染病学（第四版）[M]. 北京：中国农业出版社.
蔡立，刘祖波. 1984. 应用普通牛冷冻精液改良牦牛人工授精技术操作规程[J]. 西南民族学院学报（畜牧兽医版）（3）：39-42.
蔡立. 1980. 母牦牛生殖器官的研究[J]. 中国牦牛（3）：10-16.
蔡立. 1989. 牦牛的繁殖特性[J]. 西南民族学院学报畜牧兽医版，15（2）：52-65，68.
蔡立. 1989. 四川牦牛[M]. 成都：四川民族出版社.
蔡立. 1992. 中国牦牛[M]. 北京：农业出版社.
蔡欣，泽让东科，赵芳芳，等.2014. 麦洼牦牛群体4个新微卫星位点遗传多态性分析[J]. 西北农林科技大学学报（自然科学版），42（5）：29-32.
柴志欣，赵上娟，姬秋梅，等. 2011. 西藏牦牛的RAPD遗传多样性及其分类研究[J]. 畜牧兽医学报，42（10）：1380-1386.
常兰. 1999. 青海高原牦牛胸背神经、胸前神经、胸外神经的解剖[J]. 上海畜牧兽医通讯（2）：10.
车发梅，史福胜，李莉. 2007. 不同海拔地区牦牛血红蛋白、肌红蛋白含量的测定[J]. 家畜生态学报，28（05）：35-37.
陈大元，孙青原，刘冀珑，等. 1999. 大熊猫供核体细胞在兔卵胞质中可去分化而支持早期重构胚发育[J]. 中国科学（C辑），29（3）：324-330.
陈大元. 2000. 受精生物学—受精机制与生殖工程[M]. 北京：科学出版社.
陈桂芳，李齐发，强巴央宗，等. 2002. 西藏牦牛和黑白花奶牛生长激素基因Alu多态性的比较研究[J]. 畜牧与兽医，34（11）：15-16.
陈桂芳，谢庄，强巴央宗，等. 2003. 西藏牦牛、荷斯坦牛三个功能基因部分序列多态性的比较研究[J]. 畜牧兽医学报，34（2）：128-131.
陈国宏，吴信生，丁键，等. 2001. 林芝牦牛毛绒纤维物理特性及其超微结构研究[J]. 江苏农业研究，22（3）：39-42.
陈国宏，张勤. 2009. 动物遗传原理与育种方法[M]. 北京：中国农业出版社.
陈秋生，冯霞，姜生成. 2006. 牦牛肺脏高原适应性的结构研究[J]. 中国农业科学，39（10）：2107-2112.
陈世堂，宋永鸿. 2006. 中西结合防治大通牦牛子宫内膜炎的探讨 [J]. 中兽医学杂志，133(6): 39-40.
陈生梅，孙永刚，徐惊涛. 2014. 牦牛、黄牛卵巢卵泡发育及卵母细胞体外成熟培养的比较研究[J]. 家畜生态学报，35（7）：54-57.
陈文元，王子淑，王喜忠，等. 1990. 牦牛、黑白花牛及其杂种后代的染色体比较研究[J]. 中国牦牛（1）：23-29.
陈雪梅，金双，钟金城，等. 2008. 牦牛EPO基因的PCR- SSCP多态性研究[J]. 河南农业科学（7）：104-107.
陈亦晨. 2016. 草地资源管理指标体系及评价研究—以甘南草原为例[D]. 兰州：甘肃农业大学.
陈瞻明. 2012. 同步发情技术在牦牛繁殖中的应用比较[J]. 中国畜牧兽医文摘，28（6）：43.
成述儒，王欣荣，曾玉峰. 2012. 甘肃境内6个牦牛群体微卫星标记遗传多样性及遗传结构分析[J]. 农业生物技术学报，20（12）：1424-1432.
崔艳华，曲晓军，董爱军，等. 2012. 牦牛 κ-酪蛋白新遗传变异体及进化分析[J]. 哈尔滨工业大学学报，44（2）：

120-123.
崔燕，雍艳红. 2004. 牦牛形态结构和生理生殖机能对高原环境的适应性[C]. 中国畜牧兽医学会动物解剖学及组织胚胎学分会第13次学术研讨会论文集.
崔占鸿，刘书杰，柴沙驼，等. 2007. 三江源区高寒草甸草场放牧牦牛采食量的测定[J]. 中国草食动物科学,27（6）: 20-22.
单贵莲，徐柱，宁发，等. 2008. 围封年限对典型草原群落结构及物种多样性的影响[J]. 草业学报，17（6）: 1-8.
地里夏提，热合木江，李金平，等. 2001. 新疆巴州牦牛布鲁氏菌病调查及其病原分离和鉴定[J]. 新疆畜牧业（4）: 35-37.
丁健，季从亮，陈国宏，等. 2002. 林芝牦牛毛绒纤维物理特性的研究[J]. 动物科学与动物医学，19（08）: 14-16.
方光新，刘武军. 1995. 新疆牦牛业的现状存在问题及今后发展的设想[J]. 中国牦牛（01）: 9-12.
冯冬梅，赵会静，罗玉柱，等. 2010. 牦牛和黄牛三个微卫星基因座种间特异性等位基因分析[J]. 甘肃农业大学学报，45（4）: 22-27.
耿荣庆，王兰萍，冀德君，等. 2011. 基于细胞色素b 基因序列的中国牛亚科家畜系统发育关系[J]. 中国农业科学，44（19）: 4081-4087.
耿尧. 2006. 牦牛皮肤结构与功能研究[D]. 兰州: 兰州大学.
宫昌海，尼满，张金山，等. 2007. 导入野牦牛血液对新疆牦牛影响效果之浅析[J]. 草食家畜（4）: 17-18.
古里汗. 2013. 牦牛常见疾病的诊治 [J]. 新疆畜牧业（9）: 56-58.
郭爱朴. 1983. 牦牛、黄牛及其杂交后代的染色体比较研究[J]. 遗传学报，10（2）: 137-143.
郭爱珍，陈焕春. 2010. 牛结核病流行特点及防控措施 [J]. 中国奶牛（11）: 38-45.
郭娇，钟金城，姬秋梅，等. 2014. 西藏牦牛mtDNA COⅡ基因序列特征及系统进化分析[J]. 西北农业学报，23（5）: 1-7.
郭松长，刘建全，祁得林，等. 2006. 牦牛的分类学地位及起源研究: mtDNAd-loop序列的分析[J]. 兽类学报，26（4）: 325-330.
郭松长，祁得林，陈桂华，等. 2008. 家牦牛线粒体DNA（mtDNA）遗传多样性及其分类[J]. 生态学报，28（9）: 4286-4294.
郭宪，裴杰，包鹏甲，等. 2012. 母牦牛的繁殖特性与人工授精[J]. 中国牛业科学，38（3）: 91-93.
郭宪，阎萍，曾玉峰. 2007. 提高牦牛繁殖率的技术措施[J]. 中国牛业科学，33（4）: 64，67.
郭宪，杨博辉，李勇生，等. 2006. 牦牛的生态生理特性[J]. 中国畜牧杂志，42（1）: 56-57.
国家畜禽遗传资源委员会. 2011. 中国畜禽遗传资源志·牛志[M]. 北京: 中国农业出版社.
海汀，张成福，信金伟，等. 2014. 西藏牦牛mtDNA ND5 遗传多样性及系统进化分析[J]. 西南农业学报，27（6）: 2666-2672.
韩建国. 2014. 草地学[M]. 北京: 中国农业出版社.
韩树鑫，苟潇，杨舒黎. 2010. 动物低氧适应的生理与分子机制[J]. 中国畜牧兽医，37（8）: 29-30.
韩向敏，张兆旺，张容昶. 1999. 天祝白牦牛某些繁殖特性的观察研究[J]. 甘肃畜牧兽医，147（4）: 15-16.
郝晓鹏，王成龙. 2015. 奶牛瘤胃臌胀的综合防治措施 [J]. 农民致富之友（20）: 249.
何俊峰，崔燕. 2005. 受精液和受精时间对牦牛卵泡卵细胞体外受精的影响 [J]. 中国兽医科技，35（11）: 900-903.
和绍禹，田允波，葛长荣，等. 1996. 中甸牦牛[J]. 黄牛杂志，24（2）: 22-25，45.
贺延玉，崔燕. 2007. 成年牦牛心室肌微血管床的形态学特征[J]. 中国兽医科学，37（04）: 338-341.
贺延玉. 2016. 牦牛心脏组织结构的增龄性变化及相关因子的表达[D]. 兰州: 甘肃农业大学.
胡俊伟，崔燕，余四九. 2010. 不同年龄牦牛冠状动脉的组织学结构特征[J]. 中国兽医科学，40（06）: 631-635.
胡欧明，钟金城，蔡立，等. 1999. 犏牛精子发生水平的研究[J]. 西南民族学院学报（自然科学版），25（1）: 80-83.
胡泉军. 2014. 牦牛基因组数据库建设[D]. 兰州: 兰州大学.
胡强，郑玉才，金素钰，等. 2007. 用通用引物扩增细胞色素b基因进行牦牛肉的鉴定[J]. 食品科学，28（11）: 319-322.
胡自治. 2000. 青藏高原的草业发展与生态环境[M]. 北京: 中国藏学出版社.
黄玉丽. 1998. 牦牛毛的变性及其对性能的影响[J]. 毛纺科技（4）: 12-15.
黄群德. 2017. 浅谈牛传染性角膜结膜炎防治措施 [J]. 中国畜禽种业，13（01）: 126-127.

姬秋梅，普穷，达娃央拉，等. 2001. 西藏三大优良类群牦牛产毛性能及毛绒主要物理性能研究[J]. 中国畜牧杂志，37（4）: 29-30.
姬秋梅，普穷，达娃央拉，等. 2003. 西藏牦牛资源现状及生产性能退化分析[J]. 畜牧兽医学报，34（4）: 368-371.
姬秋梅，普穷，达娃央拉. 2000. 帕里牦牛生产性能的研究[J]. 中国草食动物，2（6）: 3-6.
姬秋梅，普穷，达娃央拉. 2004. 斯布牦牛产绒性能及绒毛品质分析[J]. 西藏科技，140（12）: 59-60.
姬秋梅，唐懿挺，张成福，等. 2012. 西藏牦牛 mtDNA cytb 基因的序列多态性及其系统进化分析[J]. 畜牧兽医学报，43（11）: 1723-1732.
姬秋梅. 2001. 中国牦牛品种资源的研究进展[J]. 自然资源学报，16（6）: 564-569.
贾荣莉，常兰，张寿，等. 2002. 不同繁殖类型牦牛卵巢形态学观测[J]. 上海畜牧兽医通讯（6）: 14-15.
江明锋，姜权. 2003. AFLP 分子标记在牦牛遗传分析中的初探[J]. 四川畜牧兽医，30（156）: 20-21.
姜生成，扎西，赵晓玲. 1992. 牦牛前肢骨的解剖[J]. 中国牦牛（2）: 50-58.
姜生成，赵晓玲，扎西. 1992. 牦牛后肢骨的解剖[J]. 中国牦牛（3）: 14-19.
金帅，郭宪，包鹏甲，等. 2013. 牦牛和犏牛 Dmrt7 基因序列分析及其在睾丸组织中的表达水平[J]. 中国农业科学，46（5）: 1036-1043.
吉玛. 2016. 牦牛肝片吸虫病的防治 [J]. 中国畜牧兽医文摘，32（03）: 177.
姜慧敏. 2013. 对牛常见病防治措施的思考 [J]. 农民致富之友（17）: 78.
孔繁瑶. 2010. 家畜寄生虫学（第二次修订版）[M]. 北京：中国农业大学出版社.
孔庆莲. 2011. 牦牛传染性角膜结膜炎的防治 [J]. 山东畜牧兽医，32（08）: 95-96.
赖松家，王玲，刘益平，等. 2005. 中国部分牦牛品种线粒体 DNA 遗传多态性研究[J]. 遗传学报，32（5）: 463-470.
拉珍，索朗斯珠. 2013. 牦牛大肠杆菌病的研究进展 [J]. 畜禽业（8）: 8-10.
郎侠，杨博辉. 2004. 牦牛的环境生理特征[J]. 家畜生态，25（4）: 103-104.
雷焕章，孙奉先，徐文彪，等. 1964. 牦牛生殖生理及繁殖特性观察[J]. 中国畜牧杂志（7）: 1-3.
雷会义，娄秀伟，覃宗泉，等. 2012. 贵州喀斯特山区天然草地的刈割管理初步研究[J]. 草业与畜牧（6）: 6-12.
李超. 2012. 天然草地不同利用方式对比初步研究[D]. 乌鲁木齐：新疆农业大学.
李德宏. 2007. 高原牦牛睾丸的形态学研究[D]. 兰州：甘肃农业大学.
李铎，柴志欣，姬秋梅，等. 2013. 西藏牦牛微卫星 DNA 的遗传多样性[J]. 遗传，35（2）: 175-184.
李芳芳，史福胜，申禄昌. 2011. 不同海拔地区牦牛心肌、骨骼肌线粒体 GSH-PX 的测定[J]. 青海大学学报（自然科学版），29（02）: 65-67.
李海昌，杨云祥，田允波. 1997. 中国牦牛的繁殖生理[J]. 中国牦牛（1）: 37-43.
李金祥. 2002. 新疆畜牧业发展方略[J]. 中国牧业通讯（12）: 8-11.
李景芳，叶东东，陆东林，等. 2015. 牦牛的生物学特性和生产性能[J]. 新疆畜牧业（4）: 39-40.
李家奎. 2013. 病毒性腹泻/黏膜病研究进展 [J]. 中国奶牛（6）: 1-3.
李家奎，昂宗拉姆，次卓嘎，等. 2011. 牦牛主要寄生虫的防治 [J]. 中国畜牧兽医，38（11）: 162-164.
李孔亮，孔令禄，芦鸿计，等. 1990. 野牦牛的驯化和冻精利用总结报告（1983-1986 年）[C]. 牦牛科学研究论文集.
李孔亮，芦鸿计，刘汉英，等. 1984. 犏牛及其亲本（黄牛、犏牛）体细胞染色体研究[J]. 中国牦牛（1）: 42-46，105-106.
李莉，俞红贤，沈明华. 2008. 不同发育期黄牛有氧和无氧代谢相关指标的测定[J]. 畜牧与兽医，40（5）: 77-79.
李莉. 2008. 不同海拔地区牦牛心肌、骨骼肌线粒体 SOD 活性的测定[J]. 青海大学学报（自然科学版），26（01）: 35-37.
李明娜. 2017. 牦牛角性状候选基因与蛋白的筛选和鉴定[D]. 兰州：中国农业科学院兰州畜牧与兽药研究所.
李齐发，李隐侠，赵兴波，等. 2006. 牦牛线粒体 DNA 细胞色素 b 基因序列测定及其起源、分类地位研究[J]. 畜牧兽医学报，37（11）: 1118-1123.
李齐发，李隐侠，赵兴波，等. 2008. 牦牛线粒体 DNAd-loop 区序列测定及其在牛亚科中分类地位的研究[J]. 畜牧兽医学报，39（1）: 1-6.
李齐发，赵兴波，罗晓林，等. 2004. 牦牛基因组微卫星富集文库的构建与分析[J]. 遗传学报，31（5）: 489-494.
李生芳，杨雪梅，李莉. 2008. 不同海拔地区牦牛肌组织线粒体 T-AOC 的测定[J]. 安徽农业科学，36（16）: 6828-6832.
李文建，韩国栋. 1999. 草地刈割及其对草地生态系统影响的研究[J]. 内蒙古草业（4）: 1-3.

李晓军，王文明，赵莉，等. 2012. 新疆包虫病流行现状与防控对策 [J]. 草食家畜（4）: 47-52.
梁春年，邢成峰，阎萍，等. 2010. 牦牛LPL基因外显子7多态性与生长性状相关性的研究[J]. 华北农学报, 25（5）: 16-19.
梁春年，阎萍，刑成峰，等. 2011. 牦牛MSTN基因内含子2多态性及与生长性状的相关性[J]. 华中农业大学学报，30（3）: 285-289.
梁红云，努尔尼沙，陶刚. 2008. 新疆巴州牦牛本品种选育提高与发展对策[J]. 草食家畜（3）: 24-25.
梁育林，张海明. 2009. 天祝白牦牛保种选育技术[M]. 兰州: 甘肃科学技术出版社.
梁治齐. 1996. 蛋白酶处理牦牛毛的研究[J]. 北京联合大学学报（2）: 34-39.
廖信军，常洪，张桂香，等. 2008. 中国5个地方牦牛品种遗传多样性的微卫星分析[J]. 生物多样性，16（2）: 156-165.
林金杏. 2007. 野牦牛精子超微结构和精液蛋白组分的研究[D]. 兰州: 中国农业科学院兰州畜牧与兽药研究所.
刘榜. 2009. 家畜育种学[M]. 北京: 中国农业出版社.
刘健. 2010. 牦牛粗毛形态结构及其拉伸细化工艺与机理研究[D]. 上海: 东华大学.
刘若.1988. 国外利用火防治牧草病害的概况[J]. 草原与草坪（2）: 1-4.
刘书杰，王万邦，薛白柴，等. 1997. 不同物候期放牧牦牛采食量的研究[J]. 青海畜牧兽医杂志（2）: 4-8.
刘文道，靳家声. 1993. 中国牦牛寄生虫图鉴[M]. 西宁: 青海人民出版社.
刘勇，张雅雯，南志标，等. 2016. 天然草地管理措施对植物病害的影响研究进展[J]. 生态学报，36（14）: 4211-4220.
刘长仲. 2009. 草地保护学[M]. 北京: 中国农业大学出版社.
刘振魁. 1997. 母牦牛妊娠早期生殖器官的征状[J]. 中国畜牧杂志，33（3）: 47-48.
柳海鹰，高吉喜，成文连. 2002. 草原管理与草地畜牧业可持续发展对策[J]. 草原与草坪（4）: 21-23.
芦鸿计. 1989. 牦牛的生产性能和繁殖能力[J]. 中国牦牛，33（3）: 1-12.
卢静，赵光前，程雪梅. 2005. 提高牦牛繁殖成活率的综合技术措施[J]. 四川草原，118（9）: 47-48.
陆仲璘. 1994. 牦牛育种及高原肉牛业[M]. 兰州: 甘肃民族出版社.
罗光荣，曾华，何仁业. 2007. 牦牛焦虫病的诊断与综合防治 [J]. 草业与畜牧（5）: 44-46.
罗晓林，马志杰，徐惊涛，等. 2010. 牦牛繁殖季节若干激素动态变化研究[J]. 草业与畜牧，172（3）: 1-7.
罗晓林. 1993. 屠宰牦牛卵巢卵母细胞体外成熟与发育的研究[J]. 中国牦牛（2）: 20-21.
洛桑·灵智多杰. 1996. 青藏高原环境与发展概论[M]. 北京: 中国藏学出版社.
马鲜平. 2007. 牦牛心脏动脉和静脉解剖结构的研究[D]. 兰州: 甘肃农业大学.
马晓琴，黄林，刘薇，等. 2013. 麦洼牦牛乳酸脱氢酶-B基因多态性的PCR-RFLP分析[J]. 四川动物，32（2）: 192-194.
马毅，牛锋. 2000. 影响牦牛繁殖力的因素[J]. 西北民族学院学报（自然科学版），4（37）: 53-55.
马志杰，钟金城，韩建林，等. 2009. 野牦牛（Bos grunniensmutus）mtDNAd-Loop区的遗传多样性[J]. 生态学报，29（9）: 4798-4803.
马志杰，钟金城，字向东，等. 2009. 三个牦牛群体激素敏感脂肪酶（HSL）基因外显子I的多态性[J]. 中国农业科学，42（1）: 370-376.
马志杰. 2005. 牦牛HSL、H-FABP基因的克隆、多态性分析及其系统进化研究[D]. 成都: 西南民族大学.
毛永江，常洪，杨章平，等. 2008. 青海高原牦牛遗传多样性研究[J]. 家畜生态学报，29（1）: 25-30.
牦牛繁殖育种编写组. 1982. 牦牛繁殖与育种[J]. 中国牦牛（3）: 73-82.
“牦牛选育和改良利用”课题组. 2005. 野家公牦牛繁殖特性的研究（I）—影响采精量主要因素的分析[C]. “大通牦牛”新品种及培育技术论文集.
“牦牛选育和改良利用”课题组. 2005. 野家公牦牛繁殖特性的研究（II）— 野公牦牛高繁殖力因析[C]. “大通牦牛”新品种及培育技术论文集.
蒙学莲，余四九，崔燕，等. 2007. 牦牛发情周期黄体组织结构的观察[J]. 中国兽医学报，27（4）: 586-590.
蒙学莲. 2002. 发情周期牦牛卵巢中卵泡系统和黄体形态的研究[D]. 兰州: 甘肃农业大学.
蒙雪莲，崔燕，余四九，等. 2006. 牦牛发情周期中卵巢卵泡发育状况的组织学观察[J]. 中国兽医科学，36（01）: 57-61.
莫重存，俞红贤. 2004. 青海牦牛肾脏的形态学观测[J]. 甘肃畜牧兽医（5）: 12-13.
南文渊. 2008. 藏族传统文化与青藏高原环境保护和社会发展[M]. 北京: 中国藏学出版社.

牛春娥，张利平，高雅琴，等. 2009. 天祝白牦牛的毛绒生产性能[J]. 安徽农业科学，37（23）: 11015-11016.
牛春娥，张利平，高雅琴，等. 2011. 天祝白牦牛被毛形态及纤维类型分析[J]. 黑龙江畜牧兽医科技版，2（上）: 5-7.
欧江涛. 2003. 牦牛多个功能基因的克隆测序和多态性研究仁[D]. 成都: 西南民族大学.
欧学志. 2005. 生化法对牦牛毛改性整理的研究[J]. 天津纺织科技（4）: 5-8.
欧阳熙. 1991. 牦牛对特殊生态环境的适应[J]. 西南民族学院学报·自然科学版，17（3）: 115-118.
潘和平，杨具田. 2004. 动物现代繁殖技术[M]. 北京: 民族出版社.
潘和平，姚玉妮，梁春年，等. 2008. 大通牦牛IGF-I基因多态性及其与生长性能相关性的研究[J]. 甘肃农业大学学报，43（6）: 33-37.
彭巍，徐尚荣，赛琴，等. 2012. 补饲对母牦牛同期发情处理的效果分析[J]. 黑龙江畜牧兽医科技版（17）: 138-141.
普布卓玛. 2018. 牦牛肺疫防治措施与建议 [J]. 中国畜牧兽医文摘，34（02）: 118.
祁生武，白元宏，张红生. 2009. 牦牛胎衣不下的病因及防治措施 [J]. 养殖与饲料（10）: 23-24.
钱依宁，刘忠贤. 1999. 牦牛的繁殖[J]. 饲料与畜牧（4）: 27-29.
秦传芳，赵善廷，王士平，等. 1993. 牦牛与犏牛睾丸的电镜观察和体视学研究[J]. 中国牦牛（4）: 9-11.
秦应和. 1999. 反刍家畜卵泡发育机理的研究进展[J]. 国外畜牧科技，26（5）: 30-32.
邱强. 2011.牦牛基因组序列及其适应性进化[D]. 兰州: 兰州大学.
邱忠权，朱启明. 1981. 母牦牛生殖器官组织学研究[J]. 中国牦牛（4）: 25-28.
权凯，张兆旺. 2005. 母牦牛的繁殖特性[J]. 畜牧与饲料科学（5）: 30-32.
任显东. 2013. 牦牛蹄部的结构及动脉分布[D]. 兰州: 甘肃农业大学.
桑巴. 2016. 牦牛结核病的综合防控措施 [J]. 中国畜牧兽医文摘，32（04）: 155.
尚海忠，李万财，李福寿，等. 2002. 天峻县牦牛繁殖现象的调查[J]. 青海畜牧兽医杂志，32（6）: 17-18.
邵宝平，丁艳平，俞红贤，等. 2005. 牦牛脑的动脉供应[J]. 解剖学报，36（05）: 573-576.
邵宝平. 2008. 牦牛脑神经对青藏高原生态环境适应的形态学机制[D]. 兰州: 兰州大学.
师方，柴志欣，罗晓林，等. 2015. 麦洼牦牛的随机扩增多态性DNA 遗传多样性分析[J]. 畜牧与兽医，47（2）: 5-10.
施远翔，程维疆，李爱巧，等. 2004. 关于新疆畜牧业现代化之路的思考[J]. 草食家畜（1）: 4-7.
宋乔乔，钟金城，张成福，等. 2014. 西藏牦牛线粒体DNA的遗传多样性及系统进化分析[J]. 兽类学报，34（4）: 356-365.
宋蕊，张素华，王树玉，等. 2010. 影响卵泡发育的因素及相关信号传导[J]. 中国优生与遗传杂志，18（2）: 8-10.
孙吉雄. 2000. 草地培育学[M]. 北京: 中国农业出版社.
孙建华，刘厚渊. 2007. 巴州现代畜牧业发展面临的困境及对策[J]. 新疆畜牧业（6）: 4-9.
谭春富，孙延鸣，赖明荣，等. 1990. 牦牛、杂交一代犏牛雄性生殖器官的比较解剖[J]. 中国牦牛（3）: 39-45.
谭娟. 2008. 牦牛生殖周期中输卵管的组织结构观察[D]. 兰州: 甘肃农业大学.
田牧群. 2008. 肉牛疾病防治实用技术 [M]. 银川: 宁夏人民出版社.
田应华，钱林东，凌军，等. 2009. 云南中甸牦牛的遗传多样性研究[J]. 西南农业学报，22（3）: 794-797.
涂正超，张亚平，邱怀. 1998. 中国牦牛线粒体DNA多态性及遗传分化[J]. 遗传学报，25(3）: 205-212 .
万盛文，张微，金影，等. 2012. 奶牛子宫内膜炎的防治措施 [J]. 黑龙江畜牧兽医（10）: 100-101.
汪兴锋，徐伯俊，刘新金. 2015. 4种牦牛绒纤维物理机械性能测试[J]. 上海纺织科技，43（5）: 51-53.
王丁科，梁春年，阎萍，等. 2009. 牦牛IGF2内含子8的遗传多态性及其遗传效应分析[J]. 西北农林科技大学学报（自然科学版），37（5）: 39-42，48.
王丁科，阎萍，梁春年，等. 2009. 牦牛IGF2内含子的遗传多态性及其遗传效应分析[J]. 华北农学报，24（2）: 107-111.
王根林. 2006. 养牛学（第二版）[M]. 北京: 中国农业出版社.
王贵珍，花立民. 2013. 牧场管理模型研究进展[J]. 草业科学，30（10）: 1664-1675.
王宏博，高雅琴，李维红，等. 2007. 我国牦牛种群资源及其绒毛纤维特性的研究状况[J]，经济动物学报，11（3）: 168-170.
王虎成，龙瑞军. 2009. 青藏高原牦牛生产现状与展望[C]. 2009中国草原发展论坛论文集.
王杰，等. 1985. 牦牛的产毛性能及牦牛毛的物理性状[J]. 中国畜牧杂志（2）: 13-15.
王杰，欧阳熙，王茜飞，等. 1983. 牦牛产毛性能的评定[J]. 西南民族学院学报（畜牧兽医版）(4）: 17-22.

王娟，刘洪玲，于伟东. 2004. 牦牛毛拉伸改性研究初探[J]. 毛纺科技（8）: 44-47.
王娟，刘洪玲，于伟东. 2005. 拉伸率、捻度对牦牛毛拉伸细化的影响[J]. 东华大学学报（自然科学版），31（6）: 81-85.
王娟. 2004. 牦牛毛拉伸改性工艺与机理的研究[D]. 上海: 东华大学.
王良闰，边扎. 2011. 动物脑多头蚴病现状与综合防治 [J]. 西藏科技（3）: 56-58+75.
王理中. 2016. 牦牛驯化的基因组学证据[D]. 兰州: 兰州大学.
王玉君. 2015. 牦牛出败的综合防治措施 [J]. 中兽医学杂志（11）: 91.
王士平，于新宇，赖明荣. 1990. 牦牛、黄牛和犏牛睾丸的组织学和组织化学观察[J]，中国牦牛（3）: 34-38.
王勇，李莉. 2008. 不同海拔地区牦牛组织线粒体LDH活性测定[J]. 安徽农业科学，36（33）: 14536-14537.
王自科. 2004. 天祝白牦牛精液冷冻试验[J]. 黑龙江动物繁殖，12（4）: 31-32.
魏青，俞红贤，张勤文，等. 2013. 高原牦牛气管组织学结构特征[J]. 黑龙江畜牧兽医科技版（8）: 153-154.
魏青，张勤文，李莉，等. 2010. 高原牦牛肺泡组织结构的观察和比较[C]. 中国畜牧兽医学会动物解剖学及组织胚胎学分会第十六次学术研讨会会议论文集.
魏亚萍，张周平. 1999. 牦牛、黑白花牛及其远缘杂种RAPD标记的初步研究[J]. 黄牛杂志，25（5）: 16-18.
文平，党永芝，宋海德，等. 2008. 青海环湖牦牛繁殖状况调查[J]. 青海畜牧兽医杂志，38（6）: 24-25.
文艺. 2008. 高寒牧区牛羊胃肠道线虫病调查与防治试验报告 [J]. 中国兽医寄生虫病，16（05）: 30-33.
吴克选，罗晓林，李全，等. 1994. 家牦牛、半血野牦牛年产毛量的比较[J]. 青海畜牧兽医杂志，24（5）: 18-20.
吴平顺. 2012. 牦牛犊副伤寒的诊治 [J]. 中兽医医药杂志，31（02）: 71-72.
伍红，饶开晴，钟金城，等. 2002. 麦洼牦牛的RAPD分析[J]. 四川畜牧兽医，29（141）: 19-20.
武华，薛文志. 2010. 牛病毒性腹泻病毒及其控制[M]. 北京: 中国农业出版社.
武秀香，杨章平，毛永江，等. 2008. 牛亚科5个群体B-Lg基因PCR-RFLP分析[J]. 扬州大学学报（农业与生命科学版），29（4）: 6-9.
夏洛浚，责正坤，刘辉，等. 1990. 牦牛精子的超微结构[J]. 中国牦牛（3）: 4-7.
肖学奎. 1992. 牦牛、黄牛联会复合染色体的比较研究[D]. 重庆: 西南民族学院.
肖玉萍，钟金城，金双. 2007. 4个牦牛品种的RAPD遗传多样性研究[J]. 中国牛业科学，33（6）: 5-10.
肖玉萍，钟金城，魏云霞，等. 2008. 牦牛品种的AFLP分析及其遗传多样性研究[J]. 中国草食动物，28（2）: 12-15.
谢双红. 2005. 北方牧区草畜平衡与草原管理研究[D]. 北京: 中国农业科学院.
徐尚荣，彭巍，林永明，等. 2011. 补饲与犊牛断乳对产后母牦牛发情周期恢复的影响研究[J]. 青海畜牧兽医杂志，41（2）: 8-9.
许保增. 2006. 牦牛种间杂交早期胚胎发育研究[D]. 北京: 中国农业科学院.
许洪祥. 2007. 犊牛大肠杆菌病诊断及防治 [J]. 农村实用科技信息（9）: 26.
许康阻，李孔亮等. 1981. 牦牛及其杂种生殖器官组织解剖学及生理机能的研究[J]. 中国牦牛（3）: 18-2.
许雪芬，高杰，蒋忠荣，等. 2014. 昌台牦牛乳酸脱氢酶-b基因2个突变位点的检测[J]. 西南农业学报，27（3）: 1284-1287.
薛立群. 1988. 牦牛繁殖特性[J]. 中国牦牛，9（1）: 9-11.
薛增迪，任建存. 2005. 牛羊生产与疾病防治 [M]. 杨凌: 西北农林科技大学出版社.
闫伟，罗玉柱，杨勤，等. 2011. 牦牛瘦素受体基因（LEPR）多态性分析[J]. 农业生物技术学报，19（2）: 323-329.
阎萍，郭宪，梁春年，等. 2010. 牦牛的精子发生规律及繁殖特性[C]. 中国畜牧兽医学会动物繁殖学分会第十五届学术研讨会论文集.
阎萍，郭宪，梁春年. 2011. 牦牛的繁育技术[C]. 中国畜牧兽医学会养牛学分会2011年学术研讨会论文集，283-287.
阎萍，郭宪. 2013. 牦牛实用生产技术百问百答[M]. 北京: 中国农业出版社.
阎萍，梁春年，姚军，等. 2003. 高寒放牧条件下牦牛超数排卵试验[J]. 中国草食动物（3）: 9-10.
阎萍，潘和平. 2004. 野牦牛种质特性的研究与利用[J]. 中国畜牧杂志，40（12）: 31-33.
阎萍，许保增，郭宪，等. 2006. 牦牛卵巢卵母细胞体外培养成熟条件的建立[J]. 畜牧与兽医，38（1）: 14-16.
杨锁廷，狄剑锋，刘淑贞，等. 1996. 牦牛毛变性及其产品的研制[J]. 纺织学报（6）: 49-51.
杨晓晖，张克斌，侯瑞萍.2005. 封育措施对半干旱沙地草场植被群落特征及地上生物量的影响[J]. 生态环境，14（5）: 730-734.
杨彦俊. 2015. 科学防治牦牛螨虫病 [J]. 中国畜禽种业，11（09）: 39-40.

杨名贵. 2013. 牛皮蝇蛆病的综合防治 [J]. 科学种养（3）: 49.
殷震. 刘景华. 1985. 动物病毒学（第二版）[M]. 北京: 科学出版社.
雍艳红，余四九，巨向红，等. 2005. 牦牛卵泡细胞及其卵母细胞不同发育时期的结构变化[J]. 动物学报，51（6）: 1050-1057.
余军杰，汪建华，王升高. 2006. 牦牛毛的低温等离子体表面改性[J]. 纺织学报，27（5）: 19-22.
余军杰，汪建华. 2006. 等离子体表面改性处理牦牛毛纤维[J]. 辽宁石油化工大学学报，26（4）: 149-152.
余军杰，王升高，汪建华. 2007. 等离子体表面改性对牦牛毛表面性能的影响[J]. 武汉工程学学报，29（1）: 52-54.
余四九，陈北亨. 1997. 牦牛发情特性及生殖激素含量的变化[J]. 动物学报，43（2）: 178-183.
余四九，巨向红，王立斌，等. 2007. 天祝白牦牛胚胎移植实验研究[J]，中国科学C辑: 生命科学，37（2）: 185-189.
袁青妍，黄治国，石绍华，等. 2005. 中国四个海拔牦牛群体血红蛋白 β 链微卫星多态性分析[J]. 家畜生态学报，26（5）: 11-14.
袁有清. 1991. 麦洼牦牛发情性行为观察[J]. 中国牦牛（2）: 50-51.
岳静. 2013. 不同年龄牦牛皮肤的组织结构观察[D]. 兰州: 甘肃农业大学.
昝学恩. 2014. 牛嗜皮菌病的防控措施 [J]. 中国畜牧兽医文摘，30（05）: 159.
张成福，徐利娟，姬秋梅，等. 2012. 西藏牦牛mtDNAd-loop区的遗传多样性及其遗传分化[J]. 生态学报,32（5）: 1387-1395.
张浩，安添午，何建文，等. 2014. 微卫星DNA 在牦牛亲权鉴定中的应用研究[J]. 畜牧与饲料科学，35（6）: 56-58.
张浩. 2014. 五个天祝白牦牛群体近交程度分析[J]. 湖北畜牧兽医，35（5）: 7-9.
张君，余四九. 2005. 高原型牦牛繁育状况及繁殖母牛体况调查[J]. 畜牧与兽医，37（8）: 21-22.
张军良. 2013. 引起牦牛急性死亡的传染病及其防控措施 [J]. 中国畜牧兽医文摘，29（07）: 81.
张利平. 2004. 天祝白牦牛被毛纤维类型分析研究[J]. 中国草食动物，24（5）: 53-55.
张玲勤，张腊梅，赵群燕，等. 1994. 青海高原型牦牛毛、绒品质分析[J]. 青海畜牧兽医学院学报，11（2）: 29-31.
张良志. 2014. 中国地方黄牛基因组拷贝数变异检测及遗传效应研究[D]. 西安: 西北农林科技大学.
张勤. 2004. 牧草的刈割与放牧[J]. 河南畜牧兽医，25（12）: 30-31.
张勤文，俞红贤，李莉，等. 2012. 成年大通牦牛骨骼肌组织学结构研究[J]. 动物医学展，33（12）: 74-76.
张勤文，俞红贤，李莉，等. 2013. 不同发育阶段大通牦牛骨骼肌组织学研究[J]. 动物医学进展，34（5）: 59-63.
张全伟. 2015. 牦牛全基因组CNV及高原适应性候选基因（HO1）的研究[D]. 兰州: 甘肃农业大学.
张青毅，马文忠，祁永革，等. 1990. 达日县牦牛心脏若干解剖学指标的测定[J]. 中国牦牛（2）: 15-16.
张容昶. 1989. 中国的牦牛[M]. 兰州: 甘肃科学技术出版社出版.
张容昶，胡江. 2002. 牦牛生产技术[M]. 北京: 金盾出版社.
张寿，常兰，石晓青. 2000. 青海高原牦牛正中动脉的解剖学研究[J]. 辽宁畜牧兽医（2）: 4-5.
张寿，常兰. 1997. 青海高原牦牛肌皮神经的解剖[J]. 动物医学进展（2）: 34-35.
张寿，王应安，常兰，等. 2003. 不同繁殖类型牦牛卵巢原始卵泡的观测[J]. 中国畜牧杂志，39（4）: 16-17.
张寿. 2000. 青海高原牦牛臂动脉的解剖[J]. 四川畜牧兽医，27（09）: 21-22.
张英俊. 2009. 草地与牧场管理学[M]. 北京: 中国农业大学出版社.
张园，张海容. 2009. 繁殖控制技术在牦牛生产中的应用研究进展[J]. 畜牧与饲料科学，30（1）: 56-57.
张莺莺. 2010. 中国主要牛种肌肉组织基因表达谱特征比较分析[D]. 西安: 西北农林科技大学.
张云，李玉超，赵学坤，等. 1993. 牦公牛种用特性与年龄和季节的关系[J]，中国牦牛（4）: 41-44.
张周平. 1996. 牦牛与黄牛远缘杂种雄性不育的研究现状及对策[J]. 黄牛杂志，22（4）: 11-14.
张忠学，杨富平，任清丹，等. 2013. 牛病毒性腹泻的危害与防制 [J]. 吉林畜牧兽医，34（05）: 45-46+48.
赵光前. 1998. 牦牛的性行为学与人工授精[J]. 四川畜牧兽医，90（2）: 25.
赵上娟，陈智华，姬秋梅，等. 2011. 西藏牦牛mtDNA COⅢ全序列测定及系统进化关系[J]. 中国农业科学，44（23）: 4902-4910.
赵晓青. 2012. 不同刈割处理对天然草地产草量的影响[J]. 青海草业，21（3-4）: 17-19.
赵振民. 1998. "尕利巴"或"牦渣子"公牛精母细胞减数分裂及精子发生的研究[J]. 黄牛杂志，24（3）: 19-20.
赵振民. 1998. "假黄牛"或"假牦牛"精母细胞减数分裂及精子发生的研究[J]. 黄牛杂志，24（5）: 11-12.

郑度，杨勤业，刘燕华，等. 1985. 中国的青藏高原[M]. 北京: 科学出版社.

郑生莲. 2011. 提高牦牛人工授精率的技术措施[J]. 草业与畜牧，188 (7) : 44-45.

钟光辉，文勇立，字向东，等. 1995. 九龙牦牛生理生化指标的测定[J]. 西南民族学院学报 (自然科学版),21 (02): 168-172.

钟光辉，字向东，文勇立，等. 1996. 九龙牦牛产毛性能的研究[J]. 西南民族学院学报 (自然科学版)，22 (02) : 165-168.

钟金城，柴志欣，马志杰，等. 2015. 野牦牛线粒体基因组序列测定及其系统进化[J]. 生态学报，35 (5) : 1564-1572.

钟金城，陈智华，邓晓莹，等. 1996. 西藏牦牛染色体的研究[J]. 西南民族学院学报 (自然科学版)，22 (1) : 30-32.

钟金城，陈智华，胡欧明，等. 2001. 牦牛、普通牛及其杂种一代犏牛精母细胞联合复合体的比较研究[M]. 北京: 中国农业科学技术出版社，221-224.

钟金城，赵素君，陈智华，等. 2006. 牦牛品种的遗传多样性及其分类研究[J]. 中国农业科学，39 (2) : 389-397.

钟金城. 1996. 牦牛遗传与育种[M]. 成都: 四川科学技术出版社.

周继平，张周平，胡勇，等. 1999. 牦牛远缘杂交后代减数分裂与雄性不育关系的研究[J]. 黄牛杂志，25 (5) : 11-15.

周毛措. 2009. 牦牛炭疽病的诊断与防治 [J]. 中国畜禽种业，5 (10) : 94.

周跃塔，曾泽，张斌，等. 2014. 牦牛嗜皮菌病的诊断 [J]. 动物医学进展，35 (10) : 127-128.

周晓松. 2011. 刈割、施肥和浇水处理下高寒矮篙草草甸补偿机制研究[D]. 西安: 陕西师范大学.

周兴民，王质彬，杜庆. 1986. 青海植被[M]. 西宁: 青海人民出版社.

周芸芸，张于光，卢慧，等. 2015. 西藏金丝野牦牛的遗传分类地位初步分析[J]. 兽类学报，35 (1) : 48-54.

朱士恩. 1980. 家畜繁殖学 (第五版) [M]. 北京: 中国农业出版社.

朱新书，李孔亮. 1988. 野牦牛、半血野牦牛、家牦牛精子的超微结构的电镜观察 (初探) [J]. 中国牦牛 (1) : 11-16.

字向东，何世明，蒋忠荣，等. 2011. 牦牛的同期发情与胚胎体外生产研究[J]. 西南民族大学学报 (自然科学版)，37 (3) : 379-386.

字向东，钟金城. 2007. 牦牛繁殖科学研究进展[J]. 西南民族大学学报 (自然科学版)，33 (1) : 79-83.

字向东. 1997. 母牦牛的繁殖力及其提高途径 [J]. 西南民族学院学报 (自然科学版)，23 (3) : 314-317.

《中国牦牛学》编写委员会. 1989. 中国牦牛学[M]. 成都: 四川科学技术出版社.

《中国牛品种志》编写组. 1988. 中国牛品种志[M]. 上海: 上海科学技术出版社.

Bereck A. 1994. Bleaching of pigmented speciality animal fibers and wool[J]. Rev. Prog. Coloration, (24): 17-25.

Cai X, Mipam T D, Zhao F F, et al.2015. SNPs detected in the yak MC4R gene and their association with growth traits[J]. Animal, 9 : 1097-1103.

Chen F Y, Niu H, Wang J Q, et al. 2011.Polymorphism of DLK1 and CLPG gene and their association with phenotypic traits in Chinese cattle[J]. Molecular Biology Reports, 38: 243-248.

Ding X Z, Liang C N, Guo X, et al.2012. A novel single nucleotide polymorphism in exon 7 of LPL gene and its association with carcass traits and visceral fat deposition in yak (Bos grunniens) steers[J]. Molecular Biology Reports, 39 : 669-673.

Gong X, Liu L, Zheng F, et al. 2014. Molecular investigation of bovine viral diarrhea virus infection in yaks (*Bos gruniens*) from Qinghai, China [J]. Virol J, 11: 29.

Guo A. 2017. *Moniezia benedeni and Moniezia expansa* are distinct cestode species based on complete mitochondrial genomes [J]. Acta Trop, 166: 287-292.

Heathd, Edwards C. 1984. The pulmonary arteries of the yak[J]. Cardio Res, (8) : 133-139.

Katzina E V, maturova E T. 1989. The reproduction function of yak cows[J].CAB Animal Breeding Abstracts, 58: 352.

Lan D, Xiong X, Mipam T D, et al. 2018. Genetic diversity, molecular phylogeny, and selection evidence of jinchuan yak revealed by whole-genome resequencing[J]. G3-Genes Genomes Genetics, 8: 945-952.

Li WH, Jia WZ, Qu ZG, et al. 2013. Molecular characterization of *Taenia multiceps* isolates from Gansu Province, China by sequencing of mitochondrial cytochrome C oxidase subunit 1 [J] Korean J Parasitol,

51(2): 197-201.
Ma X Q, Zhang X L, and Gu Z Y. 2006. Dyeing behavior of yak hair fiber treated with microwave low temperature plasma[J]. Journal of donghua University (Eng Ed), 23 (1) : 27-31.
Medugorac I, Graf A, Grohs C, et al.2017.Whole-genome analysis of introgressive hybridization and characterization of the bovine legacy of Mongolian yaks[J]. Nature Genetics, 49: 470-475.
Nguyen T, Genini S, Ménétrey F, et al. 2005.Application of bovine microsatellite markers for genetic diversity analysis of Swiss yak (Poephagus grunniens)[J]. Anim. Genet., 36: 484-489.
Qi X B, Jianlin H, Wang G, et al.2010.Assessment of cattle genetic introgression into domestic yak populations using mitochondrial and microsatellite DNA markers[J]. Animal Genetics, 41 : 242-252.
Qiu Q, Zhang G, Ma T, et al.2012. The yak genome and adaptation to life at high altitude[J]. Nature Genetics, 44: 946-951.
Sarkarm, Prakash B S. 2005. Circadian variations in plasma concentrations of melatonin and prolactinduring breeding andnon-breeding seasons in yak (PoepHagus grunniens L.) [J]. Anim Reprod Sci, 90: 149-162.
Schurmacher U, Knott J. 1988. Depigmentierung von feinen tierhaaren, schrift[J].DWI, (102) : 213-228.
Shao B, Long R, ding Y, et al. 2014. morphological adaptations of yak (Bos grunniens) tongue to the foraging environment of the Qinghai-Tibetan Plateau[J]. Journal of Animal science, (4) : 2595-2600.
Shi Y, Hu Y, Wang J, et al.2018.Genetic diversities of MT-ND1 and MT-ND2 genes are associated with high-altitude adaptation in yak[J]. Mitochondrial DNA Part A, 29: 485-494.
Song Q Q, Chai Z X, Xin J W, et al.2015.Genetic diversity and classification of tibetan yak populations based on the mtDNA COIII gene[J]. Genetics and Molecular Research, 14: 1763-1770.
Sulimova G E, Badagueva I N, Udina I G. 1996. PolimorpHism of the kappa-casein gene in populations of the subfamily bovinae [J]. Genetica, (32) : 1576-1582.
Wang J, Shi Y, Elzo M A, et al.2018. Genetic diversity of ATP8 and ATP6 genes is associated with high-altitude adaptation in yak[J]. Mitochondrial DNA Part A, 29 : 385-393.
Wang K, Hu Q, Ma H, et al. 2014.Genome-wide variation within and between wild and domestic yak[J]. Molecular Ecology Resources, 14: 794-801.
Wang Z, Shen X, Liu B, et al.2010. Phylogeographical analyses of domestic and wild yaks based on mitochondrial DNA: new data and reappraisal[J]. Journal of Biogeography, 37 : 2332-2344.
Wiener, G, Han, J L & Long, R J 2003. The Yak 2nd edn [M]. Regional Offce for Asia and the Pacifc Food and Agriculture Organization of the United Nations, Bangkok.
Wilmut I, Schnieke A E, Mcwhir J, et al. 1997. Viable offspring derived from fetal and adult mammalian cells [J]. Nature, 385: 810-813.
Wu X Y, Ding X Z, Chu M, et al.2015. Novel SNP of EPAS1 gene associated with higher hemoglobin concentration revealed the hypoxia adaptation of yak (Bos grunniens)[J]. Journal of Integrative Agriculture, 14: 741-748.
Yan K L. 2000. Handle of bleached knitted fabricmade from one yak hair[J]. Textile Research Journal, 70 (8) : 734-738.
Zhang G, Chen W, Xue M, et al.2008.Analysis of genetic diversity and population structure of Chinese yak breeds (Bos grunniens) using microsatellite markers[J]. Journal of Genetics and Genomics, 35: 233-238.
Zhao SS, Li HY, Yin XP, et al. 2016. First detection of Candidatus Rickettsia barbariae in the flea *Vermipsylla alakurt* from north-western China [J]. Parasit Vectors. 9(1): 325.

ICS 65.020.30
B 43

GB/T 24865—2010

中华人民共和国国家标准

GB/T 24865—2010

麦洼牦牛

Maiwa yak

2010-06-30 发布

2011-01-01 实施

中华人民共和国国家质量监督检验检疫总局
中国国家标准化管理委员会 发布

前　言

本标准的附录A、附录B为规范性附录，附录C为资料性附录。

本标准由中华人民共和国农业部提出。

本标准由全国畜牧业标准化技术委员会归口。

本标准起草单位：四川省畜禽繁育改良总站、西南民族大学、红原县畜牧局、阿坝州畜禽繁育改良站。

本标准主要起草人：王建文、傅昌秀、文勇立、王天富、张大维。

麦洼牦牛

1 范围

本标准规定了麦洼牦牛的品种特征特性和等级划分。

本标准适用于麦洼牦牛的品种鉴定和种牛等级评定。

2 品种特征特性

2.1 特性

麦洼牦牛属中国牦牛的优良地方品种，对高寒草甸草地及沼泽草地有良好的适应性，具有产奶量和乳脂含量高的优良特性。

2.2 体型外貌

麦洼牦牛多数有角，额宽平，额毛丛生卷曲，长者遮眼。毛色以全身黑毛为主，少有杂色。前胸发达，胸深，肋开张。体躯较长，背腰平直，腹大不下垂，尻部较窄略斜。四肢较短，蹄质坚实。前胸、体侧及尾部着生长毛，尾毛呈帚状。公牛头粗重，角粗大、向两侧向上平伸，角尖略向后、向内弯曲；相貌雄悍，颈粗短，鬐甲高而丰满。母牛头清秀，角较细，颈长短适中，鬐甲较低。

2.3 生产性能

2.3.1 生长发育

公犊初生重11.5~15.5kg，母犊初生重11.1~14.7kg。6月龄公犊体重50~75kg，平均日增重267g；母犊体重48~70kg，平均日增重259g。1~4岁公牛平均每年增重44.7kg，母牛平均每年增重33.3kg。

2.3.2 产奶性能

在放牧条件下，每日早上挤奶一次，6~10月150d挤奶量为：初产125~190kg，经产160~260kg。泌乳高峰期为每年牧草茂盛的7月份。鲜奶干物质18%，乳蛋白质5%，乳脂率6.0%~7.5%。

2.3.3 产肉性能

在放牧条件下，3.5~4.5岁阉牛体重200~240kg，屠宰率49%~52%，净肉率38%~39%。9~11肋骨肌肉样含干物质26.4%~27.4%、蛋白质19.9%~21.3%、脂肪5.4%~5.5%、灰分1.0%。

2.3.4 繁殖性能

母牛发情季节为每年的6~9月，7~8月为发情旺季。发情周期18.2±4.4d，发情持续期12~16h，妊娠期275±5d。母牦牛3岁开始配种，一般两年一胎，繁殖成活率38%~50%。公牛2.5岁开始配种，6~9岁为配种旺盛期。

3 等级划分

3.1 体型外貌

参见附录C麦洼牦牛图片，按表1规定评出总分，再按表2评定等级。

表1 体型外貌评分

项目	鉴定要求	评分	
		公牛	母牛
整体结构	外貌特征明显，结构匀称，肌肉着生好，皮肤有弹性，后躯结实。嘴宽唇薄，鼻孔开张，鼻镜小。公牛雄悍，头粗重，颈粗短，鬐甲高而丰满。母牛清秀，头较长，颈长短适中，耆甲较低	30	30
体躯	前胸发达，肋骨开张，间距宽，背腰平直。公牛腹部紧凑，母牛腹大不下垂。尻长而宽，臀部肌肉丰满	30	30
生殖器官和乳房	公牛睾丸发育匀称，无脐垂。母牛乳房发育良好，被毛稀短，四个乳区匀称，乳头长	15	15
肢蹄	四肢强健，肢势端正，蹄质坚实，蹄形圆正，蹄缘坚硬，蹄叉紧合，运步正常	15	15
被毛	全身被毛丰厚，有光泽，背腰及尻部绒毛厚，体侧及腹部粗毛密而长。尾毛粗长而密。裙毛覆盖住体躯下部	10	10
总分		100	100

表2 体型外貌等级评分

性别	特	一	二	三
公牛	85~100	80~84	75~79	70~74
母牛	80~100	75~79	70~74	65~69

3.2 体重、体尺

按附录A体尺体重测量方法进行测定，按表3规定评定体重等级，按表4规定评定体尺等级。

表3 体重等级评定　　单位为千克

年龄	公牛				母牛			
	特	一	二	三	特	一	二	三
5.5岁	425	385	345	305	270	240	210	180
4.5岁	408	368	328	288	260	230	200	170
3.5岁	280	245	210	175	216	189	162	135
2.5岁	200	170	140	110	190	162	135	108
1.5岁	155	130	105	80	148	123	98	73

表4 体尺等级评定　　单位为厘米

年龄	等级	公牛			母牛		
		体高	体斜长	胸围	体高	体斜长	胸围
5.5岁	特	130	157	202	117	139	180
	一	124	147	192	112	131	170

（续表）

年龄	等级	公牛			母牛		
		体高	体斜长	胸围	体高	体斜长	胸围
5.5岁	二	118	137	182	107	123	160
	三	112	127	172	102	115	150
4.5岁	特	128	158	198	115	140	180
	一	122	148	188	110	133	170
	二	116	138	178	105	125	160
	三	110	128	168	100	117	150
3.5岁	特	122	141	182	112	132	172
	一	116	132	172	107	124	162
	二	110	123	162	102	116	152
	三	104	114	152	97	108	142
2.5岁	特	110	129	163	107	126	159
	一	104	120	158	101	118	150
	二	98	111	143	96	110	141
	三	92	102	133	91	102	132
1.5岁	特	100	116	144	97	114	142
	一	95	108	134	92	106	132
	二	90	100	124	87	98	122
	三	85	92	114	82	90	112

3.3 产奶量

按附录B产奶量测定方法进行测定，按表5规定评定150d产奶量等级。

表5　产奶量等级评定　　单位为千克

胎次	特	一	二	三
一胎	420	360	300	240
二胎	520	450	380	310
三胎	550	480	410	340

3.4 综合评定

3.4.1 根据体型外貌、体重和体尺三项等级结果按表6规定进行综合评定。若有系谱资料，参考其父母等级。父母双方综合评定等级均高于本身等级两级者，可提升一级。

表6　综合等级评定

单项等级			综合等级
特	特	特	特
特	特	一	特

（续表）

单项等级			综合等级
特	特	二	一
特	特	三	二
特	一	一	一
特	一	二	一
特	一	三	二
特	二	二	二
特	二	三	二
特	三	三	三
一	一	一	一
一	一	二	一
一	一	三	二
一	二	二	二
一	二	三	二
一	三	三	三
二	二	二	二
二	三	三	二
二	三	三	三
三	二	二	二

3.4.2 公牛投产后的综合评定参考其后代品质，后代综合等级高其两级者，可提升一级。母牛投产后的综合评定根据体型外貌、体重和产奶量等级。

附录 A

（规范性附录）
体尺体重测定方法

A. 1 测量用具

测量体高用测杖，测量体斜长和胸围用皮尺，称重用磅称。测量前应校正测量用具。

A. 2 测量姿势

测量体尺时，让牛只自然站在平坦地上，前后肢和左右肢分别在一直线上，头部自然前伸，头颈与背线呈一直线。

A. 3 测量部位

体高：耆甲最高点到地面的垂直距离。

体斜长：从牛左侧肩端前缘到坐骨结节后缘。

胸围：在肩胛骨后缘量取牛胸部的垂直周径。

A. 4 称重

早上出牧前空腹时进行。不具备称重条件时，按式（A. 1）计算体重：

$$W = 70 \times h^2 \times b \qquad \cdots\cdots(A.1)$$

式中：

W——体重，单位为千克（kg）；

h——胸围，单位为米（m）；

b——体斜长，单位为米（m）。

附录 B
（规范性附录）
产奶量测定方法

B.1 测定150d的挤奶量

产犊后每隔10d实测挤奶量一次，测定日期可定为每月的（1、11、21）日或（5、15、25）日。以实际间隔天数10乘以日挤奶量，即是这10d的挤奶量，将15次挤奶量累加起来即为150d挤奶量。

B.2 计算150d的产奶量

按式（B.1）计算150d产奶量：

$$Y=1.96 \times Yn \quad \cdots\cdots\cdots\cdots (B.1)$$

式中：

Y——150d产奶量，单位为千克（kg）；

Yn——150d挤奶量，单位为千克（kg）。

此公式仅适用于每日早上挤奶一次，上午带犊出牧，晚上收牧同时隔离犊牛的情况下，将挤奶量校正为产奶量。

附录 C
（资料性附录）
麦洼牦牛图片

a）侧面

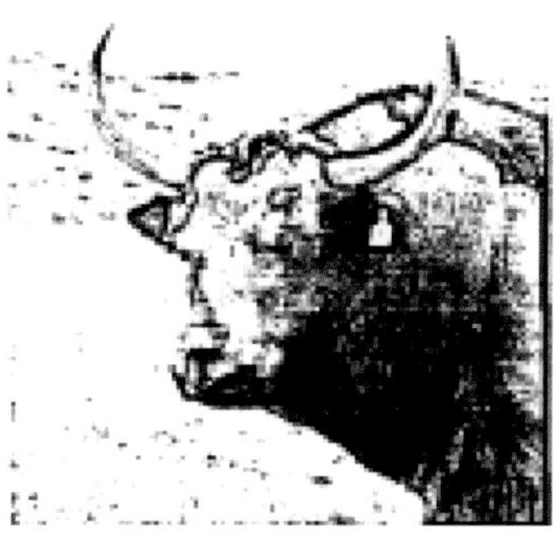

b）正面

c）后面

图 C.1　麦洼牦牛公牛图片

a）侧面

b）正面

c）后面

图 C.2　麦洼牦牛公牛图片

ICS 65.020.30
B 43

中华人民共和国农业行业标准

NY/T 2766—2015

牦牛生产性能测定技术规范

Technical specification for yak performance test

2015-05-21 发布 2015-08-01 实施

中华人民共和国农业部 发布

前言

本标准按照GB/T 1.1-2009给出的规则起草。

本标准由中华人民共和国农业部畜牧业司提出。

本标准由全国畜牧业标准化技术委员会（SAC/TC 274）归口。

本标准起草单位：中国农业科学院兰州畜牧与兽药研究所、甘南藏族自治州畜牧科学研究所、四川省草原科学研究院。

本标准主要起草人：阎萍、郭宪、梁春年、包鹏甲、丁学智、杨勤、罗晓林、裴杰、朱新书、褚敏、曾玉峰。

牦牛生产性能测定技术规范

1 范围

本标准规定了牦牛生产性能测定的内容和方法。

本标准适用于牦牛生产性能测定。

2 规范性应用文件

下列文件对于本文件的应用是必不可少的。凡是注日期的引用文件，仅注日期的版本适用于本文件。凡是不注日期的引用文件，其最新版本（包括所有的修改单）适用于本文件。

GB 4143 牛冷冻精液

NY/T 1450 中国荷斯坦牛生产性能测定技术规范

3 测定内容

3.1 生长发育性状

3.1.1 初生、6月龄、12月龄、18月龄、24月龄、36月龄、48月龄、60月龄等各月龄段的体重和体尺。体尺性状包括体高、体斜长、胸围、管围。

3.1.2 日增重。

3.2 繁殖性状

成年种公牛的阴囊围、精液产量、精液品质，母牛的总受胎率、产犊率。

3.3 产肉性状

宰前重、胴体重、净肉重、屠宰率、净肉率、肉骨比、眼肌面积。

3.4 产乳性状

挤乳量、乳脂率、乳蛋白率。

3.5 产毛、绒性状

产毛量、产绒量。

4 测定方法

4.1 生长发育性状

4.1.1 体重

停食停水12h或早晨出牧前空腹称重，连续测定2d取其平均值，单位为千克（kg）。牦牛体重应实际称量，在无称重条件时体重可采用公式（1）进行估测：

$$W_1=\frac{CG^2}{10\,000}\times L\times 70\% \quad (1)$$

式中：

W_1——体重，单位为千克（kg）；

CG——胸围，单位为厘米（cm）；

L——体斜长，单位为厘米（cm）。

4.1.2 日增重

日增重是测定牦牛生长发育或育肥效果的指标。按公式（2）计算：

$$DG=\frac{W_3-W_2}{n} \quad (2)$$

式中：

DG——日增重，单位为千克/天（kg/d）；

W_2——始体重，单位为千克（kg）；

W_3——末体重，单位为千克（kg）；

n——饲养或育肥天数，单位为天（d）。

4.1.3 体尺

4.1.3.1 测量用具

测量体高、体斜长用测杖。测量胸围、管围用软尺。

4.1.3.2 测量要求

测量时，使牦牛站立在平坦的地面上，四肢端正，头自然前伸，后头骨与鬐甲在一个水平面上。可将测定牦牛固定于测定栏内。

4.1.3.3 测量方法

4.1.3.3.1 体高

鬐甲最高点至地面的垂直距离，单位为厘米（cm）。

4.1.3.3.2 体斜长

肩端最前缘至同侧臀端（坐骨结节）后缘的直线距离，单位为厘米（cm）。

4.1.3.3.3 胸围

肩胛骨后缘处胸部的垂直周径，单位为厘米（cm）。

4.1.3.3.4 管围

左前肢管部（管骨）上三分之一（最细处）的水平周径，单位为厘米（cm）。

4.2 繁殖性状

4.2.1 阴囊围

牦牛繁殖季节，睾丸自然完全进入阴囊的状态下，用软尺测量阴囊最大周径，单位为厘米（cm）。

4.2.2 精液产量、精液品质

按照GB 4143规定执行。

4.2.3 总受胎率

一个年度内受胎母牛数占配种母牛数的百分比。按公式（3）计算：

$$TPR=\frac{n_2}{n_1}\times100 \quad (3)$$

式中：

TPR——总受胎率，单位为百分比（%）；

n_1——配种母牛头数，单位为头；

n_2——受胎母牛头数，单位为头。

4.2.4 产犊率

一个年度内分娩母牛所产犊牛数占妊娠母牛数的百分比。按公式（4）计算：

$$CR=\frac{n_4}{n_3}\times100 \quad (4)$$

式中：

CR——产犊率，单位为百分比（%）；

n_3——妊娠母牛数，单位为头；

n_4——分娩母牛所产犊牛数，单位为头。

4.3 产肉性状

4.3.1 宰前重

停食24h停水8h后的活重。

4.3.2 胴体重

屠宰后去头、皮、尾、内脏（不包括肾脏和肾脂肪）、腕跗关节以下的四肢、生殖器官所余体躯部分的重量。

4.3.3 净肉重

胴体除去剥离的骨后所余部分的重量。

4.3.4 屠宰率

胴体重占宰前重的百分比。按公式（5）计算：

$$DP=\frac{W_5}{W_4}\times100 \quad (5)$$

式中:

DP——屠宰率，单位为百分比（%）;

W_4——宰前重，单位为千克（kg）;

W_5——胴体重，单位为千克（kg）。

4.3.5 净肉率

净肉重占宰前重的百分比。按公式（6）计算:

$$MP = \frac{W_6}{W_4} \times 100 \tag{6}$$

式中:

MP——净肉率，单位为百分比（%）;

W_4——宰前重，单位为千克（kg）;

W_6——净肉重，单位为千克（kg）。

4.3.6 肉骨比

净肉重与骨重的比值。按公式（7）计算:

$$MBR = \frac{W_6}{W_7} \times 100 \tag{7}$$

式中:

MBR——肉骨比，单位为百分比（%）;

W_6——净肉重，单位为千克（kg）;

W_7——骨重，单位为千克（kg）。

4.3.7 眼肌面积

左侧胴体第13肋与第14肋处背最长肌的横切面积，单位为平方厘米（cm^2）。用硫酸纸绘出眼肌横切面积的轮廓，再用求积仪或透明方格纸计算出眼肌面积。

4.4 产乳性状

4.4.1 挤乳量

4.4.1.1 日挤乳量

24h内挤乳量之和，单位为千克（kg）。

4.4.1.2 月挤乳量

泌乳月牦牛的挤乳量，单位为千克（kg）。每隔9d~11d测日挤乳量1次，以实际间隔天数乘以日挤乳量，3次相加为月挤乳量。

4.4.2 乳脂率、乳蛋白率

按照NY/T 1450规定执行。

4.5 产毛、绒性状

4.5.1 产毛量

体躯与尾部剪下的粗毛重量。体躯年剪毛一次，尾部2年剪毛一次，宜在每年4月~6月进行。连续2年平均数为产毛量。

4.5.2 产绒量

体躯抓（拔）下的绒毛重量。年抓（拔）绒一次，宜在每年4月~6月进行。

ICS 65.020.30
B 43

NY 1658—2008

中华人民共和国农业行业标准

NY 1658—2008

大通牦牛

Datong yak

2008-07-14 发布　　2008-08-10 实施

中华人民共和国农业部 发布

前　言

本标准的第3章、第4章为强制性的，其余为推荐性的。

本标准的附录B、附录C为规范性附录，附录A为资料性附录。

本标准由中华人民共和国农业部畜牧司提出。

本标准由全国畜牧业标准化技术委员会归口。

本标准起草单位：中国农业科学院兰州畜牧与兽药研究所、青海省大通种牛场。

本标准主要起草人：阎萍、陆仲璘、何晓林、杨博辉、高雅琴、郭宪、梁春年、曾玉峰。

大通牦牛

1 范围

本标准规定了大通牦牛的品种特征、评级标准和评级规则。

本标准适用于大通牦牛品种的鉴定、选育和等级评定。

2 术语和定义

下列术语和定义适用于本标准。

2.1 大通牦牛 Datong yak

大通牦牛是在青藏高原自然生态条件下，以野牦牛为父本、当地家牦牛为母本，应用低代牛（F_1）横交理论建立育种核心群，强化选择与淘汰，适度利用近交、闭锁繁育等技术手段，育成含1/2野牦牛基因的肉用型牦牛新品种。是世界上人工培育的第一个牦牛新品种，因其育成于青海省大通种牛场而得名。成年大通牦牛是指3岁和3岁以上的大通牦牛，幼年大通牦牛是指3岁以下的大通牦牛。

2.2 毛绒产量 hair yield

指从牦牛个体的体躯上剪（拔）下的粗毛和绒毛的重量。

2.3 体重 body weight

指牦牛个体停食12小时的重量。

2.4 屠宰率 dressing percentage

牛屠宰后去皮、头、尾、内脏（不包括肾脏和肾脂肪）、腕跗关节以下的四肢、生殖器官，称为胴体。胴体重占屠宰前活体重的百分率为屠宰率。

2.5 净肉率 meat percentage

胴体剔骨后全部肉重（包括全部肾脏和胴体脂肪）占屠宰前活体重的百分率为净肉率。

3 品种特征

3.1 体型外貌

大通牦牛被毛黑褐色，背线、嘴唇、眼睑为灰白色或乳白色。鬐甲高而颈峰隆起（尤其是公牦牛），背腰部平直至十字部又隆起，即整个背线呈波浪形线条。体格高大，体质结实，结构紧凑，发育良好，前胸开阔，四肢稍高但结实，呈现肉用体型。体侧下部密生粗长毛，体躯夹生绒毛和两型毛，裙毛密长，尾毛长而蓬松。公牦牛头粗重，有角，颈短厚且深，睾丸较小，紧缩悬在后腹下部，不下垂。母牦牛头长，眼大而圆，清秀，大部分有角，颈长而薄，乳房呈碗状，乳头短细，乳静脉不明显。大通牦牛体型外貌具有明显的野牦牛特征，参见附录A。

3.2 体重、体尺

成年大通牦牛在6岁时，公牦牛体重平均为381.7kg，体高平均为121.3cm；母牦牛体重平均为220.3kg，体高平均为106.8cm（见表1）。体重、体尺测量方法见附录B。

表1 成年大通牦牛体尺体重（6岁）

性别	体 高cm	体斜长cm	胸 围cm	管 围cm	体 重kg
公牛	121.3±6.7	142.5±9.8	195.6±11.5	19.2±1.8	381.7±29.6
母牛	106.8±5.7	121.1±6.6	153.5±8.4	15.4±1.6	220.3±27.2

3.3 生产性能

3.4 产肉性能

天然草场放牧条件下，4~6月龄全哺乳公牦牛屠宰率为48%~50%，净肉率为37%~39%；18月龄公牦牛屠宰率为45%~49%，净肉率为36%~38%；成年公牦牛屠宰率为46%~52%，净肉率为36%~40%。

3.5 产毛性能

年剪拔毛一次，成年公牦牛年平均毛绒产量为2.0kg，成年母牦牛年平均毛绒产量为1.5kg，幼年牦牛毛绒产量平均为1.1kg。

4 等级鉴定及评定

4.1 单项评定

4.1.1 体型外貌

大通牦牛体型外貌评分见附录C，体型外貌等级评定见表2。

表2 大通牦牛体型外貌等级评定表 单位为分

等 级	公牦牛	母牦牛
特级	85分以上	80分以上
一级	80~84	75~79
二级	75~79	70~74
三级	/	65~69

4.1.2 体重

4.1.2.1 成年大通牦牛

成年大通牦牛体重等级评定见表3。

表3 成年大通牦牛体重等级评定 单位为千克

性 别	年龄或胎次	特 级	一 级	二 级	三 级
公	6岁以上	≥500	≥450	≥380	/
	5岁	≥450	≥350	≥280	/
	4岁	≥380	≥300	≥240	/
	3岁	≥310	≥250	≥200	/
母	2胎以上	≥300	≥250	≥220	200
	初胎	≥260	≥220	≥180	170

4.1.2.2 幼年大通牦牛

幼年大通牦牛体重等级评定见表4。

表4 幼年大通牦牛体重等级评定 单位为千克

等 级	性 别	初生重	6月龄	18月龄	30月龄
一	公	≥16	≥100	≥160	≥220
	母	≥15	≥85	≥140	≥180
二	公	≥15	≥90	≥140	≥180
	母	≥14	≥75	≥120	≥150
三	公	≥14	≥80	≥120	≥150
	母	≥13	≥70	≥100	≥130

4.1.3 体高

4.1.3.1 成年大通牦牛

成年大通牦牛体高等级评定见表6。

表5 成年大通牦牛等级评定 单位为厘米

性别	年龄或胎次	特 级	一 级	二 级	三 级
公	6岁以上	≥140	≥130	≥120	/
	5岁	≥135	≥125	≥115	/
	4岁	≥130	≥120	≥110	/
	3岁	≥125	≥115	≥105	/

（续表）

性别	年龄或胎次	特 级	一 级	二 级	三 级
母	2胎以上	≥130	≥120	≥106	103
	初胎	≥125	≥110	≥103	100

4.1.3.2 幼年大通牦牛

幼年大通牦牛体高等级评定见表7。

表6 幼年大通牦牛体高等级评定 单位为厘米

等 级	性 别	初 生	6月龄	18月龄	30月龄
一	公	≥60	≥105	≥110	≥115
	母	≥58	≥100	≥105	≥110
二	公	≥58	≥95	≥105	≥110
	母	≥56	≥90	≥100	≥100
三	公	≥56	≥85	≥95	≥100
	母	≥54	≥80	≥90	≥95

4.1.4 毛绒产量

大通牦牛毛绒产量等级评定见表5。

表7 大通牦牛毛绒产量等级评定 单位为千克

性 别	年龄或胎次	特 级	一 级	二 级	三 级
公	6岁以上	≥3.5	≥2.5	≥2.0	/
	5岁	≥3.0	≥2.0	≥1.5	/
	4岁	≥2.5	≥1.5	≥1.2	/
	1-3岁	≥2.0	≥1.2	≥1.0	/
母	2胎以上	≥2.0	≥1.5	≥1.1	0.9
	初胎	≥1.6	≥1.2	≥1.0	0.8

4.2 综合评定

4.2.1 成年大通牦牛

成年大通牦牛综合评定时根据体型外貌、体重、体高三项指标确定综合等级（见表8)。如：其中两项为特级，一项为一级则总评等级为特级；其中两项为特级，一项为二级则总评等级为一级，余项类推。

表8 成年大通牦牛总评等级表

项目	等级																	
	特	特	特	特	特	特	特	特	特	一	一	一	一	一	一	二	二	二
单项等级	特	特	特	特	一	一	一	二	二	一	一	一	二	二	三	二	二	三
	特	一	二	三	一	二	三	二	三	一	二	三	二	三	三	二	三	三
总评等级	特	特	一	二	一	一	二	二	三	一	一	二	二	二	三	二	二	三

4.2.2 幼年大通牦牛

幼年大通牦牛综合评定时根据体型外貌、体重两项指标确定综合等级（见表9）。如：其中一项为一级，一项为二级则总评等级为一级；其中一项为一级，一项为三级则总评等级为二级，余项类推。

表9 幼年大通牦牛总评等级表

项目	等级					
单项等级	一 一	一 二	一 三	二 二	二 三	三 三
总评等级	一	一	二	二	二	三

5 评定规则

5.1 单项评定

5.1.1 体型外貌

大通牦牛按表C.1评分后（百分制），再按表2确定体型外貌等级。成年大通牦牛初评在剪毛前，剪毛后复查并调整等级。凡畸形、体型外貌有严重缺陷者不予评定。

5.1.2 体重

成年大通牦牛体重按表3进行等级评定，幼年大通牦牛体重按表4进行等级评定。称重应在早晨出牧前（即停食12h）进行，有条件时最好在同一时间称重两次，取平均值。因条件限制，对成年大通牦牛无法称重时，可用附录B中的公式B.1计算。初生重应在出生后24小时内用衡器称重。

5.1.3 体高

成年大通牦牛体高等级评定按表5进行，幼年大通牦牛体高等级评定按表6进行，评定时间在剪毛前进行。

5.1.4 毛绒产量

成年大通牦牛的毛绒产量（不包括尾毛）等级评定按表7进行，测定可在当地剪毛季节进行。

5.2 综合评定

5.2.1 种公牦牛

以其体型外貌（表2）、体重（表3）、体高（表5）三项等级评定为主，参考毛绒产量（表7）等级评定，按表8综合评定等级。评定为特级、一级、二级公牦牛作为种牛。

5.2.2 母牦牛

初胎及2胎以上母牦牛，以其体型外貌（表2）、体重（表3）、体高（表5）三项等级评定为主，参考毛绒产量（表7）等级评定，按表8综合评定等级。

5.2.3 幼年牦牛

3岁以下大通牦牛以其体型外貌（表2）、体重（表4）两项等级评定为主，按表9综合评定等级。

附录 A
（资料性附录）
大通牦牛体型外貌图片

图 A.1　大通牦牛公牛（侧面）

图 A.2　大通牦牛母牛（侧面）

图 A.1　大通牦牛公牛（头部）

图 A.4　大通牦牛母牛（头部）

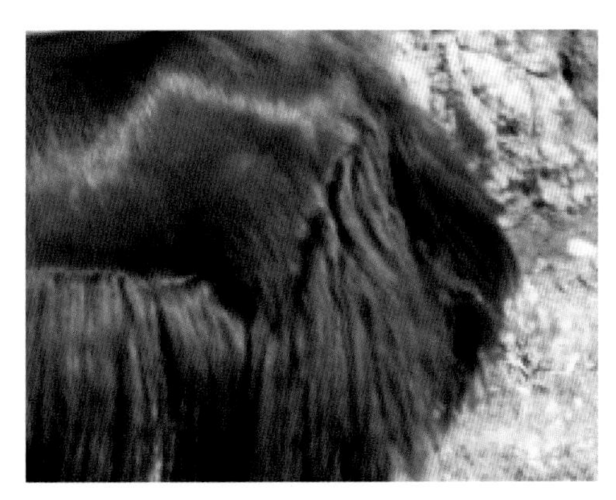

图 A.5　大通牦牛公牛（臀部）

图 A.6　大通牦牛母牛（臀部）

附录 B
（规范性附录）
大通牦牛体重、体尺测量方法

B.1 体重测量方法

牦牛的体重以实际称重为准。用地磅准确称重。在无法称重时体重可采用公式进行估测，但在实际中需进行校正，公式如下：

$$体重（kg）= 胸围^2（m）× 体斜长（m）× 70 \quad (B.1)$$

B.2 体尺测量方法

B.2.1 测量用具

B.2.1.1 测量体高用测杖。

B.2.1.2 测量体斜长、胸围、管围用软尺。

B.3 测量部位

B.3.1 体高：鬐甲顶点至地面的垂直距离。

B.3.2 体斜长：肩端最前缘至臀端（坐骨结节）后缘的直线距离。

B.3.3 胸围：肩胛骨后角处垂直于体躯的周径。

B.3.4 管围：左前肢管部（管骨）上三分之一（最细处）的水平周径。

B.4 测量要求

测量时，要使牛站立在平坦的地面上。站立时，四肢要端正，从后面看后腿掩盖前腿，侧看左腿掩盖右腿，或右腿掩盖左腿。四腿两行，分别在一根直线上。头应自然前伸，既不偏左或右，也不高抬或下垂，后头骨应与鬐甲在一个水平面上。

附录 C
（规范性附录）
大通牦牛体型外貌评分表

表C.1 大通牦牛体型外貌评分表

单位为分

项 目	评满分的要求	公牦牛		母牦牛	
		标准分	评 分	标准分	评 分
一般外貌	品种特征明显，毛色呈黑褐色，体大而结实，各部结构匀称，结合良好。头部轮廓清晰，鼻孔开张，嘴宽大。公牦牛雄性明显，前后躯肌肉发育好，鬐甲隆起，颈粗短。母牛清秀，鬐甲稍隆起，颈长适中。	30		30	
体躯	胸围大、宽而深、肋骨间距离宽、拱圆。腰背直而宽。公牦牛腹部紧凑，母牛腹部大、背不下垂。尻长、宽。臀部肌肉发育良好。	25		25	
生殖器官和乳房	睾丸匀称。包皮端正，无多余垂皮。母牦牛乳房发育好，被毛稀短，乳头分布匀称，乳头长。	10		10	
肢、蹄	四肢结实，肢势端正，左右两肢间宽。蹄圆缝紧，蹄质结实，行走有力。	15		15	
被毛	被毛光泽好，全身毛丰厚，背腰及尻部绒毛厚，各关节突出处、体侧及腹部粗毛密而长，尾毛密长，蓬松。	20		20	
总分		100		100	

ICS 65.020.30
B 43

中华人民共和国农业行业标准

NY 1659—2008

天祝白牦牛

Tianzhu white yak

2008-07-14 发布 2008-08-10 实施

中华人民共和国农业部 发布

前　言

本标准的第3章、第4章为强制性的，其余为推荐性的。

本标准的附录B、附录C为规范性附录，附录A为资料性附录。

本标准由中华人民共和国农业部畜牧业司提出。

本标准由全国畜牧业标准化技术委员会归口。

本标准起草单位：中国农业科学院兰州畜牧与兽药研究所、甘肃省天祝白牦牛育种实验场。

本标准主要起草人：阎萍、梁育林、梁春年、郭宪、张海明、高雅琴、曾玉峰、裴杰、潘和平。

天祝白牦牛

1 范围

本标准规定了天祝白牦牛的品种特征、评级标准和评级规则。

本标准适用于天祝白牦牛品种鉴定、选育和等级评定。

2 术语和定义

下列术语和定义适用于本标准。

2.1 天祝白牦牛 Tianzhu white yak

天祝白牦牛是我国乃至世界稀有而珍贵的牦牛遗传资源，是经过长期自然选择和人工选育而形成的肉毛兼用型牦牛地方品种，对高寒严酷的草原生态环境有很强的适应性。因其产于甘肃省天祝藏族自治县，具有被毛洁白如雪的外貌特征，故而被称为天祝白牦牛。成年天祝白牦牛是指3岁及3岁以上的天祝白牦牛，幼年天祝白牦牛是指3岁以下的天祝白牦牛。

2.2 毛绒产量 hair yield

指从牦牛个体的体躯上剪（拔）下的粗毛和绒毛的重量。

2.3 体重 body weight

指牦牛个体停食12h的重量。

2.4 屠宰率 dressing percentage

牦牛屠宰后，去皮、头、尾、内脏（不包括肾脏和肾脂肪）、腕跗关节以下的四肢、生殖器官，剩下的部分称为胴体。胴体重占屠宰前活重的百分比为屠宰率。

2.5 净肉率 meat percentage

胴体剔骨后全部肉重（包括全部肾脏和胴体脂肪）占屠宰前活体重的百分率为净肉率。

3 品种特征

3.1 体型外貌

天祝白牦牛被毛纯白色。体态结构紧凑，有角（角形较杂）或无角。鬐甲隆起，前躯发育良好，荐部较高。四肢结实，蹄小，质地密。尾形如马尾。体躯各突出部位、肩端至肘、肘至腰角、腰角至髋结节、臀端联线以下（包括胸骨的体表部位），以及项脊至颈峰、下颌和垂皮等部位，都着生长而光泽的粗毛（或称裙毛），同尾毛一起围于体侧；胸部、后躯和四肢、颈侧、背腰及尾部，着生较短的粗毛及绒毛。两性异形显著。公牦牛头大、额宽、头心毛卷曲，有角个体角粗长，有雄相。颈粗，鬐甲显著隆起。睾丸紧缩悬在后腹下部，睾丸比普通黄牛种的小。母牦牛头清秀，角较细，颈细，鬐甲隆起，鬐甲后的背线平直，腹较大不下垂，乳房呈碗碟状，乳头短细。天祝白牦牛体形外貌参见附录A。

3.2 体重、体尺

成年天祝白牦牛在3岁时，公牦牛体重平均为257.7kg，体高平均为115.8cm；母牦牛体重平均为189.7kg，体高平均为106.2cm（表1）。体重、体尺测量方法见附录B。

表1 成年天祝白牦牛体尺、体重（3岁）

性 别	体高cm	体长cm	胸围cm	管围cm	体重kg
公牛	115.8±4.7	123.7±3.9	163.9±4.1	17.5±1.5	257.7±15.3
母牛	106.2±3.8	114.2±5.7	152.5±3.5	15.2±1.1	189.7±17.6

3.3 生产性能

3.3.1 产肉性能

天然草场放牧条件下，成年公牦牛屠宰率为51%，净肉率为40%。

3.3.2 产毛性能

年剪（拔）毛一次，成年公牦牛年平均毛绒产量为3.5kg，成年母牦牛年平均毛绒产量为2.3kg，幼年牦牛年平均毛绒产量为1.6kg。尾毛两年剪取一次，成年公牛尾毛量为0.7kg，母牛尾毛量0.4kg。

4 等级鉴定及评定

4.1 单项评定

4.1.1 体型外貌

成年天祝白牦牛体型外貌评分见附录C，体型外貌等级评定见表2。幼年牦牛（初生—1.5岁）体型外貌等级评定见表3。

表2 成年天祝白牦牛体型外貌等级评定表 单位为分

等 级	公 牛	母 牛
特级	85分以上	80分以上
一级	80~84	75~79
二级	75~79	70~74
三级	/	65~69

表3 幼年天祝白牦牛体型外貌等级评定表

等 级	体型外貌评级标准
一级	被毛纯白，毛长丰厚，光泽好。体格大，肢势端正。体型结构及生长发育良好，活泼健壮。
二级	被毛纯白，毛长较密。体格中等，肢势端正。体型结构及生长发育一般，无缺陷，较活泼。
三级	被毛纯白，毛稀短。体格小。体型结构及生长发育差或稍有缺陷，欠活泼或乏弱。

4.1.2 体重

4.1.2.1 成年天祝白牦牛

成年天祝白牦牛体重等级评定见表4。

表4 成年天祝白牦牛体重等级评定 单位为千克

性别	年龄或胎次	特级	一级	二级	三级
公	6岁以上	≥370	≥320	≥270	/
	5岁	≥320	≥280	≥220	/
	4岁	≥290	≥260	≥190	/
	3岁	≥250	≥220	≥170	/
母	2胎以上	≥270	≥250	≥220	≥190
	初胎	≥240	≥200	≥160	≥140

4.1.2.2 幼年天祝白牦牛

幼年天祝白牦牛体重等级评定见表5。

表5 幼年天祝白牦牛体重等级评定 单位为千克

等级	初生重		6月龄		18月龄		30月龄	
	公	母	公	母	公	母	公	母
一级	≥16	≥14	≥80	≥60	≥120	≥100	≥160	≥140
二级	≥14	≥12	≥70	≥50	≥100	≥85	≥130	≥115
三级	≥12	≥10	≥60	≥40	≥80	≥70	≥100	≥90

4.1.3 体高

成年天祝白牦牛体高等级评定见表6。

表6 成年天祝白牦牛体高等级评定 单位为厘米

性别	年龄或胎次	特等	一等	二等	三等
公	6岁以上	≥125	≥120	≥115	/
	5岁	≥120	≥115	≥110	/
	4岁	≥115	≥100	≥105	/
	3岁	≥100	≥105	≥100	/
母	2胎以上	≥115	≥110	≥105	≥100
	初胎	≥110	≥105	≥100	≥95

4.1.4 毛绒产量

成年天祝白牦牛毛绒产量等级评定见表7。

表7　成年天祝白牦牛毛绒产量等级评定　　单位为千克

性 别	年龄或胎次	特 等	一 等	二 等	三 等
公	6岁以上	≥5.0	≥4.5	≥4.0	/
	5岁	≥4.5	≥4.0	≥3.5	/
	4岁	≥4.0	≥3.5	≥3.0	/
	3岁	≥3.0	≥2.5	≥2.0	/
母	2胎以上	≥3.0	≥2.5	≥2.0	≥1.5
	初胎	≥2.5	≥2.0	≥1.5	≥1.0

4.2 综合评定

4.2.1 成年天祝白牦牛

成年天祝白牦牛综合评定时根据体形外貌、体重、毛绒产量三项指标确定综合等级（表8）。如其中两项为特级，一项为一级则总评等级为特级；其中两项为特级，一项为二级则总评等级为一级，余项类推。

表8　成年天祝白牦牛总评等级表

项 目	等 级																	
单项等级	特	特	特	特	特	特	特	特	特	一	一	一	一	一	一	二	二	二
	特	特	特	特	一	一	一	二	二	一	一	一	二	二	三	二	二	三
	特	一	二	三	一	二	三	二	三	一	二	三	二	三	三	二	三	三
总评等级	特	特	一	二	一	一	二	二	三	一	一	二	二	二	三	二	二	三

4.2.2 幼年大通牦牛

幼年天祝白牦牛综合评定时，根据体型外貌、体重两项指标确定综合等级（见表9）。如其中一项为一级，一项为二级则总评等级为一级；其中一项为一级，一项为三级则总评等级为二级，余项类推。

表9　幼年天祝白牦牛总评等级表

项 目	等 级					
单项等级	一	一	一	二	二	三
	一	二	三	二	三	三
总评等级	一	一	二	二	二	三

5 评定规则

5.1 单项评定规则

5.1.1 体型外貌

成年天祝白牦牛按附录C评分（百分制）后，再按表2评定体型外貌等级。幼年天祝白牦牛按表3评定体型外貌等级。凡被毛非纯白（如有杂色毛）及畸形，体型外貌有严重缺陷者不予评定。初评应在剪毛前，剪毛后复查并调整评分。特、一级种公牦牛的体型外貌评分表中必须注明其明显的优、缺点，以供选配时参考。

5.1.2 体重

称重应在早晨出牧前（即停食12小时）进行。有条件时最好在同一时间连续称重两次，取其平均值。因条件限制，对成年天祝白牦牛无法称重时，可用公式B.1计算，也可单测体高指标，按表6评定等级，用来代替体重等级。初生重应在出生后24h内用衡器称重。

5.1.3 体高

成年天祝白牦牛体高等级评定按表6进行，评定时间在剪毛前进行。

5.1.4 毛绒产量

成年天祝白牦牛的毛绒产量（不包括尾毛）等级评定按表7进行，尾毛两年剪取一次，要登记其尾毛长度、产量，供评定时参考。

5.2 综合评定规则

5.2.1 种公牦牛

以其体形外貌（表2）、体重（表4）、毛绒产量（表7）三项等级评定为主。参考体高（表6）等级评定，按表8综合评定等级。评定为特级、一级、二级公牦牛作为种牛。

5.2.2 母牦牛

初胎及2胎以上母牦牛，以其体形外貌（表2）、体重（表4）、毛绒产量（表7）三项等级评定为主，按表8综合评定等级。对产有两头以上杂色犊牛的母牦牛不得评为特等。

5.2.3 幼年牦牛

3岁以下天祝白牦牛以其体形外貌（表3）、体重（表5）两项等级评定为主，按表9综合评定等级。

附录 A
（资料性附录）
天祝白牦牛体形外貌图片

图 A.1 天祝白牦牛公牛（侧面）

图 A.2 天祝白牦牛母牛（侧面）

图 A.3 天祝白牦牛公牛（头部）

图 A.4 天祝白牦牛母牛（头部）

图 A.5 天祝白牦牛公牛（臀部）

图 A.6 天祝白牦牛母牛（臀部）

附录 B
（规范性附录）
体重、体尺测量方法

B.1 体重测量方法

牦牛的体重以实际称重为准。用地磅准确称重。在无法称重时体重可采用公式进行估测，但在实际中需进行校正，公式如下：

$$体重（kg）=胸围^2（m）\times 体斜长（m）\times 70 \qquad (B.1)$$

B.2 体尺测量方法

B.2.1 测量用具

B.2.1.1 测量体高用测杖。

B.2.1.2 测量体斜长、胸围、管围用软尺。

B.2.2 测量部位

B.2.2.1 体高：髻甲顶点至地面的垂直距离。

B.2.2.2 体斜长：肩端最前缘至臀端（坐骨结节）后缘的直线距离。

B.2.2.3 胸围：肩胛骨后角处垂直于体躯的周径。

B.2.2.4 管围：左前肢管部（管骨）上三分之一（最细处）的水平周径。

B.2.3 测量要求

测量时，要使牛站立在平坦的地面上。站立时，四肢要端正，从后面看后腿掩盖前腿，侧看左腿掩盖右腿或右腿掩盖左腿。四腿两行，分别在一根直线上。头应自然前伸，既不偏左或右，也不高抬或下垂，后头骨应与髻甲在一个水平面上。

附录 C
（规范性附录）
成年天祝白牦牛体型外貌评分表

C.1 成年天祝白牦牛体型外貌评分表

项 目	评满分的要求	公牦牛		母牦牛	
		标准分	评 分	标准分	评 分
一般外貌	类群特征明显，被毛纯白，体格大而健壮，各部结构匀称，结合良好。头部轮廓清晰，鼻孔开张，嘴宽大。公牦牛雄相明显，前后躯肌肉发育好，鬐甲隆起，粗短。母牛头清秀，鬐甲隆起，颈长适中。	30		30	
体躯	胸围大，宽而深，肋骨间距离宽，拱圆。背腰直而宽。公牦牛腹部紧凑，母牛腹大，不下垂。尾长，宽。臀部肌肉发育好。	25		25	
生殖器官和乳房	睾丸大而匀称。包皮端正，无多余垂皮。母牦牛乳房发育好，被毛稀短，乳头分布匀称，乳头适中。	10		15	
肢、蹄	四肢结实，肢势端正，左或右两肢间宽。蹄圆缝紧，蹄质结实。行走有力。	15		10	
被毛	被毛纯白、光泽好，全身被毛丰厚，背腰绒毛厚，各关节突出处，体侧及腹部毛密而长。尾毛密长，同全身粗毛能覆盖住体躯下部，即裙毛生长好。	20		20	
总分		100		100	

ICS 65.020.30
B 43

中华人民共和国农业行业标准

NY 2829—2015

甘南牦牛

Gannan yak

2015-10-09 发布 2015-12-01 实施

中华人民共和国农业部 发布

前 言

本标准按照GB/T 1.1-2009给出的规则起草。

本标准由中华人民共和国农业部畜牧业司提出。

本标准由全国畜牧业标准化技术委员会(SAC/TC 274)归口。

本标准起草单位:中国农业科学院兰州畜牧与兽药研究所、全国畜牧总站、甘南藏族自治州畜牧科学研究所。

本标准主要起草人:梁春年、赵小丽、阎萍、杨勤、郭宪、包鹏甲、丁学智、王宏博、裴杰、褚敏、朱新书。

甘南牦牛

1 范围

本标准规定了甘南牦牛的品种来源、体型外貌、生产性能、性能测定及等级评定。

本标准适用于甘南牦牛品种鉴定、等级评定。

2 规范性引用文件

下列文件对于本文件的应用是必不可少的。凡是注日期的引用文件，仅所注日期的版本适用于本文件。凡是不注日期的引用文件，其最新版本（包括所有的修改单）适用于本文件。

GB 4143 牛冷冻精液

GB 16567 种畜禽调运检疫技术规范

NY/T 2766 牦牛生产性能测定技术规范

3 品种来源

甘南牦牛主要分布在甘肃省甘南藏族自治州海拔2800米以上的高寒草原地区，中心产区为玛曲县、碌曲县和夏河县。

4 体型外貌

头较大，额短而宽并稍显突起。鼻孔开张，唇薄灵活，眼圆突出有神，耳小灵活。公母牛多数有角，公牛角粗长，母牛角细长。颈短而薄，无垂皮，鬐甲较高，背腰平直，前躯发育良好。腹大，不下垂。四肢较短，粗壮有力。尾较短，尾毛长而蓬松。被毛以黑色为主，少量黑白杂色。体质结实，结构紧凑。外貌特征参见附录A。

5 生产性能

5.1 体重体尺

在全天然放牧条件下，公牛初生重不小于12kg，6月龄重不小于70kg，18月龄重不小于100kg，48月龄体重不小于230kg；母牛初生重不小于11kg，6月龄重不小于65kg，18月龄重不小于95kg，48月龄体重不小于170kg。

48月龄牦牛体尺见表1。

表1　48月龄牦牛体尺　　单位为cm

性 别	体 高	体斜长	胸 围	管 围
公	116	130	170	18
母	111	128	160	16

5.2 繁殖性能

公牦牛性成熟期在18月龄，初配年龄为30月龄。母牦牛初情期在30~36月龄，发情季节一般在7~9月份，一般三年二胎，少数一年一胎或二年一胎，繁殖成活率45%~50%。种公牛精液质量应符合GB 4143要求。

5.3 产肉性能

在全天然放牧条件下，成年公牦牛屠宰率不低于49%，净肉率不低于39%，眼肌面积不低于38cm^2；成年母牦牛屠宰率不低于47%，净肉率不低于38%，眼肌面积不低于35cm^2。

5.4 泌乳性能

在全天然放牧条件下，泌乳期150d，泌乳量450kg。

5.5 产毛、绒性能

成年公牛年平均产毛量1.9kg、产绒量0.6kg，成年母牛年平均产毛量1.4kg、产绒量0.4kg。

6 性能测定

生产性能测定按照NY/T 2766的规定执行。

7 等级评定

7.1 必备条件

7.1.1 体型外貌应符合本品种特征。

7.1.2 生殖器官发育正常。

7.1.3 无遗传缺陷，健康状况良好。

7.1.4 牛来源清楚，档案齐全。

7.2 体型外貌

按附录B评分后，再按表2确定体型外貌等级。牦牛初评在剪毛前，剪毛后复查并调整等级。

表2　体型外貌等级评定　　单位为分

等级	公牛	母牛
特级	≥85	≥80
一级	≥80	≥75
二级	≥75	≥70
三级	/	≥65

7.3 体重

体重按表3进行等级评定。

表3 体重等级评定

单位为千克

性别	年龄或胎次	特级	一级	二级	三级
公牛	72月龄及以上	≥460	≥400	≥340	/
	60月龄	≥380	≥330	≥280	/
	48月龄	≥320	≥270	≥230	/
公牛	36月龄	≥250	≥210	≥180	/
	18月龄	/	≥140	≥120	≥100
	6月龄	/	≥90	≥80	≥70
	初生	/	≥14	≥13	≥12
母牛	48月龄及以上	≥270	≥230	≥200	≥170
	36月龄	≥245	≥210	≥175	≥150
	18月龄	/	≥130	≥110	≥95
	6月龄	/	≥85	≥75	≥65
	初生	/	≥13	≥12	≥11

7.4 体高

体高等级评定按表4进行，评定时间在剪毛前。

表4 体高等级评定

单位为cm

性别	年龄或胎次	特级	一级	二级	三级
公牛	72月龄及以上	≥136	≥130	≥125	/
	60月龄	≥132	≥126	≥120	/
	48月龄	≥128	≥122	≥116	/
	36月龄	≥124	≥118	≥112	/
	18月龄	/	≥102	≥96	≥92
	6月龄	/	≥91	≥87	≥82
	初生	/	≥56	≥52	≥49
母牛	48月龄及以上	≥125	≥115	≥110	≥105
	36月龄	≥120	≥110	≥105	≥100
	18月龄	/	≥99	≥93	≥87
	6月龄	/	≥90	≥85	≥80
	初生	/	≥54	≥50	≥47

7.5 综合评定

以体型外貌、体重、体高三项均等权重进行等级评定。两项为特级、一项为一级以上，评为特级；两项为一级、一项为二级以上，评为一级。见表5。

表5　综合评定等级

项 目	等 级																	
	特	特	特	特	特	特	特	特	特	一	一	一	一	一	一	二	二	二
单项等级	特	特	特	特	一	一	一	二	二	一	一	一	二	二	三	二	二	三
	特	一	二	三	一	二	三	二	三	一	二	三	二	三	三	二	三	三
总评等级	特	特	一	二	一	一	二	二	三	一	一	二	二	二	三	二	二	三

8 种牛出场要求

8.1 符合7.1的要求。

8.2 种公牛体重、体型外貌评定必须达到特、一级；种母牛综合评定在一级以上。

8.3 有种牛合格证，耳标清楚，档案准确齐全，质量鉴定人员签字。

8.4 按照GB 16567的要求出具检疫证书。

附录 A
（资料性附录）
甘南牦牛体型外貌照片

图 A.1　甘南牦牛公牛（侧面）

图 A.2　甘南牦牛母牛（侧面）

图 A.3　甘南牦牛公牛（头部）

图 A.4　甘南牦牛母牛（头部）

图 A.5　甘南牦牛公牛（臀部）

图 A.6　甘南牦牛母牛（臀部）

附录 B
（规范性附录）

甘南牦牛体型外貌评分表

项 目	评满分的要求	公牦牛		母牦牛	
		标准分	评分	标准分	评 分
一般外貌	外貌特征明显，体质结实。结构匀称，头大小适中，眼大有神。公牦牛雄性明显，鬐甲隆起，颈粗短；母牛清秀，鬐甲稍隆起，颈长适中。	30		30	
体躯	颈肩结合良好，胸宽深，肋开张，背腰平直。公牛腹部紧凑；母牛腹大，不下垂。荐尾结合良好。	25		25	
生殖器官和乳房	睾丸发育正常，大小适中，匀称。乳房发育良好，附着紧凑。乳头分布匀称，大小适中。	10		15	
肢、蹄	健壮结实，关节明显，肢势端正。蹄形正、质结实、行走有力。	15		10	
被毛	被毛黑色，光泽好，全身被毛丰厚，背腰绒毛厚，各关节突出处、体侧及腹部毛密而长。尾毛密长，裙毛生长好。	20		20	
总分		100		100	

ICS 67.120.10
X 22
备案号：16801—2005

SB

中华人民共和国国内贸易行业标准

SB/T 10399—2005

牦牛肉

Yak meat

2005-10-11 发布　　　　2006-03-01 实施

中华人民共和国商务部　发布

前言

本标准的附录A和附录B为资料性附录。

本标准由中国商业联合会提出。

本标准由商务部归口。

本标准起草单位：内蒙古草原兴发股份有限公司、商业科技质量中心、湖南农业大学、中国肉类协会、青海省畜牧兽医科学院、西藏大学农牧学院等。

本标准主要起草人：李宗军、刘丽欣、刘景德、王喜群、杨雨平、王福清、邓富江、罗晓林、罗章。

牦牛肉

1 范围

本标准规定了牦牛肉的定义、技术要求、检验方法、标识、包装、贮存、运输。

本标准适用于牦牛屠宰加工后，经检疫合格的冷却（冻）牦牛肉。

2 规范性引用文件

下列文件中的条款通过本标准的引用而成为本标准的条款。凡是注日期的引用文件，其随后所有的修改单（不包括勘误的内容）或修订版均不适用于本标准，然而，鼓励根据本标准达成协议的各方研究是否可使用这些文件的最新版本。凡是不注日期的引用文件，其最新版本适用于本标准。

GB 2707 鲜（冻）畜肉卫生标准

GB 2762 食品中污染物限量

GB 2763 食品中农药最大残留限量

GB/T 4789.2 食品卫生微生物学检验 菌落总数测定

GB/T 4789.3 食品卫生微生物学检验 大肠菌群测定

GB/T 4789.4 食品卫生微生物学检验 沙门氏菌检验

GB/T 4789.6 食品卫生微生物学检验 致泻大肠埃希氏菌检验

GB/T 5009.11 食品中总砷及无机砷的测定

GB/T 5009.12 食品中铅的测定

GB/T 5009.15 食品中锡的测定

GB/T 5009.17 食品中总汞及有机汞的测定

GB/T 5009.18 食品中氟的测定

GB/T 5009.44—2003 肉与肉制品卫生标准的分析方法

GB/T 5009.123 食品中铬的测定

GB/T 6388 运输包装收发货标志

GB 7718 预包装食品标签通则

GB 18394-2001 畜禽肉水分限量

3 术语和定义

下列术语和定义适用于本标准。

牦牛肉 yak meat

检疫合格的牦牛经规范化屠宰，冷却排酸后的胴体或分割肉。

4 技术要求

4.1 原料

活牦牛应来自非疫区，并持有产地动物防疫监督机构出具的检疫证明。

4.2 加工

4.2.1 屠宰加工

屠宰前24h禁食，屠宰前2h禁水，要求屠宰放血充分，剥皮，去头、蹄及内脏（肾脏除外），保持完整的皮下脂肪或肌膜，修割整齐，冲洗胴体，保持胴体表面清洁，无污染。并进行宰前、宰后检验检疫处理。

4.2.2 冷加工

冷却牦牛肉，其后腿部、肩胛部深层中心温度保持在0～4℃之间至少72h。

冻牦牛肉其后腿部、肩胛部深层中心温度不高于-15℃，肉体冻结坚硬，表面无压痕、无污染、无干燥。

4.3 感官

感官要求见表1。

表1　感官要求

项 目	冷却牦牛肉	冻牦牛肉
色泽	肉色深红，有光泽；脂肪分布均匀，脂肪洁白或淡黄色，呈明显大理石花纹	肉色深红，有光泽；脂肪洁白或淡黄色
组织状态	肌原纤维清晰，有坚韧性	肉质紧密、坚实
粘度	外表微干或湿润，不粘手，切面湿润	外表微干或有风干膜或外表湿润，解冻后切面湿润不粘手
弹性	指压后凹陷立即恢复	解冻后指压凹陷缓慢恢复
气味	具有新鲜牦牛肉正常气味，无异、臭味	解冻后具有牦牛肉正常气味，无异、臭味
煮沸后肉汤	澄清透明，脂肪团聚于表面，有牦牛肉特有的香味	澄清透明或稍有浑浊，脂肪团聚于表面，有牦牛肉特有的香味

4.4 理化及污染物限且指标

按GB 18394、GB2707和GB2762执行，理化及污染物限量指标见表2。

表2　理化及污染物限量指标

项目		指标
水分限量/（%）	≤	77
挥发性盐基氮/（mg/100 g）	≤	15
总汞（以Hg计）/（mg/kg）	≤	0.05
铅（Pb）/（mg/kg）	≤	0.2
无机砷（以As计）/（mg/kg）	≤	0.05
镉（Cd）/（mg/kg）	≤	0.1
铬（Cr）/（mg/kg）	≤	1.0
氟（F）/（mg/kg）	≤	2.0

4.5 农药残留

农药最大残留限量按GB 2763执行。

4.6 品质指标

品质指标见表3。

表3　品质指标

项目	指标
肌原纤维直径/（μm）	28~80
肌红蛋白/（μg/g）	≥160
熟肉率/（%）	≥60

5 检验方法

5.1 水分限量，按照 GB 18394—2001 中 5. 2 规定的方法测定。

5.2 挥发性盐基氮，按照 GB/T 5009.44—2003 中 4.1 规定的方法测定。

5.3 总汞，按照 GB/T 5009.17 规定的方法测定。

5.4 无机砷，按照 GB/T 5009.11 规定的方法测定。

5.5 铅，按照 GB/T 5009.12 规定的方法测定。

5.6 镉，按照 GB/T 5009.15 规定的方法测定。

5.7 铬，按照 GB/T 5009.123 规定的方法测定。

5.8 氟，按照 GB/T 5009.18 规定的方法测定。

5.9 菌落总数，按 GB/T 4789.2 检验。

5.10 大肠菌群，按 GB/T 4789.3 检验。

5.11 沙门氏菌，按 GB/T 4789.4 检验。

5.12 致泻大肠埃希氏菌，按 GB/T 4789.6 检验。

5.13 肌原纤维直径，按附录 A 规定的方法测定。

5.14 肌红蛋白，按附录 B 规定的方法测定。

5.15 熟肉率，取背最长肌称量，然后放人沸水中煮至中心温度 780C，称量，按式（1）计算：

$$熟肉率 = 煮熟后样品质量/煮熟前样品质量 \times 100\% \quad (1)$$

6 标识、包装、贮存、运输

6.1 标识

包装标识应符合 GB 7718 和 GB/T 6388 的规定

6.2 包装

包装材料符合相应的国家食品卫生标准。

6.3 贮存

冷却牦牛肉应冷藏在 0～4℃，相对湿度 85%～90% 的环境中；冻牦牛肉应贮藏在低于-18℃，相对湿度大于 90% 的环境中。

6.4 运输

运输应使用符合卫生及冷藏（冻）要求的运输工具。

附录 A
（资料性附录）
肌原纤维测定方法

A.1 制片

制片测定直径（硝酸甘油法）：将1m^3~5m^3肉样在20%硝酸中处理24h后取出置于载玻片上，用滤纸吸取肉面硝酸后滴一滴甘油在肉样上，用小号针头在解剖镜下将肉样拨开，使样本呈游离纤维状铺成单层，立即用于镜检测量。

A.2 仪器

射管取样器或矛状取样器、组织切片室常规用品和切片机、显微镜（带目测微尺，有显微投影更好）、计数器。

A.3 操作

将备好的游离纤维载玻片置于高倍（10X40）显微镜下，用目测微尺随机量取 100根肌纤维直径，以加权平均值作为测量值。

附录 B
（资料性附录）
肌红蛋白的测定方法

B.1 原理

肌红蛋白（Mb）是存在于肌肉组织中的小分子蛋白质，与氧成可逆性结合，在肌细胞内有转运和贮存氧的作用。在肌肉细胞内由单一的多肽链和血红素结合而成，具有过氧化物酶活性。过氧化物酶能使过氧化氢分解出氧，使联苯胺氧化，产生醌类比合物。蓝色的醌类很不稳定，逐渐转为红橙色的醌比合物，可以进行比色测定。

B.2 提取

准确称取10.000g肉样，加入30mL蒸馏水，匀浆，过滤，用适量蒸馏水洗沥2-3次，滤液定容到100mL。吸取滤液5mL，加入硫酸按2.8g，使之溶解，约为80%的饱和度，静置5min。过滤，取滤液进行比色测定。

B.3 仪器

匀浆器，分光光度计。

B.4 测定

在10mL洁净的试管中准确加人4.0mL肌红蛋白提取液，分别滴加1滴0.2%联苯胺和0.5%过氧化氢，充分混和，反应15min后，用分光光度计在520nm处进行比色测定；以蒸馏水代替0.5%过氧化氢做空白管校零。通过肌红蛋白标准曲线确定样品中肌红蛋白的含量。

ICS 67.120.10
X 22

中华人民共和国国家标准

GB/T 25734—2010

牦牛肉干

Yak dried beef

2010-12-23 发布　　　　　　　　2011-01-01 实施

中华人民共和国国家质量监督检验检疫总局
中国国家标准化管理委员会　发布

前言

本标准由全国食品工业标准化技术委员会（SAC/TC 64）提出并归口。

本标准负责起草单位：青海省质量技术监督信息管理中心、青海省标准化协会、成都市产品质量监督检验院。

本标准参加起草单位：青海宁食（集团）有限公司、青海可可西里肉食品有限公司、成都市棒棒娃实业有限公司、成都伍田食品有限公司。

本标准主要起草人：严菁、吕海荣、张素梅、陈秀钧、王颖翔、朱集岳、郭跃明、党积庆、向旭、叶梅、刘良瑛、张明月、李天文。

牦牛肉干

1 范围

本标准规定了牦牛肉干的技术要求、试验方法、检验规则、标签、包装、运输和贮存。

本标准适用于牦牛肉干的生产与销售。

2 规范性引用文件

下列文件对于本文件的应用是必不可少的。凡是注日期的引用文件，仅所注日期的版本适用于本文件。凡是不注日期的引用文件，其最新版本（包括所有的修改单）适用于本文件。

GB 317 白砂糖（GB 317—2006，Codex Stan 212—1999，NEQ）

GB 2726 熟肉制品卫生标准

GB 2760 食品添加剂使用卫生标准

GB 4789.2 食品安全国家标准 食品微生物学检验 菌落总数测定

GB 4789.3 食品安全国家标准 食品微生物学检验 大肠菌群计数

GB 4789.4 食品安全国家标准 食品微生物学检验 沙门氏菌检验

GB/T 4789.5 食品卫生微生物学检验 志贺氏菌检验

GB 4789.10 食品安全国家标准 食品微生物学检验 金黄色葡萄球菌检验

GB 5009.3 食品安全国家标准 食品中水分的测定

GB 5009.5 食品安全国家标准 食品中蛋白质的测定

GB/T 5009.6 食品中脂肪的测定

GB/T 5009.8 食品中蔗糖的测定

GB/T 5009.11 食品中总砷及无机砷的测定

GB 5009.12 食品安全国家标准 食品中铅的测定

GB/T 5009.15 食品中镉的测定

GB/T 5009.17 食品中总汞及有机汞的测定

GB 5461 食用盐

GB 7718 预包装食品标签通则

GB/T 8967 谷氨酸钠（味精）

GB/T 9695.8 肉与肉制品 氯化物含量测定（GB/T 9695. 8—2008，ISO 1841:1996，MOD）

SB/T 10399 牦牛肉

JJF1070 定量包装商品净含量计量检验规则

定量包装商品计量监督管理办法（国家质量监督检验检疫总局令第75号）

3 术语和定义

下列术语和定义适用于本文件。

牦牛肉干 yakdried beef

以牦牛肉为原料，经选料、修割、预煮、调味、干燥等工艺制成的肉干制品。

4 技术要求

4.1 原辅料要求

4.1.1 牦牛肉

应符合SB/T 10399的要求，并经过去皮、骨、筋腱、脂肪的瘦肉。

4.1.2 食用盐

应符合GB 5461的规定。

4.1.3 白砂糖

应符合GB 317的规定。

4.1.4 谷氨酸钠（味精）

应符合GB/T 8967的规定。

4.1.5 其他辅料

应符合相应的标准和规定。

4.2 食品添加剂

4.2.1 食品添加剂质量应符合相应的标准和有关规定。

4.2.2 使用范围和使用量应符合 GB 2760 的规定。

4.3 感官要求

应符合表1的规定。

表1　感官要求

项 目	要 求
形态	呈片、条、粒等形状，同一品种的厚薄、长短基本一致，表面可有（见）细微肉纤维或香辛料，无明显结缔、脂肪组织
色泽	按配料不同，呈棕黄色或褐色、黄褐色等，无霉斑、无焦斑
滋味与气味	具有该品种特有的香气和滋味，甜咸适中

4.4 理化指标

应符合表2的规定。

表2 理化指标

项 目		指 标
蛋白质/(g/100 g)	≥	38
脂肪/(g/100 g)	≤	8
水分/(g/l00 g)	≤	20
总糖(以蔗糖计)/(g/l00 g)	≤	32
氯化物[以氯化钠(NaCl)计]/(g/100 g)	≤	5
铅(Pb)/(mg/kg)		符合GB 2726的规定
无机砷(As)/(mg/kg)		
镉(Cd)/(mg/kg)		
总汞[以汞(Hg)计]/(mg/kg)		

4.5 微生物指标

应符合表3的规定。

表3 微生物指标

项 目	指 标
菌落总数/(CFU/g)	符合GB 2726的规定
大肠菌群/(MPN/g)	
致病菌(沙门氏菌、志贺氏菌、金黄色葡萄球菌)	

4.6 净含量

应符合《定量包装商品计量监督管理办法》的规定。

5 试验方法

5.1 感官检验

按本标准感官指标进行目测、味觉、嗅觉检验。

5.2 理化指标检验

5.2.1 蛋白质

按GB 5009.5规定的方法进行测定。

5.2.2 脂肪

按GB/T 5009.6规定的方法进行测定。

5.2.3 水分

按GB 5009.3规定的方法进行测定。

5.2.4 总糖

按GB/T 5009.8规定的方法进行测定。

5.2.5 氯化物

按GB/T 9695.8规定的方法进行测定。

5.2.6 铅

按GB 5009.12规定的方法进行测定。

5.2.7 无机砷

按GB/T 5009.11规定的方法进行测定。

5.2.8 镉

按GB/T 5009.15规定的方法进行测定。

5.2.9 总汞

按GB/T 5009.17规定的方法进行测定。

5.3 微生物检验

5.3.1 菌落总数

按GB 4789. 2规定的方法进行检验。

5.3.2 大肠菌群

按GB 4789.3规定的方法进行检验。

5.3.3 致病菌

按GB 4789. 4、GB/T 4789. 5、GB 4789.10规定的方法进行检验。

5.4 净含置

按JJF 1070规定的方法测定。

6 检验规则

6.1 组批

同一班次、同一批投料、同一品种、同一规格的产品为一批。

6.2 抽样

随机按表4抽取样本，样品量总数不小于2kg，并将1/3样品进行封存，保留备查。

表4　抽样表

批量范围/包	样本数量/包
≤1 001	6
1 001~3 000	7~12
≥3 001	13~21

6.3　检验

6.3.1 出厂检验

每批产品出厂前，应按本标准进行检验，检验合格后签发质量合格证书方可出厂。出厂检验项目为：感官、水分、净含量、菌落总数、大肠菌群。

6.3.2 型式检验

正常生产时每半年进行一次型式检验，有下列情况之一时亦应进行型式检验：

a）正式生产和新产品试制鉴定时；

b）原料或工艺出现较大变化时；

c）停产半年以上，再恢复生产时；

d）出厂检验与上次型式检验结果有较大差异时；

e）国家质量监督机构提出要求时。

6.4 判定规则

型式检验项目如有一项不符合本标准，判定该批产品为不合格。出厂检验如有一项不符合本标准，则应在同批产品中加倍抽取样品数，对不合格项进行复检，如仍不符合本标准的，判定该批产品为不合格。微生物指标不得复检。

7 标签、包装、运输和贮存

7.1 标签

预包装产品标签应符合GB 7718的规定。

7.2 包装

产品按不同包装规格定量包装，包装容器和材料应符合相应的卫生标准和有关规定。包装封口应严密。

7.3 运输和贮存

7.3.1 运输

产品严禁与有毒、有害、有异味的物品混运，防止日晒雨淋。

7.3.2 贮存

产品应贮存于阴凉、干燥、通风的仓库中，不得与有毒、有害、有异味的物品混贮，并注意防晒、防高温。

ICS 59.060.10
B 45

GB/T 12412－2007

中华人民共和国国家标准

GB/T 12412－2007
代替 GB/T 12412—1990，GB/T 12413—1990

牦牛绒

Yak wool

2007-06-21 发布　　2007-09-01 实施

中华人民共和国国家质量监督检验检疫总局
中国国家标准化管理委员会　发布

前 言

本标准代替GB/T 12412—1990《牦牛原绒》和GB/T 12413—1990《牦牛原绒含绒率试验方法》。

本标准与GB/T 12412—1990、GB/T 12413—1990相比，主要变化如下：

——将GB/T 12412—1990《牦牛原绒》和GB/T 12413—1990《牦牛原绒含绒率试验方法》合并为一个标准；

——增加了牦牛原绒根据天然颜色分类的规定；

——修改和补充了牦牛原绒的技术指标；

——增加了牦牛原绒洗净率、净绒率及净绒公量的试验，取代了牦牛原绒含土杂率、含绒率的试验；

——增加了分梳牦牛绒的技术指标、试验方法；

——对抽样方法与抽样数量进行了修改及补充；

——对检验验收规则进行了修改；

——补充和完善了包装、标志、运输、储存的内容。

本标准由中国纤维检验局提出并归口。

本标准起草单位：青海省纤维检验局、四川省纤维检验局。

本标准主要起草人：陈江涛、冯祥云、李文延、吴延云、刘才容。

本标准所代替标准的历次版本情况为：

GB/T 12412—1990；

GB/T 12413—1990。

牦牛绒

1 范围

本标准规定了牦牛绒的分类分等方法、技术指标、试验方法、检验及验收规则、包装、标志、储存、运输的要求。

本标准适用于牦牛绒生产、交易、加工、质量监督和进出口检验中的质量鉴定。

2 规范性引用文件

下列文件中的条款通过本标准的引用而成为本标准的条款。凡是注日期的引用文件，其随后所有的修改单（不包括勘误的内容）或修订版均不适用于本标准，然而，鼓励根据本标准达成协议的各方研究是否可使用这些文件的最新版本。凡是不注日期的引用文件，其最新版本适用于本标准。

GB/T 2910纺织品 二组分纤维混纺产品定量化学分析方法

GB/T 2911纺织品 三组分纤维混纺产品定量化学分析方法

GB/T 5706纺织名词术语（毛部分）

GB/T 6500羊毛回潮率试验方法 烘箱法

GB/T 6977洗净羊毛油、灰、杂含量试验方法

GB/T 6978含脂毛洗净率试验方法 烘箱法

GB/T 8170数值修约规则

GB/T 10685羊毛纤维直径试验方法 投影显微镜法

GB/T 16988特种动物纤维与绵羊毛混合物含量的测定

GB 18267 山羊绒

3 术语和定义

GB/T 5706、GB 18267中确立的以及下列术语和定义适用于本标准。

3.1 牦牛绒 yak wool

牦牛原绒、分梳牦牛绒统称牦牛绒。其中直径在35μm及以下的属绒纤维。

3.2 牦牛毛 yakhair

牦牛纤维中直径在35μm以上、长度超过纤维总长1/2的属毛纤维。

3.3 牦牛原线 yak rawmaterial

从牦牛身上取得的，以绒毛为主附带自然杂质、未经加工的绒毛混合纤维。

3.4 分梳牦牛绒 carded yak wool

经洗涤、工业分梳加工剔除牦牛毛后的牦牛绒。

3.5 结毯块 tag-locks

绒、毛、杂质无规则互相缠绕结成25cm^2以上不易撕开的紧密块状物。

3.6 含粗率 hair content

分梳牦牛绒中直径大于35μm、长度超过纤维总长1/2的纤维质量占总质量的百分数。

4 产品分类

4.1 牦牛绒按其天然颜色分为三类：白牦牛绒、青牦牛绒、紫牦牛绒。

4.2 牦牛绒颜色分类见表1。

表1 牦牛绒颜色分类规定

颜色类别	外观特征
白牦牛绒	绒纤维和毛纤维均呈白色或灰白色。
青牦牛绒	绒纤维呈青色或淡紫色，毛纤维呈紫色或褐色。
紫牦牛绒	绒纤维呈紫色或深褐色，毛纤维呈深褐色或黑色。

4.3 不同颜色类别的牦牛绒相混，以颜色定类。

5 技术要求

5.1 牦牛原绒技术指标

5.1.1 牦牛原绒按平均直径、手扯平均长度、净绒率及品质特征分为特等、一等、二等、三等、四等，低于四等为等外。分等规定见表2。

表2 牦牛原绒分等规定

等别	类型	平均直径/μm	手扯平均长度/mm	净绒率/%	品质特征
特等	特细型	≤18	≥25	≥50	以绒为主体，丛状绒纤维较多，手感柔软滑糯，含有部分的毛及微量杂质。
一等	细型	18~22	≥30	≥60	绒、毛比例大致相等，有较少量结毡块，丛状绒纤维一般，手感柔软，含有少量杂质。
二等			≥35	≥50	
三等			≥40	≥40	
四等	粗型	≥22	≥45	≥50	以毛为主体，手感较粗糙，绒大多数在毛片（块）的底部，有少量结毡块，含有部分及少量杂质。

5.1.2 平均直径、手扯平均长度及净绒率为考核指标，品质特征为参考指标。

5.1.3 根据分等规定制作实物标准，各等实物标准是该等最底线。实物标准应每三年更新一次，并保持各等程度一致。

5.1.4 牦牛原绒回潮率不得超过18%。

5.2 分梳牦牛绒技术指标

5.2.1 分梳牦牛绒的技术指标包括平均直径、平均长度、含粗率、含杂率、短绒率、直径变异系数六项。

5.2.2 分梳牦牛绒的品质以类别、型号、特性表示如下。

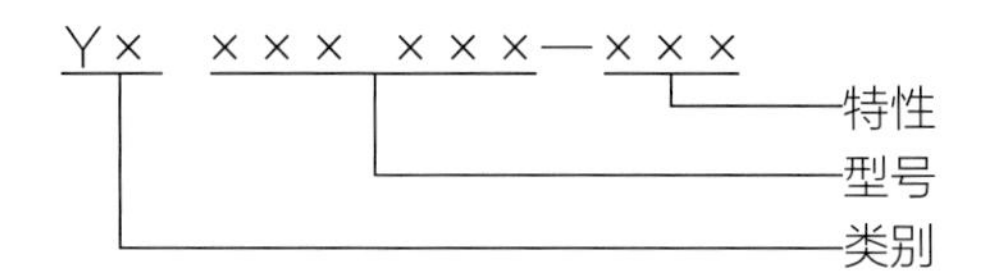

类别：以大写字母YW、YG、YB分别表示白、青、紫牦牛绒。

型号：以六位阿拉伯数字表示，第一、二、三位表示平均直径，第四、五位表示平均长度，第六位表示含粗率。

特性：以三个大写的英文字母分别表示含杂率、短绒率、直径变异系数所在档别三个指标。各指标分别为A、B、C三挡，见表3。

5.2.3 根据分梳牦牛绒的技术指标进行分档，分档对照表见表3。

表3　分梳牦牛绒技术指标分档对照表

指标		档别		
		A	B	C
含杂率/‰		≤1	≤3	>3
15mm以下短绒率/%	平均长度>29mm	≤12	≤15	>15
	平均长度25mm~29mm	≤15	≤18	>18
	平均长度<25mm	≤18	≤21	>21
直径变异系数/%		≤24	≤26	>26

5.2.4 分梳牦牛绒品质表示实例：

YG 196281 BBA

YG 表示：青牦牛绒；

196表示：平均直径为19.6μm；

28表示：平均长度为28mm；

1表示：含粗率为1%；

BBA表示：

含杂率：≤3%；

短绒率：≤18%；

直径变异系数：≤24%。

5.2.5 分梳牦牛绒公定回潮率为17%。

5.2.6 分梳牦牛绒公定含油脂率为1.5%。

6 试验方法

6.1 牦牛原绒试验方法

6.1.1 样品制备

按GB 18267 规定进行。

6.1.2 平均直径试验

可采用感官方法检验。若对感官检验结果有异议，则按GB/T 10685进行检验。

6.1.3 手扯长度试验

按GB 18267 规定进行。

6.1.4 洗净率、净绒率及净绒公量试验

按GB 18267 规定进行。

6.1.5 品质特征试验

按表2规定进行检验。

6.2 分梳牦牛绒试验方法

6.2.1 样品制备

按GB 18267规定进行。

6.2.2 含粗率、含杂率试验

6.2.2.1试验方法按GB 18267规定。

6.2.2.2 含粗率按式（1）计算：

$$C = \frac{m_1}{m_0} \times 100 \quad (1)$$

式中：

C—含粗率，%；

m_1—粗毛质量，单位为克（g）；

m_0—试样质量，单位为克（g）。

6.2.2.3 含杂率按式（2）计算：

$$Z = \frac{m_2}{m_0} \times 1\,000 \tag{2}$$

式中：

Z—含杂率，‰；

m_2—杂质质量，单位为克（g）；

m_0—试样质量，单位为克（g）。

6.2.2.4 以两个试样含杂率的平均值作为试验结果。若两个试验结果的绝对值差异含粗率超过5%、含杂率超过1‰时应增试第三个试样，并以三个试样结果的平均值作为最终结果。计算结果修约至整数。

6.2.3 手排长度试验

按GB 18267规定进行。每个试样质量60~70mg。手排长度试验可采用电子长度分析仪法。

6.2.4 平均直径试验

6.2.4.1 试验方法按GB/T 10685规定。

6.2.4.2 每个试样测量根数不得少于300根，以两个试样结果的平均值作为试验结果，若两个试验结果的差异超过平均值的3%时应增试第三个试样，并以三个试样结果的平均值作为最终结果，最终结果修约至一位小数。

6.2.5 回潮率试验

将制备好的八个试样，按GB/T 6500进行回潮率试验，并以八个试样结果的算术平均值作为最终试验结果。最终结果修约至两位小数。

6.2.6 含油脂率试验

按GB/T 6977进行。

6.2.7 其他动物纤维含量试验

按GB/T 16988进行。

6.2.8 非动物纤维含量试验

按GB/T 2910或GB/T 2911.

6.2.9 公量检验

按GB 18267 规定进行。

6.3 试验数据的修约

按GB/T 8170规定进行。

7 检验规则及检验证书

7.1 检验及验收规则

牦牛绒以批为单位进行品质检验和公量检验。检验验收中，各有关单位按本标准执行。

7.2 检验证书

7.2.1 牦牛原绒检验证书内容包括：产品名称、报验企业、扦样地点、颜色、原绒产地、包数、总质量、样本量、生产单位、检验项目、检验日期及检验结果。

7.2.2 分梳牦牛绒检验证书内容包括：产品名称、报验企业、扦样地点、颜色、批号、包数、总质量、样本量、生产单位及检验项目、检验日期和检验结果。

8 包装、标志、运输和储存

8.1 包装

8.1.1 包装应以保证品质不受影响为原则，并便于管理、运输和储存。

8.1.2 包装应采用防潮材料，外层采用坚固材料，并以数道铁箍均匀捆扎成包。

8.2 标志

8.2.1 每包都有清晰、醒目的中文标志。

8.2.2 牦牛原绒的标志包括以下基本内容：产品名称、原绒产地、颜色、等级、包号、包重、生产单位及检验证书（或质量凭证）编号。

8.2.3 分梳牦牛绒的标志包括以下基本内容：产品名称、颜色、等级、批号、包号、包重、生产日期、厂名、厂址及检验证书（或质量凭证）编号。

8.3 运输

8.3.1 运输工具应清洁，需防腐、防潮、防损破。

8.3.2 运输过程中，绒包应防止污染，不得使用有损包装的器械。

8.4 储存

8.4.1应在通风干燥不被污染的库房内储存，绒包不得与地面直接接触，在垛底施放适量的防虫剂。

8.4.2存放时唛头标志朝外，以批为单位整齐排列。

ICS 65.020.30
B 43

中华人民共和国国家标准

GB/T 35936—2018

牦牛毛

Yak hair

2018-02-06 发布 2018-09-01 实施

中华人民共和国国家质量监督检验检疫总局
中国国家标准化管理委员会 发布

前　言

本标准按照GB/T 1.1—2009给出的规则起草。

本标准由中国纤维检验局提出。

本标准由全国纤维标准化技术委员会归口。

本标准起草单位：中国农业科学院兰州畜牧与兽药研究所、农业部动物毛皮及制品质量监督检验测试中心（兰州）、甘肃省天祝白牦牛育种试验场。

本标准主要起草人：牛春娥、杨博辉、郭婷婷、郭天芬、梁育林、岳耀敬、袁超、郭健、刘建斌、冯瑞林。

牦牛毛

1 范围

本标准规定了牦牛毛的分类、技术要求、取样、检验方法、检验规则及检验证书、包装、标志、储存及运输的要求。

本标准适用于牦牛毛收购、交易、加工和质量评定。

2 规范性引用文件

下列文件对于本文件的应用是必不可少的。凡是注日期的引用文件，仅所注日期的版本适用于本文件。凡是不注日期的引用文件，其最新版本（包括所有的修改单）适用于本文件。

GB/T 2910 纺织品 定量化学分析

GB/T 6976 羊毛毛丛自然长度试验方法

GB/T 6978 含脂毛洗净率试验方法 烘箱法

GB/T 8170 数值修约规则与极限数值的表示和判定

GB/T 14270 毛绒纤维类型含量试验方法

GB/T 16254 马海毛

GB/T 16255.2 洗净马海毛含草、杂率试验方法

GB/T 16988 特种动物纤维与绵羊毛混合物含量的测定

3 术语和定义

下列术语和定义适用本标准。

3.1 牦牛毛 yakhair

牦牛纤维中直径在35μm以上，且35μm以上部分超过纤维总长1/2的纤维。

3.2 牦牛绒 yak wool

牦牛纤维中直径在35μm及以下的纤维。

3.3 非动物纤维 non-animal fiber in yakhair

牦牛毛中含有的植物纤维、化学纤维等。

3.4 其他动物纤维 other animal fiber in yakhair

牦牛以外其他动物的纤维。

3.5 毛丛自然长度 staple natural formation length

毛丛中纤维未经拉伸、卷曲未受破坏时，沿毛丛轴线进行测量得到的毛丛长度。

3.6 死毛 kemp

纤维呈扁带状、无光泽、僵直，少数有呈铅丝状弯曲；此类纤维放入苯液中清晰可见；在显微投影仪下纤维出现髓腔，且髓腔连续长度在25mm及以上，且髓腔宽度占纤维总宽度的60%及以上者。

4 牦牛毛分类

4.1 牦牛毛按其天然颜色分为三类，白牦牛毛、黑牦牛毛和紫牦牛毛。

4.2 牦牛毛颜色分类规定见表1。

表1 牦牛毛颜色分类规定

颜色类别	外观特征
白牦牛毛	毛纤维呈白色或灰白色。
紫牦牛毛	毛纤维呈紫色或浅褐色。
黑牦牛毛	毛纤维呈黑色或深褐色。

4.3 不同颜色的牦牛毛混合时，以深色定类。

5 技术要求

5.1 牦牛毛按颜色分类，每类分别按毛丛自然长度、绒毛含量、草杂含量、死毛含量及外观特征分为特等、一等、二等、三等，低于三等的为等外。分等规定见表2。

表2 牦牛毛等级技术条件

等 级	毛丛自然长度（cm）	绒含量（%）	草杂含量（%）	死毛含量（%）	外观特征
特等	≥25	≤1	≤0.5	≤1	纤维长而顺直，颜色纯正，光泽柔和，手感滑爽有弹性，有微量杂质，净毛率高。
一等	≥20	≤3	≤1.0	≤1	纤维较长且顺直，颜色纯正，光泽柔和，手感滑爽有弹性，有较少的杂质，净毛率较高。
二等	≥15	≤3	≤1.0	≤3	
三等	≥10	≤3	≤3.0	≤3	纤维较短，手感粗糙，光泽较暗，含较多的杂质和混色毛，净毛率较低。

5.2 毛丛自然长度、绒毛含量、草杂含量及死毛含量为考核指标，以各项目的最低值定等。外观特征为参考指标。

5.3 牦牛毛中不应混入非动物纤维。

5.4 草刺毛、黄残毛、印记毛、杂色毛、毡并毛应拣出单独包装。

5.5 牦牛毛质量计算以净毛公量为依据。

6 取样

6.1 批样

批样的抽取按照GB/T 16254规定执行。采取开包方式抓取，批样质量不少于2.5kg。

6.2 实验室样品

6.2.1 将品质指标的批样平铺于试验台上，充分混合均匀，用对分法分成两等份，一份为实验室样品，一份留作备样。

6.2.2 净毛率实验室样品的制备按照GB/T 6978的规定执行。

6.3 试验试样

6.3.1 净毛率试验试样:按照GB/T 6978的规定执行。

6.3.2 自然长度试验试样：将品质指标的试验室样品平铺于试验台上，充分混合均匀，按照GB/T6976的规定抽取100个毛丛。

6.3.3 绒毛含量、死毛含量试验试样:在品质指标样品中，按照GB/T 14270的规定进行制备。

6.3.4 草杂含量试验试样：在净毛率试验洗净后按照GB/T 16255.2的规定进行制备。

7 测定方法

7.1 外观特征评定

在北向昼光或光照度约为75lx的条件下，将牦牛毛外观试样平铺在试验台上，采用眼观、手摸的方法，按表2规定检验。

7.2 毛丛自然长度测定

按照GB/T 6976的规定执行。

7.3 净毛率测定

按照GB/T 6978的规定执行，牦牛毛的公定回潮率为15%。

7.4 死毛含量测定

按照GB/T 14270规定执行。

7.5 绒毛含量测定

按照GB/T 14270规定执行，规定35μm以下的为牦牛绒纤维。

7.6 草杂含量检验

按照GB/T 16255.2的规定执行。

7.7 公量检验

按GB/T 16254的规定执行。

7.8 其他动物纤维含量

按照GB/T 16988的规定执行。

7.9 非动物纤维含量

按照GB/T 2910的规定执行。

7.10 数值修约

按照GB/T 8170的规定执行。

8 检验规则及检验证书

8.1 牦牛毛的检验以批为单位进行分等。

8.2 检验证书内容包括产品名称、批号、包数、重量、产地、检验项目及检验结果。

9 包装和标志

9.1 包装须便于管理、储存和运输，且以保证其品质不受影响为原则，同一批应包装一致。

9.2 经过分等的牦牛毛应按不同产地、不同等级分别打包。

9.3 打包材料应为不易破损、通风、透气的包装材料。

9.4 每包应有标志。标志的字迹须醒目、清晰、持久。

9.5 标志应包括以下内容：产品名称、产地、等级、批号、包号、毛重、净重、交货单位、日期、检验证书编号。

10 储存和运输

10.1 以批为单位堆放，将刷有唛头的包面朝外整齐排列。

10.2 应在干燥通风的库房内储存，毛包不应直接与地面接触，不可被污染。

10.3 运输工具应洁净，并有防腐、防包装破裂损伤的条件。

10.4 运输过程中，不可污染毛包，不应使用有损包装的器械。

附录十　牦牛大事记

1. 1979年9月，在青海省西宁市召开了中国牦牛科研协作组成立大会，正式成立了统一的协作组织，协调推动全国牦牛科研、改良工作，会议还决定出版《中国牦牛》杂志（季刊）。此后于1981年、1983年、1985年、1991年分别在成都、乌鲁木齐、昆明、西宁召开4次协作组会议，开展了学术交流。
2. 《中国牦牛》杂志于1979年经原农垦部批准，农垦部拨经费，高扬部长亲笔为这个杂志题了刊名，当时主持四川省工作的赵紫阳总理，也亲自关怀了这个杂志，四川省出版事业管理局发给期刊登记证，1980年正式创刊发行，1988年经农业部审核批准由部主管，承担经费，批准正、副主编人选，转报国家科委、新闻出版署共同审核批准，发给公开发行季刊第176号批准证，并由四川省新闻出版局换发CN51-1306。该杂志于1996年停刊，共出60期，刊文1 100多篇约600万字。
3. 1987年10月26日至10月30日，中国牦牛科研协作组联络员会议在江苏省苏州市与《中国牦牛学》审稿会合并举行。到会代表14人。《中国牦牛学》编委会主任委员刘海波同志和中国牦牛科研协作组组长单位——四川省农牧厅农场局副局长梁恭同志共同主持了会议。
4. 1987年由西南民族大学主持完成的“提高中国牦牛生产性能技术的研究”项目获农业部科技进步二等奖。
5. 1988年，“野牦牛驯化及冻精利用”项目获得农业部科技进步三等奖，该成果由中国农业科学院兰州畜牧研究所主持，青海省大通种牛场参加，成功驯化了野牦牛并采精、制作颗粒冻精、人工授精母牦牛，使情期受胎率达到82.4%，野×家杂交F_1代达到2 000多头，生长速度、活重、繁殖率等明显提高，越冬死亡率明显下降，效果十分显著。
6. 1989年6月《中国牦牛学》一书由四川科学技术出版社出版，该书约49万字，共分十章：第一章，中国牦牛发展沿革；第二章，产区生态特点和牦牛生物学特性；第三章，资源和优良种群；第四章，体质外貌；第五章，生理生化特点；第六章，生产性能；第七章，饲料管理和饲草料；第八章，繁殖；第九章，改良；第十章，疾病防治和产品加工与利用。该书集全国牦牛科研工作者自新中国成立以来40多年的辛勤劳动结晶，属于国内外第一部比较系统全面的牦牛学科专著。此后，由蔡立（1930—1995）主编，1989年出版了《四川牦牛》，全书共七章18万字；由张容昶主编，1989年甘肃科技出版社出版《中国的牦牛》，全书共八章30万字。
7. 由李孔亮主编，1990年9月甘肃民族出版社出版《牦牛科学研究论文集》，收集了中国农业科学院兰州畜牧研究所牦牛课题组自1983年以来围绕“牦牛选育与改良利用研究”的科研成果，约35万字。

8. 1992年由青海省畜牧科学院完成的“生长期牦牛基础代谢研究”项目获得农业部科技进步二等奖。
9. 由刘文道主编，1993年青海人民出版社出版《中国牦牛寄生虫图鉴》，这是一本国内外仅有的牦牛寄生虫图鉴，全书共收集牦牛寄生虫111种，分类属于4门、7纲、13目、31科、50属，用分类名录简表做了系统介绍，然后依次突出鉴别特征，对每种的形态做了简明扼要的描述。
10. 1994年7月第一届国际牦牛学术会议在甘肃省兰州市召开，受联合国粮农组织亚太机构与德国牦牛骆驼基金会委托，甘肃农业大学承办了第一届国际牦牛学术讨论会。国内外牦牛专家82人参加会议，其中国外代表14人，分别代表FAO和德国牦牛骆驼基金会等8个国际组织和国家，大会交流论文27篇，会后公开出版了英文版“第一届国际牦牛研究学术讨论会”论文集，收集论文74篇。
11. 由陆仲磷编著，1994年8月甘肃民族出版社出版《牦牛育种及高原肉牛业》，全书分上、下两篇共32万字。
12. 1994年由西南民族大学主持完成的“九龙牦牛种质特性及选育研究”项目获四川省科学技术进步二等奖。
13. 1996年由青海畜牧科学院主持的“生长期牦牛基础代谢和补氮技术”项目获青海省科技进步一等奖；1996年由西南民族大学主持完成的“九龙牦牛种质测定（肉质测定）”项目获国家民委科技进步一等奖。
14. 由钟金诚主编，1996年四川科技出版社出版《牦牛遗传与育种》，全书共分十章约19万字。
15. 1997年由青海省畜牧兽医科学院主持，青海省畜牧兽医总站执行的“牦牛复壮综合技术”项目获得青海省科技进步二等奖。
16. 1997年8月在西宁召开了第二届国际牦牛研究学术讨论会，出版了第二届国际牦牛研究学术讨论会论文集。
17. 1998年，全国牦牛品种协会（筹）暨第一次代表大会在甘肃省兰州市召开，会议由全国家畜禽遗传资源管理委员会批准与资助，中国农业科学院兰州畜牧与兽药研究所筹办，与会代表30多人，来自全国6个牦牛生产省区，选举产生了协会领导机构，出版的论文集收集了27篇论文。
18. 2000年9月在西藏自治区拉萨市召开了第三届国际牦牛研究学术讨论会，出版了第三届国际牦牛研究学术讨论会论文集。
19. 由刘喜、余四九主编，甘肃教育出版社2001年9月出版《世界牦牛文献索引》，共收录了1950~2000年国内外发表的牦牛文献2 005条，全书共40万字，是目前查找牦牛文献最理想的检索工具。

20. 2001年8月，在新疆维吾尔自治区库尔勒市召开了“新世纪中国牦牛业的发展和全国牦牛品种协会（筹）2001年年会”。
21. 2003年8月，在甘肃省天祝县召开全国牦牛科研和生产研讨会，并出版了牦牛论文集。
22. 2004年9月在四川省成都市召开了第四届国际牦牛研究学术讨论会，出版了第四届国际牦牛研究学术讨论会论文集。
23. 2005年9月在四川省甘孜州九龙县召开了全国牦牛育种工作会，会后出版了论文集。
24. 2005年4月，农业部给“大通牦牛”颁发了《畜禽新品种（配套系）证书》，标志着大通牦牛培育成功，这是中国农业科学院兰州畜牧与兽药研究所和青海省大通种牛场经过三代人25年共同完成的成果，因其产生于青海省大通种牛场而得名。同时，“大通牦牛新品种及培育技术”项目2005年获得了甘肃省科技进步一等奖；2007年获得了国家科技进步二等奖。“大通牦牛”是在农业部“六五”“七五”“八五”“九五”重点畜牧项目“牦牛选育和改良利用研究”“肉乳兼用牦牛新品种培育研究”“牦牛新品种培育及其产肉生产系统综合配套技术研究”等课题在青海省大通种牛场执行中，经过实施捕获驯化野牦牛、建立牦牛种公牛站、制作冷冻精液、大面积人工授精，生产具有强杂种优势含1/2野牦牛血液的杂种牛，组建F1代横交育种核心群，恰当适度地利用近交、闭锁繁育、强度选择与淘汰（公牛最终留种率11%，母牛淘汰率30%）等技术手段与措施而培育成功的产肉性能高、繁殖性能强、抗逆性能（耐疾病、耐饥饿、耐高寒的能力）远高于家牦牛，体型外貌、毛色高度一致，遗传性能稳定的牦牛新品种。
25. 2006年由西南民族大学主持完成的“牦牛乳的生化特性及乳蛋白的遗传多态性研究”项目获四川省科技进步二等奖。
26. 2006年由青海大通种牛场主持完成的“青海省牦牛改良技术推广”获全国农牧渔业丰收二等奖。
27. 2008年由西藏自治区农牧科学院畜牧兽医研究所主持完成的“西藏牦牛繁育综合应用技术研究示范”获西藏自治区科技进步一等奖。
28. 2009年由中国农业科学院兰州畜牧与兽药研究所主持完成的“青藏高原草地生态畜牧业可持续发展技术研究与示范”项目获得甘肃省科技进步二等奖，2009年由中国农业科学院兰州畜牧与兽药研究所主持完成的“天祝白牦牛种质资源保护与产品开发利用”项目获得甘肃省科技进步二等奖。
29. 2010年由青海省畜牧科学院主持完成的“牦牛皮蝇蛆病防治新技术示范推广”获2008-2010年度全国农牧渔业丰收二等奖。
30. 2010年由中国农业科学院兰州畜牧与兽药研究所主持完成的“青藏高原牦牛繁育及改良

技术”项目获2008-2010年度全国农牧渔业丰收二等奖。

31. 2010年由中国农业大学、甘肃农业大学、甘肃华羚干酪素有限公司、西藏农牧学院、西藏高原之宝牦牛乳业股份有限公司、青海青海湖乳业有限责任公司等单位组织完成的“青藏高原牦牛乳深加工技术研究与产品开发”项目获得国家科技进步二等奖。
32. 2010年10月，全国牦牛遗传资源保护与利用暨全国牦牛育种协作组成立大会在甘肃省兰州市召开。本届会议的主题是加强牦牛资源保护与利用，推进牦牛特色产业可持续发展。会议由农业部畜牧总站主办，中国农业科学院兰州畜牧与兽药研究所承办。全国畜牧总站站长谷继承先生在大会开幕式上作了讲话；全国畜牧总站畜禽资源管理处于福清副处长对“全国牦牛育种协作组章程”和理事长、副理事长、常务理事长、理事名单进行了宣读。参加本次会议的有来自我国牦牛主产区甘肃、青海、西藏、四川、新疆、云南六省（区）的畜牧主管部门、技术支撑机构、科研院校和保种场的代表共计80余人。会议期间参会代表就我国牦牛研究与生产领域的牦牛遗传资源保护与利用、国际牦牛遗传资源评价体系和牦牛健康养殖模式的思考与选择等问题进行了专题讲座和广泛交流。
33. 2011年由西藏自治区农牧科学院畜牧兽医研究所主持完成的“西藏牦牛生产性能改良技术研究”获西藏自治区科技进步二等奖。
34. 2011年9月，全国牦牛遗传资源保护与利用暨牦牛育种协作组理事会在西南民族大学青藏基地总部（红原）隆重召开，会议由全国畜牧总站主办，西南民族大学和阿坝州畜牧兽医局共同承办，来自四川、西藏、青海、甘肃、云南、新疆等6个牦牛主产省（区）以及农业部的100多位专家学者、领导参加了此次会议。全国牦牛育种协作组理事长、中国奶业协会秘书长、原全国畜牧总站站长谷继承等领导出席会议并讲话。会议由全国畜牧总站禽畜资源处副处长于福清主持。此次会议期间还召开了全国牦牛育种协作组常务理事会，总结了2010~2011年的工作进展，制定了下一步的工作计划。
35. 2013年8月11日至14日，全国牦牛育种协作组2013年度工作会议在新疆维吾尔自治区库尔勒市隆重召开。来自四川省、甘肃省、青海省、西藏自治区、云南省、新疆维吾尔自治区等6个省牦牛主产区的畜牧主管部门、技术支撑部门、科研院所、保种场、育种场和全国畜牧总站、中国农业科学院等单位的代表40余人参加了本次会议。本次大会由全国畜牧总站主办，全国牦牛育种协作组、新疆巴州畜牧兽医局和新疆巴州畜牧工作站共同承办。全国畜牧总站郑友民副站长、新疆巴州人民政府马成副州长、中国农业科学院兰州畜牧与兽药研究所阎萍副所长、新疆畜牧厅李国强调研员、新疆巴州畜牧兽医局阿里木·哈依尔、和静县委常委其·巴太出席了会议。国家现代肉牛牦牛产业技术体系岗位专家阎萍研究员、青海省畜牧科学院刘书杰研究员、西南民族大学钟金城教授在会上作了专题报告。国家现代肉牛牦牛产业技术体系岗位专家阎萍研究员、全国畜牧总站畜禽资源处杨红杰处长分别主持了各项会议和活动。会议期间，对全国牦牛育种协作组的有关工作进行了研究和协商。同时，改选和宣布了全国牦牛育种协作组理事会组成名单。会议宣布全国畜牧总站郑友民副站长为协作组理事长、张志恒等9位同志为协作组副理事长、王友国等13位同志任协作组常务理事、杨红杰和阎萍二位同志为协作组秘书长、梁春年同志为协作组副秘书长、王友国等46位同志任协作组理事。此次牦牛育种协作组理事会的改选，壮大了协作组队伍，为协作组发挥更大作用提供了坚强的组织保障。

36. 2014年8月28日至30日，第五届国际牦牛大会在甘肃省兰州市召开。此次会议由中国农业科学院兰州畜牧与兽药研究所主办，国际山地综合发展中心、德国牦牛骆驼基金会、兰州大学、西北民族大学、甘肃农业大学、青海省大通种牛场、西藏高原之宝牦牛乳业股份有限公司、甘肃天玛生态科技股份有限公司等单位协办，来自中国、德国、美国、印度、尼泊尔、巴基斯坦、瑞士、不丹、吉尔吉斯斯坦、塔吉克斯坦等10个国家的200多位专家学者和企业家参加了此次会议。来自世界各地的与会者围绕“牦牛产业可持续发展”这一主题，就牦牛遗传育种、放牧管理系统、生殖生理等内容，以及牦牛生存环境恶化、气候变化、野生牦牛濒危、家养牦牛物种退化、饲养及管理技术不足等牦牛产业发展中面临的问题进行了广泛的交流和探讨。会议期间，各国专家学者还赶赴青海省大通牛场，实地参观了由中国农业科学院兰州畜牧与兽药研究所培育的世界上首个牦牛人工培育新品种——大通牦牛。
37. 2014年由中国农业科学院兰州畜牧与兽药研究所主持完成的“牦牛选育改良及提质增效关键技术研究与示范”项目获得甘肃省科技进步二等奖。
38. 2014年由西藏自治区农牧科学院畜牧兽医研究所主持完成的“西藏牦牛良种选育、高效养殖及产业开发研究”获西藏自治区科技进步二等奖。
39. 2016年由西藏农牧学院主持完成的“牦牛依普菌素驱虫涂擦剂的研制及应用”项目获得西藏自治区科技进步二等奖。
40. 2016年由中国农业科学院兰州畜牧与兽药研究所主持完成的“甘南牦牛选育改良及高效牧养技术集成示范”项目获得2014~2016年度全国农牧渔业丰收二等奖。
41. 2016年由青海大学畜牧兽医科学院主持完成的“牦牛藏羊特色肉品资源的加工利用与创新”获青海省科技进步二等奖。
42. 2017年由中国农业科学院兰州畜牧与兽药研究所主持完成的“牦牛良种繁育及高效生产关键技术集成与应用”项目获神农中华农业科技奖一等奖。
43. 2017年由四川省草地科学院主持完成的“青藏高原牦牛高效生产配套技术及应用”获得神农中华农业科技奖二等奖。
44. 2017年由中国农业科学院兰州畜牧与兽药研究所主持完成的“牦牛藏羊良种繁育及健康

养殖关键技术集成与应用”项目获甘肃省科技进步二等奖。

45. 2016年由四川省草地科学院主持完成的“牦牛健康养殖及肉产品加工关键技术研究与应用”获得四川省科技进步二等奖。
46. 2018年5月5日至6日，“国家牦牛产业提质增效科技创新联盟”在甘肃省兰州市召开成立大会，农业农村部畜牧业司、全国畜牧总站、青海省农牧厅、甘肃省科技厅、中国农业科学院科技局领导以及来自甘肃、青海、云南、西藏、新疆、宁夏及中国农业科学院等相关高校、科研院所和企业的代表共计200余人参加了会议。农业农村部科技教育司副司长汪学军，国家农业科技创新联盟秘书长、中国农业科学院党组成员、副院长梅旭荣，甘肃省农牧厅巡视员阎奋民等领导出席会议并讲话。会议由中国农业科学院兰州畜牧与兽药研究所所长杨志强主持。“国家牦牛产业提质增效科技创新联盟”旨在为贯彻落实乡村振兴战略和创新驱动发展战略，搭建全国牦牛产业科技创新、成果转化和技术服务平台，增强科技创新能力，提高牦牛产业科技自主创新能力和效率，解决牦牛业全局性和区域性牦牛业发展重大关键性技术问题，提升产业市场竞争力，推进产业健康发展。联盟由中国农业科学院兰州畜牧与兽药研究所牵头，首批成员为涉及牦牛产业的91家科研院所、高等院校、推广部门和企业。
47. 2018年8月28至31日，由青海省农牧厅、青海大学、全国畜牧总站、农民日报社、中国畜牧业协会共同主办的第六届国际牦牛大会暨第一届青海牦牛产业大会在青海省西宁市召开，来自联合国粮农组织代表、中国畜牧业协会、国际山地中心、国际骆驼牦牛基金会负责人，国内外牦牛、肉牛等相关专家、学者和生产、经营管理者，四川、甘肃、内蒙古、宁夏、西藏、新疆等省区代表及我省市州县、省农牧厅相关部门负责人300余人参加会议。省委副书记、代省长刘宁发来贺词，省委常委、常务副省长王予波致辞。省政府副秘书长马锐、省农牧厅厅长王玉虎、副厅长马清德、农业农村部畜牧兽医局、全国畜牧总站、农民日报社相关负责人出席会议。本届国际牦牛大会提出共识，牦牛是青藏高原及毗邻地区无法替代的特有主体畜种和重要的生产资料，是青藏高原特有的畜种资源和宝贵的基因库，也是“世界屋脊”著名的景观牛种。保护与利用好牦牛品种资源是牦牛产业发展的基础，也是牧区振兴的重要产业支撑。
48. 2018年由青海大学畜牧兽医科学院主持完成的“牦牛高效繁殖技术示范与推广”获青海省科技进步二等奖。

后 记

《中国牦牛》一书经编者5年的辛苦努力，终于要与读者见面了。中国农业科学院兰州畜牧与兽药研究所牦牛资源与育种创新团队在牦牛科学领域的几代科技工作者孜孜不倦的研究和传承为本书的编写做出诸多的贡献。

借本书出版之际，感谢为本书的编写和出版提供帮助而未能列出姓名的各位前辈、老师、同仁们及相关单位。特别感谢吴常信院士为本书作序。感谢国家肉牛牦牛产业技术体系的各位专家在本书写作过程中提供的帮助。感谢国家畜禽遗传资源委员会提供了牦牛遗传资源的相关材料。感谢中国农业科学技术出版社闫庆健主任为本书的编辑出版付出了辛勤的劳动。感谢牦牛产业界的同仁为本书提供了相关照片。

《中国牦牛》编写组

2019年2月